普通高等教育"十三五"规划教材——化工环境系列
"十三五"江苏省高等学校重点教材
中国石油和石化工程教材出版基金资助项目

现代环境生物技术与应用

赵　远　主编

姚　勤　张玉虎　马伟芳　魏兆军　陈宗耀　副主编

中国石化出版社

内 容 提 要

现代环境生物技术是现代生物技术与环境科学紧密结合形成的新兴交叉学科。本书系统讲述了现代生物技术及其在环境学科中的重要应用，以环境污染与生物技术之间的互动为核心，结合一些热点问题，对环境生物技术在环境保护领域污染治理中的应用进行了探讨。书中主要介绍了酶工程、基因工程、细胞工程、发酵工程和蛋白质工程五大工程的基本原理，以及五大工程在环境污染治理中的应用，内容涉及环境生物技术、污染治理和预防、废物资源化利用、环境生物监测相关方法及对象以及安全性评价等。本书既注重基本知识、基本概念的介绍，也注重该领域的发展，更注重应用的前沿技术以及案例分析。

本书可作为环境及相关专业高年级本科生及研究生的教材和教学参考书，也可供相关专业教师及科技人员参考。

图书在版编目（CIP）数据

现代环境生物技术与应用／赵远主编. —北京：中国石化出版社，2019.7（2025.3 重印）
普通高等教育“十三五”规划教材. 化工环境系列

ISBN 978-7-5114-5349-5

Ⅰ. ①现… Ⅱ. ①赵… Ⅲ. ①环境生物学-高等学校-教材 Ⅳ. ①X17

中国版本图书馆 CIP 数据核字（2019）第 152350 号

未经本社书面授权,本书任何部分不得被复制、抄袭,或者以任何形式或任何方式传播。版权所有,侵权必究。

中国石化出版社出版发行

地址:北京市东城区安定门外大街 58 号
邮编:100011　电话:(010)57512500
发行部电话:(010)57512575
http://www. sinopec-press. com
E-mail:press@ sinopec. com
北京捷迅佳彩印刷有限公司印刷
全国各地新华书店经销

*

787×1092 毫米 16 开本 20.75 印张 514 千字
2019 年 9 月第 1 版　2025 年 3 月第 2 次印刷
定价:59.00 元

《普通高等教育"十三五"规划教材——化工环境系列》
编　委　会

主　　任：赵　远（常州大学）

主任委员：李忠玉（常州大学）
冯辉霞（兰州理工大学）
牛显春（广东石油化工学院）
周翠红（北京石油化工学院）
崔宝臣（东北石油大学）
李长波（辽宁石油化工大学）
张玉虎（首都师范大学）
王毅力（北京林业大学）
叶长青（南通大学）

编　　委：张庆芳　赵　霞　牛显春　张玉虎　周翠红
赵　远　赵兴青　戴竹青　马伟芳　伦小秀
张盼月　叶长青　马建锋　崔宝臣　李长波
张志军

《现代环境生物技术与应用》
编　委　会

主　　编：赵　远

副 主 编：姚　勤　张玉虎　马伟芳　魏兆军　陈宗耀

编写人员：赵　远(常州大学)

姚　勤(江苏大学)

魏兆军(合肥工业大学)

马伟芳(北京林业大学)

张玉虎(首都师范大学)

陈宗耀(海南省水务建设质量监督局)

周际海(安徽师范大学)

李凤祥(南开大学)

叶长青(南通大学)

陈　亮(江苏大学)

肖　娴(常州大学)

前　言

进入21世纪以来，减轻环境污染和遏制生态恶化趋势已成为人们关注的焦点。环境生物技术是直接或间接利用生物或生物体降低或消除污染物，净化环境或生产有用物质的工程技术。本书是笔者在总结多年教学和科研的基础上，考虑到近年来生物技术迅速发展的状况，以及广大技术人员和管理人员进行知识更新的需要进行编写的。

现代环境生物技术是现代生物技术与环境科学紧密结合而形成的新兴交叉学科。根据实际调查可知，目前国内出版的有关高等环境生物技术一类的书籍极少，对国内有关高等环境生物技术的基础研究和技术方法选择方面缺少系统深入研究和应用。《现代环境生物技术与应用》在汲取国内外众多优秀教材、文献资料的基础上，主要讲授现代生物技术五大分支领域，即酶工程、基因工程、细胞工程、发酵工程、蛋白质工程的基本概念、技术方法及发展动态，现代生物技术在环境污染治理领域的应用。内容既包括基础知识，更注重新理论和新技术，内容丰富、图文并茂、系统详实。在本书的编写过程中，我们力求内容全面新颖、深入浅出、概念准确、语言通俗易懂，尽量反映出现代环境生物技术的全貌、最新成果和发展方向。

本书紧扣生物技术与环境科学紧密结合的主线，在介绍基本原理、技术的基础上，注重于生物技术在环境保护领域的应用，并且给出许多实践中丰富的案例，旨在深入阐述环境生物技术的基础上，建立一个有效的环境生物技术选择的定性和定量模式，以期更好地指导我国环保领域污染处理技术开发、应用推广。全书共七章，第一章绪论，概述环境生物技术基础；第二、三、四、五、六章分别介绍酶工程、基因工程、细胞工程、发酵工程、蛋白质工程等五大工程的基本原理、技术以及在环境领域中的应用；第七章介绍现代环境工程在环境领域的前沿领域的成果及案例。全书内容丰富，注重基础性、系统性、科学性、前沿性、实践性、实用性和指导性。

本书编写小组有多年的教学、科研实践经验，积累了一批相关成果。参与本书编写的有常州大学赵远研究员、肖娴博士；江苏大学姚勤教授、合肥工业大学魏兆军教授、北京林业大学马伟芳教授、首都师范大学张玉虎副教授、海南省水务建设质量监督局陈宗耀高级工程师、安徽师范大学周际海副教授、南开大学李凤祥副教授、南通大学叶长青副教授、江苏大学陈亮博士。

在编写的过程中，本书参考了大量国内外学者、科研单位、生产企业等的研究成果及资料，常州大学环境工程、环境科学专业研究生冀云、张徐洁、张芸、王凯迪等参与了本书大量编写工作，谨此一并向为本书的编写和出版提供鼓励、支持、指导和帮助的各级领导、同行表达衷心的感谢。

本书受江苏省研究生教育教学改革重点课题(JGZZ18_076)资助、受中国石油和石化工程教材出版基金资助，对此表示衷心的感谢。

由于涉及多学科交叉，内容广泛，加之生物技术发展迅速，新成果不断涌现，以及编者水平和编写时间的限制，本书错误及不妥之处在所难免，热忱希望广大读者和同行提出宝贵意见，以利于以后进一步修改提高。

目　　录

第一章　绪　　论 …………………………………………………………………… (1)

第一节　生物技术概论 …………………………………………………………… (1)

一、生物技术的定义 …………………………………………………………… (1)

二、生物技术的发展 …………………………………………………………… (1)

三、生物技术的应用 …………………………………………………………… (2)

第二节　环境生物技术概论 ……………………………………………………… (3)

一、环境生物技术的定义 ……………………………………………………… (3)

二、环境生物技术的优势 ……………………………………………………… (3)

三、环境生物技术的研究内容 ………………………………………………… (3)

四、环境生物技术应用的研究进展 …………………………………………… (3)

第三节　现代环境生物技术 ……………………………………………………… (4)

一、现代环境生物技术的发展 ………………………………………………… (4)

二、现代环境生物技术的特点 ………………………………………………… (5)

第四节　本书概述 ………………………………………………………………… (6)

参考文献 …………………………………………………………………………… (7)

第二章　酶工程 ……………………………………………………………………… (8)

第一节　酶的基本概念 …………………………………………………………… (8)

一、酶的命名 …………………………………………………………………… (9)

二、蛋白类酶(P 酶)的分类 …………………………………………………… (9)

三、核酸类酶(R 酶)的分类 …………………………………………………… (11)

四、酶的组成 …………………………………………………………………… (13)

第二节　酶的催化特性 …………………………………………………………… (14)

一、酶催化作用的专一性 ……………………………………………………… (14)

二、酶催化作用的高效性 ……………………………………………………… (14)

三、酶催化作用的条件 ………………………………………………………… (15)

第三节　酶作用原理 ……………………………………………………………… (15)

一、酶分子的结构基础 ………………………………………………………… (15)

二、酶作用原理 ………………………………………………………………… (16)

第四节　酶催化反应动力学 ……………………………………………………… (18)

一、米氏方程的提出 …………………………………………………………… (18)

二、米氏方程的推导 …………………………………………………………… (19)

三、米氏方程的讨论 …………………………………………………………… (20)

四、米氏常数 K_m 的意义 ……………………………………………………… (22)

第五节　酶促反应的影响因素 …………………………………………………… (23)

一、酶浓度对酶促反应的影响 …… (23)
二、底物浓度对酶促反应的影响 …… (24)
三、温度对酶作用的影响 …… (24)
四、pH 对酶促反应的影响 …… (25)
五、抑制剂对酶促反应的影响 …… (26)
六、激活剂对酶促作用的影响 …… (28)
第六节 酶的生产及分离纯化 …… (28)
一、酶的生产 …… (29)
二、产酶菌种要求 …… (30)
三、提高酶产量的方法 …… (32)
四、打破酶合成调节机制限制的方法 …… (33)
五、酶的分离纯化的基本原则 …… (34)
六、酶的分离纯化 …… (34)
第七节 酶工程研究进展 …… (36)
一、酶的应用研究进展 …… (36)
二、酶学理论研究 …… (37)
三、酶工程研究的重要意义 …… (38)
第八节 酶工程的应用 …… (39)
一、酶工程在医药方面的应用 …… (39)
二、酶工程在食品方面的应用 …… (42)
三、酶在轻工、化工产品制造方面的应用 …… (46)
四、酶在环境保护方面的应用 …… (49)
参考文献 …… (52)
第三章 基因工程 …… (54)
第一节 基因工程概述 …… (54)
一、基因工程的发展 …… (54)
二、基因工程的内容 …… (56)
第二节 基因技术的分子生物学基础 …… (58)
一、DNA 结构和功能 …… (58)
二、DNA 的存在形式 …… (70)
三、DNA 信息传递链的复制 …… (72)
四、DNA 的变性、复性和杂交 …… (73)
五、特定基因片段的 PCR 扩增 …… (75)
六、遗传信息的传递和中心法则 …… (76)
第三节 基因工程工具酶 …… (77)
一、限制性核酸内切酶 …… (77)
二、连接酶 …… (79)
三、DNA 聚合酶 …… (80)
四、DNA 修饰酶 …… (80)
第四节 基因工程载体 …… (81)

一、质粒克隆载体 …… (82)
二、病毒(噬菌体)克隆载体 …… (84)
三、染色体定位克隆载体 …… (87)
四、人工染色体克隆载体 …… (87)
五、特殊用途的染色体载体 …… (88)
第五节 目的基因的获得 …… (88)
一、基因的概念 …… (88)
二、目的基因的来源 …… (89)
三、获得目的基因的途径 …… (89)
第六节 目的基因的转移 …… (96)
一、基因表达载体的构建 …… (96)
二、将目的基因导入受体细胞 …… (97)
第七节 重组体的筛选 …… (100)
一、表型特征筛选(遗传检测法) …… (101)
二、菌落(噬菌斑)原位杂交筛选 …… (104)
三、免疫学方法筛选 …… (106)
四、结构分析筛选 …… (106)
五、转译筛选 …… (107)
第八节 基因工程技术与方法 …… (108)
一、凝胶电泳技术 …… (108)
二、杂交技术 …… (109)
三、PCR 技术 …… (110)
四、生物芯片 …… (112)
五、基因文库构建 …… (113)
六、酵母双杂交系统 …… (113)
七、DNA 测序 …… (114)
第九节 分子生态技术 …… (115)
一、原位荧光杂交(FISH) …… (115)
二、变性梯度凝胶电泳(DGGE) …… (115)
三、末端限制性酶切(T-RFLP) …… (116)
四、长度异质性 PCR(LH-PCR) …… (116)
五、核糖体基因间隔序列分析(ribosoma lintergenic spacer analysis, RISA) …… (116)
六、单链构象多态性分析(single-strand conformation polymorphism, SSCP) …… (116)
七、定量实时 PCR(quantitative real-time PCR) …… (117)
第十节 转基因技术(transgenic technology) …… (117)
一、发展历史 …… (117)
二、技术目的 …… (118)
三、主要分类 …… (118)
四、技术原理 …… (119)
五、遗传转化方法 …… (121)

六、鉴别方法 …………………………………………………………………………（122）
七、转基因技术的应用 ……………………………………………………………（123）
八、管理措施 …………………………………………………………………………（130）
第十一节　基因工程在污染治理中的应用 ………………………………………（131）
一、在重金属污染治理上的应用 …………………………………………………（131）
二、在农药污染治理上的应用 ……………………………………………………（132）
三、在石油污染治理上的应用 ……………………………………………………（133）
四、在表面活性剂污染治理上的应用 ……………………………………………（134）
五、在农业污染治理上的应用 ……………………………………………………（134）
六、在废水污染物治理中的应用 …………………………………………………（135）
参考文献 …………………………………………………………………………………（135）
第四章　细胞工程 ……………………………………………………………………（137）
第一节　细胞工程基础知识 …………………………………………………………（137）
一、细胞工程的基本概念 …………………………………………………………（137）
二、细胞工程的发展历程 …………………………………………………………（138）
三、细胞工程的研究内容 …………………………………………………………（139）
四、细胞工程的发展前景 …………………………………………………………（142）
第二节　微生物细胞工程 ……………………………………………………………（142）
一、微生物细胞融合 ………………………………………………………………（143）
二、真菌的原生质体融合 …………………………………………………………（146）
三、微生物发酵 ……………………………………………………………………（146）
四、微生物细胞工程中的应用 ……………………………………………………（148）
第三节　植物细胞工程 ………………………………………………………………（149）
一、植物细胞工程的基本原理 ……………………………………………………（150）
二、植物组织培养 …………………………………………………………………（151）
三、植物细胞工程的实际应用 ……………………………………………………（152）
四、植物的胚胎培养与离体授粉 …………………………………………………（157）
五、植物种质资源的超低温保存 …………………………………………………（158）
第四节　动物细胞工程 ………………………………………………………………（160）
一、动物细胞培养所需的基本条件 ………………………………………………（161）
二、动物细胞工程常用技术 ………………………………………………………（161）
三、动物细胞染色体工程 …………………………………………………………（165）
四、胚胎工程 …………………………………………………………………………（168）
第五节　细胞工程的应用 ……………………………………………………………（171）
一、农业 ………………………………………………………………………………（172）
二、医药卫生 …………………………………………………………………………（173）
三、工业 ………………………………………………………………………………（174）
四、环境保护 …………………………………………………………………………（174）
五、能源 ………………………………………………………………………………（178）
参考文献 …………………………………………………………………………………（179）

第五章　发酵工程 …… (180)
第一节　发酵工程概述 …… (180)
一、发酵的概念 …… (180)
二、发酵工程的概念 …… (180)
三、发酵工程的历史发展 …… (181)
四、发酵类型 …… (182)
五、发酵工程的特点 …… (183)
六、发酵工程菌种的特点 …… (184)
七、发酵技术的应用 …… (185)
第二节　微生物发酵过程 …… (185)
一、微生物发酵过程的类型 …… (185)
二、发酵工业中的常用微生物 …… (186)
三、发酵工业培养基 …… (189)
四、发酵的一般过程 …… (194)
第三节　菌种选育 …… (195)
一、菌种的来源 …… (195)
二、菌种的分离筛选 …… (196)
三、菌种的选育 …… (197)
第四节　发酵生物反应器 …… (197)
一、液体好氧发酵罐 …… (198)
二、液体厌氧发酵罐 …… (203)
三、固态发酵反应器 …… (204)
四、新型生物反应器 …… (205)
五、生物反应器设计原则 …… (207)
六、发酵动力学 …… (208)
第五节　发酵过程监测 …… (208)
一、菌体浓度的影响及控制 …… (208)
二、基质的影响及控制 …… (209)
三、温度对发酵的影响及控制 …… (210)
四、pH 值的影响及控制 …… (211)
五、溶氧的影响及控制 …… (212)
六、CO_2的影响及其控制 …… (213)
七、发酵终点的判断 …… (214)
第六节　发酵过程检测与优化 …… (214)
一、发酵过程检测 …… (215)
二、发酵过程优化 …… (216)
第七节　发酵工业的发展趋势 …… (217)
一、我国发酵工业的现状 …… (217)
二、我国发酵工业存在的问题 …… (219)
三、我国发酵工业未来发展趋势 …… (220)

参考文献 …… (221)
第六章　蛋白质工程 …… (222)
第一节　概　　述 …… (222)
一、蛋白质工程的基本途径 …… (222)
二、蛋白质工程的研究核心内容 …… (223)
三、蛋白质工程的基本程序 …… (224)
第二节　蛋白质设计 …… (225)
一、蛋白质分子设计的原理 …… (226)
二、蛋白质分子设计的原则 …… (228)
三、蛋白质分子设计的流程 …… (229)
四、蛋白质分子设计的类型及方法 …… (230)
第三节　蛋白质分子特异性 …… (230)
一、蛋白质结构的基本条件 …… (230)
二、蛋白质的一级结构 …… (232)
三、蛋白质的高级结构 …… (232)
四、蛋白质分子间的相互关系 …… (233)
五、蛋白质分子构象与功能的关系 …… (235)
第四节　蛋白质工程原理 …… (235)
一、蛋白质工程的理论研究 …… (236)
二、基因水平改造蛋白质 …… (236)
第五节　蛋白质的纯化和鉴定技术 …… (239)
一、蛋白质的分离纯化原理及步骤 …… (239)
二、电泳技术 …… (244)
三、萃取技术 …… (247)
四、色谱技术 …… (248)
五、二维电泳技术(2-DE 技术) …… (249)
六、质谱技术 …… (250)
七、层析技术 …… (251)
八、透析技术 …… (252)
第六节　蛋白质工程应用 …… (254)
一、干扰素的保存 …… (254)
二、生产单体速效胰岛素 …… (254)
三、水蛭素改造 …… (254)
四、生长激素改造 …… (255)
五、治癌酶的改造 …… (255)
六、蛋白质技术在石油化工领域的应用 …… (255)
七、蛋白质工程的前景 …… (258)
参考文献 …… (258)
第七章　现代生物技术研究与应用进展 …… (260)
第一节　现代生物技术研究与应用概述 …… (260)

一、细胞工程研究进展 …………………………………………………………………（260）
二、酶工程研究进展 …………………………………………………………………（261）
三、发酵工程研究进展 ………………………………………………………………（261）
四、基因工程研究进展 ………………………………………………………………（262）
五、蛋白质工程研究进展 ……………………………………………………………（263）
第二节　现代生物技术在废水处理中的研究进展 ……………………………………（264）
一、微生物处理污水的机制 …………………………………………………………（264）
二、污水处理中的特殊微生物 ………………………………………………………（265）
三、污水处理的主要装置 ……………………………………………………………（265）
四、现代生物技术在废水治理中的应用和发展 ……………………………………（267）
第三节　现代生物技术在环境生物监测中的应用 ……………………………………（270）
一、生物监测的基本概念 ……………………………………………………………（270）
二、现代生物技术分析 ………………………………………………………………（271）
三、现代生物技术在环境监测中的实践 ……………………………………………（276）
第四节　现代生物技术在大气污染中研究进展 ………………………………………（278）
一、大气污染 …………………………………………………………………………（278）
二、主要大气污染物 …………………………………………………………………（279）
三、环境影响因素 ……………………………………………………………………（280）
四、大气污染危害 ……………………………………………………………………（281）
五、现代生物技术在大气污染中的研究 ……………………………………………（282）
第五节　现代生物技术在土壤污染治理中的研究进展 ………………………………（285）
一、土壤污染物 ………………………………………………………………………（285）
二、土壤环境背景值研究 ……………………………………………………………（287）
三、微生物修复技术 …………………………………………………………………（288）
四、植物修复技术 ……………………………………………………………………（292）
五、微生物-植物修复技术 …………………………………………………………（294）
六、高通量测序技术 …………………………………………………………………（304）
第六节　现代生物技术在固体废弃物处理的研究进展 ………………………………（306）
一、概述 ………………………………………………………………………………（306）
二、堆肥 ………………………………………………………………………………（307）
三、填埋技术 …………………………………………………………………………（307）
第七节　生物采油技术 …………………………………………………………………（309）
一、微生物勘探石油的发展历史及原理 ……………………………………………（310）
二、生物采油存在的问题及发展趋势 ………………………………………………（312）
三、生物采油技术工程实例 …………………………………………………………（313）
第八节　现代生物技术的安全性问题 …………………………………………………（317）
第九节　现代生物技术的伦理问题 ……………………………………………………（317）
参考文献 …………………………………………………………………………………（318）

第一章 绪 论

第一节 生物技术概论

一、生物技术的定义

自1973年人类第一次基因重组实验成功以来，生物技术以其迅猛的发展给人类社会和经济增长带来了巨大影响。21世纪是生命科学研究璀璨光辉的世纪，生物技术产业作为21世纪的主导产业之一，生命科学和生物技术的进步将极大地改善人类生活方式和生活质量。生物技术是21世纪科技发展最富魅力的高新技术。

生物技术是指用活的生物体(或生物体的物质)来改进产品，改良植物和动物或为特殊用途而培养微生物的技术。现代生物技术是在传统生物技术基础上发展起来的，以重组技术的建立为标志，以现代生物学研究成果为基础，以基因或基因组为核心；生物技术产业以基因产业为核心，并辐射到各个生物科技领域。通过现代生物技术的设计方法和手段利用生物特定功能，可以改变动物体内生理生化反应和物质代谢过程。先进的工程技术手段包括基因工程、细胞工程、酶工程、发酵工程和蛋白质工程等新技术。

二、生物技术的发展

生物技术不是一门新学科，其发展历史悠久。它可分为传统生物技术和现代生物技术。现代生物技术是从传统生物技术发展而来的。

1. 传统生物技术的产生

传统生物技术应该说从史前时代起就为人们所开发和利用，造福人类。在石器时代后期，我国人民就会利用谷物造酒，这是最早的发酵技术。在公元前221年，周代后期，我国人民就能制作豆腐、酱和醋，并一直沿用至今。公元10世纪，我国就有了预防天花的活疫苗；到了明代，就已经广泛地种植痘苗以预防天花。在西方，苏美尔人和巴比伦人在公元前6000年就已开始啤酒发酵。埃及人则在公元前4000年就开始制作面包。

1676年荷兰人Leeuwen Hoek(1632~1723)制成了能放大170~300倍的显微镜并首先观察到了微生物。19世纪60年代，法国微生物学家巴斯德(1822~1985)通过多年的实验证明酒、醋等的酿造过程就是由微生物引起的发酵过程，而且不同的发酵是由不同种类的微生物引起的，并首先建立了微生物的纯种培养技术，从而为发酵技术的发展提供了理论基础，使发酵技术纳入了科学的轨道。到了20世纪20年代，工业生产中开始采用大规模的纯种培养技术发酵化工原料丙酮、丁醇。20世纪50年代，在青霉素大规模发酵生产的带动下，发酵工业和酶制剂工业大量涌现。发酵技术和酶技术被广泛应用于医药、食品、化工、制革和农产品加工等部门。20世纪初，遗传学的建立及其应用，产生了遗传育种学，并于20

世纪60年代取得了辉煌的成就，被誉为“第一次绿色革命”。细胞学的理论被应用于生产而产生了细胞工程。这一阶段的生物技术，由于没有高新技术的参与，仍然被看成是传统生物技术。

2. 现代生物技术的发展

现代生物技术是以20世纪70年代DNA重组技术的建立为标志的。1944年Avery等阐明了DNA是遗传信息的携带者。1953年Watson和Crick提出了DNA的双螺旋结构模型，阐明了半保留复制模式，从而开辟了分子生物学研究的新纪元。由于一切生命活动都是由包括酶和非酶蛋白质行使其功能的结果，所以遗传信息与蛋白质的关系就成了研究生命活动的关键问题。1961年Khorana和Nirenberg破译了遗传密码，揭开了DNA编码的遗传信息是如何传递给蛋白质这一秘密。基于上述基础理论的发展，1972年Berg首先实现了DNA体外重组技术，标志着生物技术的核心技术——基因工程技术的开始。DNA体外重组技术向人们提供了一种全新的技术手段，使人们可以按照意愿在试管内切割DNA、分离基因并经重组后导入其他生物或细胞，可以改造农作物或畜牧品种；也可以导入细菌这种简单的生物体，由细菌生产大量有用的蛋白质，或作为药物，或作为疫苗；也可以直接导入人体进行基因治疗，显然，这是一项技术上的革命。以基因工程为核心，带动了现代酵工程、现代酶工程、现代细胞工程以及蛋白质工程的发展，形成了具有划时代意义和战略价值的现代生物技术。

三、生物技术的应用

生物技术的应用已日益广泛。当今的生物技术正在以空前的速度变革传统的经济，人们已经看到迅速萌发出来的生物经济活力。

可以这样讲，从人类播种下第一枚种子开始，人类就开始利用生物技术为自己的生存服务了；从传统生物技术在食品领域的应用，到现代生物技术中人类利用动植物细胞的遗传物质在分子水平上改造生物性状。可以说生物技术的应用领域变得越来越广泛，它包括了医药、农业、畜牧业、食品、化工、林业、环境保护、采矿冶金、材料、能源等领域。这些领域的广泛应用必然带来经济上的巨大利益，所以各种与生物技术相关的企业如雨后春笋般地涌现。概括地说，生物技术相关的行业可分为八大类型(表1-1)。

表1-1 生物技术所涉及的行业种类

行业种类	经营范围
疾病治疗	用于控制人类疾病的医药产品及技术，包括抗生素、生物药品、基因治疗、干细胞利用等
检测与诊断	临床检测与诊断，食品、环境与农业检测
农业、林业与园艺	新的农作物或动物，肥料，生物农药
食品	扩大食品、饮料及营养素的来源
环境	废物处理、生物净化、环境治理
能源	能源的开采、新能源的开发
化学品	酶、DNA/RNA及特殊化学品
设备	由生物技术生产的金属、生物反应器、计算机芯片及生物技术使用的设备等

第二节　环境生物技术概论

一、环境生物技术的定义

环境生物技术(Environmental Biotechnology)简称 EBT，是近 30 年才定义的一门新型边缘学科。它主要由生物技术、工程学、环境学和生态学组成。目前可以将环境生物技术的概念完整地定义为：直接或间接利用生物体或生物体的某些组成部分或某些机能建立降低或消除污染物产生的生产工艺，或者能够高效净化环境污染及同时生产有用物质的人工技术系统。环境生物技术的核心是依据各类微生物的生态活动规律，从中寻找出最能有效解决有关环境问题的方法和途径，该技术涉及基因工程、酶工程、发酵工程、细胞工程、水处理工程、生态工程等各层次的工程与技术，并为众多学科的基础理论奠基。

二、环境生物技术的优势

随着经济的发展和社会的进步，人类不断地向环境中排放污染物，造成了全球性的生态环境破坏和污染。全球普遍存在着不同程度的空气、水和土地污染等现象，全世界都在关注水资源的短缺、水体的污染、有毒化学品的危害、固体废弃物的处理与处置以及生物多样性的损伤等生态环境问题。除了这些问题之外，资源短缺、健康受害等问题都能够从环境生物技术的研发中得到解决。环境生物技术在处理这些问题上具有巨大的优势，并将逐渐成为 21 世纪科技发展中最具前沿、最富魅力的高新技术之一。

环境生物技术是直接或间接利用生物或生物体降低或消除污染物，达到净化环境或生产有用物质的工程技术。环境生物技术具有其他方法不可比拟的优越性，利用该技术处理后的最终产物大多是无毒无害的稳定物质，如二氧化碳、水、氮气和甲烷等，有效避免了污染物的多次转移。如微生或转化，具有治理效果好、费用低、无二次污染等优点，另外，生物处理技术的产物或副产品大多能较快地生物降解，可作为资源加以利用，有助于把人类活动产生的环境污染降到最低。因此，环境生物技术具有深远的发展前景，特别是对于寻求用低成本解决环境问题的发展中国家具有极大的应用潜力。

三、环境生物技术的研究内容

关于环境生物技术的研究内容，国内学者认为可包括以下几方面：①现代环境生物技术，是指以基因工程为主导的生物防治技术，包括构建降解杀虫剂、除草剂、多环芳烃类化合物等污染物的高效基因工程菌，为快速、有效地解决日益出现的大量环境难题开辟了新的途径；②以废物的生物处理为主要内容，包括在新的理论和技术支撑下，开发一系列废物强化处理工艺；③主要包括氧化塘、人工湿地和农业、生态工程等，其特点是最大程度地发挥自然界的生物环境功能，投入资金少，且易于操作管理。其中，第②方面是目前治理污染中被广泛使用的生物技术，并仍在不断强化和改进，已对控制现在的环境质量起到了极其重要的作用。

四、环境生物技术应用的研究进展

环境生物技术的起源可追溯到 100 多年前的活性污泥工艺，随着其理论和实用技术的不断发展，该技术在治理环境污染、改善环境质量方面起到了积极作用。近年来，随着现代生物技术的发展，尤其是基因工程、细胞工程等现代分子学生物技术的出现，为环境科学的发展带来了新的机遇，为生物技术在环境领域的应用奠定了重要的理论基础。近几年的实践证实，环境生物技术是一种经济效益佳、治理成效好、可持续利用与发展的重要环境治理手段，是当代环境科学发展的主导方向。

第三节 现代环境生物技术

一、现代环境生物技术的发展

现代生物技术的发展，为环境生物技术向纵深发展增添了强大的动力，它无论是在生态环境保护方面，还是在污染预防和治理方面，以及环境监测方面，都显示出独特的功能和优越性。

环境生物技术作为生物技术的一个分支学科，它除了包括生物技术所有的基础和特色之外，还必须与污染防治工程及其他工程技术相结合。

环境生物技术可分为高、中、低三个层次：

① 高层次是指以基因工程为主导的现代污染防治生物技术，如基因工程菌的构建、抗污染型转基因植物的培育等。

② 中层次是指传统的生物处理技术，如活性污泥法、生物膜法，以及其在新的理论和技术背景下产生的强化处理技术和工艺，如生物流化床、生物强化工艺等。

③ 低层次是指利用天然处理系统进行废物处理的技术，如氧化塘、人工湿地系统等。环境生物技术的三个层次均是污染治理不可缺少的生物技术手段。高层次的环境技术需要以现代生物技术知识为背景，为寻求快速有效的污染治理与预防新途径提供了可能，是解决目前出现的日益严重且复杂的环境问题的强有力手段。中层次的环境生物技术是当今生物处理中应用最广泛的技术，中层次的技术本身也在不断改进，高技术也不断渗入，因此，它仍然是目前环境污染治理中的主力军。低层次的环境生物技术，其最大特点是充分发挥自然界生物净化环境的功能，投资运行费用低，易于管理，是一种省力、省费用、省能耗的技术。

各种工艺与技术之间可能存在相互渗透或交叉应用的现象，有时难以确定明显的界限。某项环境生物技术可能集高、中、低三个层次的技术于一身。例如，废物资源化生物技术中，所需的高效菌种可以采用基因工程技术构建，所采用的工艺可以是现代的发酵技术，也可以是传统的技术。这种三个层次的技术集中于同一环境生物技术的现象并不少见。

近年来，环境生物技术发展极其迅猛，已成为一种经济效益和环境效益俱佳的、解决复杂环境问题的最有效手段。国际上认为21世纪生物技术产业化的十大热点中，环境污染监测、有毒污染物的生物降解和生物降解塑料三项属于环境生物技术的内容。环境生物技术已经取得了辉煌的成绩，也面临许多难题，而这些难题的解决，依赖于现代生物技术的发展。人们有理由、有信心相信，最终环境问题解决的希望寄托在现代环境生物技术的进展和突破上。

二、现代环境生物技术的特点

生物是构成生态系统的要素，生态系统内物质循环主要是依靠生物过程来完成的。生物技术在处理环境污染物方面具有速度快、消耗低、效率高、成本低、反应条件温和以及无二次污染等显著优点，受到了各国政府和科技工作者的高度重视。随着生物技术研究的进展和人们对环境问题认识的深入，人们已越来越意识到，现代生物技术的发展，为从根本上解决环境问题提供了希望。

目前生物技术应用于环境保护中主要是利用微生物，少部分利用植物作为环境污染控制的生物。生物技术已是环境保护中应用最广的、最为重要的单项技术，其在水污染控制、大气污染治理、有毒有害物质的降解、清洁可再生能源的开发、废物资源化、环境监测、污染环境的修复和污染严重的工业企业的清洁生产等环境保护的各个方面，发挥着极为重要的作用。应用环境生物技术处理污染物时，最终产物大都是无毒无害的、稳定的物质，如二氧化碳、水和氮气。利用生物方法处理污染物通常能一步到位，避免了污染物的多次转移，因此它是一种安全而能够彻底地消除污染的方法。特别是现代生物技术的发展，尤其是基因工程、细胞工程和酶工程等生物高技术的飞速发展和应用，大大强化了上述环境生物处理过程，使生物处理具有更高的效率，更低的成本和更好的专一性，为生物技术在环境保护中的应用展示了更为广阔的前景。美国环保局(EPA)在评价环境生物技术时也指出"生物治理技术优于其他新技术的显著特点在于其是污染物消除技术而不是污染物分离技术"。

由于大部分有机污染物适于作为生物过程反应物(底物)，其中一些有机污染物经生物过程处理后可转化成沼气、酒精、生物蛋白等有用物质，因此，生物处理方法也常是有机废物资源化的首选技术。生物过程是以酶促反应为基础的，作为催化剂的酶是一种活性蛋白，因此，生物反应过程通常是在常温、常压下进行的。另外，酶对底物有高度的特异性，因此，生物转化技术的效率高，副产物少，这与常常需要高温、高压条件的化工过程相比，反应条件大大简化，因而投资省、费用少、消耗低，而且效果好、过程稳定、操作简便，同时，在多数情况下，它还可和其他技术结合使用。用生物过程代替化学过程可以降低生产活动的污染水平，有利于实现工艺过程生态化或无废生产，真正实现清洁生产的目标。据美国环保局估算，美国现有的化学工业若有5%为生物过程取代，污染防治费用可降低约1亿美元。生物处理技术除易于大规模处理外，还可利用天然水体或土壤作为污染物处理场所，从而大大节约生物处理的费用。另外，生物技术的产品或副产品基本上都是可以较快生物降解的，并且都可以作为一种营养源加以利用。用生物制品代替一切可以取代的化学药物、化石能源、人工合成物等，有助于把人类活动产生的环境污染降至最低程度，使经济发展进入可持续发展的轨道。生物是构成生态系统的要素，生态系统内物质循环主要是依靠生物过程来完成的。因此，利用环境生物技术可治理用其他方法难以处理的环境介质，即用生物修复技术净化环境，使受污染的宝贵资源如水资源(包括地面水和地下水)、土壤等得以重新利用，同时还可进一步强化环境的自净能力。环境生物技术不仅单纯适用于环境污染治理，如今已相当广泛地应用于环境监测，尤其是以生物传感器为核心的环境生物监测技术，可在线在位迅速地提供环境质量参数，成为环境质量预报和报警中的重要组成部分。

第四节　本书概述

环境生物技术是一门新兴的学科，其发展历史并不长。本书重点讨论现代生物技术在环境领域中的应用，特别是在环境领域中的一些新的应用方向。

第一章为绪论。简要分析了生物技术的定义、主要内容、发展过程和应用；环境生物技术的定义、技术优势、主要内容及现代环境生物技术的进展。

第二章为酶工程。酶工程是现代生物技术的主要内容之一，是酶学和工程学相互渗透结合发展而成的一门新学科。它从应用的角度研究酶，是在一定的生物反应装置中利用酶的催化性质进行生物转化的技术，是生物技术的重要组成部分。随着现代生物技术的发展和环境污染的日益加剧，酶在废物处理和资源化中的应用越来越受到重视。本章主要研究酶的催化特性、作用原理、酶的生产和分离纯化、酶分子修饰、酶固定化技术、酶反应器，生物酶技术在废水上的应用案例。

第三章为基因工程。基因工程又称 DNA 重组技术，是在分子水平上对基因进行操作的复杂技术。基因工程为研究基因的结构、功能和调节开辟了新途径，为实现真核生物基因的详细结构分析提供了可行技术，为研究基因如何工作找到了一个有力的工具。正由于基因工程技术的产生和发展，才有了许多重大的研究计划的提出和实施。本章首先介绍了基因工程的分子生物学基础知识，然后重点介绍了基因工程操作过程中涉及的重要步骤的基本原理和方法，最后介绍了基因工程在环境污染治理中的应用。

第四章为细胞工程。细胞工程是在细胞水平上研究、开发和利用各类细胞的工程，它的发展建立在细胞融合的基础上。人们可以根据需要，经过科学设计，在细胞水平上改造生物的遗传物质。本章介绍了细胞工程的基础知识，包括微生物细胞、植物细胞和动物细胞，内容涉及原生质体制备、细胞融合、杂种细胞的筛选，单克隆抗体的制备等。此外，还介绍了细胞工程在环境污染治理中的应用，包括利用细胞融合技术构建环境工程菌，抗污染型植物的培育，利用抗体或抗体片段处理微污染水等。

第五章为发酵工程。发酵工程是将微生物学、生物化学和化学工程学的基本原理有机地结合起来，利用微生物的生长和代谢活动来生产各种有用物质或分解有害物质的工程技术。发酵工程具有悠久历史、又融合了现代科学，是现代生物技术的重要组成部分，是生物技术产业化的重要环节。本章介绍了发酵工程的基本原理和方法、发酵工程的监测、反应过程动力学等，此外，还介绍了发酵过程的优化和发酵工业的发展趋势。

第六章为蛋白质工程。蛋白质工程是在重组 DNA 技术应用于蛋白质结构与功能研究之后发展起来的一门新兴学科。所谓蛋白质工程，就是通过对蛋白质已知结构和功能的了解，借助计算机辅助设计，利用基因定点诱变等技术，特异性地对蛋白质结构基因进行改造，产生具有新的特性的蛋白质的技术，并由此深入研究蛋白质的结构与功能的关系。蛋白质工程是在遗传工程取得的成就的基础上，融合蛋白质结晶学、蛋白质动力学、计算机辅助设计和蛋白质化学等学科而迅速发展起来的一个新兴研究领域，它开创了按照人类意愿设计制造符合人类需要的蛋白质的新时期，因此，被誉为第二代遗传工程。蛋白质工程的出现，为认识和改造蛋白质分子提供了强有力的手段。本章对蛋白质工程进行了概述、介绍了蛋白质设计、蛋白质分子特异性。此外，还介绍了蛋白质工程原理和蛋白质工程的应用。

第七章为现代生物技术研究与应用进展。本章结合第二~六章，针对现代生物技术作出了一个统一的概述，着重介绍了现代生物技术在废水处理、环境生物监测、大气污染、土壤污染处理中的研究进展，凸显出现代生物技术在环境污染治理中的着重地位。

参考文献

[1] 张增欣，张伟涛. 生物技术简介及其在畜牧业中的应用[J]. 乳业科学与技术，2007，30(3)：141~144.

[2] 赵凯，王晓华. 生物技术在农业中的应用[J]. 生物技术通讯，2003，14(4)：342~345.

[3] 朱学文，李明泽. 生物技术与生物学实验技术[J]. 生物学杂志，2003，20(4)：63~64.

[4] 杨丽姝. 转基因技术的社会控制研究[D]. 成都理工大学，2006.

[5] 曹军平. 现代生物技术在农业中的应用及前景[J]. 安徽农业科学，2007，35(3)：671~674.

[6] 赵小平. 现代环境生物技术的应用[J]. 重庆工贸职业技术学院学报，2008(3)：28~28.

[7] 方金德. 浅谈环境生物技术在环境保护中的意义[J]. 能源与环境，2009(3)：102~103.

[8] 陈欢林. 环境生物技术与工程[J]. 北京：化学工业出版社，2003.

[9] 段昌群. 环境生物学：第2版[M]. 北京：科学出版社，2010.

[10] 郭祥，钟成华，王涛，等. 环境生物技术在污染治理中的研究进展[J]. 环境影响评价，2012，34(2)：32~35.

[11] Gupta V，Sengupta M，Prakash J，et al. Environmental Biotechnology[M]// Basic and Applied Aspects of Biotechnology. Springer Singapore，2017.

[12] Cortez S，Nicolau A，Flickinger M C，et al. Biocoatings：A new challenge for environmental biotechnology[J]. Biochemical Engineering Journal，2017，121：25~37.

[13] Kalogerakis N，Arff J，Banat I M，et al. The role of environmental biotechnology in exploring，exploiting，monitoring，preserving，protecting and decontaminating the marine environment[J]. New Biotechnology，2015，32(1)：157~167.

[14] Se O. ENVIRONMENTAL BIOTECHNOLOGY Pollution and Pollution Control[J]. 2015.

[15] Singh D P. Environmental Microbiology and Biotechnology[J]. 2015.

[16] Hansson S O. Biotechnology for Environmental Purposes[J]. 2016.

[17] Wendlandt K D，Stottmeister U，Helm J，et al. The potential of methane-oxidizing bacteria for applications in environmental biotechnology[J]. Engineering in Life Sciences，2010，10(2)：87~102.

[18] 赵远，张崇森. 水处理微生物学[M]. 北京：化学工业出版社，2014.

[19] 赵远，梁玉婷. 石化环境生物技术[M]. 北京：中国石化出版社，2013.

第二章 酶工程

随着科学技术的迅速发展，人类赖以生存的环境质量，是目前举世瞩目的重大问题。对日益严峻的全球化环境污染问题，酶在环保方面的应用日益受到关注，呈现出良好的发展前景。酶是生物体内产生的具有催化功能的特殊蛋白质和RNA，为环境保护污染治理提供了新的技术手段。本章介绍了酶工程基本技术，包括酶制剂的生产、酶的分离纯化，酶的固定化技术、酶的改造和修饰等，综述了酶在环境保护方面，包括水净化、石油和工业废油的处理、白色污染的治理和环境监测等方面的研究和应用现状。

第一节 酶的基本概念

酶是催化特定化学反应的蛋白质、RNA或其复合体，是生物催化剂，能通过降低反应的活化能加快反应速度，但不改变反应的平衡点。绝大多数酶的化学本质是蛋白质。

早在几千年前，人类已开始利用微生物酶来制造食品和饮料。我国在4000多年前，就已经在酿酒、制酱、制饴等的过程中，不自觉地利用了酶的催化作用。然而，真正地认识酶的存在和作用，是从19世纪开始的。1833年佩恩(Payen)和帕索兹(Persoz)从麦芽的水抽提物中，用酒精沉淀得到一种可使淀粉水解成可溶性糖的物质，称之为淀粉酶(diastase)，并指出了它的热不稳定性，初步触及了酶的一些本质问题。19世纪中叶，巴斯德(Pasteur)等人对酵母的酒精发酵进行了大量研究，指出酵母中存在一种使葡萄糖转化为酒精的物质。1978年库尼(K. cinne)首先把这种物质称之为酶(Enzyme)，这个词来自希腊文，其意思是“在酵母中”。1896年巴克纳兄弟(Btichner)发现用石英砂磨碎的酵母细胞或无细胞绿叶同样与酵母细胞一样可将一单位的葡萄糖转化为二单位乙醇和CO_2。这就表明酶不仅在细胞内，而且在细胞外也可在一定条件下进行催化作用。其后，对酶的催化作用理论和酶的本质进行了广泛的研究。1913年，米彻利斯(Michaelis)和曼吞(MeAten)提出中间产物学说，推导出酶促反应的基本方程式——米氏方程。1926年，萨姆纳(Sumner)首次从刀豆提取液中分离得到脲酶结晶，证明它具有蛋白质的性质，提出酶的化学本质是蛋白质的观点。此后，对一系列酶的研究都一再证明了酶是具有生物催化特性的特殊蛋白质这一概念。然而，近10年来的研究，却发现除了蛋白质以外，核糖核酸(RNA)也具有催化活性。例如，1982年切克(Cech)等在四膜虫(Tetrahynena)的RNA分子中发现一个具有自身切接功能的片段，它可以从前体RNA中特异地把与它本身相同的RNA片段(413个核苷酸)切下来，然后把剩余的RNA部分重新连接起来。

酶工程是利用酶的催化作用进行物质转化的技术，是将酶学理论与化工技术结合而形成的新技术。其主要任务是：通过预先设计，经过人工操作控制而获得大量所需的酶，并通过各种方法使酶发挥出最大的催化功能；目的是为我们提供产品或以特定的功能为我们服务。包括酶的生产、酶的分离纯化、酶的分子修饰、酶的固定化、酶的反应动力学、酶的反应器以及酶的应用。

一、酶的命名

现在已知的酶近3000种。为了准确地识别某一种酶，免致发生混乱和误解，在酶学研究和酶工程领域，要求对每一种酶都要有准确的名称和明确的分类。为此，国际酶学委员会(International Electrotechnical Commission)做了大量的工作。国际酶学委员会成立于1956年，受国际生物化学联合会(International Union of Biochemistry)及国际理论化学和应用化学联合会(International Union of Pure and Applied Chemistry)领导。该委员会一成立，第一件事就是着手研究当时混乱的酶的名称问题。在当时，酶的命名没有一个准则。由酶的发现者或其他研究者个人的意见给酶定名，必然引起混乱。有时，同一种酶有两个或多个不同名称。例如，催化淀粉水解生成糊精的酶，就有淀粉酶(diastase)、液化淀粉酶(liquefacient amylase)、糊精淀粉酶(dextrine amylase)和α-淀粉酶(amy-lase)等多个名称。相反，有时同一个名称却用以表示两种或多种不同的酶。例如，琥珀酸氧化酶(suceinate oxidase)这一名称，曾经用于琥珀酸脱氢酶(succinatg dehydrogenase)，琥珀酸半醛脱氢酶(succinate-semialdehyde dehydrogenase)和$NAD(P)^+$琥珀酸半醛脱氢酶[succinate-semiadehyde dehyhydrogenas, $NAD(P)^+$]等几种酶。有些酶的名称则很少或者毫不表达该酶所催化的反应的本质。例如，触酶(Catalase)、黄酶(Yellow enzyme)、问酶(Zwischen ferment)等，而高峰淀粉酶(TaR-diastase)这一名称，则来自日本学者高峰让吉的姓氏(高峰在日语中发音为Takamine)，他于1894年首次从米曲霉中制备得到一种淀粉酶制剂，用作消化剂。由此可见，确立酶的分类和命名原则，在当时是亟待解决的难题。

国际酶学委员会于1961年在“酶学委员会的报告”中提出了酶的分类与命名方案，获得了“国际生物化学与分子生物学联合会”的批准。此后经过多次修订，不断得到补充和完善。

根据国际酶学委员会的建议，每一种具体的酶都有其推荐名和系统命名。推荐名是在惯用名称的基础上，加以选择和修改而成。酶的推荐名一般由两部分组成：第一部分为底物名称，第二部分为催化反应的类型。后面加一个“酶”字(-ase)。不管酶催化的反应是正反应还是逆反应，都用同一个名称。例如，葡萄糖氧化酶(glucose oxidase)，表明该酶的作用底物是葡萄糖，催化的反应类型属于氧化反应。对于水解酶类，其催化水解反应，在命名时可以省去说明反应类型的“水解”字样，只在底物名称之后加上“酶”字即可，如淀粉酶、蛋白酶、乙酰胆碱酶等。有时还可以再加上酶的来源或其特性，如木瓜蛋白酶、酸性磷酸酶等。酶的系统命名则更详细、更准确地反映出该酶所催化的反应。系统名称(systematic nomenclature)包括了酶的作用底物、酶作用的基团及催化反应的类型。例如，上述葡萄糖氧化酶的系统命名为“β-D-葡萄糖：氧1-氧化还原酶”(β-D-glucose：oxygen 1-oxidoreductase)。表明该酶所催化的反应以β-D-葡萄糖为脱氢的供体，氧为氢受体，催化作用在第一个碳原子基团上进行，所催化的反应属于氧化还原反应。

二、蛋白类酶(P酶)的分类

蛋白类酶(P酶)的分类原则为：按照酶催化作用的类型，将蛋白类酶分为6大类，见表2-1。即第1大类，氧化还原酶；第2大类，转移酶；第3大类，水解酶；第4大类，裂合酶；第5大类，异构酶；第6大类，合成酶(或称连接酶)。

表 2-1　酶的分类

编　号	酶的分类	催化反应的性质
1	氧化还原酶类(oxidoreductases)	氧化还原反应
2	转移酶类(tranferases)	分子间基团转移
3	水解酶类(hydrolases)	水解反应
4	裂合酶类(lyases)	消除反应，产生双键
5	异构酶类(isomerases)	分子内的重排反应
6	连接酶类(ligases)	依赖于 ATP 水解的分子之间的合成反应

1. 氧化还原酶(oxidoreductases)

催化氧化还原反应的酶称为氧化还原酶。其催化反应通式为

$$BH_2+C \Longrightarrow B+CH_2 \tag{2-1}$$

被氧化的底物(BH_2)为氢或电子供体，被还原的底物(B)为氢或电子受体。系统命名时，将供体写在前面，受体写在后面，然后再加上氧化还原酶字样，如醇 NAD^+ 氧化还原酶，表明其氢供体是醇，氢受体是 NAD^+。其推荐名采用某供体脱氢酶，如醇脱氢酶(alcohol dehydrogenase)，其催化反应式为：醇+$NAD^+$$\Longrightarrow$醛或酮+NADH+$H^+$；或某受体还原酶，如延胡索酸还原酶(fumarate reductase)，其催化反应式为：琥珀酸+$NAD^+$$\Longrightarrow$延胡索酸+NADH+$H^+$；以氧作氢受体时则用某受体氧化酶的名称，如葡萄糖氧化酶(glucose oxidase)，其催化反应式为：葡萄糖+$O_2$$\Longrightarrow$葡萄糖酸+$H_2O_2$等。葡萄糖酸+$NAD^+$$\Longrightarrow$醛或酮+NADH+$H^+$；以氧作氢受体时则用某受体氧化酶的名称，如葡萄糖氧化酶(glucose oxidase)，其催化反应式为：葡萄糖+$O_2$$\Longrightarrow$葡萄糖酸+$H_2O_2$等。

2. 转移酶(transferases)

催化某基团从供体化合物转移到受体化合物上的酶称为转移酶。其反应通式为

$$XY+Z \Longrightarrow X+YZ \tag{2-2}$$

其系统命名是“供体：受体某基团转移酶”。例如，L-丙氨酸：2-酮戊二酸氨基转移酶，表明该酶催化氨基从 L-丙氨酸转移到 2-酮戊二酸。推荐名为“受体”(或供体)某基团转移酶，例如，丙氨酸氨基转移酶(其催化反应式为：L-丙酸+2-酮戊二酸=丙酮酸+L-谷氨酸)等。

3. 水解酶(hydrolase)

催化各种化合物进行水解反应的酶称为水解酶。其反应通式为

$$XY+H_2O \Longrightarrow X\text{-}OH+YH \tag{2-3}$$

该大类酶的系统命名是先写底物名称，再写发生水解作用的化学键位置，后面加上“水解酶”，如核苷酸磷酸水解酶，表明该酶催化反应的底物是核苷酸，水解反应发生在磷酸酯键上。其推荐名则在底物名称的后面加上一个“酶”字，如核苷酸酶(其催化反应式为：核苷酸+$H_2O$$\Longrightarrow$核苷+$H_3PO_4$)等。

4. 裂合酶(lyases)

催化一个化合物裂解成为两个较小的化合物及其逆反应的酶称为裂合酶。其反应通式为

$$XY \Longrightarrow X+Y \tag{2-4}$$

一般裂合酶在裂解反应方向只有一个底物，而在缩合反应方向却有两个底物。催化底

物裂解为产物后，产生一个双键。

该大类酶的系统命名为“底物-裂解的基团-裂合酶”，如L-谷氨酸1-羧基-裂合酶，表明该酶催化L-谷氨酸在1-羧基位置发生裂解反应。其推荐名是在裂解底物名称后面加上“脱羧酶”(decarboxylase)、“醛缩酶”(aldolase)、“脱水酶”(dehydratase)等，在缩合反应方向更为重要时，则用“合酶”(synthase)另一名称，苏氨酸醛缩酶(L-苏氨酸══甘氨酸+乙醛)、柠檬酸脱水酶(柠檬酸══顺乌头酸+水)、乙酰乳酸合酶(2-乙酰乳酸══CO_2+丙酮酸)等。

5. 异构酶(isomerases)

催化分子内部基团位置或构象的转换的酶称为异构酶。其反应通式为：

$$A \rightleftharpoons B \tag{2-5}$$

异构酶按照异构化的类型不同，分为6个亚类。命名时分别在底物名称的后面加上异构酶(isomerase)、消旋酶(racemase)、变位酶(mutase)、表异构酶(epimerase)、顺反异构酶(cis-trans-isomerase)等。例如，木糖异构酶(其催化反应式为：D-木糖══D-木酮糖)，丙氨酸消旋酶(其催化反应式为：L-丙氨酸══D-丙氨酸)，磷酸甘油酸磷酸变位酶(其催化反应式为：2-磷酸-D-甘油酸══3-磷酸-D-甘油酸)，醛糖1-表异构酶(其催化反应式为：α-D-葡萄糖══8-D-葡萄糖)，顺丁烯二酸顺反异构酶(其催化反应式为：顺丁烯二酸══反丁烯二酸)等。

6. 连接酶(ligases)或合成酶(synthetases)

连接酶是伴随着ATP等核苷三磷酸的水解，催化两个分子进行连接反应的酶。其反应通式为：

$$A+B+ATP \rightleftharpoons AB+ADP+Pi(\text{或}\ AB+AMP+PPi) \tag{2-6}$$

该大类酶的系统命名是在两个底物的名称后面加上“连接酶”。如谷氨酸：氨连接酶，其催化反应式为：L-谷氨酸+氨+ATP ══L-谷氨酰胺+ADP+Pi。而推荐名则是在合成产物名称之后加上“合成酶”，如天冬酰胺合成酶，其催化反应式为：L-天冬氨酸+ATP ══L-天门冬酰胺+AMP+PPi

三、核酸类酶(R酶)的分类

自1982年以来，发现的核酸类酶越来越多，研究也越来越深入和广泛。但是对于分类和命名却没有统一的原则和规定。

根据酶催化反应的类型，可以将R酶分为剪切酶、剪接酶和多功能酶三类。

根据R酶的结构特点不同，可分为锤头型R酶、发夹型R酶、含Ⅰ型IVS的R酶和含Ⅱ型IVS的R酶等。根据酶催化的底物是其本身RNA分子还是其他分子，可以将R酶分为分子内催化(incis，也称为自我催化)和分子间催化(intrans)两类。根据核酸类酶的作用底物、催化反应类型、结构和催化特性等的不同，对R酶采用下列分类原则：

① 根据酶作用的底物是其本身RNA分子还是其他分子，将核酸类酶分为分子内催化(in cis，亦或称为自我催化)R酶和分子间催化(in trans)R酶两大类。

② 在每个大类中，根据酶的催化类型不同，将R酶分为若干亚类，如剪切酶、剪接酶和多功能酶等。据此，可将分子内催化的R酶分为自我剪切酶(self-cleavage)、自我剪接酶(self-splicing)等亚类；分子间催化的R酶可以分为RNA剪切酶、DNA剪切酶、氨基酸酯剪切酶、多肽剪切酶和多糖剪接酶等亚类。

③ 在每个亚类中，根据酶的结构特点和催化特性的不同，分为若干小类。如自我剪接酶中，可分为含有Ⅰ型IVS的自我剪接酶和含Ⅱ型IVS的自我剪接酶等小类。

④ 在每个小类中，包括若干个具体的R酶。

⑤ 在可能与蛋白类酶(P酶)混淆的情况下，标明R酶，以示区别。由于蛋白类酶和核酸类酶的组成和结构不同，命名和分类原则有所区别。为了便于区分两大类别的酶，有时催化的反应相似，在蛋白类酶和核酸类酶中的命名却有所不同。例如，催化大分子水解生成较小分子的酶，在核酸类酶中属于剪切酶，在蛋白类酶中则属于水解酶；核酸类酶中的剪接酶可以催化剪切与连接反应。蛋白类酶中的转移酶亦催化相似的反应，可以从一个分子中将某个基团剪切下来，连接到另一个分子中去等。

根据现有资料，将R酶的初步分类简介如下：

1. 分子内催化(in cis)的R酶

分子内催化的R酶是指催化本身RNA分子进行反应的一类核酸类酶，该大类酶均为RNA前体。由于这类酶催化分子内反应，所以冠以"自我"(self)字样。

根据酶所催化的反应类型，可以将该大类酶分为自我剪切酶和自我剪接酶等。

① 自我剪切酶(self-cleavage ribozyrne)

自我剪切酶是指催化本身RNA进行剪切反应的R酶。具有自我剪切功能的R酶是RNA的前体。它可以在一定条件下催化本身RNA进行剪切反应，使RNA前体生成成熟的RNA分子和另一个RNA片段。

例如，1984年，阿比利安(Apirion)发现T_4噬菌体RNA前体可以进行自我剪切，将含有215个核苷酸(nt)的前体剪切成为含139个核苷酸的成熟RNA和另一个含76个核苷酸的片段。

② 自我剪接酶(self-splicing ribozyme)

自我剪接酶是在一定条件下催化本身RNA分子同时进行剪切和连接反应的R酶。自我剪接酶都是RNA前体，它可以同时催化RNA前体本身的剪切和连接两种类型的反应。根据其结构特点和催化特性的不同，自我剪接酶可分为含Ⅰ型IVS均与四膜虫rRNA前体的间隔序列(IVS)的结构相似，在催化rRNA前体的自我剪接时，需要鸟苷(或5′-鸟苷酸)及镁离子(Mg^+)参与。Ⅱ型IVS则与细胞核mRNA前体的IVS相似，在催化mRNA前体的自我剪接时，需要镁离子参与，但不需要鸟苷或鸟苷酸。

2. 分子间催化(intram)的R酶

分子间催化的R酶是催化其他分子进行反应的核酸类酶。根据所作用的底物分子的不同，可以分为若干亚类。根据现有资料介绍如下。

(1) 作用于其他RNA分子的R酶

该亚类的酶可催化其他RNA分子进行反应。根据反应的类型不同，可以分为若干小类，如RNA剪切酶、多功能R酶等。

RNA剪切酶是催化其他RNA分子进行剪切反应的核酸类酶。

糖核酸酶P中的RNA(RNaseP-RNA)也具有剪切tRNA前体生成成熟tRNA的功能。

多功能R酶是指能够催化其他RNA分子进行多种反应的核酸类酶。

(2) 作用于DNA的R酶

该亚类的酶是催化DNA分子进行反应的R酶。

1990年，发现核酸类酶除了以RNA为底物以外，有些R酶还可以DNA为底物，在一定条件下催化 DNA 分子进行剪切反应，称为 DNA 剪切酶。

(3) 作用于多糖的 R 酶

该亚类的酶是能够催化多糖分子进行反应的核酸类酶。

例如，兔肌 1，4-D-葡聚糖分支酶[EC2.4.1.18]是一种催化直链葡聚糖转化为支链葡聚糖的糖链转移酶，分子中含有蛋白质和 RNA。其 RNA 组分由 31 个核苷酸组成，它单独具有类似分支酶的催化功能，即该 RNA 可以催化糖链的剪切和连接反应，属于多糖剪接酶。

(4) 作用于氨基酸酯的 R 酶

1992 年，发现了以氨基酸酯为底物的核酸类酶。该酶同时具有氨基酸酯的剪切作用、氨酰基-tRNA 的连接作用和多肽的剪接作用等功能。

四、酶的组成

根据酶蛋白分子的特点可将酶分为两类：单纯酶和结合酶。

(1) 单纯酶：仅由蛋白质构成(单纯蛋白质酶)，如水解酶：将酶水解成产物只有 aa 的酶-酶蛋白。

(2) 结合酶：由蛋白质和辅助因子(辅酶和辅基)构成，如多数氧化还原酶。

辅助因子(cofactor)属于蛋白酶中的非蛋白质部分。辅助因子可分为两类：一是无机金属元素，如铜、锌、锰、镁、铁等；二是小分子有机物，如维生素、铁卟啉等。它们本身无催化作用，但却是全酶活性所必需的。辅助因子在酶促反应中主要起着弥补氨基酸基团催化强度的不足，改变并稳定活性中心或改变底物化学键稳定性(底物——酶的催化对象)，还起着传递(氢、电子、原子、化学基团)的作用。根据辅助因子与酶蛋白的结合程度不同，我们可以把辅助因子分为辅酶(coenzyme)、辅基(prosthetic group)和金属激活剂(metal activator)三种。辅酶是指与酶蛋白结合很松弛的辅助因子，可以通过透析或其他方法将它从全酶除去，例如，酵母提取物有催化葡萄糖发酵作用的能力，透析除去辅助因子 I(CoI)后，酵母提取物就失去了催化能力。另一些辅助因子是以共价键和酶蛋白较牢固地结合在一起的，不易透析除去，这种辅助因子称为辅基。例如，细胞色素氧化酶与铁卟啉不易除去，所以辅基与辅酶的区别只在于它们与酶蛋白结合的牢固程度不同，并无严格的界限。此外，还有以金属离子作为辅助因子的成为金属激活剂。具体的分类见表 2-2。

表 2-2　辅助因子的分类

类别	辅助因子	案　例
金属离子	金属激活剂	Mg^{2+}、Zn^{2+}、Fe^{2+}(Fe^{3+})、Cu^{2+}(Cu^{+})、Mn^{2+}等；精氨酸酶需要 Mn^{2+}，谷光甘肽过氧化物酶需要 Se，等
金属有机化合物	辅基	细胞色素的辅基是铁卟啉
小分子有机化合物	辅酶	多数是 B 族维生素及其衍生物，如 FAD、NAD、NADP

注：FAD 是黄素腺嘌呤二核苷酸；NAD 是烟酰胺腺嘌呤二核苷酸；NADP 是烟酰胺腺嘌呤二核苷酸磷酸。

辅酶和辅基是酶的一个组成部分，直接参与酶的催化作用，是全酶的成员。在反应后它完全可以复原，没有发生变化。但另有些非蛋白质化合物，如脱氢酶中的尼克酰胺腺嘌呤二核苷酸(NAD^{+})，实际上它并不是酶的一个组成部分，但它是酶催化作用所必需的，它在酶催化反应中起了携带电子、质子和功能基团的作用，因此这类物质通常被称为底物载体(substrate Carriers)或辅底物。辅酶、辅基和底物载体存在着本质的差异，其比较结果见表 2-3。

表 2-3　三种辅助因子的比较

	辅酶	辅基	底物载体
化学性质		非蛋白质性质的小分子物质	
与酶蛋白结合程度	松弛	牢固	松弛
能否透析除去	能	不能	能
是否全酶的一个组成成分	是	是	否
在酶反应中的地位	参与催化(酶的地位)	参与反应(底物地位)	
例子	羧化酶(TPP)	羧肽酶 A(Zn^{2+})	脱氢酶(NAD^+)

第二节　酶的催化特性

一、酶催化作用的专一性

酶是生物催化剂，具有专一性强，催化效率高和作用条件温和等显著特点。其中专一性是酶的最重要的特性，是酶与其他非酶催化剂的最主要的不同之处。如果没有酶的专一性，在细胞中有秩序的物质代谢将不复存在，而且酶的应用将如同其他非酶催化剂那样受到局限。酶的专一性对酶工程的发展有重要意义。酶的专一性是指一种酶只能催化一种或一类结构相似的底物进行某种类型的反应。酶的专一性可以按其严格程度的不同，分为以下两大类。

① 绝对专一性：一种酶只能催化一种物质进行一种反应，这种高度的专一性称为绝对专一性，当酶作用的底物或形成的产物含有不对称碳原子时，酶只能作用异构体的一种。这种绝对专一性称为立体异构专一性。绝对专一性的另一个典型例子是天门冬氨酸氨裂合酶[EC4. 3. 1. 1]。此酶仅仅作用于 L-天门冬氮酸，经脱氨基生成延胡索酸(反丁烯二酸)或其逆反应。而对 D-天门冬氨酸或者马来酸(顺丁烯二酸)都一概不作用。

② 相对专一性：一种酶能够催化一类结构相似的物质进行某种相同类型的反应，这种专一性称为相对专一性。例如，醇脱氢酶[EC1. 1. 1. 1]作用于伯醇和仲醇，进行脱氢反应，生成醛或酮；又如，胰蛋白酶[EC3. 4. 1. 4]选择性地水解含有赖氨酸或精氨酸的羰基的键。故此，凡是含有赖氨酸或精氨酸羰基的酰胺、酯和肽都能被该酶迅速地水解。

二、酶催化作用的高效性

酶催化作用的另一个显著特点是酶催化作用的效率高。酶催化的转换数(每个酶分子每分钟催化底物转化的分子数)一般为 $10^3\ min^{-1}$ 左右，p-半乳糖苷酶的转换数为 $12.5\times10^3\ min^{-1}$。碳酸酐酶的转换数最高，达到 $3.6\times10^7\ min^{-1}$。酶的催化反应速度比非酶催化反应的速度高 10^7~10^{11} 倍。例如，过氧化氢 H_2O_2 可以在铁离子或过氧化氢酶的催化作用下分解成为氧和水($2H_2O \longrightarrow 2H_2O+O_2$)。在一定条件下，1mol 铁离子可催化 10^{-5}mol 过氧化氢分解；在相同居中条件下，1mol 过氧化氢酶却可以催化 10^5 mol 过氧化氢分解，过氧化氢酶的催化效率是铁离子的 10^{10} 倍。酶催化反应的效率之所以这么高，是由于酶催化反应可以使反应所需的活化能显著降低。底物分子要发生反应，首先要吸收一定的能量成为活化分子。活化分子进行有效碰撞才能发生反应，形成产物。在一定的温度条件下，1mol 的初态分子转化为活化分子所需的自由能称为活化能，其单位为焦/摩尔(J/mol)。酶催化和非酶催化反应所需的活化能有显著差别(图 2-1)。

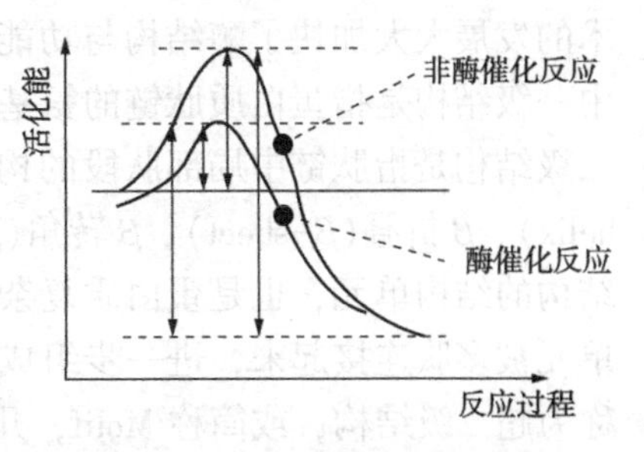

图 2-1　酶与非酶催化所需的活化能

从图 2-1 中可以看到，反应过程中酶催化反应比非酶催化所需的活化能要低得多。例如，双氧水(H_2O_2)分解为水和原子氧的反应，无催化剂存在时，所需的活化能为 75. 24kJ/mol，以钯为催化剂时，催化所需的活化能为 4894kJ/mol，而在过氧化氢酶的催化作用下，活化能仅为 8. 36kJ/mol。

此外，酶的活力具有可调控性，也就是说人为的改变酶剂存在的环境，可以调节酶活性。主要的调节方法有诱导和抑制。酶的抑制调节又有很多种，有竞争性抑制和变构调节，竞争性抑制：调节分子在外形上和底物相似，因此能与底物竞争和酶的活性中心结合，导致酶的活性下降；变构调节：调节物分子和底物并不相似，调节物结合酶蛋白分子上的另一个部位，结合之后导致酶蛋白构象改变，从而使酶活性降低或升高。许多抗生素都是利用这个原理降低细菌中酶的活性，阻碍细菌中的代谢。酶的诱导调节的本质是诱导酶通过改变体系中合成酶的数量来改变催化底物的效率。

三、酶催化作用的条件

酶催化作用与非酶催化作用的另一个显著差别是酶催化作用的条件温和。酶的催化作用一般都在常温、常压、pH 值近乎中性的条件下进行。与之相反，一般非酶催化作用往往需要高温、高压和极端的 pH 值条件。因此，采用酶作为催化剂，可节省能源、减少设备投资、改善工作环境和劳动条件。究其原因，一是由于酶催化作用所需的活化能较低，二是由于酶是具有生物催化功能的生物大分子。在高温、高压、过高或过低 pH 值等极端条件下，大多数酶会变性失活而失去其催化功能。酶的催化作用受到底物浓度、酶浓度、温度、pH 值、激活剂浓度、抑制剂浓度等诸多因素的影响。在酶的应用过程中，必须控制好各种环境条件，以充分发挥酶的催化功能。

第三节　酶作用原理

一、酶分子的结构基础

虽然目前研究表明有些核酸分子具有催化活性，但绝大部分酶的化学本质是蛋白质。因此，大多数酶是蛋白质类大分子物质，一般来讲，相对分子质量都在 10000 以上。若每个氨基酸残基相对分子质量以 100 计，每个酶分子至少由 100 个以上的氨基酸残基连接而成。

研究酶结构的方法主要有 X 射线晶体学，多维核磁共振技术，蛋白质溶液构象的光谱技术，计算机图像分析与分子模拟技术，利用数据库进行蛋白质结构预测等。基因工程技术的发展大大加快了酶结构与功能之间的研究。酶具有一般蛋白质所具有的结构层次，其中一级结构是指蛋白质肽链的氨基酸残基的排列顺序，其连接的方式为共价键，亦称肽键。二级结构是指肽链中局部肽段的构象(折叠方式)，其连接的方式为氢键，包括α螺旋(α-helix)、β折叠(β-sheet)、β转角(β-turn)和无规卷曲(random coils)，这些结构是完整肽链结构的结构单元，也是蛋白质复杂空间构象的基础。在肽链结构中，两个或几个二级结构单元被多肽连接起来，进一步组成有特殊的几何排列的局域空间结构，这些局域空间结构称为超二级结构，或简称Motif，几个或多个超二级结构组成复杂超二级结构后，常常与一些二级结构单元进一步组合，形成紧密的球形结构，称为结构域(structural domain)。三级结构是指蛋白质肽链中所有肽键和残基(包括侧链)间折叠盘绕成更复杂的空间结构，其主要的连接方式有氢键、盐键、范德华力、疏水作用等。四级结构是指蛋白质的亚基聚合成大分子蛋白质的方式。大部分的酶蛋白只存在三级结构，少部分有四级结构。组成四级结构组分的肽链称为亚基，亚基是指一条或几条多肽链组成的蛋白质分子的最小共价结构单位。酶与其他蛋白质的不同之处就在于，酶分子的空间结构上具有特定的具有催化功能的区域。酶蛋白的四级结构如图2-2所示。

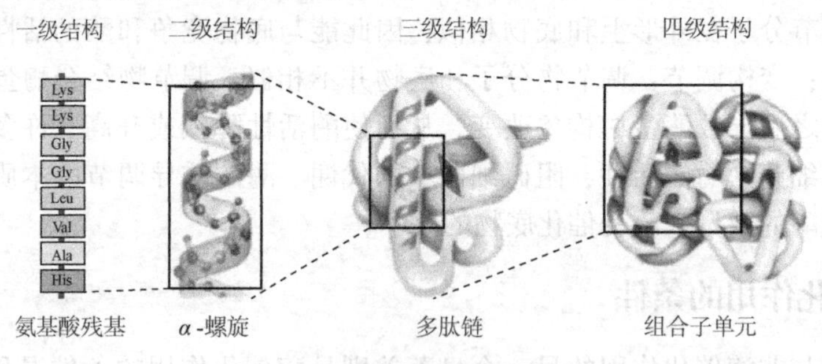

图2-2　酶蛋白的四级结构图

二、酶作用原理

在酶催化的反应中，第一步是酶与底物形成酶-底物中间复合物。当底物分子在酶作用下发生化学变化后，中间复合物再分解成产物和酶。

$$E+S \rightleftharpoons E—S \longrightarrow P+E \tag{2-7}$$

许多实验事实证明了E-S复合物的存在。E-S复合物形成的速率与酶和底物的性质有关。

ES复合物中底物在酶的活性中心的定位极大地增加了酶促反应速度，ES转化为ES′所需要的能量低于非酶反应中S转变为所需要的能量。所以底物和酶必须弱结合，否则ES→ES′所需要的能量几乎相当于S→S^+所需的能量。换言之，酶和底物过强的结合力使酶催化活性大大降低。酶与底物有两种结合方式：酶与基态底物的结合；酶与过渡态底物的结合。一个所谓进化完全的酶必须具备与基态底物弱结合而与过渡态底物强结合的性质。只有当底物处于过渡态时，酶的活性部位与其形状完全匹配，相互作用力达到最强，ES′才能稳定，反应活化能大大降低。甚至某些酶学家认为过渡态的稳定化作用是酶加速反应的基本因素，过渡态类似物是酶蛋白的强抑制剂以及抗体酶的出现也证明了这一观点。进化压力使K_m值(酶和底物的解离常数)达到优化：低的K_m值使ES能够形成但又不太稳定，使其容易转变为ES′。

酶作用机制目前主要有三种学说：

1. 锁钥学说(lock and key theory)

早在1894年，Fisher就根据酶作用的高度专一性，对酶作用机制提出了锁钥学说(lock and key theory)，又称为"模版"(template)理论，来解释酶(enzyme)与底物(substrate)结合的机理。该理论认为底物和酶在结构上有严密的互补关系，两者的结合方式正如一把钥匙只能开一把锁一样，底物分子或底物分子的一部分专一地契入到酶的活性中心部位，使得底物分子与酶分子上有催化效能的必需基团间具有紧密互补的关系，从而实现酶与底物的专一性结合，如图2-3所示。倘若底物分子在结构上有微小的改变，就不能契合到酶活性中心，也就不能被作用。该学说强调指出，只有固定的底物才能契入与它互补的酶表面，两者的特异结合是酶进行催化作用的基础。这一学说同时意味着酶分子活性部位具有严密的刚性结构。

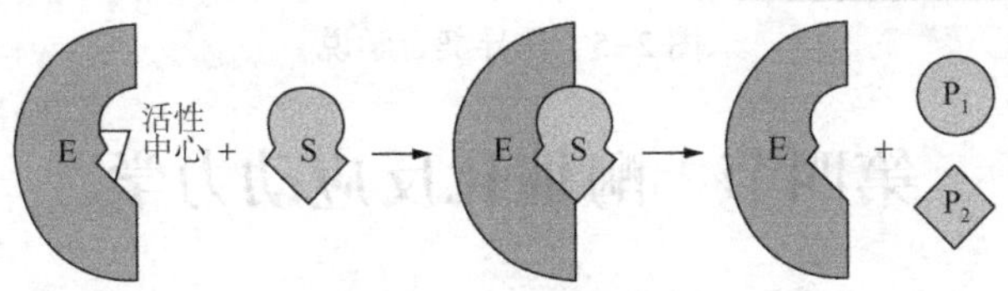

图2-3　锁钥学说

该理论的不足之处在于机械地强调固定的底物才能契入与它互补的酶表面，对于一些问题，不能很好地解释。比方说可逆反应中的底物和产物共同被一种酶形式结合，若按照"锁钥学说(lock and key theory)"则难以成立。

2. "三点附着"理论

"三点附着"理论认为(图2-4)，底物只有与酶分子的活性中心的基团在三点上都能互补匹配，才能与酶相互作用。而与该底物立体对应的其他底物，虽然基团都相同，但空间排列不同，则有可能难以与酶分子活性中心的结合基团互补匹配。该理论有效地解释了酶只对L型底物作用的立体构型专一性的机理。三点附着理论很好地解释了酶的立体特异性，说明酶和底物的结合至少得有三个点，否则就不能产生立体特异性。比如，为了区分配体A和其镜像体A′，酶的X、Y、Z三个基团与底物结合时，如图2-4所示。当配体A与酶结合时，X、Y、Z三个基团分别对准a、b、c三基团。如果酶与A′结合时，把X对准a，则Y、Z和相应的b、c合不起来，也就是酶不能结合A′。如果酶和底物是二点结合，显然无法区分A和A′对映体。实际上，酶的活性部位确实不是一点、二点，而是由一些基团组成的多点部位。底物和酶的结合是在一定范围内的空间区域。

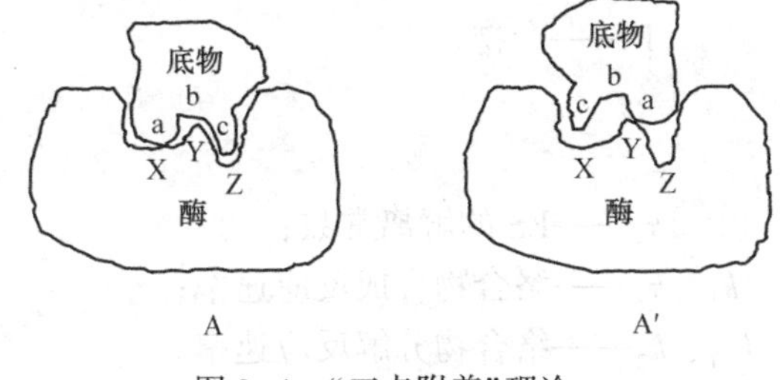

图2-4　"三点附着"理论

3. 诱导契合学说(induced-fit hypothesis)

1958年，Koshland认为底物的存在可以诱导酶活性部位发生一定的结构变化，并提出了著名的诱导契合学说(induced-fit hypothesis)。认为在酶分子与底物相互接近的过程中，酶蛋白受底物分子的诱导，构象发生了有利于底物结合的变化，酶与底物进一步靠拢，从而达到互补契合，此时酶与底物专一性地结合在一起。例如已糖激酶，在酶催化ATP上的磷酸基团转移到G-6-OH分子上，还可以转移到水分子上。即H_2O为底物时，仍具有ATP酶活力，但水中反应速度与葡萄糖G为磷酸受体相比只有5×10^{-6}。速度计算的差值相当于

AG 相差 29. 3kJ。因此，认为水分子缺乏诱导酶变形的化学侧链基团，而葡萄糖具有诱导形变的结构，与酶形成更有反应活性的复合物。

如图 2-5 所示，当酶接近专一性底物时，底物诱导酶活性部位构象发生变化，使得催化部位各基团 A、B 正确排布，使催化基团位于底物敏感键附近正确的位置，二者互相契合，形成酶-底物复合物。进一步进行催化反应。

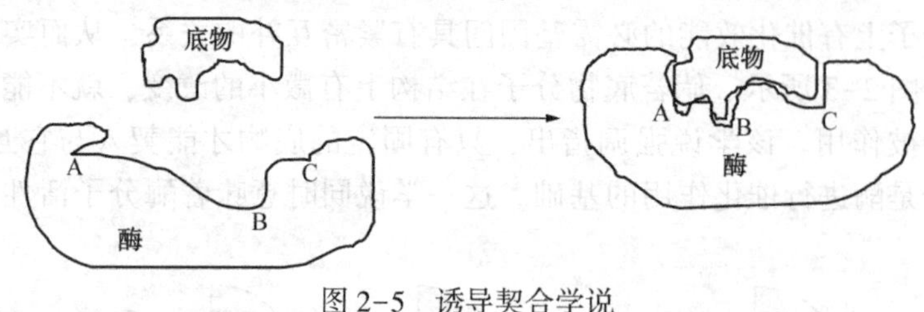

图 2-5 诱导契合学说

第四节 酶催化反应动力学

一、米氏方程的提出

1902 年 Brown 和 1903 年 Henri 提出，酶和底物的作用首先是先快速结合成酶-底物络合物，然后再分解产生产物。其动力学模型可以表示如下：

$$E+S \underset{k_{-1}}{\overset{k_1}{\rightleftharpoons}} ES \underset{k_{-2}}{\overset{k_2}{\rightleftharpoons}} E+P \tag{2-8}$$

式中 E——自由酶；

S——底物；

ES——酶-底物络合物；

P——产物。

$$k_s = \frac{k_{-1}}{k_1}$$

k_s——ES 的解离常数；

k_1、k_2——络合物合成反应速率；

k_{-1}、k_2——络合物分解反应速率。

1913 年，Michaelis 和 Menten 在此基础上，假设 E、S 和 ES 之间迅速达到平衡的前提下导出其动力学方程。这就是著名的米氏方程。该公式的推导是建立在一定的假设的基础上，其假设如下：① 忽略 P 的逆反应，也即在初速度期间 P 值极小；② 底物浓度远远大于酶的浓度；③ 反应处于稳态，即中间产物生成和分解的速度相等。

具体如下：

① 上式中没有考虑 $E+P \xrightarrow{k_{-2}} ES$ 这步逆反应。但显然 k_{-2}是一个不等于零的常数，要忽略这一步反应，必须是产物浓度[P]趋于零。这就是说，Michaelis-Menten 方程只适用于反应的初速度。在测定初速度时，[P]浓度很低，可以忽略。通常，我们可以把底物浓度变化在 5%以内的速度称为反应的初速度。

② E 和 ES 之间存在快速平衡，ES 分解生成产物的速度不足以破坏 E 和 S 之间的平衡。以$[E]_0$══[E]+[ES]代表酶的总量。

③ 底物浓度[S]是以初始浓度$[S]_0$计算的，这就要求，在设计实验时，底物浓度要远远大于酶浓度。只有在$[S]_0 \geqslant [E]_0$时，$[S] \approx [S]_0$。否则，由于ES的存在，[S]就不能用$[S]_0$代替。

二、米氏方程的推导

根据上述三个假设，我们可以方便的推导出米氏动力学方程：

$$K_s = \frac{k_{-1}}{k_1} = \frac{([E]_0 - [ES])[S]}{[ES]} \tag{2-9}$$

解上式得：

$$[ES] = \frac{[E]_0[S]}{K_s + [S]} \tag{2-10}$$

代入上式得：

$$v = \frac{k_2[E]_0[S]}{K_s + [S]} \tag{2-11}$$

上式中，可为反应的初速度，其大小取决于[ES]的浓度。当底物浓度很高时，酶活性中心被底物完全结合达到饱和，即所有的酶分子都以ES形式存在，所以$[ES] \approx [E]_0$，这时，反应速度达到最大值，即最大反应速度(V_m)。

$$V_m = k_2[E]_0 \tag{2-12}$$

综合上述式子得：

$$v = \frac{V_m[S]}{K_s + [S]} \tag{2-13}$$

上式就是著名的Michaelis-Menten方程，简称米氏方程。在米氏方程中，式(2-9)，是ES的解离常数。当初人们为纪念Michaelis-Menten的功劳，用K_m代替K_s，并称K_m为米氏常数。这是一个极为重要的物理特征常数，具有较好的实用价值。

1925年，Briggs-Haldane对米氏方程进行了稳态处理的修正。在Briggs-Haldane的修正中，上述的①、③点假设仍然保留，但是用稳态法代替了平衡态。所谓的稳态就是指：在反应进行到一段时间后，系统的中间物浓度，由零逐渐增加到一定的数值，在一定的时间内，尽管底物浓度和产物浓度在不断地变化，中间物也在不断地形成和分解，但分解的速度和形成的速度相等，它的浓度几乎保持恒定不变，见图2-6。这种状态叫作稳态(steady state)。

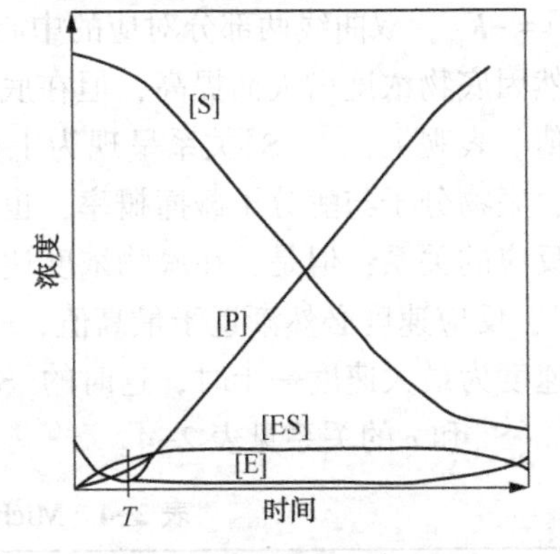

纵轴浓度坐标因不同物质而异，T表示前稳态区域

图2-6　酶反应过程中各种浓度与反应时间的曲线示意图

用数学式表示有：

$$\frac{d[ES]}{dt} = 0 \tag{2-14}$$

或 $$\frac{d[ES]}{dt} = k_1[E][S] - (k_1 + k_2)[ES] = 0 \tag{2-15}$$

根据③假设，在$[S]_0 \geqslant [E]_0$，$[S] \approx [S]_0$，那

么：以$[E]_0=[E]+[ES]$代表酶的总量。

由上述式子得：

$$k_1[E][S]=(k_{-1}+k_2)[ES] \quad (2-16)$$

$$k_1([E]_0-[ES])[S]=(k_{-1}+k_2)[ES] \quad (2-17)$$

$$\therefore [ES]=\frac{[E]_0[S]}{\frac{k_{-1}+k_2}{k_1}+[S]}=\frac{[E]_0[S]}{K_m+[S]} \quad (2-18)$$

因为$v=k_2[ES]$，$V_m=k_2[E]_0$，代入上式中，得：

$$v=\frac{V_m[S]}{K_m+[S]} \quad (2-19)$$

$$K_m=\frac{k_{-1}+k_2}{k_1} \quad (2-20)$$

其中：

上述式子是经稳定态处理得到的米氏方程。它与式$v=\frac{V_m[S]}{K_s+[S]}$有相同的形式，但K_m的含义和Michaelis-Menten得到的方程中的K_s不同，具有较大的普遍性。只有当是$k_2 \leqslant k_{-1}$时，$K_m=\frac{k_{-1}}{k_1}=K_s$。

三、米氏方程的讨论

Michaelis-Menten的酶催化动力学方程的创立，推动了酶动力学的研究向着纵深方向不断发展。经过大量的实验验证，证明了这个动力学方程在一定条件下是近似正确的，在处理酶的动力学有关问题上是有用的。

下面讨论米氏方程的几个特点及意义：

① 酶反应的初速度和底物浓度的关系为一条双曲线，此双曲线的二渐近线为$v=V_m$和$[S]=-K_m$。双曲线两部分对应的中心点为$(-K_m, V_m)$。当酶的浓度不变时，反应的初速度必然因底物浓度增大而提高，但在底物浓度增大到一定值后，反应速度将渐近于相应的最高值。表观上，v-[S]关系呈现为上凸双曲线。v-[S]曲线可表示为：在酶浓度不变条件下，底物分子与酶分子碰撞概率，也就是酶分子有效作用的概率必然与底物浓度呈类似一级反应的关系；但是，在底物浓度达到相当高时，$[S] \gg K_m$，酶分子随时都受底物分子"饱和"，反应速度必然渐近于最高值，$v=V_m$。V_m是酶为底物充分饱和时可能达到的最大速度，当速度为最大速度一半时，这时的[S]等于K_m为米氏常数。K_m的单位应与底物浓度单位一致。[S]和v的关系见表2-4。

表2-4 Michaelis-Menten方程[S]和v的关系

[S]	v	[S]	v
$1000K_m$	$0.999V_m$	$1K_m$	$0.5V_m$
$100K_m$	$0.99V_m$	$0.33K_m$	$0.25V_m$
$10K_m$	$0.91V_m$	$0.10K_m$	$0.091V_m$
$3K_m$	$0.75V_m$	$0.01K_m$	$0.01V_m$

② 当底物浓度很低，即[S]≤0.01 K_m，但[S]仍远大于酶浓度，这时[S]仍可以用$[S]_0$表示。

$$v=\frac{V_m[S]}{K_m+[S]}=\frac{V_m[S]}{K_m} \tag{2-21}$$

对底物来说，反应呈一级反应(Firstorder reaction)，在 v-[S]关系图中为起始部分。为反应的一级速度常数，其值的大小可以用来衡量酶对底物的亲和力。因为 $V_m=k_2[E]_0$，上式中可以表示为：$v=\frac{k_2}{K_m}[E]_0[S]$，$\frac{k_2}{K_m}$为反应的二级速度常数，文献上常用来比较酶作用于同系列化合物催化效率的一个特征常数，$\frac{k_2}{K_m}$值越大，酶作用效果越好。

③ 当底物浓度足够大，[S]≥100 K_m 时，$v=V_m$。酶促反应达到最大速度 V_m。这时，反应速度与底物浓度无关，只和酶浓度成正比。表明酶的活性部位已全部被底物占据；当 $v=0.5V_m$ 时，则表明酶的活性部位一半为底物饱和。在 K_m 已知时，任何底物浓度下酶活性部位被底物饱和的分数(f_{ES})可以用下式表示：

$$f_{ES}=\frac{v}{V_m}=\frac{[S]}{K_m+[S]} \tag{2-22}$$

当然，上述的式子是适合于单底物的简单反应，对于非米氏方程的酶或多底物反应的酶，f_{ES}并不代表酶活性部位被底物饱和的分数。

④ 由式 $K_m=\frac{k_{-1}+k_2}{k_1}$可知，当 $k_2<<k_{-1}$时，$K_m=\frac{k_{-1}}{k_1}=K_s$。换言之，当 ES 的分解步骤为反应的限制速度时，米氏常数 K_m 等于 ES 络合物的解离常数 K_s，可以作为酶和底物结合紧密程度的一个量度。就 $K_m=\frac{k_{-1}+k_2}{k_1}$来说，$K_m$ 的变化除了受到 k_{-1}、k_1 的影响，也可以受 k_2 的影响。如果 k_2 不远小于 k_{-1}，则 $K_m \neq K_s$，这时，用 K_m 来表示酶对底物的亲和力是不确切的。因此，更准确地说，K_m 的物理意义是：在一般情况下，只表示使酶活性部位一半为底物占据时所要求的底物浓度。几种酶测定的 K_m 值列于表 2-5。

表 2-5　几种酶的米氏常数值

酶	底物	K_m/(mol·L^{-1})
过氧化氢酶	H_2O_2	2.5×10^{-2}
己糖激酶	葡萄糖	1.5×10^{-4}
	果糖	1.5×10^{-3}
谷氨酸脱氢酶	谷氨酸	1.2×10^{-4}
	α-酮戊二酸	2.0×10^{-3}
α-淀粉酶	淀粉	6.0×10^{-4}
葡萄糖-6-磷酸脱氢酶	葡萄糖-6-磷酸	5.8×10^{-5}
磷酸己糖异构酶	葡萄糖-6-磷酸	7.0×10^{-4}
尿素酶	尿素	2.5×10^{2}

续表

酶	底物	K_m/(mol·L^{-1})
胰凝乳蛋白酶	N-苯甲酰酪氨酰胺	2.5×10^{-3}
	N-甲酰酪氨酰胺	1.2×10^{-2}
	N-乙酰酪氨酰胺	3.2×10^{-2}
	甘氨酰酪氨酰胺	12.2×10^{-2}
蔗糖酶	蔗糖	2.8×10^{-2}
	棉子糖	3.5×10^{-1}
麦芽糖酶	麦芽糖	2.1×10^{-1}
乳酸脱氢酶	丙酮酸	3.5×10^{-5}

⑤ 从式 $V_m=k_2[E]_0$，最大反应速度是酶浓度的一级反应关系，k_2 为一级反应速度常数，它的量纲为 s^{-1} 或 min^{-1}，$[E]_0$ 用酶活性部位当量浓度表示，k_2 表示酶的每个活性部位在单位时间内，催化底物起反应的分子数，这个常数也称为酶的转换数(turnover number)，简称 T. N. 值。该值亦被称为酶的催化常数或转换率(turnover rate)，用 k_{cat} 表示。转换数 k_{cat} 的数值一般是在 $50\sim10^5$ min^{-1} 范围。碳酸酐酶的转换率最高，为 36×10^6 min^{-1}，即每克分子酶在一分钟内可以催化 3.6×10^7 个底物分子起反应。k_{cat} 的倒数表示一个催化循环所需的时间。

⑥ V_m 的两个互补速度分数的对应底物浓度之比为常数。方程 $v=\frac{V_m[S]}{K_m+[S]}$ 是个矩形双曲线，其曲率与 K_m 及 V_m 无关。因此任何服从该方程的酶，当其 V_m 分成两个互补的速度分数(即 $v_1+v_2=100\%$)，对应于这两个速度分数的底物浓度之比为常数。例如：速度达到 90% V_m 的 v_1 与到达 $10\%V_m$ 的 v_2，其对应底物之比总是 81。

即：当 $v=0.9V_m$ 时，$0.9=\frac{[S]_{0.9}}{K_m+[S]_{0.9}}$，$[S]_{0.9}=9K_m$。

当 $v=0.1V_m$ 时，$0.1=\frac{[S]_{0.1}}{K_m+[S]_{0.1}}$，$[S]_{0.1}=\frac{1}{9}K_m$，

$$\frac{[S]_{0.9}}{[S]_{0.1}}=\frac{9K_m}{\frac{1}{9}K_m}=81 \tag{2-23}$$

四、米氏常数 K_m 的意义

米氏常数 K_m 是酶的一个极其重要的动力学特征常数。它的物理含义是：ES 络合物分解速度$(k_{-1}+k_2)$与形成速度(k_{+1})之比；其数值相当于酶活性部位的一半为底物占据时所需的底物浓度。当反应系统中的各种因素如 pH、温度、离子浓度、溶液性质等保持不变时，K_m 值应当是恒定的。也就是说，在分离纯化过程中，不同批次得到的同一种酶，即使含有分量不等的杂质，只要酶和底物性质不变，在相同的情况下可以测到近似相等的 K_m 值。酶的 K_m 数值一般在 $10^{-2}\sim10^{-5}$mol/L 范围内。酶的 K_m 值是由酶的活性中心同底物分子的结合速率而定的特征值，因此其数值大小可因酶的分子或底物分子的结构和性质而改变。不同

来源的酶作用于不同底物分子，测得的 K_m 值大小不同。因此，使用 K_m 应注明酶的来源和名称。对于 K_m 值的研究与比较，具有重要的生物学意义，可以应用到以下几个方面。下面介绍一些作为酶特征值 K_m 的应用：

① K_m 值可以判断在细胞内底物浓度水平的近似值：细胞内底物浓度决不远大于或远小于 K_m 值，如果我们测得离体酶的 K_m 值远大于细胞内的底物浓度(K_m>>[S])，反应初速度 v_0 对底物浓度变化十分敏感，但由于 $v_0 << V_m$，酶的大部分催化潜力会被消耗掉，不符合其生理效应。反之，如果 K_m 值远小于细胞内的底物浓度(K_m<<[S])，则表明该酶在细胞内恒处于被底物饱和的状态，反应速度对底物浓度的变化极不敏感。酶在[S]=K_m 和[S]=1000 K_m 时，反应速度仅低1倍。在细胞内存在这么高的底物浓度也没有生理学上意义。

② K_m 值可以用来鉴定最适底物：一个专一性低的酶(多功能酶)作用于多种底物时，酶对各个底物的 K_m 值会有差异。具有最小 K_m 的底物对酶具有最高的表观亲和力。但最好的底物应该是具有最高的 V_m/K_m 比值，具有最高的 V_m/K_m 比值的底物可以认为是该酶的最适底物，即天然底物。

③ 同工酶的判断依据：K_m 值是酶的特征常数之一，只与酶的性质有关，而与酶浓度无关。由于已知酶的同工酶的 K_m 值是一个常数，其数值为来自不同机体或同一机体的不同组织、或不同发育阶段的同一组织提供了相比较的方法。确定酶的性质是否相同或者是催化随一反应的不同蛋白质(同工酶)。因此，酶的 K_m 值比较有助于识别遗传演变的源流，也为基因递变研究打下良好的基础，并可望推进到半定量的研究领域。

④ 在酶的分离纯化工作中，知道了 K_m 值，就可以为合理选择底物浓度提供理论基础。在各步酶提液中酶活力的测定，要获得最大的初速度，又要避免过量底物的抑制作用，一般来说，对底物浓度的选择可选用当 K_m>10[S]时的底物浓度进行测定。

⑤ 配体引起 K_m 值有效值的变化，是调控酶活力的一种有效方法。如果在体外测定的酶 K_m 值似乎是“非生理性的”高，那么，我们可以寻找在体内有降低 K_m 值的有效激活剂。通过测定不同化合物对酶的 K_m 值效应，我们也同样可以用生理学的方法鉴别重要的抑制剂。

V_{max} 它表示了当全部的酶都成复合物状态时的反应速率。

第五节　酶促反应的影响因素

一、酶浓度对酶促反应的影响

从米氏方程式：$v=\dfrac{V_m[S]}{K_m+[S]}$，　因为 $V_m=k_2[E]_0$

所以：$v=\dfrac{V_m[S]}{K_m+[S]}=\dfrac{k_2[S]}{K_m+[S]}\cdot[E]_0$

由此可见，酶促反应的初速度与酶浓度成正比。因为，在测定反应初速度时，底物的变化可以忽略，在初始底物浓度固定下，$\dfrac{k_2[S]}{K_m+[S]}$是一个常数。酶反应的速度依赖酶浓度的一级反应而变化。$V=k[E]_0$，反应速度与酶浓度的关系为：反应速度与酶浓度成正比。底物分子浓度足够时，酶分子越多，底物转化的速度越快。

在研究酶浓度对酶活力的影响时，要注意以下两点：

① 测定的反应速度必须是初速度，也就是说，[P]与 t 的关系必须是直线部分，v 与 $[E]_0$ 才能保持直线关系，否则，由于有产物的影响，反应速度就不能与酶的浓度成直线关系。

② 为了使 $\frac{k_2[S]}{K_m+[S]}$ 在测定时间内保持不变，要求[S]要有足够的大，在 $[S]>>[E]_0$；否则，[S]在反应测定期间是一个变量，而不是一个常数。当 $[S]\geqslant 100K_m$ 时，酶促反应可达到最大速度，酶活力可以充分体现。在实际实验中，要求控制底物浓度足够的大，使之测定酶的初速度来表示酶的浓度。

在已定量酶制剂中的酶浓度，除了极少个别的酶可以依据其特殊的吸收光谱特征，可以进行定量分析外，绝大多数的酶都无法直接测定其浓度，即使是具有特殊的性质可以被利用的话，在分离纯化过程中也可能会有部分的失活，或其他原因造成部分的钝化，而且无活性的酶与有活性的酶除了活力不同以外，其他方面差别很小。在分离纯化时往往是分不开的，因此，利用除了测定酶活力以外的其他性质来定量酶浓度有时也是不可靠的，这样，定量酶浓度最好还是在酶发挥活力的催化反应中通过定量酶活力来分析。

二、底物浓度对酶促反应的影响

在一个反应体系中，当底物浓度很低时，没有多余的酶与底物结合，随着底物浓度的增加，中间络合物的浓度不断增高，反应速度也迅速增加；当底物浓度很高时，溶液中的酶全部与底物结合成中间产物，虽增加底物浓度也不会有更多的中间产物生成。反应速度的增加也减缓，甚至减弱。所以说简单的酶促反应中，酶反应速度与底物浓度的依赖关系并不是一个典型的双曲线图形，而是前一部分接近双曲线、后一部分明显偏离于双曲线，如图 2-7 所示。反应开始，随着底物浓度的增大，反应速度逐渐地增大，当反应速度达到最大值后，反应速度反而随着底物浓度的增大而下降，表现出高底物浓度的抑制作用。

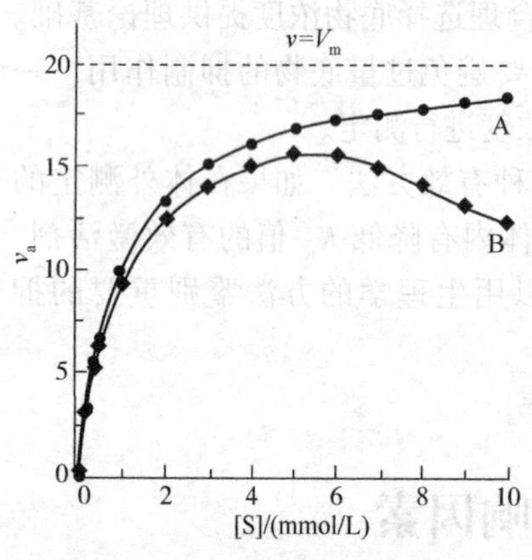

图 2-7　底物浓度与初速度的关系

A：正常的米氏方程；

B：高底物浓度表现抑制作用曲线

三、温度对酶作用的影响

酶活力与温度的关系往往存在一个抛物线形式的曲线，反应速度在某一个温度下达到最大值，通常称这个温度为酶作用的最适温度(optimum temperature)，如图 2-8 所示。温度对酶促反应的影响有两个方面：① 与一般化学反应一样，温度影响反应体系中的活化分子数，在一定温度范围内，温度升高，反应速度增大；② 进一步升高温度，由于酶发生热失活，酶蛋白变性，导致酶活力失活速度亦加快，酶反应速度反而下降。所谓最适温度，实际上是这两种影响的综合结果。在低于最适温度时，前一种效应为主，在高于最适温度时，后一种效应为主。最适温度并非酶的特征常数，不是一个固定的值，而与测定酶活力的时间长短有关，倘若测定酶反应速度的时间间隔缩短，则求得的最适温度就高些，因为酶可以在短时间内耐受较高的温度。绝大多数的酶最适温度一般在 35~50℃，但是，还存在着一些嗜热酶，可以在高温下发挥着催化作用，例如

TaqDNA 聚合酶可以在 70℃、93℃下不失活，可以用于 PCR 技术。

酶蛋白是热敏分子，其功能决定于其蛋白结构的完整性，蛋白质分子的构象变化，必将导致其生物活性的改变。大多数蛋白质在 50~70℃出现可逆变性，70~80℃出现不可逆变性。酶是蛋白质中具有催化功能的一大类物质。大多数酶在 40℃以上，催化活力趋于下降，60~70℃呈现可逆失活，70~80℃出现不可逆变性。可逆酶失活是表观现象，酶表面构象偏离正常状态，使催化效率下降，实验现象则为失活。一定温度下，酶活性下降是部分酶分子构象改变的结果，随着温度提高，失活分子所占比例加大，酶失活也就加剧。温度升高到某一点时，构象变化的分子达到或接近 95%以上，酶活性则难以检测到，这便是可逆失活的上限。

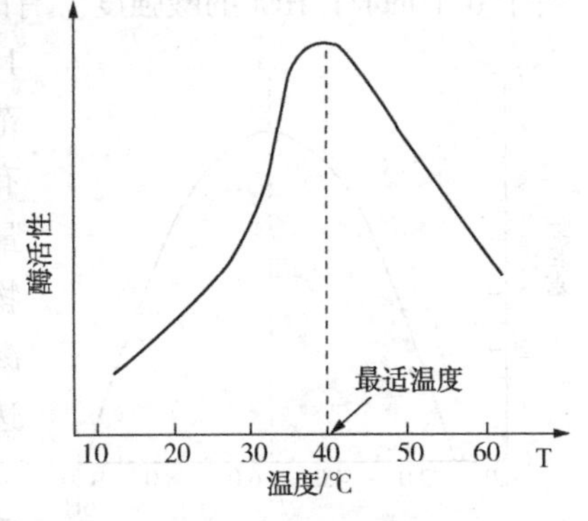

图 2-8　酶催化反应的速率曲线

酶在一定温度范围内升温时失活是可逆的，因为酶分子表面构象的变化，从而使作用中心的几何构象相对错开，使活性丧失。温度降低后，酶活性就恢复正常。当温度升高超过了一定值时，分子动能(位移能)增大同时基团的势能扩大，以至超过氢键及其他键能水平，酶的立体构象不能维持正常，于是氢键大量破坏，酶蛋白的螺旋体无规则地散开，因而有序的分子结构，变成无序的，熵变上升。酶分子以三维结构被破坏的普通蛋白质分子形态存在，这就是不可逆变性。热变性的酶，活力不能恢复。无序的多肽不能恢复为高度有序的酶构象。

酶变性的温度界限依酶分子结构的具体特点而略有不同。RNA 酶将 RNA 大分子水解为核苷酸，它是单一的多肽链所形成的酶，其热变性温度高于 100℃。有些酶对热变性较为敏感。

四、pH 对酶促反应的影响

不同的酶，氨基的组成不同，则酶分子中可解离的基团性质不同，这些基团随着 pH 的变化可以处于不同的解离状态，侧链基团的不同解离状态既可以影响底物的结合和进一步的酶催化反应，也可以影响酶的空间构象，从而影响到酶的催化活性。pH 对酶活性的影响主要有以下几个方面：

① 过酸或者过碱都可以使酶的空间结构破坏，而引起酶的变性，导致酶活力的下降。这种酸碱的失活作用一般有两种情况，可逆的失活和不可逆的失活。当适当地改变溶液的 pH 值，酶活力可以恢复为可逆失活(reversible inactivation)，否则，为不可逆的失活(ire-versible inactivation)。

② 酸或碱影响酶活性中心结合基团的解离状态，使得底物不能和酶结合。

③ 酸或碱影响酶活性中心催化基团的解离状态，使得底物不能被酶催化成产物。

④ 酸或碱影响底物的解离状态，或者使底物不能与酶结合或者结合后不能生成产物。

由于上述种种原因，每种酶对于某一特定的底物，在一定的 pH 值下，均具有最大的反应速度值，或者说具有一个最高的酶活力，这一特定的 pH 值，就是该种酶的最适 pH 值(Optimum pH)。用酶反应速度对溶液的 pH 作图(如图 2-9 所示)往往是抛物线性的曲线，酶的最适 pH 范围是上述几种因素共同作用的结果。

最适 pH 值不是酶的一个物理特征常数，它随着温度，所催化底物的种类以及缓冲液的特性和离子强度等综合因素的改变而有所变化，应给予足够的重视。不同的酶，表面构象各有特点，其发挥作用的 pH 范围有差异，其最适 pH 的范围也不相同。有的酶要求偏酸环境，例如哺乳动物胃蛋白酶和捕蝇草的蛋白酶作用的 pH 在 1.2~2.5，最适 pH 为 1.8，相当于 0.1 mol/L HCl 的酸强度。有的酶要求偏碱的环境，例如碱性磷酸酶作用的 pH 在 9~11，最适 pH 为 10.1。总之，各种酶有各自固有的作用 pH 范围，有各自的最适 pH 值。同工酶的最适 pH 值也可以有很大的差别，如同一物种所产生的磷酸酯酶，酸性酶的最适 pH 值为 4.5，与碱性酶的最适 pH 值相差将近 6。同物种的同性质酶最适 pH 值也可以有差别，胰蛋白酶，胰凝乳蛋白酶的最适 pH 值与胃蛋白酶的最适 pH 值相差也达 5~6。

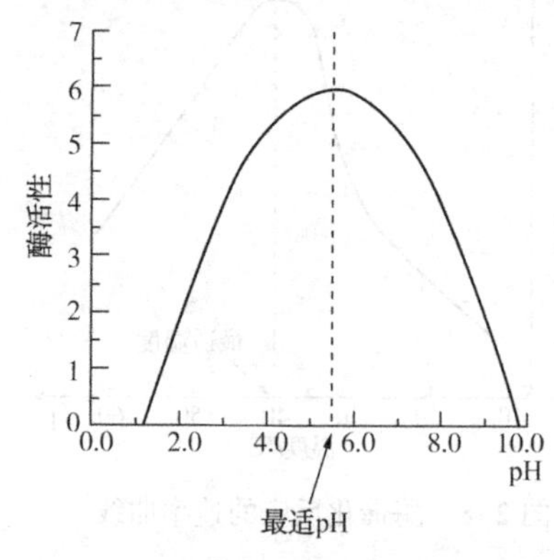

图 2-9　pH 对酶活力的影响

氢离子浓度变化与酶催化的关系不仅与酶促反应的最适 pH 值有关，而且亦存在着 pH 对酶的稳定性效应的问题，后者和酶作用最适 pH 值是截然不同的概念。

各种酶因其氨基的组成和构象的不同，特别是因其作用中心构象和微环境的特殊性，酶分子只在一定的 pH 条件下保持稳定。不同的酶，其 pH 稳定区域不同，有的酶只在稳定 pH 范围内的某一个 pH 区才有活性，超出了这个 pH 范围，酶活力将会大幅度降低。酶在过酸或过碱的环境中放置时间过长，都会导致不可逆的失活；当在偏酸或偏碱的环境中放置短暂的时间，虽然酶活力发生下降，但测活时，调到最适 pH 下测定，活力可以恢复到正常状态，这种 pH 的效应仅仅引起酶活性中心及微环境出现的可逆变化，但不导致整个酶分子构象出现不可逆的变化，这种 pH 的变性作用是可逆的过程，可以通过调节 pH 值使酶活力完全恢复。

五、抑制剂对酶促反应的影响

抑制剂(inhibitor)是对酶反应速度有十分重要影响的一种因素。抑制是指抑制剂与酶的活性有关部位结合后，改变了酶活性中心的结构(构象)与性质，从而引起酶活力下降的一种效应。但酶蛋白水解与变性不属于抑制(inhibition)范畴。

抑制的过程是：抑制剂先与酶的活性中心有关部位形成可逆的、非共价结合，然后根据抑制剂的特点，有的继续保持这种可逆结合状态；有的则进一步转变为不可逆的共价键。

$$E+I \underset{}{\overset{k_i}{\rightleftharpoons}} E\cdots I \xrightarrow{K_i} E—I \tag{2-24}$$

因此，抑制可分为两种类型：

1. 不可逆抑制

这种情况下，抑制剂与酶形成共价键结合；这样，抑制剂一旦和酶结合就很难自发分解，不能用透析、超过滤等物理办法解除抑制。要使酶从抑制剂中释放出来，必须通过其他化学反应，这种抑制解除称为“复活”(reactivation)或“逆转”(reversal)。

不可逆抑制(irreversible inhibition)的动力学特征是：抑制程度比例于共价键形成的速度，并随抑制剂与酶的接触时间而逐渐增大。

$$E + I \xrightarrow{K_i} EI; \qquad 抑制程度 = k_i \cdot [I] \cdot t$$

[I]、k_i 和 t 分别表示抑制剂浓度、抑制剂与酶形成共价结合的反应速度常数和时间。

但是最终抑制水平仅由抑制剂与酶的相对量决定，与抑制剂浓度无关。

2. 可逆抑制

这种情况下，抑制剂与酶的结合建立在解离平衡基础上，因此，可通过透析等方法除去抑制剂，减轻或消除抑制。可逆抑制(reversible inhibition)的动力学要复杂得多，它由酶与抑制剂间的解离常数(墨)以及抑制剂的浓度所决定，但与时间无关。

图 2-10 为两种类型抑制的特征图形。值得指出的是，在进行测定，制备这种特征图形时，应让抑制剂和酶先有一定的接触时间。

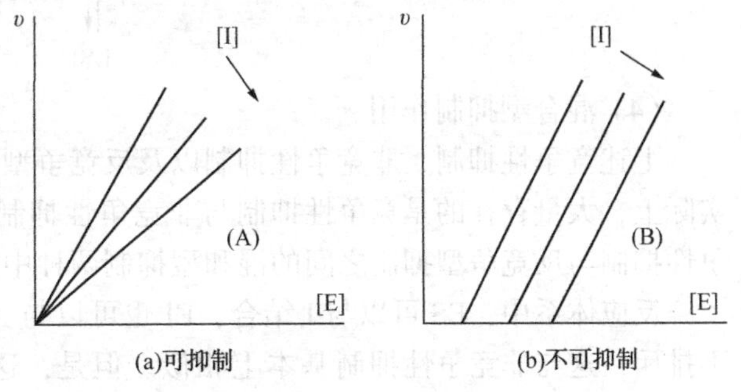

图 2-10　可逆抑制和不可逆抑制的特征图形

$$E + I \xrightarrow{K_i} EI;\ 抑制程度 = k_i \cdot [I] \cdot t$$

[I]、k_i 和 t 分别表示抑制剂浓度、抑制剂与酶形成共价结合的反应速度常数和时间。但是最终抑制水平仅由抑制剂与酶的相对量决定，与抑制剂浓度无关。

(1) 竞争性抑制作用

抑制剂(I)和底物(S)对酶分子(E)的结合有竞争作用，互相排斥。由于 I 和 S 不能同时结合到酶分子上去，故只能有 EI 或 ES 的复合物，而不可能有 ESI 的三元复合物存在。因为 I 和 S 竞争酶的底物结合部位，所以增加 r-s3，可以降低 I 对 E 的抑制作用。其动力学模型可以表示如下：

$$\begin{array}{l} I \\ + \\ E + S \underset{k_1}{\overset{k_1}{\rightleftharpoons}} ES \xrightarrow{k_2} E + P \\ k_3 \updownarrow k_3 \\ EI \end{array}$$

(2) 非竞争性抑制作用

在非竞争性抑制作用中，底物 S 和抑制剂 I 与酶的结合互不相关，既无互相排斥，亦无相互促进，即底物、抑制剂可独立的与酶结合。底物可和游离的酶结合，亦可与 ES 结合。反之，抑制剂可与游离的酶结合，亦可以与 ES 络合物结合，但它们所形成的产物 ESI 无活性，即不能释放出产物。其动力学模型可以表示如下：

$$\begin{array}{lll} I & & I \\ + & & + \\ E + S & \rightleftharpoons & ES \xrightarrow{k_2} E + P \\ k_1 \updownarrow & & k_1 \updownarrow \\ EI + S & \rightleftharpoons & ESI \end{array}$$

(3) 反竞争性抑制作用

当抑制剂 1 只能与酶-底物 ES 络合物结合，使酶不能催化反应，但 I 不能与游离酶 E 结合，这称为反竞争抑制。在反竞争抑制中，I 与 ES 结合形成无活性的 ESI，不能释放出产物。动力学模型可以表示如下：

$$
\begin{array}{ccccc}
 & & \mathrm{I} & & \\
 & & + & & \\
\mathrm{E}+\mathrm{S} & \rightleftharpoons & \mathrm{ES} & \xrightarrow{k_2} & \mathrm{E}+\mathrm{P} \\
 & & \Big\updownarrow k_1 & & \\
 & & \mathrm{ESI} & &
\end{array}
$$

（4）混合型抑制作用

上述竞争性抑制、非竞争性抑制以及反竞争型抑制是可逆抑制中的三个典型抑制类型。实际上，大量存在的是竞争性抑制与非竞争性抑制之间的混和型抑制以及少量存在的非竞争性抑制与反竞争型抑制之间的混和型抑制两种中间类型。

反应体系中，ES 可以与 I 结合，EI 也可以与 S 结合，也就是说，S 和 I 对 E 的结合互不排斥，这与非竞争性抑制基本上相似。但是，这与非竞争性抑制又有所不同。这说明 I 对 E 与 S 的亲和力，S 对 E 与 I 的亲和力是有影响的。因此，兼有部分竞争性抑制作用属于非竞争性抑制与竞争性抑制之间的类型。在混合型抑制作用中，底物 S 对酶 E 的亲和力大于对 EI 络合物的亲和力，而所形成的 ESI 为无活性的，不能分解出产物。只要有抑制剂 I 存在，无论[S]多高，也必存在部分 E 与 I 结合而出现无产物产生的 ESI 形式。因此，$V_{mapp}<V_m$。动力学模型：

$$
\begin{array}{ccccc}
\mathrm{I} & & \mathrm{I} & & \\
+ & & + & & \\
\mathrm{E}+\mathrm{S} & \underset{}{\overset{K_S}{\rightleftharpoons}} & \mathrm{ES} & \xrightarrow{k_2} & \mathrm{E}+\mathrm{P} \\
K_I \Big\updownarrow & & \Big\updownarrow K_{IS} & & \\
\mathrm{EI}+\mathrm{S} & \overset{K_{SI}}{\rightleftharpoons} & \mathrm{ESI} & &
\end{array}
$$

六、激活剂对酶促作用的影响

凡是能提高酶活性的物质，都称为激活剂(activator)，其中大部分是离子或简单有机化合物。如 K^+、Ca^{2+}、Na^+、Mg^{2+}、Zn^{2+}、Cl^-、Br^- 等。激活剂的作用机理是稳定改变中心、提高亲和力。

第六节　酶的生产及分离纯化

酶是一种生物催化剂，是生物活细胞所产生的具有催化功能的蛋白质。因此，酶来自生物体，可利用动物、植物、微生物为原料，经过提取、分离而制得。这就要求酶源的酶含量丰富、提取纯化便捷。在酶制剂生产的早期，多是从动植物原料中提取酶，至今有些酶制剂如蛋白酶、淀粉酶、溶菌酶等仍由动植物细胞提取制得。但是，以动植物来生产酶往往受到生长周期、地理、气候和季节等许多因素的限制，不能满足酶制剂在工业上广泛应用的需要。另外，也可用化学方法合成酶。1964 年，我国首次人工合成了胰岛素，并且发展了固相肽合成的自动化技术，近年来又在人工合成酶方面取得了一定发展。但化学合成法在技术上难度大，经济上也不合算，仍未达到广泛应用的程度。早在 1894 年日本人高峰浪吉在美国创办 Takamine 工厂。首次用米曲霉固体发酵生产“他卡淀粉酶”，作为消化剂。1917 年法国 Boidin 与 Effromt 以枯草杆菌生产淀粉酶，用于织物退浆。直到第二次世界大战以后，随着抗菌素生产的发展，1947 年日本开始采用液体深层发酵法生产 α-淀粉酶，从此酶制剂的生产逐步转向了以微生物发酵生产酶。利用微生物产酶的优点是：

① 易得到所需的酶类　微生物种类多、酶种丰富，且菌株易诱变，菌种多样。

② 微生物生长周期短，易获得高产菌株　微生物生长繁殖快，易提取酶，特别是胞外酶。

③ 生产成本低　微生物培养基来源广泛、价格便宜。

④ 生产易管理　可以采用微电脑等新技术，控制酶发酵生产过程，生产可连续化、自动化，经济效益高。

⑤ 提高微生物产酶能力的途径较多，提高酶产量或改造酶　可以利用以基因工程为主的近代分子生物学技术，选育菌种、增加酶产率和开发新酶种。

因此，下面将主要介绍微生物发酵法产酶的一般原理和工艺。

一、酶的生产

菌种是发酵生产酶的重要条件。菌种不仅与产酶种类、产量密切相关，而且与发酵条件、工艺等关系密切，要求产酶菌既不是致病菌也不产毒素；既不易变异退化也不易感染噬菌体；不仅要产酶量高还要最好产胞外酶；原料廉价、生产周期短、培养环境要求低。目前投入工业发酵生产的酶约有 50~60 种。它们的生产菌种十分广泛，包括细菌、放线菌、酵母菌、霉菌(表 2-6、表 2-7)。

表 2-6　目前主要商品酶制剂及其来源

酶制剂	来　源
α-淀粉酶	黑曲霉、米曲霉、地衣芽孢杆菌、解淀粉芽孢杆菌、麦芽
β-淀粉酶	黑曲霉、小麦、山芋、大豆、蜡状芽孢杆菌、变株等芽孢杆菌
过氧化氢酶	生机青霉、溶壁小球菌、牛肝、辣根
纤维素酶	木霉(主要是里氏木霉)、绳状木霉
右旋糖苷酶	淡紫青霉、绳状青霉、毛壳霉
α-半乳糖苷酶	葡萄色被孢霉、黑曲霉、米曲霉、假丝酵母、脆壁酵母、乳酸菌等芽孢杆菌
β-葡聚糖酶	黑曲霉、曲霉属、枯草杆菌、青霉
糖化酶	黑曲霉、米曲霉、泡盛曲霉、根霉
葡萄糖异构酶	米苏里游动放线菌、二球状节杆菌、凝结芽孢杆菌、树枝状黄杆菌、橄榄色产色链霉菌、白色链状霉菌、鼠灰色链霉菌、锈赤色链霉菌
葡萄糖氧化酶	黑曲霉、尼崎青霉、生机青霉
半纤维素酶	黑曲霉
橙皮苷酶	黑曲霉
菊粉酶	假丝酵母、曲霉属
脂肪酶	黑曲霉、米曲霉、圆柱状假丝酵母、根毛霉、无根毛霉、小球菌、类地青霉、胰脏、山羊舌腺等
转化酶	啤酒酵母、糖化酵母
溶菌酶	鸡卵清
柚苷酶	黑曲霉、洋葱曲霉、米根霉、葡萄孢霉、白腐梭霉、木盾壳霉
果胶酶	黑曲霉、米曲霉、蜜蜂曲霉、地衣芽孢杆菌、枯草杆菌、嗜碱芽孢杆菌、热解蛋白芽孢杆菌、根霉、木瓜、无花果、菠萝、猪胰、猪胃膜

续表

酶制剂	来　源
普鲁兰酶	致热芽孢杆菌、产气气杆菌
单宁酶	黑曲霉
木聚糖酶	里氏木霉
凝乳酶	小牛胃、微小根霉、米赫根毛霉、蜡状芽孢杆菌

二、产酶菌种要求

对生产酶的菌种来说，一般必须符合以下条件：①不是致病菌，在系统发育上最好是与病原体无关；②能够利用廉价原料，发酵周期短，产酶量高；③菌种不易变异退化，不易感染噬菌体；④最好选用产生胞外酶的菌种，有利于酶的分离，回收率高。此外，在食品和医药工业上还应考虑安全性问题。

1977 年，联合国粮农组织(FAO)和世界卫生组织(WHO)的食品添加剂专家联合委员会(JEFA)就有关酶的生产应用安全问题向 21 届大会提出了如下意见：①凡从动植物可食部分组织或食品加工传统使用的微生物生产的酶，可作为食品对待，无须进行毒物学的研究，而只需建立有关酶化学与微生物学的详细说明即可；②凡由非致病的一般食品污染微生物所制取的酶，需作短期的毒性实验；③由非常见微生物制取的酶，应作广泛的毒性实验，包括慢性中毒在内。新开发的酶规定必须进行如表 2-8 所示的各项检查。因为这种检查是花钱的，制造商为图省钱，往往从确认安全的传统微生物筛选进行酶的开发，也往往从菌种保藏机构取得菌种来进行实验。美国政府同意使用的食品工业中用酶生产的菌种如表 2-9。对于商品酶制剂还需作表 2-10 所列各项目的检查。

表 2-7　目前工业用主要酶的生产菌来源

微生物类别	菌名	产生的酶	用途	所用菌号分离筛选来源
细菌	枯草杆菌	淀粉酶	纺织工业脱浆，酒精厂淀粉液化	S_{17}，厨房空气中分离 S_{56} 马铃薯中分离
	枯草杆菌	蛋白酶	生丝脱胶	S114
	大肠杆菌	L-天门冬酰胺酶	治疗白血病	AS1，357
	异型乳酸杆菌	葡萄糖异构酶	有葡萄糖制果糖	D-80，酸泡菜中分离
	短小芽孢杆菌	碱性蛋白酶	皮革脱毛	209，河南省平顶山制革晒生皮场地的土壤中分离
	产气气杆菌	异淀粉酶	分解支链淀粉，支点的 α-1，6-葡萄糖苷键，产物为直链淀粉与糊精，与 β-淀粉酶协同作用，能降低 β-界限糊精，显著提高 β-淀粉酶酶解程度	10016
	大肠杆菌	青霉素酰化酶	制取新青霉素的母核 6-氨基青霉素烷酸(6-APA)	AS1. 76

续表

微生物类别	菌名	产生的酶	用途	所用菌号分离筛选来源
细菌	枯草杆菌	蛋白酶	皮革脱毛，胶卷回收，酱油酿造	AS1. 398
	枯草杆菌	淀粉酶	酒精发酵，啤酒酿造，葡萄糖生产，洗涤剂，糊精制造，纺织品脱浆，香料加工等	JD_{32} BF7658
酵母	解脂假丝酵母	脂肪酶	绢丝原料脱脂，洗涤剂，医药，乳品增香	AS2. 1203，绢纺厂废物中得到
霉菌	点青霉	葡萄糖氧化酶	食品加工，试剂	AS3. 3871，自北京土壤中分离得到
	橘青霉	5′-磷酸二酯酶	水解核酸生产四种5′-单核苷酸，医药，食品助鲜剂	AS3. 2788
	河内根霉	淀粉葡萄糖苷酶	酿酒厂糖化	AS3. 866 酒曲中分离
	日本根霉	淀粉葡萄糖苷酶	制葡萄糖	AS3. 849 酒曲中分离
	红曲霉 黑曲霉	葡萄糖淀粉酶 酸性蛋白酶	制葡萄糖 毛皮软化，啤酒澄清，医药，羊毛染色	AS3. 976 AS3. 350
	土褐曲霉	蛋白酶	制蛋白胨，皮革脱毛，毛皮软化	AS3. 376
放线菌	转化微白色放线菌	蛋白酶	皮革脱毛	166

表 2-8　食品酶制剂毒理实验

毒理项目		试验所选动物
急性中毒		鼠、大白鼠
1. 口服	4 周	大白鼠
	12 个月	狗
2. 致癌试验	24 个月	两种啮齿类
3. 畸胚组织发生试验	24 个月	两种啮齿类
4. 生产菌病原性试验		四种动物
5. 皮肤刺激性试验(肤、眼)		兔子、人
抗原性		

表 2-9　美国同意使用的食品用酶及生产菌种

菌种	酶
黑曲霉(A. mger)	α-淀粉酶、糖化酶、蛋白酶、纤维素酶、乳糖酶、果胶酶、过氧化氢酶、葡萄糖氧化酶、脂肪酶

续表

菌种	酶
米曲霉(A. oryzae)	α-淀粉酶、糖化酶、蛋白酶、乳糖酶、脂肪酶
米根霉(Rh. oryzae)	α-淀粉酶、糖化酶、果胶酶
雪白根霉(Rh. niveus)	糖化酶
紫红被包霉(Marterella)	蜜二糖酶
栗疫酶(Endothia parasitica)	凝乳酶
微小毛霉(M. pusillus)	凝乳酶
米赫毛霉(M. meihei)	凝乳酶、脂肪酶、酯酶
面包酵母(S. cerevisia)	转化酶
克氏乳酸杆菌(Kinyueyamyces lactis)	乳糖酶
链霉菌(St. rulnginosus)	葡萄糖异构酶
米苏里游动放线菌(A. missourensis)	葡萄糖异构酶
橄榄色产色链霉菌(St. olivechromogenes)	葡萄糖异构酶
橄榄色链霉菌(St. olivaceus)	葡萄糖异构酶
树枝状黄杆菌(Flavobcaterium aeborescens)	葡萄糖异构酶
枯草杆菌(B. subtilis)	α-淀粉酶、蛋白酶
地衣芽孢杆菌(B. licheni farmis)	α-淀粉酶
凝结芽孢杆菌(B. coagulans)	葡萄糖异构酶
环状二形节杆菌(A. globi fermis)	葡萄糖异构酶
溶壁微球菌(Msolutes)	过氧化氢酶
动植物	菠萝蛋白酶、木瓜蛋白酶、无花果蛋白酶、胃蛋白酶、过氧化氢酶

表 2-10　酶制剂的安全检查

项　目	限　量	项目	限　量
重金属	<40mg/kg	大肠杆菌/(个/g)	不准含有
铅	<10mg/kg	绿脓杆菌/(个/g)	不准含有
砷	<3mg/kg	霉菌/(个/g)	<100
黄曲霉毒素	不准含有	沙门氏菌/(个/g)	不准含有
活数计/(菌数/g)	$<5\times10^4$	大肠杆菌样菌/(个/g)	<30

三、提高酶产量的方法

在正常的情况下，酶产量受到酶合成调节机制控制。因此，要提高酶产量就必须打破这种调控机制。总的来说，真核细胞酶的合成调节远比原核细胞复杂。除了组织器官的调节外，在细胞水平上有复制、转录、翻译水平调节；有转录、翻译后水平调节；还有染色体、核等因素的调节；另外有神经水平、激素水平和昼夜周期等的调节。克服这些调节系统，使酶量增加也相应复杂得多。因此，下述内容仅以原核细胞为例。酶合成的调节机制酶合成主要取决于转录的速度，调控环节为转录，原核细胞的调控目前普遍接受的是操纵子模型。

① 操纵子(operon)是由结构基因、操纵基因和启动基因等组成的染色体上控制蛋白质合成的功能单位。图 2-11 是大肠杆菌乳糖操纵子(Lac 操纵子)。其中 ε、γ、α 分别代表与乳糖代谢有关的三种酶的结构基因。结构基因载有有关酶的密码，决定酶的结构与性质。操纵基因在操纵子中起着开关作用。它开启时，附着在启动基因上的 DNA 指导的 RNA 聚合酶(DDRP)开始转录，合成相应的酶的 mRNA，通过翻译合成相应的酶。当它关闭时，DDRP 移动受阻，不能转录。操纵基因的开关又受调节基因调控。调节基因转录合成一种阻遏蛋白，后者与操纵基因结合，使之关闭，转录不能进行。当调节基因发生突变时，形成的阻遏蛋白失去与操纵子结合的功能，结果不论是否需要，机体总是合成这种(些)酶。这样合成的酶叫组成酶。另外一种情况是，阻遏蛋白呈失活状态，失去与操纵基因结合的能力，但如果有相应的效应物存在时，两者形成阻遏蛋白——效应物络合物时，又可与操纵子结合，从而关闭结构基因，这叫辅阻遏。这种效应物称之为辅阻遏物。

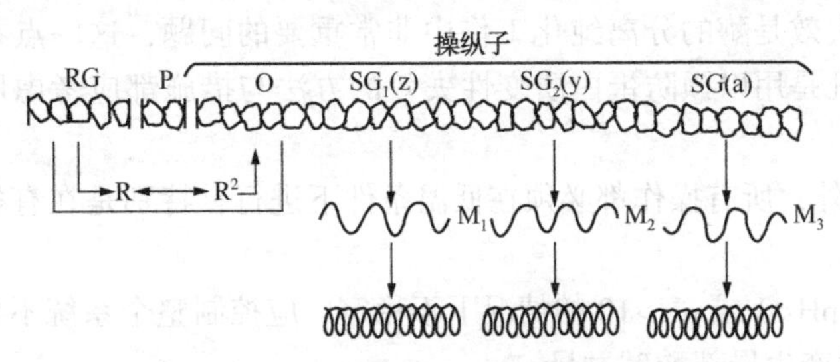

图 2-11　大肠杆菌 Lac 操纵子模型示意图

② 诱导与阻遏有些酶在通常情况下不合成或者很少合成，当加入诱导物后，就会大量合成，这种现象叫诱导。诱导作用是由于阻遏蛋白与诱导物结合而发生别构，失去与操纵子结合的能力。所以，结构基因能转录并翻译成相应的酶，这些酶便叫诱导酶。

多参加分解代谢的酶类，如淀粉酶、纤维素酶都是诱导酶。阻遏有两种：尾产物阻遏和分解代谢产物阻遏。尾产物阻遏是指，当有些酶的作用产物积累到一定浓度，并能满足机体需要后，酶的合成就受阻。这是由于阻遏蛋白本身没有与操纵子结合的能力，在正常情况下不产生阻遏，但它能以酶作用产物为效应物(辅阻遏物)，并与之结合而发生别构，变为能与操纵子结合而关闭结构基因。这些酶一般是参加合成代谢的酶。某些参与分解代谢的酶也直接或间接地受它调控。

另外一种情况是当细胞在容易利用的碳源(葡萄糖)上生长时，有些酶，特别是参与分解代谢的酶类，其合成受阻，这叫分解代谢产物阻遏，又叫葡萄糖效应。这种阻遏与 cAMP 有关。cAMP 可以活化降解产物基因蛋白(CAP)，并与之结合后，再进入启动子的结合位点上，促进 DDRP 附着到启动子的相应位点上，开始转录。当有葡萄糖存在时，cAMP 含量下降，不能与 CAP 结合而促进 DDRP 与启动子的结合，从而出现阻遏。如果此时加入 cAMP，就可减轻或解除这种阻遏。

四、打破酶合成调节机制限制的方法

酶合成调节控制能保证机体最经济有效地将体内的原料和能量用于合成生命活动最需要的物质，但是人们为了使某些酶大量合成，就必须打破这种调节机制。打破这种调节机制的方法一般有：

① 控制条件：包括添加诱导物和降低阻遏物浓度。

② 遗传控制：包括基因突变和基因重组。

③ 其他方法：如添加表面活性剂、产酶促进剂等。

五、酶的分离纯化的基本原则

酶分离纯化的最终目的就是要获得高度纯净的酶制剂，整个工作包括三个基本环节：抽提(extraction)、纯化(purification)和制剂(preparation)。抽提是要将酶从原料中抽提出来作成酶溶液；纯化则是要将酶和杂质分离开来，或者选择地将酶从包含杂质的溶液中分离出来，或者选择地将杂质从酶溶液中移除出去；制剂则是要将纯化的酶作成一定形式的制剂。

为了能够成功地进行酶的分离纯化，应注意以下问题。

1. 防止酶变性失效(denaturation-deactivation)

防止酶的变性失效是酶的分离纯化工作中非常重要的问题，这一点在纯化的后期尤为突出。一般地说，凡是用以预防蛋白质变性失效的方法与措施都应考虑用于酶的分离纯化工作。包括：

① 除了少数例外，所有操作都必须在低温条件下进行，特别是在有机溶剂存在的情况下更应小心；

② 大多数酶在 pH<4 或 pH>10 的情况下不稳定，应控制整个系统不要过酸、过碱同时要避免在调整 pH 时产生局部酸碱过量；

③ 酶和其他蛋白一样，常易在溶液表面或界面处形成薄膜而变性，故操作时要尽量减少泡沫形成；

④ 重金属等能引起酶失效，有机溶剂能使酶变性，微生物污染以及蛋白水解酶的存在都能使酶分解破坏，所有这些必须高度重视。

2. 选择有效的纯化方法

理论上，凡用于蛋白质分离纯化的一切方法都同样适用于酶，但实际上，对于酶的分离纯化来说，它还有更大的选择余地。因为：

① 酶纯化的最终目的是要将酶以外的一切杂质(包括其他酶)尽可能地除去，因而，容许在不破坏待纯化的“目的酶”的限度内，使用各种“激烈”手段。

② 由于酶和它作用的底物、它的抑制剂等具有高的亲和性，因此可应用各种亲和分离法；而且，当这些物质存在时，酶的理化性质和稳定性往往会发生一些有利的变化，这样又扩大了纯化方法与纯化条件的选择范围。

3. 酶活性测定贯穿纯化过程的始终

酶活性测定应贯穿于整个纯化过程的始终。酶具有催化活性，通过检测酶活性可以跟踪酶的来龙去脉，为酶的抽提、纯化以及制剂过程中选择适当的方法与条件提供直接的依据。也就是说，从原料开始，整个过程中每一步都要进行比活力与总活力的检测与比较，这样，我们就能知道在某一步骤中可采用些什么方法与什么条件，它们分别使酶的纯度提高了多少，回收了多少酶，从而决定其取舍。

六、酶的分离纯化

1. 原料的选择

通常为了使纯化过程容易进行，总是选择目的酶含量丰富的原料。当然也要考虑原料的来源、取材方便、经济等因素。例如分离纯化超氧化物歧化酶(SOD)、尽管在动物肝、肾、心等器官内含量十分丰富，而血液中含量较少，但考虑到取材易、价廉及预处理方便等因素，在实际应用中还是选择红细胞。

目前，利用动、植物细胞体外大规模培养技术，可以大量获得极为珍贵的原材料，用于酶的分离纯化。利用基因工程重组 DNA 技术，能够使某些在细胞中含量极微的酶的纯化成为可能。例如，大肠杆菌胞内芳香族氨基酸的合成需要 EPSP 合成酶(丙酮酰莽草酸磷酸合成酶)的参与。现已分离出这种酶的基因并重组入多拷贝质粒 pATl53，将此质粒转入大肠杆菌，产生一种比野生型大肠杆菌株高 100 倍的含 EPSP 的合成酶的新菌株。

2. 酶的提取

除在体液中提取酶或胞外酶外，一般都要选用适当的方法，将含目的酶的生物组织破碎，促使酶增溶溶解，最大程度地提高抽提液中酶的浓度。主要的破碎方法有机械(匀浆)法、超声波法、冻融法、渗透压法、酶消化法等。

(1) 机械(匀浆)法

利用机械力的搅拌，剪切、研碎细胞。常用的有高速组织捣碎机(waring blender)、高压匀浆泵(国外称 manton-gaulin)、玻璃或 teflon 研棒匀浆器(国外称 potter-elvehiem homogeniver)、高速球磨机或直接用研钵研磨等。动物组织的细胞器不甚坚固、极易匀浆，一般可将组织剪切成小块，再用匀浆器或高速组织捣碎器将其匀质化。匀浆器一次处理容量约 50mL，高速组织捣碎器容量可达 500~1000mL 左右。高压匀浆泵非常适合于细菌、真菌(如酵母)的破碎，且处理容量大，一次可处理几升悬浮液，一般循环 2~3 次，足以达到破碎要求。

(2) 超声波法

超声波是破碎细胞或细胞器的一种有效手段。经过足够时间的超声波处理，细菌和酵母细胞都能得到很好的破碎。若在细胞悬浮液中加入玻璃珠，时间可更短些，一般线粒体经过 125 W 超声处理 5 min 即可全部崩解。超声波破碎一次处理的量较大，超声效果探头式超声器比水浴式超声器更佳。超声处理的主要问题是超声空穴局部过热引起酶活性丧失，所以超声振荡处理的时间应尽可能短，容器周围以冰浴冷却处理，尽量减小热效应引起的酶失活。

(3) 冻融法

生物组织经冰冻后，细胞胞液结成冰晶，使细胞壁胀破。冻融法所需设备简单，普通家用冰箱的冷冻室即可进行冻融。该法简单易行，但效率不高，需反复几次才能达到预期的破壁效果。如果冻融操作时间过长，更应注意胞内蛋白酶作用引起的后果。一般需在冻融液中加入蛋白酶抑制剂，如 PMSF(苯甲基磺酰氟)、配合剂 EDTA、还原剂 DTT(二硫苏糖醇)等以防破坏目的酶。

(4) 渗透压法

渗透破碎是破碎细胞最温和的方法之一。细胞在低渗透溶液中由于渗透压的作用，溶胀破碎。如红血球在纯水中会发生破壁溶血现象。但这种方法对具有坚韧的多糖细胞壁的细胞，如植物、细菌和霉菌不太适用，除非用其他方法先除去这些细胞外层坚韧的细胞壁。

(5) 酶消化法

利用溶菌酶、蛋白水解酶、糖苷酶对细胞膜或细胞壁的酶解作用，使细胞崩解破碎。将革兰氏阳性菌(如枯草杆菌)一起温育，也可制得相应的原生质体。用 EDTA 与革兰氏阴性菌(如大肠杆菌)一起温育，也可制得相应的原生质体。几丁质酶和3-葡聚糖酶则常用于水解曲霉、面包霉等的细胞壁。酶消化法常与其他破碎方法联合使用，如在大肠杆菌冻溶液中加入溶菌酶就可大大提高破碎效果。

3. 酶的提纯

酶的提纯步骤一般可先根据酶分子溶解度的性质，选用适宜的沉淀方法(如盐析、有机溶剂沉淀等)，将目的酶分级沉淀，制得粗酶，再根据酶分子的大小、电荷性质、亲和专一性等，应用离心、层析、电泳、结晶等方法，将酶纯化。

评价分离提纯方法好坏的指标有两个：一是总活力的回收率；二是比活力提高的倍数。总活力的回收率，反映了提纯过程酶活力的损失情况，而比活力的提高倍数则反映了纯化方法的效率。纯化后比活力提高越多，总活力损失越少，则纯化效果就越好。实际上，纯化倍数与回收率不可能两者兼顾，应根据具体情况作相应取舍。整个纯化过程可采用表格记录。

第七节　酶工程研究进展

酶工程(Enzyme Egineering)是生物工程的主要内容之一，是随着酶学研究迅速发展，特别是酶的应用推广，使酶学和工程学相互渗透结合，发展而成的一门新的技术科学。它是从应用的目的出发研究酶，是在一定生物反应装置中利用酶的催化性质，将相应原料转化成有用物质的技术，是生物工程的重要组成部分。

第一届国际酶工程会议于1971年在美国召开。当时提出的酶工程的内容主要是：酶的生产、分离纯化，酶的固定化，酶及固定化酶的反应器，酶与固定化酶的应用。随着科学发展，酶工程所涉及的面越来越广。

一、酶的应用研究进展

我国早在4000年前的夏禹时代，就盛行酿酒。酒是酵母菌发酵的产物，是其中酶作用的结果。在3000年前的周朝，用麦芽粉制造饴糖(麦芽糖)。麦芽糖是麦芽中的淀粉酶水解淀粉的产物。虽然古人已经利用了酶的催化作用，但是，他们并不知道酶的本质。

1896年，德国巴克纳兄弟从酵母的无细胞抽提液中发现了能将葡萄糖转变成乙醇和CO_2的酶(Enzyme)。这一重大发现，促进了酶的分离提纯、理化性质、酶促反应动力学等研究。从此以后，酶学研究主要沿着两个方向发展：一是酶的应用研究，即酶技术研究；二是酶的理论研究。

1926年，索姆奈(Sumner)首次从刀豆中制备出脲酶结晶，并提出，酶是具有催化能力的蛋白质。从此以后，人们开展了各种酶的分离提纯的研究，制备了各种不同规格的酶制剂。从20世纪50年代起，大规模工业生产的酶制剂品种愈来愈多。现在，淀粉酶、糖化酶、葡萄糖异构酶、果胶酶、凝乳酶、乳糖酶、脂肪酶、各种蛋白酶等，已经实用化、商品化。上述酶制剂在食品加工，发酵工业，制革工业，纺织工业，氨基酸、有机酸和半合成抗生素的合成工业，医疗卫生，能源开发以及环境工程中，有日益广泛的应用，发挥了重要的作用。

由于酶制剂不稳定，不能重复使用，从20世纪60年代起，人们曾把注意力集中到酶和细胞的固定化研究上。从应用的目的出发，Crubhofer和Schleith从1953年开始研究酶的固定化。他们将胃蛋白酶、淀粉酶、羧肽酶和核糖核酸酶等结合在重氮化的树脂上，实现了酶的固定化。1969年，日本千烟一郎首次应用固定化氨基酰化酶大规模生产L-氨基酸。从此以后，固定化酶研究十分活跃，进展很快。现在，已有十多种固定化酶用于工业生产。例如：利用固定化葡萄糖异构酶生产高果葡萄浆；利用固定化青霉素酰化酶生产6-氨基青霉烷酸；利用固定化乳糖酶生产低乳糖牛奶等。但是，大多数固定化酶的应用研究，仍处于实验室研究阶段或中试生产阶段，要用于工业生产上有待进一步研究。

为了减少从微生物细胞中分离提纯酶的麻烦，或者有目的地利用微生物细胞内的复合酶系统，从20世纪70年代初起，人们直接对微生物细胞进行固定化研究。1973年，千烟一郎首次利用固定化大肠杆菌细胞生产L-天冬氨酸。从此以后，微生物细胞固定化研究十分活跃，进展很快。现在，已有愈来愈多的固定化微生物细胞用于工业生产。例如：固定化大肠杆菌细胞生产6-氨基青霉烷酸；固定化产氨短杆菌细胞生产L-苹果酸；固定化假单孢菌细胞生产L-丙氨酸；固定化链霉菌细胞生产果葡糖浆；固定化酿酒酵母细胞生产酒精等。但是，大多数固定化微生物细胞的应用研究，尚处于实验室研究阶段或中试生产阶段，尚待进一步研究。

微生物细胞固定化研究，已从利用一种酶反应的固定化死菌体，发展到利用多酶反应的固定化活菌体，从固定化休眠菌体、饥饿菌体发展到固定化增殖菌体。最近，还发展到固定化基因工程菌。从20世纪80年代起，人们开始把目光放到动物细胞和植物细胞固定化上。动物和植物细胞固定化，虽然比微生物细胞固定化难得多，但是，它们能产生微生物难以产生的贵重药物，如：乙肝病毒表面抗原、单克隆抗体、人参皂苷等。目前，动物细胞和植物细胞的固定化研究，尚处于实验室研究阶段或中试阶段，需要深入研究。

20世纪50年代末到60年代，人们致力于用小分子化合物修改酶分子中的氨基酸残基侧链基团，以研究一些酶活性基团的情况，得到了很有价值的数据。较早用大分子物质修饰酶的是Katchalsko等。他们用DEAE-右旋糖酐、多肽等修饰了酶，使酶的性质得到了改善。从20世纪70年代开始，随着研究的普遍开展，在修饰剂的选用、修饰方法上，都有新的发展。现在，有一些酶(如L-天门冬酰胺酶等)用大分子修饰剂修饰之后，其热稳定性提高，抗失活因子能力加强，抗原性消除，体内半衰期延长。由此可见，酶化学修饰在一定程度上可以克服天然酶的缺点，使其更适合于工业生产和医疗上的需要。

近年来，人们对抗体酶、人工酶、模拟酶亦进行了研究，取得了一些进展，今后将进一步研究。随着固定化酶(或细胞)的研究进展，人们研究、设计、制造了各种各样的固定化酶反应器。其中，有一些已应用于工业生产。目前，固定化酶反应器的发展早期阶段。其最终目标是实现全自动的最佳控制。第二代新型的固定化(能实现辅因子——辅酶Ⅰ和ATP等)再生的酶反应器、两相或多相酶反应器等，正在研制之中。

自从1967年酶电极问世以来，酶电极的研究引起了不少人的极大兴趣，酶电极已经实用化、商品化，用于测定混合物溶液中某种物质的浓度。葡萄糖氧化酶电极测定血液、尿、发酵液中的葡萄糖浓度；用脲酶电极测定血液中的尿素浓度。酶电极在临床化验、发酵生产、环境监测以及其他化学分析等方面，展示了很多优势。多年来，人们正在研制各种新型的酶电极、如多功能酶电极、微型酶电极、抗干扰酶电极等。

二、酶学理论研究

主要有下列重大进展：

(1) 新酶的发现和鉴定　迄今为止，已发现的酶有25000多种，数千种酶被鉴定，并达到不同的纯度，数百种酶得到了结晶，数百种酶的一级结构被测出来。每年都有新酶被发现每年都有不少酶的一级结构被测出来。

（2）酶一级结构与活力的关系　过去主要用化学修饰的方法研究酶一级结构与活力的关系，并获得了不少的信息。近年来，除了继续用上述技术以外，还采用下列新技术对此问题作更深人的研究：①过渡态类似物技术；②自杀性底物技术；③基因定位突变技术；④计算机模拟技术等。

（3）酶分子高级结构的测定　一部分酶的高级结构已经被测出来，但是，还有大多数酶的高级结构尚待测定。对酶分子高级结构的测定，X-射线晶体结构分析法仍然是十分有效的方法。近年来，二维核磁共振技术的应用愈来愈广。后者可以测定溶液中酶分子构象及其变化过程。运用上述两种技术必将测出更多的酶分子构象。

（4）酶活性部位结构及催化机理的研究　这是酶学研究最核心的问题。近年来，运用下列新技术研究酶活性部位结构及催化机理，取得了重大的进展。

① 应用X-射线晶体结构分析技术研究酶底物（或底物类似物）复合物结构，可以确定酶活性部位结构以及酶分子与底物分子的结合情况。

② 应用二维核磁共振技术可以确定酶活性部位上解离基团的pH值以及催化过程中的质子转移情况。

③ 关于酶促反应动力学研究，现在已用电子计算机编程，对酶与底物的作用方式以及底物反应过程中可能存在的酶分子形式，作出判断。

④ 应用隧道电镜技术可以观察到酶催化过程中质子转移和电子转移的情况。

（5）Ribozyme（核酶）的发现　过去认为，酶是由活细胞产生的具有催化作用的蛋白质，近年来，发现生物体中的一些RNA和DNA亦具有催化作用，具有酶的类似性质，被称为Ribozyme（核酶）。Ribozyme亦是生物催化剂，可切割特异性RNA序列的RNA分子。这一重大发现，对于生命起源和生物进化的研究，对于基因、病毒和肿瘤的治疗，具有重大的意义。

三、酶工程研究的重要意义

研究酶的理化性质及其作用机理，对于阐明生命现象的本质也具有十分重要的意义。特别是现代生物科学发展已经日益深入到分子水平，日益深入到以生物大分子结构与功能的关系来说明生命现象的本质和规律，从酶分子水平去探讨酶与生命活动、与代谢调节、与疾病、生长发育等的关系，对阐明生命活动的本质和规律，无疑是十分有意义的。

另外，由于酶独特的催化功能，它的高效率、专一性及不需要高温高压或强酸强碱作用条件，对于普通的化学催化反应产生了决定性的飞跃。它丰富充实了现代化学中的催化理论（多元催化、催化调节机制等）。所以对于酶的研究成果必将给催化理论，催化剂设计、药物设计、疾病诊断治疗、遗传变异研究等各个方面提供理论依据和新思想、新概念。酶又是分子生物学研究的重要工具。

因为限制性内切酶的发现提供了特异剪切DNA的工具，促进了DNA重组技术诞生，推动了基因工程发展，同时也是基因结构表达调控与分子生物学、分子遗传学不可缺少的工具。

由于酶的独特催化功能，所以它在工、农、医各方面都应用已久，尤其是近百年来已被广泛应用。可以说，从与人们生活休戚相关的衣食住行到各行各业的新技术革命几乎都与酶有关。综上所述，对于生物科学及有关学利的工作者来说都或多或少地需要对酶、酶学、酶工程的基础知识的了解和掌握。

第八节　酶工程的应用

酶的应用是酶工程的主要内容之一，通过酶的催化作用，人们可以得到所需要的物质或者将不需要的甚至有害的物质除去，以利于人体的健康、环境的保护、经济的发展和社会的进步。酶的催化作用具有专一性强、催化效率高、作用条件温和等显著特点，在医药、食品、轻工、化工、能源、环保、检测和生物工程等领域广泛应用。

一、酶工程在医药方面的应用

长期以来人类一直在努力寻求对付疾病的方法，从而促进了医药卫生事业的发展。各种天然药物和合成药物的研究、开发和应用对保障人们的健康做出了巨大贡献。药物的种类很多，其中酶类药物有着与其他药物不同的特点，在医药方面的应用发展很快。

据《左传》记载，我们的祖先在2500多年前，就懂得利用麦麴治病，实质上是利用在谷物中生长的各种微生物所产生的酶类进行疾病治疗，说明酶在医药方面的应用具有悠久的历史。1894年，日本的高峰让吉从米曲霉中制得淀粉酶，用于治疗消化不良，20世纪后半叶，生物科学和生物工程飞速发展，酶在医药领域的用途越来越广泛。随着核酸类酶、抗体酶和端粒酶等新型酶种的研究开发，以及酶分子修饰、酶固定化和酶在有机介质中的催化作用等技术的发展，将不断扩大酶在医药方面的应用。

酶在医药方面的应用多种多样，可归纳为下列3个方面：①用酶进行疾病的诊断；②用酶进行疾病的治疗；③用酶制造各种药物。

在医药方面使用的酶具有种类多、用量少、效率高等特点。

1. 酶在疾病诊断方面的应用

疾病治疗效果的好坏，在很大程度上取决于诊断的准确性。疾病诊断的方法很多，其中酶学诊断特别引人注目。由于酶具有专一性强、催化效率高、作用条件温和等显著的催化特点，酶学诊断已经发展成为可靠、简便又快捷的诊断方法。

酶学诊断方法包括两个方面，一是根据体内原有酶活力的变化来诊断某些疾病，二是利用酶来测定体内某些物质的含量，从而诊断某些疾病。

（1）根据体内酶活力的变化诊断疾病

一般健康人体内所含有的某些酶的量是恒定在某一范围的。当人们患上某些疾病时，则由于组织、细胞受到损伤或者代谢异常而引起体内的某种或某些酶的活力发生相应的变化。故此，可以根据体内某些酶的活力变化情况，而诊断出某些疾病（表2-11）。

表2-11　通过酶活力变化进行疾病诊断

酶	疾病与酶活力变化
淀粉酶	胰、肾疾病时活力升高；肝病时活力下降
胆碱酯酶	肝病、肝硬化、有机磷中毒、风湿等，活力下降
酸性磷酸酶	前列腺癌、肝炎、红血球病变时，活力升高

续表

酶	疾病与酶活力变化
碱性磷酸酶	佝偻病、软骨化病、骨瘤、甲状旁腺功能亢进时，活力升高；软骨发育不全等，活力下降
谷丙转氨酶	肝病、心肌梗死等，活力升高
谷草转氨酶	肝病、心肌梗死等，活力升高
γ-谷氨酰转肽酶(γ-GT)	原发行和继发性肝癌，活力增高至200单位以上，阻塞性黄疸、肝硬化、胆道癌等，活力升高
醛缩酶	急性传染性肝炎、心肌梗死，活力显著升高
精氨酰琥珀酸裂解酶	急、慢性肝炎，活力增高
胃蛋白酶	胃癌，活力升高；十二指肠溃疡，活力下降
乳酸脱氢酶	肝癌、急性肝炎、心肌梗死，活力显著升高；肝硬化，活力正常
端粒酶	癌细胞中含有端粒酶，正常体细胞内没有端粒酶活性
山梨醇脱氢酶(SDH)	急性肝炎，活力显著提高
5′-核苷酸酶	阻塞性黄疸、肝癌，活力显著增高
脂肪酶	急性胰腺炎，获利明显增高，胰腺癌、胆管炎，活力升高
肌酸磷酸激酶(CK)	心肌梗死，活力显著升高；肌炎、肌肉创伤，活力升高
α-羟基丁酸脱氢酶	心肌梗死、心肌炎，活力增高
单胺氧化酶(MAO)	肝脏纤维化、糖尿病、甲状腺功能亢进，活力升高
磷酸己糖异构酶	急性肝炎，活力极度升高；心肌梗死、急性肾炎、脑溢血，活力明显升高
鸟氨酸氨基甲酰转移酶	急性肝炎，活力急速增高；肝癌，活力明显升高
乳酸脱氢酶同工酶	心肌梗死、恶性贫血，LDH_1增高；白血病、肌肉萎缩，LDH_2增高；白血病、淋巴肉瘤、肺癌，LDH_3增高；转移性肝癌、结肠癌，LDH_4增高；肝炎、原发性肝癌、脂肪肝、心肌梗死、外伤、骨折，LDH_5增高
葡萄糖氧化酶	测定血糖含量，诊断糖尿病
亮氨酸氨肽酶(LAP)	肝癌、阴道癌、阻塞性黄疸，活力明显升高

（2）用酶测定体液中某些物质的变化诊断疾病

人体在出现某些疾病时，由于代谢异常或者某些组织器官受到损伤，就会引起体内某些物质的量或者存在部位发生变化。通过测定体液中某些物质的变化，可以快速、准确地对疾病进行诊断。

酶具有专一性强、催化效率高等特点，可以利用酶来测定体液中某些物质的含量变化，从而诊断某些疾病(表2-12)。

表2-12　用酶测定某种物质的含量变化进行疾病诊断

酶	测定的物质	用　途
葡萄糖氧化酶	葡萄糖	测定血糖、糖尿病，诊断糖尿病
葡萄糖氧化酶+过氧化氢酶	葡萄糖	测定血糖、糖尿病，诊断糖尿病
尿素酶	尿素	测定血液、尿液中的尿素含量，诊断肝、肾病变
谷氨酰胺酶	谷氨酰胺	测定脑脊液中谷氨酰胺的量，诊断肝、肾病变

续表

酶	测定的物质	用　途
胆固醇氧化酶	胆固醇	测定胆固醇含量，诊断高血脂等
DNA 聚合酶	基因	通过基因扩增、基因测序，诊断基因变异、检测癌基因

2. 酶在疾病治疗方面的应用

酶可以作为药物治疗多种疾病，用于治疗疾病的酶称为药用酶。药用酶具有疗效显著，不良反应小的特点。其应用越来越广泛(表 2–13)。

表 2–13　酶在疾病治疗方面的应用

酶	来源	功能
淀粉酶	胰、麦芽、微生物	治疗消化不良、食欲不振
蛋白酶	胰、胃、植物、微生物	治疗消化不良、食欲不振，消炎、消肿，除去坏死组织，促进创伤愈合，降低血压
脂肪酶	胰、微生物	治疗消化不良、食欲不振
纤维素酶	霉菌	治疗消化不良、食欲不振
溶菌酶	蛋清、细菌	治疗各种细菌性和病毒性疾病
尿激酶	人尿	治疗心肌梗死、结膜下出血、黄斑部出血
链激酶	链球菌	治疗血栓性静脉炎、咳痰、血肿、下出血、骨折、外伤
链道酶	链球菌	治疗炎症、血管栓塞，清洁外伤创面
青霉素酶	蜡状芽孢杆菌	治疗青霉素引起的变态反应
L–天冬酰胺酶	大肠杆菌	治疗白血病
超氧化物歧化酶	微生物、植物、动物血液、肝等	预防辐射损伤，治疗红斑狼疮、皮肌炎、结肠炎、氧中毒
凝血酶	动物、细菌、酵母等	治疗各种出血病
胶原酶	细菌	分解胶原，消炎，化脓，脱痂治疗溃疡
右旋糖酐酶	微生物	预防龋齿
胆碱酯酶	细菌	治疗皮肤病、支气管炎、气喘
溶纤酶	蚯蚓	溶血栓
弹性蛋白酶	胰	治疗动脉硬化，降血脂
核糖核酸酶	胰	抗感染，祛痰，治肝癌
尿酸酶	牛肾	治疗痛风
L–精氨酸酶	微生物	抗癌
谷氨酰胺酶	微生物	抗癌
α–半乳糖苷酶	牛、人胎盘	治疗遗传缺陷病(弗勃莱症)
核酸类酶	生物、人工改造	基因治疗，治疗病毒性疾病
降纤酶	蛇毒	溶血栓
木瓜凝乳蛋白酶	番木瓜	治疗腰椎间盘突出，肿瘤辅助治疗
抗体酶	分子修饰、诱导	与特异抗原反应，清除各种致病性抗原

3. 酶在药物制造方面的应用

酶在药物制造方面的应用是利用酶的催化作用将前体物质转变为药物。这方面的应用日益增多。现已有不少药物包括一些贵重药物都是由酶法生产的(表 2-14)。

表 2-14 酶在药物制造方面的应用

酶	来源	医药方面功能
青霉素酰化酶	微生物	制造半合成青霉素和头孢霉素
11-β-羟化酶	霉菌	制造氢化可的松
L-酪氨酸转氨酶	细菌	制造多巴(L-二羟苯丙氨酸)
β-酪氨酸酶	植物	制造多巴
α-甘露糖苷酶	链霉菌	制造高效链霉素
核苷磷酸化酶	微生物	生产阿拉伯糖腺嘌呤核苷(阿糖腺苷)
酰基氨基酸水解酶	微生物	生产 L-氨基酸
5′-磷酸二酯酶	橘青霉等微生物	生产各种核苷酸
多核苷酸磷酸酶	微生物	生产聚肌胞，聚肌苷酸
无色杆菌蛋白酶	细菌	由猪胰岛素(Ala-30)转变为人胰岛素(Thr-30)
核糖核苷酸	微生物	生产核苷酸
蛋白酶	动物、植物、微生物	生产 L-氨基酸
β-葡萄糖苷酶	黑曲霉等微生物	生产人参皂苷-Rh_2

二、酶工程在食品方面的应用

目前国内外广泛使用酶的领域是食品工业部门。国内外大规模工业生产的α-粉酶、β-粉酶、异淀粉酶、糖化酶、蛋白酶、果胶酶、脂肪酶、纤维素酶、氨基酰化酶、天冬氨酸酶、磷酸二酯酶、核苷酸磷酸化酶、葡萄糖异构酶、葡萄糖氧化酶等大部分都在食品工业中应用(表 2-15)。

表 2-15 酶在食品工业的应用

酶	来源	食品工业功能
α-淀粉酶	枯草杆菌、黑曲霉、米曲霉	淀粉液化，制造糊精、葡萄糖、饴糖、果葡萄浆
β-淀粉酶	麦芽、巨大芽孢杆菌、多黏芽孢杆菌	制造麦芽，啤酒酿造
糖化酶	根霉、黑曲霉、红曲霉、内孢霉	淀粉糖化，制造葡萄糖、果葡糖
异淀粉酶	气杆菌、假单胞杆菌	制造直链淀粉、麦芽糖
蛋白酶	胰、木瓜、枯草杆菌、霉菌	啤酒澄清，水解蛋白、多肽、氨基酸
右旋糖酐酶	霉菌	糖果生产
果胶酶	霉菌	果汁、果酒的澄清
葡萄糖异构酶	放线菌、细菌	制造果葡糖、果糖
葡萄糖氧化酶	黑曲霉、青霉	蛋白加工、食品保鲜
柑苷酶	黑曲霉	水果加工，去除橘汁苦味
橙皮苷酶	黑曲霉	防止柑橘罐头及橘汁出现浑浊

续表

酶	来源	食品工业功能
氨基酰化酶	霉菌、细菌	由 DL-氨基酸生产 L-氨基酸
天冬氨基酶	大肠杆菌、假单胞杆菌	由反丁烯二酸制造天冬氨酸
磷酸二酯酶	橘青霉、米曲霉	降解 RNA，生产单核苷酸用作食品增味剂
色氨酸合成酶	细菌	生产色氨酸
核苷磷酸化酶	酵母	生产 ATP
纤维素酶	木霉、青霉	生产葡萄糖
溶菌酶	蛋清、微生物	食品杀菌保鲜

酶在食品工业方面主要用于食品保鲜，食品加工，食品添加剂的生产以及增强或改善食品的风味和品质等。现简单介绍如下：

1. 食品保鲜方面的应用

食品保鲜是食品加工、食品运输、食品保藏中的重要课题。随着人们对食品各方面的要求越来越高和科学技术的不断进步，一种崭新的酶法保鲜技术越来越受到人们的关注和欢迎。

酶法保鲜技术是利用酶的催化作用，防止或者消除各种外界因素对食品产生的不良影响，从而保持食品的优良品质和风味特色的技术。酶可以广泛地应用于各种食品的保鲜，有效地防止外界因素，特别是氧和微生物对食品所造成的不良影响。

（1）食品除氧保鲜

氧气是影响食品质量的主要因素之一。氧的存在容易引起某些富含油脂的食品发生氧化作用，引起油脂酸败，产生不良的味道和气味，降低营养价值，甚至产生有毒物质；氧化还会使去皮的马铃薯、苹果等水果及果汁、果酱等果蔬制品变色；氧化也会使肉类褐变。

解决氧化问题的根本方法是除氧。葡萄糖氧化酶是一种有效的除氧保鲜剂。葡萄糖氧化酶(glucose oxidase)是催化葡萄糖与氧反应生成葡萄糖酸和双氧水的一种氧化还原酶。

$$\underset{\text{葡萄糖}}{C_6H_{12}O_6}+\underset{\text{氧}}{O_2}\xrightarrow{\text{葡萄糖氧化酶}}\underset{\text{葡萄糖酸}}{C_6H_{12}O_7}+\underset{\text{双氧水}}{H_2O_2}$$

通过葡萄糖氧化酶的作用，可以除去氧气，达到食品保鲜的目的。应用葡萄糖氧化酶进行食品保鲜时，应将葡萄糖氧化酶和葡萄糖与食品一起置于密闭容器中。例如，将葡萄糖氧化酶和葡萄糖混合在一起，包装于不透水但可以透气的保鲜薄膜袋中，封闭后，置于装有需要保鲜的食品的密闭容器中，密闭容器中的氧气透过薄膜进入保鲜袋，与葡萄糖反应，由此除去密闭容器中的氧，防止氧化作用的发生，达到食品保鲜的目的。葡萄糖氧化酶也可以直接加到罐装果汁、水果罐头等含有葡萄糖的食品中，起到防止食品氧化变质的效果，同时也可以有效地防止容器的氧化作用。

（2）蛋类制品脱糖保鲜

蛋类制品如蛋白粉、蛋白片、全蛋粉等，由于蛋白中含有 0.5%~0.6%葡萄糖，会与蛋白质反应生成小黑点，并影响其溶解性，从而影响产品质量。为了尽可能地保持蛋类制品的色泽和溶解性，必须进行脱糖处理，将蛋白中含有的葡萄糖除去。以往多采用接种乳酸菌的方法进行蛋白的脱糖，但是处理时间较长，效果不大理想。应用葡萄糖氧化酶进行蛋白的脱糖处理，是将适量的葡萄糖氧化酶加到蛋白液或全蛋液中，采用适当的方法通入适量的氧气，通过葡萄糖氧化酶作用，使所含的葡萄糖完全氧化，从而保持蛋品的色泽和溶解性。

（3）食品灭菌保鲜

微生物的污染会引起食品的变质、腐败。防止微生物的污染是食品保鲜的主要任务。杀灭微生物污染的方法很多，诸如加热、添加防腐剂等，但这些方法可能引起食品品质的改变，防腐剂的添加还可能对人体健康带来某些不良的影响。如果采用溶菌酶进行食品保鲜，不但效果好，而且不存在食品安全问题。

溶菌酶(Lysozyme)是一种催化细菌细胞壁中的肽多糖水解的水解酶。专一地作用于肽多糖分子中*N*-乙酰胞壁酸和*N*-乙酰氨基葡萄糖之间的β-1,4-糖苷键，从而破坏细菌的细胞壁，使细菌溶解死亡。用溶菌酶处理食品，可以杀灭存在于食品中的细菌，以达防腐保鲜的效果在干酪、水产品、啤酒、清酒、牛奶、奶粉、奶油、生面条中应用广泛。

2. 酶在食品生产方面的应用

酶在各种食品的生产方面应用广泛，例如酶在淀粉类食品生产方面的应用，淀粉类食品是指含有大量淀粉或者以淀粉为主要原料加工制成的食品，是世界上产量最大的一类食品。淀粉可以在各种淀粉酶的作用下，水解生成糊精、低聚糖、麦芽糖和葡萄糖等产物。或者经过葡萄糖异构酶、环状糊精葡萄糖基转移酶等的作用生成果葡糖浆，环状糊精的产物。主要用酶如表2-16所示。

① 葡萄糖的生产：现在国内外葡萄糖的生产大都采用酶法。酶法生产葡萄糖是以淀粉为原料，先经α-淀粉酶液化成糊精，再用糖化酶催化生成葡萄糖。α-淀粉酶(α-amylase)又称为液化型淀粉酶，它作用于淀粉时，随机地从淀粉分子内部切开α-1,4-葡萄糖苷键，使淀粉水解生成糊精和一些还原糖，所生成的产物均为α-型，故称为α-淀粉酶。主要用酶如表2-16所示。

表2-16 酶在淀粉类食品工业生产中的应用

酶	功 能
α-淀粉酶	生产糊精、麦芽糊精
α-淀粉酶，糖化酶	生产淀粉水解糖、葡萄糖
α-淀粉酶，β-淀粉酶，支链淀粉酶	生产饴糖、麦芽糖、啤酒酿造
支链淀粉酶	生产直链淀粉
糖化酶，支链淀粉酶	生产葡萄糖
α-淀粉酶，糖化酶，葡萄糖异构酶	生产果葡糖浆、高果糖浆、果糖
α-淀粉酶，环状糊精葡萄糖苷酶	生产环状糊精

在葡萄糖的生产过程中，淀粉先配制成淀粉浆，添加一定量的α-淀粉酶，在一定条件下使淀粉液化成糊精。然后，在一定条件下加入适量的糖化酶，使糊精转化为葡萄糖。

所采用的α-淀粉酶和糖化酶都要求达到一定的纯度。尤其是糖化酶中应不含葡萄糖苷转移酶。因为葡萄糖苷转移酶会催化葡萄糖生成异麦芽糖等杂质，严重影响葡萄糖的收率。

② 果葡糖浆的生产：果葡糖浆是由葡萄糖异构酶催化葡萄糖异构化生成部分果糖而得到的葡萄糖和果糖的混合糖浆。果葡糖浆生产所使用的葡萄糖，一般是由淀粉浆经α-淀粉酶液化，再经糖化酶糖化得到的葡萄糖，经过精制获得浓度为40%~45%的精制葡萄糖液，要求$DE>96$。精制葡萄糖液在一定条件下，由葡萄糖异构酶催化生成果葡糖浆。异构化率一般为42%~45%。

③ 饴糖、麦芽糖的生产：饴糖是我国传统的淀粉糖制品。是以大米和糯米为原料，加进大麦芽，利用麦芽中的α-淀粉酶和β-淀粉酶，将淀粉糖化而成的麦芽糖浆。其中含麦芽糖30%~40%，糊精60%~70%。β-淀粉酶(β-amylase)又称为麦芽糖苷酶，是一种催化淀粉水解生成麦芽糖的淀粉水解酶。它从淀粉分子的非还原端开始，作用于α-1，4葡萄糖苷键，顺次切下麦芽糖单位，同时发生沃尔登转位反应(walden inversion)生成的麦芽糖由α-型转为β-型，故称为β-淀粉酶。

④ 糊精、麦芽糊精的生产：糊精是淀粉低程度水解的产物，广泛应用于食品增稠剂、填充剂和吸收剂。其中，DE值在10~20之间的糊精称为麦芽糊精。淀粉在α-淀粉酶的作用下生成糊精。控制酶反应液的DE值，可以得到含有一定量麦芽糖的麦芽糊精。

⑤ 环状糊精的生产：环状糊精是由6~12个葡萄糖单位以α-1,4糖苷键连接而成的具有环状结构的一类化合物。能选择性地吸附各种小分子物质，起到稳定、乳化、缓释、提高溶解度和分散度等作用，在食品工业中有广泛用途。其中，糊精最多的是α-环状糊精(含6个葡萄糖单位)，又称为环已直链淀粉；β-环状糊精(含7个葡萄糖单位)，又称为环庚直链淀粉；7-环状糊精(含8个葡萄糖单位)，又称为环辛直链淀粉。其中α-环状糊精的溶解度大，制备较为困难；环状糊精的生成量较少；所以目前大量生产的是β-环状糊精。

β-环状糊精通常以淀粉为原料，采用环状糊精葡萄糖苷转移酶为催化剂进行生产。环状糊精葡萄糖苷转移酶(cyclodextrin glycosyl transferase，CGT)，又称为环状糊精生成酶。由于反应液中还含有未转化的淀粉和界限糊精，需要加入α-淀粉酶进行液化，然后经过脱色、过滤、浓缩、结晶、离心分离、真空干燥等工序获得β-环状糊精产品。

3. 酶在改善食品的品质和风味方面的应用

酶不仅广泛用于食品的制造和加工，而且在改善食品的品质和风味方面大有用场。

① 风味酶的发现和应用，在食品风味的再现、强化和改变方面有广阔应用前景。例如，用奶油风味酶作用于含乳脂的巧克力、冰激凌、人造奶油等食品，可使这些食品增强奶油的风味。一些食品在加工或保存过程中，原有的风味可能减弱或失去，若在这些食品中添加各自特有的风味酶，则可使它们恢复甚至强化原来的天然风味。

② 在面包制造过程中，在面团中添加适量的α-淀粉酶，催化部分淀粉水解生成麦芽糖和葡萄糖，从而调节麦芽糖和葡萄糖的生成量，有利于酵母的生长和二氧化碳的产生，达到缩短面团发酵时间，使制成的面包更加松软可口；添加适量蛋白酶，使一部分蛋白质水解生成氨基酸，不仅可以促进酵母的生长和二氧化碳的产生，同时还有利于面筋软化，增强其延伸性，使二氧化碳在面团中保持时间较长；从而缩短面团发酵时间，使制成的面包更加松软可口，色香味俱佳，而且可以防止面包老化，延长保鲜期；添加适量的β-淀粉酶，催化淀粉水解，生成麦芽糖，可以改善面包风味，同时起到防止面包、糕点老化的作用；有些面包在制造过程中添加一些脱脂奶粉，此时适量添加乳糖酶，可使奶粉中的乳糖分解生成葡萄糖和半乳糖，葡萄糖和半乳糖属于发酵性糖，可以被酵母利用，从而有利于酵母生长，促进发酵，改善面包的色泽与质量；添加适量的脂肪酸氧化酶，可使面粉中存在的少量不饱和脂肪酸氧化分解，生成具有芳香风味的羰基化合物。

③ 在含有蔗糖的糕点、饮料等的生产过程中，添加适量的蔗糖酶，可以催化蔗糖水解生成葡萄糖和果糖。果糖具有类似蜜糖的风味，从而使产品风味大为改善，同时还可以防止蔗糖析出结晶。

④ 在可溶性鱼蛋白水解物的生产过程中，往往会产生苦味肽，使产品带有苦味。为了

去除或者减轻产品的苦味，可以添加适量的羧肽酶或者氨肽酶，催化苦味肽水解生成氨基酸，从而改善鱼蛋白水解物的风味。

⑤ 乳制品的特有香味主要是由脂肪酸及其分解物产生的。在乳制品生产过程中，添加适量脂肪酶或酯酶，可以催化乳中脂肪的水解，生成脂肪酸和甘油二酯或甘油单酯等。从而显著增加干酪、奶油等乳制品的香味。同时增强乳化性。

三、酶在轻工、化工产品制造方面的应用

利用酶的催化作用可将原料转变为所需的轻工、化工产品，也可利用酶的催化作用除去某些不需要的物质而得到所需的产品。

1. 酶法生产 L-氨基酸

利用酶或固定化酶的催化作用，可以将各种底物转化为 L-氨基酸，或将各种底物转化为 L-氨基酸，或将 DL-氨基酸拆分而生产 L-氨基酸。有多种酶可用于 L-氨基酸的生产，其中有些已采用固定化酶进行连续生产。举例如下：

（1）氨基酰化酶光学拆分 DL-酰基氨基酸生产 L-氨基酸氨基酰化酶(aminoacylase)

可以催化消旋的 *N*-酰基-DL-氨基酸进行不对称水解，其中 L-酰基氨基酸被水解生成 L-氨基酸，余下的 *N*-酰基-D-氨基酸经化学消旋再生成 DL-酰基氨基酸，重新进行不对称水解。

如此反复进行，可将通过化学合成方法得到的 DL-酰基氨基酸几乎都变成 L-氨基酸。氨基酸酰化酶黄曲霉(Aspergillus melleus)等微生物生产。该酶的最适作用温度为 60℃，最适 pH 值 7.5~8.5，钴离子对该酶起激活作用。

从 20 世纪 50 年代开始，已经采用游离的氨基酸酰化酶进行氨基酸的拆分；1969 年后，工业上已用固定化 L-氨基酰化酶连续生产 L-苯丙氨酸和 L-色氨酸等氨基酸。

$$\underset{(N\text{-酰基-L-氨基酸})}{\begin{array}{c}\mathrm{H{-}N{-}OOC{-}R'}\\ |\\ \mathrm{R{-}CH{-}COOH}\end{array}} + \underset{(\text{水})}{H_2O} \xrightarrow{\text{L-酰基氨基酸}} \underset{(\text{L-氨基酸})}{\begin{array}{c}\mathrm{NH}\\ |\\ \mathrm{R{-}CH{-}COOH}\end{array}} + \underset{(\text{有机酸})}{R'COOH}$$

$$N\text{-酰基-D-氨基酸} \rightleftharpoons N\text{-酰基-L-氨基酸}$$

（2）用天冬氨酸酶将延胡索酸氨基化生成 L-天冬氨酸

天冬氨酸酶又称为天冬氨酸氨裂合酶(Apsartateammonia-lyase)，是一种催化延胡索酸(反丁烯二酸)氨基化生成 L-天冬氨酸的裂合酶。其催化反应如下：

$$\underset{(\text{延胡索酸})}{\begin{array}{c}\mathrm{H{-}C{-}COOH}\\ \|\\ \mathrm{HOOC{-}C{-}H}\end{array}} + \underset{(\text{氨})}{NH_3} \xrightarrow{\text{天冬氨酸酶}} \underset{(\text{L-天冬氨酸})}{\begin{array}{c}\mathrm{COOH}\\ |\\ \mathrm{H{-}C{-}H}\\ |\\ \mathrm{H{-}C{-}NH_2}\\ |\\ \mathrm{COOH}\end{array}}$$

工业上已用固定化大肠杆菌菌体的天冬氨酸酶连续生产 L-天冬氨酸。

（3）用 L-天冬氨酸-4-脱羧酶生产 L-丙氨酸

工业上已用固定化假单胞菌菌体的 L-天冬氨酸-4-脱羧酶(Aspartate 4-decarboxylase)，将 L-天冬氨酸的 4 位羧基脱去，而连续生产 L-丙氨酸。

$$\underset{(\text{L-天冬氨酸})}{HOOC-CH_2-\underset{}{\overset{NH_2}{\overset{|}{C}H}}-COOH} \xrightleftharpoons{\text{L-天冬氨酸-4-脱羧酶}} \underset{(\text{L-丙氨酸})}{CH_3-\overset{NH_2}{\overset{|}{C}H}-COOH}$$

（4）用已内酰胺水解酶生产 L-赖氨酸

该法由 L-α-氨基-ε-已内酰胺水解酶与 α-氨基-ε-已内酰胺消旋酶联合作用，将 DL-α-氨基-ε-已内酰胺转化为 L-赖氨酸。所用的原料 DL-α-氨基-ε-已内酰胺（DL-ACL）是由合成尼龙的副产品环已烯通过化学合成法得到的。原料中的 L-α-氨基-ε-已内酰胺经 L-α-氨基-ε-已内酰胺水解酶作用生成 L-赖氨酸。余下的 D-a-氨基-ε-已内酰胺在消旋酶的作用下变为 DL 型，再把其中的 L 型水解为 L-赖氨酸。如此重复进行，可把原料几乎都变成 L-赖氨酸。

$$(\text{L-}\alpha\text{-氨基-}\varepsilon\text{-已内酰胺}) \xrightleftharpoons{\text{已内酰胺水解酶}} (\text{L-赖氨酸})$$

（5）用噻唑啉羧酸水解酶合成 L-半胱氨酸

将化学合成的 DL-2-氨基噻唑啉-4-羧酸中的 L-2-氨基噻唑啉-4-羧酸经噻唑啉酸水解酶作用生成 L-半胱氨酸。

$$(\text{L-2-氨基噻唑啉-4-羧酸}) + 2H_2O \xrightarrow{\text{噻唑啉羧酸水解酶}} \underset{(\text{L-半胱氨酸})}{\underset{SH}{\underset{|}{CH_2}}-\overset{NH_2}{\overset{|}{C}H}-COOH} + NH_3 + CO_2$$

余下的 D-2-氨基噻唑啉-4-羧酸再经消旋酶作用变为 DL 型。反复进行，不断生成 L-半胱氨酸。

2. 酶法生产核苷酸

核苷酸在食品和医药等方面有重要用途，可利用多种酶进行生产。举例如下：

① 用橘青霉或产黄青霉产生的 5,7-磷酸二酯酶水解核糖核酸（RNA），生产 4 种 5L 核苷酸。

② 用腺苷酸脱氨酶（adenosine deaminase）催化腺苷酸（AMP）水解，脱氨基生成肌苷酸（IMP）。

③ 用核苷磷酸化酶（Nucleoside Phosphrylase）可催化肌苷进行磷酸化生成 5’-肌苷酸，催化鸟苷生成 5L-鸟苷酸等。

$$\text{肌苷+磷酸} \xrightleftharpoons{\text{核苷磷酸化酶}} \text{肌苷酸}$$

$$\text{鸟苷+磷酸} \xrightleftharpoons{\text{核苷磷酸化酶}} \text{鸟苷酸}$$

3. 酶法生产有机酸

各种有机酸是一类有重要应用价值的轻工、化工产品。通过酶的催化作用可以生产各种有机酸。举例如下：

① 用延胡索酸酶生产 L-苹果酸延胡索酸酶又称为延胡索酸水合酶，是催化延胡索酸与水反应，水合生成 L-苹果酸的裂合酶。工业上已采用固定化黄色短杆菌或产氨短杆菌的延

胡索酸酶连续生产 L-苹果酸。

② 用环氧琥珀酸酶催化环氧琥珀酸水解生成 L-酒石酸，L-酒石酸是从葡萄酒的酒石中分离得到的一种有机酸。可以通过环氧琥珀酸酶催化环氧琥珀酸水解，开环而生成 L-酒石酸。

$$\begin{array}{c} COOH \\ | \\ CH \\ O \langle \quad \\ CH \\ | \\ COOH \end{array} \xrightleftharpoons{\text{环氧琥珀酸酶}} \begin{array}{c} COOH \\ | \\ HO-C-H \\ | \\ HO-C-H \\ | \\ COOH \end{array}$$

（L-环氧琥珀酸）　　　　（L-酒石酸）

4. 酶法制酱

酱油和豆酱等酱类食品是我国的传统食品，与人民生活密切相关。通常酱类食品都是通过微生物发酵生产，生产周期较长，设备和场地利用率均较低；为了防止其他微生物的污染，往往要添加较多的盐，从而使产品的含盐量较高。在酱油或豆酱的生产中，通过添加酶的方法，可以达到缩短生产周期、提高劳动生产率的效果。蛋白质和淀粉是生产酱类食品原料中的主要成分。通过添加蛋白酶催化大豆蛋白质水解，添加淀粉酶催化淀粉水解，就可以大大缩短生产周期，提高原料中蛋白质和淀粉的利用率。此外，由于生产时间缩短，酶解条件容易控制，就不必通过添加大量的盐进行防腐，所以可以生产出优质低盐或无盐的酱油等酱类制品。

此外，在酱油酿造过程中，添加一些纤维素酶，催化纤维素水解生成葡萄糖，可以提高原料利用率。

5. 酶法制革

在制革工业中，首先要把牛皮、羊皮、猪皮等的毛去除。通常采用石灰、硫化钠等进行脱毛处理，不仅劳动强度大，劳动条件差，还会造成严重的环境污染。利用细菌、放线菌或霉菌发酵生产的碱性蛋白酶或中性蛋白酶使原料皮脱毛，效果很好，可以提高皮革产品质量，改善劳动环境。将去除毛以后的原料皮进行软化是制革工业的一个重要工序。通常采用鞣酸进行软化处理，故称为鞣革。利用酸性蛋白酶和少量脂肪酶进行皮革软化处理，可以很好地除去污垢，使皮革松软透气，提高皮革质量。

6. 制造化工原料

化工原料的生产通常采用化学合成法，需要在高温高压的条件下进行反应。对设备的要求高，投资大，甚至造成环境污染。如果采用酶催化，则由于酶具有作用条件温和等显著特点，所以可以在常温常压的条件下生产许多化工原料，从而减少设备投资，降低生产成本。例如，腈水合酶可以催化腈类化合物，加水合成丙烯酰胺、烟酰胺、5-腈基苯戊胺等重要的化工原料。丙烯酰胺是一种重要的化工原料，可以用于聚合生成聚丙烯酰胺、广泛用作絮凝剂和制成各种凝胶。利用丙烯腈为原料，在腈水合酶的催化作用下，可以水合生成丙烯酰胺：

$$\text{丙烯腈}+H_2O \xrightleftharpoons{\text{腈水合酶}} \text{聚丙烯酰胺}$$

腈水合酶也可催化 3-腈基吡啶水合，生成烟酰胺。

$$3\text{-腈基吡啶} \xrightleftharpoons{\text{腈水合酶}} \text{烟酰胺}$$

四、酶在环境保护方面的应用

人类的生产和生活与自然环境密切相关，地球环境由于受到各方面因素的影响，正在不断恶化，已经成为举世瞩目的重大问题。如何保护和改善环境质量是人类面临的重大课题。

随着生物科学和生物工程的迅速发展，生物技术在环境保护领域的研究、开发方面已经展示了巨大的威力。酶在环保方面的应用日益受到关注，呈现出良好的发展前景。

1. 酶在环境监测方面的应用

环境监测是了解环境情况、掌握环境质量变化，进行环境保护的一个重要环节。酶在环境监测方面的应用越来越广泛，已经在农药污染的监测、重金属污染的监测、微生物污染的监测等方面取得重要成果。

（1）利用胆碱酯酶检测有机磷农药污染

最近几十年来，为了防治农作物的病虫害，大量使用各种农药。农药的大量使用，对农作物产量的提高起了一定的作用，然而由于农药，特别是有机磷农药的滥用，造成了严重的环境污染，破坏了生态环境。为了监测农药的污染，人们研究了多种方法，其中采用胆碱酯酶监测有机磷农药的污染就是一种具有良好前景的检测方法。

胆碱酯酶可以催化胆碱酯水解生成胆碱和有机酸：

$$\underset{\text{胆碱酯}}{R-\underset{\underset{O}{\|}}{C}-O-CH_2-CH_2-\underset{\underset{OH}{|}}{N}(CH_3)_3} + \underset{\text{水}}{H_2O} \xrightleftharpoons{\text{胆碱酯酶}} \underset{\text{胆碱}}{HO-CH_2CH_2-\underset{\underset{OH}{|}}{N}(CH_3)_3} + \underset{\text{脂肪酸}}{R-COOH}$$

有机磷农药是胆碱酯酶的一种抑制剂，可以通过检测胆碱酯酶的活性变化，来判定是否受到有机磷农药的污染。20 世纪 50 年代，就有人通过检测鱼脑中乙酰胆碱酯酶活力受抑制的程度，来检测水中存在的极低浓度的有机磷农药。现在可以通过固定化胆碱酯酶的受抑制情况，检测空气或水中微量的酶抑制剂(有机磷等)，灵敏度可达 0.1mg/L。

（2）利用乳酸脱氢酶的同工酶监测重金属污染

乳酸脱氢酶(1actate dehydrogenase)有 5 种同工酶。它们具有不同的结构和特性。通过检测家鱼血清乳酸同工酶(SLDH)的活性变化，可以检测水中重金属污染的情况及其危害程度。镉和铅的存在可以使 $SLDH_5$ 活性升高；汞污染使 SLDH，活性升高；铜的存在则引起 $SLDH_4$ 的活性降低。

（3）通过 β-葡聚糖苷酸酶监测大肠杆菌污染

将 4-甲基香豆素基-β-葡聚糖苷酸掺入选择性培养基中，样品中如果有大肠杆菌存在，大肠杆菌中的 β-葡聚糖苷酸酶就会将其水解，生成甲基香豆素。甲基香豆素在紫外光的照射下发出荧光。由此可以监测水或者食品中是否有大肠杆菌污染。

（4）利用亚硝酸还原酶检测水中亚硝酸盐浓度

亚硝酸还原酶(nitrite reductase)是催化亚硝酸还原生成一氧化氮的氧化还原酶，反应过程如下：

$$\underset{\text{亚硝酸}}{HNO_2} + \underset{\text{还原型辅酶 I}}{NAD(P)H} \xrightleftharpoons{\text{亚硝酸还原酶}} \underset{\text{辅酶 I}}{NAD(P)^+} + \underset{\text{一氧化氮}}{NO} + H_2O$$

利用固定化亚硝酸还原酶，制成电极，可以检测水中亚硝酸盐的浓度。

2. 酶在废水处理方面的应用

不同的废水，含有各种不同的物质，要根据所含物质的不同，采用不同的酶进行处理。有的废水中含有淀粉、蛋白质、脂肪等各种有机物质，可以在有氧和无氧的条件下用微生物处理，也可以通过固定化淀粉酶、蛋白酶、脂肪酶等进行处理。冶金工业产生的含酚废水，可以采用固定化酚氧化酶进行处理。含有硝酸盐、亚硝酸盐的地下水或废水，可以采用固定化硝酸还原酶(nitrate reductase)、亚硝酸还原酶(nitrite reductase)和一氧化氮还原酶(nitricoxide reductase)进行处理。使硝酸根、亚硝酸根逐步还原，最终成为氮气。其反应过程如下：

$$HNO_3 + \text{还原型受体} \xrightarrow{\text{硝酸还原酶}} HNO_2 + \text{受体}$$

$$HNO_2 + \text{还原型受体} \xrightarrow{\text{亚硝酸还原酶}} NO + H_2O + \text{受体}$$

$$2NO + \text{还原型受体} \xrightarrow{\text{一氧化氮还原酶}} N_2 + \text{受体}$$

3. 石油与工业废油

每年排入海中的 200×10^4 t 石油也是不容忽视的环境问题，如不及时处理，不仅会造成鱼类的大量死亡，而且石油中的有害物质也会通过食物链进入我们人体。人们通常用假单胞杆菌、分枝杆菌和分节孢子杆菌来降解引起污染的石油。然而，这些微生物在低温海水中繁殖时受到营养物质的限制，因此细菌的繁殖率很低。人们用含有酶及其他成分的复合制剂处理海中的石油，可将石油降解为微生物的营养成分，为浮在油表面的细菌提供优良的养料，使得这些分解石油的细菌迅速繁殖，以达到快速降解石油的目的。同样对工业废油的处理也需要酶的参与。如果存在氮化合物，微生物对废油的破坏是非常迅速的，加入粗蛋白及蛋白水解酶会加速微生物对废油的生物降解。这是因为此系统会为微生物提供氮源和浓培养液，有利于微生物的生长繁殖。蛋白酶要根据整个系统的 pH 来选择，还要克服重金属对酶的抑制。

脂酶生物技术应用于被污染环境的生物修复以及废物处理是一个新兴的领域。石油开采和炼制过程中产生的油泄漏，脂加工过程中产生的含脂废物以及饮食业产生的废物，都可以用不同来源的脂酶进行有效的处理。例如，脂酶被广泛应用于废水处理。Dauber 和 Boehnke 研究出一种技术，利用酶的混合物(包括脂酶)将脱水污泥转化为沼气。脂酶的另一重要应用是降解聚酯以产生有用物质，特别是用于生产非酯化的脂肪酸和内酯。脂酶在生物修复受污染环境中获得广泛地应用。一项欧洲专利报道了利用脂酶抑制和去除冷却水系统中的生物膜沉积物。脂酶还用于制造液体肥皂，提高废脂肪的应用价值，净化工厂排放的废气，降解棕榈油生产废水中的污染物等。利用米曲霉(Aspergillus oryzae)产生的脂酶从废毛发生产胱氨酸，更加显示出了脂酶应用的诱人前景。利用亲脂微生物，特别是酵母菌，从工业废水产生单细胞蛋白，显示了脂酶在废物治理中应用的另一诱人前景。脂酶在环境污染物的治理中的应用总结于表 2-17。

表 2-17　酶在环境污染治理中的应用

脂酶来源	处理对象	脂酶来源	处理对象
米曲霉	废毛发	微生物	脱水污泥
假单孢菌	石油污染土壤	微生物	聚合物废物
假单孢菌	有毒气体	微生物	废水

续表

脂酶来源	处理对象	脂酶来源	处理对象
米根霉	棕榈油废物	微生物	废食用油
酵母	食品加工废水	微生物	生物膜沉淀物

4. 白色污染

当前在各个领域中使用的各种高分子材料，绝大多数都是非生物降解或不完全生物降解的材料，这些材料已经成为人们生活的必需品。但是，它们被使用后给人们的日常生活及社会带来了诸多的不便和危害，如外科手术的拆线、塑料的环境污染等。据统计，全世界每年有2500万吨这样的材料用后丢弃，严重污染了自然环境。为了解决这些问题，世界各国特别是工业发达国家十分重视研究与开发可生物降解的高分子功能材料，并将其视为面向21世纪命保护的重大课题之一。

可生物降解高分子材料，简单地说是指在一定条件下，能被生物体侵蚀或代谢而降解的材料。随着人们对可生物降解高分子材料研究的不断深入，现已对可生物降解高分子材料的概念作了非常科学的定义。Graham设想了需氧和厌氧两种降解环境：

$$Ct=CO_2+H_2O+Cr+Cb \qquad 需氧环境$$

$$Ct=CO_2+CH_4+H_2O+Cr+Cb \qquad 厌氧环境$$

可生物降解高分子材料在各个领域的应用前景非常广阔，这里仅举几个代表性的领域，见表2-18。

表2-18　可降解高分子材料的应用

领　域	功　能
医疗	外科手术的缝合线、肘钉等 伤口涂料 人造血管制品 控制药物释放体系 骨骼代替品和固定物
工业	无污染生物降解的包装材料 除锈剂和抗真菌剂的载体
农业	可降解的农业地膜 肥料、杀虫剂、除草剂的控制释放材料

一般认为，除了一些天然高分子化合物(如纤维素、淀粉)外，只含有碳原子链的高分子(如聚乙烯醇)是可生物降解的；另外，聚环氧乙烷、聚乳酸和聚己内酯以及脂肪族的多羧酸和多功能肌醇所形成的聚合物也是可生物降解的，这里包括聚酯类和聚糖类高分子。开发可生物降解高分子材料的传统方法包括天然高分子的改造法、化学合成法等。天然高分子的改造法是通过化学修饰和共聚等方法，对淀粉、纤维素、甲壳素、木质素、透明质酸、海藻酸等天然高分子进行改性，制备可生物降解的高分子材料。化学合成法是模拟天然高分子的化学结构，从简单的小分子出发制备分子链上连有酯基、酰胺基、肽基的聚合物。这些高分子化合物结构单元中含有被生物降解的化学结构或是在高分子链中嵌入易生物降解的链段。一旦结构中嵌入了易生物降解的链段，则原来即使非生物降解的结构也能或快或慢地被降解。

可生物降解高分子的传统开发方法虽然各有特点，并且有些已投入小规模的生产和应用，但它们各自的缺点也是显而易见的。天然高分子的改造法虽然原料来源充足，但一般不易加工成型，大多数受热熔化前已开始分解，只能通过溶液法加工，而且产量小，限制了它们的应用；化学合成法反应条件苛刻(高温、高压等)，副产品多，有时需使用有毒的催化剂，而且工艺复杂，成本较高，有些产品的生物相容性也不太好；由于生物合成法是利用生物体的代谢产物来合成目标产品，因此产品生物相容性好，能弥补上述方法的缺陷。生物合成法已在高分子合成中崭露头角，它包括微生物发酵法和酶催化合成法。酶法合成可生物降解高分子兼有化学法和微生物法的优点，它是以酶代替化学催化剂，高效率高选择性地催化某一化学反应，催化反应的条件温和(一般在常温、常压下)。酶法克服了微生物法代谢产物复杂，产物分离困难的缺点。用酶法合成可生物降解高分子材料，实际上得益于非水酶学的发展。用酶促合成法开发的可生物降解高分子材料主要包括聚酯类、聚糖类、聚酰胺类等。

可生物降解高分子材料的开发由于它重要的社会意义，已越来越得到世界各国的重视。利用生物法合成可生物降解的高分子材料，是开发可生物降解高分子材料的重要途径之一。

参 考 文 献

[1] 金科. 未培养微生物β-葡萄糖苷酶基因的新功能鉴定以及突变研究[D]. 广西大学，2011.

[2] 周文龙. 生物酶在纺织工业中的应用(一)[J]. 印染，2011，36(2)：43~45.

[3] 孟庆阳，方维明，汪志君. 酶制剂在黄酒工业中的应用[J]. 酿酒，2007，34(1)：95~96.

[4] 夏学进. 花生粕控制酶解及其产物美拉德反应的产业化研究[D]. 华南理工大学，2009.

[5] 郝龙云. 纤维素酶对靛蓝染色棉织物的作用及反沾色机理的研究[D]. 青岛大学，2008.

[6] 赵紫霞. 用于生物传感器的氧化还原酶蛋白固定化技术研究[D]. 南开大学，2009.

[7] 吕家华. 纤维素酶对纤维素纤维的作用[D]. 东华大学，2003.

[8] 黎海彬，郭宝江. 酶工程的研究进展[J]. 现代化工，2006，26(21)：40~43.

[9] 乔丽娜. 基于鱼鳔膜的葡萄糖氧化酶生物传感器的研究[D]. 四川大学，2005.

[10] 邱立欢. 热稳定性细菌葡聚糖内切酶的克隆与表征[D]. 华东理工大学，2011.

[11] 高鹏. 纤维素酶新型发酵工艺研究[D]. 西北农林科技大学，2005.

[12] 王灏. 酶在医疗行业中的应用综述[J]. 安徽预防医学杂志，2005(6)：370~373.

[13] 王智，苟小军，曹淑桂. 脂肪酶在生物化工中的应用[J]. 成都大学学报(自然科学版)，2003，22(1)：1~8.

[14] 袁勤生，赵健. 酶与酶工程[M]. 上海：华东理工大学出版社，2005.

[15] 王金胜. 酶工程[M]. 北京：中国农业出版社，2007.

[16] 万东石. 酶工程实验指导[M]. 兰州：兰州大学出版社，2011.

[17] Zou G, Shi S, Jiang Y, et al. Construction of a cellulase hyper-expression system in Trichoderma reesei by promoter and enzyme engineering[J]. Microbial Cell Factories, 2012, 11(1): 21.

[18] Goldsmith M, Tawfik D S. Enzyme engineering by targeted libraries[J]. Methods in Enzymology, 2013, 523(523): 257.

[19] Goldsmith M, Dan S T. Chapter Twelve - Enzyme Engineering by Targeted Libraries[M]// Methods in Enzymology. Elsevier Science & Technology, 2013: 257~283.

[20] Steiner K, Schwab H. Recent advances in rational approaches for enzyme engineering[J]. Computational & Structural Biotechnology Journal, 2012, 2(3): 1~12.

[21] Desmet T, Soetaert W. Broadening the synthetic potential of disaccharide phosphorylases through enzyme engi-

neering[J]. Process Biochemistry, 2012, 47(1): 11~17.
[22] Toogood H S, Scrutton N S. Enzyme engineering toolbox – a 'catalyst' for change[J]. Catalysis Science & Technology, 2013, 3(9): 2182~2194.
[23] Acebes S, Fernandezfueyo E, Monza E, et al. Rational Enzyme Engineering Through Biophysical and Biochemical Modeling[J]. Acs Catalysis, 2016.
[24] 赵远，张崇淼．水处理微生物学[M]．北京：化学工业出版社，2014.

第三章　基因工程

基因工程(genetic engineering)也叫基因操作、遗传工程或重组DNA技术，是按着人们的科研或生产需要，在分子水平上，用人工方法提取或合成不同生物的遗传物质(DNA片段)，在体外切割、拼接形成重组DNA，然后将重组DNA与载体的遗传物质重新组合，再将其引入到没有该DNA的受体细胞中，进行复制和表达，生产出符合人类需要的产品或创造出生物的新性状，并使之稳定地遗传给下一代。

第一节　基因工程概述

一、基因工程的发展

基因工程是在生物化学、分子生物学和分子遗传学等学科发展的基础上诞生和发展的。从诞生到现在也不过几十年时间，但取得了令人瞩目的巨大成就，并应用到工业、农业、医疗等众多领域。

1. 早期生物学的发展

基因工程的出现是建立在生物学特别是生物化学、遗传学和分子生物学发展的基础上，在一系列理论基础和技术条件的准备后诞生的。

早期的技术条件可以追溯到1928年Griffith利用肺炎双球菌(Diplococcus pneumoniae或Pneumococcus)感染家鼠的试验。

1944年，美国微生物学家Avery等在1928年Criffith所做的肺炎双球菌转化试验的基础上，采用离体培养的方法，测定SⅢ型细胞中各种分离提纯了的提取物(包括DNA、RNA、蛋白质、多糖等)的转化活性。通过细菌转化研究证明DNA是转化因子，DNA能引起遗传性状的改变。这也就直接证明了遗传信息的物质载体是DNA而不是蛋白质。从此之后，对DNA结构开展了深入的研究。1953年，Watson和Crick建立了DNA分子的双螺旋模型，在此基础上进一步研究DNA的遗传信息。1955年，S. Benzer提出顺反子学说，这时，作为功能单位的顺反子与基因的概念一致了。1956年，Crick提出了中心法则。1961年，Jacob和Monod提出了操纵子学说，阐述了基因是可分的，在功能上是有差别的，基因受可逆调控。20世纪60年代中期，Nirenberg等破译了64种遗传密码子，成功地揭示了遗传信息的流向和表达问题。以上一系列研究成果为基因工程技术的问世提供了理论上的准备。

在20世纪70年代初之前，生物学家作了一系列技术上的准备。对噬菌体结构和繁殖、质粒及其抗药性作了大量研究。1972年，P. Berg首次构建了第一个重组DNA分子，提出了体外重组的DNA分子是如何进入宿主细胞，并在其中进行复制和有效表达等问题。经研究发现，质粒DNA分子是承载外源DNA片段的理想载体，病毒、噬菌体的DNA(或RNA)也可以改建成载体。至此，生物学已经在技术上为基因工程的问世做好了准备。

2. 基因工程的诞生

由于分子生物学和分子遗传学发展的影响，基因分子生物学的研究也取得了前所未有的进步，为基因工程的诞生奠定了坚实的理论基础。这些成就主要包括三个方面：第一，在20世纪40年代确定了遗传信息的携带者，即基因的分子载体是DNA而不是蛋白质，从而明确了遗传的物质基础问题；第二，是在20世纪50年代揭示了DNA分子的双螺旋结构模型和半保留复制机制，解决了基因的自我复制和传递的问题；第三，是在20世纪50年代末和60年代初，相继提出了中心法则和操纵子学说，并成功地破译了遗传密码，从而阐明了遗传信息的流向和表达问题。随着DNA的内部结构和遗传机制的秘密一点一点呈现在人们的眼前，特别是当人们了解到遗传密码是由信使RNA转录表达以后，生物学家不再仅仅满足于探索、揭示生物遗传的秘密，而是开始跃跃欲试，设想在分子水平上去干预生物的遗传特性。如果将一种生物的DNA中的某个遗传密码片段连接到另外一种生物的DNA链上去，将DNA重新组织一下，不就可以按照人类的愿望，设计出新的遗传物质并创造出新的生物类型吗？这与过去培育生物新品种的传统做法完全不同，它很像技术科学的工程设计，即按照人类的需要把这种生物的这个“基因”与那种生物的那个“基因”重新“施工”，“组装”成新的基 N-tⅡ合，创造出新的生物。这种完全按照人的意愿，由重新组装基因到新生物产生的生物科学技术，就被称为“基因工程”，或者称为“遗传工程”。

3. 基因工程的发展

自基因工程问世以后的这二十几年是基因工程迅速发展的阶段。如果说20世纪八九十年代是基因工程基础研究趋向成熟，那么21世纪初将是基因工程应用研究的鼎盛时期。基因工程诞生和发展大事记如表3-1所示。

表3-1　基因工程诞生和发展大记事

时　间	事　件
1866年	提出了遗传因子(hereditary factor)的概念
1909年	创造了“gene”一词
1910年	发现了连锁交换定律并提出遗传粒子学说
1944年	首次证实遗传物质的基础是DNA，基因位于DNA上
1953年	创立DNA双螺旋模型
1955年	正式使用“顺反子(cristron)”这个术语
1956年	发现DNA聚合酶1
1960年	提出操纵元(操纵子)的概念
1967年	发现DNA连接酶
1970年	发现T_4DNA连接酶具有更高的连接活性
1972年	发现*EcoR* Ⅰ核酸内切限制酶
1972年	发现经氧化钙处理的大肠杆菌细胞同样也能够摄取质粒的DNA
1972年	完成了世界上第一次成功的DNA体外重组实验
1973年	完成了DNA的切割与连接
1977年	提出了基因测序方法
1978年	人重组胰岛素被生产
1980年	将α-干扰素基因成功引入细菌
1981年	首个转基因小鼠完成
1982年	大鼠生长激素基因转入小鼠
1983年	Ti质粒导入植物细胞，完成首个植物转基因
1984年	获得人重组白细胞介素-2(Ⅱ-2)
1990年	腺苷脱氨酶(ADA)基因治疗重度联合免疫缺陷症(SDID)
1991年	提出人类基因组计划，计划利用15年时间，投入30亿美金
1995年	是血流杆菌(hemophilus influenzae)全基因序列测定首次完成

续表

时　间	事　件
1997 年	完成首个从体细胞克隆的动物："多莉"绵羊
1998 年	首个动物基因组完成测序：线虫(C. elegans)
2000 年	首个植物基因组图谱：拟南芥(Arabidopsis thaliana)
2001 年	首个粮食作物基因图谱：水稻(Oryza Sativa L.)
2002 年	人类基因组草图完成
2003 年	家蚕基因组"框架图"绘制工作完成，第一个基因药物上市
2004 年	用基因疗法为严重联合免疫缺陷儿童进行治疗获得成功
2005 年	超高通量测序仪；肿瘤基因组计划诞生
2006 年	酵母生产抗疟疾药物前体青蒿酸分离出来
2007 年	皮肤细胞脱分化成胚胎干细胞；基因组物种间转移
2008 年	全合成支原体基因组
2009 年	从基因溯源角度证实了狗起源于中国的论点
2010 年	实现了将人体血细胞转化为 iPS 细胞的重要研究突破
2011 年	发现了能够识别微生物攻击的受体蛋白质
2015 年	基因组编辑技术 CRISPR 的广泛应用
2016 年	世界首个"三亲"婴儿诞生
2017 年	首个人体基因改造疗法正式启动
2018 年	利用分子生物学技术将某些生物的基因转移到农作物中得到转基因农作物
2019 年	全球大面积种植转基因植物

未来，基因工程运用 DNA 分子重组技术，能够按照人们预先的设计创造出许多新的遗传结合体，具有新奇遗传性状的新型产物，增强了人们改造动植物的主观能动性、预见性。而且在人类疾病的诊断、治疗等方面具有革命性的推动作用，对人口质量、环境保护等作出重大贡献。所以，各国政府及一些大公司都十分重视基因工程技术的研究与开发应用，抢夺这一高科技制高点，其应用前景十分广阔。

二、基因工程的内容

基因工程是指又称基因拼接技术和 DNA 重组技术，是以分子遗传学为理论基础，以分子生物学和微生物学的现代方法为手段，将不同来源的基因按预先设计的蓝图，在体外构建杂种 DNA 分子，然后导入活细胞，以改变生物原有的遗传特性、获得新品种、生产新产品。包括上游技术和下游技术两大组成部分。上游技术指的是基因重组、克隆和表达的设计与构建(即重组 DNA 技术)；而下游技术则涉及基因工程菌或细胞或基因工程生物体的大规模培养以及基因产物的分离纯化过程。由于被转移的外源基因一般需与载体 DNA 重组后才能实现转移，因此供体、受体和载体被称为基因技术的于三大要素。

所谓的基因是指 DNA 上有遗传意义的片段，其包含一定数量的碱基。是遗传的物质基础，是 DNA 或 RNA 分子上具有遗传信息的特定核苷酸序列。其中，DNA 是遗传物质脱氧核糖核酸的简称，每个 DNA 分子都包含螺旋结构的双股链。基因是基础的遗传单位，它们决定一个人眼睛的颜色、耳朵的大小、脑容量等所有人的生理特征和一些行为特征。更重要的是基因与许多疾病有关。

目前，基因技术研究研究内容涉及基础研究、克隆载体研究、受体系统研究、目的基因研究、生物基因组学研究、生物信息学研究和应用研究等诸方面。具体有以下几个方面。

1. 基因工程工具

基因工程是将不同的 DNA 重新组合构建成新的 DNA 分子，并进入宿主细胞表达和扩增。而这一技术成功的条件必须具备的两点是：一方面是基因自身的具有同一性、可切割性、可转移性、遗传性、密码子通用性和简并性，以及基因蛋白的对应性等基因工程的理论依据；另一方面基因技术的操作也要依赖于一系列重要的克隆工具，如基因工程载体、基因工程工具酶和基因工程的受体系统。载体是目的基因的运载工具，是基因工程操作中所不可缺少的重要因素。对载体的研究与应用，极大地推动了基因工程研究的进程，简化了基因操作程序，提高了克隆的效率。工具酶的研究、发现和应用，解决了基因操作的“手术刀”和“缝线针”，是基因克隆成功的保证。一些重要工具酶的发掘，使基因操作中遇到的一些难题迎刃而解。基因工程受体对重组 DNA 分子的表达、实现基因工程产物的产出而言具有重要的意义。随着基因工程研究的深入，寻找更好的基因工程工具将成为科学工作者共同关注的热点，也是推动基因工程朝着纵深的方向发展的一项重要任务。

2. 基因克隆技术

基因克隆技术大致有以下几个方面的用途：①在分子生物学研究中，进一步深化对基因结构、功能及其调控的了解；②探索基因变化的分子机制以反对生物个体和物种的影响，揭示物种进化与种系之间的关系；③大规模生产基因工程药物；④在生物医药研究领域，通过基因调控或改造，提高药用植物有效成分含量或获得新的药用植物改良品种。

随着新的技术和新的克隆方法不断涌现，如以 PCR 为基础的差异筛选技术、基因敲除技术、高通量的基因芯片技术、长片段的 DNA 序列测定技术将大大拓宽基因工程的规模并提高基因操作的速度，基因克隆技术成为基因工程研究中的重要内容。

3. 目的基因

我们把感兴趣的、需要研究的基因称为目的基因。基因也是一种重要而有限的生物资源。目前世界各国均非常重视基因资源的开发利用，大力投入对基因的研究，基因资源自然成了人们争夺的对象，谁拥有基因专利多，谁就在基因工程领域占据主动地位。对基因资源的考察收集、鉴定与保藏，是 21 世纪前景广阔的生物产业的研究基础。不仅许多研究机构重视对其研究和开发，而且各国政府也非常关注，予以倾力资助。对基因的研究已从零星的单基因发展到大规模的基因组，涉猎品种无处不在，从人类基因组到其他生物基因组。所有这些工作将使人们对自然界各种生命现象的本质有着重新深刻的认识。

4. 基因技术的产品

研究基因除了分析基因的结构和功能以外，更重要的是研究基因的表达产物及其在工业、农业、医药等领域的应用，为人类健康、粮食短缺、环境生态恶化和能源匮乏等众多难题的解决提出新的思路和决策。因而基因工程的诞生不仅在理论上而且在应用上对整个生命世界产生了深刻的影响，也促进基因工程产品的研究和开发形成一个巨大的高新技术产业，并且把生物技术与生物经济融为一体，从而产生了重要的经济和社会效益。

在医药领域，重组蛋白质药物研究为人类治疗疾病提供的新的途径。以前只有很少的药物是通过基因重组的方法生产出来的，如胰岛素，但至今重组蛋白质药物已有很多，从激素、细胞因子、酶、血液凝集素到疫苗。这些新药物的生产对改善某些疾病的治疗起到关键的作用。

5. 基因工程基本程序

基因工程的主要操作步骤包括：①目的基因的制备，所谓目的基因就是按照设计所需要转移的具有遗传效应的 DNA 片段，目的基因可以人工合成，也可以用限制性核酸内切酶从基因组中直接切割得到；②目的基因与克隆载体的重组，所谓克隆载体就是承载和保护目的基因带入受体细胞的运载者，如质粒、λ 噬菌体、病毒等；③重组体转入受体细胞，所谓受体细胞就是接受外源目的基因的细胞，大肠杆菌是用得最多的原核细胞受体，另外，动物细胞、植物细胞都可作为受体细胞，把带有目的基因的重组体转入受体细胞要用到各种物理的、化学的和生物的方法；④克隆子的筛选和鉴定，带有目的基因的克隆子有没有组合到受体细胞的基因组中去，目的基因有没有在宿主细胞中通过转录、翻译表达出预先设计中想要得到的产物和表达产物如何分离、纯化等技术内容。见图 3-1。

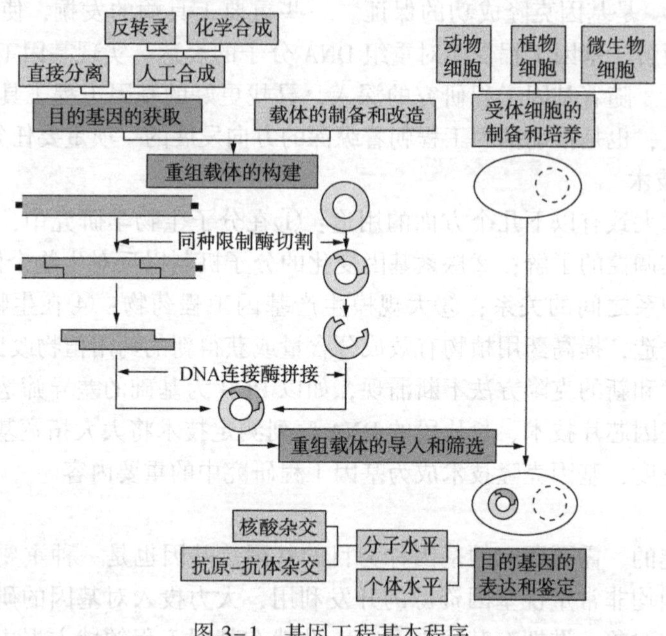

图 3-1　基因工程基本程序

第二节　基因技术的分子生物学基础

脱氧核糖核酸又称去氧核糖核酸，是一种生物大分子，可组成遗传指令，引导生物发育与生命机能运作。主要功能是信息储存，可比喻为“蓝图”或“食谱”。其中包含的指令，是建构细胞内其他的化合物，如蛋白质与核糖核酸所需。带有蛋白质编码的 DNA 片段称为基因。

一、DNA 结构和功能

DNA 是遗传物质脱氧核糖核酸的简称，每个 DNA 分子都包含反向平行的链状双螺旋结构(图 3-2)。DNA 链的基本单位是脱氧核糖核苷酸，它由碱基、脱氧核糖和磷酸基团三部分构成，碱基与脱氧核糖的 3′碳相连，而脱氧核糖的 5′碳又与一个磷酸基团相连。DNA 链上的核苷酸可多可少，它们通过一个核苷酸的脱氧核糖的 3′羟基与另一个相邻的核苷酸的 5′磷酸基团之间形成磷酸二酯键而串联起来。由于碱基遵循互补的原则，所以一条 DNA 链上的核苷酸顺序决定了与它相配对的另一条 DNA 链上相对应的核苷酸顺序，后者也称为互补核苷酸链。这里所说的碱基有 4 种：腺嘌呤(A)、鸟嘌呤(G)、胸腺嘧啶(T)和胞嘧啶(C)，与 RNA 碱基不同的是：A(腺嘌呤)、U(尿嘧啶)、C(胞嘧啶)、G(鸟嘌呤)、见表 3-2。这 4 种碱基形成两种非常特异的配对形式，即 A 只与 T 配对，G 只与 C 配对。而脱氧核糖(五碳糖)与磷酸分子借由酯键相连，组成其长链骨架，排列在外侧，4 种碱基排列在内侧。每个糖分子都与 4 种碱基里的其中一种相连，这些碱基沿着 DNA 长链所排列而成的序列，可组成遗传密码，指导蛋白质的合成。读取密码的过程称为转录，是以 DNA 双链中的一条单链为模板转录出一段称为 mRNA(信使 RNA)的核酸分子。多数 RNA 带有合成蛋白质的讯息，另有一些本身就拥有特殊功能，例如 rRNA、snRNA 与 siRNA。在细胞内，DNA 能与蛋白质结合形成染色体，整组染色体则统称为染色体组。对于人类而言，正常的人体细胞中含有 46 条染色体。染色体在细胞分裂之前会先在分裂间期完成复制，细胞分裂间期又可划分为：G1 期-DNA 合成前期、S 期-DNA 合成期、G2-DNA 合成后期。对于真核生物，如动物、植物及真菌而言，染色体主要存在于细胞核内；而对于原核生物，如细菌而言，则主要存在于细胞质中的拟核内。染色体上的染色质蛋白，如组织蛋白，能够将 DNA 进行组织并压缩，以帮助 DNA 与其他蛋白质进行交互作用，进而调节基因的转录。DNA 是高分子聚合物，DNA 溶液为高分子溶液，具有很高的黏度，可被甲基绿染成绿色。DNA 对紫外线(260 nm)有吸收作用，利用这一特性，可以对 DNA 进行含量测定。当核酸变性时，吸光度升高，称为增色效应；当变性核酸重新复性时，吸光度又会恢复到原来的水平。较高温度、有机溶剂、酸碱试剂、尿素、酰胺等都可以引起 DNA 分子变性，即 DNA 双链碱基间的氢键断裂，双螺旋结构解开——也称为 DNA 的解螺旋。DNA 是脱氧核糖核苷酸组成的长链多聚物。作为遗传的物质基础，它必须具有下列基本特性：第一，具有稳定的结构，能进行复制，特定的结构能传递给子代；第二，携带生命的遗传信息，以决定生命的产生、生长和发育；第三，能产生遗传的变异使进化永不枯竭。

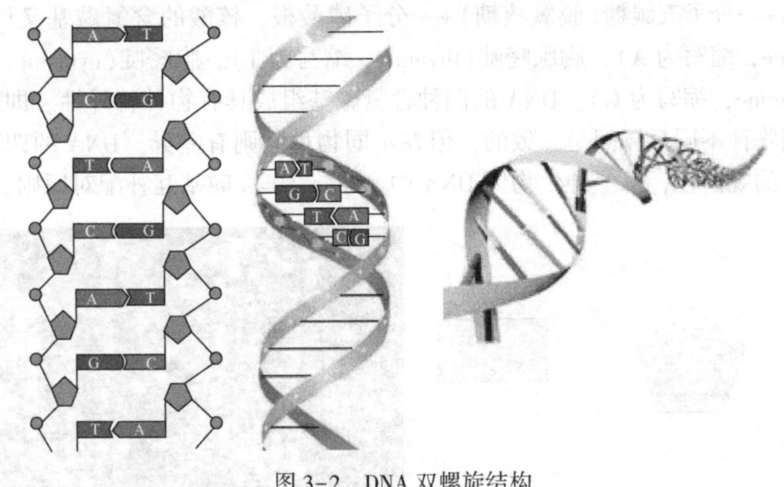

图 3-2　DNA 双螺旋结构

表 3-2　DNA 与 RNA 的碱基差异性

项　目	DNA	RNA
磷酸	磷酸	磷酸
戊糖	D-2-脱氧核糖	D 核糖
碱基	A、G、C、T	A、G、C、U
核苷酸	dAMP、dGMP、dCMP、dTMP	AMP、GMP、CMP、UMP

在 DNA 的复制过程中，每一条已经存在的 DNA 链都可以作为模板合成新链，链上的脱氧核糖的 3′、羟基通过酶促反应与要掺入的核苷酸的 5′、磷酸形成磷酸二酯键，从而使脱氧核糖核苷酸依次加入，而且新合成的 DNA 双链仍然遵循碱基配对的原则。DNA 双螺旋的两条链的方向是相反的，人们称之为反向平行。

一个双链 DNA 分子的长度通常用互补核苷酸对的数目来表达，也就是人们通常所说的碱基对(base pair，bp)。对于大的 DNA 分子通常用于碱基对来表示，即 kb(kilo base pairs)。当双链 DNA 分子超过几百万个碱基对时，人们就用百万碱基对，即 Mb(mega base pairs)这个单位来描述它。

不同生物的 DNA 分子大小(相对分子质量或长度)、结构都有一定的差异。生物从简单到复杂的进化，大体反映出细胞内 DNA 含量的增加，例如细菌的 DNA 比病毒大 10 以倍上。不同生物，特别是低等生物的 DNA 显示出结构的多样性，如 M13 的 DNA 呈单链环状结构。尽管 DNA 分子的形状和结构多种多样，但它们的分子结构基本上呈现一级结构、二级结构、三级结构和四级结构等层次的共同特点。

1. DNA 的一级结构与功能

DNA 是由四种单脱氧核糖核苷酸以 3′,5′-磷酸二酯键相连构成的一个没有分支的线性大分子，链中的脱氧核糖和磷酸都是相同的，而碱基不同。DNA 的一级结构主要指核苷酸单体在主链上从 5′到 3′的排列顺序。习惯上，以碱基名称的简写形式作为核苷酸序列的代表符号。在一级结构中，四种 dNTP 以 3′,5′-磷酸二酯键连接，它们的两个末端分别称 5′末端(游离磷酸基)和 3′末端(游离羟基)(图 3-3)。一级结构是指构成核酸的四种基本组成单位——脱氧核糖核苷酸(核苷酸)，通过 3′,5′-磷酸二酯键彼此连接起来的线形多聚体，以及其基本单位-脱氧核糖核苷酸的排列顺序。每一种脱氧核糖核苷酸由三个部分所组成：一分子含氮碱基+一分子五碳糖(脱氧核糖)+一分子磷酸根。核酸的含氮碱基又可分为四类：腺嘌呤(adenine，缩写为 A)、胸腺嘧啶(thymine，缩写为 T)、胞嘧啶(cytosine，缩写为 C)和鸟嘌呤(guanine，缩写为 G)。DNA 的四种含氮碱基组成具有物种特异性。即四种含氮碱基的比例在同物种不同个体间是一致的，但在不同物种间则有差异。DNA 的四种含氮碱基比例具有奇特的规律性，每一种生物体 DNA 中 A=T、C=G 碱基互补配对原则。

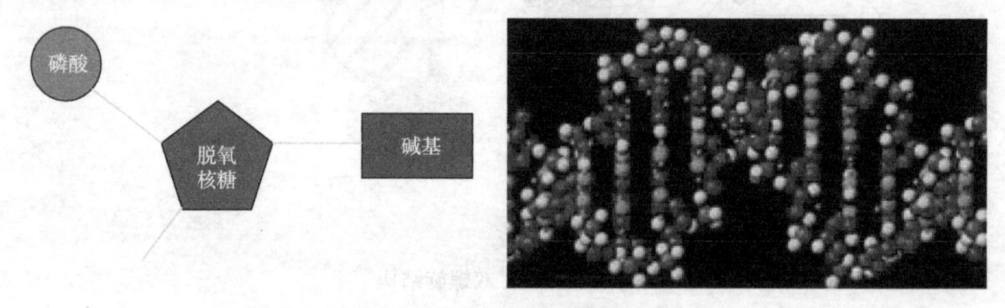

图 3-3　脱氧核糖核苷酸的构成

DNA 中遗传学信息与碱基序列密切相关，碱基序列的改变将引起遗传信息的显著改变。DNA 分子携带的遗传信息通过转录而传递给 RNA(包括 mRNA、tRNA、rRNA 等)，mRNA 序列含有蛋白质多肽链的氨基酸序列信息及一些调控信息。以 DNA 为模板合成与 DNA 互补并可指导蛋白质合成的 mRNA 的过程叫转录，而以 mRNA 为模板指导蛋白质合成的过程称为翻译。

DNA 几乎是所有生物遗传信息的携带者，它是信息分子。它携带有两类不同的遗传信息，一类是负责编码蛋白质氨基酸组成的信息，在这一类信息中，DNA 一级结构与蛋白质的一级结构之间基本上存在共线性关系。DNA 一级结构的变化往往会导致蛋白质氨基酸顺序的改变。另一类与基因信息的表达有关，负责基因活性的选择性表达，这一部分 DNA 一级结构参与基因的转录、翻译、DNA 的复制、细胞的分化等功能，在细胞周期的不同时期和个体发育的不同阶段、不同器官、组织以及不同外界环境下，决定基因开启还是关闭，开启量的多少等。

2. DNA 的二级结构与功能

二级结构是指两条脱氧多核苷酸链反向平行盘绕所形成的双螺旋结构。DNA 的二级结构分为两大类：一类是右手螺旋，如 A-DNA、B-DNA、C-DNA、D-DNA 等；另一类是左手双螺旋，如 Z-DNA。詹姆斯 · 沃森与佛朗西斯 · 克里克所发现的双螺旋，是称为 B 型的水结合型 DNA，在细胞中最为常见。也有的 DNA 为单链，一般见于病毒，如大肠杆菌噬菌体 φX174、G4、M13 等。有的 DNA 为环形，有的 DNA 为线形。在碱 A 与 T 之间可以形成两个氢键，G 与 C 之间可以形成三个氢键，使两条多聚脱氧核苷酸形成互补的双链，由于组成碱基对的两个碱基的分布不在一个平面上，氢键使碱基对沿长轴旋转一定角度，使碱基的形状像螺旋桨叶片的样子，整个 DNA 分子形成双螺旋缠绕状。碱基对之间的距离是 0.34 nm，10 个碱基对转一周，故旋转一周(螺距)是 3.4 nm，这是β-DNA 的结构，在生物体内自然生成的 DNA 几乎都是以β-DNA 结构存在，如图 3-4 所示。

DNA 的二级结构主要是指其双螺旋结构。1953 年，Watson 和 Crick 根据 Franklin 和 Wlikins 拍摄到的 DNA 的 X-射线晶体衍射照片(图 3-5)，提出 DNA 结构的螺旋周期性、碱苯的空间取向等问题同时推测出 DNA 的三维结构。

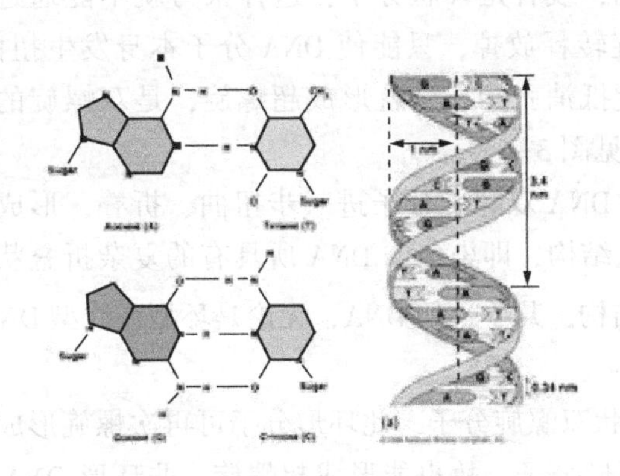

图 3-4　蛋白质的二级结构

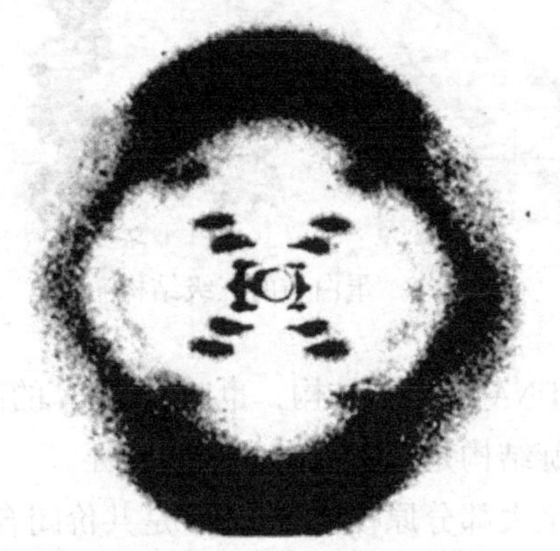

图 3-5　DNA 的 X-射线晶体衍射照片

根据他们的推导，DNA 二级结构双螺旋具有如下详细特征：

(1) 主链(backone)：亲水的脱氧核糖和磷酸基通过 3′,5′-磷酸二酯键交替连接成反向平行的两条主链，它们绕一共同轴心向右盘旋形成双螺旋结构，而主链处于螺旋的外侧。

(2) 碱基对(base pari)：碱基位于双螺旋的内侧，A-T、G-C 间以氢键配对，所形成的共平面的碱基对恰好与螺旋轴相互垂直。

(3) 大沟和小沟：两条多核苷酸链并不充满 DNA 双螺旋的所有空间。由于两条主链骨架不在直径上，碱基与主链的键偏离直径，因此在螺旋时造成两个一大一小的沟槽。大沟和小沟简单地讲就是指双螺旋表面凹下去的较大沟槽和较小沟槽。小沟于双螺旋位的互补链之间，而大沟位于相毗邻的双股之间。

大沟在 DNA 与蛋白质相互作用，遗传信息的识别方面非常重要。有关的蛋白质在沟内才能感觉出不同的碱基序列。相反在双螺旋的主链骨架上是没有信息的，所以蛋白质与骨架的相互作用是非特异性的。只有与沟内碱基之间相互作用才呈现出蛋白质与双链 DNA 作用的特异性。

（4）结构参数：螺旋直径 2A，每个螺旋周期包含 10bp，螺距 3.4A，相邻碱基对平面的间距 0.34A，相邻碱基的旋转夹角为 36°。

双螺旋 DNA 结构模型提出的意义在于：①确立了核酸作为信息分子的结构基础；②提出了碱基配对是核酸复制、遗传信息传递的基本方式；③确定了核酸是遗传的物质基础，为认识核酸与蛋白质酌关系及其在生命活动中的作用奠定了基础。

3. DNA 的三级结构与功能

三级结构是指 DNA 中单链与双链、双链之间的相互作用形成的三链或四链结构。如 H-DNA或 R-环等三级结构。DNA 的三级结构是指 DNA 进一步扭曲盘绕所形成的特定空间结构，也称为超螺旋结构。DNA 的超螺旋结构可分为正、负超螺旋两大类，并可互相转变。超螺旋是克服张力而形成的。当 DNA 双螺旋分子在溶液中以一定构象自由存在时，双螺旋处于能量最低状态此为松弛态。如果使这种正常的 DNA 分子额外地多转几圈或少转几圈，就是双螺旋产生张力，如果 DNA 分子两端是开放的，这种张力可通过链的转动而释放出来，DNA 就恢复到正常的双螺旋状态。但如果 DNA 分子两端是固定的，或者是环状分子，这种张力就不能通过链的旋转释放掉，只能使 DNA 分子本身发生扭曲，以此抵消张力，这就形成超螺旋，是双螺旋的螺旋(见图 3-6)。

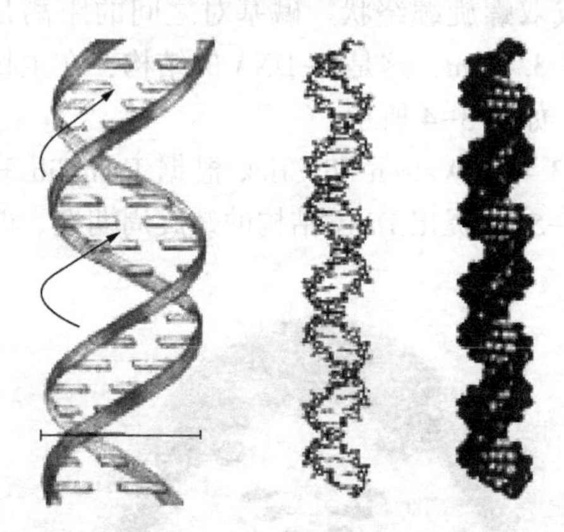

图 3-6　蛋白质的三级结构

DNA 双螺旋分子进一步扭曲、折叠，形成超螺旋结构，即染色体 DNA 所具有的复杂折叠状态称为 DNA 的三级结构，也叫做 DNA 的高级结构。几乎一切 DNA，无论是环型或线型 DNA，超螺旋结构是它们共有的重要特征。

绝大部分原核生物 DNA 是共价闭合的环状双螺旋分子，此环形分子可再次螺旋形成超螺旋。真核生物线粒体、叶绿体 DNA 也为环形分子，故也能形成超螺旋，非环形 DNA 分子在一定条件下局部也可形成超螺旋。

超螺旋有正向和负向两种，如果是右旋 DNA 分子，向右方向扭曲为正超螺旋，反之向左方向扭曲则为负超螺旋。在拓扑异构酶、溴化乙淀等存在的情况下，正超螺旋和负超螺旋可以相互转变。

超螺旋可能具有以下生物学意义：①DNA 双链经过盘绕压缩比松弛性 DNA 更为致密，体积变得更小，在细胞的生命活动中更能维持 DNA 的稳定性；②影响 DNA 双链的解链过程，从而影响与其他生物大分子如酶、蛋白质等的结合。

4. DNA 四级结构

核酸以反式作用存在(如核糖体、剪接体)，这可看作是核酸的四级水平的结构。

5. DNA 拓扑结构

也是 DNA 存在的一种形式。DNA 的拓扑结构是指在 DNA 双螺旋的基础上，进一步扭曲所形成的特定空间结构。超螺旋结构是拓扑结构的主要形式，它可以分为正超螺旋和负超螺旋两类，在相应条件下，它们可以相互转变。

6. DNA 双螺旋结构模型

DNA 双螺旋结构模型一般分为三种：带状模型、棒状模型、堆球模型(图 3-7)。

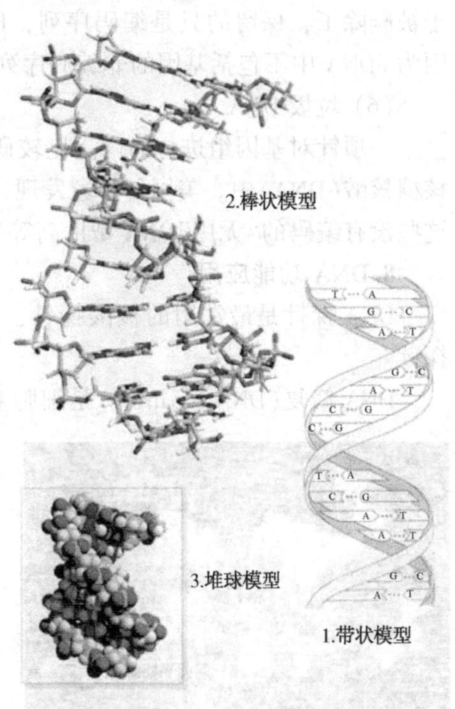

图 3-7　DNA 的三种双螺旋结构模型

模型要点是：①两条多核苷酸链以相反的平行缠结，依赖成对的碱基上的氢键结合形成双螺旋状，亲水的脱氧核糖基和磷酸基骨架位于双链的外侧，而碱基位于内侧，两条链的碱基之间以氢键相结合，一条链的走向是 5′到 3′，另一条链的走向是 3′到 5′；②碱基平面向内延伸，与双螺旋链成垂直状；③向右旋，顺长轴方向每隔 0. 34nm 有一个核苷酸，每隔 3. 4nm 重复出现同一结构；④A 与 T 配对，其间距离 1. 11nm；G 与 C 配对，其间距离为 1. 08nm，两者距离几乎相等，以便保持链间距离相等；⑤在结构上有深沟和浅沟；⑥DNA 双螺旋结构稳定的维系，横向稳定靠两条链间互补碱基的氢键维系，纵向则靠碱基平面间的疏水性递积力维持。

7. 主要类别

(1) 单链 DNA

单链 DNA(single-stranded DNA)大部分 DNA 以双螺旋结构存在，但一经热或碱处理就会变为单链状态。单链 DNA 就是指以这种状态存在的 DNA。单链 DNA 在分子流体力学性质、吸收光谱、碱基反应性质等方面都和双链 DNA 不同。某些噬菌体粒子内含有单链环状的 DNA，这样的噬菌体 DNA 在细胞内增殖时则形成双链 DNA。

(2) 闭环 DNA

闭环 DNA(closed circular DNA)没有断口的双链环状 DNA，亦称为超螺旋 DNA。由于具有螺旋结构的双链各自闭合，结果使整个 DNA 分子进一步旋曲而形成三级结构。另外如果一条或两条链的不同部位上产生一个断口，就会成为无旋曲的开环 DNA 分子。从细胞中提取出来的质粒或病毒 DNA 都含有闭环和开环这两种分子。可根据两者与色素结合能力的不同，而将两者分离开来。

(3) 连接 DNA

连接 DNA(linker DNA)，核小体中除 147bp 核心 DNA 外的所有 DNA。

(4) 模板 DNA

模板 DNA 可以是单链分子，也可以是双链分子，可以是线状分子，也可以是环状分子(线状分子比环状分子的扩增效果稍好)。就模板 DNA 而言，影响 PCR 的主要因素是模板的数量和纯度。

(5) 互补 DNA

互补 DNA(complementary DNA，cDNA)构成基因的双链 DNA 分子用一条单链作为模板，转录产生与其序列互补的信使 RNA 分子，然后在反转录酶的作用下，以 mRNA 分子为模板，合成一条与 mRNA 序列互补的单链 DNA，最后再以单链 DNA 为模板合成另一条与其互补的单链 DNA，两条互补的单链 DNA 分子组成一个双链 cDNA 分子。因此，双链 cDNA

分子的序列同转录产生的 mRNA 分子的基因是相同的，所以一个 cDNA 分子就代表一个基因。但是 cDNA 仍不同于基因，因为基因在转录产生 mRNA 时，一些不编码的序列即内含子被删除了，保留的只是编码序列，即外显子。所以 cDNA 序列都比基因序列要短得多，因为 cDNA 中不包括基因的非编码序列——内含子。

（6）垃圾 DNA

一项针对基因组进行的广泛比较研究显示，问题的答案可能就隐藏在生物的垃圾脱氧核糖核酸（DNA）中。美国科学家发现，生物越复杂，其携带的垃圾 DNA 就越多，而恰恰是这些没有编码的“无用”DNA 帮助高等生物进化出了复杂的机体。

8. DNA 功能应用

DNA 探针是最常用的核酸探针，指长度在几百碱基对以上的双链 DNA 或单链 DNA 探针。

DNA 修复（DNA repairing）是细胞对 DNA 受损伤后的一种反应，这种反应可能使 DNA 结构恢复原样，重新能执行它原来的功能；但有时并非能完全消除 DNA 的损伤，只是使细胞能够耐受这 DNA 的损伤而能继续生存。

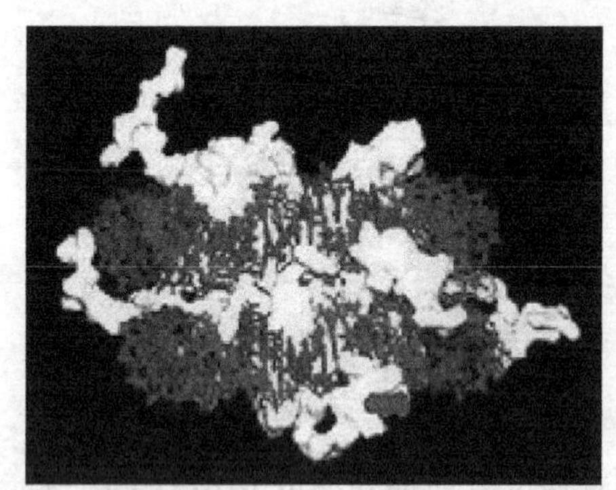

图 3-8　脱氧核糖核酸

重组 DNA 是一种人工合成的脱氧核糖核酸（见图 3-8）。它是把一般不同时出现的 DNA 序列组合到一起而产生的。

交互作用：脱氧核糖核酸若要发挥其功用，必须依赖与蛋白质之间的交互作用，有些蛋白质的作用不具专一性，有些则只专门与个别的脱氧核糖核酸序列结合。聚合酶在各类酵素中尤其重要，此种蛋白质可与脱氧核糖核酸结合，并作用于转录或脱氧核糖核酸复制过程。

9. 历史沿革

（1）技术发展

1860~1870 年，奥地利学者孟德尔根据豌豆杂交实验提出遗传因子概念，并总结出孟德尔遗传定律。

1909 年，丹麦植物学家和遗传学家约翰逊首次提出“基因”这一名词，用以表达孟德尔的遗传因子概念。

1944 年，3 位美国科学家分离出细菌的 DNA（脱氧核糖核酸），并发现 DNA 是携带生命遗传物质的分子。

1953 年，美国人沃森和英国人克里克通过实验提出了 DNA 分子的双螺旋模型。

1969 年，科学家成功分离出第一个基因。

完整的 DNA 形态在 1944 年由美国人埃弗里确定发现，1953 年克里克教授绘制出 DNA 的双螺旋线结构图；1985 年莱斯特大学的亚历克·杰弗里斯教授又发明利用 DNA 对人体进行鉴别的办法；DNA 自 1988 年起开始应用在司法方面；1994 年 7 月 29 日，法国法律规定了使用基因标记的条件。

另外詹姆斯·沃森也有贡献，20 世纪 40 年代末和 50 年代初，在 DNA 被确认为遗传物质之后，生物学家们不得不面临着一个难题：DNA 应该有何种的结构，才能担当遗传的重任。它必须能够携带遗传信息，能够自我复制传递遗传信息，能够让遗传信息得到表达以控制细胞活动，并且能够突变并保留突变。这4点，缺一不可，如何建构一个DNA分子模型解释这一切？

根据科学分析，每一个人拥有400万亿个细胞(皮肤、肌肉、神经等)，人体细胞除了红血球外都拥有一个由46种染色体组成的细胞核，染色体本身又由DNA染色体丝构成，这种染色体丝在所有细胞中都是相同的。DNA由被称作A(adenine)、T(thymine)、G(guanine)和C(cytosine)的核酸组成，正是它们构成我们人体的基因。根据DNA可以断定两代人之间的亲缘关系，因为一个孩子总是分别从父亲和母亲身上接受一半基因物质的。科学家们还把DNA研究的目标放在确定导致人们生病的基因起源方面，以便将来更好地认识、治疗和预防危害人类健康的各种疾病。

DNA的可信度如何呢？两个人的染色体是否会相似？根据科学试验，这种可能性几乎没有。然而，在所有检测过程中是可能出现差错的，这主要是在提取和化验标本的时候，标本也可能受到另一个人DNA的污染。为了保证DNA的可靠性，必须在提取标本和化验分析时严格把关。不仅可以避免可能的错误，而且大大加快了DNA检查的速度。

(2) 早期发现

最早分离出DNA的弗雷德里希·米歇尔是一名瑞士医生，他在1869年从废弃绷带里所残留的脓液中，发现一些只有显微镜可观察的物质。由于这些物质位于细胞核中，因此米歇尔称之为“核素”(nuclein)。到了1919年，菲巴斯·利文进一步辨识出组成DNA的碱基、糖类以及磷酸核苷酸单元，他认为DNA可能是许多核苷酸经由磷酸基团的联结，而串联在一起。不过他所提出概念中，DNA长链较短，且其中的碱基是以固定顺序重复排列。1937年，威廉·阿斯特伯里完成了第一张X光绕射图，阐明了DNA结构的规律性。

1928年，弗雷德里克·格里菲斯从格里菲斯实验中发现，平滑型的肺炎球菌，能转变成为粗糙型的同种细菌，方法是将已死的平滑型与粗糙型活体混合在一起。这种现象称为“转型”。但造成此现象的因子，也就是DNA，是直到1943年，才由奥斯瓦尔德·埃弗里等人所辨识出来。1953年，阿弗雷德·赫希与玛莎·蔡斯确认了DNA的遗传功能，他们在赫希-蔡斯实验中发现，DNA是T_2噬菌体的遗传物质。

(3) 组成与功能

蛋白质的发现比核酸早30年，发展迅速。进入20世纪时，组成蛋白质的20种氨基酸中已有12种被发现，到1940年则全部被发现。

20世纪初，德国科赛尔(1853~1927)和他的两个学生琼斯(1865~1935)和列文(1869~1940)的研究，弄清了核酸的基本化学结构，认为它是由许多核苷酸组成的大分子。核苷酸是由碱基、核糖和磷酸构成的。其中碱基有4种(腺嘌呤、鸟嘌呤、胸腺嘧啶和胞嘧啶)，核糖有两种(核糖、脱氧核糖)，因此把核酸分为核糖核酸(RNA)和脱氧核糖核酸(DNA)。

列文急于发表他的研究成果，错误地认为4种碱基在核酸中的量是相等的，从而推导出核酸的基本结构是由4个含不同碱基的核苷酸连接成的四核苷酸，以此为基础聚合成核酸，提出了“四核苷酸假说”。这个错误的假说，对认识复杂的核酸结构起了相当大的阻碍作用，也在一定程度上影响了人们对核酸功能的认识。人们认为，虽然核酸存在于重要的结构——细胞核中，但它的结构太简单，很难设想它能在遗传过程中起什么作用。

1902年，德国化学家费歇尔提出氨基酸之间以肽链相连接而形成蛋白质的理论，1917年他合成了由15个甘氨酸和3个亮氨酸组成的18个肽的长链。于是，有的科学家设想，很可能是蛋白质在遗传中起主要作用。如果核酸参与遗传作用，也必然是与蛋白质连在一起的核蛋白在起作用。因此，那时生物界普遍倾向于认为蛋白质是遗传信息的载体。

到了1919年，菲巴斯·利文进一步辨识出组成DNA的碱基、糖类以及磷酸核苷酸单元，他认为DNA可能是许多核苷酸经由磷酸基团的联结，而串联在一起。不过他所提出概念中，DNA长链较短，且其中的碱基是以固定顺序重复排列。1937年，威廉·阿斯特伯里完成了第一张X光绕射图，阐明了DNA结构的规律性。

1928年，美国科学家弗雷德里克·格里菲斯(1877~1941)在实验中发现，平滑型的肺炎球菌，能转变成为粗糙型的同种细菌，方法是将已死的平滑型与粗糙型活体混合在一起(见图3-9)。

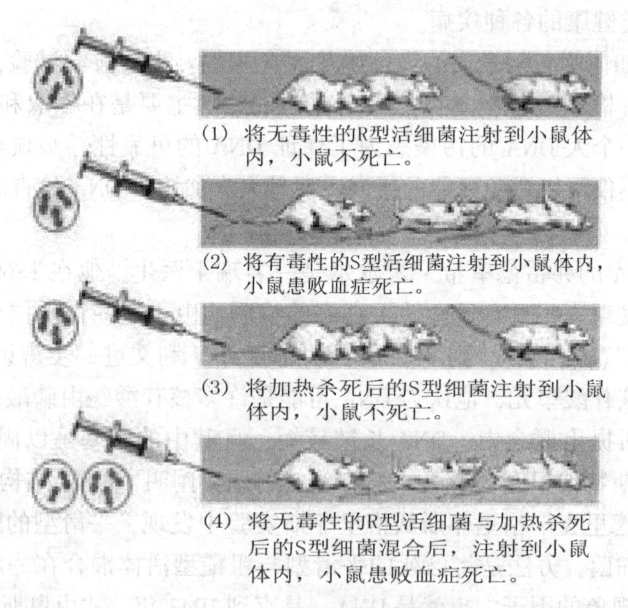

图3-9 格里菲斯转化实验

格里菲斯用一种有荚膜、毒性强的和一种无荚膜、毒性弱的肺炎双球菌对老鼠做实验。他把有荚病菌用高温杀死后与无荚的活病菌一起注入老鼠体内，结果他发现老鼠很快发病死亡，同时他从老鼠的血液中分离出了活的有荚病菌。这说明无荚菌竟从死的有荚菌中获得了什么物质，使无荚菌转化为有荚菌。这种假设是否正确呢？

格里菲斯又在试管中做实验，发现把死了的有荚菌与活的无荚菌同时放在试管中培养，无荚菌全部变成了有荚菌，并发现使无荚菌长出蛋白质荚的就是已死的有荚菌壳中遗留的核酸(因为在加热中，荚中的核酸并没有被破坏)。格里菲斯称该核酸为“转化因子”。这种现象称为“转化”。

但这个发现没有得到广泛的承认，人们怀疑当时的技术不能除净蛋白质，残留的蛋白质起到转化的作用。造成此现象的因子，也就是DNA，是直到1943年，才由奥斯瓦尔德·埃弗里(Os wald Theodore Avery)等所辨识出来。1953年，阿弗雷德·赫希与玛莎·蔡斯确认了DNA的遗传功能，他们在赫希-蔡斯实验中发现，DNA是T_2噬菌体的遗传物质。

1952年，噬菌体小组主要成员赫尔希(1908~1997)和他的学生蔡斯用先进的同位素标记技术，做噬菌体侵染大肠杆菌的实验。他把大肠杆菌T_2噬菌体的核酸标记上32P，蛋白质外壳标记上35S。先用标记了的T_2噬菌体感染大肠杆菌，然后加以分离，结果噬菌体将带35S标记的空壳留在大肠杆菌外面，只有噬菌体内部带有32P标记的核酸全部注入大肠杆菌，并在大肠杆菌内成功地进行噬菌体的繁殖。这个实验证明 DNA 有传递遗传信息的功能，而蛋白质则是由 DNA 的指令合成的。这一结果立即为学术界所接受。

美籍德国科学家德尔布吕克(1906~1981)的噬菌体小组对艾弗里的发现坚信不疑。因为他们在电子显微镜下观察到了噬菌体的形态和进入大肠杆菌的生长过程。噬菌体是以细菌细胞为寄主的一种病毒，个体微小，只有用电子显微镜才能看到它。它像一个小蝌蚪，外部是由蛋白质组成的头膜和尾鞘，头的内部含有 DNA，尾鞘上有尾丝、基片和小钩。当噬菌体侵染大肠杆菌时，先把尾部末端扎在细菌的细胞膜上，然后将它体内的 DNA 全部注到细菌细胞中去，蛋白质空壳仍留在细菌细胞外面，再没有起什么作用了。进入细菌细胞后的噬菌体 DNA，就利用细菌内的物质迅速合成噬菌体的 DNA 和蛋白质，从而复制出许多与原噬菌体大小形状一模一样的新噬菌体，直到细菌被彻底解体，这些噬菌体才离开死了的细菌，再去侵染其他的细菌。

几乎与此同时，奥地利生物化学家查伽夫对核酸中的 4 种碱基的含量的重新测定取得了成果。在艾弗里工作的影响下，他认为如果不同的生物种群是由于 DNA 的不同，则 DNA 的结构必定十分复杂，否则难以适应生物界的多样性。因此，他对列文的"四核苷酸假说"产生了怀疑。在 1948~1952 年的 4 年时间内，他利用了比列文时代更精确的纸层析法分离 4 种碱基，用紫外线吸收光谱做定量分析，经过多次反复实验，终于得出了不同于列文的结果。实验结果表明，在 DNA 大分子中嘌呤和嘧啶的总分子数量相等，其中腺嘌呤 A 与胸腺嘧啶 T 数量相等，鸟嘌呤 G 与胞嘧啶 C 数量相等。说明 DNA 分子中的碱基 A 与 T、G 与 C 是配对存在的，从而否定了“四核苷酸假说”，并为探索 DNA 分子结构提供了重要的线索和依据。

克里克在 1957 年的一场演说中，提出了分子生物学的中心法则，预测了 DNA、RNA 以及蛋白质之间的关系，并阐述了“转接子假说”(即后来的 tRNA)。1958 年，马修·梅瑟生与富兰克林·史达在梅瑟生-史达实验中，确认了 DNA 的复制机制。后来克里克团队的研究显示，遗传密码是由三个碱基以不重复的方式所组成，称为密码子。这些密码子所构成的遗传密码，最后是由哈尔·葛宾·科拉纳、罗伯特·W·霍利以及马歇尔·沃伦·尼伦伯格解出。

(4) 双螺旋的发现

20 世纪 30 年代后期，瑞典的科学家们就证明 DNA 是不对称的。第二次世界大战后，用电子显微镜测定出 DNA 分子的直径约为 2 nm。DNA 双螺旋结构被发现后，极大地震动了学术界，启发了人们的思想。从此，人们立即以遗传学为中心开展了大量的分子生物学的研究。首先是围绕着 4 种碱基怎样排列组合进行编码才能表达出 20 种氨基酸为中心开展实验研究。

20 世纪 50 年代，DNA 双螺旋结构被阐明，揭开了生命科学的新篇章，开创了科学技术的新时代。随后，遗传的分子机理——DNA 复制、遗传密码、遗传信息传递的中心法则、作为遗传的基本单位和细胞工程蓝图的基因以及基因表达的调控相继被认识。至此，人们已完全认识到掌握所有生物命运的东西就是 DNA 和它所包含的基因，生物的进化过程和生命过程的不同，就是因为 DNA 和基因运作轨迹不同所致。

1953 年 4 月 25 日，英国的《自然》杂志刊登了美国的沃森和英国的克里克(图 3-10、图 3-11)在英国剑桥大学合作的研究成果：DNA 双螺旋结构的分子模型，这一成果后来被誉为 20 世纪以来生物学方面最伟大的发现，标志着分子生物学的诞生。

图 3-10 沃森

图 3-11 克里克

（5）基因工程的兴起

为了测出所有人类的DNA序列，人类基因组计划于1990年展开。到了2001年，多国合作的国际团队与私人企业塞雷拉基因组公司，分别将人类基因组序列草图发表于《自然》与《科学》两份期刊。

1967年，遗传密码全部被破解，基因从而在DNA分子水平上得到新的概念。它表明：基因实际上就是DNA大分子中的一个片段，是控制生物性状的遗传物质的功能单位和结构单位。在这个单位片段上的许多核苷酸不是任意排列的，而是以有含意的密码顺序排列的。一定结构的DNA，可以控制合成相应结构的蛋白质。蛋白质是组成生物体的重要成分，生物体的性状主要是通过蛋白质来体现的。因此，基因对性状的控制是通过DNA控制蛋白质的合成来实现的。在此基础上相继产生了基因工程、酶工程、发酵工程、蛋白质工程等，这些生物技术的发展必将使人们利用生物规律造福于人类。现代生物学的发展，愈来愈显示出它将要上升为带头学科的趋势。

1972年，美国科学家保罗·伯格首次成功地重组了世界上第一批DNA分子，标志着DNA重组技术——基因工程作为现代生物工程的基础，成为现代生物技术和生命科学的基础与核心。

DNA重组技术的具体内容就是采用人工手段将不同来源的含某种特定基因的DNA片段进行重组，以达到改变生物基因类型和获得特定基因产物的目的的一种高科学技术。

到了20世纪70年代中后期，由于出现了工程菌以及实现DNA重组和后处理都有工程化的性质，基因工程或遗传工程作为DNA重组技术的代名词被广泛使用。可以说，DNA重组技术创立近30多年来所获得的丰硕成果已经把人们带进了一个不可思议的梦幻般的科学世界，使人类获得了打开生命奥秘和防病治病“魔盒”的金钥匙。

到20世纪末，DNA重组技术最大的应用领域在医药方面，包括活性多肽、蛋白质和疫苗的生产，疾病发生机理、诊断和治疗，新基因的分离以及环境监测与净化。

许多活性多肽和蛋白质都具有治疗和预防疾病的作用，它们都是从相应的基因中产生的。但是由于在组织细胞内产量极微，所以采用常规方法很难获得足够量供临床应用。

基因工程则突破了这一局限性，能够大量生产这类多肽和蛋白质，迄今已成功地生产出治疗糖尿病和精神分裂症的胰岛素，对血癌和某些实体肿瘤有疗效的抗病毒剂——干扰素，治疗侏儒症的人体生长激素，治疗肢端肥大症和急性胰腺炎的生长激素释放抑制因子等100多种产品。

基因工程还可将有关抗原的DNA导入活的微生物，这种微生物在受免疫应激后的宿主体内生长可产生弱毒活疫苗，具有抗原刺激剂量大且持续时间长等优点。目前正在研制的基因工程疫苗就有数十种之多，在对付细菌方面有针对麻风杆菌、百日咳杆菌、淋球菌、脑膜炎双球菌等的疫苗；在对付病毒方面有针对甲型肝炎、乙型肝炎、巨细胞病毒、单纯疱疹、流感、人体免疫缺陷病毒等的疫苗。中国乙肝病毒携带者和乙肝患者多达一二亿，这一情况更促使了中国科学家自行成功研制出乙肝疫苗，取得了巨大的社会效益和经济效益。

抗体是人体免疫系统防病抗病的主要武器之一，20世纪70年代创立的单克隆抗体技术在防病抗病方面虽然发挥了重要作用，但由于人源性单抗很难获得，使得单抗在临床上的应用受到限制。为解决此问题，又能保证正常功能的发挥。如抗HER-2人源化单抗治疗乳腺癌已进入Ⅲ期试验，抗IGE人源化单抗治疗哮喘病已进入Ⅱ期试验。

抗生素在治疗疾病上起到了重要作用，随着抗生素数量的增加，用传统方法发现新抗生素的概率越来越低。为了获取更多的新型抗生素，采用DNA重组技术已成为重要手段之一。

值得指出的是，以上所述基因工程多肽、蛋白质、疫苗、抗生素等防治药物不仅在有效控制疾病，而且在避免毒副作用方面也往往优于以传统方法生产的同类药品，因而更受人们青睐。

人类疾病都直接或间接与基因相关，在基因水平上对疾病进行诊断和治疗，则既可达到病因诊断的准确性和原始性，又可使诊断和治疗工作达到特异性强、灵敏度高、简便快速的目的。于基因水平进行诊断和治疗在专业上称为基因诊断和基因治疗。以补偿失去功能的基因的作用，或是增加某种功能以利对异常细胞进行矫正或消灭。

在理论上，基因治疗是标本兼治而无任何毒副作用的疗法。不过，尽管至今国际上已有100多个基因治疗方案正处于临床试验阶段，但基因治疗在理论和技术上的一些难题仍使这种治疗方法离大规模应用还有一段很长的距离。不论是确定基因病因还是实施基因诊断、基因治疗、研究疾病发生机理，关键的先决条件是要了解特定疾病的相关基因。随着"人类基因组计划"的临近完成，科学家们对人体全部基因将会获得全面的了解，这就为运用基因重组技术造福于人类健康事业创造了条件。

2014年科学家研究表明，人体内仅有8%DNA具有重要作用，剩余的DNA都是"垃圾"。英国牛津大学研究显示，仅有8.2%的人体DNA具有重要作用，剩余的DNA都是进化残留物，就像是阑尾一样，对人体无益，也没有什么害处。研究负责人古尔顿-伦特(Gurton Lunter)博士说："人体内绝大多数DNA并不具有重要作用，仅是占据空间而已。"之前评估显示人体80%DNA具有"功能性"，或者说具有重要作用。这就相当于从谷壳中分离小麦是非常重要的，因为这将确保医学研究人员聚焦分析疾病相关的DNA，进一步促进研制新的治疗方案。合著作者克里斯-庞廷(Chris Ponting)教授说："这不仅仅是关于模糊性'功能'的学术争论，从医学角度来看，这是解释人类疾病中基因多样性必不可少的环节。"

10. 发展计划

人类基因组计划(human genome project，HGP)是由美国科学家于1985年率先提出，于1990年正式启动的。美国、英国、法国、德国、日本和中国科学家共同参与了这一价值达

30亿美元的人类基因组计划。这一计划旨在为30多亿个碱基对构成的人类基因组精确测序，发现所有人类基因并确定其在染色体上的位置，破译人类全部遗传信息。与曼哈顿原子弹计划和阿波罗登月计划并称为三大科学计划。

2000年6月26日，参加人类基因组工程项目的美国、英国、法国、德国、日本和中国，六国科学家共同宣布，人类基因组草图的绘制工作已经完成。最终完成图要求测序所用的克隆能忠实地代表常染色体的基因组结构，序列错误率低于万分之一。95%常染色质区域被测序，每个Gap小于150kb。完成图于2003年完成，比预计提前2年。

11. DNA应用案例

1888年秋天，英国首都伦敦东区接连发生5起妓女遭杀害案件，多数受害人被开膛，但真凶一直未能确定。传闻中的疑凶超过100人，甚至包括英国王室成员和首相。2007年，迷恋研究此案的爱德华兹在一次拍卖会上买下一条带有血迹的披肩，据称为妓女凯瑟琳·埃多斯凶杀案现场物品。2014年9月7日，英国商人拉塞尔·爱德华兹和法医学专家，借助先进的法医分析技术，成功破解困扰世人126年的谜：谁是英国连环杀手"开膛手杰克"。借助分析和比对DNA样本，认定波兰美发师阿伦·科斯明斯基为真凶。科斯明斯基是犹太人，他被警方列为3名重点嫌疑人之一，一名目击者也指认他为凶手。但是，警方没有足够证据指控科斯明斯基。他最终于53岁时死在精神病院。爱德华兹锁定了科斯明斯基。基因证据专家采用"真空吸取"的方式获取了DNA样本，与埃多斯后裔的DNA比对后，确定披肩上的血迹属于埃多斯。专家们还在披肩上的精液痕迹中发现了上皮细胞，并找到科斯明斯基妹妹的一名女性后代。比对显示，DNA完全吻合。

鉴定亲子关系用得最多的是DNA分型鉴定。人的血液、毛发、唾液、口腔细胞等都可以用于用亲子鉴定，十分方便。利用DNA进行亲子鉴定，只要作十几至几十个DNA位点做检测，如果全部一样，就可以确定亲子关系，如果有3个以上的位点不同，则可排除亲子关系，有一两个位点不同，则应考虑基因突变的可能，加做一些位点的检测进行辨别。DNA亲子鉴定，否定亲子关系的准确率几近100%，肯定亲子关系的准确率可达到99.99%。

二、DNA的存在形式

大自然中绝大多数生物体的遗传信息贮存在DNA序列中(少数生物存在RNA中)。不同种类的生物体细胞中都有DNA存在，其存在形式具有一定的不同性。DNA是巨大的高聚生物分子，一般将细胞内染色体(遗传信息的携带者，由DNA和蛋白质组成)所包含的DNA总体称为基因组(genome)。其中，人类基因组(human genome)是建立人体所需的化学密码或蓝图，而这幅蓝图的基本组成单位是DNA。DNA是一条由磷酸盐和核糖组成的分子链，呈双螺旋形，即两条互相缠绕的螺旋形分子带，中间以称为碱基的横条紧扣，除了孪生子女外，每个人的DNA都是独一无二的。同一物种的基因组DNA含量总是恒定的，不同物种间基因组大小和复杂程度则差异极大，一般讲，进化程度越高的生物体其基因组构成越大、越复杂。

DNA分子中不同排列顺序的DNA区段构成特定的功能单位，即基因(gene)。基因的功能取决于DNA的一级结构。一个DNA所能够携带的基因数量，如果一个基因以1000~1500bp编码计算，猿猴病毒SV40基因组DNA有5000碱基对(base pair，bp)，可编码5种基因，人类基因组含3×10^9bp DNA，理论上可编码200万以上的基因，然而，由于哺乳动物的基因含有内含子(Intorn)，因而每个基因可长达 5000~8000bp，少数可达 2×10^4 bp。按这样大小的基因进行推算，人类基因组中含有 40×10^4 ~ 60×10^4 个基因。虽然现在还不知道确切数字，但利用核酸杂交已测得哺乳类细胞含 50000~100000 种 mRNA，由此推论整个基因组所含基因不会超过 10 万个，只占全部基因组的 6%，另外 5%~10% 为 rRNA 等重复基因，其余 80%~90% 属于非编码区，没有直接的遗传学功能。DNA 的复性动力学研究发现这些非编码区往往都是一些大量的重复序列，这些重复序列或集中成簇，或分散在基因之间，可能在 DNA 复制、调控中具有重要意义，并与生物进化、种族特异性有关。可见原核细胞由于 DNA 分子较小，必须充分利用有限的核苷酸序列，这是真核基因组与原核基因组显然不同之处。

真核基因组与原核基因组在结构上还有很多不同的特点：

1. 真核生物基因组结构特点

① 真核生物基因组 DNA 与蛋白质结合形成染色体，储存于细胞核内，除配子细胞外，体细胞内的基因组是双份的(即双倍体，diploid)，即有两份同源的基因组。

② 真核细胞基因转录产物为单顺反子(monocistron)，即一个结构基因转录、翻译成一个 mRNA 分子，一条多肽链。

③ 存在大量重复序列，即在整个 DNA 中有许多重复出现的核苷酸顺序，重复序列长度可长可短，短的仅含两个核苷酸，长的多达数百乃至上千。重复频率也不尽相同；高度重复序列重复频率可达 10^6 次，包括卫星 DNA、反向重复序列和较复杂的重复单位组成的重复序列；中度重复序列可达 10^3 ~ 10^4 次，如为数众多的 Alu 家族序列，KpnI 家族，Hinf 家族序列，以及一些编码区序列如 rRNA 基因、tRNA 基因、组蛋白基因等；单拷贝或低度重复序列，指在整个基因组中只出现一次或很少几次的核苷酸序列，主要是编码蛋白质的结构基因，在人基因组中占约 60%~65%，因此所含信息量最大。

④ 基因组中不编码的区域多于编码区域。

⑤ 基因是不连续的，在真核生物结构基因的内部存在许多不编码蛋白质的间隔序列(intervening sequences)，称为内含子(intron)，编码区则称为外显子(exon)。内含子与外显子相间排列，转录时一起被转录下来，然后 RNA 中的内含子被切掉，外显子连接在一起成为成熟的 mRNA，作为指导蛋白质合成的模板。

⑥ 基因组远大于原核生物的基因组，具有许多复制起点，而每个复制子的长度较小。

2. 原核生物基因组结构特点

① 基因组较小，没有核膜包裹，且形式多样，如病毒基因组可能是 DNA，也可能是 RNA，可能是单链的，也可能是双链的，可能是闭环分子，也可能是线性分子；细菌染色体基因组则常为环状双链 DNA 分子，并与其中央的 RNA 和支架蛋白构成一致密的区域，称为类核(nucleoid)。

② 功能相关的结构基因常常串连在一起，并转录在同一个 mRNA 分子中，称为多顺反子 mRNA(polycistronic mRNA)，然后再加工成各种蛋白质的模板 mRNA。

③ DNA 分子绝大部分用于编码蛋白质，不编码部分(又称间隔区)通常包含控制基因表达的顺序。例如，噬菌体 ΨX 174 中只有 5% 是非编码区。

④ 基因重叠是病毒基因组的结构特点，即同一段 DNA 片段能够编码两种甚至三种蛋白质分子。

除真核细胞病毒外，基因是连续的，即不含内含子序列。

3. 病毒基因组结构特点

病毒基因组大小相差较大，与细菌或真核细胞相比，病毒的基因组很小，但是不同的病毒之间其基因组相差亦甚大。如乙肝病毒 DNA 只有 3kb 大小，所含信息量也较小，只能编码 4 种蛋白质，而痘病毒的基因组有 300kb 之大，可以编码几百种蛋白质，不但为病毒复制所涉及的酶类编码，甚至为核苷酸代谢的酶类编码，因此，痘病毒对宿主的依赖性较乙肝病毒小得多。

病毒基因组可以由 DNA 组成，也可以由 RNA 组成，每种病毒颗粒中只含有一种核酸，或为 DNA 或为 RNA，两者一般不共存于同一病毒颗粒中。组成病毒基因组的 DNA 和 RNA 可以是单链的，也可以是双链的，可以是闭环分子，也可以是线性分子。如乳头瘤病毒是一种闭环的双链 DNA 病毒，而腺病毒的基因组则是线性的双链 DNA，脊髓灰质炎病毒是一种单链的 RNA 病毒，而呼肠孤病毒的基因组是双链的 RNA 分子。一般说来，大多数 DNA 病毒的基因组双链 DNA 分子，而大多数 RNA 病毒的基因组是单链 RNA 分子。

多数 RNA 病毒的基因组是由连续的核糖核酸链组成，但也有些病毒的基因组 RNA 由不连续的几条核酸链组成如流感病毒的基因组 RNA 分子是节段性的，由 8 条 RNA 分子构成，每条 RNA 分子都含有编码蛋白质分子的信息；而呼肠孤病毒的基因组由双链的节段性的 RNA 分子构成，共有 10 个双链 RNA 片段，同样每段 RNA 分子都编码一种蛋白质。目前，还没有发现有节段性的 DNA 分子构成的病毒基因组。

病毒基因组的大部分是用来编码蛋白质的，只有非常小的一份不被翻译，这与真核细胞 DNA 的冗余现象不同如在 ΨX174 中不翻译的部分只占 217/5375，G4DNA 中占 282/5577，都不到 5%。不翻译的 DNA 顺序通常是基因表达的控制序列。如 ΨX174 的 H 基因和 A 基因之间的序列(3906~3973)，共 67 个碱基，包括 RNA 聚合酶结合位，转录的终止信号及核糖体结合位点等基因表达的控制区。乳头瘤病毒是一类感染人和动物的病毒，基因组约 8.0kb，其中不翻译的部分约为 1.0 kb，该区同样也是其他基因表达的调控区。

三、DNA 信息传递链的复制

DNA 信息传递链的复制是指 DNA 双链在细胞分裂以前的分裂间期进行的复制过程，复制的结果是一条双链变成两条一样的双链(如果复制过程正常的话)，每条双链都与原来的双链一样。这个过程通过边解旋边复制和半保留复制机制得以完成。

DNA 复制(见图 3-12)的特点如下：

半保留复制：DNA 在复制时，以亲代 DNA 的两条链作为模板，合成完全相同的两个双链子代 DNA，每个子代 DNA 中都含一条亲代 DNA 链，这种现象称为 DNA 的半保留复制。DNA 以半保留方式进行复制，是在 1958 年由 M. Meselson 和 F. Stahl 所完成的实验所证明。

存在复制起始点：DNA 在复制时，需在特定的位点起始，这是一些具有特定核苷酸排列顺序的片段，即复制起始点(复制子)。在原核生物中，复制起始点通常为一个，而在真核生物中则为多个。

引物(primer)的引导：DNA 聚合酶必须以一段具有 3′端自由羟基(3′-OH)的 RNA 作为引物，才能开始聚合子代 DNA 链。RNA 引物的大小，在原核生物中通常为 50~100 个核苷酸，而在真核生物中约为 10 个核苷酸。

双向复制：DNA 复制时，以复制起始点为中心，向两个方向进行复制。但在低等生物中，只进行单向复制。

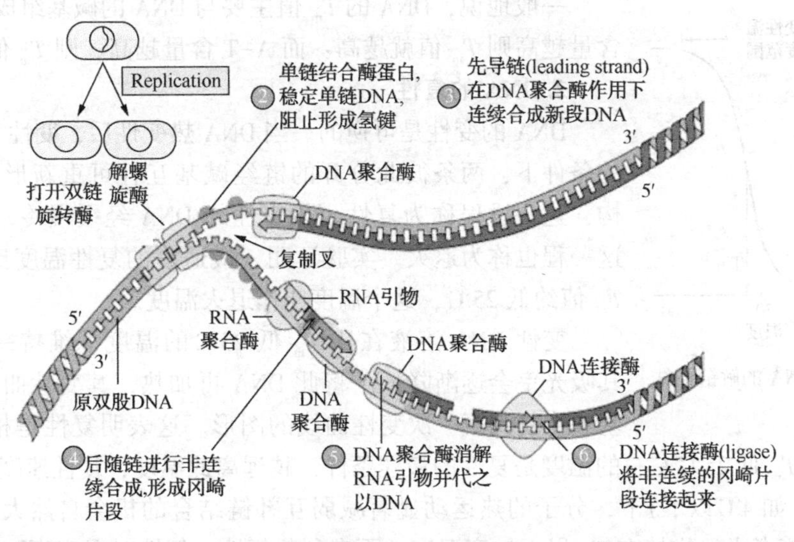

图 3-12　DNA 的复制

半不连续复制：由于 DNA 聚合酶只能以 5′→3′方向聚合子代 DNA 链，因此两条亲代 DNA 链作为模板聚合子代 DNA 链时的方式是不同的。以 3′→5′方向的亲代 DNA 链作模板的子代链在聚合时基本上是连续进行的，这一条链被称为领头链(leading strand)。而以 5′→3′方向的亲代 DNA 链为模板的子代链在聚合时则是不连续的，这条链被称为随从链(lagging strand)。DNA 在复制时，由随从链所形成的一些子代 DNA 短链称为冈崎片段(okazaki fragment)。冈崎片段的大小，在原核生物中约为 1000~2000 个核苷酸，而在真核生物中约为 100 个核苷酸。

在环状 DNA 的复制的末端终止阶段则不存在上述问题。环状 DNA 复制到最后，由 DNA 拓扑异构酶Ⅱ切开双链 DNA，将两个 DNA 分子分开成为两个完整的与亲代 DNA 分子一样的子代 DNA。

四、DNA 的变性、复性和杂交

1. DNA 的变性

在某些理化因素(温度、pH、离子强度等)作用下，DNA 配对碱基之间的氢键结构受到破坏，双链 DNA 多核苷酸链能完全分离，此分离过程称为变性。DNA 双螺旋结构的稳定性主要靠碱基平面间的疏水堆积力和互补碱基之间的氢键来维持。DNA 变性只改变其二级结构，不改变它的核苷酸排列。DNA 的变性，不仅受外部条件的影响，而且也取决于 DNA 分子本身的稳定性。如 G、C 含量高的 DNA 分子就比较稳定。因为 G-C 之间有三对氢键，而 A-T 之间只有两个氢键。环状 DNA 比线状 DNA 稳定。

DNA 变性后由于分子构象的变化，溶液的黏度大大降低，沉降速度增加，浮力密度上升，紫外吸收值升高。利用这些性质，可以观察 DNA 变性的过程。如加热时，DNA 双链发生解离，在 260 nm 处的紫外线吸收值增高，此种现象称为增色效应。DNA 的热变性是爆发性的，只在很狭窄的温度范围内进行。以温度对紫外吸收值作图，得到一条 S 形曲线称为解链曲线。产生紫外吸收值跃变的温度称 DNA 变性温度，或 DNA 熔点。通常以消光值达最大值一半时的温度作熔点温度，用 T_m 表示。DNA 的 T_m 值一般在 70~85℃之间(图 3-13)。

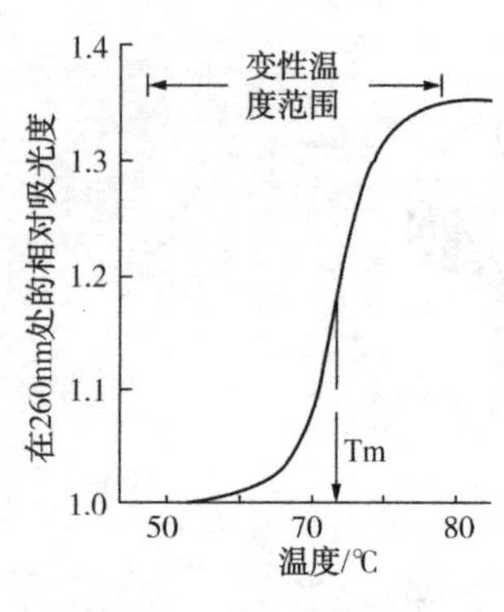

图 3-13 DNA 的解链曲线

一般地说，DNA 的 T_m 值主要与 DNA 的碱基组成有关。G-C 含量越高则 T_m 值就越高；而 A-T 含量越高，则 T_m 值就越低。

2. DNA 的复性

DNA 的变性是可逆的。当 DNA 热变性后，变性 DNA 在适宜的条件下，两条彼此分开的链经碱基互补可重新形成双螺旋结构，这一过程称为复性。热变性的 DNA 经缓慢冷却即可复性，这一程也称为退火。实验证明，最适宜的复性温度比该 DNA 的 T_m 值约低 25℃，这个温度叫作退火温度。

变性 DNA 溶液在比 T_m 低 25℃ 的温度下维持一段长时间，其吸光率会逐渐降低。将此 DNA 再加热，其变性曲线特征可以基本恢复到第一次变性曲线的图形。这表明复性是相当理想的。一般认为比 T_m 低 25℃左右的温度是复性的最佳条件，越远离此温度，复性速度就越慢。在很低的温度（如 4℃以下）下，分子的热运动显著减弱互补链结合的机会自然大大减少。从热运动的角度考虑，维持在 T_m 以下较高温度，更有利于复性。复性时温度下降必须是一缓慢过程，若在超过 T_m 的温度下迅速冷却至低温（如 4℃以下），复性几乎是及不可能的，核酸实验中经常以此方式保持 DNA 的变性（单链）状态。这说明降温时间太短以及温差大均不利于复性。

只有温度缓慢下降才能使其重新配对复性。如加热后，将其迅速冷却至 40℃以下，则几乎不能发生复性。这一特性可以被用来保持 DNA 的变性状态。

3. 分子杂交

DNA 变性后可以复性，复性是分子杂交的理论基础，在此过程中，如果使不同 DNA 单链分子或 RNA 分子放在同一溶液中，只要两种单链分子之间布在互补碱基，可以进行配对，在合适的条件下（如温度及离子强度），可以在相同的分子间和不同的分子间形成双链。杂化双链可以是 DNA 与 DNA 之间，也可以是 DNA 与 RNA 之间，或者是 RNA 与 RNA 分子之间形成，这就是核酸分子杂交。例如，将人细胞 DNA 和小鼠细胞 DNA 分别加热变性成单链、混合后在 60℃处理十多个小时，除了大部分的人 DNA 单链和大部分的小鼠 DNA 单链分别复性形成人的 DNA 双链和小鼠的 DNA 双链之外，还有少量的人 DNA 单链和鼠 DNA 单链间所形成的杂交分子。在杂交分子中，形成杂交分子的两条 DNA 链间的碱基可完全配对。也可只有大部分碱基配对。

分子杂交不仅可用在不同来源的 DNA 间，还可以在 DNA 与 RNA 间进行杂交形成 DNA 与 RNA 的双链杂交分子。用标记的（如放射性同位素或非放射性的生物素等）已知来源或碱基顺序的 DNA 或 RNA（称为探针）与标本 DNA 或 RNA 杂交。在分子生物学的研究中以及临床疾病的诊断中部都具有重要的价值。

现代检测手段中的基因芯片（gene chips）等最基本的原理就是核酸分子杂交。基因芯片，又称 DNA 芯片实质上是一种高密度的寡聚核苷酸（DNA 探针）阵列。它采用在位组合合成化学和微电子芯片的光刻技术，或者利用其他方法将大量特定系列的 DNA 片段（探针）有序地固化在玻璃或碓衬底上，从而构成储存有大量生命信息的 DNA 芯片。基因诊断也叫 DNA 诊断、分子诊断，是通过从患者体内提取样本用基因检测方法来判断患者是否有基因异常或携带病原微生物。目前，基因诊断检测的疾病主要有三大类：感染性疾病的病原诊断、各种肿瘤的生物学特性的判断、遗传病的基因异常分析。

五、特定基因片段的 PCR 扩增

核酸研究已有 100 多年的历史。20 世纪 60 年代末至 70 年代初人们致力于研究基因的体外分离技术，但由于核酸的含量较少，在一定程度上限制了 DNA 的体外操作。Khorana 于 1971 年最早提出核酸体外扩增的设想："经过 DNA 变性，与合适的引物杂交，用 DNA 聚合酶延伸引物，并不断重复该过程便可合成 tRNA 基因。"但由于当时基因序列分析方法尚未成熟，热稳定的 DNA 聚合酶还没有找到，以及寡聚核苷酸引物合成还处在手工及半自动合成阶段，这种想法的实际应用意义就无从谈起。

1985 年，美国科学家 Kary Mullis 在实验上证实了 PCR 的构想，并于 1985 年申请了有关 PCR 的第一个专利，在 Science 杂志上发表了第一篇 PCR 的学术论文。从此该技术得到了生命科学界的普遍认同，Kary Mullis 也因此获得了 1993 年的诺贝尔化学奖。

1988 年 Saiki 等从温泉中分离的一株水生嗜热杆菌(Thetmus aquaticus)中提取到一种耐热 DNA 聚合酶。此酶耐高温，在热变性时不会被钝化，不必在每次扩增反应后再加新酶从而极大地提高了 PCR 扩增的效率，将此酶命名为 *Taq* DNA 聚合酶(Taq DNA polymerase)。此酶的发现使 PCR 方法得到了广泛的应用，也使 PCR 成为遗传与分子分析的根本性基石。

PCR 反应是模仿细胞内发生的 DNA 复制过程进行的，以 DNA 互补链聚合反应为基础，通过 DNA 变性、引物与模板 DNA(待扩增 DNA)一侧的互补序列复性杂交、耐热性 DNA 聚合酶催化引物延伸等过程的多次循环，产生待扩增的特异性 DNA 片段，主要过程包括以下三步。

变性(denaturation)：反应系统加热至 90~95℃，模板 DNA 双螺旋的氢键断裂，双链解离形成单链 DNA 的过程；PCR 叫通过加热使双链解离形成单链，作为和引物结合的模板。

退火(annealling)：降温至 37~60℃，使两种引物分别与模板 DNA 链的 3'一侧的互补序列杂交，单链 DNA 形成双链 DNA。在 PCR 时，由于模板分子结构比引物要复杂，而且反应体系引物量大大多于模板 DNA 量，因此引物与模板单链之间的复性机会比模板单链之间的机会大得多，形成较多的引物-模板杂交链。

延伸(extension)：升温至 70~75℃，在 DNA 聚合酶和 4 种脱氧核糖核苷三磷酸(dNTPs)及 Mg^{2+}存在的条件下，DNA 聚合酶催化以引物为起始点的 DNA 链延伸反应，即遵循碱基互补配对的原则，在引物的 3′端，将碱基一个个地接上去，形成新的互补链。

经过高温变性、低温迟火和中温延伸三个温度的循环，模板上介于两个引物之间的片段得到扩增。上一次循环合成的两条互补链均可作为下一次循环的模板 DNA 链，所以每循环一次，底物 DNA 的拷贝数增加一倍。因此 PCR 经过 *N* 次循环后，待扩增的特异性 DNA 片段基本上达到 2^n个拷贝数。如经过 25 次循环后，则可产生 225 个拷贝数的特异性 DNA 片段，即 3.4×10^7倍待扩增的 DNA 片段。但是，由于每次 PCR 的效率并非 100%，并且扩增产物中还有部分 PCR 的中间产物，所以 25 次循环后的实际扩增倍数为 1×10^6~3×10^6。采用不同 PCR 扩增系统，扩增的 DNA 片段长度可从几百碱基对(bp)到数万碱基对。

在目的基因扩增时应用得最广泛的是 PCR(polymerase chain reaction)技术，即聚合酶链反应。该技术是美国 Cetus 公司于 1985 年建立的。在体外利用该技术和合成的寡核苷酸引物，可导致特定基因的拷贝数发生快速大量的扩增。这种反应可在试管中进行，经数小时后，就能将极微量的目的基因或某一特定的 DNA 片段扩增数十万倍甚至千百万倍。因此，有人称之为无细胞分子克隆法。

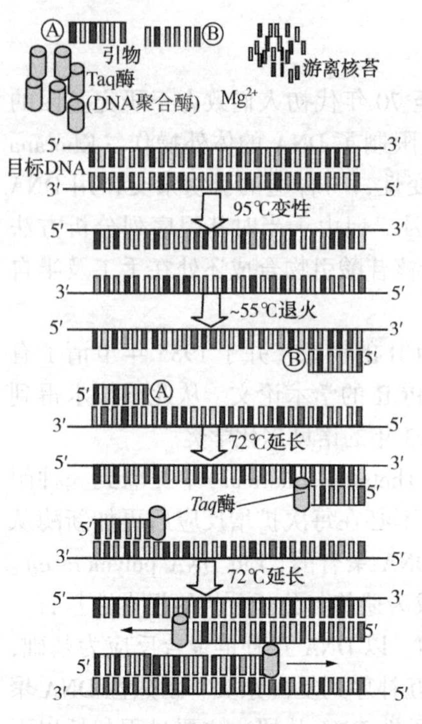

图 3-14　DNA 体外扩增(PCR)示意图

PCR 的原理类似于 DNA 的体内复制，只是在试管中给 DNA 的体外合成提供一种合适的条件——模板 DNA、寡核苷酸引物、DNA 聚合酶、Mg^{2+}、合适的缓冲体系和 DNA 变性、复性及延伸的温度与时间等。其步骤可概括为：模板 DNA 高温变性成单链 DNA→加入引物、缓冲液和四种脱氧核苷三磷酸(dNTP)→降温至 55℃，引物和模板结合→升温至 77℃左右进行复制→分离。PCR 最后反应的结果是反应混合物中所含有的双链 DNA 分子数即两条引物结合位点之间的 DNA 区段的拷贝数，理论上的最高值应是 $2n$(图 3-14)。

PCR 技术的关键是 DNA 聚合酶，早期应用的 DNA 聚合酶是大肠杆菌 DNA 聚合酶 I 的 Klenow 大片段，但这种酶是热敏感的，在双链 DNA 接链所需的高温条件下会被破坏掉。此酶后来被耐高温的 Taq 酶所取代，这种酶是从生活在 75℃的热泉中的栖热水生菌中分离纯化而来的，其最适活性温度是 72℃，且能在较宽温度范围内保持活性，一次加酶便可满足 PCR 反应全过程的需要。

PCR 技术问世以来，以其快速敏感、简单易行，特异性强，并对原始材料质量要求低等优点受到生物学界的普遍重视。这种技术现已发展成为生命科学实验室获取某一目的 DNA 片段的常规技术，并逐渐被应用于基因工程、临床检验、癌基因研究、环境的生物监测以及生物进化过程中的核酸水平的研究等许多领域。PCR 技术在环境微生物学中的应用目前集中在研究特定环境中微生物区系的组成、结构以分析种群动态和监测环境中的特定微生物，如致病菌和工程菌。利用 PCR 技术检测环境中的微生物，不仅可以克服对一些难以人工培养的微生物进行检测的缺陷，而且较传统的检测方法(一般需要几天到数周)快速得多，一般仅需 2～4h 就能完成。这对于定期检测环境中某些微生物的动态(种类、数量、变化趋势等)具有重要的实际意义。

六、遗传信息的传递和中心法则

DNA 是生物遗传的主要物质基础，生物体的遗传信息以特定的核苷酸排列顺序储存于 DNA 分子。以亲代 DNA 为模板合成子代 DNA 的过程，称为复制(replication)。此过程将亲代的遗传信息准确地传递给子代。以 DNA 为模板合成 RNA 的过程称为转录(transcription)，这样就将 DNA 的遗传信息传递给了 mRNA。然后以 mRNA 的核苷酸序列为模板指导蛋白质的合成，这一过程称为翻译(translation)。遗传信息的这一传递过程称为中心法则(central dogma)，此法则于 1957 年由 Crick 总结提出。

1970 年，Temin 和 Baltimore 分别从致癌的 RNA 病毒中发现了逆转录酶，此酶能以 RNA 为模板指导合成 DNA，遗传信息的流向与上述转录过程相反，故称逆转录(reverse transcription)，又称反转录；后来又发现某些病存在的 RNA 也可进行复制，这样就对中心法则提出了看扩充和修正，扩充和修正后的中心法则如图 3-15 所示。

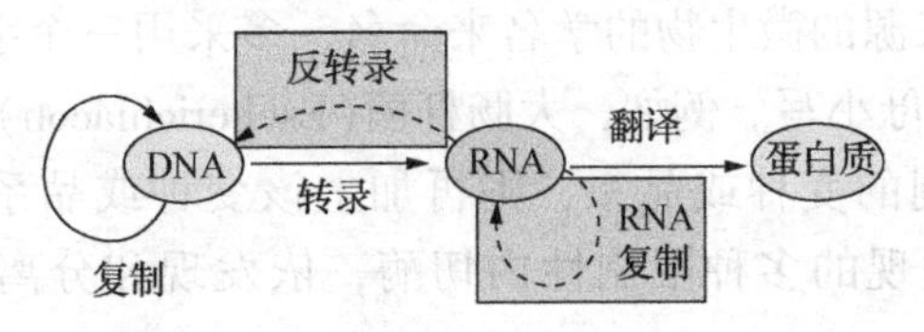

图 3-15　遗传信息流动方向：中心法则

中心法则使人们对于编码遗传性状的基因的表达问题的深入研究变为可能，生物体内大量的基因是如何相互协调表达一直是人类感兴趣的目标，经过无数科学家的努力，现在对于这一扑朔迷离的事件有了新的突破。

第三节　基因工程工具酶

工具酶是指能用于 DNA 和 RNA 分子的切割、连接、聚合、反转录等有关的各种酶系统。工具酶是 DNA 重组技术中必不可少的工具。常用的工具酶有四类，分别是：限制酶、连接酶、聚合酶和修饰酶。其中，限制性核酸内切酶(Restriction endonclease)、DNA 连接酶(Ligase)和 DNA 聚合酶的发现和应用是基因工程得以创立和发展的重要工具。

一、限制性核酸内切酶

限制性核酸内切酶，简称限制酶，是一类能够识别双链 DNA 分子中的某种特定核苷酸序列，并由此切割 DNA 双链结构的核酸内切酶。限制性核酸内切酶主要是从原核生物中分离纯化出来的。限制性核酸内切酶是一类专一性很强的核酸内切酶，具有特异性，即一种限制酶只能识别一种特定的核苷酸序列，并在特定的切割点上将 DNA 分子切断，从而产生黏性末端。与一般的 DNA 水解酶不同之处在于它们对碱基作用的专一性以及对磷酸二酯键的断裂方式上，具有一些特殊的性质。目前已有的限制酶有 200 多种。

1. 限制性核酸内切酶的发现

早在 20 世纪 50 年代初期，科学家就对细菌和噬菌体之间的限制(修饰)现象进行了研究。Luria 和 Human 在研究 T 偶数噬菌体时发现了该现象。细菌的限制(修饰)现象类似于动物细胞的免疫体系，它能够识别自身的 DNA 使之不受限制，同时又可以降解外来的 DNA 片段，保护自身免受伤害。

有关寄主控制的限制与修饰现象的分子生物学研究发现，它是由两种酶配合完成的。一种叫修饰的甲基转移酶，另一种叫限制性内切核酸酶。限制酶切割 DNA 分子时，首先要识别 DNA 分子上相应的酶的特定识别序列。而修饰酶的作用是对相应限制酶的特定识别序列进行甲基化修饰，以保护 DNA 不被限制酶水解。细胞内修饰酶和限制酶是同时存在的，有一种限制酶，就有一种与其对应的修饰酶。1968 年，Meselson 等首次从大肠杆菌的 B 菌株和 X 菌株分离出限制性的核酸内切酶，这两个酶为Ⅰ型限制性核酸内切酶。1970 年，Smith 等从嗜血菌 Rd 菌株中分离出第一个Ⅱ型限制性核酸内切酶。此后，众多的限制性核酸内切酶被分离与纯化，现代的基因重组已完全依赖于限制性核酸内切酶。

2. 限制性核酸内切酶的命名

在 1973 年限制性核酸内切酶的命名由 Smith 和 Nathams 提出，随后 Roberts 在此基础上进行了系统分类。总的命名规则如下：

① 以限制性内切酶来源的微生物的学名来命名，多采用三个字母。微生物属名的首字母大写，种名的前两个字母小写。例如，大肠杆菌(Escherichiacoli)用*Eco*表示。

② 若该微生物有不同的变种或品系，则再加上该变种或品系的第一个字母，但需大写；从同一种微生物中发现的多种限制性内切酶，依发现和分离的前后顺序用罗马数字区分。

③ 限制性内切酶名称的前三个字母用斜体表示，后面的字母、罗马数字等均为正体。同时、字母之间、罗马数字与前面的字母之间不应有空格(由于现有的大多数软件排版时，当输入罗马数字时其会自动与前面的字母之间拉开半个汉字的空格，故在印刷体的书刊中就会看到罗马数字与前面的字母之间有空格)。

3. 限制性核酸内切酶的种类

根据限制性内切酶的识别序列和切割位置的一致性，可以把它们分为三类，即Ⅰ型酶、Ⅱ型酶和Ⅲ型酶。这三种不同类型的限制酶具有不同的特性。

(1) Ⅰ型限制酶

Ⅰ型限制酶是早期提取的酶类，一般都是大型的多亚基蛋白质复合物。酶蛋白相对分子质量大，在30×10^{4}Da左右。Ⅰ型限制性内切酶能识别专一的核苷酸序列，并在识别位点附近的一些核苷酸上切割DNA分子，但是切割的核苷酸序列没有专一性而是随机的。这类限制性内切酶在基因工程中没有多大用处，无法用于分析DNA结构或克隆基因。这类酶如*Eco*B、*Eco*K等。

(2) Ⅱ型限制酶

Ⅱ型限制酶只有一种多肽，并通常以同源二聚体形式存在，相对分子质量较小，为2×10^4~10×10^{4}Da，是简单的单功能酶，作用时无须辅助因子或只需Mg^{2+}。它能识别双链DNA上特异的核苷酸序列，底物作用的专一性强，而且其识别序列与切割序列相一致，切割后形成一定长度和顺序的分离的DNA片段。因此，这种限制性内切酶被广泛适用于基因工程实践中，是DNA重组技术中最常用的工具酶之一。该酶识别的专一核苷酸序列大约是4~12bp，最常见的是4个或6个核苷酸。

1970年，科学家们从流感嗜血菌Rd株中分离纯化出第一个Ⅱ型酶*Hind*Ⅱ。后来，越来越多的Ⅱ型酶陆续被发现和纯化。几乎所有细菌的属、种中都发现至少有一种Ⅱ型限制酶，有的一个属就有好几种，同一品系的菌株中也常有识别不同序列的两种酶。至今，已发现和分离成功的Ⅱ型限制酶有2000多种，其中有些已商品化。

(3) Ⅲ型限制酶

Ⅲ型酶特性介于Ⅰ型酶和Ⅱ型酶两者之间，数量相当少。Ⅲ型限制性内切酶的识别位点和切割位点比较接近。它在识别位点附近约25~27bp处切割双链，但切割位点是不固定的。因此，这种限制性内切酶切割后产生的DNA片段，具有各种不同的单链末端，对于克隆基因或克隆DNA片段没有多大用处。

4. 限制性核酸内切酶的酶切位点

DNA在限制性核酸内切酶的作用下，使多聚核苷酸链上磷酸二酯键断开的位置被称为酶切位点。限制性核酸内切酶在DNA上的酶切位点一般是在识别序列内部，少数限制性核酸内切酶在DNA上的酶切位点在识别序列的两侧。

DNA分子经限制性核酸内切酶酶切产生的DNA片段末端，因所用限制性核酸内切酶不同而不同。两条多聚核苷酸链上磷酸二酯键断开的位置如果是交错的，产生的DNA片段末端的一条链多出 1 至几个核苷酸，这样的末端称为黏性末端。如果两条多聚核苷酸链上磷酸二酯键断开后产生的 DNA 片段末端是平齐的，称之为平末端。不管是黏性末端还是平末端，5′端一定是—P 基团，3′端一定是—OH 基团。

有些限制性核酸内切酶虽然识别序列不同，但是酶切 DNA 分子产生的 DNA 片段具有相同的黏性末端，称这样的一组限制性内切酶为同尾酶(isocaudarner)。如 *Taq* Ⅰ，*Cla* Ⅰ和 *Acc* Ⅰ为一组同尾酶，其中任何一种酶酶切 DNA 分子，均产生 5′-CG 黏性末端。同尾酶在基因重组操作中有特殊的用途。

二、连接酶

连接酶用于将互补配对的两个黏性末端拼接起来，使之成为一个完整的 DNA 分子，它分为 DNA 连接酶和 RNA 连接酶。它是在 1967 年发现的一种能够催化双链 DNA 片段紧靠在一起的 3′经基末端与 5′磷酸基团末端之间形成磷酸二酯键，使两末端连接起来的酶。

DNA 连接酶包括 T_4 噬菌体编码的 T_4 DNA 连接酶和未受感染的大肠杆菌中的大肠杆菌 DNA 连接酶，前者在基因工程中广泛使用，而后者用途相对较窄。RNA 连接酶也是由 T_4 噬菌体编码的连接酶。它能将 5′-端带磷酸基团和 3′-端带游离羟基的单链 RNA 或 DNA 共价连接。

1. DNA 连接酶连接作用的特点

DNA 连接酶(DNA ligase)能利用 NAD^+或 ATP 中的能量，催化多段 DNA 的 3′羟基末端和 5′磷酸末端之间形成 3′,5′-磷酸二酯键，把两个 DNA 片段连接在一起，封闭 DNA 双链上形成的切口(图 3-16)。连接酶一样是基因工程中不可缺少的重要工具。

应当注意，DNA 连接酶只能连接双链 DNA 分子的单链切口，既不能催化两条单链 DNA 分子的连接，也不能催化双链中一个或多个核苷酸缺失所造成的缺口。

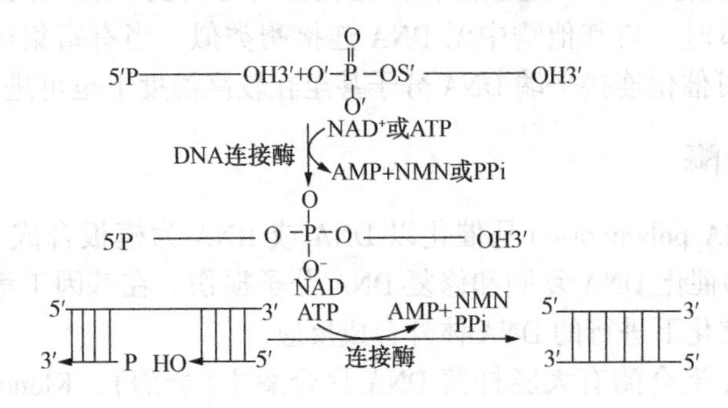

图 3-16　DNA 连接酶作用示意图

2. 基因工程中常用的连接酶

T_4 噬菌体 DNA 连接酶

T_4 噬菌体 DNA 连接酶来源于 T_4 噬菌体感染的大肠杆菌，其相对分子质量为 68000。它可催化 DNA 片段 5′-端磷酸基团与 3′-端羟基之间形成磷酸二酯键的反应，将 DNA 片段的 5′-端与 3′-端连接。

T_4 DNA 连接酶既可用于双链 DNA 片段互补黏性末端之间的连接，也可用于带切口 DNA 的连接。T_4 DNA 连接酶还能够连接两条平末端的双链 DNA 分子，但反应速率要比上述黏性末端连接慢得多。

3. 大肠杆菌 DNA 连接酶

大肠杆菌 DNA 连接酶是由大肠杆菌染色体编码的 DNA 连接酶，可催化互补的黏性末端(5′突出末端或 3′突出末端)DNA 片段间形成 3,5-磷酸二酯键，连接 DNA 片段，但反应需要 NAD^+作为辅助因子参与催化。此酶用途较窄，一般并不常用。

该酶只有在聚乙二醇或 *Fico* Ⅱ(聚蔗糖)存在时才可催化平端 DNA 片段间的连接。大肠杆菌 DNA 连接酶可用于置换合成法作 cDNA 克隆，因为在合成 cDNA 第二链时出现的 RNA 和 DNA 不能被大肠杆菌 DNA 连接酶连接。

4. T_4 噬菌体 RNA 连接酶

T4 噬菌体 RNA 连接酶可催化单链 DNA 或 RNA5′-末端磷酸基团与另一条单链 DNA 或 RNA3′-末端羟基之间形成 3,5-磷酸二酯键，使其共价连接。T_4 噬菌体 RNA 连接酶在基因工程中的用途有以下几方面：

① 以小分子(如 PNP)作为 T_4 噬菌体 RNA 连接酶的有效底物，用该酶对 RNA 分子的 3′-末端进行体外放射性标记。

② 连接寡聚脱氧核糖核苷酸。

③ 增强 T_4 噬菌体 DNA 连接酶的活性。但聚乙二醇也有同样的作用，用聚乙二醇显然比用 T_4 噬菌体 RNA 连接酶更经济。

5. 热稳定 DNA 连接酶

热稳定的 DNA 连接酶，是从嗜热高温放线菌中分离纯化的一种能够在高温下催化两条寡核苷酸探针发生连接作用的核酸酶。这种连接酶在 85℃ 高温下具有活性，而且在重复多次升温到 94℃后也仍然保持着酶活性。由于热稳定 DNA 连接酶在多轮热循环后仍能保持活性，因此该酶被广泛用于连接酶扩增反应以进行哺乳动物 DNA 中基因突变的检测。

目前该酶基因已被克隆并测序，而且已在大肠杆菌中高效表达。与大肠杆菌 DNA 连接酶一样，几乎所有的热稳定 DNA 连接酶在催化反应时也需要 NAD^+作为辅助因子，特别是在连接双链 DNA 切口时。与其他嗜中温 DNA 连接酶类似，当有富集试剂(如 PEG 或 *Fico* Ⅱ)存在时，该酶也可催化连接平端 DNA 分子甚至在较高温度下也可进行反应。

三、DNA 聚合酶

DNA 聚合酶(DNA polymerase)是催化以 DNA 或 RNA 为模板合成 DNA 的一类酶的总称。DNA 聚合酶能够催化 DNA 复制和修复 DNA 分子损伤。在基因工程操作中的许多步骤都是在 DNA 聚合酶催化下进行的 DNA 体外合成反应。

经常使用的 DNA 聚合酶有大肠杆菌 DNA 聚合酶Ⅰ(全酶)、Klenow 酶、T_4 DNA 聚合酶、T_7 DNA 聚合酶、耐高温的 Taq DNA 聚合酶以及反转录酶等。这些 DNA 聚合酶的共同特点在于，它们都能够把脱氧核糖核苷酸连续地加到双链 DNA 分子引物链的 3′-OH 末端，催化核苷酸的聚合，形成新的 DNA 链，如图 3-17 所示。

$$\underset{\text{DNA}}{(\text{dNMP})_n} + \text{dNMP} \xrightarrow{\text{DNA聚合酶}} \underset{\substack{\text{Lengthened}\\ \text{DNA}}}{(\text{dNMP})_n} \text{PPi}$$

图 3-17 DNA 聚合酶催化的 DNA 合成反应

四、DNA 修饰酶

1. 末端脱氧核苷酸转移酶

末端脱氧核苷酸转移酶(Terminal deoxynucleotidyl transferase)，简称末端转移酶或 TDT

酶，来源于小牛胸腺，相对分子质量为34kDa的碱性蛋白质。在二价阳离子存在下，末端转移酶能催化dNTP加于DNA分子的3′羟基端。与DNA聚合酶不同，它不需要模板的存在就可以催化DNA分子发生聚合作用，而且4种dNTP中的任何一种都可以作为它的前体物。

末端脱氧核苷酸转移酶的主要用途之一是分别给外源DNA片段及载体分子加上互补的同聚物尾巴，以使它们可以重组起来。

2. 碱性磷酸酶

碱性磷酸酶是一类能特异性地切去DNA或RNA的5′-磷酸基团的工具酶，从细菌中分离的碱性磷酸酶简称BAP，从小牛肠中分离的碱性磷酸酶简称CAP。BAP和CAP两种酶在实用上有所差别。CAP具有使用方便且经济的优点，它在SDS中加热到68℃就完全失活，且CAP的比活性要比BAP的高出10~20倍。而BAP是抗热性的酶，要终止它的作用很困难，需要用酚/氯仿反复抽提多次。故人们一般都优先选用CAP。

它们在基因工程中主要用于：在用^{32}P标记DNA的5′-末端之前，除去磷酸；在DNA重组过程中，除去DNA片段5′-磷酸以阻止自身环化。

3. T_4噬菌体多核苷酸激酶

T_4多核苷酸激酶(polynucleotide kinase)是从T_4噬菌体感染的大肠杆菌细胞中分离出来的。已成功地将编码该酶的基因克隆到大肠杆菌中并获得了高效的表达。T_4多核苷酸激酶催化γ-磷酸从ATP分子转移给DNA或RNA分子的5′-OH末端，这种作用是不受底物分子链的长短大小限制的，甚至是单核苷酸也同样适用。

T_4多核苷酸激酶在DNA分子克隆中的用途不仅可标记DNA的5′-末端，以供下一步的测序、S1核酸酶分析及其他须使用末端标记DNA的步骤，而且还可以对准备用于连接但缺失5′-P末端的DNA或合成接头进行磷酸化。

第四节　基因工程载体

单独一个包含启动子、编码区和终止子的基因，或者组成基因的某个原件，一般是不容易进入受体细胞的，需要运载工具。要让一个从甲生物细胞内取出来的基因在乙生物体内进行表达，首先得将这个基因送到乙生物的细胞内去。能将外源基因送入细胞的工具就是运载体(vector)。虽然各种工具酶的发现和应用解决了DNA体外重组的技术问题，但是外源DNA不具备自我复制的能力，所以要把所克隆的外源基因通过基因工程手段送进生物细胞中进行复制和表达，还需要载体的帮助。把能够承载外源基因，并将其带入受体细胞得以稳定维持的DNA分子称为基因克隆载体(gene cloning vector)。

作为基因克隆载体一般应该具备以下条件：

① 在克隆载体合适的位置必须含有允许外源DNA片段组入的克隆位点，并且这样的克隆位点应尽可能的多。作为克隆位点的限制性核酸内切酶的识别序列一般在质粒载体上只有一个。为了便于多种类型末端的DNA片段的克隆，质粒载体中往往组装一个含多种限制性核酸内切酶识别序列的多克隆位点(MCS)连杆。

② 克隆载体能携带外源DNA片段(基因)进入受体细胞，或停留在细胞质中进行自我复制；或整合到染色体DNA、线粒体DNA和叶绿体DNA中，随这些DNA同步复制。

③ 克隆载体必须含有供选择转化子的标记基因，以便重组后进行重组子的筛选。如根据转化子抗药性升降进行筛选的氨苄青霉素抗性基因(Ap^r或Amp^r)、氯霉素抗性基因

(Cm^r)、卡那霉素抗性基因(Km^r或Kan^r)链霉素抗性基因(Sm^r)等，根据转化子蓝白颜色进行筛选的β-半乳糖苷酶基因(*lacZ'*)，以及表达产物容易观察和检测的报告基因 *gus*(β-葡萄糖醛酸苷酶基因)、*gfp*(绿色荧光蛋白基因)等。

④ 克隆载体必须是安全的，不应含有对受体细胞有害的基因，并且不会任意转入除受体细胞以外的其他生物的细胞，尤其是人的细胞。

⑤ 分子大小应适合，以便提取和在体外进行操作。克隆载体在基因工程中占有十分重要的地位。目的基因能否有效转入受体细胞，并在其中维持和高效表达，在很大程度上取决于克隆载体。目前已构建和应用的基因克隆载体不下几千种。根据构建克隆载体所用的 DNA 来源可分为质粒载体、病毒或噬菌体载体、质粒 DNA 与病毒或噬菌体 DNA 组成的载体以及人工染色体载体等。每类载体都有独特的生物学性质，适用于不同的应用目的。

一、质粒克隆载体

质粒(plasmid)是一类亚细胞有机体，结构比病毒还要简单，既没有蛋白质外壳，也没有细胞外的生命周期，能在相应的宿主细胞内进行自我复制，但不会像某些病毒那样进行无限制地复制，导致宿主细胞的崩溃。

每种质粒在相应的宿主细胞内保持相对稳定的拷贝数，少者几个，多者上百个。在宿主细胞内，质粒一般以 ccc-DNA 的形式存在。体外在理化因子作用下，质粒可能成为 ccc-DNA 或 Ⅰ-DNA 分子。质粒 DNA 分子小的不足 2kb，大的可达 100kb 以上，多数在 10kb 左右。在许多细菌、乳酸杆菌、蓝藻、酵母等生物中均发现含有质粒，并构建了相应的质粒载体。质粒载体是以质粒 DNA 分子为基础构建而成的克隆载体，含有质粒的复制起始位点，能够按质粒复制的形式进行复制。

1. 大肠杆菌质粒载体

大肠杆菌质粒载体是应用最广泛的克隆载体，含有大肠杆菌源质粒的复制起始位点，能够在转化的大肠杆菌中按质粒复制的形式进行复制。pBR322 质粒是一种常用的典型质粒载体，是环形双链 DNA，由 4363bp 组成，具有一个复制起点(*Ori*)、一个抗氨卡青霉素基因(Amp^r)和一个抗四环素基因(Tet^r)，所以非常适于筛选(图 3-18)。

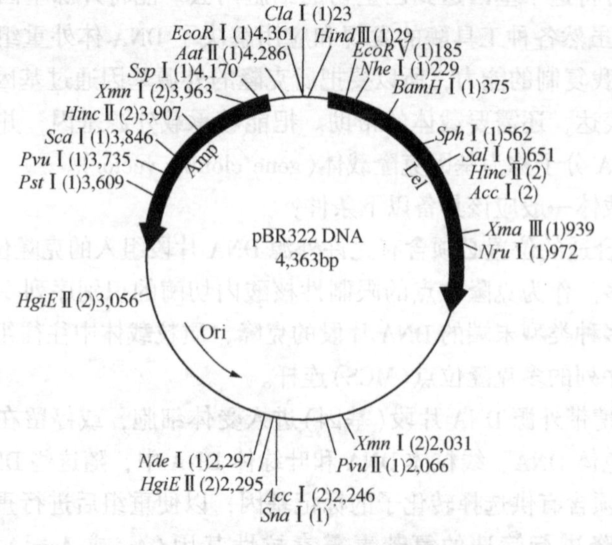

图 3-18　pBR322 质粒的物理图谱

pBR322 属于松弛型的质粒，拷贝数多，且加入氯霉素以抑制细菌的蛋白质合成后，每个细胞的拷贝数可高达 3000 左右。但拷贝数的多少还与所带的外源 DNA 的分子大小有关，外源 DNA 分子越长，拷贝数就越少。一般来说，像 pBR322 这样的质粒能够容纳的外源 DNA 的分子大小为 5kb 左右。外源 DNA 的大小若超过 10kb，质粒在复制时就变得很不稳定，容易引起突变。

pUC 质粒载体是一种常用的载体，它是在 pBR322 质粒载体的基础上，将其中包括四环素抗性基因在内的 40%的 DNA 删除。如图 3-19 所示，pUCl8/pUCl9 质粒含有一个改进的 pM1 复制子且具有很高的拷贝数，而且 pUC 载体的克隆位点集中在一个称为多克隆位点（Multiple clone site，MCS）的很小的区域。

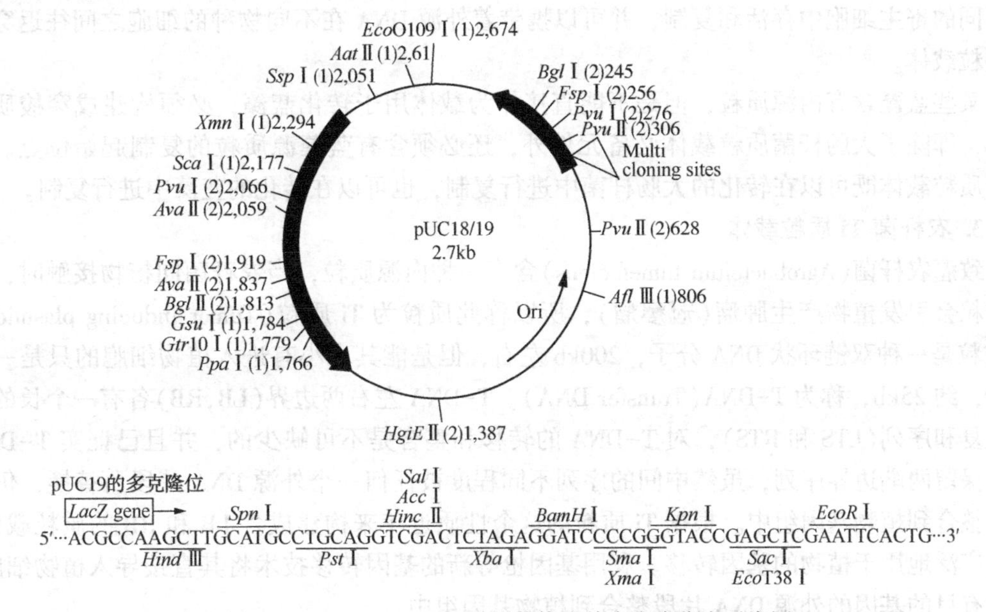

图 3-19　pUC18、pUC19 质粒载体及其多克隆位点示意图

pUC 质粒载体是目前基因工程研究中最通用的大肠杆菌克隆载体之一，与 pBR322 质粒载体相比，具有许多方面的优越性，概括起来有如下三个方面：

（1）具有更小的相对分子质量和更高的拷贝数

在构建 pUC 质粒载体时，仅保留下 pBR322 中的氨苄青霉素抗性基因及复制起点，使其分子大小相应地缩小了许多。pUC 质粒重组体转化的大肠杆菌细胞，可获得高产量的 DNA 克隆分子。

（2）适合于用组织化学方法检测重组体

pUC 系列载体结构中具有来自大肠杆菌 lac 操纵子的 lacZ′基因，所编码的 α-肽链可参与 α-互补作用。其原理是：lacZ′基因编码的 α-肽链是 β-半乳糖苷酶的氨基末端短片段，它同失去了正常氨基末端的 β-半乳糖苷酶突变体互补时，便会产生有功能活性的 β-半乳糖苷酶。因此，当 pUC 质粒载体转化此种 β-半乳糖苷酶突变的大肠杆菌细胞之后，便会产生有功能活性的 β-半乳糖苷酶。

这样，便可以应用 X gal-ⅠPTG 显色技术检测转化子。由于在正常情况下，任何插入到 MCS 的外源 DNA 片段，都会阻断 α-肽链的合成，因此含有重组质粒载体的克隆是无色的，它可以与含有非重组质粒载体的克隆所形成的蓝色明显地区别开来。可见，使用 pUC

系列载体进行基因克隆要比 pBR322 方便得多。

(3) 具有多克隆位点 MCS 区段

pUC 系列质粒载体具有与 M13mp 噬菌体载体相同的多克隆位点 MCS 区段，故可以在这两类载体系列之间来回“穿梭”。克隆在 MCS 当中的外源 DNA 片段，可以方便地从 pUC 质粒载体转移到相应的 M13mp 载体上，进行克隆序列的核苷酸测序工作。由于具有多克隆位点序列，还可以使具两种不同黏性末端的外源 DNA 片段，无须借助其他操作而直接定向克隆到 pUC 质粒载体上。

2. 蓝藻穿梭质粒载体

穿梭质粒载体是指一类由人工构建的具有两种不同复制起点和选择标记，因而可在两种不同的寄主细胞中存活和复制，并可以携带着外源 DNA 在不同物种的细胞之间往返穿梭的质粒载体。

某些蓝藻含有内源质粒，但是不能直接作为载体用于转化蓝藻，必须构建成穿梭质粒载体，即除了大肠杆菌质粒载体必备元件外，还必须含有蓝藻源质粒的复制起始位点。这样的质粒载体既可以在转化的大肠杆菌中进行复制，也可以在转化的蓝藻中进行复制。

3. 农杆菌 Ti 质粒载体

致癌农杆菌(Agrobacteium tumefaciens)含有一种内源质粒，当农杆菌同植物接触时，这种质粒会引发植物产生肿瘤(冠瘿瘤)，所以称此质粒为 Ti 质粒(Tumor inducing plasmid)。Ti 质粒是一种双链环状 DNA 分子，200kb 左右，但是能其大小有进入植物细胞的只是一小部分，约 25kb，称为 T-DNA(Transfer DNA)。T-DNA 左右两边界(LB,RB)各有一个长的正向重复和序列(LTS 和 RTS)，对 T-DNA 的转移和整合是不可缺少的，并且已证实 T-DNA 只要保留两端边界序列，虽然中间的序列不同程度被任何一个外源 DNA 片段所替换，仍可转移整合到植物基因组中。根据 Ti 质粒的这个性质近年来构建成含 LB 和 RB 的质粒载体，已被广泛地用于植物的基因转移。利用基因枪等新的基因转移技术将其直接导入植物细胞，使含有目的基因的外源 DNA 片段整合到植物基因组中。

此外，也构建了一些保留以农杆菌为中间介导，通过感染进入敏感植物细胞的 Ti 质粒载体。

4. 酵母 2μm 质粒载体

酵母是一种最简单的单细胞异养真核生物，可以像真菌一样进行基因操作，能够在廉价的培养基上生长，可进行高密度发酵。酵母又具有真核生物的特性，具有对外源基因翻译后进行蛋白质加工和修饰的功能。并且几乎所有的酿酒酵母菌种都存在一种质粒，即 2μm 质粒。因此，酿酒酵母作为表达外源基因产物的重要宿主细胞，构建了一系列用于酵母转基因的质粒载体，一般也构建成穿梭质粒载体，含有 2μm 质粒的复制起始位点和大肠杆菌源质粒的复制起始位点。

二、病毒(噬菌体)克隆载体

病毒主要由 DNA(或 RNA)和外壳蛋白组成，经包装后成为病毒颗粒。通过感染，病毒颗粒进入宿主细胞，利用宿主细胞的合成系统进行 DNA(或 RNA)复制和壳蛋白的合成，实现病毒颗粒的增殖。人们利用这些性质构建了一系列分别适用于不同生物的病毒克隆载体。把感染细菌的病毒专门称为噬菌体，由此构建的载体则称为噬菌体载体。下面仅简单介绍几种常用的病毒(噬菌体)克隆载体。

1. 噬菌体克隆载体

（1）λ 噬菌体克隆载体

λ 噬菌体由 DNA(λDNA)和外壳蛋白组成，对大肠杆菌具有很高的感染能力。λ 噬菌体之所以能被人工改造成为一种有效的基因克隆载体系统，主要是因为人们对 λ 噬菌体的生物学特性和遗传学背景，已经进行了长达几十年详尽的研究、积累了广泛深入的生化和遗传知识。

λDNA 在噬菌体中以线状双链 DNA 分子存在，全长 48520bp。其左右两端各有 12 个核苷酸组成的 5′凸出黏性末端(Cohesive end)，而且两者的核苷酸序列互补，进入宿主细胞后，黏性末端连接成为环状 DNA 分子。把此末端称为 cos 位点(Cohesive end site)。λ 噬菌体能包装原 λDNA 长度的 75%~105%，约 36.4~51.5kb。并且 λDNA 上约有的区域对 λ 噬菌体的生长不是绝对需要的，可以缺失或被外源 DNA 片段取代。这就是用 λDNA 构建克隆载体的依据。

野生型的 λ 噬菌体 DNA 对大多数目前在基因克隆中常用的限制性内切酶来说，都具有过多的限制位点，因而其本身并不适作为基因克隆的载体。因此，构建 λ 噬菌体载体时应考虑尽可能消去一些多余的限制位点，同时切除掉非必要的区段，这样才有可能将它改造成适用的克隆载体。

（2）Cosmid 载体

Cosmid 载体是一种以 λ 噬菌体为基础，结合质粒的特点而专门为克隆大片段而设计的载体，实际上就是 λ 噬菌体和质粒相结合的杂合载体。Cosmid 质粒是由 λ 噬菌体 DNA 的 cos 位点序列和质粒的复制子所组成，具有质粒和 λ 噬菌体的双重特征，所以称为 Cosmid，意思是指带有黏性末端位点的质粒，图 3-20 即为一个 Cosmid 质粒的结构。

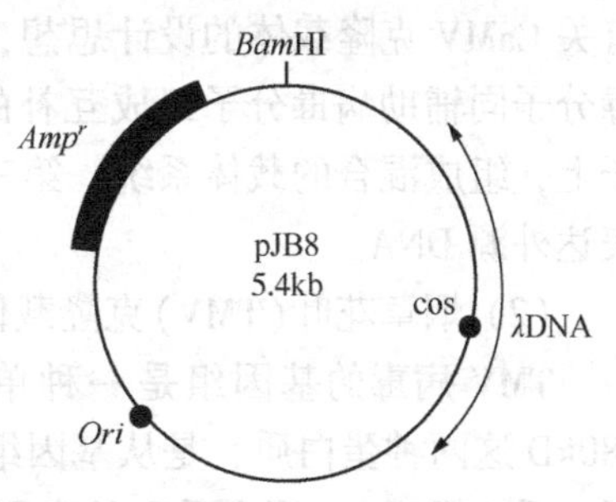

图 3-20　柯斯质粒 pJB8 结构图谱

Cosmid 载体一般在 10kb 以下，因此能承载比较大的外源 DNA 片段。如果载体的大小为 6.5kb，按 λ 噬菌体允许包装的量计算，能承载的外源 DNA 片段最大可达 45kb(即 51.5~6.5kb)，最小的也有 29.9kb(即 36.4~6.5kb)所以用这样的 Cosmid 载体能克隆 40kb 左右的外源 DNA 片段。由于用 Cosmid 载体可以克隆大片段的外源 DNA 片段，所以被广泛地用于构建基因组文库。

2. 植物病毒克隆载体

植物病毒种类繁多，已用于构建植物载体的有双链 DNA 病毒花椰菜花叶病毒(CaMV)，单链 DNA 病毒番茄金黄花叶病毒(TGMV)、非洲木薯花叶病毒(AGMV)、玉米线条病毒(Maize streak virus，MSV)、小麦矮缩病毒(WDV)，以及 RNA 病毒雀麦草花叶病毒(BMV)、大麦条纹花叶病毒(BSMV)、番茄丛矮病毒(TBSV)、马铃薯 X 病毒(PVX)、烟草花叶病毒(TMV)、烟草蚀刻病毒(TEV)、李痘病毒(PPV)等。

构建植物病毒克隆载体的基本策略是对病毒 DNA(包括 RNA 反转录的 DNA)进行加工，消除其对植物的致病性，保留其通过转导或转染能进入植物细胞的特性，使携带的目的基因导入植物细胞。

（1）CaMV 克隆载体

花椰菜花叶病毒组(caulimoviruses)是唯一的一群以双链 DNA 作为遗传物质的植物病

毒，该组共有 12 种病毒，每一种病毒都有比较窄的寄主范围。花椰菜花叶病毒(CaMV)是花椰菜花叶病毒组中研究得最详尽的一种。对 CaMV DNA 分子已进行了全序列测定，在此基础上绘制了限制性核酸内切酶的限制性图(图 3-21)。

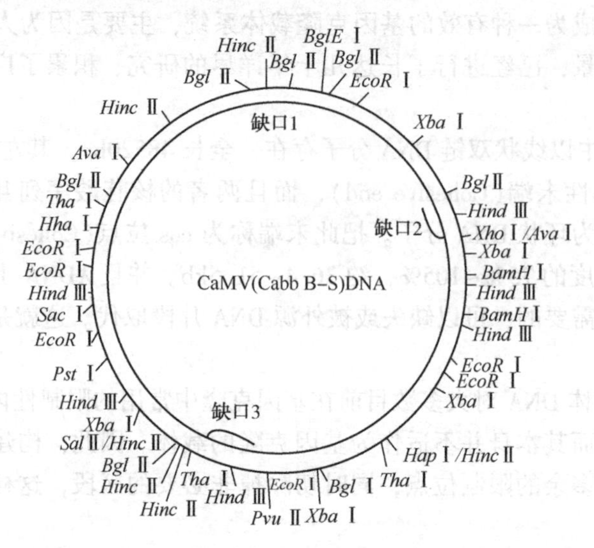

图 3-21　CaMV(CabbB-S)DNA 的限制性核酸内切酶物理图谱

按外源 DNA 插入或取代的方法发展 CaMV 克隆载体，存在着难以克服的困难。多年来有关 CaMV 克隆载体的设计思想，主要集中在以下三个方面：第一，有缺陷性的 CaMV 病毒分子同辅助病毒分子组成互补的载体系统；第二，将 CaMV DNA 整合在 Ti 质粒 DNA 分子上，组成混合的载体系统；第三，构成带有 CaMV 35s 启动子的融合基因，在植物细胞中表达外源 DNA。

(2) 烟草花叶(TMV)克隆载体

TMV 病毒的基因组是一种单链的 RNA 分子。它至少编码四种多肽，其中 130kD 和 180kD 这两种蛋白质，是从基因组 RNA 的同一个起始密码子直接翻译而长成的；另外两种蛋白质，即 30kD 蛋白质和外壳蛋白，则是由加工的亚基因组 RNA 转译产生的。

3. 动物病毒克隆载体

由于动物转基因不能应用质粒克隆载体，所以动物病毒克隆载体在动物转基因研究中起着更重要的作用。目前用于构建克隆载体的动物病毒有痘苗病毒、腺病毒、杆状病毒、猿猴空泡病毒和反转录病毒等。

(1) 痘苗病毒克隆载体

痘苗病毒(Vaccinia virus)基因组是线形双链 DNA 分子，其 DNA 相对分子质量很大，在 180~200kb 之间。由于其相对分子质量很大，操作不方便，不适合直接用于基因克隆的载体，但它拥有很大的寄主范围，并长期作为预防天花的疫苗。痘苗病毒两端为 10kb 左右的倒置重复序列，与病毒毒力和宿主范围有关，其中 70bp 是痘苗病毒复制所必需的，尤其是 20bp(ATTTAGTTGTCTAGAAAAAT)特别重要。痘苗病毒能感染人、猪、牛、鼠、兔、猴、羊等脊椎动物。

痘苗病毒载体的特点是：①表达的产物具有与天然产物相近的生物活性和理化性质，较原核及酵母系统的表达产物更接近于天然；②重组痘苗病毒具有较好的免疫原性；③外源基因的插入量大；④宿主细胞广泛；⑤表达产物可以进行各种翻译后修饰，无须佐剂就可刺激机体产生体液免疫和细胞免疫，纯化过程相对简单，产物对外界环境相对稳定及易于保存运输；⑥利用痘苗病毒系统表达的外源目的的基因在实验动物中可提供保护性免疫反应。

（2）SV40 克隆载体

猿猴空泡病毒(Simian vacuolating virus，SV40)是迄今为止研究得最为详尽的众多空泡病毒之一。SV40 病毒外壳是一种小型的 20 面体的蛋白质颗粒，由三种病毒外完蛋白质 VPl、VP2 和 VP3 构成，中间包裹着一条环形病毒基因组 DNA。其基因组是一种环形双链的 DNA，其大小仅有 5234bp，很适用于基因操作。

（3）反转录病毒克隆载体

反转录病毒是一类含单链 RNA 的病毒。它的基因组含行两条相同的正链 RNA 分子，包装成二倍体病毒颗粒。除此之外，在其病毒颗粒内部还有 tRNA-引物分子、反转录酶、RNase H 和整合酶等组分。反转录病毒有许多优点，便于发展作为动物基因克隆载体。反转录病毒载体基因组为两条相同的 RNA，长 8~10kb，两者通过四个氢键结合，5′端是甲基化帽子结构，3′端为 Poly(A)尾巴。

三、染色体定位克隆载体

采用上述质粒载体或病毒(噬菌体)载体，进入受体细胞的外源 DNA 分子，或者游离在细胞质中，作为染色体外遗传物质自行复制；或者随机插入染色体 DNA，随染色体 DNA 的复制而复制。前者虽然能多拷贝复制，但是容易丢失，导致转基因生物的不稳定性；后者虽然能稳定维持，但是由于插入的位点的不确定性，可能对受体细胞基因组的自稳系统产生干扰，进而导致出现有害的突变，给选育转基因生物带来不可知性和难度。而基因定位整合平台系统可克服这两者的负面效应，已广泛应用于转基因动植物的研究。

基因整合平台系统包括整合平台和定位整合载体两部分。整合平台指受体细胞基因组上给定的一个 DNA 区域，是外源 DNA 定位整合的位置(靶位)。整合平台可以处于基因区，也可以处于基因间隔区。定位整合载体除了一般质粒载体必须具备的元件外，还必须含有一个或两个与整合平台 DNA 区域核苷酸序列同源的 DNA 片段。同源 DNA 片段的长度最好在 1kb 以上。定位整合载体携带的目的 DNA 片段(可以是只含有一个目的基因，或者是含有目的基因加上一个报告基因)进入受体细胞后，通过同源 DNA 片段核苷酸序列之间的交换，把外源 DNA 片段定位整合到整合平台 DNA 区域，随受体细胞染色体的复制而复制，从而改变受体生物的遗传性状。利用基因整合平台系统转基因的方法也称为基因打靶(gene targeting)或基因定位同源重组(site-spcifichommologus recombination)。

四、人工染色体克隆载体

人工染色体载体实际上是一种“穿梭”载体，含有质粒载体所必备的第一受体(大肠杆菌)内源质粒复制起始位点(*Ori*)，还含有第二受体(如酵母菌)染色体 DNA 着丝点、端粒和复制起始位点的序列，以及合适的选择标记基因。这样的载体与目的 DNA 片段重组后，在第一受体细胞内按质粒复制形式进行高拷贝复制，再转入第二受体细胞，按染色体的 DNA 复制的形式进行复制和传递。筛选第一受体的转化子，一般采用抗菌素抗性选择标记；而筛选第二受体的转化子，常用与受体互补的营养缺陷型。与其他的克隆载体相比，人工染色体载体的特点是能容纳长达 1000kb 甚至 3000kb 的外源 DNA 片段，主要用于构建基因组文库，也可用于基因治疗和基因功能鉴定。

五、特殊用途的染色体载体

1. 启动子探针载体

启动子是调控基因有效转录的必备元件，是构建基因表达载体的重要组成部分，在研究生物发育机制、提高目的基因表达产量和进行基因治疗等方面起着重要的作用。分离不同类型基因启动子已成为基因工程的重要任务之一，而启动子探针(promoter probe)载体则是一种有效、经济、快速分离基因启动子的工具。启动子探针载体除了质粒载体必备的元件外，还必须含有检测部件。检测部件有两部分组成，即一个已失去启动子且易于检测的遗传标记基因以及克隆位点。目前用作检测遗传标记基因主要有抗生素抗性基因和绿色荧光蛋白基因 *gfp* 等。

2. 诱导型表达载体

诱导型表达载体指启动子必须在特殊的诱导条件下才有转录活性或比较高的转录活性的表达载体。外源基因处于这样的启动子下，必须在合适的诱导条件下才能表达。采用这种表达载体获得的转基因生物便于人工控制，即使进入自然环境中，由于不存在合适的诱导条件，因此不能表达外源基因产物，也不会导致环境污染和影响生态系统的平衡。可以认为这是一类较安全的基因表达载体，并且鉴于诱导表达载体能人为地控制基因时空的表达，将为基因治疗的临床应用及基础研究提供良好的手段。目前用作诱导型的启动子有二价金属离子诱导启动子、红光诱导启动子、热诱导启动子和干旱诱导启动子等。

3. 组织特异性表达载体

在较高等的真核生物中，有一类特殊的调控序列(启动子等)可以调控基因，使其只能在一定的组织中才进行有效的表达。选用这样的调控序列可以构建一系列组织特异性表达载体，为研究动植物发育和人类基因治疗等提供了有效的手段。目前已构建的组织特异性表达载体有乳腺组织特异性表达载体、肿瘤细胞特异性表达载体、神经组织特异性表达载体、花药特异性表达载体和种子特异性表达载体等。

4. 反义表达载体

反义核酸技术是目前人工干预基因表达的一项重要技术，它利用人工合成或重组的与靶基因互补的一段反义 DNA 或 RNA 片段，特异性地与靶基因结合，达到封闭其表达的目的。此技术已成为基因治疗的重要手段，其中构建反义表达载体就可以在靶细胞内直接产生致病基因的反义 RNA 片段。将获得的致病基因反向组入表达载体，即可构建成反义表达载体。当反义表达载体导入靶细胞后，就可转录出与致病基因 mRNA 互补的反义 RNA，特异性地封闭致病基因的表达。

第五节 目的基因的获得

一、基因的概念

基因(gene)一词是丹麦遗传学家 Johannsen 于 1911 年首次提出的。基因是生命密码，是生物体中控制性状及遗传规律的 DNA 上具有遗传效应的片段，它记录并传递着遗传信息。

基因是遗传的基本单位，其化学本质是DNA，它具有三个基本特性：基因可自我复制、基因决定性状、基因可以突变。

基因现在已经是众人皆知的名词，但其概念的内涵从提出到现在也在不断地发展。1944年，埃弗里(O. T. Avery)等通过著名的肺炎球菌转化实验，首次证明了基因的化学本质是DNA，而基因则是DNA分子上的功能单位。1953年，沃森(wation)和克里克(Crick)提出了DNA结构的右手双螺旋模型。从此，基因就成了生物学和遗传学所研究的主要对象，为探明基因的结构、表达和调控的分子遗传学便应运而生。1955年，本泽(S. Benzer)研究了T_4噬菌体和rⅡ的基因精细结构，他认为顺反子(基因)是遗传上一个不容分割的功能单位，但它并不是突变单位或重组单位。实际上基因是一个为多肮编码的DNA片段，它的内部可以发生突变或重组，这在基因概念上是个突破。断裂基因的发现对传统的基因概念是一个挑战，一个基因断裂为几个外显子(exon)，一个外显子相当于蛋白质的一个结构单位(又叫结构域)。有机体只要改变DNA的剪接方式就可以很方便地利用原有基因片断来重组成一个新的基因。通俗地讲基因是编码蛋白质或RNA分子遗传信息的遗传单位，从化学角度观察，基团是DNA上一段具有特定功能和结构的连续的脱氧核糖核苷酸序列，是构成染色体的重要组成部分。这个定义包含了基因的产物、基因的功能性以及它的完整性(含编码区与调控区)。

二、目的基因的来源

在基因工程设计和操作中，被用于基因重组、改变受体细胞性状和获得预期表达产物的基因称为目的基因。目的基因一般是结构基因，也就是能转录和翻译出多肽(蛋白质)的基因。选用什么样的目的基因是基因工程设计必须优先考虑的问题，如何分离获得目的基因是基因工程操作的重要技术之一。

作为目的基因，其表达产物应该有较大的经济效益或社会效益，如那些特效药物相关的基因和降解毒物相关的基因等。但是那些表达产物有害的基因，也不是绝对不能作为目的基因，往往在特殊需要的情况下也作为目的基因进行使用，如毒素基因等。

目的基因主要来源于各种生物，真核生物染色体基因组，特别是人和动植物染色体基因组中蕴藏着大量的基因，是获得目的基因的主要来源。虽然原核生物的染色体基因组比较简单，但也有几百、上千个基因，也是目的基因来源的候选者。此外，质粒基因组、病毒(噬菌体)基因组、线粒体基因组和叶绿体基因组也有少量的基因，往往也可从中获得目的基因。

三、获得目的基因的途径

目的基因是人们所需要转移或改造的基因，获取目的基因是实施基因工程的第一步。如苏云金芽孢杆菌的抗虫基因，还有植物的抗病(抗病毒、抗细菌)基因、种子贮藏蛋白的基因，以及人的胰岛素基因、干扰素基因等。由于一个细菌(如大肠杆菌)约有1000个基因，而哺乳动物的基因高达10万个，因此，要从这成千上万个基因海洋里分离纯化出某个特定的基因，确实不是一件容易的事。所需目的基因的来源，不外乎是分离自然存在的基因或人工合成基因。常用的方法有PCR法、化学合成法、cDNA法及建立基因文库的方法来筛选。

1. 直接分离法

（1）限制性核酸内切酶法

① 限制性核酸内切酶法适用于从简单的基因组中分离目的基因

质粒及病毒等的基因组较为简单，编码的基因较少，因此可采用限制性核酸内切酶法分离其中的某些基因。

② 分离方法

a. 对已定序的DNA分子，只需用已知识别序列的限制性核酸内切酶进行一次或几次切割，分离纯化所需的DNA片段。

b. 对已定位的目的基因，只要根据目的基因两侧的已知的限制性核酸内切酶识别为点，用适当的限制性核酸内切酶酶切，一次就可获得目的基因。

c. 目的基因的DNA分子未定序也未定位，也只需先通过酶切分析，随后再通过部分酶切，克隆构建一个非常简单的基因组文库，从中钩出目的基因。

③ 优缺点

优点：绕过直接分离的难关，由于带有黏性末端，产物可以直接与载体连接。

缺点：目的基因内部也可能有该酶的切点，易被切碎。

（2）物理化学法

这是基因工程在发展初期所用的方法，目前已很少采用。其基本原理是DNA分子的两条链存在着G≡C、A=T碱基配对，其中GC间存在着3个氢键，AT间存在着2个氢键。如果不同基因的碱基组成差异较大，其理化性质如浮力密度、解链温度等也有明显不同，采用相应的方法即可达到从生物基因组分离目的基因的目的。物理化学法分离目的基因的方法主要有：密度梯度离心法、单链酶解法、分子杂交法等。

（3）双抗体免疫法分离编码蛋白的基因

双抗体免疫法分离基因适用于某一真核细胞的蛋白质已被分离纯化，且足以产生特定抗体。

其基本原理如下：核糖体沿mRNA进行多肽链合成时形成多聚核糖核蛋白体。从细胞匀浆中制备这种多聚核糖核蛋白体，并同由待分离基因表达的蛋白产物制备的特定抗体一起保温，形成多聚核糖体同抗体的复合物。由于这种复合体数量甚微，难以从细胞总多聚核糖体中沉淀出来，但如加入由此特定蛋白的抗体产生的第二抗体时就可以通过不连续蔗糖密度梯度离心，将所要的含有待定mRNA的多聚核糖体从总多聚核糖体中分离出来，再通过一定的纯化过程，就可以得到为特定蛋白编码的mRNA。此后，通过反转录就可得到目的基因的cDNA。

采用金色葡萄球菌中的protein A可以与IgG产生免疫反应而代替二抗，由此发展出用protein A-Sepharose 4B作为亲和层析介质，通过亲和层析的方法分离特定多聚核糖体的技术，从而使双抗免疫法分离基因更为有效。

（4）利用酶促反转录法直接从特定mRNA中分离基因

酶促反转录法主要用于合成分子质量较大，转录产物mRNA易分离的目的基因。这种方法以目的基因的mRNA为模板，在逆转录酶的作用下合成cDNA，然后在DNA聚合酶的催化下合成双链cDNA，从而获得目的基因的cDNA。

（5）鸟枪法

用限制酶将供体细胞中的DNA切成许多片段，将这些片段分别载入运载体，然后通过运载体分别转入不同的受体细胞，让供体细胞提供的外源 DNA 的所有片段分别在各个受体细胞中大量复制(即扩增)，从中找出含有目的基因的细胞，再利用一定发方法将目的基因的 DNA 片段分离出来。该法的优点是操作简便广泛使用，缺点是工作量大，盲目，分离出来的有时并非一个基因。

2. 化学合成

1976 年，Khorana HG 就提出了用化学方法合成基因的设想，并在 1979 年在 Science 上发表了率先成功地合成大肠杆菌酪氨酸 tRNA 基因的论文。

化学法合成目的基因的常用方法

目前的方法有磷酸二酯法、磷酸三酯法、固相亚磷酸三酯法和自动化合成法。

① 磷酸二酯法原理：保护 dNTP 的 5′端或 3′端的—OH，保证合成反应的定向进行，然后再用酸或碱把保护基团脱去；带 5′保护的单核苷酸与带 3′保护的另一个单核苷酸以磷酸二酯键连接起来，脱保护后就可反复进行；各种保护基团可以用酸或碱的脱保护作用去掉。

② 磷酸三酯法原理：与磷酸二酯法一样，只是参加反应的单核苷酸都是在 3′单磷酸和 5′-OH 上都先连接了一个保护基团。

③ 固相亚磷酸三酯合成法：将第一个核苷酸的 3′—OH 端固定在固相支持物上，再按上述方法依次定向延长。最后把合成的整条 DNA 从固相载体上切除下来并洗脱保护基团。是目前通用的合成方法。

④ 自动合成法：采用固相亚磷酸三酯法的原理，在 DNA 合成仪上完成。

3. 化学合成 DNA 片段的组装

化学合成的 DNA 片段一般局限在 200bp 以内，一般必须把几条这样的片段正确组装连接起来才能成为完整的基因。DNA 片段的组装一般采用两种方法：①预先设计合成的片段都有互补区域，用不同片段之间的互补区域形成双链，用 T_4 多核苷酸激酶使各个片段的 5′端带上磷酸基团，再用 DNA 连接酶连成完整的双链；②预先设计的片段之间有互补区，可以相互作为另一个片段延长的引物，用 DNA 聚合酶延伸成完整的双链。

(1) 化学合成的寡聚核苷酸的用途

① 合成基因。有些组织特异性 mRNA 的含量很低，很难用 cDNA 方法克隆。

② 合成测序或 PCR 用的引物(20bp 左右)。

③ 合成探针序列，以筛选特定的基因。

④ 合成带有定点突变的基因片段，进行基因定点突变研究。

⑤ 合成含有各种酶切位点的人工接头(adaptor)或衔接物(linker)序列。

(2) 反转录法

以目的基因转录成的信使 RNA 为模板，反转录成互补的单链 DNA，然后在酶的作用下合成双链 DNA，从而获得所需的基因。该法虽然专一性强，但是操作过程麻烦，mRNA 很不稳定，要求的技术条件较高。

(3) 根据已知的氨基酸序列合成 DNA

根据已知蛋白质的氨基酸序列，推测出相应的信使 RNA 序列，然后按照碱基互补配对原则，推测出它的结构基因的核苷酸序列，再通过化学方法，以单核苷酸为原料合成目的基因。该法专一性最强，但存在仅限于合成核苷酸对较少的简单基因的缺点。

DNA 序列自动测序仪可以对提取出来的基因进行核苷酸序列分析，PCR 技术可以使目的基因的片段在短时间内成百万倍地扩增。作为新型技术能大大简化基因工程的操作技术。

4. 利用PCR技术体外扩增

如果知道目的基因的全序列或其两端的序列，用过合成一对与引物互补的引物，就可以十分有效的扩增出所需要的目的基因。PCR（Polymerase Chain Reaction）法，又称为聚合酶链反应或PCR扩增技术，是一项在生物体外复制特定DNA片段的核酸合成技术。该法的原理是DNA复制，使用PCR法克隆目的基因的前提条件是已知基因的核苷酸序列、四种脱氧核苷酸、一对引物（做启动子）、DNA聚合酶。方式是以指数方式扩增，即2^n（n为扩增循环的次数），以使得目的基因的片段在短时间内成百万倍地扩增。

（1）PCR技术扩增过程

① DNA变性（90~96℃）：双链DNA模板，在热作用下，氢键断裂，形成ssDNA；

② 退火（复性25~65℃）：温度下降，变性DNA复性，使寡核苷酸引物即与模板DNA中所要扩增序列两端的碱基配对；

③ 延伸（70~75℃）：在Taq酶的作用下，从引物的5′端→3′端延伸，合成与模板互补的DNA链；

④ 重复变性、退火和延伸三步操作，DNA片段呈2的指数增长，在1~2h内重复25~30次循环，扩增的DNA片段拷贝数可增加至10^6~10^7倍。

（2）分离方法

① 直接从基因组中扩增

先提取基因组DNA作模板，然后根据目的基因序列设计引物进行PCR扩增，该法适合扩增原核生物基因（真核生物基因组含有内含子）。

② 从mRNA中扩增：RT-PCR

先提取基因组total RNA，然后反转录合成总cDNA作模板之后根据目的基因序列设计引物进行PCR扩增。该法适合扩增真核生物基因，原核生物不易得到mRNA，也不含有polyA尾。

③ 同源序列克隆法

该法依据是自然界的长期进化中，一些蛋白质的基因编码序列保持着高度的保守性，在生物的种属之间，基因编码序列有着很高的同源性。方法是根据同源序列设计引物进行PCR扩增，利用PCR产物进行RACE扩增或结合DNA文库进行分离目的基因。

5. 构建基因组文库分离法

对于高等真核生物而言，基因组DNA非常庞大，基因可达数万个，且基因组成结构复杂，除编码序列，还有非编码序列及调控序列，基因间还存在大量的间隔序列和重复序列，因此，单个目的基因在整个基因组中所占的比例极其微小，除少数例外，绝大多数基因难以直接分离得到。

为了解决这个难题，一种可行的方法就是将这个基因扩增，增加成功分离目的基因的可能性。但是由于要分离的目的基因往往是未知基因，因此无法对它进行特异性扩增，而只能对所有的基因进行扩增，也就是构建该生物材料的基因文库，然后再根据不同的方法将所需的克隆筛选出来，最后分离得到目的基因。

基因文库又称DNA文库，将含有某种生物不同基因的许多DNA片段，导入受体菌的群体中储存，各个受体菌分别含有这种生物的不同的基因称为基因文库。基因文库中包含了一种生物所有的基因，这种基因文库叫作基因组文库。基因文库中包含了一种生物的一部分基因，这种基因文库叫作部分基因文库。按外源DNA片段的来源把基因文库分为：基因组 DNA 文库、cDNA 文库。

（1）基因组 DNA 文库的构建

基因组 DNA 文库的类型根据所选用的载体可以分为质粒文库、噬菌体文库、黏粒文库和人工染色体文库。

一个理想的基因组 DNA 文库应具备下列条件：①重组克隆的总数不宜过大，以减轻筛选工作的压力；②载体的装载量最好大于基因的长度，避免基因被分隔克隆；③克隆与克隆之间必须存在足够长度的重叠区域，以利克隆排序；④克隆片段易于从载体分子上完整卸下；⑤重组克隆能稳定保存、扩增、筛选。

基因组 DNA 文库构建的程序：①载体 DNA 的制备；②高纯度大相对分子质量基因组 DNA 的提取和大片段的制备；③高纯度大相对分子质量基因组 DNA 的部分酶切与脉冲电泳分级分离；④载体与外源片段的连接与转化或侵染宿主细胞；⑤重组克隆的挑选和保存。

（2）cDNA 文库的构建

真核生物基因组 DNA 十分庞大，其复杂程度是蛋白质和 mRNA 的 100 倍左右，而且含有大量的重复序列。采用电泳分离和杂交的方法，都难以直接分离到目的基因。这是从染色体 DNA 为出发材料直接克隆目的基因的一个主要困难。基因组文库应具有的克隆子数见表 3-3。

表 3-3 基因组文库应具有的克隆子数

克隆片段平均大小/bp	基因组大小/bp					
	2×10^6（细菌）		2×10^7（真菌）		2×10^9（动物）	
	理论克隆数	实际克隆数	理论克隆数	实际克隆数	理论克隆数	实际克隆数
5×10^3	400	1831	4000	18418	600000	2763110
10×10^3	200	919	2000	9208	300000	1381550
20×10^3	100	458	1000	4603	150000	690774
40×10^3	50	278	500	2300	75000	345386

高等生物一般具有 10^5种左右不同的基因，但在一定时间阶段的单个细胞或个体中，都尽有 15%左右的基因得以表达，产生约 15000 种不同的 mRNA 分子。可见，由 mRNA 出发的 cDNA 克隆，其复杂程度要比直接从基因组克隆简单得多。

cDNA 基因文库构建的步骤：①细胞总 RNA 的提取和 mRNA 的分离；②第一链 cDNA 合成；③第二链 cDNA 合成；④双链 cDNA 克隆进质粒或噬菌体载体并导入宿主中繁殖。

cDNA 文库的特点为：①不含内含子序列；②可以在细菌中直接表达（一般选用的载体都是表达型的）；③包含了所有编码蛋白质的基因；④比 DNA 文库小的多，容易构建。

cDNA 文库的优点：①cDNA 文库以 mRNA 为材料，特别适用于某些 RNA 病毒等的基因组结构研究及有关基因的克隆分离；②cDNA 文库的筛选比较简单易行；③每一个 cDNA 文库都含有一种 mRNA 序列，这样在目的基因的选择中出现假阳性的概率就会比较低，因此阳性杂交信号一般都是有意义的，由此选择出来的阳性克隆将会含有目的基因；④cDNA 文库可用于在细菌中能进行表达的基因的克隆，直接应用于基因工程操作；⑤cDNA 克隆还可用于真核细胞 mRNA 的结构和功能。

cDNA 文库的主要缺点：①cDNA 文库所包含的遗传信息要远少于基因组 DNA 文库，并且受细胞来源或发育时期的影响；②cDNA 文库虽能反映 mRNA 的分子结构和功能信息，但不能直接获得基因内含子序列和基因编码区外大量调控序列的结构与功能方面信息；③在cDNA文库中，相应于高丰度mRNA的cDNA克隆所占的比例比较高，分离起来比较容易，而相应于低丰度mRNA的cDNA克隆所占的比例则比较低，因此分离也就比较困难。

两种文库特征及其用途如表3-4所示。

表3-4　两种文库特征及其用途

	DNA组成	建库目的	材料来源	DNA制备	所用载体	重组方式
基因组文库	染色体DNA，除含编码基因外，还含有大量基因内和基因间非编码部分(内含子、调控序列)	基因组物理图谱 基因组序列分析 基因染色体定位 基因组中基因结构功能分析	体细胞 (同一物种所有细胞所含DNA信息是一样的)	DNA+限制性内切酶部分消化	YAC 黏粒 噬菌体载体	酶切后黏性末段
cDNA文库	cDNA，不含内含子和调控序列及两侧非编码序列	特定组织、细胞不同阶段基因表达谱(转录谱)；基因及其表达产物分离，鉴定	特定环境下不同组织和细胞(表达的mRNA的种类和丰度是不同的)	mRNA经反转录→sscDNA→dsDNA	噬菌体载体 质粒	同聚物加尾 DNA接头或衔接头等

(3) 目的基因的分离

成功构建一个完整的基因组文库或cDNA文库，意味着包含目的基因在内的所有基因都得以克隆，但这并不等于完成了目的基因的分离。因为在基因组文库或cDNA文库中，含目的基因的克隆子都只是数以万计克隆子中的一个，其中哪一个克隆子含有我们所要研究的目的基因序列尚不得而知。因此，克隆一个基因的下一个步骤就是从基因文库中筛选分离出含有目的基因的特定克隆子。

从基因组文库或cDNA文库中分离含有目的基因的克隆子，可以根据待分离基因的有关特性建立相应的方法加以完成，主要的方法有以下几种：

1. 目的基因的功能克隆

目的基因的功能克隆是根据目的基因编码的蛋白质的生物学功能来进行基因分离的。

(1) 根据特异蛋白分离目的基因

这是在基因工程发展的早期阶段较常使用的方法。其基本过程是：

① 通过聚丙烯凝胶电泳或其他蛋白分离技术从生物体的组织和器官中分离出一定发育时期的特异蛋白；②应用蛋白质测序技术测定特异蛋白的氨基酸顺序，然后按照遗传密码及其简并性推测编码该蛋白的核苷酸序列；③人工合成一段寡核苷酸片段作为探针，从基因组文库或cDNA文库中筛选相应的基因。

(2) 功能互补法克隆基因

这种方法主要利用目的基因与宿主细胞的染色体DNA在功能上有同源互补性来进行目的基因的直接分离。

2. 序列克隆法

根据目的基因的核苷酸序列分离目的基因。

(1) 根据已知基因序列或同源基因序列分离目的基因

其基本原理是：先从DNA序列数据库(如genbank)中查找目的基因的部分序列或其同源基因的序列，再用目的基因或其同源基因的部分序列合成核酸探针。用核酸探针与基因组文库或cDNA文库进行杂交，从而获取含目的基因的克隆子。

(2) 表达序列标签法分离目的基因

适用于从 cDNA 文库中一次性大量分离各种已知及未知基因。其基本步骤如下：①从组织特异性或细胞特异性的 cDNA 文库中随机挑选克隆，进行 5′端和 3′端部分序列(约 400bp)的测定；②通过对 DNA 序列数据库(如 genbank)进行联机检索，可以检测出许多已知基因和许多未知基因；③通过对基因文库的筛选或基因定位的方法分离目的基因。

(3) 基因表达系列分析法

此方法可以用来分离在不同发育阶段和生理状态下差别表达的基因。其优点在于可以一次性对大量基因的转录产物进行定量分析，从中找出新的基因。

3. 差别杂交及减法杂交技术

(1) 差别杂交法

差别杂交法适用于分离在特定组织中或特定发育阶段表达的基因以及受生长因子调节的基因，也可有效地来分离经特殊处理诱导表达的基因。

原理：①制备两种不同的细胞群体，在一个细胞群中目的基因能够表达，而在另一个细胞群体中目的基因不能够表达；②分别制备两种不同细胞群体的 mRNA，其中一个群体含有一定比例的目的基因 mRNA，另一个群体不含有目的基因 mRNA；③以两种总 mRNA(或它们的 cDNA 拷贝)为探针，分别对由表达目的基因的细胞群体构建的 cDNA 文库进行筛选。当以目的基因表达的 mRNA 群体为探针时，所有包含重组体的菌落都呈阳性反应，而以目的基因不表达的 mRNA 群体为探针时，除了含有目的基因的菌落外，其余菌落都呈阳性反应；④通过对比，即可挑选出含目的基因的菌落。

(2) 减法杂交技术

该技术是通过 DNA 复性动力学原理富集目的基因序列，并以此构建减数文库的方式来进行目的基因分离克隆的。减法杂交的对象可以是基因组 DNA，也可以是 cDNA，相应的称为基因组 DNA 减法杂交和 mRNA 减法杂交。

mRNA 减法杂交的原理：利用羟磷灰石柱只结合单链 DNA，不结合双链 DNA。从表达该蛋白和不表达该蛋白的组织细胞中分别提取和分离 mRNA。特异表达该蛋白的组织的 mRNA 合成 cDNA 第一链。再同不表达组织的 mRNA 杂交成 cDNA-mRNA 双链。不能杂交的 cDNA 就包括特异表达的基因的 cDNA 单链。用羟磷灰石柱收集单链 cDNA，合成为双链 DNA 进行克隆。

基因组 DNA 减法杂交主要用来分离缺失突变基因。

4. 利用差示分析法分离目的基因

① mRNA 差别显示技术；

② 代表性差别分析技术；

③ 抑止性减法杂交技术；

④ 基因组错配筛选。

5. 功能结合法筛选目的基因

该方法是针对 cDNA 表达文库来分离目的 cDNA 克隆子。原理是根据目的基因表达产物的某种结合功能完成目的基因的分离筛选。

(1) 根据受体/配体结合、酶和底物结合分离目的基因

在钙离子存在时，钙调蛋白能与多个酶形成稳定的复合物。利用这一生物学特征，用放射性标记的钙调蛋白作为探针，筛选表达产物能与钙调蛋白结合的 cDNA 克隆子，结果

在大脑组织中找到一个新的 Ca^{2+}/钙调蛋白依赖的蛋白激酶亚单位。

(2) 根据基因表达调控蛋白能与特异的 DNA 片段结合分离编码基因表达调控蛋白的基因

用一段已知有蛋白质结合位点的 DNA 片段作为筛选 cDNA 文库的探针，在一定条件下，该探针将特异性的与 DNA 结合蛋白结合。用这种方法已分离鉴定了多种特异的 DNA 结合蛋白基因。

6. DNA 插入诱变法分离目的基因

该方法主要用于植物目的基因的克隆分离研究。原理是当一段特定的 DNA 序列插入植物基因的内部或其邻近位置时，一般会诱导该基因发生突变形成突变体植株，或者在插入位置产生一个新的基因。如果该 DNA 插入序列是已知的，便可用它作为 DNA 分子探针，从突变体植株的基因组 DNA 文库中筛选到突变基因的片段。然后再利用此突变基因片断制备探针，从野生型植株的基因组 DNA 文库中克隆出野生型的目的基因。

第六节 目的基因的转移

运用物理、化学或生物学的方法和技术将外源基因转移到受体细菌或者细胞内，并使之在细菌或细胞内实现转入基因的扩增表达，称为基因转移技术。它是重组 DNA 技术和基因治疗的关键步骤之一。基因转移技术的应用为外源基因与载体在体外重组形成重组 DNA 分子后，为了分析基因的表达，测定表达对细胞生长的影响，研究该基因的结构与功能，得到高表达的基因产物，通常需要将重组 DNA 分子通过特定的方法导入宿主细菌(细胞)。

基因转移技术通常分为两类：第一类是将目的基因转导入体外培养的细胞或导入从体内取出的细胞，观察目的基因在细胞中的表达，这项技术称基因转染(gene transfection)技术。通常情况下，该技术转入的目的基因不与细胞染色体发生整合，而是在细胞质呈现暂时性表达，随时间推移而逐渐减弱或消失。为了使目的基因进入细胞后能与细胞基因组 DNA 发生整合、产生永久性的表达，需用病毒载体将目的基因导入细胞，并发生整合；第二类是将已克隆的目的基因导入受精卵，并将导入基因后的受精卵植入子宫，发育成胚胎和个体，胚胎期和出生后均可观察目的基因在整体内的表达，此项技术称转基因技术(transgenic technique)，转基因技术所产生的动物称转基因动物(transgenic animal)。

一、基因表达载体的构建

基因表达载体的构建目的是产生单独的 DNA 片段，目的基因是不能稳定遗传的。构建表达载体的目的是为了使目的基因在受体细胞中稳定存在，并且可以遗传给下一代，同时使目的基因能表达和发挥作用。

目的基因与运载体结合：①用一定的限制酶切割质粒，使其出现一个切口，露出黏性末端；②用同一种限制酶切断目的基因，使其产生同样的黏性末端；③将切下的目的基因片段插入质粒的切口处，再加入适量 DNA 连接酶，形成了一个重组 DNA 分子(重组质粒)。但是经此过程，基因表达载体的构建并不能算成功。

基因表达载体的组成：目的基因+启动子+终止子+标记基因。启动子为一段有特殊结构的 DNA 片段，位于基因的首端，它是 RNA 聚合酶识别和结合的部位，有了它才能驱动基因转录出 mRNA，最终获得所需要的蛋白质。终止子也是一段有特殊结构的 DNA 片段，位于基因的尾端，使转录在所需要的地主停止下来。标记基因，原本是基因工程的专属名词，但是现在它已经成为一种基本的实验工具，广泛应用于分子生物学、细胞生物学、发育生物学等方面的研究。标记基因是一种已知功能或已知序列的基因，能够起着特异性标记的作用。在基因工程意义上来说，它是重组DNA载体的重要标记，通常用来检验转化成功与否；在基因定位意义上来说，它是对目的基因进行标志的工具，通常用来检测目的基因在细胞中的定位。

二、将目的基因导入受体细胞

转化是目的基因进入受体细胞内，并且在受体细胞内维持稳定和表达的过程。常用的受体细胞有大肠杆菌、枯草杆菌、土壤农杆菌、酵母菌和动植物细胞等。

1. 受体细胞

受体细胞是指在转化和转导(感染)中接受外源基因的宿主细胞。目前，以微生物为受体细胞的基因工程在技术上最为成熟，在生物制药中也得到广泛的应用。这些微生物经人工改造后才能作为基因工程的受体细胞，改造的目的在于提高细胞的转化效率，保证一定的安全性。

作为基因工程的受体细胞，从实验技术上讲是能摄取外源DNA(基因)，并使其稳定维持的细胞；从实验目的上讲是有应用价值或理论研究价值的细胞。原核生物细胞和真核生物细胞可作为受体细胞，但不是所有细胞都可以作为受体细胞，作为基因工程的宿主细胞必须具备以下特性：①具有接受外源DNA的能力，即能发展成为感受态细胞。所谓感受态就是受体菌接受外源DNA能力的一种生理状态，一般是在生长对数期的后期，时间很短暂。能够发展成感受态的细菌很少，细菌细胞进入敏感的感受态，可提高转化效率4~6倍，占总细胞的20%可成为具有转化能力的感受态细胞；②安全性高，不会对外界环境造成生物污染；③便于筛选克隆子；④重组DNA分子在受体细胞内能稳定维持；⑤适于外源基因的高效表达、分泌或积累；⑥具有较好的翻译后加工机制，便于真核目的基因的高效表达；⑦对遗传密码的应用上无明显偏倚性；⑧遗传性稳定，易于扩大培养或发酵；⑨在理论研究和生产实践上有较高的应用价值。

2. 受体细胞分类

(1) 原核生物细胞

这是较为理想的受体细胞，其原因是：①大部分原核生物细胞没有纤维素组成的坚硬细胞壁，便于外源DNA的进入；②没有核膜，染色体DNA没有固定结合的蛋白质，这为外源DNA与裸露的染色体DNA重组减少了麻烦；③基因组小，遗传背景简单，并且不含线粒体和叶绿体基因组，便于对引入的外源基因进行遗传分析；④原核生物多数为单细胞生物，容易获得一致性的实验材料，并且培养简单，繁殖迅速，实验周期短，重复实验快。因此普遍作为受体细胞用来构建基因组文库和cDNA文库，或者用来建立生产某种目的基因产物的工程菌，或者作为克隆载体的宿主菌。但是，以原核生物细胞来表达真核生物基因也存在一定的缺陷，很多未经修饰的真核生物基因往往不能在原核生物细胞内表达出具有生物活性的功能蛋白。但是通过对真核生物基因进行适当的修饰，或者采用cDNA克隆等措施，原核生物细胞仍可用作表达真核生物基因的受体细胞。至今被用作受体菌的原核生物有大肠杆菌、枯草杆菌、棒状杆菌和蓝细菌(蓝藻)等。

(2) 真核生物细胞

真核生物细胞具备真核基因表达调控和表达产物加工的机制，因此作为受体细胞表达真核基因优于原核生物细胞。真菌细胞、植物细胞和动物细胞都已被用作基因工程的受体细胞。

酵母属于单细胞真菌，是外源真核基因理想的表达系统。酵母作为基因工程受体细胞，除了真核生物细胞共有的特性外，还具有以下优点：①基因结构相对比较简单，对其基因表达调控机制研究得比较清楚，便于基因工程操作；②培养简单适于大规模发酵生产，成本低廉；③外源基因表达产物能分泌到培养基中，便于产物的提取和加工；④不产生毒素，是安全的受体细胞。

植物细胞作为基因工程受体细胞，除了真核生物细胞共有的特性外，最突出的优点就是其体细胞的全能性，即一个分离的活细胞在合适的培养条件下，比较容易再分化成植株，这意味着一个获得外源基因的体细胞可以培养出能稳定遗传的植株或品系。不足之处是植物细胞有纤维素参与组成的坚硬细胞壁，不利于摄取重组 DNA 分子。但是采用农杆菌介导法或用基因枪、电激仪处理等方法，同样可使外源 DNA 进入植物细胞。现在用作基因工程受体的植物有水稻、棉花、玉米、马铃薯、烟草和拟南芥等。

动物细胞作为受体细胞，同样便于表达具有生物活性的外源真核基因产物。不过早期由于对动物的体细胞全能性的研究不够深入，所以多采用生殖细胞、受精卵细胞或胚细胞作为基因工程的受体细胞，获得了一些转基因动物。近年来由于干细胞的深入研究和多种克隆动物的获得，表明动物的体细胞同样可以用作转基因的受体细胞。目前用作基因工程受体的动物有猪、羊、牛、鱼、鼠、猴等。

3. 目的基因的导入

(1) 将目的基因导入植物细胞

① 农杆菌介导的 Ti 质粒载体转化法

农杆菌是一类土壤习居菌，革兰氏染色呈阴性，能感染双子叶植物和裸子植物，对绝大多数单子叶植物无侵染能力。具有趋化性的农杆菌移向这类植物受伤细胞，并将其 Ti 质粒上的 T-DNA 转移至细胞内部。根据这一性质，将待转移的目的基因组入 Ti 质粒载体，通过农杆菌介导进入植物细胞，与染色体 DNA 整合，得以稳定维持或表达。

用于植物基因转化操作的受体通常称为外植体。选择适宜的外植体是成功进行遗传转化的首要条件，而外植体的选择主要是依据受体细胞的转化能力来决定的。

目前作为基因转化的外植体材料非常广泛，涉及植物的各个组织、器官和部位。选择合适的转化外植体很重要，优先考虑叶片、子叶、胚轴等作为外植体材料；要注意外植体的年龄，应选择转化能力较强的幼期外植体，同时还要考虑其最佳感受态时期；转化外植体易于组织培养，并有较强的再生能力；应考虑外植体中易被转化的分生组织感受态细胞所在的部位及其数量。切割外植体时应尽可能地暴露分生组织细胞，增加农杆菌与分生组织的接种面积。

农杆菌接种操作步骤为：a. 外植体的农杆菌接种就是把农杆菌接种到外植体的损伤切面。通常采用较低的菌液 OD 值和较短的浸泡时间来进行外植体的接种；b. 将接种农杆菌后的外植体培养在诱导愈伤组织或不定芽固体分化培养基上，随着外植体的细胞分裂和生长，农杆菌在外植体切口面也进行着增殖生长，故该培养过程称之为农杆菌与外植体的共培养；c. 由于农杆菌的附着侵染、T-DNA 的转移及整合都是在共培养时期内完成，因此共培养技术条件的掌握是整个转化的关键环节。其中共培养时间对转化率有着很大影响；d. 与农杆菌共培养后的外植体表面及浅层组织中常常共生有大量农杆菌，对外植体的正常生长会产生不利影响，必须进行脱菌培养以杀死和抑制农杆菌的生长；e. 脱菌培养是指把共培养后的外植体转移到含有抗生素的培养基上继续培养生长的过程。目前使用最多的是头孢霉素；f. 最后，还须将外植体转移至筛选培养基上继续培养，筛选出被转化的细胞，经再分化培养成再生植株。

针对不同的外植体以及不同的转化目的而建立多种转化方法，主要包括叶盘转化法、植株接种共转化法、植物愈伤组织共培养转化法、植物悬浮细胞共培养转化法和原生质体共培养转化法等。

② 基因枪法

又称微弹轰击法，是利用高速运行的金属颗粒轰击细胞时能进入细胞内的现象，将包裹在金属颗粒(钨或金颗粒)表面的外源 DNA 分子随之带入细胞进行表达的基因转化方法。

③ 花粉管通道法

将外源 DNA 涂于授粉的柱头上，使 DNA 沿花粉管通道或传递组织通过珠心进入胚囊，转化还不具有正常细胞壁的卵、合子及早期的胚胎细胞。这一方法技术简单，一般易于掌握，且能避免体细胞变异等问题，故有一定的应用前景。

(2) 将目的基因导入动物细胞

① 病毒颗粒转导法

病毒种类多样及病毒 DNA 或 RNA 构建的载体性质的各异，所以转导的过程各不相同，主要有三种类型：第一种为带有目的基因的病毒颗粒直接感染受体细胞，目的基因随同病毒 DNA 分子整合到受体细胞染色体 DNA 上，这样以后不需要再包装成病毒颗粒；第二种为带有目的基因的病毒是缺陷性的，须同另一辅助病毒一起感染受体细胞。在受体细胞内包装成新的病毒颗粒；第三种为虽然带目的基因的 SV40 病毒是早期转录缺陷型的，但被感染的 COS 细胞系的基因组中整合有 SV40 早期转录区段 DNA，所以没有必要用辅助病毒作混合感染。

② 磷酸钙转染法

其依据是哺乳动物细胞能捕获黏附在细胞表面的 DNA-磷酸钙沉淀物，使 DNA 转入细胞。DNA 磷酸钙共沉淀复合物中 DNA 的数量、共沉淀物与细胞接触的保温时间，以及 DMSO 和甘油等促进因子作用的持续时间均会影响 DNA 的转染效率。

③ DEAE-葡聚糖转染法

二乙胺乙基葡聚糖(DEAE)是一种高分子质量的多聚阳离子试剂，能促进哺乳动物细胞捕获外源 DNA，实现短时间的有效表达。目前有关 DEAE-葡聚糖的作用机制一般认为 DEAE-葡聚糖能与外源 DNA 形成复合物，保护 DNA 免受核酸酶的降解；其次是 DEAE-葡聚糖可作用于受体细胞膜，增加其通透性，便于 DNA 进入。此方法简单、重复性高，并且转染效率高于磷酸钙法。

④ 聚阳离子-DMSO 转染法

采用聚阳离子 poly-brene 处理哺乳动物细胞，增加细胞表面对 DNA 的吸附能力、然后再用 25%~30%DMSO 短暂处理细胞，增加膜的通透性，提高对 DNA 的捕获量。

⑤ 显微注射转基因技术

应用显微注射器可以把重组 DNA 直接注入哺乳动物细胞，用此方法转基因的效率很高，获得稳定转化子的数量取决于注射的 DNA 的性质。

(3) 将目的基因导入微生物细胞

大肠杆菌细胞最常用的转化方法是：首先用 Ca^{2+} 处理细胞，以增大细菌细胞壁的通透性，使细胞处于一种能吸收周围环境中 DNA 分子的生理状态，这种细胞称为感受态细胞；第二步是将重组表达载体 DNA 分子溶于缓冲液中与感受态细胞混合，在一定的温度下促进感受态细胞吸收 DNA 分子，完成转化过程；第三步目的基因在受体细胞内，随其繁殖而复制，由于细菌繁殖的速度非常快，在很短的时间内就能获得大量的目的基因。

4. 目的基因的检测与鉴定

（1）检测

检测转基因生物染色体的 DNA 上是否插入了目的基因和目的基因是否转录出了 mRNA，利用 DNA 分子杂交法；检测目的基因是否翻译成蛋白质利用抗原-抗体杂交法（如果有，表示目的基因已经进行了翻译）。

核酸分子探针是指特定的已知核酸片段（目的基因片段），能与互补核酸序列退火杂交，用于对待测核酸样品中特定基因顺序的探测。所满足条件是：①必须是单链；②带有容易被检测出来的标记物（如放射性同位素标记）。核酸分子杂交实质上是用已知序列的 DNA 或 RNA 片段作为探针与待测样品的 DNA 或 RNA 序列进行核酸分子杂交。如果显示出杂交带，就表明待测样品含有目的基因或目的基因已经转录。

用 DNA 分子杂交技术可鉴定两个物种之间的亲缘关系的远近。将两种生物的 DNA 分子的单链放在一起，如果这两个单链具有互补的碱基序列，那么，互补的碱基序列就会结合在一起，形成杂合双链区；在没有互补碱基序列的部位，仍然是两条游离的单链。如果杂合部位多，则亲缘关系近，反之则远。

（2）鉴定

鉴定包括抗虫鉴定、抗病鉴定、活性鉴定等。将每个受体细胞单独培养形成菌落，检测菌落中是否有目的基因的表达产物。淘汰无表达产物的菌落，保留有表达产物的进一步培养、研究。

第七节　重组体的筛选

在 DNA 分子克隆中，通常将导入外源 DNA 分子后能稳定存在的受体细胞称为转化子（transformant），而含有重组 DNA 分子的转化子被称为重组子（recombinant）。如果重组子中含有外源目的基因则又称为目的重组子或期望重组子。在重组 DNA 分子的转化、转染或转导过程中，并非所有的受体细胞都能被重组 DNA 分子导入。相对数量极大的受体细胞而言，仅有少数外源 DNA 分子能够进入，同时也只有极少数的受体细胞在吸纳外源 DNA 分子之后能稳定增殖为转化子。转化子相对某种特定重组子又成为数量巨大的群体。在大量的转化子中，会接纳多种类型的 DNA 分子，其中包括：①不带任何外源 DNA 插入片段，仅是由线性载体分子自身连接形成的环状 DNA 分子；②由一个载体分子和一个或数个外源 DNA 片段构成的重组 DNA 分子；③单纯由数个外源 DNA 片段彼此连接形成的多聚 DNA 分子。当然最后这类多聚 DNA 分子不具备复制基因和复制起点，不能在转化子中长期存留，最终由于细胞分裂被消耗掉成为无用分子。尽管如此，面对这种混合的 DNA 制剂转化来的大量克隆群体，需要采取一套行之有效的方法，筛选出可能含有外源 DNA 片段的重组体克隆，然后用特殊的方法鉴定内含目的基因的特殊重组子。目前，已经发展和使用了一系列构思巧妙、可靠性强的重组体克隆检测技术和方法，包括菌落原位杂交筛选、免疫学方法、遗传检测法、结构分析筛选法以及转译筛选等。

一、表型特征筛选(遗传检测法)

所谓表型(phenotype)是指生命体遗传组成同环境相互作用所产生的外观或其他特征。供筛选用的表型特征来自两个方面：一个是克隆载体提供的，是主要的和应用最多的；另一方面插入的外源 DNA 序列也能够提供表型特征以供筛选，相对来说数量较少。

1. 利用载体提供的表型特征筛选重组体分子

天然质粒和野生型噬菌体都不适合做基因克隆的载体，在基因工程中所用的经过人工构建的载体分子基本上都带有可供选择的遗传标志或表型特征。质粒以及柯斯载体具有抗药性记号或营养记号。而对于噬菌体来说，噬菌斑的形成则是它们的自我选择特征。一般的做法是将转化处理后的菌液(包括对照处理)适量涂布在选择培养基上(主要是抗生素或显色剂等)，在最适生长温度条件下培养一定时间，观察菌落生长情况，即可挑选出转化子。根据载体分子所提供的遗传特性进行选择，是获得重组体 DNA 转化子群必不可少的条件之一。它能够在数量很大的群体中直接选择，是一种十分有效的方法。

(1) 抗药性筛选

抗药性筛选主要用于重组质粒 DNA 转化子的筛选。因为质粒 DNA 分子携带特定的抗药性标记基因，转化受体菌后能使后者在含有相应选择药物的培养基上正常生长，而不含质粒 DNA 分子的受体菌则不能存活。这是一种正向选择方式。

人工构建的质粒载体、噬菌粒载体、柯斯质粒载体一般都带有 1~3 个抗药性基因作为选择标记。载体中常用的抗性遗传标记与对应抗菌素的使用简单介绍如下：

① 氨苄青霉素(ampicillin，Ap 或 Amp)含 *Amp* 抗性基因的菌体能表达产生 β-内酰胺酶(β-Lactarnase)，该酶分泌到细胞外可降解环境中的 *Amp*。抗 *Amp* 菌落的选择剂量为终浓度 30~50ng/mL。

② 四环素含 Tet 抗性基因的菌体转译一种能改变细菌膜的蛋白，防止 *Tet* 进入细胞后干扰细菌蛋白质的合成。抗 *Tet* 菌落的选择剂量为终浓度 12.5~15.0pg/mL。含 *Tet* 的培养基中勿加镁盐，因为镁盐拮抗 *Tet*。*Tet* 对光敏感，含 *Tet* 的溶液或培养基均须在暗处存放。

③ 氯霉素(chloramphenicol，Cm 或 Cmp)含 *cat* 基因的菌体能转译氯霉素乙酰转移酶(chloramphenicol acetyltransferase，*cat*)，使 *Cm* 乙酰化而失效。抗 *Cm* 菌落的选择剂量为终浓度 30μg/mL。

④ 卡那霉素含 Kn 抗性基因的菌体转译一种能修饰 Kn 的酶，阻碍 Kn 对核糖体的干扰。抗 Kn 菌落的选择剂量为终浓度 5μg/mL。

质粒 pBR322 编码有四环素抗性基因(Tet^r)和氨苄青霉素抗性基因(Amp^r)。如果外源 DNA 片段插入 pBR322 的 *BamH* Ⅰ位点上，优删立点上，则可将转化反应物涂布在含有 *Amp* 的选择培养基固体平板上，长出的菌落便是转化子。如果外源 DNA 插在 pBR322 的 *Pst* Ⅰ位点上，则可利用 *Tet* 进行转化子的正向选择。

使用抗药性筛选一般要做好两个对照。一个是以受体菌涂布在选择平板上，同步保温培养后不应长出菌落即阴性对照(空白)，用以证明受体菌的纯度、抗生素的有效性和操作方法的可靠性。另一个是将载体转化感受态细胞后，涂布选择平板，经同步保温培养后应长出菌落即阳性对照，用以证明感受态细胞的制备、转化操作过程、抗生素使用浓度等是正确可靠的。只有建立在空白与阳性对照结果明确和认真分析的基础上，进行转化子的抗性筛选才有意义。

还有两个问题值得注意：①以 pBR322 为载体的基因克隆，通过抗药性筛选得到的只是转化子，如果要确定重组子还需进一步鉴定；②使用 *Amp*、*Tet* 等抗菌素作为选择药物，观察和确定转化子菌落的培养时间不能过长，以 12~16h 为宜，否则会出现假转化子菌落。这是因为转化子菌落会降解选择药物，导致菌落周围选择药物的浓度降低，从而长出非抗性的菌落，如β-内酰胺酶降解菌落周围的氨苄青霉素而使其周边生长出小的卫星菌落。此外，在培养过程中这些选择性药物会自然降解，导致药物浓度和药效降低，长出假转化子菌落。应该说，抗药性筛选只是初步筛选。

(2) 插入效应筛选

插入效应筛选主要利用外源 DNA 片段与载体的特定结构部位连接后，引发载体相关功能的改变，为重组子的筛选提供信息。常用的有插入失活法、插入表达法以及噬菌斑形成筛选法。

① 插入失活法(insertional inactivation)是检测外源 DNA 插入作用的一种通用方法。插入失活指的是外源 DNA 插入载体的抗药性标记基因序列中，导致该基因结构破坏而失活，使细胞丧失对抗生素抗性的功能。

② 插入失活法的改良——环丝氨酸筛选法。利用插入失活效应筛选，需要点种或影印到两个不同抗性的平板对比菌落生长情况。如上例中的 Amp^r、Tet^s 表型细胞的筛选，只有在 *Amp* 平板上能够生长而在 *Tet* 平板上不能生长的菌落，才是带有重组体质粒的转化子克隆。

③ 插入表达筛选法。插入表达效应与插入失活效应的表型特征正好相反，插入表达是利用外源 DNA 片段插入特定载体后能激活标记基因的表达，利用标记基因表达产物的功能或信号进行转化子的筛选。这类载体在构建时将一段负调控序列重组到标记基因上游用于抑制载体标记基因的表达。当外源 DNA 插入在负调控序列内使其失活时，位于下游的标记基因才能表达。pTR262 质粒载体由 pBR322 衍生而来，其 Tet^r 基因的上游含有一段 λ 噬菌体 DNA 的 *c* Ⅰ阻遏蛋白编码基因及其调控序列，*c* Ⅰ基因表达的阻遏蛋白可以抑制 Tet^r 基因的表达当外源 DNA 片段插入位于 *c* Ⅰ基因序列中的 *Hind* Ⅲ或 *Bgl* Ⅰ位点时，*c* Ⅰ基因失活，不能产生有活性的阻遏蛋白，使四环素抗性基因解除抑制而表达，菌体呈现对四环素的抗性。故阳性重组子带给细胞为 Tet^r 表型，而质粒带给细胞为 Tet^s 表型。当转化细菌涂布在 *Tet* 平板上时，只有含外源 DNA 插入片段的重组子转化菌才能生长成菌落。

④噬菌斑筛选法以 λDNA 载体克隆基因，多用体外包装形成完整噬菌体颗粒转导寄主细胞的方法。当外源 DNA 片段插入 λ 噬菌体载体后，其构成的 DNA 分子大小必须在野生型 λDNA 长度的 75%~105%范围内，才能在体外包装成具有感染活性的噬菌体颗粒。经转导寄主细胞后，转化子在培养基平板上被裂解形成清晰的噬菌斑，而非转化子(未感染)细胞能正常生长，二者很容易区分。如果在重组过程中使用的是替换型λ载体，则噬菌斑中的λ噬菌体即为重组子。因为空载的 λDNA 分子太小不能被包装，难以进入受体细胞产生噬菌斑，所以对替换型载体而言，经体外包装转导后能否形成清晰噬菌斑这本身就是一种可利用的选择标记。如使用插入型λ载体，由于空载的 λDNA 大于包装下限，也能被包装成噬菌体颗粒并产生噬菌斑，此时筛选重组子可以利用λ载体上的标记基因(如 *lacZ* 等)。当外源 DNA 片段插入 *lacZ* 基因内时，重组噬菌斑无色透明，而非重组噬菌斑则呈蓝色。

(3) 蓝白显色筛选法

当前广泛使用的许多载体(如质粒载体 pUC 系列、噬菌粒载体 pEGM 系列)的组成结构中都带有编码β-半乳糖苷酶的不完全基因，记为*lacZ′*。蓝白筛选实质是利用*lacZ*基因表达β-半乳糖苷酶催化显色底物为标记，以呈现颜色来提供选择信息。

β-半乳糖苷酶由大肠埃细菌乳糖操纵子(1ac)中*lacZ*基因编码。在正常情况下，底物乳糖可诱导lac操纵子产生β-半乳糖苷酶，分解乳糖为半乳糖和葡萄糖。在筛选用显色反应中，通常以一种含硫的乳糖类似物IPTG(异丙基-β-D-硫代半乳糖苷)代替乳糖诱导细胞产生β-半乳糖苷酶，而IPTG不发生代谢变化。

常用的显色剂是X-gal(5-溴-4-氯-3-吲哚-β-D-硫代半乳糖苷)，具有完整乳糖操纵子的细菌细胞能转译β-半乳糖苷酶(Z)、透过酶(Y)和乙酰基转移酶(A)。当培养基中存在诱导物IPTG和X-gal时，可产生蓝色化合物，使菌落成为蓝色(5-溴-4-氯-靛蓝)。

2. 利用插入序列提供的表型特征筛选

这种筛选法要求所克隆的DNA片段是一个完整的基因序列，而且能够在大肠埃细菌中实现功能的表达。无疑这是一个很大的局限，尤其是对真核基因来说。尽管如此，利用这种方法已经有了许多成功的例子。

这种选择法依据的基本原理是：转化进入细胞的外源DNA编码基因能够对大肠埃细菌宿主菌株所具有的突变发生体内抑制或互补效应，从而使接受转化的宿主细胞表现出外源基因编码的表型特征。例如，含有编码大肠埃细菌生物合成相关基因的外源DNA片段，对于大肠埃细菌携带不可逆的营养缺陷突变的宿主菌具有互补的功能，便可以分离到这种基因的重组体克隆。目前已拥有相当数量的对其突变作了详尽研究的大肠埃细菌实用菌株，而且其中有些类型的突变，只要克隆的外源基因获得低水平的表达产物，便会被抑制或发生互补作用。*lac*Y是大肠埃细菌乳糖操纵子中编码透性酶的结构基因，其大小约为1.3kb。大肠埃细菌基因组约为4000kb，用限制酶*Eco*RⅠ切割会得到大约1000个大小不同的片段，其中某一片段上可能携带*lac*Y基因。用pBR322作载体，将外源DNA片段插入EcoRⅠ切点上，再把所有重组体DNA通过转化导入宿主细胞。该宿主细胞具有两个遗传标记：一是对氨苄青霉素敏感(Amp^{s})；二是不能合成β—半乳糖苷酶透性酶($lacY^{-}$)，即不能利用乳糖。当涂布在含有氨苄青霉素和乳糖培养基上进行选择时，只有Amp^{r}和$lacY^{+}$细胞才能生长。就是说，只有接受了携带*lac*Y基因的pBR322的宿主细胞才能生长。这是因为pBR322的Amp^{r}基因赋予宿主细胞以氨苄青霉素抗性，而携带的*lac*Y基因则弥补了宿主细胞的遗传缺陷。

3. 载体提供选择植物、动物转化细胞常用的标记基因

(1) 筛选植物转化细胞常用的报告基因

在植物转基因研究中，载体携带的选择标记基因(selective gene)经常称为报告基因(reporter gene)。在有选择压力的情况下，可利用报告基因在受体细胞内的表达，从大量非转化克隆中选择出转化细胞。同时，报告基因可以和某些目的基因构成嵌合基因，从报告基因的表达了解目的基因的表达情况及推测基因调控序列。常用的报告基因有抗生素抗性基因以及编码某些酶类或特殊产物的基因等，包括新霉素磷酸转移酶基因、潮霉素磷酸转移酶基因、氯霉素乙酰转移酶基因、β-葡萄糖苷酸酶(β-glucuronidase，GUS)基因、萤光素酶(lueiferase，LUC)基因、抗除草剂bar基因和冠瘿碱(opine)合成酶基因。

(2) 筛选哺乳动物转基因细胞常用的遗传标记

在植物转基因研究中采用的*Cat*基因和*Npt*Ⅱ基因也可作为遗传选择标记用于哺乳动物转基因细胞的筛选。除此之外，常用的标记基因还有胸苷激酶基因、二氢叶酸还原酶基因和黄嘌呤-鸟嘌呤磷酸核糖基转移酶基因。

二、菌落(噬菌斑)原位杂交筛选

核酸杂交是当前应用极为广泛的筛选重组子方法之一。其基本原理是：具有一定同源性的两条核酸(DNA 或 RNA)单链在适宜的温度及离子强度等条件下，可按碱基互补配对原则高度特异地复性形成双链。该技术用于重组子的筛选和鉴定，其杂交的双方是待测的转化子目的基因序列和用于检测的已知核酸片段(称为探针)。只要有可用的 DNA 探针或 RNA 探针，就可以检测转化子中是否含有目的基因。

1. 菌落(噬菌斑)原位杂交

1975 年 Grunstein 和 Hosness 根据检测重组子 DNA 分子的核酸杂交技术原理，对 Southern 印迹技术做了一些修改，提出了菌落原位杂交技术。1977 年 Benton 和 Davis 又建立了与此类似的筛选含有克隆 DNA 的噬菌斑杂交技术。与其他分子杂交方法不同，这类技术是直接把菌落或噬菌斑印迹转移到硝酸纤维素滤膜上，不必进行核酸分离纯化、限制性核酸内切酶酶解及凝胶电泳分离等操作，而是经溶菌和变性处理后使 DNA 暴露出来并与滤膜原位结合，再与特异性 DNA 或 RNA 探针杂交，筛选出含有插入序列的菌落或噬菌斑。生长在培养基平板上的菌落或噬菌斑通过硝酸纤维素滤膜覆盖其表面，使部分菌落或噬菌斑按照原来生长的位置不变地转移分布到滤膜上，然后在滤膜的原位发生溶菌、DNA 变性和杂交作用，所以菌落杂交或噬菌斑杂交也称为原位杂交(in situ hyhridization)。原位杂交原理如图 3-22 所示。

2. 核酸探针的制备

核酸杂交技术是对基因序列的检测，因其灵敏度高、特异性强而广泛应用于分子生物学研究、生物进化、临床诊断、法医鉴别等多个领域。进行基因检测有两个必要的条件：一是必须有特异的 DNA 探针；二是要有基因组 DNA，即检测的核酸样品。可以看出，探针的获得是应用核酸杂交技术至关重要的前提。

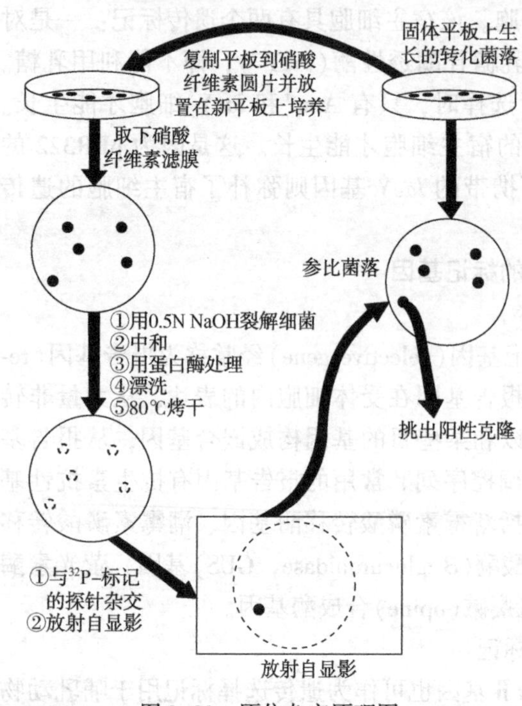

图 3-22　原位杂交原理图

探针(probe)是带有检测标记的与目的基因或目的 DNA 片段同源互补的一段核苷酸序列。考虑杂交反应中的穿透性和敏感性，探针长度一般以 50~300bp 的片段最为适宜。

(1) 杂交探针的获取思路

核酸分子探针的制备首先要具有所需特异性核酸片段或其核苷酸排列顺序，可通过多种途径获得。

① 现成可用的完整基因或基因的一部分，可以是 DNA 也可以是 RNA，均可用于探针的制备。

② 通过文献或 genebank 查询所需基因的核苷酸序列，人工合成或 PCR 扩增获得探针用小片段。也可通过亲缘关系密切的生物

基因资料，获得具有一定同源性的相关基因序列，合成探针用小片段。

③ 根据目的蛋白的已知氨基酸序列推导合成一小段寡核苷酸序列，其长度一般为 20~50bp。由于遗传密码子的简并性，要精确推测其唯一的目的序列极为困难。一般可选用简并度低的密码子以缩小可能的核苷酸范围，也可以采用中性核苷酸(如次黄嘌呤等)代替简并度高的密码子以增加杂交体的稳定性，但通常使用一组寡核苷酸的混合物作为探针，用于基因组文库或 cDNA 文库的筛选。

④ 利用蛋白质(酶)功能域保守性强的一小段氨基酸排列顺序，反推成两端的核苷酸序列作为引物，以 PCR 扩增获得编码蛋白基因的部分序列用于探针的制备。

⑤ cDNA 是细胞基因表达逆转录的产物，可选择特定的组织细胞获取 cDNA。如兔网织红细胞 mRNA 中 80%~85%编码珠蛋白、鸡输卵管细胞含有丰富的卵蛋白 mRNA 或经特殊诱导处理的细胞逆转录合成 cDNA，标记后用于探针，对应高丰度 mRNA 的 cDNA 文库的筛选。

⑥ 通过差示筛选法、减法杂交法或 mRNA 差别显示法等从目的细胞中筛选获得某些特异性的 cDNA 片段，将 cDNA 片段进行标记后成为探针。这类探针一般用于筛选 cDNA 文库中那些对应于低丰度 mRNA 的目的基因克隆。

(2) 核酸探针的标记

将获取的特异性核酸片段与放射性或非放射性标记物连接以提供识别信号，构成分子杂交筛选用的探针。理想的探针标记物应具备以下几个条件：①标记物不会影响探针的主要功能，如杂交特异性、稳定性及酶反应特征等；②检测灵敏度高、特异性强、本底低、重复性好；③操作简便省时、经济实用；④化学稳定性高、易于长期保存；⑤安全、无环境污染。

① 放射性标记探针。放射性标记探针是通过切口平移标记、末端标记、随机引物标记、PCR 扩增等方法，将内含放射性核素的单核苷酸引入特异性核酸片段构成探针。常见的放射性同位素有 ^{32}P、^{3}H、^{35}S、^{14}C、^{125}I 等，其中以 ^{32}P、^{3}H、^{35}S 最为常用。

② 非放射性标记探针。非放射性标记探针是通过酶促标记法、化学标记法和光敏标记法等技术，将预先连接好非放射性标记物的核苷酸或非放射标记物直接掺入特异性核酸片段中构成探针。目前广泛应用的非放射性标记物有生物素、地高辛和荧光素以及它们预先标记的核苷酸等。

荧光素是一类能在激发光作用下发射出荧光的物质，包括异硫氰酸荧光素、羟基香豆素、罗达明等。荧光素与核苷酸结合后即可作为探针标记物，主要用于原位杂交检测。荧光素标记探针可通过荧光显微镜观察检出，或通过免疫组织化学法来检测(图 3-23)。

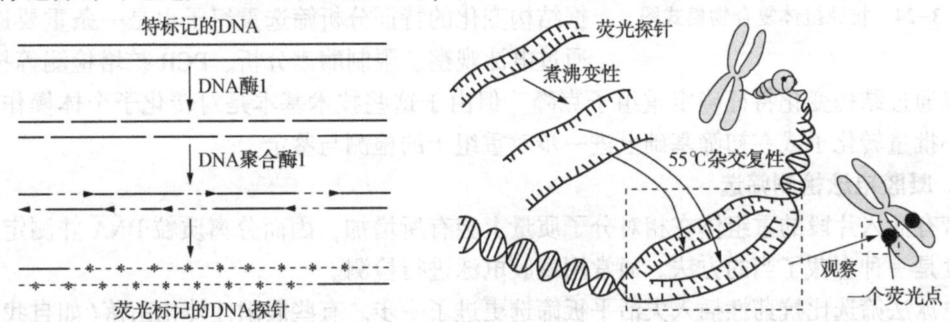

图 3-23 荧光原位杂交

应用非放射性探针做分子杂交的技术，基本上与放射性探针的使用相同，可以参照放射性探针分子杂交技术进行。菌落(或噬菌斑)原位杂交以及斑点(或狭缝)杂交、Southern印迹杂交或Northern印迹杂交，几乎都可以用非放射性方法分析。所不同的是非放射性探针的显示是酶联显色或酶联化学发光。就目前来看，多数非放射性标记的探针用于核酸杂交，其灵敏度特异性不如放射性标记方法高，但有些已接近或达到放射性分析的水平。加之非放射性标记探针具有安全、稳定、使用方便等优点，是一种正在发展很有前途的方法。

三、免疫学方法筛选

免疫学方法是一种专一性很强、灵敏度很高的检测方法。基本原理是：以目的基因在宿主细胞中的表达产物(多肽)作抗原，以该基因产物的免疫血清作抗体，通过抗原抗体反应将目的基因克隆检出。

如果所要检测的重组克隆既无任何可供选择的基因表型特征，又无得心应手的探针，那么免疫学方法则是筛选重组体的重要途径。它是直接检测重组克隆所表达的蛋白产物。而且从克隆化获取基因产物的最终目的来看，免疫测定是其他任何检测方法所不能取代的。使用这种方法的前提条件是克隆基因可在宿主细胞内表达，并且必须具备有效的特异性抗体。免疫学方法检测重组克隆可分为两种，即放射性抗体测定法和免疫沉淀测定法。

放射性抗体检测法所依据的原理为：①一种抗原产生的免疫血清含有几种IgG抗体，分别识别抗原分子上的不同定子(决定簇)，并可以同各自识别的抗原定子相结合；②抗体分子或抗体的$F(ab)_2$部分能够十分牢固地吸附在固体基质(如聚乙烯等塑料制品)上，而不会轻易被洗脱掉；③通过体外碘化作用，IgG抗体可以被放射性同位素^{125}I标记上。根据这些原理，布鲁姆和吉尔伯特设计了抗原抗体复合物的模式图(图3-24)。

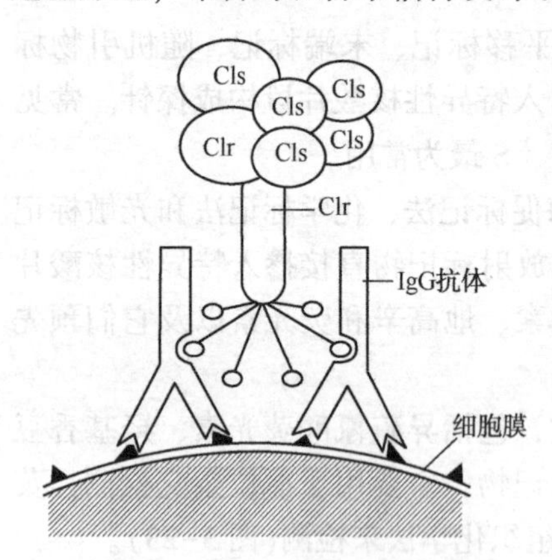

图3-24 抗原抗体复合物模式图

免疫沉淀检测法相对于放射性免疫法来讲，用免疫沉淀反应来进行检测，灵敏度要低且易受干扰，但简便易行。免疫沉淀检测是在生长菌落的琼脂培养基中加入专门抗这种蛋白质分子的特异性抗体，如果有些菌落的细菌会分泌出某种蛋白质，那么在它的周围就会出现一条叫作沉淀素的抗体——抗原沉淀物所形成的白色的圆圈。

四、结构分析筛选

DNA的重组过程必然伴随着分子结构的变化。依据结构变化的特征分析筛选重组子也是一条重要途径。通过电泳观察、限制酶谱分析、PCR扩增检测等技术，均可以通过结构变化特征确定重组子克隆。但由于这些技术基本是对转化子个体操作，更适合小批量转化子或在初筛基础上进一步对重组子的检测与鉴定。

1. 凝胶电泳检测筛选

带有插入片段的重组体在相对分子质量上会有所增加，因而分离质粒DNA并测定其分子长度是一种直截了当的方法。通常用凝胶电泳进行检测。

电泳法筛选比抗药性插入失活平板筛选更进了一步。有些假阳性转化菌落(如自我连接载体、缺失连接载体、未消化载体、两个互相连接的载体以及两个外源片段插入的载体等)

用抗性平板法筛选不易鉴别，但可以被电泳法淘汰。因为由这些转化菌落分离的质粒DNA分子的大小各不相同，与真正的阳性重组体DNA比较，前三种的DNA分子较小，在电泳时的泳动速度较快，其DNA带的位置高于阳性重组DNA带（跑在前面）；相反，后两种DNA分子较大，泳动速度较慢，其DNA带的位置低于真阳性重组DNA带（跑在后面）。所以，电泳法能筛选出有插入片段的阳性重组体。如果插入片段是大小相近的非目的基因片段，电泳法仍不能鉴别这样的假阳性重组体，只有用核酸杂交即以目的基因片段制备放射性探针和电泳筛选出的重组体DNA杂交，才能最终确定真正期望重组体。

2. 限制酶谱分析筛选

限制酶谱分析适用于转化子中期望重组子比率高的菌落群，或进一步分析鉴定重组子，并能判断外源DNA片段的插入方向及分子质量大小等。其基本做法是从转化菌落中随机挑选出少数单菌落，分别快速提取质粒DNA，然后用一种或多种限制性核酸内切酶酶解，并通过凝胶电泳分析酶切谱带用以确定是否有外源DNA片段插入及其插入方向等。

在实际应用中，由于限制酶消化不完全、酶的星号活性或甲基化作用以及酶切位点相距太近等多种因素，限制酶片段电泳谱带分析鉴定是比较复杂的，需做严格对照处理，排除假象以获取真实结果。

3. PCR扩增鉴定筛选

PCR法以其快速、灵敏被广泛用于转化子的筛选。在PCR扩增鉴定中，引物设计尤为重要，鉴定用引物既可以是外源插入基因的特异序列，也可以是载体多克隆位点两侧的序列（如T_7、T_3、SP_6启动区序列等）。采用插入基因特异引物可直接筛选出目的克隆，而用载体多克隆位点两侧序列为引物可以得到插入片段长度的信息。PCR对模板的纯度要求不高，因此可以直接用菌落裂解后的提取液扩增，而不用进一步提取质粒再扩增筛选。现在所用的载体绝大多数都是人工构建已知序列的，有些载体的多克隆位点两侧序列已成为通用型引物被广泛应用。如pGEM系列载体的多克隆位点两侧分别是SP_6和T_7启动子序列，依据两个启动子序列设计引物，提取少量待检转化子质粒DNA为模板，通过对PCR产物的电泳分析就可以确定是否为重组子菌落。PCR扩增方法不但可以快速获得插入片段，而且可以直接进行DNA序列分析，从而获得插入片段是否正确的最终结果。

五、转译筛选

转译筛选可以分为杂交阻断转译和杂交释放转译两种不同的筛选策略，它们的突出优点是能够弄清楚克隆的DNA同其编码的蛋白质之间的对应关系。这两种方法都要通过无细胞翻译系统检测经处理后的mRNA的生物学功能。常用的无细胞翻译系统有麦胚提取物系统和网织红细胞提取物系统。

在无细胞翻译系统中，若是由加入的mRNA指导转译的新蛋白质多肽，将会掺入^{35}S-甲硫氨酸而具有放射性。经凝胶电泳分离成区带，进行放射自显影，在X光胶片的曝光区带即间接说明mRNA的种类和活性。

1. 杂交阻断转译法

在体外无细胞转译体系中，mRNA一旦同DNA分子杂交之后，就不能够再指导蛋白质多肽的合成，即mRNA的转译被抑制了。在高浓度甲酰胺溶液的条件下（这种溶液即有利于DNA和RNA的杂交，同时又能抑制质粒DNA的再联合）将从转化的大肠埃希菌菌落群体或噬菌体群体中制备来的带有目的基因的重组质粒DNA变性后，同总mRNA进行杂交。从杂交混合物中回收核酸，并加入无细胞转译体系进行体外转译。由于其中加有^{35}S标记的甲硫氨酸，转译合成的多肽蛋白质可以通过聚丙烯酰胺凝胶电泳和放射自显影进行分析。把结果同未经杂交的 mRNA 的转译产物做比较，从中便可以找到一种其转录合成被抑制了的 mRNA，这就是与目的基因变性 DNA 互补而彼此杂交的 mRNA。根据这种目的基因编码的蛋白质转译抑制作用，就可筛选含有目的基因重组体质粒的大肠埃细菌菌落群体(或噬菌斑群体)。尔后再将这个群体分成若干较小的群体，并重复上述实验程序，直至最后鉴定出含有目的基因的特定克隆为止。

杂交阻断转译法是一种很有效的检测手段，能从总 mRNA 逆转录产生的 cDNA 群体中检出所需的目的 cDNA，因而特别适用于筛选那些高丰度的 mRNA。

2. 杂交释放转译法

杂交释放转译法是一种更敏感的方法，而且可用于检出低丰度的 mRNA(占总 mRNA 的1%)，与阻断转译杂交的原理相似。首先将克隆 DNA 结合到硝酸纤维素滤膜上，再与未经分离纯化的 mRNA 或细胞的总 RNA 杂交。然后漂洗滤膜去除非杂交体，并在低盐缓冲液或在含有甲酰胺的缓冲液中加热，把杂交的 mRNA 洗脱下来(即是将 mRNA 释放出来)。将回收的 mRNA 进行体外转译检验，通常仍用聚丙烯酰胺凝胶电泳和放射自显影分析鉴定转译产物，同时亦可测定蛋白产物活性，以达到筛选所需基因之目的。

杂交选择的转译筛选法应用方面一个最突出的例子，就是从白细胞提取的总 poly(A) mRNA 中分离干扰素基因的实验。在这个筛选中，是用非洲爪蟾的卵母细胞体系进行 mRNA 的体外转译。当用微量注射法将白细胞的 poly(A)mRNA 注入非洲爪蟾卵母细胞之后，它们就能够进行转译。转译合成的蛋白质成分之一干扰素被细胞分泌到周围的培养基环境中，因而可以根据其抗病毒活性予以检测。干扰素的 mRNA 约占总 mRNA 的 10^{-4} ~ 10^{-3}，这就是说必须筛选 10^4数量级的转化子克隆。但并不是逐个地筛选这些菌落，最初用的 DNA 是从总数为 512 个菌落的 12 个菌落群体(或称菌落库)中分离出来的。其中有 4 个菌落群体呈阳性反应，于是对这些群体进行再分离再检测。这种程序一直重复到鉴定出单克隆为止。检测时将 DNA 固定在固相支持物上，按杂交释放转译法将它同 mRNA 制剂进行杂交，以分离互补的 mRNA。然后从 DNA-RNA 杂交分子中洗脱出 mRNA，再以微量注射法注入非洲爪蟾卵母细胞。最后通过聚丙烯酰胺凝胶电泳分析转译产物，并用免疫沉淀技术做最后鉴定。

第八节　基因工程技术与方法

基因工程也就是克隆基因，即表达和应用基因。载体和工具酶是 DNA 重组技术的基本工具，但是除了这些工具外，还需要各种精巧的实验方法和设计策略才能分离和改造基因。这些分子实验方法技术的发明发展和改进，为基因工程的创立与突飞猛进的发展及广泛应用奠定了强有力的技术基础。常规的重组 DNA 技术研究的基本实验方法主要有凝胶电泳、核酸分子杂交、细胞转化、文库构建、PCR 扩增、DNA 测序、酵母双杂交系统等。

一、凝胶电泳技术

用琼脂糖凝胶或聚丙烯酰胺凝胶等作为支持介质的区带电泳法称为凝胶电泳，其中聚丙烯酰胺凝胶电泳普遍用于分离蛋白质及较小分子质量的核酸，而琼脂糖凝胶孔径较大，对一般蛋白质不起分子筛作用，但它很好地适用于分离大分子核酸，在 DNA 重组技术和核酸研究中得到广泛应用，这里仅讨论琼脂糖凝胶电泳技术。

琼脂糖是从红色海藻产物琼脂中提取出来的一种线状高聚物。将一定量的琼脂糖粉和一定体积的缓冲溶液混合加热熔化，然后倒入制胶槽中，冷却凝固后就会形成胶状电泳介质，不同浓度的琼脂糖其密度是不一样的。

凝胶电泳技术的分离原理是，在电场的作用下，DNA 分子在琼脂糖凝胶中移动时，有电荷效应和分子筛效应。前者由 DNA 分子所带电荷量的多少而定，后者则主要与 DNA 分子的大小及其构型有关。DNA 分子在通常使用的缓冲溶液中带负电荷，所以在电场中向正极移动。在凝胶电泳中，DNA 分子的迁移速度与其分子质量的对数值成反比关系，大相对分子质量的 DNA 在电泳时比小相对分子质量的 DNA 移动得慢，这样我们能将不同大小的 DNA 分开。如将已知含有不同大小 DNA 片段的标准样品作电泳对照，那么可以在电泳后估计或计算出待测样品的相对分子质量。

二、杂交技术

双链 DNA 在一定条件下能够变性和复性，这成为 DNA 杂交技术的基础。DNA 杂交技术是分子克隆的核心技术之一。DNA 杂交技术主要有 Southern 杂交、Northern 杂交、western 杂交和菌落原位杂交等。

(1) 杂交的主要目的是为了检测出同源 DNA 序列，而为了达到这一目的，必须要有标记的探针。带有能检测的标记物的 DNA 或 RNA 叫探针。使 DNA 或 RNA 带有可检测的标记物的过程叫探针标记。标记探针的策略多种多样，但最终的目的都是用标记的核苷酸代替 DNA 或 RNA 上原有的核苷酸。

(2) 随机引物标记能与任何 DNA 模板的多个位点配对互补的多个不均一序列寡聚核苷酸 DNA 片段叫随机引物。DNA 聚合酶 Klenow 大片段能在随机引物的引导下以带有标记物的 dNTP 为原料合成新的与模板 DNA 互补的探针。随机引物标记法比切口平移标记法有一些优点，随机引物标记仅仅需要一种酶，所以更为简单，而且条件易于控制，同时探针长度较为均一，杂交重复性好。

① Southern 杂交

Southern 杂交技术由 Southern 于 1975 年发明，它现在是基因分离和鉴定中不可缺少的一个重要手段。待分析的基因组 DNA 或其他 DNA 首先用一种或几种限制性内切核酸酶消化，消化后的 DNA 片段通过琼脂糖凝胶电泳按照分子量的大小进行分离，凝胶经碱变性处理，将 DNA 分子变性成单链，经毛细管作用或物理方法将凝胶中的单链 DNA 分子从胶上转移到固相支持物上(一般使用的是尼龙膜和纤维素膜)。将经过电泳分离的 DNA 从凝胶转移到杂交膜上是 Southern 杂交重要的一步。Southern 转移主要是毛细管转移法。这个方法的基本原理是，借助于吸水纸的吸水而产生毛细管作用，凝胶中的 DNA 片段由液流携带向上或向下转移到膜上。1kb 左右的小片段 DNA 通常在 1h 内就可以完成从琼脂糖凝胶到膜的转移，而大片段转移较慢而且效率较低。例如，大于 15kb 的 DNA 的毛细管转移至少需要进行 18h，而且即使 18h 后转移仍不完全。为了提高大片段的转移效率，先用酸(如 0.2mol/L HCl)处理凝胶以引起 DNA 部分脱嘌呤作用，然后用碱中和处理。这样处理的 DNA 片段便可以快速高效地从凝胶上转移，然而重要的是防止脱嘌呤作用过甚，否则 DNA 断裂成过小的片段，不能有效地结合到固相支持物上，脱嘌呤及水解作用也可导致在最后的放射自显影片上出现条带模糊的现象，大概是转移过程中由于DNA扩散程度加重而引起的，因此只建议预知的靶DNA片段长度大于15kb时才进行脱水嘌呤及水解处理。除此以外，还有向下毛细管转移法，真空印迹法和电转移法。转移后的膜通过干燥固定后即可用于杂交。

② Northern杂交

Southern是人名，而Northern则不是，Northern杂交是相对于Southern杂交而命名的。它们主要区别在于Southern杂交技术是以DNA为对象，而Northern杂交是以RNA为对象。DNA是双链分子，所以DNA片段在凝胶电泳分离后，需再用碱处理凝胶变性DNA。RNA一般是单链但其分子中存在二级结构，也必须除去。不过RNA不能用碱处理，因为碱会导致RNA水解。所以在Northern印迹时，一般进行RNA变性电泳，在分离RNA的同时消除RNA中的二级结构，而且保证RNA完全按照分子的大小分离。RNA变性电泳方法主要有3种：甲醛变性电泳、羧甲基汞变性电泳和乙二醛变性电泳。电泳后的转移与Southern转移的方法相同。

③ western杂交

western杂交法的杂交对象是蛋白质。用SDS聚丙烯酰胺凝胶电泳分离蛋白质，然后将蛋白质从凝胶转移到一种固相支持物上，通过抗体与附着于固相支持物上的靶蛋白所呈现的抗原抗体特异性反应进行检测。这一技术广泛用于基因在蛋白质水平上的表达研究。

④ 菌落(噬菌斑)原位杂交

菌落(噬菌斑)原位杂交法是直接以菌落或噬菌斑为对象来检测重组子的技术。它能从成千上万个重组子中迅速检测出期望的与探针序列同源的重组子。由于检测的对象是菌落或噬菌斑，所以转移的过程与直接的DNA或RNA转移不同。在含有选择性抗生素的琼脂平板上放一张硝酸纤维素滤膜，将菌点在硝酸纤维素滤膜上倒置平板，于37℃培养至细菌菌落生长到0.5~1.0mm的大小。也可以先在平板上生长细菌再通过影印将菌落转移到硝酸纤维素滤膜上。用0.5mol/L NaOH裂解菌落释放变性的DNA并使DNA结合于硝酸纤维素滤膜上，用Tris-HCl(pH7.4)中和pH并转移到一张干的滤纸上，置于室温20~30min，使滤膜干燥。将滤膜夹在两张干的滤纸之间，在真空烤箱中于80℃烘烤2h，固定DNA。杂交方法同Southern杂交。

三、PCR技术

聚合酶链式反应的方法始于20世纪70年代早期，由Khorana与他的同事最先提出建议，作为一种降低化学合成基因工作量的策略，但是当时由于基因序列分析方法尚未成熟，热稳定DNA聚合酶尚未开发出来以及寡聚核苷酸引物合成上处于手工及半自动合成阶段，因此用PCR大量合成基因的想法显得不切合实际。所以，Khorana想法很快就被人们给淡忘了。当这项技术用现在的名字被独立的重新构想出来并付诸实践，这已是15年以后的事情了。发明人Kary Mullis及他Cetus公司的同事们，首次报道了用大肠杆菌DNA聚合酶Ⅰ Klenow片段体外扩增哺乳动物单拷贝基因，然而即使有了这些报道，但在热稳定DNA聚合酶尚未发现之前，PCR终究还是一种中看不中用的实验室方法。当从嗜热水生菌来源的热稳定DNA聚合酶得到应用后，PCR的效率就大大地增加了，并使此方法趋于自动化，因此，到了20世纪80年代末，PCR已经成为遗传和分子分析的一个最重要的技术。

1. PCR技术的原理和过程

① 反应条件 PCR反应的条件有以下几个关键：①变性温度和时间，保证模板DNA解

链完全是保证整个 PCR 扩增成功的关键，一般为 94℃ 90s；②复性温度和时间，PCR 反应的特异性取决于复性过程中引物与模板的结合，一般为 40~60℃，温度越高，产物的特异性也越高，时间一般为 30~60s；③延伸温度和时间，Taq 酶最适作用温度为 70~75℃，小于 1kb 的片段一般 1~2min 就足够了，而大片段需延长时间；④循环数，在 25~30 个循环内，扩增 DNA 增加明显，以指数方式增加，后进入相对稳定状态，因为此时引物和 dNTP 下降，Taq 酶活性下降，高浓度的产物可能降低 Taq 酶的延伸和加工能力，扩增产物(焦磷酸盐和 DNA)也有阻碍作用，所以一味增加循环次数只会增加非特异扩增。

② PCR 过程通过加热，使双链 DNA 分子接近沸点温度时分离成两条单链 DNA，然后 DNA 聚合酶以单链 DNA 为模板并利用反应混合物中的 4 种 dNTP(脱氧核苷三磷酸)为原料从该起点开始合成新生的 DNA 互补链。此外，DNA 聚合酶也需要有一段 DNA 引物来启动或引导新链的合成。待扩增的 DNA 片段的两条链都可以作为合成新生互补链的模板分别与两对引物配对结合，由于在 PCR 反应中所选用的引物都是按照与特定扩增区段两端序列彼此互补的原则来设计的，所以新生 DNA 链的合成都是从引物的退火结合点开始，分别延伸并超过另一条链上的另一个引物的位置，故新合成的链上也有两个引物的合成位点。然后反应混合物经高温变性使新旧两条链分开，作为下一轮反应的模板，低温退火与引物结合，然后在适温下延伸，这三步反应组成一个周期。在适当的条件下，这种循环不断反复，前一个循环的产物可以作为后一个循环的模板 DNA 参与 DNA 的合成，使产物 DNA 的量按指数方式 2^n扩增。理论上讲经过 30 次循环反应，便可使靶 DNA 即两条引物结合位点之间 DNA 区段的拷贝数得到 10^9倍的扩增，但实际 DNA 扩增倍数为 10^6~10^9。而且只有到了第三循环才开始产生出两条和靶 DNA 区段完全相同的双链 DNA 分子，进一步循环才开始产生出靶 DNA 区段呈指数加倍。最后形成的扩增产物中，原来的 DNA 链及不同延伸长度的 DNA 链的比例已是微不足道，可以忽略不计。

经过 30 次循环扩增之后产生靶 DNA 量，足以满足任何一种分子生物学研究需要，包括直接的 DNA 序列的测定和克隆的需要。研究表明，从 50μL 扩增后的反应混合物中，取 5μL 少量样品经琼脂糖凝胶电泳之后，在紫外光下便可观察到清晰的靶 DNA 条带。即便只含有一个拷贝的靶 DNA 分子，也能被有效地扩增而检测到，因此 PCR 技术能从极微量的样品中通过扩增获得大量的目的 DNA 片段。正因为 PCR 技术具有如此高的扩增敏感性，所以 PCR 已经成为分子生物学及基因工程中非常有用的实验手段。

2. 荧光定量 PCR

通过荧光染料或荧光标记的特异性的探针，对 PCR 产物进行标记跟踪，实时在线监控反应过程，结合相应的软件可以对产物进行分析，计算待测样品的初始模板量。荧光定量 PCR 仪是一种带有激发光源和荧光信号检测系统的 PCR 仪，通常配有电脑系统及相应分析软件。1992 年 Higuchi 等第一次报道，使用 EB 内插染料法插至双链 DNA，经改装的带有冷 CCD 的 PCR 仪检测样品的荧光强度(PCR 循环=双链 DNA=染料=荧光)，后用与双链 DNA 有更强结合力的 SYBR green Ⅰ取代 EB。1996 年 Perkin-Elmer 公司开发了 Taqman 探针的荧光定量 PCR 技术，1996 年 Roche 公司开发了 Fret 探针的荧光定量 PCR 技术，1997 年 Oncor 公司开发了通用引物 Molecular Beacon 探针的荧光定量 PCR 技术。

荧光定量 PCR 标记方法：

① 内插染料：双链 DNA(dsDNA)的内插染料是一种能插入到双链 DNA 并发出强烈荧光的化学物质，其荧光强度的增加与 dsDNA 的数量成正比。如 SYBR green Ⅰ染料，当它没

有结合上双链 DNA 时，只发出相对弱的荧光；然而，当它一旦插入到双链 DNA 里时，荧光信号将会强烈地增加，从而根据荧光信号的增强来计算 PCR 扩增产物的增加。

② 双探针标记：探针是5′端标记荧光分子(如荧光素)，在3′端或在内标记一个吸收或淬灭荧光的分子(如 TAMRA)，这样5′端激发出的荧光会被3′端的分子淬灭或吸收掉，所以开始时，仪器并不能检测到荧光。由于 Taq 聚合酶同时具有5′端外切酶的活性，在 PCR 反应的延伸阶段，*Taq* 酶会把5′端的荧光分子切下，使其与3′端吸收或淬灭荧光的分子分开，仪器就会检测到荧光信号。每一个循环，随着 PCR 扩增产物的增加，荧光信号会增强，从而根据荧光信号的增强来计算 PCR 扩增产物的增加量。

③ 分子信标：独特的茎环结构由非特异的茎和特异的环组成，探针的5′端标记荧光分子，3′端标记一个吸收或淬灭荧光的分子。自身环化时仪器检测不到荧光，在 PCR 反应的退火阶段，探针因与模板链杂交而打开，使5′端荧光分子与3′端吸收或淬灭荧光的分子分开，仪器就会检测到荧光信号。每一个循环，随着 PCR 扩增产物的增加，荧光信号会增强，从而根据荧光信号的增强来计算 PCR 扩增产物的增加量。

四、生物芯片

生物芯片是20世纪80年代末，随着人类基因组计划的顺利进行而诞生的一项在分子生物学领域中迅速发展起来的新技术，它是将细胞、蛋白质、DNA 及其他生物组分，通过微加工技术和微电子技术集中点在一个小的固体芯片表面，以实现对它们的准确、快速、大信息量的检测分析。生物芯片主要分为基因芯片和蛋白芯片。生物芯片的主要特点是高通量、微型化和自动化。芯片上集成的成千上万的密集排列的分子微阵列，使人们能够在短时间内分析大量的生物分子，快速准确地获取样品中的生物信息，效率是传统检测手段的成百上千倍。所以它将是继大规模集成电路之后的又一次具有深远意义的科学技术革命。

1. 基因芯片

基因芯片，又称 DNA 芯片，还称 DNA 阵列，和日常所说的计算机芯片非常相似，只不过高度集成的不是半导体管，而是成千上万的网格状密集排列的各种不同的 DNA 片段。具体地说，也就是在玻片、硅片、薄膜等载体很小的基质表面上有序地、高密度地(点与点之间的距离一般小于500μm)排列、固定了大量的靶 DNA 片段或寡核苷酸片段。这些被固定的 DNA 分子在基质上就形成了高密度 DNA 微阵列，因此，基因芯片(gene chip)也叫基因微阵列。根据固定在玻片上的 DNA 类型，基因芯片可以分为3种。样品核酸分子经过标记作为探针，与固定在载体上的 DNA 同时进行杂交。杂交信号通过扫描仪而输入计算机，利用特定的软件分析每个杂交位点的信号强度判断靶分子的数量和与探针的同源性，进而获取样品的序列信息从而对基因序列及功能进行大规模、高密度地研究。杂交形式属于固-液杂交，与膜杂交相似。基因芯片主要利用芯片技术中信息的集约化和平行处理原理，具有无可比拟的高效、快速和多参量的特点，是传统生物技术如检测、杂交、分型和 DNA 测序的一次重大创新和突破。目前市场上最主要的基因芯片产品是以点样等方法制备的用于基因表达的中、低密度基因芯片。

2. 蛋白芯片

蛋白芯片是以蛋白质代替 DNA 作为检测对象，与在 mRNA 水平上检测基因表达的基因芯片不同，它直接在蛋白质水平上检测基因表达模式，在基因表达研究中比基因芯片有着更加直接的应用前景。它的基本原理是将各种蛋白质有序地固定于载玻片等各种介质载体上成为检测的芯片，然后，用标记了有特定荧光物质的抗体与芯片作用，与芯片上的蛋白质相配匹的抗体将与其对应的蛋白质结合，抗体上的荧光将指示对应的蛋白质及其表达的数量。在将未与芯片上的蛋白质互补结合的抗体洗去之后利用荧光扫描仪或激光共聚焦扫描技术，测定芯片上各点的荧光强度，通过荧光强度分析蛋白质与蛋白质之间相互作用的关系，由此达到测定各种基因表达功能的目的。为了实现这个目的，首先必须通过一定的方法将蛋白质固定于合适的载体上，同时能够维持蛋白质天然构象，也就是必须防止其变性以维持其原有的特定生物的活性。另外，由于生物细胞中蛋白质的多样性和功能的复杂性，开发和建立具有多样品处理能力、能够进行快速分析的高通量蛋白芯片技术将有利于简化和加快蛋白质功能研究的进展。

五、基因文库构建

基因文库或DNA文库是在细菌中增殖来自某一生物的染色体基因组DNA(或来自某一组织所有不同的mRNA的每一种cDNA分子)所形成的全部DNA片段克隆的集合体。它分为基因组DNA文库和cDNA文库。一个文库也就是许多基因或DNA片段克隆群体，虽然人们并不知道每一个克隆所包含的基因或DNA名称，但一个好的文库已经对许多基因或包含基因的DNA片段形成了克隆，为进一步的基因分离奠定了重要甚至是必不可少的基础。

构建基因组文库的程序是从供体生物制备基因组DNA，并用限制性核酸内切产生出适于克隆的DNA片段，然后在体外将这些DNA片段同适当的载体连接成重组体分子，并转入到大肠杆菌的受体细胞中去。由于真核生物基因组很大，并且真核基因含有内含子，所以人们希望构建大插入片段的基因文库，以保证所克隆基因的完整性。另外作为一个好的基因文库，人们希望所有的染色体DNA片段被克隆，也就是说能够从文库中钓出任一个目的基因克隆。为了减轻筛选工作的压力。重组子克隆数不宜过大，原则上重组子越少越好，这样插入片段就应该比较大。

高质量的基因组DNA的分离是成功构建其文库的基础。为了获得大的插入片段，分离的基因组DNA越大越好。酶切DNA时要求选择识别序列为4对碱基的限制性核酸内切酶，因为4对碱基的限制性内切核酸酶在一个基因组DNA以尽可能随机产生DNA片段，避免太大或太小的限制性DNA片段不能被特定的载体所克隆而导致文库的不完全。

cDNA文库的构建。是指某生物某一发育时期所转录的mRNA全部经反转录形成的cDNA片段与某种载体连接而形成的克隆的集合。cDNA文库与基因组文库的最主要的区别是，基因组文库含有而cDNA文库不含非转录的基因组序列(重复序列等)。与基因组文库一样，cDNA文库也是指一群含重组DNA的细菌或噬菌体克隆。每个克隆只含一种mRNA的信息，足够数目克隆的总和包含了细胞的全部mRNA信息。cDNA文库便于克隆和大量扩增，可以从中筛选到所需目的基因，并用于表达。不论是由细胞总DNA建立的基因组文库，还是由mRNA逆转录而成的cDNA建立的cDNA文库，都是混合物，还要对文库进行筛选，直到获得目的基因。

六、酵母双杂交系统

酵母双杂交体系是由Fields和Song等首先在研究真核基因转录调控中建立的。真核生物的转录激活因子一般是由两个结构上分开的、功能上互相独立的结构域组成的，即一个DNA结构域和一个转录激活域。DBD的功能是识别位于靶子基因上游的一个特定区段，即上游激活序列，并能与之结合；而 AD 则是同其他成分结合来启动下游基因的转录。在一般情况下，它们都是同一种蛋白质的两个组成部分，是激活基因转录的必要条件，分开单独存在时虽仍具有其原有的功能，但不能起转录作用。另外即使使用基因工程方法，将这两个结构域 AD 和 DBD 分别克隆到不同的载体上，转到同一细胞中表达，但是它们不能结合，靶子基因仍然无法被激活。然而人们研究发现某些蛋白质相互作用可以将这两个结构域连在一起，并且它们能恢复激活转录的活性。根据这个原理，人们可以用这两个结构域来探测蛋白质间的相互作用。这个方法主要由 4 个部分组成：AD、DBD、报告基因和诱惑基因。AD 和 DBD 可以来自同一个转录激活子的两个结构域，也可以来自两种不同转录子因子的结构域的不同部分，但在体内其他蛋白质相互作用下都可以重新连接成转录因子，并具有转录功能，从而激活下游报告基因的表达。如目前常用的 AD 及 DBD 来自 Gal4 或 LexA。蛋白质之间的相互作用导致报告基因的大量表达，其产物一般是能发荧光的蛋白或是能起显色反应的酶，所以很容易定性地检测到并能定量分析。

上述的两种载体在构建融合基因时，测试蛋白基因与结构基因必须在阅读框内融合。融合基因在报告株中表达产物只有定位于核内才能驱动报告基因的转录。如 Gal4-BD 具有核定位序列，但 Gal4-AD 却没有。所以在 Gal4-AD 氨基端或羧基端应克隆来自 SV40 的 T-抗原的一段序列作为核定位的序列。目前在研究中常用的 DBD 基因有：LexA 的 DNA-BD 编码序列和 Gal4(1～147)；常用的 AD 基因有：疹病毒 VP-16 的编码序列和 Gal4(768～881)等。

目前所有的杂交系统都是用酿酒酵母作为宿主细胞，所以双杂交系统一般称为酵母双杂交系统。宿主细胞酿酒酵母是经过改造的能同时容纳多种质粒，它有很多营养缺陷性标记，筛选比较方便，而且这个方法具有高度的敏感性，但酵母中缺乏适当的修饰酶，一些表达的蛋白质无法被修饰，以致蛋白质之间不能相互作用。现在人们通过转移修饰酶如磷酸化酶基因进入酵母中可以解决这一问题。

七、DNA 测序

DNA 测序是 DNA 分析的一个基本内容。现在 DNA 序列测定法已经得到了飞跃发展，它对于在分子水平上研究基因结构和功能关系等方面有着十分广泛的实用价值。

1. Sanger 双脱氧链终止法

这个方法是由英国剑桥大学分子生物学实验室的生物化学家 Sanger 等发明的，这是一种简单快速的 DNA 测序方法。它的基本原理是利用 DNA 聚合酶合成 DNA，在 DNA 的聚合过程中在特异性的核苷酸位置终止反应而进行测序。

2. Maxam-Gilbert 化学修饰法

也是在 1977 年，美国哈佛大学的 Maxam 和 Gilbert 发展出了一种以化学切割为基础的 DNA 序列分析法，这种方法也称为 Maxam-Gilbert DNA 序列分析法。它的基本原理是用特殊的化学试剂处理具末端放射标记的 DNA 片段，造成碱基的特异性切割，由此产生一组不同长度的 DNA 片段，然后用电泳分离分析断裂片段的大小，放射自显影，读胶确定 DNA 序列。Maxam-Gilbert DNA 序砜分析法所应用的 DNA 片段，可以是单链也可以是双链。在进行碱基特异的化学切割反应之前，需要先对待测的 DNA 片段末端进行标记。

第九节　分子生态技术

环境微生物种群的结构、差异及变化规律能灵敏的反映环境现状与变化趋势，在环境监控及污染治理上有非常重要的指导作用。由于在复杂环境样品中，微生物群落具有极其丰富的多样性和高度的复杂性，微生物群落分析，尤其是快速分析是一项困难的工作。传统的细菌培养法依赖于细菌分离与培养，仅能获取环境微生物信息的0.001%~15%；其研究周期很长，很难进行种群动态分析；另外，人工培养条件会极大地干扰种群的原始结构，降低结果可信度。随着分子生物学的快速发展和聚合酶链式反应(polymerase chain reaction，PCR)技术的日趋成熟，人们运用微生物生物化学分类的一些生物标记，包括呼吸链泛醌、脂肪酸和核酸，来进行环境样品中的微生物种群分析。其中，以16S rRNA/rDNA为基础的分子生态学技术已成为普遍接受的方法，该技术主要利用不同微生物在16S核糖体RNA(rRNA)及其基因(rDNA)序列上的差异来进行微生物种类的鉴定和定量分析。这主要是由于在相当长的微生物进化过程中，16S rRNA分子的功能几乎保持恒定，而且其分子排列顺序有些部位变化非常缓慢，以致保留了古老祖先的一些序列。但是，16S rRNA结构既具有保守性，又具有高变性，保守性能够反映微生物物种间的亲缘关系，为系统发育重建提供线索；而高变性则能揭示出微生物物种的特征核酸序列。因此，一些基于16S rRNA的分子指纹技术如变性梯度凝胶电泳(denaturing gradient gelelectrophoresis，DGGE)、末端限制性片段多态性(terminal restriction fragmentlength polymorphism，T-RFLP)和长度多态性片段PCR(amplicon lengthheterogeneity PCR，LH-PCR)、单链构象多态性分析(single strain conformationpolymorphism，SSCP)等，及核酸杂交技术如荧光原位杂交(fluorescence in situhybridization，FISH)、核酸印迹杂交(blot hybridization)等，已开始广泛应用于环境微生物种群结构和多样性分析。这些方法不受实验室微生物培养的限制，可以高效地对环境样品进行分析，获取相对全面的种群信息。

一、原位荧光杂交(FISH)

FISH(fluorescence)技术是一种重要的非放射性原位杂交技术。它的基本原理是：如果被检测的染色体或DNA纤维切片上的靶DNA与所用的核酸探针是同源互补的，二者经变性-退火-复性，即可形成靶DNA与核酸探针的杂交体。将核苷探针的某一种核苷酸标记上报告分子如生物素、地高辛，可利用该报告分子与荧光素标记的特异亲和素之间的免疫化学反应，经荧光检测体系在镜下对待测DNA进行定性、定量或相对定位分析。FISH的基本操作过程与其他DNA杂交技术一样，即荧光标记的探针DNA与互补的染色体靶DNA结合，进行靶DNA的检测。基本操作如图3-25所示。

二、变性梯度凝胶电泳(DGGE)

DGGE(denaturing gradient gel electrophoresis)，即变性梯度凝胶电泳，是根据DNA在不同浓度的变性剂中解链行为的不同而导致电泳迁移率发生变化，从而将片段大小相同而碱基组成不同的DNA片段分开。具体而言，就是将特定的双链DNA片段在含有从低到高的线性变性剂梯度的聚丙烯酰胺凝胶中电泳，随着电泳的进行，DNA片段向高浓度变性剂方向迁移，当它到达其变性要求的最低浓度变性剂处，双链DNA形成部分解链状态，这就导

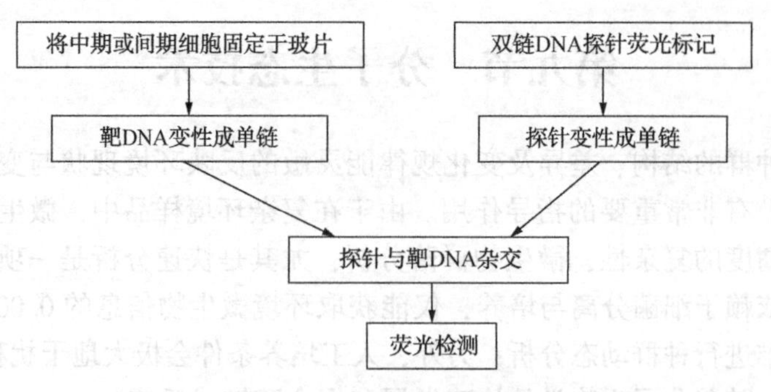

图 3-25　FISH 的操作流程

致其迁移速率变慢，由于这种变性具有序列特异性，因此 DGGE 能将同样大小的 DNA 片段很理想地分开，它是一种很有用分子标记方法。现已广泛应用于生物多样性调查、亲缘关系鉴定、基因突变检测等多个领域。

三、末端限制性酶切(T-RFLP)

末端限制性片段长度多态性(terminal-restriction fragment length polymorphism，T-RFLP)分析是一种分析生物群落的指纹技术，它的基础原理涉及末端荧光标记的 PCR 产物的限制性酶切。T-RFLP 是一种高效可重复的技术，它可以对一个生物群体的特定基因进行定性和定量测定。16SrRNA 基因片段通常作为靶序列，它可通过非变性的聚丙烯酰胺凝胶电泳和毛细管电泳分离，然后用激光诱导的荧光鉴定。此技术的优点是可以检测微生物群落中较少的种群。另外，系统发生分类也可以通过末端片段的大小推断出来。本技术的局限包括假末端限制性片段的形成，它可能导致对微生物多样性的过多估计。引物和限制酶的选择对于准确评估生物多样性也是很重要的。

四、长度异质性 PCR(LH-PCR)

由于基因或基因操纵子的插入或剪切造成某些特定基因固有长度呈现多态性，因此，可以利用这种多态性来确定微生物的种群信息。LH-PCR 测定的超变量区域主要存在于核糖体的小亚基(*rrn*)。迄今为止，大多数 LH-PCR 主要针对特定 16S rRNA 片段基因(高度可变区域 V_1 及 V_2 区域)的长度(312~363bp 之间)，从而确定生物群落中的微生物信息及动态变化趋势。

五、核糖体基因间隔序列分析(ribosoma lintergenic spacer analysis，RISA)

RISA 是研究微生物多样性的较好方法，该序列位于 16S 和 23S 核糖体基因间的间隔区(intergenic Spacer Region，ISR)。不同种属细菌间的基因间隔序列存在长度和碱基排列的差异，如碱基的插入或缺失，同一菌种不同菌株的 ISR 也是不同的。因此在菌株的亚分类研究中，ISR 对于 16S rRNA 基因分析起到了很好的补充作用。该方法具有高度敏感性，与 DGGE 相比，RISA 的引物无须 GC 夹，电泳分析时使用标准琼脂糖凝胶即可。定量 FISH 试验显示，使用特异性探针得到的 ISR，其浓度较 16S 和 23SrRNA 更能反映细胞活性。

六、单链构象多态性分析(single-strand conformation polymorphism，SSCP)

SSCP 是一种广泛应用于基因突变分析的电泳方法，适用于微生物群落分析。类似

DGGE/TGGE，SSCP 可将相同长度但序列不同的 PCR 产物进行分离。但与之相反的是，该技术不是基于双链 DNA 而是单链 DNA，单链 DNA 在凝胶中的电泳速度，不但与长度和相对分子质量大小有关，还与其三维构象相关。当有一个碱基发生改变时，或多或少会使构象发生改变。空间构象有差异的单链 DNA 分子在聚丙烯酰胺凝胶中受排阻的程度不同，因此可以非常敏锐地将构象上有差异的分子分离开。

七、定量实时 PCR(quantitative real-time PCR)

实时定量 PCR 技术自 1996 年诞生以来，不仅广泛地应用于分子生物学的各个研究领域，而且还作为定量分析方法应用于微生物生态学研究。常规 PCR 技术是对 PCR 扩增反应的终点产物进行定量和定性分析，实时定量 PCR 是在扩增期间通过连续监测荧光信号的强弱即时测定特异性产物的量，并据此推断目的基因的初始量。它的定量原理是基于 DNA Taq 酶有 5′→3′外切酶活性以及荧光能量传递技术(fluorescence resonance energy transfer，FERT)，构建了双标记寡核苷酸探针，即 TaqMan 探针。继 Taq Man 探针之后相继出现了分子信标、Amp lisens or 和杂交探针，最近又出现了与双链 DNA 非特异性结合的染料，如 SYBR Green I。

第十节　转基因技术(transgenic technology)

转基因技术的理论基础来源于进化论衍生来的分子生物学。基因片段的来源可以是提取特定生物体基因组中所需要的目的基因，也可以是人工合成指定序列的 DNA 片段。DNA 片段导入特定生物中，与生物原有基因重组，再从重组体中进行数代的人工选育，从而获得具有稳定遗传性状的个体。该技术可以使重组生物增加人们所期望的新性状，培育出新品种。

“转基因”这个具有正反争议的词汇，成为 2014 年“科学美国人”中文版《环球科学》杂志年度十大科技热词之一。而争议的关键在于人类是否像自己所认为的那样，已经可以代替上帝改造自然，但不会破坏自然规律。

2015 年 1 月 13 日，欧洲议会全体会议通过一项法令，允许欧盟成员国根据各自情况选择批准、禁止或限制在本国种植转基因作物。该法令提交欧洲理事会，已经生效。

一、发展历史

转基因食品如图 3-26 所示。

1974 年，科恩(Cohen)将金黄色葡萄球菌质粒上的抗青霉素基因转到大肠杆菌体内，揭开了转基因技术应用的序幕。

1978 年，诺贝尔医学奖颁给发现 DNA 限制酶的纳森斯(Daniel Nathans)、亚伯(Werner Arber)与史密斯(Hamilton Smith)时，斯吉巴尔斯基在《基因》期刊中写道：限制酶将带领我们进入合成生物学的新时代。

图 3-26　转基因食品

1982 年，美国 Lilly 公司首先实现利用大肠杆菌生产重组胰岛素，标志着世界第一个基因工程药物的诞生。

1992年荷兰培育出植入了人促红细胞生成素基因的转基因牛，人促红细胞生成素能刺激红细胞生成，是治疗贫血的良药。转基因技术标志着不同种类生物的基因都能通过基因工程技术进行重组，人类可以根据自己的意愿定向地改造生物的遗传特性，创造新的生命类型。同时转基因技术在药物生产中有着重要的利用价值。转基因技术，包括外源基因的克隆、表达载体、受体细胞，以及转基因途径等，外源基因的人工合成技术、基因调控网络的人工设计发展，导致了21世纪的转基因技术将走向转基因系统生物技术。2000年国际上重新提出合成生物学概念，并定义为基于系统生物学原理的基因工程与转基因技术。

二、技术目的

1. 提取目的基因

从生物有机体复杂的基因组中，分离出带有目的基因的DNA片段，或者人工合成目的基因，或从基因文库中提取相应的基因片段和PCR技术进行目的基因的增殖。

2. 将目的基因与运载体结合

在细胞外，将带有目的基因的DNA片段通过剪切、黏合连接到能够自我复制并具有多个选择性标记的运输载体分子(通常有质粒、T_4噬菌体、动植物病毒等)上，形成重组DNA分子。

3. 将目的基因导入受体细胞

将重组DNA分子注入到受体细胞(亦称宿主细胞或寄主细胞)，将带有重组体的细胞扩增，获得大量的细胞繁殖体。

4. 目的基因的筛选

从大量的细胞繁殖群体中，通过相应的试剂筛选出具有重组DNA分子的重组细胞。

5. 目的基因的表达

将得到的重组细胞，进行大量的增殖，得到相应表达的功能蛋白，表现出预想的特性，达到人们的要求。

三、主要分类

转基因过程按照途径可分为人工转基因和自然转基因，按照对象可分为植物转基因技术、动物转基因技术和微生物基因重组技术。

1. 人工转基因

将人工分离和修饰过的基因导入到生物体基因组中，由于导入基因的表达，引起生物体的性状的可遗传的修饰，这一技术称之为转基因技术。人们常说的"遗传工程""基因工程""遗传转化"均表达为转基因技术。如今，改变动植物生物性状的人工操作被称为转基因技术(狭义)，而对微生物的操作则往往被称为遗传工程技术(狭义)。

经转基因技术修饰的生物体常被称为"遗传修饰生物体"(genetically modified organism，简称GMO)。

2. 自然转基因

非人为导向的，自然界里动物、植物或微生物自主形成基因转变现象，例如慢病毒载体里的乙型肝炎病毒DNA整合到人精子细胞染色体上、噬菌体将自己DNA的插入到溶源细胞DNA上，农杆菌和花椰菜花叶病毒(CMV)等。

3. 植物转基因

植物转基因是基因组中含有外源基因的植物。它可通过原生质体融合、细胞重组、遗传物质转移、染色体工程技术获得，有可能改变植物的某些遗传特性，培育高产、优质、抗病毒、抗虫、抗寒、抗旱、抗涝、抗盐碱、抗除草剂等的作物新品种，如玉米稻、北极鳄梨、转基因三倍体毛白杨。而且可用转基因植物或离体培养的细胞，来生产外源基因的表达产物，如人的生长激素、胰岛素、干扰素、白介素2、表皮生长因子、乙型肝炎疫苗等基因已在转基因植物中得到表达。

植物基因工程如图3-27所示。

4. 动物转基因

动物转基因就是基因组中含有外源基因的动物。它是按照预先的设计，通过细胞融合、细胞重组、遗传物质转移、染色体工程和基因工程技术将外源基因导入精子、卵细胞或受精卵，再以生殖工程技术，有可能育成转基因动物。

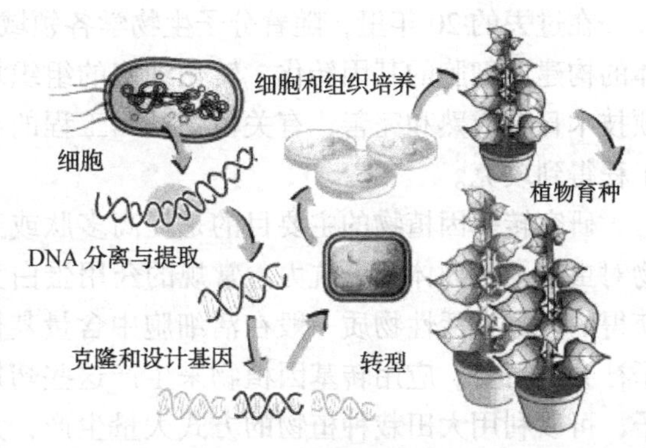

图3-27　植物基因工程

通过生长素基因、多产基因、促卵素基因、高泌乳量基因、瘦肉型基因、角蛋白基因、抗寄生虫基因、抗病毒基因等基因转移，可能育成生长周期短，产仔、生蛋多和泌乳量高的转基因动物，例如转基因超级鼠比普通老鼠大约一倍。通过转基因技术生产的肉类、皮毛品质与加工性能好，并具有抗病性，已在牛、羊、猪、鸡、鱼等家养动物中取得一定成果。

但由于转基因动物受遗传镶嵌性和杂合性的影响，其有性生殖后代容易发生变异，难以形成稳定遗传的转基因品系。因而，尝试将外源基因导入线粒体，再送入受精卵中，由于线粒体的细胞质遗传，其有性后代可能全都是转基因个体，从而解决遗传稳定性问题。

5. 微生物重组

在所有转基因技术中，最为常见的是微生物基因重组技术的应用。

与动植物不同的是，微生物重组技术通常需要用到专门的重组基因载体——质粒。质粒是一种细胞质遗传因子，相比于核基因具有遗传的不稳定性。但相比于动植物，微生物重组技术具有周期短、效果显著、控制性强的特点，因而广泛应用于生物医药和酶制剂行业。经过多年的理论奠基，现已在微生物领域中开发出酵母表达系统、大肠杆菌表达系统和丝状真菌表达系统，其中毕赤酵母表达系统和大肠杆菌表达系统两者的可靠性最佳，具有表达效率高(外源蛋白占细胞总蛋白的10%~40%)、生产成本低的特点，一般常见的诸如胰岛素、白细胞介素、α-高温淀粉酶、重组人p53腺病毒注射液、啤酒酵母乙肝疫苗、抗生素、饲料用木聚糖酶、壳聚糖酶等都由这两种表达系统生产的。

四、技术原理

转基因技术的原理是将人工分离和修饰过的优质基因，导入到生物体基因组中，从而达到改造生物的目的。由于导入基因的表达，引起生物体的性状，可遗传的修饰改变，这一技术称之为人工转基因技术(transgene technology)。

人工转基因技术就是把一段目的基因转移到另一个生物体DNA中的生物技术。具有不确定性。常用的方法和工具包括显微注射、基因枪、电破法、脂质体等。转基因最初用于研究基因的功能，即把外源基因导入受体生物体基因组内(一般为模式生物，如拟南芥或斑马鱼等)，观察生物体表现出的性状，达到揭示基因功能的目的。

1. 转基因植物

转基因植物是基因组中含有外源基因的植物。通过原生质体融合、细胞重组、遗传物质转移、染色体工程技术获得，改变植物的某些遗传特性，培育优质新品种，或生产外源基因的表达产物，如胰岛素等。

在过去的20年里，随着分子生物学各领域的不断发展，植物基因的分离、基因工程载体的构建、细胞的基因转化、转化细胞的组织培养、植株再生及外源基因表达的检测等各项技术日趋成熟和完善，有关植物基因工程的研究高速发展，以往不可能完成的基因转化工程得到攻克。

研究转基因植物的主要目的是提高多肽或工业用酶的产量，改善食品质量，提高农作物对虫害及病原体的抵抗力。常规的药用蛋白大部分是利用生化的方法提取或微生物发酵获得的，这类活性物质一般在活细胞中含量甚微，且提取过程复杂、成本高，远远满足不了社会的需要。应用转基因植物来生产这些药用蛋白，包括疫苗、抗体、干扰素等细胞因子，可以利用大田栽种植物的方式大量生产，大幅度降低生产成本，提高产量，还可以获得常规手段无法获得的药物。

利用植物来生产疫苗的最大优点是它可以作为食品直接口服。通过各种植物转基因技术将多肽疫苗基因转入植物，从而得到表达多肽疫苗的转基因植物。随着抗体基因工程能将抗体基因(从小的活性单位到完整抗体的重、轻链基因)从单抗杂交瘤中分离出来，人们就开始想办法利用转基因植物来表达这些抗体。

1989年Hiatt将鼠杂交瘤细胞产生的抗体基因转入烟草细胞获得了植物抗体，并且发现植物抗体具有杂交瘤来源抗体同样的抗原结合能力，既有功能性。在这之后，全长抗体、单域抗体和单链抗体在转基因植物中均获得成功表达。用植物抗体进行局部免疫治疗将是一个引人瞩目的领域，应用高亲和性抗体进行局部治疗可以治愈龋齿及其他一些常见病。植物转基因可获得更多的新品种，蔬菜、水果、花卉都能够在保留其优良品质的情况下优化。

2. 转基因动物

人工转基因动物就是基因组中导入了外源基因的动物，如图3-28所示。

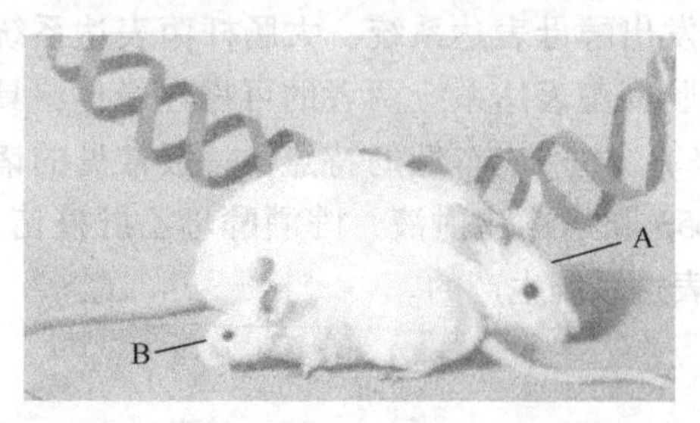

图3-28　转基因动物

转基因动物是按照预先的设计，融合重组细胞、遗传物质转移、染色体工程和基因工程技术将外源基因导入精子、卵细胞或受精卵，再以人工授精技术，有可能育成转基因动物。

通过生长素基因、多产基因、促卵素基因、高泌乳量基因、瘦肉精基因、角蛋白基因、抗寄生虫基因、抗病毒基因等基因转移，可能育成优良的可养殖品种。

转基因动物是指用人工方法将外源基因在染色体基因内稳定整合并能稳定表达的一类动物。1974年，Jaenisch应用显微注射法，在世界上首次成功地获得了SV40 DNA转基因小鼠。其后，Costantini将兔-珠蛋白基因注入小鼠的受精卵，使受精卵发育成小鼠，表达出了兔β-珠蛋白；Palmiter 等把大鼠的生长激素基因导入小鼠受精卵内，获得“超级”小鼠；Church 获得了首例转基因牛。到目前为止，人们已经成功地获得了转基因鼠、鸡、山羊、猪、绵羊、牛、蛙以及多种转基因鱼。

还可将转基因动物作为生物工厂(biofactories)，包括乳腺生物反应器和输卵管生物反应器等，如以转基因小鼠生产凝血因子Ⅸ、组织型血纤维溶酶原激活因子(t-PA)、白细胞介素 2、α_1-抗胰蛋白酶，以转基因绵羊生产人的 α_1-抗胰蛋白酶，以转基因山羊、奶牛生产 LAt-PA，以转基因猪生产人血红蛋白等，这些基因产品具有高效、优质、廉价与相应的人体蛋白具有同样的生物活性，且多随乳汁分泌，便于分离纯化，基于系统生物学的发展，转基因系统生物技术-合成生物学成为单基因、多基因乃至基因组联合设计、合成与转基因的新一代生物技术。

转基因动物受遗传镶嵌性和杂合性的影响，其有性生殖后难以形成稳定遗传的转基因品系，容易发生变异。因而，选择动物的线粒体作为转基因的载体，以外源基因对其进行离体转化，再将人工转基因线粒体导入受精卵，所发育成的转基因动物，雌性个体外培养的卵细胞与任一雄性个体交配或体外受精，由于线粒体的细胞质遗传，其有性后代可能全都是人工转基因个体。

五、遗传转化方法

遗传转化的方法按其是否需要通过组织培养、再生植株通常可分成两大类，第一类需要通过组织培养再生植株，常用的方法有农杆菌介导转化法、基因枪法；另一类方法不需要通过组织培养，比较成熟的主要有花粉管通道法。花粉管通道法是中国科学家提出的。

1. 农杆菌介导转化

农杆菌是普遍存在于土壤中的一种革兰氏阴性细菌，它能在自然条件下趋化性地感染大多数双子叶植物的受伤部位，并诱导产生冠瘿瘤或发状根。根癌农杆菌和发根农杆菌中细胞中分别含有 Ti 质粒和 Ri 质粒，其上有一段 T-DNA，农杆菌通过侵染植物伤口进入细胞后，可将 T-DNA 插入到植物基因组中。

因此，农杆菌是一种天然的植物遗传转化体系。人们将目的基因插入到经过改造的 T-DNA 区，借助农杆菌的感染实现外源基因向植物细胞的转移与整合，然后通过细胞和组织培养技术，再生出转基因植株。转基因组如图 3-29 所示。

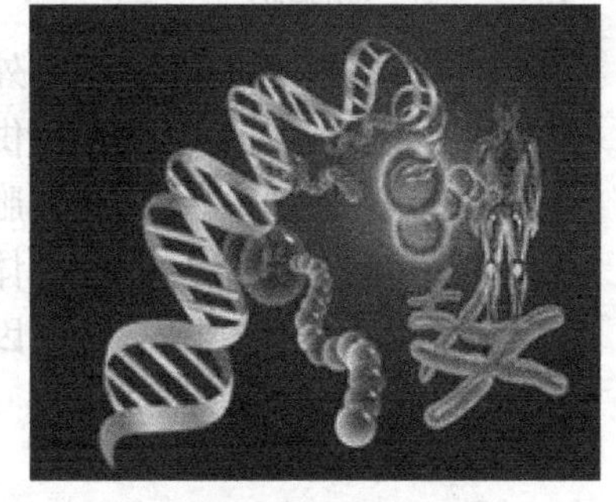

图 3-29　转基因组

农杆菌介导法起初只被用于双子叶植物中，自从基因工程的出现，农杆菌介导转化在单子叶植物中也得到了广泛应用，其中水稻已经被当作模式植物进行研究。

2. 花粉管通道法

在授粉后向子房注射含目的基因的 DNA 溶液，利用植物在开花、受精过程中形成的花粉管通道，将外源 DNA 导入受精卵细胞，并进一步地被整合到受体细胞的基因组中，随着受精卵的发育而成为带转基因的新个体。该方法于 20 世纪 80 年代初期由中国学者周光宇提出，中国目前推广面积最大的转基因抗虫棉就是用花粉管通道法培育出来的。该法的最大优点是不依赖组织培养人工再生植株，技术简单，不需要装备精良的实验室，常规育种工作者易于掌握，但是该方法只是用于转基因植物。

3. 显微注射法

核显微注射法是动物转基因技术中最常用的方法。它是在显微镜下将外源基因注射到受精卵细胞的原核内，注射的外源基因与胚胎基因组融合，然后进行体外培养，最后移植到受体母畜子宫内发育，这样分娩的动物体内的每一个细胞都含有新的DNA片段。这种方法的缺点是效率低、位置效应（外源基因插入位点随机性）造成的表达结果的不确定性、动物利用率低、仪器精明度要求高等，此外动物还存在着繁殖周期长，有较强的时间限制、需要大量的供体和受体动物等。

4. 基因枪法

利用火药爆炸或高压气体获得加速（这一加速设备被称为基因枪），将包裹目的基因的DNA溶液的微弹高速打入完整的植物组织和细胞中，然后通过细胞和组织培养技术，分离、再生出植株，选出其中转基因阳性植株即为转基因植株。与农杆菌转化相比，基因枪法转化的一个主要优点是不受植物物种的限制。而且其质粒载体的构建也相对简单，因此也是转基因研究中应用较为广泛的一种方法。

5. 精子介导法

精子介导的基因转移是在精子中打入目的基因，使其具有携带外源基因的能力。然后，用携带有外源基因的精子人工授精给发情母畜。在母畜所生的后代中，就有一定比例的动物是整合外源基因的转基因动物。

同显微注射方法相比，精子介导的基因转移有两个优点：首先是它的成本很低，只有显微注射法成本的1/10。其次，由于它不涉及对动物进行处理，因此，可以用生产牛群或羊群进行实验，以保证每次实验都能够获得成功。

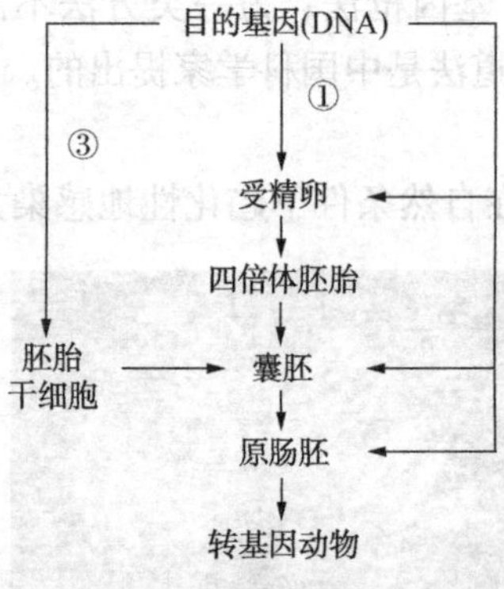

目的基因(DNA)
①
③
②
受精卵
四倍体胚胎
胚胎干细胞
囊胚
原肠胚
转基因动物

图3-30　转基因技术图示
①—基因注射法；
②—逆转录病毒感染法；
③—胚胎干细胞介导法

6. 核移植转基因法

体细胞核移植是转基因技术中的一种。该方法是先把外源基因与供体细胞在培养基中培养，使外源基因整合到供体细胞上，然后将供体细胞的细胞核移植到受体细胞——去核卵母细胞，构成重建胚，再把其移植到假孕母体，待其妊娠、分娩，便可得到转基因的克隆动物。转基因技术如图3-30所示。

7. 体细胞核移植法

先在体外培养的体细胞中进行基因导入，筛选成功导入的专基因细胞。然后，将带转基因体细胞核移——去卵核细胞移植到去掉细胞核的卵细胞中，构成重建胚胎。重建胚胎经移植到母体中，该技术方法产生的崽肯定是转基因动物。

六、鉴别方法

人工转基因技术和人工杂交技术是两个概念，植物杂交技术是自体基因重组过程，不改变繁殖特性，但有组合优质基因的几率，基本不会产生变异基因，即没有剥夺其基本特性的作物。它可通过原生质体之间的融合、细胞自体细胞重组、自体遗传物质自由组合转移、自体染色体工程技术获得，不改变植物的遗传特性，可以提高优质率水平，从而培育出高产、优质、抗病毒、抗虫、抗寒、抗旱、抗涝、抗盐碱等的作物新品种。

人工杂交技术可分为植物杂交和畜牧杂交，植物杂交是指近缘种间的有性繁殖，嫁接不属于此列。利用体细胞杂交技术可以做到远缘的杂交(比如紫莱甘蓝、番茄马铃薯)。

杂交畜牧是指两个不同近交系之间，优质品种的雌雄畜牧进行有计划的交配，杂交所产生的第一代动物，具有两亲本遗传的优质特性，用于改良家畜品质，有着正常的生长周期和正常繁殖能力的畜牧品种，骡子不属于杂交畜牧。

自从人类耕种作物以来，我们的祖先就从未停止过作物的遗传改良。过去的几千年里，农作物改良的方式主要是对自然突变产生的优良基因和重组体的选择和利用，通过随机和自然的方式来积累优良基因。遗传学创立后近百年的动植物育种则是采用人工杂交的方法，进行优良基因的重组和外源基因的导入而实现遗传改良。

因此，人工转基因技术与传统技术有着同样的目的，其本质都是通过获得优良基因进行遗传改良。但在基因转移的范围和效率上，人工转基因技术与传统育种技术有两点重要区别：

① 传统技术一般只能在生物种内个体间实现基因转移，而人工转基因技术所转移的基因则不受生物体间亲缘关系的限制。

② 传统的杂交和选择技术一般是在生物个体水平上进行，操作对象是整个基因组，所转移的是大量的基因，不可能准确地对某个基因进行操作和选择，对后代的表现预见性较差。而人工转基因技术所操作和转移的一般是经过明确定义的基因，功能清楚，后代表现可准确预期。

因此，人工转基因技术是对传统技术的发展和补充。将两者紧密结合，可相得益彰，大大地提高动植物品种改良的效率。

七、转基因技术的应用

① 转基因技术可以使动植物甚至成为制造药物的“微型工厂”。1996 年我国科学家成功的培育了 5 头具有治疗血友病的凝血因子基因的山羊，其乳汁中就含有凝血因子；1999 年又培育了转入人的血清蛋白基因的奶牛，总之转基因技术在生物制药领域具有广阔的发展前景。

② 转基因技术与遗传病诊治。转基因技术可以用于遗传病诊断与治疗，随着我们对人类自身基因认识的不断深入和“人类基因组计划”的完成。基因诊断和基因治疗将呈现广阔的前景。

③ 转基因技术与农业。科学家应用转基因技术，成功的培育出一批抗虫、抗病、耐除草剂的农作物新品种，如苏云金杆菌体内能产生一种毒蛋白，农作物害虫吃下就会死亡。利用转基因技术培育出优良品质的作物，如利用转基因技术培育出高蛋白含量的马铃薯和玉米等。

④ 转基因技术与环境保护。转基因技术在环境治理方面也发挥奇妙的作用。如转抗虫基因作用的培育成功，可以减少使用污染环境的农药等。

⑤ 转基因产品的安全性。转基因产品带给人们巨大利益的同时，还要重视转基因产品的安全性，做好转基因动植物及产品对人类健康和环境安全的评价工作，如转毒蛋白基因作物若持续产生毒蛋白，将可能大规模的消灭多种害虫，并使这些害虫的天敌数量下降，从而威胁生态平衡。因此，采取相应的措施防范基因对环境的潜在威胁是非常必要的。

1. 应用领域

目前，转基因技术已广泛应用于医药、工业、农业、环保、能源、新材料等领域。

(1) 药物领域

目前已有基因工程疫苗、基因工程胰岛素和基因工程干扰素等药物。其使用基因拼接技术或DNA重组技术(即转基因技术)，指按照人们的意愿，定向地改造生物的遗传性状，产生出人类需要的基因产物，以此生产出的药物原料和药品。

① 基因工程疫苗

使用DNA重组生物技术，把天然的或人工合成的遗传物质定向插入细菌、酵母菌或哺乳动物细胞中，使之充分表达，经纯化后而制得的疫苗。应用基因工程技术能制出不含感染性物质的亚单位疫苗、稳定的减毒疫苗及能预防多种疾病的多价疫苗。

已经商业化使用的部分基因工程疫苗：

乙肝疫苗、丙肝疫苗、百日咳基因工程疫苗、狂犬病基因工程灭活疫苗、肠道病毒71型基因工程疫苗、产肠毒素大肠杆菌基因工程疫苗、轮状病基因工程疫苗、Asia Ⅰ型口蹄疫病毒(FMDV)的感染表位重组蛋白疫苗、弓形虫基因工程疫苗、肠出血性大肠杆菌基因工程疫苗等。

基因工程乙肝疫苗产业化案例：

国家卫健委2013年7月26日公布，全球3.5亿乙肝病毒携带者中有近1亿中国人，全球每年大约70万病毒性肝炎相关死亡人群中我国占近半。我国乙肝报告病例多年来居所有法定传染病的首位，约占总传染病总数的1/3。

20世纪80年代，转基因乙肝疫苗被研制成功。其原理是，将乙肝病毒基因中负责表达表面抗原的那一段“剪切”下来，转入酵母菌里。被转入乙肝病毒基因的酵母菌生长时，就会生产出乙肝表面抗原。而酵母菌是一种能快速生长繁殖的生物，于是乙肝表面抗原就被大量生产出来。这种疫苗技术1994年被引进中国，随后建成了两条生产线。1997年9月1日卫生部以卫药发(1997)第57号文下达了《关于基因乙肝疫苗取代血源性乙肝疫苗有关问题的通知》，规定：1998年1月起停止阳性血浆的采集；已采集的阳性血浆1998年上半年允许投料生产；合格血源乙肝疫苗使用期限截止于2000年底。2001年以后全部使用高安全性的基因工程乙肝疫苗。

同年，利用酵母菌的转基因乙肝疫苗被正式批准生产。从此，乙肝疫苗终于得以大量生产，中国政府也开始着手给儿童免费接种、甚至免费补种乙肝疫苗。2009~2011年，我国开展了15岁以下人群免费补种乙肝疫苗工作，共补种6800万余人。全面、免费疫苗接种的开展，使我国5岁以下儿童慢性乙肝感染率降至1%以下；我国每年乙肝新发感染者人数也降到了10万。根据卫健委的数据，1992~2009年，全国预防了8000万人免受乙肝病毒感染，减少了近2000万乙肝病毒表面抗原携带者，减少肝硬化、肝癌等引起的死亡430万人。

② 基因工程胰岛素

在2013年举办的第七届联合国糖尿病日主题活动上，与会专家指出“中国目前糖尿病患者数达1.14亿，约占全球的1/3”。糖尿病的病因是胰岛素分泌缺陷或其生物作用受损，所以最常用的治疗方法就是以注射胰岛素的方式补充人体内胰岛素。要获得胰岛素，最初只能从牛和猪的胰脏中提取。但是，每100kg动物胰腺只能提取出4~5g胰岛素，产量低，远不能满足患者的需求。

1980年代初，美国一家公司通过转基因技术实现了人体胰岛素的工业生产。其原理是，将人的基因中负责表达胰岛素的那一段“剪切”下来，转入大肠杆菌或者酵母菌里，通过后者的快速增殖达到人体胰岛素的大量生产。全球大多数糖尿病人才得到了很好的胰岛素治疗。

(2) 食品领域

利用分子生物学技术，将某些生物的基因转移到农作物中去，改造生物的遗传物质，使其在性状、营养品质、消费品质方面向人类所需要的目标转变，从而得到转基因农作物。以转基因生物为直接食品，作为原料加工生产的食品，以及喂养家畜得到的衍生食品，在广义上都可以称为转基因食品。因其安全性被广泛质疑，国际社会对其尚存有很大争议。

它的研究已有几十年的历史，但真正的商业化是近十年的事。20 世纪 90 年代初，市场上第一个转基因食品出现在美国，是一种保鲜番茄，这项研究成果本是在英国研究成功的，但英国人没敢将其商业化，美国人便成了第一个吃螃蟹的人，让保守的英国人后悔不迭。此后，转基因食品一发不可收。据统计，美国食品和药物管理局确定的转基因品种已有 43 种。

如常见的农作物转入 Bt(苏云金芽孢杆菌)基因和 Ht 基因。Bt 基因编码的是苏云金芽孢杆菌分泌的一种对鳞翅目鞘翅目昆虫(比如小菜蛾)有毒的蛋白质，携带有 Bt 基因的农作物在生长时亦能自己产生这种毒性蛋白，因此不需要使用农药，靠农作物自身杀虫。这种毒蛋白只对虫子有效，尚未证据显示其对人类或其他哺乳动物有致毒致敏作用；Ht 基因又叫抗除草剂基因，它指导的蛋白质能够在植物体内分解除草剂物质，使植物获得抵抗高浓度除草剂的能力。因此在田间喷洒除草剂之后，杂草会因为对除草剂的抵抗力不足而被杀死，而农作物得以正常存活。相对于非转基因农作物使用机械来除草，种植转 Ht 基因的农作物更加经济。

2. 发展前景

自 1996 年首例转基因农作物产业化应用以来，全球转基因技术研究与产业应用快速发展。发达国家纷纷把发展转基因技术作为抢占未来科技制高点和增强农业国际竞争力的战略重点，发展中国家也积极跟进，并呈现以下发展态势：

一是品种培育速度加快。随着生命科学、基因组学、信息学等学科的发展，转基因技术研究日新月异，研究手段、装备水平不断提高，基因克隆技术突飞猛进，一些新基因、新性状和新产品不断涌现。品种培育呈代际特征，全球转基因生物新品种已从抗虫和抗除草剂等第一代产品，向改善营养品质和提高产量的第二代产品，以及工业、医药和生物反应器等第三代产品转变，多基因聚合的复合性状正成为转基因技术研究与应用的重点。

二是产业化应用规模迅速扩大。截至 2009 年底，全球已有 25 个国家批准了 24 种转基因作物的商业化应用。以转基因大豆、棉花、玉米、油菜为代表的转基因作物种植面积，由 1996 年的 2550 万亩发展到 2009 年的 20 亿亩，14 年间增长了 79 倍。

三是生态和经济效益十分显著。1996~2007 年，全球转基因作物的累计收益高达 440 亿美元，累计减少杀虫剂使用 35.9 万吨。2008 年，全球转基因产品市场价值达到 75 亿美元。

2009 年 11 月 27 日，农业部批准了“华恢 1 号”、“Bt 汕优 63”两种转基因水稻，一种 BVLA430101 转基因玉米的安全证书，两个产品分别限在湖北省和山东省生产应用。获得两个转基因水稻安全证书的是华中农业大学张启发教授及其同事。这是中国首次为转基因水稻颁发安全证书，也是全球首次为转基因主粮发放安全证书。但是，有关转基因水稻商业化种植的消息引来了各种担忧，也引起了部分网民的强烈反对。

中国于2000年8月8日签署了《国际生物多样性公约》下的《卡塔赫纳生物安全议定书》，国务院于2005年4月27日批准了该议定书，中国正式成为缔约方。议定书的目标是保证转基因生物及其产品的安全性，尽量减少其潜在地对生物多样性和人体健康可能造成的损害，在缺乏足够科学依据的情况下，可对他国试图入境的转基因生物及产品采取严格的限制与禁入措施。

该公约的第23条规定，对转基因生物要进行严格的风险评估、风险管理和增加决策的透明度和公众参与度，应在决策过程中征求公众意见，向公众通报结果。

随着转基因问题日益成为热点，越来越多的人开始关注转基因，但是同时也出现了关于转基因的诸多争议。

许多文章和书籍(例如《生化超限战：转基因食品和疫苗的阴谋》)是反对转基因的代表作之一。甚至有反对派把支持转基因者说成了一种宗教激进主义的歇斯底里。来自于支持和反对转基因技术的声音在科技原理、监控和意识形态范畴尚存在巨大纷争。

3. 主要影响

在生态系统中可减少温室气体排量。

农业生物技术应用国际服务组织(ISAAA)发布2012转基因作物年度发展报告《Global Status of Commercialized Biotech/GM Crops：2012》，指出2012年发展中国家转基因作物种植面积的增幅首次超过发达国家，并认为发展转基因作物可减少温室气体排量。

ISAAA在年度报告中分析了转基因作物对环境的影响。报告指出，2011年全球转基因作物的种植节约了相当于47300kg的杀虫剂，高产的转基因作物节省了相当于1.09×10^8公顷的耕地，同时其效果相当于减少了约230×10^8kg的温室气体排放量。通常，种植转基因作物不需要大面积野外田间耕作。减少耕作能使土壤中保留更多的残留物，从而在土壤中捕获更多的二氧化碳，降低温室气体排放量。此外，较少的田间作业也必然降低燃料消耗和随之产生的二氧化碳排放。

转基因作物因为是人工制造的品种，我们可以把这些品种，看作为自然界原来不存在的外来物种。一般来说，外来物种对环境或生物多样性，造成威胁或危险会有一段较长的时间。有时需10年的时间，或更长的时间。转基因作物商品化种植至今最长也就是5~6年的时间，一些潜在风险在这么短的时间内，不一定能表现出来。可是有些风险在实验室水平上已经证实。如Mikkelsen等证实抗除草剂转基因油菜的抗除草剂基因可以通过基因流在一次杂交、一次回交的过程已转到其野生近缘种中。

4. 社会质疑

2000年3月，克隆小猪“横空出世”。随之而来，欧美之间也为转基因食品吃与不吃的问题争论不休。转基因食品有转基因植物，如：西红柿、土豆、玉米等，还有转基因动物，如鱼、牛、羊等。虽然转基因食品与普通食品在口感上没有多大差别，但转基因的植物、动物有明显的优势：优质高产、抗虫、抗病毒、抗除草剂、改良品质、抗逆境生存等。

转基因产品对现实生活的影响仍然还有诸多疑问：到目前为止，官方没有公开转基因产品成分的详细成分列表和长期的安全跟踪研究数据。从生态学的角度来说，转基因后的作物本身已经是虫害等自然生物的天敌，存在破坏生态系统平衡的可能。

(1) 媒体报道

关于转基因媒体上有许多报道，如下：

新京报讯称，农业部批准发放了三个转基因大豆进口安全证书，但并未说明进口的是哪些国家。此前，曾有消息称中国政府已批准进口阿根廷和巴西的转基因农作物。

新华社发布消息，根据国家农业转基因生物安全委员会评审结果，农业部批准发放了巴斯夫农化有限公司申请的抗除草剂大豆 CV127、孟山都远东有限公司申请的抗虫大豆 MON87701 和抗虫耐除草剂大豆 MON87701×MON89788 三个可进口用作加工原料的农业转基因生物安全证书。

商务部援引阿根廷国家通讯社的报道称，阿根廷农牧渔业部部长亚乌哈尔在北京举行的首届中国、拉美和加勒比国家农业部长论坛闭幕式上接受采访时称，中国政府批准了阿根廷三种转基因大豆和一种转基因玉米的对华出口许可。

据了解，抗除草剂大豆 CV127 已在美国、加拿大、日本、韩国等国家批准用于商业化种植或食用。抗虫大豆 MON87701 已在美国、加拿大、日本、墨西哥等国家及欧盟批准用于商业化种植或食用。抗虫耐除草剂大豆 MON87701×MON89788 已在韩国、墨西哥、阿根廷、巴西、巴拉圭等国家及欧盟批准用于商业化种植或食用。

中国是全球最大大豆进口国。根据国际最大的农作物种子企业孟山都公司的数据，中国每年进口的大豆中有约 60%来自阿根廷和巴西。

孟山都巴西公司总裁罗德里格 · 桑托斯在圣保罗举行的“巴西大豆之路”研讨会上说，巴西大规模种植上述 Intacta RR2 的第二代转基因大豆。这种大豆不仅抗除草剂，还抗多种主要大豆害虫。

黑龙江大豆协会副秘书长王某称，应建立非转基因大豆保护区。“如果放任转基因大豆及制品流入黑龙江，黑龙江的食品大豆销售将受到影响和冲击。”

对于美国农业生物科技巨头孟山都来说，五月底的这一周极为难熬。大约有 200 万人在美国等 50 多个国家举行抗议集会，呼吁大家注意转基因食品及生产商所造成的危险。在此之前，美国俄勒冈州的农田里发现了一种由孟山都研发的转基因品种小麦，而这种农作物并未获得官方批准，这引发人们担忧自己的麦田是否受到污染。事实上，对于转基因农作物的争议由来已久，而作为转基因作物普遍使用的除草剂，草甘膦的未来也如同悬在半空中，喜忧参半。

(2) 学者批评

威廉 · 恩道尔(F. William Engdahl)，旅德经济学家、地缘政治学者，著有《石油战争：石油政治决定世界新秩序》《粮食危机：一场不为人知的阴谋》等多部畅销书。在《粮食危机》一书中，恩道尔表示少数人正围绕粮食进行一场不为多数人所察觉的阴谋，他们以转基因工程研究为手段，实现对大豆、水稻等大规模农作物和鸡、奶牛等重要家禽家畜产品的控制。他还说：“没有证据表明转基因种子及与其配套的农药能够提高产量，种植转基因作物也不会减少农药的使用量，实际上栽培转基因作物一段时间以后，除草剂的使用量不是减少而是增多。”

5. 重要事件

(1) 水稻争议

广受世人关注的转基因水稻研究正从实验室走向田野，记者从中国水稻研究所获悉，转基因水稻已进入大田释放阶段，现正申请商品化生产。

1996 年，中国水稻研究所以黄大年研究员为首的课题组，在世界上首次研究出了抗除草剂转基因杂交稻，为解决长期以来困扰杂交稻制种纯度问题提供了新方法。这项成果名列由中国 500 位两院院士评选出的“1997 年中国十大科技进展”榜首。之后，课题组又成功配制出抗除草剂转基因水稻，可省工省时除尽稻田杂草。

中国水稻所与浙江钱江生物化学股份有限公司联合组建了浙江金穗农业基因工程有限公司，正式拉开了将转基因水稻推向产业化的序幕。

黄大年等已选育出一批优良的转基因水稻组合和新品系，经农业部基因产品安全委员会的安全审定和批准，这些新品种已开始在浙江的富阳、临安、丽水等地进行继实验室研究和中间试验后的大田释放和试种示范，并正在向有关部门申请商品化生产。

(2)巴西坚果

巴西坚果(bertholletia excelsa)中有一种富含甲硫氨酸和半胱氨酸的蛋白质2S albumin。为提高大豆的营养品质，1994年1月，美国先锋(Pioneer)种子公司的科研人员尝试了将巴西坚果中编码蛋白质2S albumin的基因转入大豆中(文章摘要发表于《细胞生物化学杂志》Journal of Cellular Biochemistry，1994，Suppl 18A：78)。

但是，他们意识到一些人对巴西坚果有过敏反应，随即对转入编码蛋白质2S albumin的基因的大豆进行了测试，发现对巴西坚果过敏的人同样会对这种大豆过敏，蛋白质2S albumin可能正是巴西坚果中的主要过敏原(研究结果发表于《新英格兰医学杂志》The New England Journal of Medicine，1996，334：688-692)。

于是先锋种子公司取消了这项研究计划。此事却被说成是“转基因大豆引起食物过敏”。“巴西坚果事件”也是迄今所发现的唯一因过敏而未被商业化的转基因食品案例。

其实，国际上已有关于产生过敏反应的食品及其有关基因的清单。在研究转基因作物时，研究人员首先不能采用这些过敏性食品的基因；对转基因作物制造的新蛋白质，需对其化学成分和结构与已知500多种过敏原作对比，如果具有相似性，也将会被放弃；另外，对外源基因形成的新蛋白要进行消化速度检测，如果不能快速地被消化，也不能供食用。

(3)玉米事件

法国分子内分泌学家Seralini及其同事在2009年第7期《国际生物科学学报》上发表文章，讨论给老鼠喂食三种孟山都(Monsanto)公司转基因玉米的实验和分析结论。文中指出，老鼠在食用转基因玉米三个月后，其肝脏、肾脏和心脏功能均受到一定程度的不良影响。早在2007年，Seralini及其同事就曾对孟山都公司转基因玉米的原始实验数据做过统计分析(文章发表于《环境污染与毒物学文献》Archives of Environmental Contamination and Toxicology，2007，52：596-602)，得出过与2009年那篇论文类似的结论。

来自美国、德国、英国和加拿大的6位毒理学及统计学专家组成同行评议组，对Seralini等人及孟山都公司的研究展开复审和评价，并在《食品与化学品毒理学》上发表评价结果。专家评议组认为，Seralini等人对孟山都公司原始实验数据的重新分析，没有产生有意义的新数据来表明转基因玉米在三个月的老鼠喂食研究中导致了不良副作用。

2007年，奥地利维也纳大学兽医学教授约尔根·泽特克(Juergen Zentek)领导的研究小组，对孟山都公司研发的抗除草剂转基因玉米NK603和转基因Bt抗虫玉米MON810的杂交品种进行了动物实验。在经过长达20周的观察之后，泽特克发现转基因玉米对老鼠的生殖能力存有潜在危险。两位被国际同行认可的专家(Drs. John DeSesso和James Lamb)事后专门审查及评议了泽特克博士的研究，并独立地发表声明，认定其中存在严重错误和缺陷，该研究并不能支持任何关于食用转基因玉米MON810和NK603可能对生殖产生不良影响的结论。孟山都公司的一名科学家在审查时也得出了相同的结论。

资料显示，泽特克教授研究中所涉及的两个转基因玉米品种被世界上20余家监管部门认定为是安全的。泽特克具有缺陷的研究造成了对转基因玉米安全性的判断失误，而其研究结果的迅速、广泛传播，则可能造成了公众对转基因作物的误解。

①广西迪卡玉米事件

从2010年2月起，一篇题为《广西抽检男生一半精液异常，传言早已种植转基因玉米》，署名为张宏良的帖子在网络上传播甚广，引发了不少公众对转基因产品的恐慌。文章称："迄今为止，世界所有国家传来的有关转基因食品的负面消息，全都是小白鼠食用后的不良反应，唯独中国传来的是大学生精液质量异常的报告。"迪卡007/008为传统的常规杂交玉米，而不是转基因作物品种。

2010年2月9日，美国孟山都公司在其官方网站公布了"关于迪卡007/008玉米传言的说明"。说明指出，迪卡007玉米是孟山都研发的传统常规杂交玉米，于2000年春天通过了广西壮族自治区的品种认定，2001年开始在广西推广种植；迪卡008是迪卡007玉米的升级品种杂交玉米，2008年通过了审定，同年开始在广西地区推广。广西种子管理站在随后的"关于迪卡007/008在广西审定推广情况的说明"中确认了这一说法，并介绍2009年迪卡007/008的种植面积分别占全区玉米种植总面积760万亩的14.5%、3.5%。

②墨西哥玉米事件

2001年11月，美国加州大学伯克利分校的微生物生态学家David Chapela和David Quist在Nature杂志发表文章，指出在墨西哥南部Oaxaca地区采集的6个玉米品种样本中，发现了一段可启动基因转录的DNA序列——花椰菜花叶病毒(CMV)"35S启动子"，同时发现与诺华(Novartis)种子公司代号为"Bt11"的转基因抗虫玉米所含"adh1基因"相似的基因序列。墨西哥作为世界玉米的起源中心和多样性中心，当时明文禁止种植转基因玉米，只是进口转基因玉米用作饲料。此消息一出，便引起了国际间的广泛关注，绿色和平组织甚至称墨西哥玉米已经受到了"基因污染"。

David Chapela和David Quist的文章发表后受到了很多科学家的批评，指其实验在方法学上有很多错误。经反复查证，文中所言测出的"CaMV35S启动子"为假阳性，并不能启动基因转录。另外经比较发现，二人在墨西哥地方玉米品种中测出的"adh1基因"是玉米中本来就存在的"adh1-F基因"，与转入"Bt玉米"中的"adh1-S基因"序列并不相同。另外，墨西哥小麦玉米改良中心也发表声明指出，通过对其种质资源库和新近从田间收集的152份材料进行检测，并未在墨西哥任何地区发现"35S启动子"。《科学时报》(2011-01-04第三版)

③帝王蝶案

1999年5月，康奈尔大学昆虫学教授洛希(Losey)在Nature杂志发表文章，称其用拌有转基因抗虫玉米花粉的马利筋杂草叶片饲喂帝王蝶幼虫，发现这些幼虫生长缓慢，并且死亡率高达44%。洛希认为这一结果表明抗虫转基因作物同样对非目标昆虫产生威胁。不久之后，美国环境保护局(EPA)组织昆虫专家对帝王蝶问题展开专题研究。结论认为转基因抗虫玉米花粉在田间对帝王蝶并无威胁，原因是：玉米花粉大而重，因此扩散不远，在田间距玉米田5m远的马利筋杂草上，每平方厘米草叶上只发现有一粒玉米花粉；帝王蝶通常不吃玉米花粉，它们在玉米散粉之后才会大量产卵；在所调查的美国中西部田间，转抗虫基因玉米地占总玉米地面积的25%，但田间帝王蝶数量却很大。

④ 大米试验

2012 年 8 月 30 日，国际环保组织绿色和平向媒体披露说，美国塔夫茨大学的华裔女教授唐广文领导的研究团队，曾经利用湖南 24 名农村儿童进行了转基因“黄金大米”的试验，绿色和平组织表示说，此举非常不负责任。这项试验于 2008 年在湖南省一所小学进行，针对 6~8 岁的健康的在校小学生，为比较儿童摄入“黄金大米”、菠菜和胡萝卜素胶囊之后，对补充维生素 A 有何不同。试验由美国塔夫茨大学湖南疾病预防控制中心，中国疾控中心营养与食品安全所，以及浙江某医学院等机构共同进行。目的是针对发展中国家非常严重的健康的问题寻找解决办法。

湖南省衡南县疾控中心副主任吴建桥表示说，他们与 2008 年所进行的课题为植物中类胡萝卜素在儿童体内转化成为维生素 A 的效率的研究，属于国家自然基金研究项目。湖南省衡阳市政府在进行调查之后称，参加试验的学生所食用的宣布的食品均在当地采购，并未涉及转基因大米，以及其他转基因食品。

美国塔夫茨大学类胡萝卜素和健康研究所(carotenoids and health laboratory)的主任唐广文教授将询问邮件转给了塔夫茨大学校方。随后校方发言人克罗斯斯曼(andrea grossman)以书面形式回复说，塔夫茨大学在各种以人为对象的试验中，均遵循最高的道德标准。

“黄金大米”的试验目的是针对发展中国家一个非常严重的健康问题寻找解决方法。根据世界卫生组织的统计，维生素 A 的缺乏影响着全世界 2 亿 5000 万的儿童，其中每年有 25 万儿童因此失明，这些人中的半数都在失明后死亡。尽管目前有各种维生素 A 的补充方式和社会项目，但仍无法解决维生素 A 的缺乏问题，本试验的目的就是进一步证实“黄金大米”在补充维生素 A 不足方面的有效性。克罗斯斯曼强调，这次在中国的临床试验经过了中美双方有关机构的批准，并且获得了所有参与试验的儿童及他们家长的同意。该项目的一部分资金来自美国国家健康研究院(NIH)。但事实上，家长否认同意儿童参加实验，随后相关涉事人员受到处罚。中国疾控中心公开向家长道歉。

报道指出，克罗斯斯曼同时附上了研究报告的全文。根据该报告，试验共对湖南某农村地区(一说为衡阳)的 112 名 6~8 岁的儿童进行了筛选，最终确定 72 人入选，并对一部分儿童进行了寄生虫感染等方面的先期治疗，以防止这些健康问题影响试验结果。这些儿童在 35 天的时间里，分别被喂以“黄金大米”、菠菜和胡萝卜素胶囊，最终结果显示，“黄金大米”在补充维生素 A 方面同胶囊一样有效，同时优于富含胡萝卜素的菠菜。

八、管理措施

1. 严防转基因材料恶意扩散

2014 年 5 月 5 日，农业部向我国各转基因研发单位下发红头文件，要求严防转基因试验材料流失。该红头文件明确针对发生的某境外环保组织“盗窃”转基因研发水稻之事，称转基因材料为“科研核心机密”，如发生育种材料失窃和遗失，需立即报案，“依法对当事人严肃处理”。

2. 转基因粮油不得进入军粮供应领域

2014 年 5 月 15 日人民网北京电，湖北襄阳市粮食局网站发布消息称，从 5 月 6 日起，襄阳市所有军供站点一律不得向辖区驻军供应转基因成品粮和食用油。襄阳粮食局称，随着我国粮油市场的不断发展，一批转基因粮油产品进入市场流通。鉴于目前我国对转基因粮油产品是否存在安全隐患尚未定论，为全面保障我市驻军官兵健康和饮食安全，根据广州军区联勤部和湖北省军粮供应中心要求，从5月6日起襄阳市所有军供站点一律按要求从军供粮油定点加工企业采购非转基因粮油供应驻军。一律不得向辖区驻军供应转基因成品粮和食用油。

3. 餐饮企业或纳入转基因标注范畴

2014年5月6日，北京市科委联合市发改委、经信委、环保局等就《北京技术创新行动计划(2014-2017年)》召开发布会。北京市食药监局相关负责人表示，2014年以前餐饮企业未纳入转基因标注范畴，今后制定标准时或将考虑列入。

4. 非转基因广告属商业范畴与食品安全无关

农业部提出非转基因广告属商业范畴与食品安全无关。

2014年10月13日，在关于转基因的争论在中国网络上此起彼伏之际，一些商家将“非转基因”作为卖点加以炒作，中国农业部总经济师、新闻发言人毕美家13日表示，“转基因”与“非转基因”商战的背后，是企业的利益之争，与转基因食品安全性并无本质关联。

5. 批准作物

截至2013年9月，我国批准了转基因生产应用安全证书，并在有效期内的作物有棉花、水稻、玉米和番木瓜。只有棉花、番木瓜批准商业化种植。证书的发放是根据研发人的申请和农业转基因生物安全委员会的评审，经部级联席会议讨论通过后批准的，有效期一般为五年。证书的批准信息已经在农业部相关网站上公布，各批次的批准情况都可以查询。

取得了转基因生产应用安全证书，一般只用于科研，并不能马上进行商业化种植。按照《中华人民共和国种子法》的要求，转基因作物还需要取得品种审定证书、生产许可证和经营许可证，才能进入商业化种植。截至2013年9月，转基因水稻和转基因玉米尚未完成种子法规定的审批，没有商业化种植。而之前获得生产应用安全证书的番茄和甜椒的转基因品种，已因为无明显优势而被市场淘汰，现证书已过期。

我国批准进口用作加工原料的转基因作物有大豆、玉米、油菜、棉花和甜菜。这些食品必须获得我国的安全证书。

而在美国，转基因食品无所不在，充斥着美国大大小小的超市与农产品购物中心。当地媒体列出了前十大转基因食品，包括玉米、大豆、棉花、木瓜、大米、西红柿、油菜籽、乳制品、土豆和豌豆。

美国自产的玉米、大豆等转基因食品出口量占总产量的约40%，最大部分是在美国国内出售。就玉米而言，美国食品药品管理局曾表示，市面上出售给消费者的玉米几乎都是转基因玉米，而美国知名的农业科技公司孟山都公司也承认，美国半数农场使用转基因玉米种子。

欧盟仅有MON810转基因玉米这一种转基因作物在种植。根据欧盟委员会公布的数据，欧盟转基因玉米种植面积仅占全欧盟玉米种植面积的1.56%，其中西班牙的种植面积最大。

第十一节　基因工程在污染治理中的应用

一、在重金属污染治理上的应用

矿山、冶金、电解、电镀等行业排放的废水中含有大量的重金属，重金属容易被水生生物吸附，进而富集，参与到食物链的循环，最终积累到生物体内，破坏了生物体正常的生理代谢活动，对生态环境和人体健康造成严重威胁。

对重金属的治理方法有很多，主要为生物吸附法，但是由于此方法还存在对环境因素敏感，以及无法对低浓度重金属进行处理的弊端，基因工程为更好地治理提供了可能性。利用基因工程技术将金属结合蛋白或金属结合肽以及特异性金属转运系统在宿主菌中表达，构建高选择性基因工程菌来提高微生物与金属离子的亲和能力、增强微生物接受金属离子的能力以及对目的重金属的选择性。邵伟等构建了枣金属硫蛋白基因工程菌，以从枣树的cDNA小规模测序获得的含2型金属硫蛋白基因重组质粒为模版，通过PCR扩增出完整基因，构建原核融合表达载体，导入到大肠杆菌而得到的原核表达系统。金属硫蛋白富含半胱氨酸，其巯基能螯合多种重金属，因而枣金属硫蛋白基因工程菌能有效去除废水中的重金属，且重金属负荷率较低时，工程菌在很短的时间即能表现出显著的吸附效果。大肠杆菌E. coli SE5000通过基因工程的手段经外源的nixA基因和金属硫蛋白编码基因转化后，所得到的基因重组菌可在细胞膜处表达出对Ni^{2+}具有高亲和力的镍转运蛋白，以及在细胞质内表达出对重金属离子有高结合容量的金属硫蛋白，其对Ni^{2+}的富集能力比原始的宿主菌E. coli SE5000增加了4倍多。张弛研究发现MT基因工程菌对Cd、Ni有较好的亲和性、耐受性，采用URB反应器可以对重金属Cd、Ni实现良好的去除效果，以阿柯蔓生态基作为填料，其对Cd、Ni的30min去除率可分别达到99.4%、85.2%。胡章立等研究了转MT-like基因衣藻的重金属结合能力和抗性特征，发现在低浓度的镉溶液中，转基因衣藻的重金属结合能力是野生藻株的1.5倍以上。同时，转基因藻表现出明显高于野生藻株的抗性特征，将其用于处理含铜工业废水时，处理能力能提高10%以上。蔡颖等研究了采用基因工程技术构建的在细胞内同时表达高特异性镉结合转运蛋白和豌豆金属硫蛋白的高选择性基因工程菌，对不同浓度镉(Ⅱ)离子的生物富集情况，发现其富集Cd^{2+}的速率都很快，基本上在前10min就完成了95%以上的富集量。

除在微生物细胞表面表达金属结核蛋白或金属结合肽外，将经基因技术在菌体中表达的金属结合蛋白分离后固定在某些惰性载体表面，同样能达到对重金属离子高容量富集的目的。Masaaki Terashima利用基因技术使E. coli表达麦芽糖结合蛋白与人金属硫蛋白(MT)的融合蛋白，并将纯化的融合蛋白固定在Chitopearl树脂上，研究起对Ca^{2+}的吸附特性，发现其吸附能力较纯树脂提高10倍以上。

二、在农药污染治理上的应用

农药污染是我国影响范围最大的一种有机污染，不仅污染土壤环境和农作物，而且还进一步污染到地面水体和地下水以及海洋环境，直接威胁着人类的生存环境和身体健康。目前世界上可用作农药的化学物质有千余种，制剂数万个。我国生产的农药主要有无机类农药、有机氯农药、有机磷、氨基甲酸酯、有机氮类杀虫剂以及磺酸脲类除草剂，并在实践中大量使用了这些农药。农药的结构复杂导致单一微生物种群降解效率不高，因此构建高效降解多种农药的多功能工程菌则成为目前研究的前沿和热点。

用基因工程的方法对已知有降解农药作用的微生物进行改造，改变其生化反应途径，以希望获得最佳的降解、除毒效果。有人研究了基因工程菌BL21对有机磷混合农药废水的降解特性，结果发现基因工程菌 BL21 能快速、高效地降解废水中高浓度有机磷混合农药，10min 内，工程菌对硫磷和甲基对硫磷的降解率高达 98%，对敌敌畏和丙溴磷的降解率分别为 88%和 75%；科学家们从细菌质粒中发现降解 2,4-D 除草剂的基因片段，将这段基因组建到载体质粒上，转移到另一种繁殖快的菌体宿主体内，新构建的基因工程菌，具有高效降 2,4-D 除草剂的功能，可减轻 2，4-D 在环境中的危害；能同时表达靶基因的载体 pETDuet 被设计了出来，将黄杆菌中的有机磷水解酶基因 opd 和基因文库中的羧酸酯酶 b1 同时克隆表达在同一载体上，构建的基因工程菌表达的酶能同时降解有机磷、氨基甲酸酯和拟除虫菊酯农药；对有机磷农药降解菌地衣芽孢杆菌进行了紫外诱变的研究，突变株对甲胺磷的降解率比原始菌株提高了将近 10%。武俊构建了能同时降解多菌灵和六六六的工程菌株 DJL-6A，通过 PCR 的方法从六六六降解菌 Sphingomonas sp. BHC-A 扩增出完整的脱氯化氢酶基因 linA，将其克隆到含有 mini-Tn5 的自杀性质粒 pUT4K 上，构建成质粒 pUT/mini-Tn5-linA，通过三亲杂交，在辅助质粒 RK600 的帮助下，将 pUT/mini-Tn5-linA 转移到一株高效降解多菌灵菌株 Rhodococcus sp. DJL-6 中，最后利用 mini-Tn5 的转座作用将 linA 基因整合到 DJL-6 的染色体 DNA 上。

三、在石油污染治理上的应用

随着石油工业的发展，石油这种含有多种烃类的混合物大量产生。石油由上千种有机化合物组成，其中一些有毒的化学物质具有致癌、致畸和致突变的潜在性。石油和石油产品在勘探、生产、炼制以及储运的过程中经常会出现泄漏的情况。据估计，全球每年约 800 万吨的原油进入环境中，其中我国每年有 60 多万吨的石油因管道泄漏等原因被排入环境。

烃类是难分解的物质，某种特定的细菌只能降解有限的几种石油成分，对其他成分却不能分解。1975 年美籍印度人查克拉搏特等科学家依据假单胞杆菌对石油中有毒成分具有很强分解力这一特性，在同一菌株中植入降解己烷、辛烷和癸烷，降解二甲苯和甲苯，降解萘和分解樟脑的 4 种假单胞菌的不同质粒，得到一种假单胞菌种，组成了所谓的“超级菌”，它能同时降解各种烃，消除浮油的效率高、速度快，只需几小时就能除掉自然菌种需几年才能消除的原油污染。从地芽孢杆菌细胞中获得烷烃单加氧酶基因 slad A 并将其克隆到质粒 pSTE33 上，获得重组质粒，而后利用电转化将重组质粒导入嗜热脱氮土壤芽孢杆菌内，最终构建了基因工程菌 SL-21。研究发现，SL-21 在 70℃，14d 后对原油的降解率达 75. 08%，表现出耐高温和降解石油烃的能力。

石油降解功能菌的构建海洋浮油污染是海洋中的主要污染物之一，已引起全世界的广泛关注，应用微生物进行海洋石油污染的去除是一相当活跃的研究领域。至今，已发现近百种微生物可以消除石油污染。但这些土著微生物浓度较低，分解石油的速度非常较慢。20 世纪 70 年代美国生物学家 Chakrabarty 等对假单胞杆菌属的不同菌种分解烃类化合物的遗传学进行了大量研究，发现假单胞杆菌属的许多菌种的细胞内含有某种降解质粒，它们控制着石油中烃类降解菌酶的合成。在此研究基础上，Chakrabarty 等应用接合手段，把标记有能降解芳烃、萜烃、多环芳烃的质粒转移到能降解脂肪烃的假单胞菌体内，可以获得同时降解四种烃类的功能菌，这些烃类基本包含了石油的 2/3 的烃类成分，与自然菌体相比，能够快速将石油分解(图 3-31)。

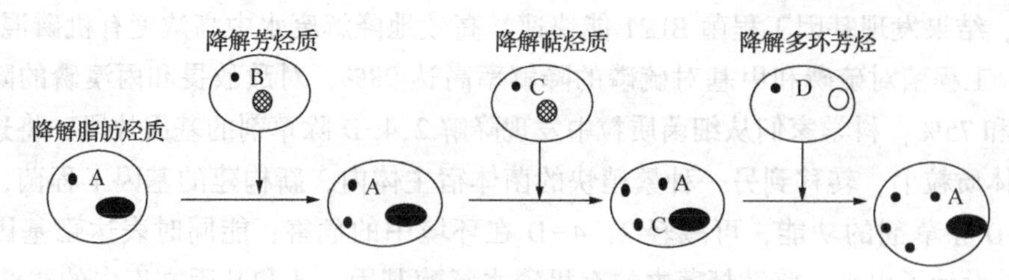

图 3-31　用质粒育种构建石油降解功能菌
示意图中字母表示不同的质粒

四、在表面活性剂污染治理上的应用

表面活性剂作为能改变水和其他液体表面张力或两相间界面张力的物质，具有润湿、起泡、洗涤、防腐和杀菌等作用，广泛地用于纺织、造纸、皮革、染料、环保、化妆品和农业等方面。表面活性剂的大量使用导致污染水域逐年扩大，致使生态环境恶化、沿海生物资源衰竭、生物多样性锐减，并引发多种环境危害。

筛选对表面活性剂具有高效降解能力的菌株，用于修复表面活性剂对环境的污染具有重要的理论意义与应用价值。研究者们已经大量报道了从不同的污染环境中筛选到降解不同种类表面活性剂的降解菌。洗涤剂生产车间暖气池活性污泥中能分离出一株降解 AE0 型非离子表面活性剂 C12E7 的高效嗜冷菌株，低温下该菌的降解率可达 70%以上。工厂排污口废水中能分离、纯化并筛选出一株降解十二烷基聚氧乙烯醚(Brij-30)的菌株，鉴定为伯克氏菌属(Pandoraeasp)，命名为 B30，该菌对土壤中非离子表面活性剂 Brij-30 有强降解作用，降解率在 67%~86%之间。

五、在农业污染治理上的应用

基因工程技术的发展，为防治农林害虫提供了有效的新技术手段，微生物农药因此在世界范围受到广泛重视。微生物农药是指非化学合成，具有杀虫防病作用的微生物制剂，如微生物杀虫剂、杀菌剂、农用抗生素等，这类微生物包括杀虫防病的细菌、真菌和病毒。微生物杀虫剂对人畜安全无毒，不污染环境；杀虫作用具有一定的特异性和选择性，不会致死天敌和非目标昆虫；易和其他生物手段结合综合防治害虫，维持生态平衡；由于杀虫活性蛋白的多样性，昆虫产生抗性较缓慢；可以通过发酵法生产，生产成本较低；可以通过基因工程技术途径筛选或构建优良性能的菌株来满足生产应用的需要等。

农作物在生长过程中容易受到致病菌及害虫的影响，因此在作物种植过程中往往需要使用大量的农药控制病虫害，这是造成食物中农药残留及环境污染的主要原因。如何减少农药的使用量是绿色食品生产中的一项关键技术。采用繁衍害虫天敌、诱杀或生物防治的方法虽然可以部分替代合成农药，但是最直接有效的方法是利用基因工程技术使作物获得抗病、抗虫的能力。目前，已采用基因工程技术将各种抗病、抗虫基因转移到大豆、玉米和水稻等多种重要农作物中，利用转基因植物自身的能力抵抗外界病、虫的危害。达到减少农药使用的目的。科学工作者正在对固氮酶及固氮酶基因进行深入的研究，并利用基因工程技术对固氮酶基因进行修饰改造，一方面提高固氮菌的固氮能力，另一方面扩大能与固氮菌共生的作物种类。随着基因工程技术的发展和对固氮菌分子生物学机理研究的不断深入，将会有越来越多的农作物通过固氮菌的作用直接利用空气中的氮气，从而减少化学肥料的使用量。

六、在废水污染物治理中的应用

鉴于污染物来源的复杂性，单一的微生物所分解的污染物种类有限，且微生物在污水处理的时候要经历复杂的代谢过程，很难针对某种细菌去提高其能量利用率，微生物相互之间甚至存在拮抗作用，降低污染物的降解效率。近些年，基因工程技术和现代分子生物学技术的发展，使得构建能控制多种污染物分解的杂种微生物成为现实。构建的基因工程菌，不仅能在污水处理过程中快速繁殖、絮凝，满足数量需求，而且在高毒环境的水体中，也具有高效的分解、转化性能，甚至可以针对特异的污染物进行分解、转化，基因工程菌也可以广泛的分解污染物。随着基因工程技术和现代分子生物学技术的快速发展，基因工程菌对净化环境、保护人类健康将发挥越来越重要的作用，基因工程菌在污水处理中的应用也将越来越广泛。

基因工程技术已应用于提高微生物净化水环境的能力，成效显著。如利用基因工程技术开发出能吞食水中有毒废弃物的细菌，它可将聚氯联苯分解成无害的水、二氧化碳和盐类；有研究者将基因工程技术应用在有机磷农药的降解中，结果显示构建得到的基因工程菌明显提高了对环境的生物修复能力。又如，在生产重要的化纤原料 PTA（精对苯二甲酸）所产生的污水里，含有对二甲苯、苯甲酸等苯环污染物，对环境有较大毒性，普通微生物难于降解。陈俊等运用基因工程技术构建出特效菌株，该菌株兼具了高降解性、高适应性和高絮凝性的特点，对上述苯环污染物的降解率均达 87%以上，总的有机碳去除率达到 94%，检测到的生物毒性明显降低。而丁华等采用基因工程菌 pGEX-AZR，在厌氧膜生物反应器中，对模拟偶氮染料废水进行脱色研究，结果表明，系统对酸性红 B 有很好的脱色能力，脱色率稳定在 95%以上，对 COD 的去除率能达到 68%。

基因工程应用于水环境污染治理的优点如下：基因工程菌能灵活构建，并能兼具多种所需要的特性；基因工程菌对自然界的微生物和高等生物尚不构成实质性的威胁；基因工程菌进入净化系统之后适应期短，适应性强；基因工程菌降解污染物功能下降时，可以重新接种。但同时，它也存在一定的缺点，即基因工程菌的安全有效性及遗传稳定性有待进一步提高。

参 考 文 献

[1] 赵迎春．基因突变对细菌视紫红质功能的影响及相关功能材料研究[D]．复旦大学，2011.

[2] 刘经伟．植物基因工程的风险评估与安全管理研究[D]．东北林业大学，2004.

[3] 李敏杰．核酸自由基性质和损伤机理的量子化学研究[D]．中国科学技术大学，2007.

[4] 廖栩泓．共振光散射技术在核酸分析中的研究及其应用[D]．汕头大学，2004.

[5] 章春笋．毛细管基连续流动式 PCR 微流控装置及微通道内动力学钝化的研究[D]．中国科学技术大学，2006.

[6] 王进，朱辉，秦正红．快速检测非小细胞性肺癌表皮生长因子受体基因点突变方法：CN1661107[P]. 2005.

[7] 郭建顺．建议限制酶及其相关酶采用新的表达形式——兼与王雪莹和郭国庆先生商榷[J]．编辑学报，2013，25(4)：377~378.

[8] 张璐．一个 Axenfeld-Rieger 综合征患者致病基因突变检测与功能研究[D]．华中科技大学，2011.

[9] 楼士林．基因工程[M]．北京：科学出版社，2002.

[10] 张惠展．基因工程[M]．上海：华东理工大学出版社，2005.
[11] 杨汝德．基因工程[M]．广州：华南理工大学出版社，2003.
[12] Radakovits R，Jinkerson R E，Darzins A，et al. Genetic engineering of algae for enhanced biofuel production [J]. Eukaryotic Cell，2010，9(4)：486.
[13] Hockemeyer D，Wang H，Kiani S，et al. Genetic engineering of human pluripotent cells using TALE nucleases[J]. Nature Biotechnology，2011，29(8)：731~734.
[14] Mittler R，Blumwald E. Genetic Engineering for Modern Agriculture：Challenges and Perspectives[J]. Annual Review of Plant Biology，2010，61(1)：443.
[15] Datta S K，Quimio C，Torrizo L，et al. Genetic engineering of rice for resistance to sheath blight and other agronomic characters[J]. Nature Biotechnology，2015，13(7)：686~691.
[16] Chung S，Sonntag K，Andersson T，et al. Genetic engineering of mouse embryonic stem cells by Nurr1 enhances differentiation and maturation into dopaminergic neurons[J]. European Journal of Neuroscience，2015，16(10)：1829~1838.
[17] Sadler，Troy D，Zeidler，Dana L. The Morality of Socioscientific Issues：Construal and Resolution of Genetic Engineering Dilemmas. [J]. Science Education，2010，88(1)：4~27.
[18] St. Leger R J，Wang C S. Genetic engineering of fungal biocontrol agents to achieve greater efficacy against insect pests. [J]. Applied Microbiology & Biotechnology，2010，85(4)：901~907.
[19] Radakovits R，Eduafo P M，Posewitz M C. Genetic engineering of fatty acid chain length in Phaeodactylum tricornutum[J]. Metabolic Engineering，2011，13(1)：89.
[20] 赵远，梁玉婷．石化环境生物技术[M]．北京：中国石化出版社，2013.
[21] 赵远，张崇淼．水处理微生物学[M]．北京：化学工业出版社，2014.

第四章 细胞工程

第一节 细胞工程基础知识

一、细胞工程的基本概念

细胞工程(cell engineering)是指应用现代细胞生物学、发育生物学、遗传学和分子生物学的理论与方法，按照人们的需要和设计，在细胞水平上进行的遗传操作，重组细胞结构和内含物，改变生物的结构和功能，有计划地繁殖和培养组织和细胞，以获得生物及其制品，或改变细胞的遗传组织或生产人们所需要的新品种的工程。通俗地讲，细胞工程就是以细胞为基本操作对象，在体外条件下进行培养、繁殖，加速繁育动、植物个体，人为地使细胞某些生物学特性按人们的意愿发生改变，而达到改良生物品种和创造新品种的目的，获得某种有用的物质的过程。

细胞(cell)是生命活动的基本单位，组成细胞的基本元素有碳(C)、氢(H)、氧(O)、氮(N)、磷(P)、硫(S)、钙(Ca)、钾(K)、铁(Fe)、钠(Na)、氯(Cl)、镁(Mg)等，这些化学元素构成了细胞结构和功能的许多无机物和有机物。一切有机体都是由细胞构成的，只有病毒是非细胞形态的生命体，单细胞生物的有机体仅由单个细胞构成，多细胞生命的有机体根据其复杂程度由数百万乃至数千万、数亿计的细胞构成。高等植物的有机体由无数功能和形态结构不同的细胞组成，这些细胞具有各自独立的一套“完整”的结构体系，因此，细胞是构成有机体的基本结构单位。同时，在有机体的一切代谢活动与执行功能的过程中，细胞呈现为一个独立的、有序的、自动控制性很强的代谢体系，细胞是代谢与功能的基本单位；一切有机体的生长与发育是以细胞的增殖与分化为基础的，因此细胞还是有机体生长与发育的基础；不管何种细胞都会包含全套的遗传信息，因此细胞是遗传的基本单位。细胞是一切生命活动的基本单位，随着细胞生物学和分子生物学的突飞猛进，细胞工程这一新型学科开始出现。

细胞工程的绝大多数操作是以细胞或其组成部分及构成的组织、器官为对象。按照组成关系，细胞工程的研究对象主要有染色体、细胞核、原生质体、整个细胞、受精卵、胚胎、组织和器官等。细胞工程与基因工程制备转基因动植物在转入对象和技术方法上有着显著不同。以细胞工程中的关键技术之一的细胞融合为例，细胞工程的优势在于避免了分离、提纯、剪切、拼接等基因操作，只需将细胞遗传物质直接转移到受体细胞中就能形成杂交细胞。从植物到植物、从动物到动物、从微生物到微生物，甚至可以打破物种分类界限而形成前所未有的杂交物种，因而能够提高基因的转移效率。细胞杂交技术是认识生命活动规律的一种重要途径与手段。对创造新的动植物和微生物品种具有前所未有的重大意义。

细胞工程作为科学研究的一种手段，已经渗入到生物工程的各个方面，成为必不可少的配套技术。在农林、园艺和医学等领域中，细胞工程产生的实际应用价值是不容小视的，为人类作出了重大贡献。

二、细胞工程的发展历程

细胞工程学是一门历史较为悠久、发展迅速的新兴学科，发展源头可以追溯到19世纪中期。该学科兴起和发展的理论基础是生物细胞的全能性(totipotenc-y)，即个体或组织、器官已经分化的细胞在适宜的培养条件下具有再生成完整个体的遗传潜能(genetic potential)的特性。细胞工程的发展历史，总体可分为探索期(1839~1929)、成熟期(1930~1959)和迅速发展期(1960年至今)。

1. 探索期

1838年，施莱登(Schleiden)发表"植物发生论"，认为无论怎样复杂的植物都由细胞构成。1839年，施旺(Schwann)发表"关于动植物结构和生长一致性的显微研究"，提出"细胞学说"(cell theory)。自细胞学说提出后，细胞学研究有了飞快地发展。之后，德国科学家魏尔肖(Virchow)补充了细胞学说，认为所有的细胞都来自已有的细胞分裂。细胞学说的建立揭示了生物界的统一性和生命的共同起源，是19世纪自然科学的三大发现之一。

1902年，哈伯兰特(Haberlandt)在营养溶液中培养了单细胞，首次提出植物细胞全能性的概念他提出植物单细胞在适当条件下，具有再生成完整植株的潜在能力。1904年，德国植物胚胎学家汉宁(Hanning)用萝卜和辣根的胚进行离体培养，提早长成了小植株，胚胎培养首次获得成功。1907年，哈里森(Harrison)首创悬滴培养法，采用盖玻片悬滴培养蛙胚神经组织，存活数周，而且观察到细胞生长现象——开创了动物细胞培养的先河。1912年，卡雷尔(Carrel)进行鸡胚心肌组织块长期传代培养。1925年，莱巴赫(Laibach)进行亚麻种间杂种幼胚培养，在人工培养基上培养至成熟，成功得到了杂种植物，证明了胚培养在植物远缘杂交中利用的可能性。

2. 成熟期

组织或细胞所需营养十分复杂，既有无机成分和有机成分，又有各种生长调节物质。而离体培养组织或细胞所需的营养只能从培养液中获取。这一时期，离体培养研究的进展与适宜生长发育培养基的建立密切相关。

1934年，美国植物生理学家怀特(White)由培养番茄根建立了第一个活跃生长的无性繁殖系，并在第一个人工合成培养基上将番茄根培养了30年之久，证明了根的无限生长特性。同年，法国科学家高特里特(Gautheret)培养山毛柳、黑杨的形成层组织，获得愈伤组织。1937年，White发现了B族维生素和生长素对植物根离体生长的促进作用，并用三种B族维生素取代YE获得成功，建立了第一个由已知化合物组成的综合培养基。同年，诺比考特(Nobecourt)培养胡萝卜根和马铃薯的块茎薄壁组织，获得愈伤组织。将愈伤组织置于琼脂培养基上继续培养，可无限发生细胞增殖，形成愈伤组织。首次从液泡化的薄壁细胞建立愈伤组织培养物。White、Gautheret、Nobecourt等科学家被誉为植物组织培养的奠基人。他们在此基础上建立了植物组织培养的综合培养基，包括无机盐成分、有机成分和生长刺激因素。这是随后创立的各种培养基的基础，同时也建立了植物组织培养的基本方法，成为当今各种植物组织培养的技术基础。

1940，厄尔(Earle)首创单个细胞克隆培养，建立小鼠结缔组织L细胞系，并在1951年开发了人工培养液。

1957年，斯库格(Skoog)和米勒(Miller)提出了植物激素控制器官形成的概念，指出通过改变培养基中生长素和细胞分裂素的比例，可以控制器官的分化，即生长素和细胞分裂素高促进根的分化，低促进茎和芽的分化。他们在椰子汁中发现了细胞分裂素，并于后来发表了“促进烟草组织快速生长的培养基组成”，这就是现在普遍使用的Murashige-Skoog(MS)培养。这一发现为植物细胞用于生产次级代谢物提供了前景。1958年，斯图尔德(Steward)和雷纳特(Reinert)以胡萝卜根的悬浮组织诱导分化成完整的小植株，发现了体细胞胚，为细胞离体培养中研究形态发生机制开拓了新的领域。

3. 迅速发展期

20世纪六七十年代以来，国内外动植物细胞工程发展很快。随着研究的进步，以组织培养为基础，花粉培养、器官培养相继获得成功，植物快速繁殖、脱毒和大规模培养技术也实现了产业化，细胞原生质体融合技术使植物细胞的培养技术进入了一个新的发展阶段。1960年，英国学者科金(Cocking)用酶解法分离出植物细胞原生质体，进行了原生质体培养和细胞杂交工作，使组织培养进入了一个新的领域。1965年，哈里斯(Harris)、沃特金斯(Watkins)证明灭活的病毒在控制的条件下，可以诱导动物细胞的融合。多核现象的发现为细胞融合提供了前提。至此，细胞融合作为一个重要的研究领域已经引起人们的浓厚兴趣。1970年，保罗(Power)首次成功实现原生质体融合。1978年，梅尔彻斯(Melchers)进行了马铃薯和番茄的融合实验名获得了第一个属间杂种植株。同年，英国剑桥大学生理学家罗伯特·爱德华(Robert Edward)采用胚胎工程技术成功培育出世界首例试管婴儿——路易丝布朗。到目前为止，组织培养、原生质体培养、细胞融合已在烟草、矮牵牛、胡萝卜等种间杂交，以及马铃薯和番茄、曼陀罗和颠茄、烟草和矮牵牛等属间杂种中都已经获得了再生植株。

1997年，英国利用成年动物体细胞首次克隆出绵羊“多莉”，“多莉”羊的诞生标志着哺乳动物的体细胞核克隆时代到来。2001年，英国宣布成功培养出世界首批转基因克隆猪。

21世纪以来生命科学的发展非常迅猛，生命科学的一系列重大突破正在迅速孕育和催生新的产业革命。生物医药新产品的大量涌现，生物制造、生物能源、生物环保等一批高新产品群蓬勃发展。生命科学已成为全球发展最快的领域。在生命科学的快速发展中，细胞工程的发展尤为突出，例如干细胞培养和移植、生物反应器等，极大地解决了人类面临的一些疑难疾病的治疗难题。我国在细胞工程一些领域的研究已经进入世界先进行列，如：杂交水稻、三倍体毛白杨、转基因鱼、试管婴儿、动物体细胞克隆等。

三、细胞工程的研究内容

1. 细胞的分类

按研究对象中需要改造的遗传物质不同，将细胞工程分为基因工程、染色体工程、染色体组工程、细胞质工程和细胞融合等五个方面。细胞工程涉及的领域相当广泛，根据研究对象不同，可以将细胞工程分为微生物细胞工程、植物细胞工程和动物细胞工程三大类。这个范围相当广泛，几乎包括了所有的细胞操作和遗传操作。就其技术范围而言，既有长期以来得到了广泛应用的动植物细胞与组织培养技术，又有20多年来才发展起来的细胞融合技术、细胞拆合技术、染色体导入技术、胚胎和细胞核移植技术，更有与基因工程技术结合以基因转移技术为核心的细胞遗传工程。通过动物体细胞杂交建立起来的单克隆抗体技术，是细胞工程中最富有成果性的工作范例。从研究水平来划分，细胞工程可分为细胞水平、组织水平、细胞器水平和基因水平等几个不同的研究层次。总的来说，细胞工程就是利用细胞的全能性，采用组织与细胞培养技术对动植物进行修饰，为人类提供优良品种、产品和保存珍贵物种。

随着细胞生物学、分子生物学、遗传学等学科发展和研究的日益深入，细胞工程近年来取得了快速的发展，已经成为现代生物工程的一个重要代表性领域，细胞工程中许多方面的成就已成为当代生物工程技术领域里程碑式的成功。

细胞并没有统一的定义，比较普遍的提法是：细胞是生物体基本的结构和功能单位。已知除病毒之外的所有生物均由细胞所组成，但病毒生命活动也必须在细胞中才能体现。细胞体形极微，在显微镜下始能窥见，形状多种多样，各类细胞大小的比较见表4-1。

表4-1　各类细胞大小的比较

细胞类型	直径大小/μm	细胞类型	直径大小/μm
支原体细胞	0.1~0.3	动植物细胞	20~30(10~50)
细菌细胞	1~2	原生动物细胞	数百至数千

体内最大的细胞有各种说法：按细胞直径而言，要数卵细胞，其直径约200μm；以细胞长度来说，当之为骨骼肌细胞，长的可超过4cm；而以细胞突出的长度来划分，当之无愧的是神经细胞(也称神经元)。神经元的轴突长的可达1m以上。故神经元可称之为体内最大的细胞了。它们的活动受机体神经体液因素的调节。

线粒体最多的细胞：人体内线粒体最多的细胞是肝脏的肝细胞。每一个肝细胞内约有2000个线粒体。

溶酶体最多的细胞：最多要数巨噬细胞，溶酶体内含有50多种水解酶。

内质网最多的细胞：浆细胞是含有内质网最多的细胞。浆细胞是由B淋巴细胞在抗原刺激下分化增生而来的，是一种不再具有增殖分化能力的终末细胞。

寿命最长的细胞：神经细胞的寿命最长。

2. 细胞的结构

无论各种细胞的大小和形态有多大的差异，它们都由一层具有一定生物学功能的细胞膜包裹在细胞外层。根据细胞的内部结构，可将生物界的细胞分为两大类：原核细胞和真核细胞。细菌、蓝藻和放线菌等由原核细胞构成的有机体称为原核生物，几乎所有的原核生物都由单个原核细胞构成，而由真核细胞构成的有机体则称为真核生物。

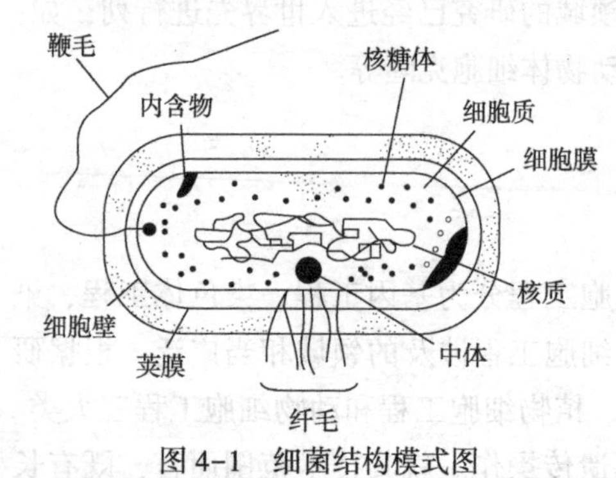

图4-1　细菌结构模式图

(1) 原核细胞的形态结构

基本特点是：①主染色体为一个环状裸露DNA；②无核膜；③无膜系构造细胞器；④以无丝分裂繁殖。原核细胞的主要代表为细菌、蓝藻等(图4-1)。

（2）真核细胞的形态结构

包括3大结构体系（如图4-2所示）：①生物膜系统：质膜、内膜系统（细胞器）；②遗传信息表达系统：染色质（体）、核糖体、mRNA、tRNA等；③细胞骨架系统：胞质骨架、核骨架。

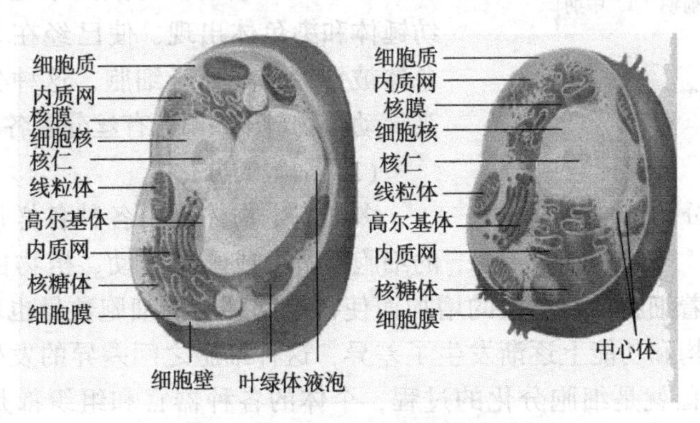

图4-2　植物、动物细胞模式图

3. 细胞的分裂和分化

（1）细胞的分裂

细胞分裂是指活细胞增殖，其数量由一个细胞分裂为两个细胞的过程。分裂前的细胞称母细胞，分裂后形成的新细胞称子细胞。通常包括细胞核分裂和细胞质分裂两步。在核分裂过程中母细胞把遗传物质传给子细胞。

无丝分裂是指无纺锤丝出现，染色体（DNA）复制后直接移到两个子细胞中的分裂过程。细胞增殖周期是细胞各组成部分在不断发展变化的基础上还要不断增殖，产生新细胞，以代替衰老、死亡和创伤所损失的细胞，这是机体新陈代谢的表现，也是机体不断生长发育、赖以生存和延续种族的基础。细胞以分裂的方式进行增殖，每次分裂后所产生的新细胞必须经过生长增大，才能再分裂。现在把细胞增殖必须经过生长到分裂的过程称为细胞周期。换句话说，细胞增殖周期（或细胞周期）是指细胞从一次分裂结束开始生长，到下一次分裂结束所经历的过程。细胞增殖周期可分为两个时期，即细胞分裂间期和有丝分裂期。

细胞分裂间期分为G1期、S期和G2期三个阶段（图4-3为细胞增殖周期）。

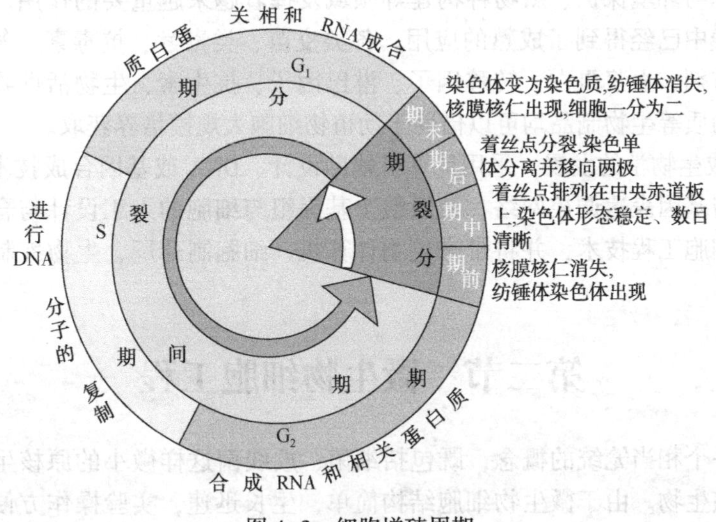

图4-3　细胞增殖周期

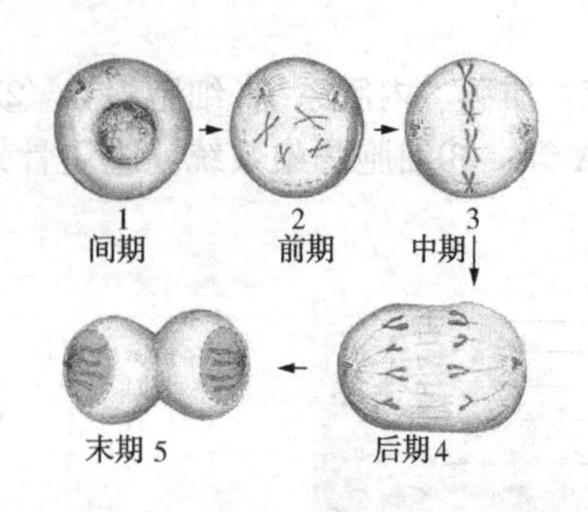

图 4-4　有丝分裂各时期简图

(2) 有丝分裂期

有丝分裂(mitosis)，又称做间接分裂，是由 E. Strasburger(1880)年发现于植物，由 W. Fleming 于 1882 年发现于动物。特点是细胞在分裂的过程中有纺锤体和染色体出现，使已经在 S 期复制好的子染色体被平均分配到子细胞，这种分裂方式普遍见于高等动植物(图 4-4 为有丝分裂各时期简图)。

(3) 细胞的分化

多细胞生物体是由各种各样形态和功能都不同的细胞群所组成。高等动、植物由受精卵细胞开始的胚胎发生过程随着细胞分裂次数的增加而使得早期胚胎的细胞数量也增加许多。其中有些细胞在形态、结构和功能上逐渐发生了差异，这种细胞之间差异的发生过程就是细胞分化。个体发育的过程就是细胞分化的过程，个体的各种器官和组织都是通过细胞分化形成的。

4. 癌细胞

癌细胞是一种变异的细胞。是产生癌症的病源，癌细胞与正常细胞不同，有无限增殖、可转化和易转移三大特点，能够无限增殖并破坏正常的细胞组织。癌细胞除了分裂失控外(能进行多极分裂)，还会局部侵入周遭正常组织甚至经由体内循环系统或淋巴系统转移到身体其他部分。

癌细胞的主要特征：①脱分化：已分化细胞失去分化后的特性，恢复分裂增殖能力；②无限增殖；③失去接触抑制现象；④细胞表面和黏附性质改变；⑤细胞骨架紊乱；⑥对生长因子需求降低。

四、细胞工程的发展前景

细胞工程是现代生物技术的重要组成部分，是当前生命科学中最具活力的学科之一，无论在生命科学基础研究方面还是在生物高科技领域，都已经取得了举世瞩目的成就，并带来了巨大的经济效益和良好的社会效益。细胞工程在生命科学、农业、医药、食品、养殖业、生物资源与环境保护、新物种构建等领域发挥着越来越重要的作用。有些技术和生产的制品在实践中已经得到了成熟的应用。各类疫苗、类毒素、抗毒素、各类干扰素、酶制品、免疫调节剂、血浆蛋白、转移因子、淋巴因子、抗生素、生物活性物质、单克隆抗体色素、香味物质等生物制品均可以借助于动植物细胞大规模培养获取。

21 世纪合成生物学的发展，采用计算机辅助设计、DNA 或基因合成技术，人工设计细胞的信号传导与基因表达调控网络，乃至整个基因组与细胞的人工设计与合成，从而刷新了基因工程与细胞工程技术，并将带来生物计算机、细胞制药厂、生物炼制石油等技术与产业革命。

第二节　微生物细胞工程

微生物是一个相当笼统的概念，既包括细菌、放线菌这样微小的原核生物，又涵盖菇类、霉菌等真核生物。由于微生物细胞结构简单，生长迅速，实验操作方便，有些微生物的遗传背景已经研究得相当深入。现已在国民经济的不少领域，如抗生素以及其他发酵工业、污染防治与环境保护、灭虫害与农林发展、深开采与贫矿利用、资源保护与能源再生、种菇蕈造福大众等方面发挥了非常重要的作用。

微生物细胞工程是一门实践性、技术性、工艺性很强的应用科学，在21世纪生物技术的诸多领域中扮演着重要的角色。微生物细胞工程的研究成果与动物细胞工程、植物细胞工程彼此渗透、相互促进、并驾齐驱，共同构成了细胞工程的完整体系。

微生物细胞工程(microbial cell engineering)是应用微生物进行细胞水平的研究和生产，具体内容包括微生物的培养、微生物遗传性状的改变、微生物细胞的直接利用、获得细胞代谢产物等。微生物细胞工程可以分为微生物细胞融合、原核细胞的原生质体融合、真菌的原生质体融合三部分。微生物的培养主要是指微生物营养结构的研究以及培养方法的研究，其目的是提供用于研究或生产的微生物菌种。微生物遗传性状的改变目的是进行基础性遗传学研究或获得某种对人类有用的目的性状。微生物遗传性状的改变有很多种方法，如诱变育种、原生质体融合、基因工程等，均是获得新的微生物遗传性状的重要方法。

一、微生物细胞融合

早在1958年，冈田善雄发现，用紫外线灭活的仙台病毒可以诱发艾氏腹水瘤细胞融合产生多核体。1972年，匈牙利Ferernczy等首先报道在微生物中的原生质体融合，他们采用原生质体融合技术使白地霉营养缺陷型形成强制性异核体。1976年巨大芽孢杆菌、枯草杆菌、裂殖酵母等原生质体融合取得成功，构巢曲霉和烟曲霉、娄地青霉和产黄青霉等真菌种间原生质体融合也获得成功。

1. 微生物细胞融合过程

(1) 微生物细胞融合

用于植物和微生物育种是细胞融合技术最基本的应用领域。对微生物而言，该技术主要用于改良微生物菌种特性、提高目的产物的产量、使菌种获得新的性状、合成新产物等。与基因工程技术相结合，使对遗传物质进一步修饰提供了各种各样的可能性。目前，微生物细胞融合的对象已扩展到酵母、霉菌、细菌、放线菌等多种微生物的种间以至属间，不断培育出用于各种领域的新菌种。自1979年匈牙利的Pesti首先利用微生物原生质体融合技术提高青霉素产量以来，开创了原生质体融合技术在实际工作中的应用。微生物细胞融合技术的一项突出应用是生物药品的生产，包括抗生素、生物活性物质、疫苗等，它适用于疾病的诊断、预防及治疗等。另一方面的突出应用就是为发酵工业提供优良菌种，例如日本味之素公司应用细胞融合技术使产生氨基酸的短杆菌杂交，获得比原产量高3倍的赖氨酸产生菌和苏氨酸高产新菌株。酿酒酵母和糖化酵母的种间杂交，分离子后代中个别菌株具有糖化和发酵的双重能力。日本国税厅酿造试验所用该技术获得了优良的高性能谢利酵母来酿制西班牙谢利白葡萄酒获得了成功。

在基础理论方面，研究外源DNA转化、质粒转移、基因定位、病毒传递以及核与核、核与质之间的关系等已取得重大进展。

(2) 微生物细胞融合过程

微生物细胞融合如图4-5所示。

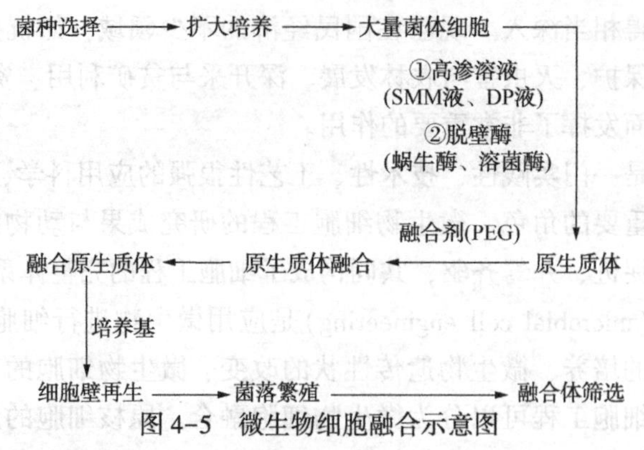

图 4-5　微生物细胞融合示意图

2. 微生物细胞性状改良技术——原生质体融合

细菌是最典型的原核单细胞生物，细胞外有一层成分不同、结构相异的坚韧细胞壁，形成抵抗不良环境因素的天然屏障。根据细胞壁成分的差异将细菌分成革兰氏阳性细菌和革兰氏阴性细菌两大类。前者肽聚糖约占细胞壁成分的90%，而后者的细胞壁上除了部分肽聚糖外还有大量的脂多糖等有机大分子。由此决定了它们对溶菌酶的敏感性有很大差异。

溶菌酶广泛存在于动植物、微生物细胞及其分泌物中。它能特异地切开肽聚糖中 *N*-乙酰胞壁酸与 *N*-乙酰葡萄糖胺之间的 β-1,4 糖苷键，从而使革兰氏阳性菌细胞壁溶解。由于革兰氏阴性细菌细胞壁组成成分的差异，处理革兰氏阴性菌时，除了溶菌酶外，一般还要添加适量的 EDTA（乙二胺四乙酸），才能除去它们的细胞壁，制得原生质体或原生质球。

微生物细胞工程中所用的微生物主要类群有细菌、放线菌、真菌中的酵母菌、霉菌等，主要都是营独立生活的化能异养型微生物。微生物细胞工程中，改良微生物细胞性状，是对微生物细胞遗传物质进行改造，以获得人们所希望的微生物细胞性状或代谢产物。

3. 原核细胞的原生质体融合过程图解

原核细胞的原生质体融合如图 4-6 所示。

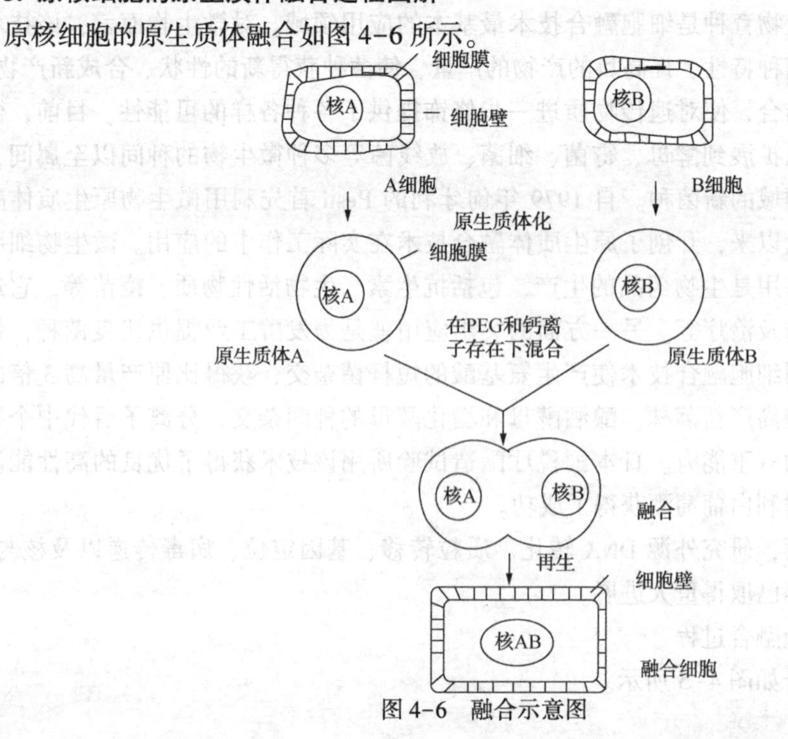

图 4-6　融合示意图

4. 微生物原生质体融合的优越性

能进行原生质体融合的细胞十分广泛，可以说，原生质体融合是生物界转移遗传物质、改良细胞性状的普遍现象，并使微生物与高等生物间进行远缘杂交，产生新性状甚至新物种成为可能。微生物细胞原生质体融合具有以下优点：①原生质体融合要求去掉细胞壁，这对有坚韧细胞壁的微生物细胞而言，无疑增强了接受外界刺激的敏感性，因此各类微生物细胞均可进行原生质体融合，特别对某些钝感微生物细胞更有意义。对某些具有相同接合型的毒菌或酵母，也可用原生质体融合的方式集中优势，改良性状；②原生质体融合是两亲株细胞整套遗传物质的接触，基因间发生交换重组的机会多，甚至是多次的交换重组，因而可以产生多种类型的融合重组子；③原生质体融合的亲株数不仅限于2个，也可以是3个、4个，这一点在常规杂交中是不可能的。另外，融合时不仅限于细胞，还可以是细胞核、线粒体或人造脂质体间的融合；④原生质体融合时有助融剂作用，所以融合重组机率高，有利于后续融合重组子的筛选；⑤原生质体融合也可同其他微生物细胞遗传性状改良方法相结合，如以其他措施改良后的细胞为亲株，再进行原生质体融合，使更多的优良性状得以集中，优中选优；⑥原生质体融合时，为了提高筛选率，可以对一株原生质体先进行高温、药物或紫外线等因素钝化处理，然后再与另一株原生质体融合，以便于在再生菌落中筛选融合重组子。

5. 微生物细胞原生质体融合的基本方法

(1) 融合用亲本菌株的选择

用于原生质体融合的亲本菌株，首先各自要有人们所需的有益性状，这是细胞融合的根本目的。其次，就是要求所选的亲本菌株应同时具有可选择性的遗传标记，这在后续筛选融合重组子时非常重要。遗传有营养缺陷性、抗药性、糖发酵和同化性、温度敏感性、呼吸缺陷、形态和色素标记等。但以营养缺陷型或抗药性标记常用。这些标记也可由诱变获得，并要经过检测证明它们是可以稳定遗传的。否则菌株不宜使用。

(2) 原生质体的制备

在制备原生质体时，有些因素有助于原生质体的形成。如在细菌的培养基中加入甘氨酸，在培养放线菌时于培养基中也可加入适量的甘氨酸，用基本培养基代替完全培养基等，均有利于原生质体的形成。从菌龄上看，制备原生质体使用对数期的细菌为宜，因此时细菌细胞壁中肽聚糖量少，对溶菌酶敏感。

(3) 原生质体的化学融合法

亲本菌株原生质体制备后，即可进行融合。在自然条件下虽然也可融合，但融合机率极低，无应用价值，所以要人为促进融合。PEG(聚乙二醇)作为植物原生质体融合的助融剂被广泛用于微生物细胞的原生质体融合。因其融合效果好，适用性广，至今仍在各类微生物细胞原生质体的融合中广泛使用。PEG 的作用是使原生质体凝集胶合，形成聚集体，最终两个原生质体合二为一成为融合体。

影响原生质体融合的因素很多，特别是环境中的阳离子存在。融合时的 pH 值也对原生质体融合有较明显的影响。一般来讲钙、镁离子有助于融合。如有钙离子存在时，可得到较高的融合率。但在缺乏钙离子时，若 pH 值较低，融合频率也较高。这是因为钙离子和带负电荷的 PEG 与细胞膜表面分子相互作用，使原生质体带电，彼此易于附着发生凝集所致。

(4) 原生质体的电融合法

原生质体电融合是起始于20世纪80年代的细胞改良新技术。这一技术将电学与生物化学恰当结合，产生了缓和而高频率的原生质体融合效果。故此原生质体电融合被视为遗传工程和细胞改良的有效手段。事实证明，该技术不但可广泛用于动物和植物的细胞融合，而且在各类微生物细胞的改良中也十分有效。如原核微生物克氏固氮菌与枯草芽孢杆菌的原生质体融合；真核微生物中的酵母菌、霉菌中的黑曲霉以及食用真菌中的蘑菇等均有原生质体电融合的报道。

微生物细胞原生质体电融合的过程是先将亲本菌株细胞制成原生质体，混合后，利用电降解和双向电泳的作用原理使原生质体相互融合。所谓电降解就是指电脉冲的作用使原生质体膜上产生微孔，而双向电脉冲的作用使原生质体在低水平、非均匀的交流电场中有规律地定向排列成链状，以促进原生质体的紧密接触，形成原生质体间的通道。这样细胞内容物先是发生相互交换，进而原生质体间就会融合。

电融合的优点：①直观性，操作可以在显微镜下直接进行，能够全程观察到融合过程及融合后的细胞，再通过显微操作直接将融合子移植到培养基上培养；②融合率高，通过PEG的促融合作用，一般可达70%~80%，甚至100%；③在控制条件下，即一定强度的电脉冲和时间，对细胞无毒无害，融合后的原生质体再生能力强。

二、真菌的原生质体融合

真菌是一类真核生物。最常见的真菌是各类蕈类，另外真菌也包括霉菌和酵母。应真菌的细胞壁与原核细胞的细胞壁成分不同，所以在前处理的时候所用的酶有所不同，在真菌的细胞壁中含有纤维素、几丁质、糖类等所用道的酶有纤维素酶、几丁质酶、新酶等。除此之外其他的步骤和原核细胞的原生质体融合过程相似。

三、微生物发酵

微生物细胞工程的最终目的是获得大量微生物细胞本身和各种代谢产物，微生物发酵则是实现这一目的根本手段。

发酵(fermentation)一词源于拉丁语“发泡”(ferver)。指酒精发酵时产生CO_2的现象。按生物化学的观点，发酵是指微生物利用有机物进行无氧代谢获得生长、繁殖能量的过程。现代微生物发酵的定义是借助微生物在有氧或无氧条件下的生命活动，进行大规模微生物细胞生产或代谢产物积累的工艺过程。广义的发酵，甚至扩展到大规模培养各类生物细胞(包括动物细胞、植物细胞和微生物细胞)生产制备有益产物的所有过程。

绝大多数生物技术的最终目的是通过微生物发酵来实现的，或者说生物技术的主要应用领域就是微生物发酵的应用和研究。从宏观上看，微生物即可被视为光合作用中能量的初级摄取者，又可被视为是几乎所有天然或人造有机物分子生物化学反应的体系；从微观上看，微生物具有一个巨大全能的基因库，它提供了几乎无穷无尽的合成和降解任何物质的潜能。同时，由于微生物本身具有的个体微小、种类繁多、繁殖迅速、分布广泛、容易培养、代谢旺盛、易于变异等特点，所以微生物发酵在细胞工程中具有重要作用。

1. 微生物发酵的分类

微生物发酵产物的种类繁多，人们常常按产物的性质将发酵分成以下几类。

(1) 微生物菌体发酵

此类发酵以获得微生物细胞为目的，例如，用于制作面包及动物饲料的单细胞(菌体)蛋白(如酵母菌、藻类)、食用或药用的担子菌(像蘑菇、猴头和灵芝)、人畜免疫用生物制品的细菌性疫苗及诊断用菌体抗原、农业和林业生物防治用的微生物杀虫剂、施用于农作物的微生物菌肥、用于医疗保健的乳酸菌制剂等，均属于微生物菌体发酵产物。

(2) 微生物代谢产物发酵

这类发酵产物是微生物发酵中数量、种类最多，也是最重要的部分。从代谢的角度可将这些产物划分为初级代谢产物和次级代谢产物两大类。

初级代谢产物是微生物生长繁殖必需的原料和酶类，在其生存的任何时段均可产生。初级种类极其繁多，主要有氨基酸、核苷酸、脂肪酸、蛋白质、核酸、脂类、糖类等。

次级代谢产物对生产菌并非生存所必需，但对生产菌适应生存环境和生物竞争是有益的。所以认为次级代谢产物是微生物为了避免某些初级代谢产物或中间产物过量积累的有害作用而产生的一类有利于生存的代谢物。按次级代谢产物的结构特征与生理作用可将它们分为：抗生素、生长刺激素、维生素、色素、生物碱、毒素等。

(3) 微生物酶发酵

酶普遍存在于生物细胞中，微生物产生的酶种类繁多。人们提取并利用微生物酶也有相当长的历史。自从 1894 年日本的高峰以米曲霉制造淀粉酶以来，利用各类微生物发酵法制取相应的酶就受到了重视，因为微生物发酵法生产酶类比用动物或植物更具优越性，如具有易于大规模生产、便于工艺改良和产量高等优越性。目前用微生物发酵产生的酶类有：糖化酶、蛋白酶和其他酶。

(4) 微生物生物转化发酵

微生物生物转化发酵是利用微生物细胞的酶或酶系对化合物转化的高效性及特异性，使化合物转化成为具有某种使用价值或经济价值更高产物的发酵过程。这类发酵可以使用微生物营养细胞、休眠细胞甚至是死细胞来进行。目前在研究和生产上用的固定化细胞和固定化酶技术即属此类。可进行的生物转化的有脱氢、氧化、脱水、缩合、脱羧、羟化、氨化和异构化等。这类转化的特点是特异性强，具体表现为反应特异性、结构位置特异性和立体特异性。

2. 发酵必备条件

要保证微生物发酵过程的顺利进行，并获得相应的发酵产物，应满足以下几项条件：①适宜某种发酵的菌种，对菌种的要求是生物学性状典型、生产性状优良、遗传性状稳定，同时具有完整可查的历史资料；②有效保证或控制微生物代谢的各种条件，包括培养基的组成、温度、pH 值及氧含量等可控因素；③与发酵产品相匹配的发酵设备，具体的是指灭菌设备、培养设备、供氧设备、调控设备等；④针对各种菌体和各类发酵产物进行后处理的设施，包括分离、提取、精制、纯化的适当方法和配套设施。

在大规模微生物发酵时，除按微生物与氧气的关系分为好氧发酵与厌氧发酵外，实践中常常按发酵过程中培养基和发酵产物进、出发酵罐的方式将发酵分成以下五种：①分批式发酵，发酵时一次向发酵罐内加足量培养基，发酵结束又一次将发酵产物全部放出。整个发酵过程既无培养基的流入，又无发酵产物的流出；②半分批式发酵，又叫流加式发酵。

发酵时先于发酵罐内装入定量培养基，并接种培养。在发酵过程中定量流加特定的限制性营养因子，并使其在罐内保持一定浓度，发酵结束时一次将发酵产物全部放出；③反复分批式发酵，在分批发酵结束时，仅在发酵罐内放出部分发酵产物，并向有剩余发酵产物的发酵罐内一次性补加培养基，再按分批式发酵进行，如此反复；④反复半分批式发酵，在半分批式发酵结束时，仅在发酵罐内放出部分发酵产物，并向有剩余发酵产物的发酵罐内补加一定量培养基，再按半分批式发酵进行；⑤连续式发酵，在发酵进入一定阶段后，以一定的速度向发酵罐内加入培养基，同时以相等的速度由发酵罐内排出培养物。整个发酵过程既有培养基的流入，又有发酵产物的流出。在这种发酵方式中，微生物生长环境始终保持恒定。

3. 微生物细胞固定化技术

微生物细胞固定化技术是用物理或化学的方法将微生物细胞束缚在一定区间或成为颗粒，使其仍然具有生物活性或催化代谢活性。因此，微生物细胞固定化技术是微生物细胞工程化生产的一门先进生物技术。近年来，细胞固定化技术从固定化静止微生物细胞发展到固定化活微生物细胞，或称固定化增殖微生物细胞。所以，固定化技术一直处于不断地完善状态，生产效率也在不断地提高。

四、微生物细胞工程中的应用

微生物细胞工程为发酵中提供新菌种、为科研提供良好的菌体、提高食用菌和药用菌的产量。微生物细胞工程的应用领域十分广泛，几乎可以涉及人类生产和生活的各个方面。

1. 农林业

微生物细胞工程与农林业关系极为密切。目前在农林业生产方面主要应用的有微生物肥料和微生物农药。

微生物肥料是用人工优选的某些对农作物有益的微生物，经大量培养而制成的生物肥料。微生物肥料是由完整的微生物活细胞组成，当施用后，这些微生物可在土壤中大量生长繁殖而发挥作用，加速土壤中有机质的腐熟，提高氮、磷、钾的含量，并促进作物对它们的利用，有些微生物肥料还具有刺激作物生长、抑制植物病原菌的作用，目前大量生产的微生物肥料有：根瘤菌肥、固氮菌肥、植物根际促生菌剂等。

微生物农药是利用微生物或其代谢产物制成的，用于防治农林业作物病虫害的一类生物药剂。所用微生物一般是经过筛选的农林业病害昆虫的病原体，或者病菌拮抗微生物。当这些病原体、拮抗微生物或其代谢产物为昆虫吞食、接触或感染病原菌后，通过微生物的活动、毒素的作用而使害虫和病菌的新陈代谢紊乱，或机体遭受破坏而发病死亡，最终被消灭。目前投入使用的微生物农药有：微生物杀虫剂、农用抗生素、微生物除草剂、微生物激素等。

2. 畜牧业

微生物饲料在国内外的研究及生产上均十分活跃。通过对动物有益微生物的利用，可以增加饲料的营养价值，改善适口性，甚至有助于动物的抗病保健。特别对那些原来营养价值较低的植物纤维素类饲料，在提高营养价值和改善适口性方面意义更大，如青贮秸秆饲料以及微生物发酵的干秸秆饲料。利用微生物的作用，还可以使原本不能食用的物质转变成营养晶位极高的菌体蛋白，如假丝酵母转化烃类、自养微生物的氢细菌转化氢气等生产单细胞蛋白。此外，抗生素饲料、维生素饲料也都属于微生物饲料的范畴。

3. 医药卫生业

微生物细胞工程在医药卫生领域的应用是多方面的，诸如抗生素、维生素及生物制品等。其中，抗生素是最突出的，它的种类繁多，主要指由微生物在代谢中产生的、具有抑制他种微生物生命活动、甚至杀灭作用的化学物质。由微生物生产的抗生素已有几千种，世界各国经发酵生产的有400多种，广泛应用的约有120余种。通过微生物细胞工程技术，对抗生素生产菌种进行遗传学改良或生产工艺改造，不但使抗生素的种类增多，而且使效价和产量得以极大提高。

4. 环境保护业

世界人口的急剧增加、工业的迅猛发展，使得自然环境也随之恶化。利用微生物细胞工程处理三废、治理环境大有可为。仅就水的净化而言，传统的水质自净作用是根本不能满足需要的。特别是在集约化程度高的大都市，污水处理必须启用微生物细胞工程技术，以强化、加速污水的净化速度及净化程度。如活性污泥法好氧处理污水；沼气发酵法厌氧处理粪便及农业废物等。另外，对海洋大面积水域石油污染的问题，人们也试图通过构建超级细菌加以解决。

5. 能源产业

人们期望开发和利用可更新的能源取代煤和石油等化石能源。以微生物厌氧发酵工业和农业废弃物生产沼气，不但消除了环境污染，而且产生了能源。这一技术在国外已付诸实行，如美、英、德、俄早已建有许多大型沼气生产厂，我国的某些省份也在试行，取得了良好的效果。

6. 冶金业

利用微生物对某些金属的氧化还原作用，直接或间接地将低品位矿物或矿石中的金属离子溶出，并回收的工艺叫细菌浸矿。在当今富矿减少，贫矿、尾矿增多的情况下，这一技术尤其重要。人们发现可用于采矿的微生物已有20多种，其中主要是化能自养菌，如硫化细菌。浸出的金属有铜、铁、铀、钴、镍、锰、锌、铅、砷、钛、铝、钠、金、锗、镓等。如美国用这种方法获得的铜占总铜产量的10%以上。加拿大用细菌浸出的铀年产量约230t。

第三节　植物细胞工程

植物细胞工程(plant cell engineering)是指在植物细胞水平上进行的遗传操作。具体说，植物细胞工程就是以植物细胞为基本单位，应用细胞生物学、分子生物学等理论和技术，在离体条件下进行培养、繁殖或人为的精细操作，使细胞的某些生物学特性按人们的意愿发生改变，从而改良品种、制造新品种、加速繁育植物个体或获得有用物质的一门科学或技术。

植物细胞工程的主要研究内容为植物细胞全能型的本质、细胞分化机制、代谢途径的调控、培养细胞中的生理和遗传的变异、体细胞杂交和有性杂交的比较、不亲和的机制、细胞大规模培养的动力学参数的建立等、细胞和组织培养方法的改进、细胞器的分离和引入、原生质体诱导融合和杂种的培养筛选和鉴定、花粉和花药培养、培养细胞中有用成分的鉴别及分离方法的建立、试管苗的大规模繁殖和生产等。

植物细胞工程主要包括植物组织培养和植物体细胞杂交两个方面。

一、植物细胞工程的基本原理

1. 细胞分化与基因表达

多细胞有机体是由一个受精卵细胞经增殖分裂和细胞分化而形成的各种不同类型细胞组成的，细胞分化是多细胞有机体发育的基础和核心。细胞分化(cell differentiation)是指由一种相同的细胞类型经细胞分裂后逐渐在形态、结构和功能上形成稳定性差异，从而产生不同的细胞类群。细胞分化的关键在于特异性蛋白质的合成，这些特异性蛋白质的合成是基因选择性表达的结果，通过基因选择性表达各自特有的专一性蛋白质而导致细胞形态、结构与功能的差异，由这些不同类型的细胞构成生物体的组织与器官，执行不同的功能。细胞分化是细胞功能趋于专门化，更有利于提高生理功能的效率。因此，分化是进化的表现，越高级的植物类型，分化水平越高，细胞分工越细，机体代谢水平越高。可见，细胞分化为某种细胞类群通过互相协同作用完成各种复杂特殊的生物学功能，为生命向更高层次的发展与进化奠定了基础。

2. 植物细胞全能性的概念

高等动植物体具有十分复杂的组织和器官。构成这些组织和器官的细胞，其形态和功能各不相同，但他们都是同一个受精卵的后代，都是细胞有丝分裂的产物。有丝分裂的均等性保证了这些细胞都具有相同的遗传组成。它们在形态、结构和功能上的差异是后天分化造成的，是生物体自我调控系统对不同基因表达严格调节的结果。在个体发育过程中，并非所有基因都同时发挥作用，只有极少数基因终生发挥作用，绝大多数基因发挥作用的时间很短。他们表达的时间、位置与程度受体内调控系统的严格控制。由于各种组织中的细胞，即使是十分特化了的细胞，都具有相同的遗传组成，因此在合适的环境条件下，还可以解除分化，发挥出当初合子的功能，发育成一个新的个体。植物细胞工程的理论依据就是植物细胞的全能性。组织培养的全部实践都是以细胞的这种全能性和体细胞的有丝分裂的均等性为依据的。植物细胞全能性(plant cell totipotency)是指植物体的任何一个细胞都携带有该植物的全部遗传信息，细胞经分裂和分化后仍具有产生完整植株的潜在能力或特性。在立体培养的情况下，这些遗传信息可以表达并形成完整的再生植株。植物细胞的全能性具有相对性，不是所有基因型的所有细胞在任何条件下都具有良好的培养反应，细胞全能性并不意味着任何细胞均可以直接产生植物个体。

德国著名植物学家 Haberlandt 早在 1902 年就预言，作为高等植物的细胞，有可能在离体培养条件下实现分裂和分化，乃至形成胚胎和植株。这一论述就是植物细胞全能性的基本内容。根据这一理论他进行了细胞培养的实验研究，限于当时的条件和技术水平，培养没有获得成功。随后许多科学工作者在他的理论指导下，在植物组织培养领域进行不懈的探索，直到 1958 年 Steward 通过培养胡萝卜根的悬浮细胞诱导分化出完整的植株，使植物细胞的全能性理论得到证实。目前已建立了各种植物组织培养技术体系。

3. 植物细胞全能性的实现

在自然情况下，分化了的雌雄配子经过受精作用形成合子，完成自然的脱分化过程，回复为具有全能性的分化细胞。合子经过一系列的有丝分裂形成具有分裂能力的细胞团，并再次发生分化，产生各种组织、器官，发育成具有完整形态、结构、机能的植株。植物体的各个细胞在个体发育过程中，受所在组织、器官的环境约束，只能表现一定的形态，行使一定的功能，但其遗传全能性的潜力没有丧失，一旦脱离原来的器官或组织成为离体状态，在合适的培养条件下，就可经脱分化而回复其遗传全能性，由单细胞或小细胞发育成愈伤组织或胚状体，进一步分化形成再生植株。

从理论上讲，任何一个生活细胞都有发育成完整生物个体的潜在能力，但是生活细胞要表达全能性必须首先回复到分生状态或胚性细胞状态。一种类型的分化细胞转变成另一种类型的分化细胞的现象称为转分化(transdifferentiation)，转分化要经历脱分化和再分化的过程。即要把植物细胞全能性的潜在能力变为现实，必须经历脱分化和再分化两个过程才能实现，在大多数情况下，脱分化是细胞全能性表达的前提，再分化是细胞全能性表达的最终体现。

(1) 脱分化

将来自分化组织已停止分裂的细胞从植物体其余部分的抑制性影响下解脱出来，使它们在离体条件下，从分化状态转变为分生状态，回复细胞分裂活性。这种由已高度分化的、失去分裂能力的成熟细胞回复到具有分裂能力的分生组织细胞或胚性细胞状态的过程称为脱分化。经过脱分化的细胞如果条件合适，就可以长久保持旺盛的分裂状态而不发生分化。植物的体细胞在一定条件下形成分化细胞群的细胞团——愈伤组织(callus)，愈伤组织实际上就是一种典型的脱分化组织。愈伤组织可进一步诱导其再分化形成根和芽的顶端分生组织的细胞，并最终长成植株。

细胞脱分化一般要经过 3 个阶段：启动阶段，表现为细胞质增生，并开始向细胞中央伸出细胞质丝，液泡蛋白体出现；演变阶段，此时细胞核开始向中央移动，质体演变成原质体；脱分化终结期，细胞回复到分生状态，细胞分裂即将开始。

(2) 再分化

生物界普遍存在再生现象(regeneration)，广义的再生包含分子水平、细胞水平、组织水平和器官水平及整体水平的再生。不同的多细胞有机体，其再生能力有明显的差异，总的说来，植物比动物再生能力强，低等动物比高等动物再生能力强。再生现象从另一个方面反映了细胞的全能性。在不同物种中，细胞分化状态的可塑性有很大差异。一般来讲，脱分化的细胞或者组织在合适的培养条件下，重新恢复细胞分化能力可以再转变成具有一定结构、执行一定生理功能的细胞团和组织，构成一个完整的植物体或植物器官，这一过程成为再分化(redifferentiation)。一个已分化的细胞要表达其全能性，就要经过脱附暖和再分化的过程。当然，不同植物、不同组织器官、不同细胞间全能性表达的难易程度会有所不同，这主要取决于细胞所处的发育状态和生理状态。在有些情况下，再分化也可不经过愈伤组织而直接发生于脱分化的细胞。愈伤组织是指脱分化后的细胞往往经过细胞分裂形成一团无特定结构和功能的疏松的薄壁细胞团。

二、植物组织培养

植物的组织培养是根据植物细胞具有全能性这个理论，近几十年来发展起来的一项无性繁殖的新技术。植物的组织培养广义又叫离体培养，指从植物体分离出符合需要的组织、器官或细胞、原生质体等，通过无菌操作，在无菌条件下接种在含有各种营养物质及植物激素的培养基上进行培养以获得再生的完整植株或生产具有经济价值的其他产品的技术。狭义是指组培指用植物各部分组织，如形成层、薄壁组织、叶肉组织、胚乳等进行培养获得再生植株，也指在培养过程中从各器官上产生愈伤组织的培养，愈伤组织再经过再分化形成再生植物。

1. 细胞的全能性

细胞全能性是指细胞经分裂和分化后仍具有形成完整有机体的潜能或特性。高度分化的细胞仍具有发育成完整个体的潜能。因为生物体细胞含有本物种所特有的全套遗传信息，所以在一个有机体内每一个活细胞均具有同样的或基本相同的成套的遗传物质，而且具有发育完整有机体或分化为任何细胞所必需的全部基因。按照全能性高低，从高到低分别是受精卵、胚胎干细胞、生殖细胞、体细胞，植物细胞的全能性大于动物细胞。植物组织培养如图 4-7 所示。

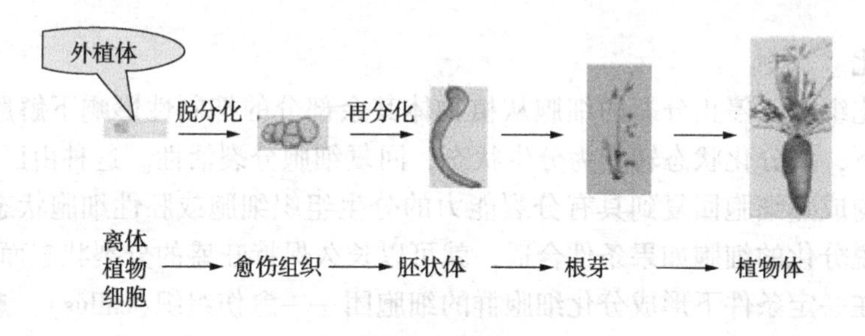

图 4-7　植物组织培养过程

2. 植物组织培养技术的过程

科学家应用多倍体育种的方法，培育出的三倍体无子西瓜，具有无子、含糖高、口感好等特点。但因其不结种子，每年必须用四倍体和二倍体西瓜杂交培育种子，不仅增加了生产成本，也给无籽西瓜的普及带来困难(图 4-8 为西瓜杂交培育图)。

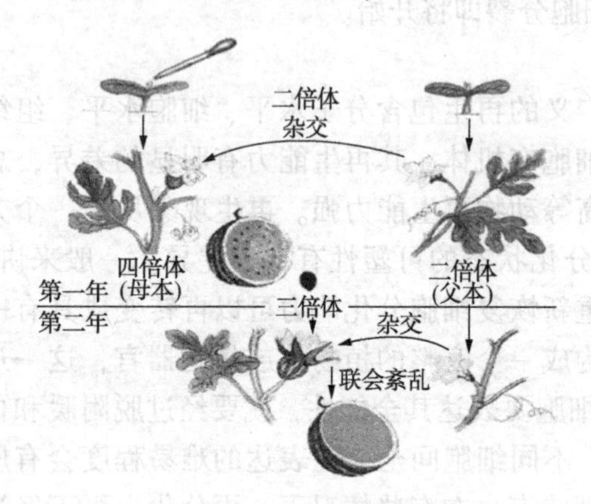

图 4-8　西瓜杂交培育图

病毒引起的植物病害有 500 多种。受害的植物包括粮食作物、蔬菜、果树和花卉，如水稻、小麦、棉花、马铃薯、油菜、大蒜、苹果、枣、唐菖蒲、兰花等。而且没有有效的防治办法，只能拔除病株，造成很大的经济损失。病毒多集中在种子、老叶等器官中，在幼嫩的器官和未成熟的组织中较少，在分生区几乎不含病毒。

兰花因高雅美丽而深受人们喜爱。兰花常用分根法和种子进行繁殖。在兰花的常规繁殖中，遇到的难题是：用分根法繁殖速度缓慢，不利于新品种的推广；用种子繁殖又很困难，因为兰花的种子十分微小，胚很纤弱，种子几乎没有储藏营养物质，在发芽过程中很容易夭折。

三、植物细胞工程的实际应用

1. 植物繁殖的新途径

自然环境条件下生长的植物常常受到许多病原微生物的侵染，病毒会通过繁殖材料特别是无性繁殖材料进行积累和代间的传播，造成品种退化(degeneration)。利用植物组织培养技术，可脱除植物细胞中侵染的病毒，生产健康的繁殖材料。植物培养技术包括对植物离体组织的培养，如植物茎尖分生组织、叶片表皮组织等；植物离体器官的培养，如植物根、茎尖、叶、花器(包括花药、子房)和幼小果实；植物细胞及原生质体的培养。而脱毒和快速繁殖技术是在植物育种和实践中应用最多、最广泛和最有效的植物组织培养技术。通过茎尖培养可以去除多种植物病毒，特别是通过营养繁殖的根茎类作物，脱毒植株的产量明显高于感染病毒植株的产量。通过离体快速繁殖技术，不仅可以保持优良品种或脱毒种苗的优良种性，并可使其在短时期内大量繁殖，从而为生产上提供优质的无病毒种苗。

(1) 植物快速繁殖技术

植物快速繁殖(rapid propagation)也叫微繁殖(micropropagation)，是利用离体无菌培养的方法，将植物外植体在人工培养基和合适的条件下在试管中增殖，然后移植到温室或农田，繁殖出大量幼苗的一种植物组织培养技术，简称离体繁殖(in vitro propagation)、微繁殖或快速繁殖。许多植物尤其是无性繁殖植物，在自然条件下的繁殖系数低，阻碍了生产推广速度。离体快繁技术可加速繁殖材料的个体生产，提高繁殖系数。与传统的植物营养繁殖技术相比，它具有保持优良品种的遗传特性、高效快速地实现种苗的大量繁殖的优点。目前，快速繁殖已应用于一些苗木的大规模化商业生产，其中多数是观赏植物，还有不少果树和经济作物。世界上已建成许多年产百万苗木的试管苗工厂和数十万苗木的商业性实验室。

植物快速繁殖一般包括无菌培养物的建立、培养物的增殖、根的诱导和生产用苗的培植4个主要技术环节。适宜的外植体对培养物的脱分化和形态建成是极为重要的。离体繁殖必须首先建立相应的无菌培养物，其程序和其他所有类型的组织培养技术一样，包括外植体的选择、外植体灭菌、接种和培养等基本程序。一般情况下，可根据芽的增殖途径和实验目的确定选择合适的外植体。所取外植体经严格的表面消毒后即可接种。来源不同的外植体所需用的基本培养基不同，应根据各自的特点进行选择。培养物的增殖是快速繁殖技术中最重要、最关键的环节，它的成功与否直接关系到所建立无菌培养物系统能否应用于苗木生产。培养物增殖的途径有愈伤组织途径、不定芽途径、侧芽生枝途径和胚状体途径。除胚状体途径诱导形成的植株外，其他3种途径形成的试管苗都是无根的，必须进行诱导生根后才能移植。试管苗虽可直接用于大田生长，但对土壤、水肥和气候条件的要求苛刻。假如条件不十分合适就会造成移栽成活率低，难以培植壮苗等问题。为了加大试管面的成活率，多数情况下，试管苗需经过一些中间缓冲过程再用于生产。因此，得到试管苗后，应通过炼苗、假植和定植等过程，来提高试管苗对自然环境条件的适应性。对于不同的植物应根据各自的生长发育特性和实际环境条件，选择适宜的生产用苗培植方法。

快速繁殖中需要注意的是材料的遗传稳定性和玻璃化现象。影响遗传稳定性的因素主要有外植体的来源、继代培养、再生植株的发生方式及植物生长物质。玻璃化(vitrification)现象是当植物材料不断地进行离体繁殖时，有些培养物的嫩茎、叶片往往会呈半透明水渍状的现象。其最显著的特点就是，外观形态有明显异常，体内含水量、矿质元素、糖类、纤维素、蛋白质等基本成分含量有变化，一些酶活和内源激素含量有变化。

(2) 作物脱毒

一般来讲，病毒在植物体中的分布是不均一的，从植株自然生长的顶端(茎尖)到茎秆底部，病毒的数量呈金字塔形，逐渐增加。长期进行无性繁殖的作物，易积累感染的病毒，导致产量降低，品质变差。脱除病毒是植物组织脱毒培养繁殖的第一个重要步骤，已广泛应用于马铃薯、柑橘、甘蓝、香蕉和花卉等植物的健康种苗生产。虽然各种植物在脱毒技术的细节上有些差异，但是大体上均要经过病毒类型诊断、脱毒母体材料选择与预处理、茎尖分生组织分离与培养、病毒检测、脱毒植株保存与快繁等几个基本环节。茎尖脱毒培养技术与快速繁殖技术相结合，已成为植物组织培养解决生产问题的范例。

① 天然种子

天然种子具有以下局限性：

a. 培育周期长；

b. 优良杂种的后代会发生性状分离而丧失其优良特性；

c. 生产会受到季节、气候和地域的限制，并且需要占用大量的土地实现制种。

② 人工种子

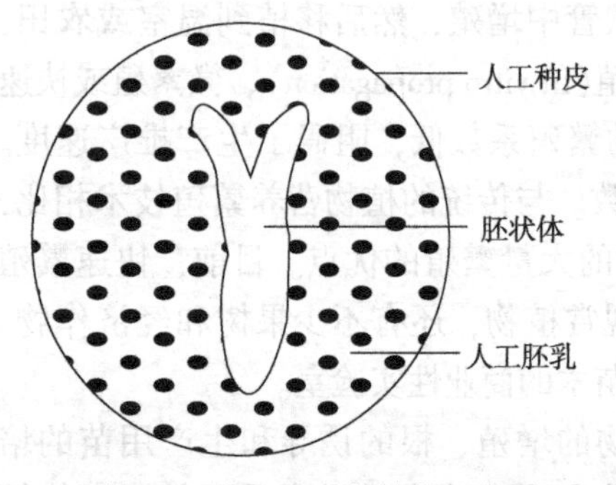

图 4-9　人工种子的结构示意图

人工种子是指通过植物组织培养得到的胚状体、不定芽、顶芽和腋芽等为材料，经过人工薄膜包装得到的种子。它是由胚状体(或不定芽、顶芽和腋芽)和人工种皮组成(图 4-9 是人工种子的结构示意图)。

设计人工种子制备技术的主要流程：诱导植物愈伤组织→体细胞胚的诱导→体细胞胚的成熟→体细胞胚的机械化包裹→贮藏或种植。

人工种子的优点：a. 培植周期短；b. 后代无性状分离；c. 不受气候，季节和地域限制；d. 可以很方便地贮藏和运输。人工种皮的有效成分是加入适量的养分、无机盐、有机碳源以及农药、抗生素、有益菌、植物生长调节剂等。

2. 作物新品种的培育

(1) 单倍体育种

单倍体(haploid)是指具有配子体(gametophyte)染色体数的孢子体(sporophyte)。植物单倍体的应用广泛。单倍体材料对于育种工作具有极其重要的意义，利用 F_1代杂交种花粉或者授粉子房、胚珠，通过离体培养获得单倍体，经染色体加倍获得纯合二倍体，可缩短育种周期 3~4 代，同时增加重组型的选择概率。这是因为数量性状可用于选择性遗传变异所占比重较大，也没有主效基因的显性效应，使得组合内的基因型易于区别，世代间的选择响应更大。单倍体是多倍体植物的物质资源创新的重要途径。通过花药和花粉培养获得的单倍体，一个个体即为一个基因型，加倍后可获得各种显、隐性纯合材料。特别是多倍体的单倍体，可能获得在原始多倍体中不可能表达的隐性现状，从而丰富遗传物质，增加了育种亲本的种类和选择的范围。此外，在多倍体作物育种中，单倍体还是必需的中间材料。倍性操作技术的特点就是有效地利用了单倍体，如二倍体(2×)和四倍体(4×)杂交难以成功，但如果把四倍体(4×)转换成单倍体(2×)后再与原来的二倍体杂交，则可能成功，从而获得更广阔的遗传背景。将单倍体技术与远缘杂交相结合，可直接产生各种异源非整倍体，如异源代换系、附加系和易位系等，从而实现物种之间大片段基因的转移。应用单倍体材料可查明其原始亲本的染色体组的构成。单倍体植物减数分裂的特征，形成二价染色体的可能性及其数目和形状，能够说明有无同源染色体和染色体组参与单倍体的组成。假如，在减数分裂期发现大量的二价染色体，同时单倍体植株表现出高度可育性，说明核内有相同的染色体组，产生单倍体植物的相应的二倍体类型起源于多倍体。另外通过对单倍体孢母细胞减数分裂时联会情况的分析，可以追溯各个染色体组之间的同源或部分同源的关系，从而对物种之间的亲缘关系和物种进化作研究，尤其是利用双单倍体(doubled haploid，DH)群体进行RAPD、RFLP或AFLP分析等。单倍体只有一个单一功能的基因模式，排除了杂合性等因素的干扰，所以在单倍体细胞内，每个基因都能发挥自己对性状发育的作用，不管是显性还是隐性。因此，单倍体是研究基因性质及其作用的良好材料。

自然界高等植物的单倍体是经过不正常的受精过程出现的，单倍体出现的频率很低。随着组织培养技术的发展，通过人工诱导或种属间杂交产生的单倍体越来越多。获得单倍体的主要途径有以下几种。

① 花药培养

花药培养(anther culture)是指用无菌操作技术，将发育到一定阶段的花药接种到人工培养基上，诱导花粉单性发育和分化形成植株的过程(图4-10)。花药培养操作简单，不需要进行游离花粉的处理程序，也不需要特殊的培养装置，应用广泛。目前有几百种高等植物的花药培养获得成功，其中包括小麦、玉米、大豆等重要的农作物和经济作物。有些作物已获得了优良的新品种。

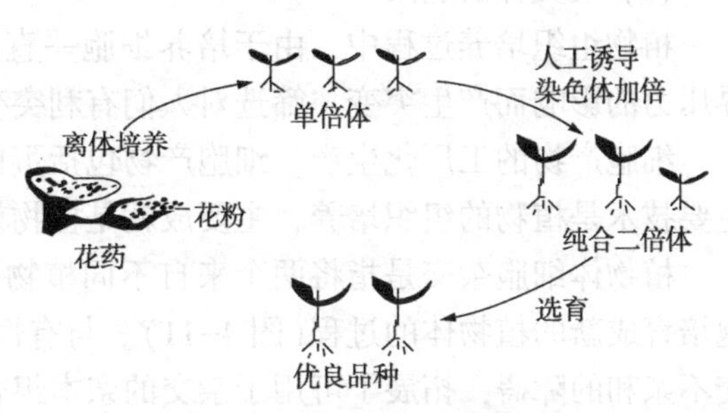

图4-10　植物花药组织培养生成正常植株的实验流程图

先将花药接种到花粉细胞中培养，然后脱分化形成愈伤组织再进行分化，分化出小植物移栽到单倍体植株上，最后通过染色体加倍得到正常植株。单倍体育种后代都是纯合子，明显缩短育种年限。

② 花粉培养

花粉培养(pollen culture)是将花粉粒从花药中分离出来，以单个花粉粒作为外植体，进行直接离体培养使花粉粒脱分化，进而发育成小植株。花粉粒是单倍体细胞，诱发它经愈伤组织或胚状体发育成的植株都是单倍体植株。花粉培养在离体培养过程中，培养条件对愈伤组织的诱导频率有很大的影响，并且在分化过程中细胞染色体发生畸变的可能性较大。所以，通过花粉培养产生的单倍体的关键是选择合适的培养基及严格控制培养条件。

③ 未授粉子房(胚珠)培养产生单倍体

由于花药培养在许多植物上诱导花粉植株的频率较低，有些植物甚至不能诱导产生花粉植株，从而影响了花粉单倍体育种方法的应用。国内外许多研究者对未授粉子房培养产生了兴趣，开始探索从未授粉子房诱导孤雌生殖，进而产生了产生单倍体植株的另一种途径——未授粉子房培养。未授粉子房培养在研究果实发育，离体授粉受精等方面具有重要意义。目前通过未授粉子房(胚珠)培养产生的单倍体植株有数十种植物，如大麦、烟草、向日葵等。

④ 远缘杂交

亲缘较远的花粉不易使母本的卵细胞受精而又能刺激卵细胞单性发育(又称孤雌生殖)，由此产生单倍体或经核内复制形成双倍体。在远缘杂交情况下，产生单倍体的实例最多，尤其在烟草属、小麦属、茄属等作物中。

⑤ 体细胞染色体消失(又称球茎大麦技术)

1970年，卡沙(Kasha)和卡奥(Kao)用二倍体普通大麦作母本，二倍体球茎大麦作父本，进行杂交获得了较高频率的单倍体，用秋水仙碱加倍获得了纯合二倍体。这种利用种间杂交及染色体消失产生大麦单倍体的方法，称之为球茎大麦技术(bulbosum technique)。

⑥ 辐射诱导

外植体在培养诱导产生愈伤组织或植物开花前至受精的过程中，用射线照射愈伤组织细胞团或将父本花粉经X射线处理后，给去雄的母本授粉，以影响其受精，可诱发单性生殖产生单倍体。

此外，还可以通过迟授粉、化学药剂处理诱导单倍体的产生，还可以通过异种属细胞质——核替代系、双生苗和半配合等途径获得单倍体植株。

(2) 突变体的利用

植物组织培养过程中，由于培养细胞一直处于不断的分生状态，易受到培养条件和外界压力的影响而产生突变，筛选对人们有利突变体，进而培育新品种。

细胞产物的工厂化生产。细胞产物包括蛋白质、脂肪、糖类、药物、香料、生物碱等，主要技术是植物的组织培养，主要成就是植物体细胞杂交应用研究。

植物体细胞杂交是指将两个来自不同植物的体细胞融合成一个杂种细胞，且把杂种细胞培育成新的植物体的过程(图4-11)。与有性杂交方法相比植物体细胞杂交克服了远缘杂交不亲和的障碍，拓展了可用于杂交的亲本组合范围。

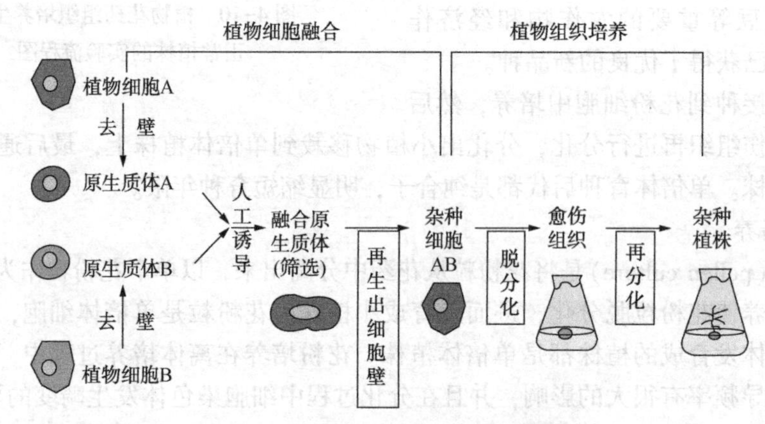

图4-11 植物体细胞杂交过程示意图

高等植物细胞具有全能性。从高等植物的幼胚、根、茎、叶、花和果实等不同器官的组织中分离的单个细胞，经过特殊培养形成愈伤组织，并可进一步诱导生成完整的植株(图4-12)。

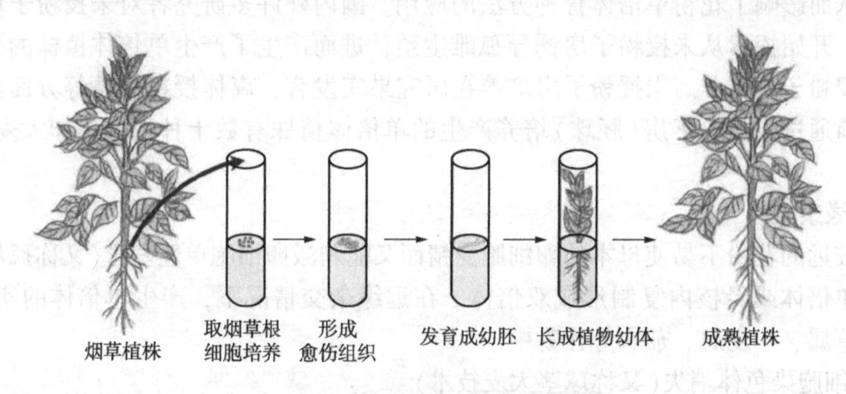

图4-12 高等植物细胞培养过程图

四、植物的胚胎培养与离体授粉

离体胚胎养分为成熟胚培养和幼胚培养。离体授粉也叫离体受精或试管授精，通常是指在离体培养条件下，对子房或胚珠进行授粉并形成种子的过程。离体授粉技术为克服某些植物的自交不亲和性及远缘杂交的不亲和性提供了新途径。

1. 植物胚胎培养

胚胎培养(embryo culture)是指对植物的胚、子房。胚珠和胚乳进行离体培养，使其发育成完整植物的技术。包括胚培养(成熟胚培养、幼胚培养)、胚珠培养、子房培养、胚乳培养、试管授精等类型。目前，胚胎培养除了应用于育种外，还广泛地应用于研究胚胎发育过程中的生理代谢变化及有关影响胚发育的内外因素等问题。在离体胚培养成功的基础上，又展开胚乳、胚珠和子房的培养，特别是未授粉子房或胚珠的培养，为进行离体授粉的研究提供重要的技术条件。

植物胚培养技术早在1904年由Hanning首先做了试验。他把萝卜和辣根菜未成熟的胚培养在还有蔗糖、无机盐、氨基酸和植株提取液的各种培养基上，结构胚得到了充分的发育，并获得了可移植的实生苗。由此证明了胚可以离开母体在人工合成的培养基上生长发育。胚培养研究最多的是荠菜和大麦。此外，曼陀罗属、柑橘属和菜豆属也进行了大量工作。

植物离体胚胎培养包括成熟胚的培养和幼胚的培养。成熟胚一般是指子叶期以后至发育完全的胚，在简单的培养基上即可萌发生长，形成幼苗，其培养较易成功。培养基只需含有大量元素的无机盐和糖类即可。将受精后的果实或种子表面消毒处理后，剥取种胚接种于培养基上，在人工控制条件下维持胚的生长，继续进行正常的胚胎发育，完成胚胎发育全过程。成熟胚培养的主要目的在于研究种子萌发时期胚乳(或子叶)与胚的相互关系，及胚乳(或子叶)对幼苗初期生长的营养作用；研究成熟胚生长发育过程中的形态建成，及各种生长物质对其形态建成的影响；打破种子休眠，缩短育种周期。

2. 植物胚乳培养和三倍体产生

胚乳培养(endosperm culture)是指在无菌条件下对胚乳组织进行离体培养的技术。在裸子植物中，胚乳由雌配子体发育而来，是单倍体的；被子植物中，胚乳由两个极核和一个精核受精发育而来，是三倍体的。胚乳培养是人工获得植物三倍体的一个重要途径，在三倍体无籽果实等新品种选育及遗传研究上均具有重要的应用价值。胚乳培养除能够获得三倍体外，还能产生各种非整倍体，从中可以筛选出单体、三体等珍贵的遗传材料。此外，胚乳培养也用于胚乳与胚的关系、胚乳细胞的生长发育及形态建成等方面的研究。

早在1933年，兰佩(Lampe)和米尔斯(Mills)就进行了胚乳培养的尝试。1949年，拉鲁(Larue)首次用玉米胚乳培养获得了愈伤组织。1973年，斯里瓦斯塔瓦(Srivastava)首次用罗氏核实木胚乳培养获得了再生株，证实了三倍体胚乳细胞的全能性。此后，胚乳培养已涉及大麦、小麦、玉米、苹果等多种植物。

胚乳培养分带胚乳培养和不带胚乳培养两种方式，通常带胚乳比不带胚乳更容易诱导形成愈伤组织。尤其是在用于种子胚乳培养时。由于胚乳的生理活性十分微弱，在诱导其脱分化前，必须借助原位胚的萌发使其活化。胚乳培养的一般过程是：观察确定适宜胚乳培养的发育时期，筛选适宜胚乳培养的培养基，选择胚乳发育适宜时期的果实或种子，消毒杀菌，无菌条件下，剥开种皮，分离出胚乳组织(带胚或不带胚)，接种培养。

胚乳培养中，除少数植物可直接从胚乳组织分化出器官外，一般是先形成愈伤组织，然后在分化培养基上，进行胚状体或不定芽的分化。初生胚乳愈伤组织的形态，一般为白色致密型，少数为白色或淡黄色松散型(如枸杞)，也有的为绿色致密型(如猕猴桃)。

3. 子房、胚珠培养

子房培养(ovary culture)是指在无菌条件下对子房进行离体培养的技术。根据授粉与否，子房培养可分为授粉子房培养和未授粉子房培养两种方式。授粉子房培养的主要目的是克服杂种胚的早期败育、获得杂交种子或植株；未授粉子房培养的目的有两个，一是将胚囊中的单倍体细胞诱导成单倍体植株，用于单倍体育种；二是为离体授粉奠定基础。

胚珠培养(ovule culture)。将胚珠从母体上分离出来放在无菌的人工环境条件下，使其进一步生长发育形成幼苗的技术。同子房培养一样，依据培养目的，亦可分为授粉胚珠培养和未授粉胚珠培养，目的与子房培养相同。影响胚珠培养的因素主要有胚珠的发育阶段、是否受精、是否带有胎座组织、培养基及其附加成分、培养条件等。

4. 离体授粉

植物离体授粉(in vitro pollination)也叫离体受精(in vitro fertiliza-tion)或试管授精(test tube fertilization)，通常是指在离体培养条件下，对子房或胚珠进行授粉并形成果实或种子的过程。植物离体授粉的意义和作用主要有以下几点：①克服杂交不亲和性，远缘杂交中，除遇到杂种不能发育成熟、胚胎提前败育等受精后的障碍外，还常常遇到花粉在柱头上不能萌发、花粉管生长受到抑制而不能进入胚珠等受精前障碍。受精后的障碍可通过胚胎培养予以克服，而受精前的障碍，则要借助离体授粉加以解决。②诱导孤雌生殖，单倍体在遗传育种中具有重要价值，目前虽有延迟授粉、远缘杂交、用经辐射处理的花粉授粉，及对子房进行物理和化学处理等方法诱导孤雌生殖，但获得单倍体的频率都很低。自1974年，利用离体授粉技术诱导孤雌生殖并获得成功以来，离体授粉已成为人工获得单倍体的一个有效手段。③双受精及胚胎早期发育机制的研究，利用离体受精技术，可以系统研究卵细胞通过受精而被激活的机制，钙在受精中的作用、卵细胞如何防止多精受精及早期胚胎发育过程中的基因表达等问题。

影响离体受精的因素除不同植物具有各自的遗传特性外，主要有子房或胚珠的年龄、授粉方式、花粉萌发状况、母体组织、培养基和培养条件等。

五、植物种质资源的超低温保存

植物种质资源(germplasm resource)又称植物遗传资源(genetic resource)，是指一定地域上对人类有用的所有植物的总和，是人类生存和发展必不可少的物质基础。种质资源是漫长的历史过程中，由自然演化和人工创造形成的重要资源，它积累了极其丰富的遗传变异，蕴藏着各种性状的遗传基因。我国拥有30000多种高等植物，仅次于巴西和马来西亚，居世界第三。其中，近200个属的植物为我国特有，而银杉(Cathaya argyrophylla)、银杏、水杉(Metasequoia glyptostroboides)、珙桐(Davidia involucrata)等，则是我国所特有的孑遗物种。众多的种质资源中，栽培植物的原始品种及其野生亲缘物种构成了一个丰富的种质库，成为植物品种选育的无价之宝。

但是，植物种质资源的多样性由于自然灾害和人类活动受到严重影响，导致生物多样性减少，大量适应性强的地方栽培品种被淘汰，作物品种资源日益匮乏。所以拥有并妥善保存多种多样的种质资源成为人类十分关注的问题。

1. 种质资源保存类型

作物育种成效取决于所掌握的种质资源数量的多少和对其性状表现及遗传规律研究的深入程度。拥有丰富多样的种质资源，并对其进行保护，是创制或选育新品种的物质基础。植物种质资源保存(germplasm resource conservation)是指利用天然或人工创造的适宜环境保存种质资源，使个体中所包含的遗传物质保持其遗传完整性和活力，并能通过繁殖将其遗传特性传递下去。植物种质资源的保存类型有两种，即原生境保存(in site conservation)和非原生境保存(ex site conservation)。

原生境保存是将植物的遗传材料保存在它们的自然生境中。原生境保存的地方多是植物保护区，是保存植物整个群落的最好方法。另一种方法为农田种植保存，即将原生境植物种植在农田中进行保护。云南水稻就是这种保护方式的一个例子，数以千计的云南水稻农家品种种植在农田中得以保护。

非原生境保存是将植物的遗传材料保存在不是它们的自然生境的地方。如果植物的生存环境受到威胁，或对植物材料进行研究、开发利用等，非原生境保存就格外重要，它是植物遗传资源保存的重要方式，很多稀有的濒危植物(品种)都采用这种方式进行保存。非原生境保存方式有植物园、种子库、种质圃、试管苗库、超低温库等。非原生境保存所采取的具体保存方法有四种，即种植保存(planting conservation)、贮藏保存(storage conservation)、离体保存(in vitro conservation)和基因文库保存(gene library conservation)。迄今为止，离体保存种质已经应用于多种植物，取得了很好的效果。常用的离体保存方法有限制生长保存(slow growth conservation)和超低温保存(cryopreservation)。

2. 限制生长保存

通过高渗、生长抑制剂以及其他一些措施达到延缓离体培养材料生长发育，延长继代转接时间，从而达到保存离体培养材料的目的。

(1) 高渗保存法

利用培养基的高渗透压来抑制离体培养材料生长的种质保存法称为高渗保存法。培养基中高渗透压的产生可以通过加入高渗物质，如甘露醇、蔗糖、PEG 等。它们是一类非代谢活性物质，可以有效提高培养基渗透压，抑制培养物对水分的利用，达到抑制培养材料生长的目的。如果高渗保存配合低温则具有良好效果，显著延长种质保存时间，提高存活率。如 6~10℃低温下，在培养基中加入 4%甘露醇，可以不转培养基连续保存马铃薯 1~2 年，存活率最高达 90%以上。多数低温保存都加入甘露醇或高浓度蔗糖。

(2) 生长抑制剂保存法

生长抑制剂保存法，是在培养基中加入生长抑制剂以减缓培养材料生长，达到长期保存种质材料的保存方法。常用的生长调节剂有 ABA、青鲜素、矮壮素(chlorocholine chloride，CCC)、多效唑、烯效唑、B_9等，它们可以有效控制和延缓培养材料的生长速度，延长继代培养周期。生长抑制剂不仅可以使试管苗生长缓慢，而且可以使其生长健壮、叶色浓绿、移栽成活率极大提高。

3. 超低温保存

超低温保存是在液氮(-196℃)中使保存的活细胞物质代谢和生长几乎完全停止的保存方法：在这样的冷冻条件下，细胞和组织不会丧失形态发生潜能，也不会发生遗传性状改变，理论上可以无限期贮藏。这种保存方法已广泛应用于医学和畜牧业，如液氮中贮藏精子进行人工授精已成为一种常规方法。自 20 世纪 70 年代以来，利用此法保存植物材料的研究有较大进展，显示出植物种质资源长期保存的新途径。几乎所有的植物种类都可以利用超低温方法进行种质保存，涉及的外植体类型有离体胚、茎尖、体细胞、原生质体、茎段、花粉、胚性细胞、愈伤组织、休眠芽等。但从植株再生的难易和遗传稳定性考虑，体细胞或愈伤组织等细胞培养物作为保存材料并不理想，而茎尖、胚，幼苗等较为合适。茎尖、胚、幼苗等材料遗传性稳定、再生能力强、对冷冻和解冻过程中所产生的胁迫忍受能力强。

低温冰冻过程中，如果生物细胞内水分结冰，细胞结构就遭到不可逆的破坏，导致细胞和组织死亡。植物材料在超低温条件下之所以可以长期保存并能在离开保存环境后正常进行细胞分裂和分化就是在冰冻过程中避免了细胞内水分结冰，并且在解冻过程中防止细胞内水分的次生结冰而达到植物材料保存目的。植物细胞含水量比动物细胞高，冰冻保存难度大，如果直接将保存材料投放到液氮中，细胞和组织由于细胞内水分结冰，引起组织和细胞死亡。可见，超低温保存的植物材料必须借助于冷冻防护剂(cryoprotectant)。冷冻防护剂属于分子质量低的中性物质，如甘油、脯氨酸、二甲基亚砜(dimethyl sulphoxide，DMSO)等，在水溶液中能强烈地结合水分子，水合作用的结果使溶液的黏稠度增加。当温度下降时，溶液冰点下降，水固化程度减弱，对降低培养基、植物组织、细胞的冰点起重要作用。特别是DMSO的发现，使植物种质在超低温环境中得以保存，因为它极易渗入细胞内部，防止细胞冰冻或融冻时引起过度脱水而遭到破坏，保护细胞。另外，冷冻保护剂的使用可以提高培养基渗透压，导致细胞轻微质壁分离，提高组织和细胞的抗寒力。

材料超低温保存时，预处理方法、冷冻方法、解冻方法无疑对植物材料冷冻保存效果产生重要影响，还有一些其他因素也影响材料的保存效果，如植物材料的性质和冷冻保护剂。植物材料的性质包括物种、基因型、抗寒性、年龄、形态结构、生理状态等，它们对冷冻效果都会产生很大的影响。就冰冻防护剂而言，必须具有如下特性：①分子质量较小；②易于与溶剂混合；③快速渗入细胞；④无毒或毒性小；⑤易洗脱。由于DMSO具有上述各种特性，它的应用尤为广泛，效果良好。

检测冷冻保存后细胞或组织活力的最根本方法是再培养，包括一系列相关指标的测定，如复活程度、存活率、生长速度等，其中存活率是检验保存效果的重要指标之一，该指标的获得既可以通过再培养来测定，也可以利用染色法来测定，常用的染色法有FDA、伊凡蓝法、氯化三苯四氮唑(triphenyltetrazolium chloride，TTC)法等。

第四节　动物细胞工程

动物细胞工程(animal cell engineering)是以动物细胞、细胞器或早期胚胎为研究对象，应用细胞生物学和分子生物学的原理和方法，对其进行培养、繁殖、人工操作等，使其产生人们所需要的生物学特性，获得人类所需的生物产品、创造新的细胞类型或动物品种的一门综合科学。

动物细胞工程是在细胞培养、细胞融合和细胞拆合技术的基础上发展起来的，随着基因操作技术、分子生物学技术和干细胞工程技术的发展与成熟，动物细胞工程的理论和应用均获得了突破性的进展。当前，动物细胞工程所涉及的主要技术领域包括细胞培养技术、细胞融合技术、染色体工程、胚胎工程、细胞重组与克隆技术等。

一、动物细胞培养所需的基本条件

动物细胞体外培养，不受气候、季节等因素的限制，可用于制取许多有应用价值的细胞产品，如单克隆抗体、细胞因子、疫苗、酶制剂等；此外胚胎干细胞的培养和人工诱导分化具有巨大的潜在价值。离体细胞培养与体内细胞培养在营养代谢上是有区别的。机体内的细胞营养可受神经和激素等影响并进行一系列的调节，而离体的细胞则不受其调节。各种不同的细胞具有不同的营养要求。因此，细胞营养在组织细胞培养中非常重要。凡能进入细胞中被细胞所利用，参与细胞代谢活动和维持细胞生存的物质均属营养物质。体外培养细胞的生长所需的基本营养物质，除糖类、氨基酸和脂类三大营养物质外，也需要一定量的无机盐、维生素和微量元素等。

除了细胞所需的营养物质，使动物细胞有可能在体外培养的基本条件之一，是提供尽可能与体内生活条件相近的培养环境。在动物细胞培养的过程中，最重要的是使细胞培养条件达到最优化程度，尽可能消除或减轻环境对细胞的影响，维持细胞高存活力和高效表达，同时又要充分考虑细胞表达产物的后续纯化，因此动物细胞培养环境的控制是细胞培养的关键技术。而影响细胞培养的主要因素有溶解氧、CO_2、温度、pH 值、葡萄糖、氨、乳酸、甲基乙二醛、培养基成分等。

二、动物细胞工程常用技术

动物细胞培养是指从动物机体中取出相关组织，将它们分散成单个细胞，然后放在适宜的培养基中，让这些细胞生长和增殖，是细胞学研究的技术之一，是组织工程和动物细胞工程的基础。细胞培养的培养物为单个细胞或细胞群。从动物机体中取出相关的组织，使用物理或化学方法将其分散成单个细胞，然后放在适宜的培养基中，让这些细胞生长和繁殖。由于动物细胞培养技术规模不断发展，而且通过动物细胞培养获得的蛋白质也被证明是安全有效的，因此动物细胞培养成为获得生物制品的主要途径。许多人用和兽用的重要蛋白质药物和疫苗，尤其是对那些相对较大、较复杂或糖基化的蛋白质来说，动物细胞培养是首选的生产方式。

1. 动物细胞培养技术

(1) 概念

由于人类对生长激素、干扰素、McAb、白细胞介素及疫苗等产品的需求，工业规模培养动物细胞已提到议事日程上。在 $10m^3$反应器规模上，动物细胞微载体深层培养技术获得成功，使动物细胞培养技术趋于成熟。所谓动物细胞培养技术是指在人工条件下，在细胞生物反应器中高密度大量培养动物细胞用于生产生物制品的技术。已广泛用于生产具有重要医用价值的酶、生长因子、疫苗和单克隆抗体等，成为医药生物高技术产业的重要组成部分。

动物细胞培养技术是在贴壁培养和悬浮培养的基础上，融合了固定化细胞、流式细胞术、填充床、生物反应器技术以及人工灌流和温和搅拌系统等技术而发展起来的。贴壁培养是指细胞贴附在某种基质上进行增殖的培养方法。悬浮培养是指细胞自由地悬浮于培养液内生长增殖的一种培养方法。目前比较成熟且有应用价值的大规模培养方法主要包括：中空纤维法、微囊法和微载体法等。

(2) 过程

动物细胞的培养一般为取动物胚胎或幼龄动物器官、组织，将材料剪碎，并用胰蛋白酶(或用胶原蛋白酶)处理(消化)，形成分散的单个细胞，将处理后的细胞移入培养基中配成一定浓度的细胞悬浮液。悬液中分散的细胞很快就贴附在瓶壁上，称为细胞贴壁。当贴壁细胞分裂生长到互相接触时，细胞就会停止分裂增殖，出现接触抑制。此时需要将出现接触抑制的细胞重新使用胰蛋白酶处理。再配成一定浓度的细胞悬浮液。另外，原代培养就是从机体取出后立即培养的细胞为原代细胞，培养的第1代细胞与传10代以内的细胞称为原代细胞培养。传代培养是指将原代细胞从培养瓶中取出，配制成细胞悬浮液，分装到两个或两个以上的培养瓶中继续培养，称为传代培养。当细胞从动植物中生长迁移出来，形成生长晕并增大以后，科学家接着进行传代培养，即将原代培养细胞分成若干份，接种到若干份培养基中，使其继续生长、增殖。通过一定的选择或纯化方法，从原代培养物或细胞系中获得的具有特殊性质的细胞称为细胞株。当培养超过50代时，大多数的细胞已经衰老死亡，但仍有部分细胞发生了遗传物质的改变出现了无限传代的特性，即癌变。此时的细胞被称为细胞系。培养基添加胰岛素可促进细胞对葡萄糖的摄取。目前可培养的动物细胞有鸡胚、猪肾、猴肾等多种原代细胞及人二倍体细胞、CHO(中华仓鼠卵巢)等。

(3) 条件

① 无菌、无毒的环境：对培养液和所有的培养用具进行无菌处理，还可在培养液中添加一定量的抗生素。此外，应定期更换培养液；②营养：合成培养基中有葡萄糖、氨基酸、促生长因子、无机盐、微量元素等，通常需加入血清、血浆等；③温度和pH值：适宜温度为36.5℃±0.5℃，适宜pH值为7.2~7.4；④气体环境：主要是O_2和CO_2。

(4) 应用

① 大规模的生产有重要价值的生物制品：如病毒疫苗、干扰素、单克隆抗体等；②为基因工程技术提供受体细胞：培养健康细胞用于烧伤病人皮肤移植；③有毒物质的检测，细胞的生理、药理、病理研究：用于筛选抗癌药物等，为治疗和预防癌症及其他疾病提供依据。

2. 动物体细胞核移植技术和克隆动物

(1) 概念

将动物的一个细胞的细胞核移入一个已经去掉细胞核的卵母细胞中，使其重组并发育成一个新的胚胎，这个新的胚胎最终发育为动物个体(克隆动物)。

(2) 克隆羊培育过程

先从一只白面母绵羊的乳腺中取出乳腺细胞，将其放入低浓度的营养培养液中，细胞逐渐停止分裂，此细胞称之为“供体细胞”，同时从一头黑面母绵羊的卵巢中取出未受精的卵细胞，并立即将细胞核除去，留下一个无核的卵细胞，此细胞称之为“受体细胞”，利用电脉冲方法，使供体细胞和受体细胞融合，最后形成“融合细胞”。电脉冲可以产生类似于自然受精过程中的一系列反应，使融合细胞也能像受精卵一样进行细胞分裂、分化，从而形成“胚胎细胞”，最后将胚胎细胞转移到另一只母绵羊的子宫内，胚胎细胞进一步分化和发育，最后形成小绵羊——多莉。

(3) 克隆羊多莉死亡的原因

① 克隆动物确实存在早衰现象，它们从一出生起身体的衰老程度就类似于被克隆个体，所以它们的寿命被缩短。就多莉事件而言，数字上也比较符合这个推测。但是克隆动

物是否存在不可避免的早衰问题，还缺乏有力的证据，根据以后许多克隆实验表明，早衰问题并不普遍。②克隆技术过程中的一些物理化学伤害导致了多莉的健康隐患，使得它容易患病。克隆动物的健康问题十分普遍，就世界各地的报道来看，克隆动物畸形、流产等的概率是相当高的。③第三种，多莉属于普通患病死亡。关节炎和肺部感染是绵羊的常见疾病，特别是对于室内饲养的绵羊来说患病的可能更大。

克隆羊多莉成功意义：①多莉的诞生证明高度分化成熟的哺乳动物乳腺细胞，仍具有全能性；②成功地找到了供体核与受体卵细胞质更加相容的方法。克隆多莉的实验解决了高度分化了的体细胞核移植成功的关键性技术，居于世界领先地位；③应用克隆技术，繁殖优良物种，建造动物药厂，制造药物蛋白；④建立实验动物模型，探索人类发病规律；⑤克隆异种纯系动物，提供移植器官；⑥拯救濒危动物，保护生态平衡。

(4) 克隆牛的培育过程

先将含有遗传物质的供体细胞的核移植到去除了细胞核的卵细胞中，利用微电流刺激等使两者融合为一体，然后促使这一新细胞分裂繁殖发育成胚胎，当胚胎发育到一定程度后，再被植入动物子宫中使动物怀孕，便可产下与提供细胞者基因相同的动物。这一过程中如果对供体细胞进行基因改造，那么无性繁殖的动物后代基因就会发生相同的变化。

(5) 应用

在畜牧业、医药卫生，以及其他领域有着广泛的应用前景。

① 畜牧业方面：加速家畜遗传改良的进程，促进优良畜群繁育；保护濒危物种，增加其存活数量；

② 医药卫生方面：在医药卫生领域，转基因克隆动物可作为生物反应器，转基因克隆动物细胞、组织、器官可作为异种移植的供体；

③ 其他领域：了解胚胎发育及衰老过程，更好追踪研究疾病的发展过程、治疗疾病。

3. 动物细胞融合和单克隆抗体

细胞融合是20世纪60年代发展起来的一项细胞工程技术。细胞融合(cell fusion)又称体细胞杂交(somatic hybridization)，是指在外力(诱导剂或促融剂)作用下，两个或两个以上的细胞或原生质体相互接触，从而发生膜融合、胞质融合和核融合并形成新物种或新品种的技术。融合后形成具有原来两个或多个细胞遗传信息的单核称为杂交细胞(hybrid cell)。基因型相同的细胞融合成的杂交细胞称为同核体(homokaryon)；来自不同基因型的杂交细胞称为异核体(heterokaryon)。

为了使制备好的原生质体或细胞能融合在一起，选择适宜有效的诱导融合方法很重要。诱导融合的方法可分为物理法、化学法及生物法。物理法主要包括显微操作、电场刺激等；化学法主要是用聚乙二醇PEG结合高pH值、高钙离子法；生物法有仙台病毒法等。

(1) 动物细胞融合

动物细胞融合也称细胞杂交(cell hybridization)，是指两个或多个动物细胞融合成一个细胞的过程，融合后形成的具有原来两个或多个细胞遗传信息的单核细胞，称为杂交细胞(hybrid cell)，杂交过程如图4-13所示。

(2) 单克隆抗体

动物细胞融合最具有价值的成就是利用杂交瘤技术生产单克隆抗体。骨髓瘤细胞可以在体外培养生长，而且比正常细胞生长繁殖的速度要快。但是这种细胞不会产生抗体。用特定的抗原刺激正常小鼠的脾脏B淋巴细胞就会产生相应单一特异性抗体，但这种B淋巴

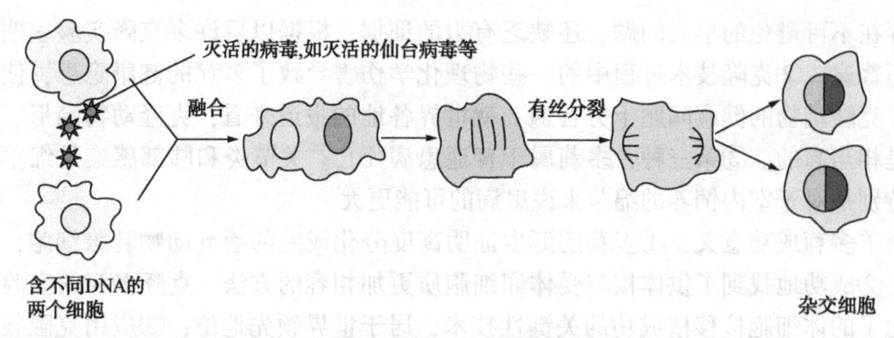

图 4-13　用灭活的病毒诱导动物细胞融合过程

细胞难以在体外培养。利用杂交瘤技术可以将这两种各具功能的细胞融合在一起，培养成既能产生单一抗体，又能在体外快速生长的杂交瘤细胞。正是因为杂交细胞产生单一抗体的特异性与高纯度，从而使该技术被广泛应用于生物学、医学、药学及蛋白质制造业等领域。

抗体是机体受抗原刺激后产生的、并能与该抗原发生特异性结合的具有免疫功能的球蛋白。B 淋巴细胞受抗原刺激后，可以产生抗体，动物体内的 B 淋巴细胞可以产生百万种以上的抗体，每种抗体对特定的抗原具有特异性免疫作用。每一个 B 淋巴细胞只能产生一种抗体。由单个 B 淋巴细胞经过无性繁殖(克隆)，形成基因型相同的细胞群，这一细胞群所产生的化学性质单一、特异性强的抗体称为单克隆抗体。单克隆抗体具有特异性强、灵敏度高的特点。

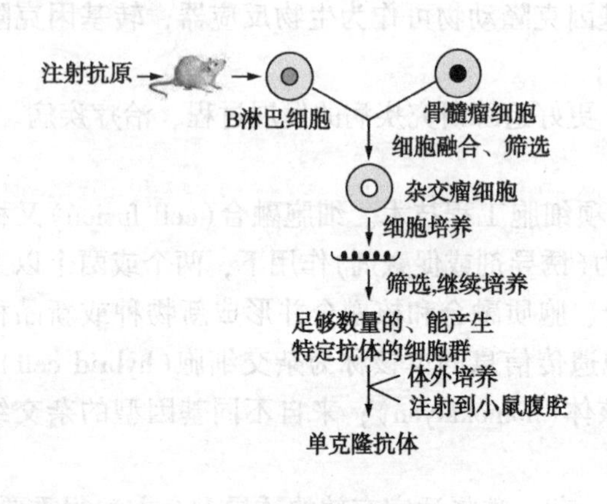

图 4-14　单克隆抗体制备过程

单克隆抗体大量生产的方法(见图4-14)：①利用淋巴细胞产生抗体的功能；②利用肿瘤细胞无限增殖的特性；③利用细胞融合技术将两种细胞融合获得具有淋巴细胞和肿瘤细胞特性的杂交瘤细胞；④利用动物细胞培养技术大量培养杂交瘤细胞。

(3) 单克隆抗体的应用：

① 作为诊断试剂——单克隆抗体最广泛的用途：目前世界各国已经研制出数以百计的单克隆抗体。许多缺乏良好诊断手段的传染病、免疫性疾病、血液病、内分泌疾病和遗传病，用单克隆抗体作为诊断手段，是一个必然趋势；

② 用于治疗疾病和运载药物：作为载体，运载抗癌药物，形成“生物导弹”治疗肿瘤。

4. 干细胞培养工程

干细胞(stem cells)是一类具有自我复制能力(self-renewing)的多潜能细胞，在一定条件下，它可以分化成多种功能细胞。根据其发育阶段，干细胞分为胚胎干细胞和成体干细胞。胚胎干细胞的分化和增殖构成动物发育的基础，即由单个受精卵发育成为具有各种组织器官的个体；成体干细胞的进一步分化则是成年动物体内组织和器官修复再生的基础。

干细胞的特点：干细胞本身不是处于分化途径的终端；能无限增殖分裂；可连续分裂几代，也可在较长时间内处于静止状态；有两种生长方式，一种是对称分裂，一种是非对称分裂。可以说，干细胞是具有多潜能和自我更新特点的增殖速度较缓慢的细胞。

动物干细胞工程是指利用干细胞的生物学特性，按照人的意图，借助化学的、物理的或生物的方法，定向诱导分化，产生机体各种功能细胞或组织的生物工程技术。干细胞技术在动物克隆及改良、建立哺乳动物发育模型、细胞核基因治疗等方面有着广阔的应用前景。

干细胞培养的意义：①对基础研究的推动作用：干细胞是研究早期胚胎发育的良好模型，是研究人类疾病的良好模型，可用于转基因动物模型的建立等；②在临床医学上应用广泛：对许多难治性疾病而言，细胞移植无疑是一种行之有效的方法，而干细胞可以在体外无限增殖且在适当的诱导条件下可以分化为体内任何类型的细胞，因此，干细胞成为最佳的"种子"细胞，并使得在实验室内培育各种组织器官成为可能；③干细胞产业的兴起：干细胞是细胞移植中最具有潜力的细胞来源，可以替代由疾病导致的不同程度损伤或死亡的细胞，从而进行治疗。

5. 动物细胞反应器

生物反应器在整个利用生物催化剂进行反应的生物技术过程中，具有重要的中心纽带的作用，是实现生物技术产品产业化的关键设备，是连接原料和产物的桥梁。在生物反应器内，生物催化剂(酶或细胞)作用于底物或基质合成细胞或产物，将廉价的原料升值为生化产品。

在生物反应过程中，若采用游离或固定化酶为生物催化剂，则称为酶反应过程；若采用动物活细胞为生物催化剂，则称为细胞培养过程。相应的反应器分别为酶反应器和动物细胞反应器。细胞反应器中的生物反应是通过细胞中复杂而精确调控的酶系进行催化的，其中经过一系列的生物反应可将培养基的成分转化为新细胞的各种代谢物。生物反应器的设计和操作，是生物工程中非常重要的工程问题，对产品的成本和质量有很大影响。

动物细胞反应器为动物细胞的生长代谢提供了一个最优化的环境，是整个动物细胞大规模培养过程的关键设备，它使细胞在生长代谢过程中产生量足质优的所需产物。

20 世纪 70 年代以来，伴随着动物细胞大规模培养技术的发展，动物细胞反应器也不断地得到改进和更新，使其规模越来越大，种类也越来越多，主要有陶制矩形通道蜂窝状反应器、流化床反应器、中空纤维及其他膜反应器、气升式反应器、搅拌反应器等。它们分别适用于不同的细胞培养方式。

利用转基因技术在乳汁中特异性表达重组蛋白质已经基本成熟。利用可靠的游离载体，通过转染的细胞作核供体来克隆胚胎，能够比较容易得到转基因的反刍动物。在生产转基因动物的过程中经常会导致意想不到的结果，表达载体仍然需要进一步的完善，用独立于染色质的载体有助于减少表达的一些问题。现在趋向于用长的基因组片段来构建载体。利用核移植的转基因技术替代了在合子的原核内直接注射 DNA 的方法，已成为生产转基因动物的主要方法。通过核移植产生转基因动物，并与传统的繁殖技术相结合有利于转基因种群的扩大，从而有足够的数量来满足商业对药用蛋白质的需要。

三、动物细胞染色体工程

生物体的遗传信息主要集中在染色体上。一般来说，每种生物所含染色体的形态、结构和数目是稳定的，但是这种稳定是相对的。在某些情况下，生物体的染色体也会发生变异，而这种变异是绝对的。染色体变异主要体现在染色体数目和结构两个方面。染色体的任何改变都可能引起基因的改变，从而导致生物性状的变异。这些变异实质上是遗传物质发生了改变，所以可以逐代遗传下去。变异可能产生一些对人类有利的性状，也可以产生新的物种类型，因此在物种进化和新品种培育方面具有重大意义。

染色体变异在自然界里经常发生，但是频率较低。为了增加变异的概率，可以利用各种物理(如射线、超声波、高温等)和化学药剂(如秋水仙素等)人工诱发染色体变异，这样得到的诱发频率要高出自然突变概率的几百倍甚至几千倍。于是出现了染色体工程这门技术。

动物细胞染色体工程是指人们按照预先的设计，削减、添加或者替换同种或异种动物细胞染色体从而达到定向改变遗传性和选育新品种的技术。Rich 和 Khush 于 1966 年最先提出这一概念。现在，染色体工程已成为细胞工程和现代遗传育种的重要组成部分，其研究内容和范围日益广泛，包括人工诱导多倍体、雌核发育、雄核发育、性别控制、染色体片段转移和染色体特定位点重组技术。

染色体工程在培育抗病新品种上有重要意义，而且也是基因定位和染色体转移等基础研究的有效手段。

1. 多倍体诱导

多倍体一词最早于 1916 年开始使用，是指体细胞中含有三个或更多个染色体组的个体。根据细胞中染色体组数的不同成为三倍体、四倍体等。多倍体育种包括自然多倍体的挖掘和人工多倍体的诱导两个方面。多倍体现象在高等植物中很普遍，在动物中则少见。鱼类和贝类都是重要的水产养殖动物，多为体外产卵、体外授精和体外发育，实验操作简便，而且其人工繁殖技术已经比较成熟，因而人工诱导多倍体的研究在鱼类和贝类中已经取得很大进展。

人工诱导染色体加倍主要有抑制受精卵第二极体的排放或抑制受精卵的第一次卵裂和抑制第一极体的排放两条技术途径。人工诱导多倍体的方法主要有生物学方法、物理学方法和化学方法。生物学方法主要采用杂交方法，尤其是采用种间杂交的方法获得异源多倍体；物理学方法主要包括温度休克法、水静压法和高盐高碱法等；有些化学物质可用来诱导受精卵产生三倍体或四倍体，常用的有秋水仙碱、细胞松弛素 B 和 PEG 三种，也用麻醉剂如 $CHClF_2$等。物理方法主要用于多倍体育种的初期，现已不常用；生物方法是随着组织培养技术发展起来的新技术，尚不成熟。目前最普遍采用的方法是化学试剂诱导法，其中秋水仙素则是至今发现的最有效、使用最为广泛的染色体加倍诱导剂。

对于动物而言，许多诱导的多倍体动物如两栖类、鱼类、贝类等都具有良好的生存力和生长率。以贝类为例，三倍体的贝类具有生长快、个体大、产量高，并可降低繁殖期的死亡率，缩短养殖周期等优点。此外，还可以利用三倍体的不育性培育出不育的群体以控制养殖密度，这在昆虫等方面已有应用。

多倍体育种技术由于方法简单、见效快而具有极大的应用价值。但是在进行多倍体育种研究中还存在一些难点亟待解决。如：准确的处理时间、诱导率和成活率及孵化率的提高、准确可靠的倍性鉴定方法等。

随着研究的深入，在多倍体育种过程中也出现了一些不容回避的问题：①需要找到更适宜的诱导剂。虽然现已发现除草剂具有使染色体加倍的功能，但与秋水仙素一样属于生化制品，价格昂贵而且对生物体有毒；②嵌合体现象还不能完全克服，真正同一倍性的多倍体出现的概率不是很高；③判定是否是多倍体的一些特性评价的准确性；④在遗传上具有高度杂合性的多倍体过剩遗传信息对多倍体遗传效应的贡献究竟有多大；⑤多倍体诱导技术在育种上的应用还不完善，还需要开展广泛的研究。

2. 雌、雄核发育和性别控制

雌雄核发育是在雌核或雄核控制下的特殊有性生殖方式，即单性发育。雌核发育和雄核发育都可以产生单性种群，因而在纯系建立、遗传机制研究等方面具有重要的理论和实践意义。

性别控制是指通过人为干预或操作，是动物按照人们的设计繁殖出所需性别后代的技术。动物性别控制在畜牧业、家禽养殖业、水产养殖业和养蚕业等方面都有重要的经济意义。在水产养殖方面，通过性别控制可以控制某些鱼类的过度繁殖。如草鱼食草可以控制杂草的生长，但其过度繁殖又破坏环境，因此培育出单性草鱼进行放养，避免其过度繁殖。

(1) 雌核发育

雌核发育指精子虽然正常进入卵内，启动卵子，但精子细胞核并未参与胚胎发育，而是很快消失，胚胎发育仅在母体遗传的控制下进行，因而雌核发育个体完全表现母本性状，其基因型也与母本相同。雌核发育不同于孤雌生殖，它需要同种或异种精子进入卵子，才能启动胚胎发育。这是一种单亲本或单性生殖的方法，该技术是将受精卵中的雄原核去掉，然后使雌原核加倍形成纯合两倍体，待发育成胚胎后植入假孕的子宫，通过这样处理后得到的幼仔，将全部为纯合两倍体的雌性个体，这种技术主要是为快速建立动物的纯系提供原始的遗传材料。因为一般要得到一个纯系动物要化多年甚至终生的时间，用这样的方法应在三周就可以得到一个纯种小鼠，9 个月就可以得到一头纯合子的母牛。在鱼类也开展了雌核发育的技术，同样也是一种培育经济鱼类纯系的快速有效方法。人工诱导雌核发育是指用经过紫外线、X 射线或 γ 射线等处理后的失活精子来“受精”，再在适当时间施以冷、热、高压等物理处理，以抑制第二极体的排出，使卵子发育为正常的二倍体动物。赫特威氏(Hertwig)在 1911 年首次成功地人工消除了精子染色体活性，被人们称为“赫特威氏效应”。即在适当的高辐射剂量下，导致精子染色体完全失活，届时精子虽能穿入卵内，却只能起到激活卵球启动发育的作用。

从 20 世纪 70 年代中期始，鱼类雌核发育研究就已非常活跃。由于鱼类精子的处理方法简便，又易于施行体外受精，因此雌核发育在鱼类上具有潜在的经济效益，并日益引起人们的兴趣。

人工诱导雌核发育分为两步，雌核发育的诱导和雌核发育卵子的二倍体化。采用生物学、物理学或化学的方法是精子的遗传物质失活，然后用失活精子与卵子受精，启动卵子的雌核发育。在此过程中，精子虽然入卵，但并不和雌原核融合，精原核最终降解消失，不参与胚胎发育，只启动卵子胚胎发育的作用。用失活的精子启动卵子胚胎发育，获得的受精卵只含有单倍的染色体组，胚胎不能正常发育，必须通过一定的方法使雌核发育的卵子染色体二倍体化，才能使胚胎正常发育。

(2) 雄核发育

雄核发育是指卵子经过射线照射等处理，使其遗传物质失活，再与正常精子受精，采用适当方法使精子染色体加倍为二倍体，并发育成完全父本性状的纯合个体。雄核发育二倍体的遗传物质完全来自父本，所有基因座位都处于纯合状态，因而在遗传育种中具有重要的理论和实践意义。尤其对于濒临灭绝的种群，可通过冷冻保存精液来保存种质，需要时可通过雄核发育使该物种复活。

雄核生殖二倍体的研究在遗传学基础理论和育种应用中都有一定的价值。但相比较而言，雄核发育研究比雌核发育研究要少得多，而且还很不成熟。近年来鱼类雄核发育的研究表明，二倍体雄核生殖的个体存活率非常的低。有很多潜在的因素影响着这个贫乏的生存率。

3. 染色体片段位移和特定位点重组技术

（1）染色体片段转移技术

染色体片段转移是指通过显微镜注射法，将外源染色体片段诸如受体胚胎中，获得转染色体动物的技术。即从人或其他动物染色体上显微切割特定的染色体片段，注入受体动物受精卵中，并可在受体动物中表达该染色体片段的性状。其独特之处在于不需经基因重组构建载体，就可转移超大型外源 DNA。

另外，利用不完全雌核发育也可以将外源染色体片段导入受体动物体内。即将精子不完全失活，然后与卵子受精，启动雌核发育。没有失活的精子染色体片段整合到雌原核中，并使后代表现父本的某些性状。

（2）染色体特定位点重组技术

人类基因组计划的最终目标是阐明所有基因的功能。虽然转基因技术和基因敲除技术被广泛应用于基因功能研究中，但对于许多功能复杂的基因以及具有致死效应的基因，只有在特定的时间和特定的组织中表达才能对其功能进行全面了解。另外，许多人类疾病与特定染色体畸变有关。因而开发一种能够在整个机体或特定组织中，诱发染色体上特定基因组大片段缺失、倒位、重复和易位的技术非常有意义。染色体特定位点重组技术能够在特定位点诱发染色体的各种重排。

细胞内存在多种重组酶，他们各自有特异的识别作用位点。重组酶特异性作业位点均由一段核心序列和其两侧的反向序列构成，反向重复序列为重组酶结合位点，核心序列为 DNA 识别和重组位点，其不对称性决定酶作业位点的方向。将细胞内某种重组酶的识别作用位点的 DNA 片段分离克隆出来，并将其插入到某个同源基因的内部，然后同源重组到目标染色体区，使目标染色体发生重排。

四、胚胎工程

为加快家畜优良品种(如泌乳高的奶牛、瘦肉型猪、毛肉兼用的细毛羊等)的繁育，一个多世纪以来，人们就期望以借腹怀胎的方法来提高种畜的利用率。随着细胞生物学、发育生物学、生殖生理学、分子生物学等的不断发展，人们逐渐了解了有关受精和胚胎发育的机制，科学家便开始了胚胎移植的研究。

20 世纪 30 年代胚胎移植在绵羊和山羊中取得成功。从此，胚胎移植就从单纯的理论研究跨入具有生产意义的试验阶段。在此基础上，科学家又开始研究哺乳动物的体外受精和胚胎体外发育技术。

有了体外受精和体外早期胚胎发育的基础，目前已经发展了卵子切割、性别控制、嵌合体制作、细胞核移植、转基因操作等定向控制、改造和创造新遗传性状的技术。由于所有这些技术都是在胚胎发育过程中进行的，所以人们又把这些生物技术统称为胚胎工程(embryo technology)或者叫做发育工程(revelopmental technology)。这项崭新的技术主要是对哺乳动物的胚胎进行某种人为的工程技术操作，然后让它继续发育，获得人们所需要的成体动物。

1. 胚胎工程的意义

胚胎工程能够发挥优良母畜的繁殖潜力，加快家畜优良品种的推广速度，对于提高家畜优良品种的繁殖能力、加速品种改良具有重要意义，由此而带来的经济效益也是巨大的。由于提高了繁殖能力，可以使一头母畜在一个性周期内繁殖更多的仔畜，从而在短期内使优良种畜得到大量繁殖，促进了家畜改良的速度。

用于控制后代的性别和通过显微操作技术将受精卵切割，或者应用细胞工程技术生产"试管畜""转基因畜""克隆畜"等，这些技术含量较高的技术手段，都以胚胎移植作为基础。

由于胚胎超低温冷冻技术在生产中的应用，人们可以不受时间、地点的限制，把受精卵或胚胎进行长期保存和运输，这样胚胎移植就变得更加实用。异地移植只需运输冷冻胚胎即可，而且可以有计划地进行胚胎采集和移植，优良胚胎的利用率就会大大提高。胚胎移植技术的运用还可以改变家畜种群的遗传组成，防止近亲繁殖而造成种群的退化问题。同时，对优良母畜或稀有哺乳动物有计划地保存胚胎，建立起"胚胎库"，其生物学意义也是很大的。

2. 胚胎工程的技术方法

胚胎工程采用的技术主要包括：体外受精、胚胎移植、胚胎分割与融合、胚胎性别鉴定、胚胎冷冻技术和基因导入等，其中前两者是胚胎工程的核心技术。

（1）人工授精

体外受精不仅有利于揭示受精本质和机制，而且有助于研究胚胎分化和发育过程。作为一种新的繁殖技术，体外受精能够开辟丰富的胚胎来源，满足胚胎工程研究以及胚胎移植的需要。

试管动物培育和动物养殖场中的胚胎移植过程中的体外受精在操作上有所不同。对于试管动物的培育而言，一般将成熟的卵母细胞和获能的精子在一个合适的体外环境条件下共同培养一段时间，就能完成体外受精。目前，受精成功的标志至少是看受精卵是否可以发育至囊胚期阶段。

受精过程所采用的培养液与动物细胞培养用培养液类似。但需添加一些特殊物质，如肾上腺素和亚牛磺酸等，它们有助于精子穿卵和促使原核的形成。此外，精子获能时间、精子添加密度、精–卵共培养时间、培养液 pH 值和离子强度等对受精率均有显著影响。

体外受精的效率还不高。体外培养受精卵的胚囊发育率较低，移植后的产仔率更低、要改变这样的现状，除了改进体外培养的系统，使其尽可能地接近体内的生物环境外，还有待加强一些基础理论方面的研究。

（2）胚胎移植

胚胎移植是动物胚胎工程的一项关键技术。胚胎移植也称受精卵移植，是指一头母畜（称为"供体"）发情排卵并经过配种后，在一定时间内从其生殖道（输卵管或子宫角）取出受精卵或胚胎，或者体外培养受精卵发育至囊胚期，然后把它们移植到另外一头与供体同时发情排卵、但未经配种的母畜（称为"受体"）的相应部位（输卵管或子宫角）。这个来自供体的胚胎能够在受体的子宫着床，并继续生长和发育，最后产下供体的后代。

（3）胚胎分割

胚胎分割主要是指借助显微操作技术或徒手操作方法，切割早期胚胎成 2、4 等多等份，再移植给受体母畜，从而制造同卵多仔后代的技术。是 20 世纪 80 年代发展起来的一种生物学新技术。胚胎分割是扩大胚胎利用率的一种有效途径。迄今为止，已经在小鼠、家兔、绵羊、山羊、牛等动物上实验成功。

胚胎分割技术不仅可以使胚胎移植的胚胎数目成倍增加，而且可以产生遗传性状相同的后代，因此是一种广义上的克隆技术，这对畜牧业生产和实验研究(如研究外界环境和条件对动物生长发育影响等)有着重要意义。此外，应用胚胎分割技术还可以控制性别。例如，可以将二分胚胎的一半先进行胚胎移植，另一半冷冻保存。在核移植受体分娩或在怀孕期间确定胎儿的性别之后，即可将冷冻的另外一半胚胎解冻、移植，达到控制动物性别的目的。这样就极大地提高了胚胎移植的实际效果。

(4) 胚胎融合

胚胎融合又叫胚胎嵌合，是将两枚或两枚以上的胚胎(同种或异种动物)的部分或全部细胞融合在一起，使之发育成一个胚胎，然后移植到受体母畜体内让其继续发育形成一种嵌合体后代的技术。例如，将同一种类的黑鼠和白鼠胚胎融合，可以获得多个黑白相间的花鼠。

胚胎融合技术多应用于发育生物学、免疫学和医学动物模型的研究领域，但目前已经在畜牧业生产中展现了广阔的前景。例如，可以对于水貂、狐狸、绒鼠等稀有毛皮动物利用胚胎融合技术获得具有特殊皮毛特性的新品种，从而提高毛皮的经济价值。同时，利用种间动物胚胎融合制得嵌合体新品种，可以克服动物种间杂交的繁殖障碍，创建动物新品种。还可以培育出含有人类细胞的动物，为人类器官异种移植提供材料来源。

(5) 动物性别控制与胚胎性别鉴定

所谓性别控制，就是通过人为干预或操作手段使母畜繁殖所需要的后代。动物性别鉴定是一项能显著提高经济效益的细胞工程技术。胚胎性别鉴别可通过细胞生物学和分子生物学的方法识别胚胎性状，有效控制动物后代性别比例，达到提高畜禽生产力的一种技术。

从理论上讲，可以通过激活卵母细胞实现孤雌生殖以及克隆技术实现家畜的性别控制，但是还需进行很多的基础研究。可见，真正地对家畜进行性别控制还需在技术上和理论研究上开展大量的前期研究工作。

(6) 胚胎冷冻保存技术

精子、卵母细胞和早期胚胎的冷冻保存方法是在动物细胞冷冻保存的基础上发展起来的，解决了一个家畜繁育产业化的重要问题，保证了人工授精、胚胎移植等技术不受环境、地点和时间等因素的限制。现在世界各国已经建立了许多动物或人类的精液库或胚胎库。

胚胎冷冻技术为建立优良品种的胚胎库或基因库提供了条件，同时也便于胚胎的运输和移植。与保存精子相比，胚胎冷冻保存更具优越性，因为胚胎冷冻后运送到世界各国均可以移植给任何品种获得纯种后代。因此，引进胚胎就等于引进了活畜。而且还可以避免或降低因活体运输而传播疾病的机会。此外，利用胚胎低温保存技术可以长期保存珍贵品种或濒临灭绝的物种遗传资源。与鲜胚移植相比，前者必须供体和受体同地饲养、同期发情、同日回收和移植胚胎，因此不太方便。而冷冻胚胎移植不受时间和空间等因素的限制，只要找到合适的受体，观察到发情特征后，在受体处于和胚龄相应的时期，就可随时解冻胚胎进行移植。尽管冷冻胚胎移植比鲜胚移植方便，但仍有产羔率比较低、流产率较高等不足。这主要是因为关于冷冻对细胞核影响和胚胎冷冻基础研究等还比较欠缺有关。尤其是冷冻过程中细胞形态和代谢上的影响是制定冷冻保存操作的最大难题。

3. 试管动物

将供体的精子和卵子在体外受精、体外培养胚胎，然后将发育到一定程度的胚胎移植入受体，可以得到各种动物。由于体外受精一般都在试管内进行，所以称为试管动物，也有称为“体外受精动物”。

试管动物与前面所述的胚胎移植获得的动物的最大区别在于，前者从供体获得精子和卵子，分别经过成熟培养后，在体外人工条件下受精，并经过一段早期发育，再将胚胎移植入受体子宫内发育。

试管家畜是当代生物工程技术的一项突破性成果。1998 年 3 月 10 日我国第一胎“试管绵羊”顺利降生。1989 年 8 月 15 日我国又成功地培育出首胎“试管牛”。“试管绵羊”和“试管牛”的成功培育，在国内外引起强烈反响，这使我国从此成为继美国、日本、法国之后在世界上拥有此项技术的为数不多的国家之一，标志着中国在该领域的研究已进入世界先进行列。

按照实际操作顺序，试管动物技术主要包括以下几个主要技术环节：精子的采集与体外获能处理、卵子的回收与成熟培养、卵子与精子的体外受精、受精卵的体外发育、试管胚胎的移植。此外，冷冻保存技术是一个试管动物培育的关键技术。

4. 胚胎工程技术的现状分析

理论上，哺乳动物的体外受精和胚胎发育技术是建立在对受精生物学、早期胚胎发育机制等理论研究的基础之上的。反过来，这些技术的应用与发展又极大地促进了相关理论的发展。因为这些技术使人们可以在显微镜下直接观察受精的动态性过程，并能用人工可控的条件研究受精和早期发育的因果关系及生理、生化变化；生产实践上，与单纯的人工授精和胚胎移植相比能获得充足的良种动物和濒危动物胚胎。能以工厂化形式批量生产，满足胚胎移植、胚胎分割、嵌合、性别控制等对早期胚胎的大量需要。此外还能够储存优良品种的生殖细胞，建立动物优质基因库。

胚胎移植和胚胎分割技术已基本成为一项成熟的技术，目前的工作主要是如何提高移植或分割后移植的怀胎率与产仔率。

在胚胎工程众多技术中，胚胎分割-移植技术是胚胎融合、嵌合，无性繁殖和转基因技术等生物工程的一项重要的基本技术，是生产克隆胚胎的又一种有效方法。它可以解决由于多次分割胚胎造成的克隆胚胎不足的问题。当然，胚胎分割和胚胎移植技术的进一步成功还依赖于许多相关领域理论与技术的发展，如细胞核克隆、体外配子发育、卵裂球干细胞、染色体移植等。

采用种植前遗传学诊断(PGD)技术培育出第二代试管婴儿，代表了该领域的一个重要发展方向。但是，该技术必须建立在第一和第二代试管婴儿技术之上，并且还要具备分子生物学和胚胎学技术，才能保证正确实施。虽然目前该技术仍处于早期研究阶段，但是，对于遗传病预防，提高人口出生质量都具有重要意义。

第五节　细胞工程的应用

人类很早就掌握了一些利用微生物生产食品的技术，如苏美尔人和巴比伦人在公元前 6000 年就已开始啤酒发酵；埃及人在公元前 4000 年已开始制作面包；我国在公元前 17 世纪(殷商时期)也掌握了酿酒技术，公元前 2500 年前学会了制酱、造醋技术。目前，细胞工程已经渗透到人类生活的各个领域，取得了许多具有开创性的研究成果，有的已在生产中推广，收到了明显的经济和社会效益。随着细胞工程技术研究的不断深入，它的前景和产生的影响将会日益地广泛。

细胞工程是生物工程的重要组成部分，涉及面极其广泛，伴随着试管植物、试管动物、转基因生物反应器等相继问世，细胞工程在生命科学、农业、工业、医药、环境保护等领域发挥着越来越重要的作用。

一、农业

在种植业和畜牧业方面，应用细胞工程改良动植物品种、快速繁殖、培育新品种等具有广阔的前景。

1. 种植业

基于植物细胞的全能性，在适当的生长条件下(一定的光照、温度、pH 等)使细胞、组织生长和不断增殖，达到人工优良育种和大量制备次生代谢产物的目的。例如，可通过植物胚胎(成熟胚或未成熟胚)或器官(根尖、茎尖、叶原基、花药等)的离体培养，再生成新植株(试管苗)。这种方法能快速、大量繁殖一些有价值的苗木、花卉、药材和濒危的植物。

植物细胞工程在育种方面，通过单倍体育种技术，已培育出 260 多种植物的单倍体植株；通过体细胞培养，筛选了多个具有高抗性和高营养的体细胞突变体；通过体细胞杂交已获得多个种间、属间或科间的体细胞杂种植物。根据根瘤与豆科植物根系有共生关系的原理，使用根瘤菌接种花生、玉米等旱生作物，试验根瘤菌能否与旱生作物有共生关系和共生条件；除豆科植物外，寻找在自然界中能与农作物有共生关系的固氮菌，并研究有利于共生的条件；通过适应性变异、原生质体融合等途径创造出能直接利用分子氮的谷类、蔬菜等作物，降低农业成本，提高粮食与蔬菜中的蛋白质含量。目前已利用细胞与组织培养技术获得各种试管植物一千多种，运用花药培养技术获得多种优良品种。此外，无病毒植物的生产、花卉苗木的快速大量繁殖已收到明显效益。

光合作用是绿色植物通过叶绿体把太阳能转换成化学能的生物合成过程。如果能通过改造叶绿体的生物功能，培育出在沙漠、山坡、水涝和高盐等不同自然条件下高效率转换太阳能的速生植物，将对发展畜牧业与生物能源产生巨大的作用。再者，利用细胞工程进行抗旱和抗盐作物的研究也具有十分诱人的前景。

国外已培育出赖氨酸含量较高的水稻、色氨酸含量较高的马铃薯以及苏氨酸含量较高的玉米新品种，提高了粮食与饲料作物的营养价值。我国陕西科学院李振声等运用远缘杂交与染色体工程技术培育成抗病、抗旱、抗干热风等特性的“小偃六号”小麦新品种。他们以两种不同属的普通小麦与长穗偃麦草作亲本，克服了杂交不亲和性、杂种不育性以及杂种后代疯狂分离等困难，终于使用野生植物基因改变栽培植物特性的幻想变成了现实。目前已推广到全国 10 多个省区，种植 1000 万亩(1 亩 $\approx 666m^2$)，累计增产小麦 10 多亿斤，价值 1 亿多元。

植物细胞工程是细胞工程中比较活跃、进展比较快的一个领域，它和其他植物育种技术密切结合，已形成了一条植物—细胞—植物的生产途径，加速了植物品种改良。

2. 畜牧业

在动物细胞工程育种方面，多倍体育种和雌核发育(gynogenesis)已经在鱼、虾、贝等水产养殖动物上获得成功，有些成果已在生产上得到应用。细胞核移植技术克隆动物胚胎，对于畜牧业和水产养殖业生产均具有重要意义。如果将基因转移技术、ES 细胞培养技术、核移植技术结合起来，就可能培育出大量的基因型相同的动物克隆群。在水产养殖上，通过生产试管海参和试管鲍鱼可以进行工厂化大规模培养。

二、医药卫生

1. 生物药品

细胞工程是利用动物细胞体外培养和扩增来生产生物产品，或者作为发现和测试新药的工具。如今这一技术已广泛应用于现代生物制药的研究和生产中。生物药品主要有各种疫苗、菌苗、抗生素、生物活性物质、抗体等。细胞工程的应用大大减少了用于疾病预防、治疗和诊断的实验动物，为生产疫苗、细胞因子乃至人造组织等产品提供了强有力的工具。

20 世纪 90 年代开始，国际上兴起了一种用活细胞作为治疗剂，治疗各种疑难遗传病症的“活细胞疗法”。主要是在体外繁殖患者的自体细胞，使之扩增或产生具有疗效的物质，然后再注入体内。从临床实验和应用来看，这种活性细胞疗法对癌症、白血病、糖尿病、血友病、烧伤以及艾滋病等重病都有潜在的效果。目前，制药业和诊断试剂的生产是细胞工程研究开发中最活跃、进展最快的一个产业，现已投放市场的商品有人胰岛素、幼畜腹泻疫苗、牛和鸡的生长激素、口蹄疫疫苗和 150 多种单抗试剂诊断盒等。进入临床试验或种间试验的有乙型肝炎疫苗、人绒毛膜促性腺素、白细胞介素，红细胞生成素等。正在研究和开发的还有一大批多肽和蛋白质类药物，如激素、酶，疫苗、单抗和新抗生素等。大量培养的植物细胞可以生产具有医疗价值的生物碱、糖苷和激素等，如用洋地黄细胞培养生产洋地黄苷、用薯蓣属植物细胞培养生产类固醇激素均已进入临床试验阶段；人参细胞的大规模培养(“试管人参”)已获得成功并开始生产人参苷，正在探索用固定化细胞技术进一步提高生产效率。

特别值得一提的是，单克隆抗体在癌症治疗方面的研究。当前国际上采用的各种抗癌药物对细胞的选择性都比较差，往往使正常细胞与癌细胞一起被杀死，副作用极大。近年来，人们根据单克隆抗体能与癌细胞选择性结合的特点，设想直接用单克隆抗体杀死癌细胞。但是，单克隆抗体与表面抗原稀少的癌细胞结合后，并不能直接溶解癌细胞，杀伤作用不强。因此，设想将单克隆抗体作为运载治癌药物的导弹，把治癌药(如放射性同位素、毒素或免疫调节剂等)作为弹头，直接导航至癌细胞表面并与之结合在一起，以便达到准确高效杀死癌细胞的目的。据报道，放射性同位素加上单抗的“生物导弹”已用于至少 100 多例晚期肝癌患者的治疗，效果明显。

自 1975 年英国剑桥大学的科学家利用动物细胞融合技术首次获得单克隆抗体以来，许多人类无能为力的病毒性疾病遇到克星。近来，已经启用了 300L 和 1000L 的培养罐分别用于生产单克隆抗体和灰色脊髓炎等疫苗的生产。应用淋巴细胞杂交瘤技术制备的单克隆抗体与放射性同位素、化学药物或毒素相结合，注入体内会同癌细胞结合，能在原位杀死癌细胞，而对其他正常细胞毫无损伤。

2. 医学

利用细胞工程培育的试管婴儿已在澳大利亚、英国和中国等多个国家诞生，并健康地成长。试管婴儿的诞生是采用人工授精、超数排卵、人工采卵、体外受精和胚胎植入等一系列细胞工程技术的综合产物，为某些患有男性或女性生殖器官疾病而不能怀孕的人带来了佳音。ES 细胞及转基因动物的进一步研究在人类疾病治疗、创伤愈合、组织修复和器官移植等方面有广阔的应用前景。

另外，运用细胞工程技术使人体参与器官的少量正常细胞在体外繁殖，从而获得患者所需的、具有相同功能的又不存在排斥反应的器官，供器官移植之需。近年来在这方面已取得了令人满意的成果，例如：一些骨骼、软骨、血管和皮肤都在实验室培育；肝脏、胰脏、心脏、手指和耳朵等正在实验室里生长成形。所以这些都为今后异体器官移植、组织修复展示了诱人的前景。

三、工业

1. 化工业

人们最初是从动物和植物取得有用的物质，如棉、麻、丝、皮革、染料等，都是天然的可再生物质。19 世纪后期，许多极有价值的物质从煤焦油中获得。随着化学和化工技术的发展，石油成为化工原料的主要来源。石油不可再生的有限资源，特别是 20 世纪 70 年代初期石油危机发生后，各国对化工原料主要依靠石油的现状感到不安，认为化工原料来源又将返回到煤与生物量(biomass)上来。植物通过光合作用，合成糖，再转化为淀粉、维生素、木质素等，统称为生物量，都是再生资源，取之不尽，用之不竭。化学工业以煤为动力、生产有机化学品的工艺是熟知的，但近年来的趋势是对生物量和天然糖类的利用更为重视。为了开发利用生物量，生物工程(包括细胞工程)必将起到重大作用。首先是通过微生物或酶转化再生能源为简单化合物，如酒精、甘油、丁醇等；第二步是将发酵产物经过化学反应转化成各种更为复杂的产物。细胞工程的任务主要是培养出发酵效率高并能高效产生酒精、甘油等的高产菌种。

2. 食品业

从细胞工程的发展历史看，传统的食品酿造就是微生物细胞工程的雏形。在生物技术时代，微生物细胞工程在轻工、食品业的应用越加广泛。食品类的微生物细胞工程产品种类最多，生产效率最高，产量也最大。仅从种类上看，除人们日常生活必不可少的酱、醋等各种酿造食品外，还可包括氨基酸类、有机酸类、多糖类、酶类等。

细胞工程是解决人类食品的一条重要途径：与细胞工程有关的食品工业主要包括蛋白质、氨基酸和糖三大类物质的生产。已知的 20 种蛋白质氨基酸，国外已能用发酵法生产 18 种，并已构建出 9 种氨基酸的工程菌，其中苏氨酸和色氨酸两种已正式投产。由细胞工程生产的蛋白质主要是单细胞蛋白或叫微生物蛋白。单细胞蛋白的生产菌主要包括酵母、细菌、放线菌、霉菌和藻类等。这些微生物的蛋白质含量很高，还有种类较多的氨基酸和丰富的维生素，营养价值较高。目前，细胞工程生产的单细胞蛋白主要还是用作饲料喂养畜禽，提高畜禽育肥率与产蛋白率；今后的主要方向应是研制能利用天然维生素而获得高蛋白或高氨基酸含量的生产菌种。

食品中使用的甜味剂主要是砂糖，由甘蔗与甜菜提取制备而成。如何通过细胞工程生产新型甜味剂以及食用天然色素、维生素已成为研究开发的重点，大规模培养植物细胞生产调味品、香料，维生素和有机酸等将会有较大发展。

四、环境保护

环境污染是伴随着现代工业发展而带来的一个世界性的难题。随着环境污染的日益严重，研究高效生物处理污染系统的要求日益迫切，国内外开始应用细胞工程技术来处理一些环境问题，如采用固定化细胞技术处理工业废水已成为重要的废水处理技术。目前在环境治理中应用较多的是细胞培养技术，细胞的融合技术及物理、化学技术。细胞工程兼有基础科学和应用科学的特点，是环境保护中应用最广的、最为重要的单项技术，在环保材料的开发、有毒有害物质的降解、清洁可再生能源的开发、废物资源化、环境监测、环境污染的修复和废水处理等各个方面发挥着极为重要的作用。

以细胞工程的方法防治工业污染可从两方面入手，一是尽可能用生物化学反应过程代替化学合成过程，从长远意义讲酶工程工业会变得越来越重要，这就要求培育出更多的适合应用的工程菌，第二个方面是治理已经污染的工厂生产区的小环境。可根据排出物的不同性质，培育出能分解这些废物的工程菌，使废水变成清洁水。如饭店、食品加工厂一类小规模排水系统，可在下水道与污水井中投入分解脂肪、蛋白质、纤维素的细菌，起到净化污水的作用。如果把这些工程菌做成商品出售，只要定期投放有关的工程菌种，就能起到长期净化环境的作用。

1. 预防

利用植物本身作为反应器进行次生代谢产物的生产，发挥植物的生物合成能力，为人类生产所需的原料，现在已经有多种物质可以用培养转基因植物进行生产，例如用植物可以进行可生物降解的生产。聚羟基烷酯(PHA)是一种可以用来制备可生物降解塑料的单体原料。利用转基因植物进行 PHA 的生产可以极大地降低成本，从而有利于推广生物降解塑料的生产和使用，减少污染物的产生。

污染胁迫的最显著效应是消除敏感物种或个体，改变生物种群的物种构成。研究表明，污染胁迫导致植物居群进化。在研究过程实例中，除少数例外，抗污染性均表现为可遗传性状，利用细胞融合技术的优势，将抗污染性植入其他植物体内以保证该物种对环境污染良好的适应性。

防止农药污染要采取多种途径的综合措施。如采取生物防治措施代替或减少用化学农药来防治病虫害，根据不同的病源可采取以虫治虫、以鸟治虫、以菌治虫、以病毒治虫，利用疫苗给植物打“防疫针”预防植物病毒与细菌病害等。在以菌治虫和以病毒治虫两项防治措施中，细胞工程可以发挥重大的作用。

2. 污染治理

(1) 植物细胞培养用于可降解塑料的生产

利用植物本身作为反应器进行次生代谢产物的生产，发挥植物的生物合成能力，为人类生产所需的原料，现在已经有多种物质可以用培养转基因植物进行生产，例如用植物可以进行可生物降解的生产。聚羟基烷酯(PHA)是一种可以用来制备可生物降解塑料的单体原料。以乙酰辅酶 A(乙酰-CoA)为前提合成的，现在主要用微生物发酵法进行生产。

自从 1992 年美国科学家首次进行了植物生产 PHB 的尝试后，Somervilles 小组于 1994 年改进了策略，将 PHB 定位于质体。英国 Zenica 公司将 phbA、phbB、phbC 基因导入了油菜，利用 Rubisco 小亚基转运肽将三个基因定位于叶绿体中表达，提高了产量。美国 Monsanto 公司的科研人员正在同时进行转基因油菜和大豆生产 PHB 的研究。德国 Terthewey 利用马铃薯在块茎的胞质和线粒体中合成 PHB. Padgette 等在研究基因植物生产 PHB 的同时将植物生产共餐物 PHBV 也摆上了日程。利用环基因植物进行 PHA 的生产可以极大地降低成本，从而有利于推广生物降解塑料的生产和使用。

(2) 细胞融合技术构建环境治理工程菌

① 纤维素降解菌原生质体融合

两株脱双香草醛(与纤维素相关有机化合物，简称 DDV)降解菌 Fusobact erium varium 和 Enterococcus faecium，当它们单独作用时，在 8d 内可降解 3%~10%的 DDV，混合培养时，降解率可达 30%，说明有明显的互生作用。将两株菌进行细胞融合，融合细胞(FET 菌株)的降解率最高可达 80%。将融合细胞 FET 和具有纤维素分解能力的革兰阳性菌白色瘤球菌(Ruminnoccusalbus)融合，将纤维素分解基因引入到 FET 菌株中，获得 1 株革兰阳性重组子，它具有 Ruminnoccusalbus 亲株 45%左右的β-葡萄糖苷酶和纤维素二糖酶活性，同时还具有 87%FET 降解 DDV 酶的活性。

在生物降解反应中，微生物之间的共生和互生现象普遍存在。可能是由于微生物间相互提供了彼此生长或发生降解反应所需的某种生长因子。对于这种有共生或互生作用的细胞，通过细胞融合技术，可以将多个细胞的优良性状集中到一个细胞内。

② 芳香族降解菌的构建

Pseudomonas alcaligenes CO 可以降解苯甲酸酯和 3-氯苯甲酸酯，但不能利用甲苯。而 Pseudomonas putida R5-3 可以降解苯甲酸酯和甲苯，但不能利用 3-氯苯甲酸酯。上述两菌株均不能利用 1,4-二氯苯甲酸酯，通过细胞融合，得到的融合细胞可以同时降解上述 4 种化合物。将乙二醇降解菌 Pseudomomas mendocina 3RE-15 和甲醇降解菌 Bacillus lentus 3BM-2 中的 DNA 转化至苯甲酸和苯的降解菌 Acinetobacter calcoaceticus T3 的原生质体中，获得重组子 TEM-1 可同时降解苯甲酸、苯、甲醇、和乙二醇，降解率分别为 100%、100%、84. 2%、63. 5%。此菌株用于化纤废水处理对 COD 的去除率可达 67%，高于三菌株混合培养时的降解能力。

这一结果可说明细胞事例可以集中双亲的优良性状，并可产生新的性能。

③ 利用光合细菌原生质体融合构建环境工程菌

光合细菌是一类能进行光合作用而不产氧的特殊生物类群原核生物的总称。光合细菌不仅能利用光能固氮合成有机物，也能通过多种方式和途径转化不同类型的有机物和无机物质，在水体治理过程中起着十分重要的作用。由于光合细菌种类繁多，各有不同功能，因此如何提高光合细菌的应用效果，是人们目前特别关注的问题。

陈树培等对光合细菌的原生质融合进行了较为深入的研究。先是将光合细菌球形红假单胞细菌和沼泽红假单胞细菌在 PEC 催化下得到光合细菌种间融合子。其融合子对降解底物中 COD 的能力优于任一亲本菌株，表现出高效降解、利用有机污染物的优势。随后对光合细菌球形红假单胞菌 P9479 和酿酒酵母 Y9407 的融合细胞 Foa 和 Fzl 的性能研究表明：两融合子耐酸性能与酿酒酵母相似；Foa 耐热性近于酿酒酵母、Fzl 的耐热性近于球形红假单胞菌；对于废水中污染物 BOD_5的去除率 E 和容积负荷 Uv 在底物浓度 BOD_5为 4600mg/L 时均优于双亲；融合子 Fzl 的生物负荷 Ub 和菌体比降解率 q 高于酿酒酵母，絮凝效率 P 优于任一亲株。融合子在多方面综合了双亲菌株有事，可见将原生质体融合技术引入废水资源化处理的应用领域具有良好前景。

④ 利用细胞融合技术构建抗污染型植物

工业革命以来，人类活动特别是工业活动造成了严重的环境污染。当生物群落污染物胁迫时，不同物种的适应性反应不可能完全相同，某些物种因无抗性基因而被淘汰。有研究表明由于大气高浓度 SO_2的影响，美国俄亥俄州北部白松群体至少有 40%的物质已丢失。

熏蒸实验和野外调查表明，在颤杨和红槭中也有类似的情况。

污染胁迫的最显著效应是消除敏感物种或个体，改变生物种群的物种构成。研究表明，污染胁迫导致植物居群进化。矿山和冶炼厂污染区出现抗重金属生态型。农业杂草中发现抗除草剂进化。抗气体污染物进化也有若干报道。在研究过程实例中，除少数例外，抗污染性均表现为可遗传性状，而目前关于抗污染特性的遗传基础仍然研究得不充分，所以我们可以利用细胞融合技术的优势，将抗污染性植入其他植物体内以保证该物种对环境污染良好的适应性。

美国纽约州厄普顿 Brookhaven 国家实验室的微生物学家 Daniel van der Lelie 和比利时林堡大学中心的环境生物学家 Jaco Vangrosveld 领导的研究小组发现，向植物中注射一种细菌的菌株能够使植物降低甲苯致病的能力。于是研究人员采集了一种通常存在于黄玉扁豆内部的细菌，这些无害的细菌多位于细胞的表面，而且将它们与那些具有降解甲苯能力的细菌进行原生质融合，结果本地的黄玉扁豆在于细菌之间的基因交换过程中获得了能够降解甲苯的基因。这种新加载的细菌是的黄玉扁豆能够在受污染的土壤中茁壮成长，而此前那些未经改良的普通黄玉扁豆却无法生存。

(3) 固定化细胞

初期的细胞固定化技术经常用于发酵工业，但是日趋严重的水环境问题对废水生物处理工艺高效性的迫切要求，使得人们开始利用固定化细胞技术取代传统的活性污泥处理方式，进入实现污染物生物降解的新领域。相比较与传统的处理方法，固定化细胞技术具有如下优点：能维持较高的微生物浓度；有利于代谢长的微生物生存；处理效率高，运行稳定；便于固液分离，剩余污泥量少；适用范围广，处理成本低。

葛文准等通过包埋法固定硝化菌，分别用海藻酸钠、卡拉胶、聚乙烯醇(PVA)和丙烯酰胺(ACAM)做包埋剂，对氨氮废水的处理进行了研究，结果表明，以上四种载体包埋硝化菌，均能形成外密内疏的多孔结构，且有一定的机械强度，对去除废水中的氨氮有一定的效果；其中 ACAM 凝胶颗粒机械强度最大，包埋过程微生物失活较小，化学稳定性好，是较为理想的包埋剂。在选用 ACAM 制备的硝化细菌活性小球处理氨氮废水工艺中，用正交试验的实验方法列出了影响氨氮去除率诸因素的主要顺序，依次为 pH 值、颗粒质量、ACAM 量、菌体量。在进水氨氮浓度为 131.2mg/L、温度 25℃、转速 120r/min 的条件下，ACAM 量为 12.5%，包埋菌体含量为 5%，颗粒质量 4g，废水 pH 为 8.5 时，是硝化工艺的最佳组合，氨氮去除率可达 70%。

3. 保护生物多样性

随着人口的增长和人类活动的加剧，物种灭绝的速度大大地加快了。据联合国环境计划署估计，在未来的 20~30 年之中，地球总生物多样性的 25%将处于灭绝的危险之中。大量的物种从地球上消失已引起了国际社会的广泛关注。

利用胚胎工程、克隆技术等细胞工程技术进行诸如大熊猫、东北虎等濒危灭绝的珍奇动物的繁殖研究是拯救濒危物种的重要手段之一。胚胎、精子等冷冻保存技术的发展也为人工保存自然界珍稀动物提供了可能。

1997 年全世界最为瞩目的科技成果无疑是基于体细胞克隆技术的克隆羊“多莉”的诞生。2001 年 11 月，我国首例“牛胎儿皮肤上皮细胞”克隆牛“康康”诞生。这一技术的成功与日后完善对于优良家禽的无性繁殖和濒危绝迹的珍贵动物的传种意义重大。目前人工授精、胚胎移植等技术已经广泛应用于畜牧业生产，并且突破了动物交配的季节限制。通过体外受精将人工控制的新型受精卵种植到种质较差的母畜子宫中，繁殖优良新个体。综合利用胚胎分割、核移植、细胞融合、显微操作等技术在细胞水平改造卵细胞。

4. 细胞工程在环境治理中的应用前景

当前，生物技术工程包括细胞工程技术在国际上正在迅速发展，其应用已从单个的环境目标治理，发展为广泛应用于环境保护的各个方面。生物技术工程已不再是一种单纯的污染防治技术，随着全球范围内对环境保护的高度重视和越来越严厉的环保法的实施，市场对环境生物工程技术包括细胞工程的需要越来越广泛，其前景十分广阔。

五、能源

以细胞工程产氢技术为例，蓝藻、绿藻、光合细菌等一些单细胞生物可以在特定条件下产生氢气，这对于清洁能源的开发、减少环境污染具有重大的社会与经济价值。因此，近 20 多年来，世界发达国家纷纷投入巨资进行相应的基础与应用技术研究。

人类日常生活和工农业生产上采用的能源主要有：①化石能源；②水力、风力和潮汐能源；③原子能；④再生能源。再生能源是指植物(包括农作物、树木、牧草和藻类等)利用太阳能进行光合作用所积累的有机物，主要组分为纤维素、半纤维素和木质素。这是传统家庭生活的主要能源，也是今后值得重视并进行合理研究开发利用的能源。再生能源的开发利用是细胞工程的研究热点之一。细胞工程在再生能源开发利用上的作用表现在两个方面：①培育能高效转换太阳能的植物，即具有高效率光合作用的植物；②和基因工程相结合，培育出能高效发酵纤维素产生乙醇等替代能源的高效菌种。

生物质能源是可再生能源的重要领域，芒属植物(Giganteus)是极具开发潜力的生物质能源作物。快速繁殖领域具有天然优势的组织培养成为降低芒属植物种苗成本这一热点研究的首选技术。通过细胞工程技术提高芒属植物种苗的生产效率，此外，对种植期短、需求量大的种苗，离体保存是一种解决超生产负荷的较好方式。因此，细胞工程技术在芒属植物研究中得到广泛的应用。细胞工程已成为一种常规的生物技术手段，通过细胞工程可以培养有价值的植株，并可以产生新的物种或品系。

由此可见，细胞工程是方兴未艾、潜能巨大、作用神奇的应用科学。它足以改变自然环境与人类的生活。应运用现代科技手段，掌握并利用细胞工程和技术，保护环境、发展生产、造福人类。

细胞工程技术是发展迅速的一项环境保护技术，其应用已从单个的环境目标治理，发展为广泛应用于环境保护的各个方面。实践证明，采用细胞工程技术治理污染环境，可以最大限度地去除环境中的污染物，是保障可持续发展的一项最有力的措施。随着细胞工程菌的出现，细胞工程技术将不断应用于更多的污染环境的治理工程中。培养出新的特效物种并进一步提高其应用效率、降低应用成本；运用各种相关技术加以优化组合，尤其是高效、低能耗易普及的特种微生物与特殊工艺的最佳结合；加强不同专业、不同学科之间的合作，如将毒理学和细胞学和环境工程学相结合；从根本上消除污染源充分协调人与自然之间的关系，充分实现废物资源化。全球范围内对环境保护的高度重视和越来越严厉的环保法的实施，市场对细胞工程的需要越来越广泛，其前景十分广阔。

如果说 20 世纪的细胞工程主要是科学研究阶段的工作，产业建设尚处在初创阶段，那么，21 世纪的细胞工程将进入广泛的大规模产业化阶段，是对人类社会做出贡献的时期。在农业上，细胞工程培育的高产、优质、抗逆的动植物新品种，将与基因工程技术培育的新品种一样，不断推进农业生产的发展。医药卫生方面，细胞工程药物(包括药物、疫苗和基因治疗等)将与化学药物和中医药物三足鼎立，有效地为人类健康服务。特别是以基因工程和细胞工程培育的动植物来大量生产药物、疫苗或其他生物产品，无疑将会使传统的制药等工业生产方式发生重大变革。细胞工程在解决环境和能源危机方面，也将发挥更大的作用并形成产业化。

参考文献

[1] 卢大鹏．基因工程技术在农业环境保护中的应用[J]．现代农业科学，2009(5)：186~186.

[2] 孙可兵．基因工程技术在农业中的应用[J]．饲料工业，2005，26(3)：54~56.

[3] 王青云．细胞与疾病的关系[J]．中国社区医师：综合版，2007(2)：76~77.

[4] 狄建科，周明，杨海峰，等．飞秒激光与生物细胞作用机理及应用[J]．激光生物学报，2008，17(2)：270~277.

[5] 陈波，李佳霖，谢西梅，等．体外压力刺激对大鼠筋膜组织成纤维细胞周期和增殖指数影响的研究[J]．时珍国医国药，2010，21(2)：475~477.

[6] 王娟娟，贾彦军．微生物原生质体融合方法的综述[J]．畜牧兽医科技信息，2005(10)：17~19.

[7] 孙美红，刘霞．植物单倍体诱导育种研究进展[J]．陕西农业科学，2006(3)：69~71.

[8] 胡建斌，李建吾，孙守如，等．植物单倍体材料创制方法及其应用[J]．贵州农业科学，2007，35(4)：135~137.

[9] 孙志栋，王学德，毛根富，等．作物单倍体研究和应用进展[J]．种子，2000(6)：37~39.

[10] 潘求真，岳才军. 细胞工程[M]．哈尔滨：哈尔滨工程大学出版社，2009.

[11] 李志勇. 细胞工程[M]．北京：科学出版社，2003.

[12] 罗立新. 细胞工程[M]．广州：华南理工大学出版社，2003.

[13] Stephan M T, Moon J J, Um S H, et al. Therapeutic cell engineering with surface-conjugated synthetic nanoparticles[J]. Nature Medicine, 2010, 16(9): 1035.

[14] Cahan, Patrick, Li, et al. CellNet: Network Biology Applied to Stem Cell Engineering[J]. Cell, 2014, 158(4): 903.

[15] Yang K, Lee JS, Kim J, et al. Polydopamine-mediated surface modification of scaffold materials for human neural stem cell engineering. [J]. Biomaterials, 2012, 33(29): 6952~6964.

[16] Omasa T, Onitsuka M, Kim W D. Cell Engineering and Cultivation of Chinese Hamster Ovary (CHO) Cells [J]. Current Pharmaceutical Biotechnology, 2010, 11(3): 233.

[17] Liang X, Potter J, Kumar S, et al. Rapid and highly efficient mammalian cell engineering via Cas9 protein transfection[J]. Journal of Biotechnology, 2015, 208: 44.

[18] BratkovičT, Glavan G, Štrukelj B, et al. Exploiting microRNAs for cell engineering and therapy[J]. Biotechnology Advances, 2012, 30(3): 753~765.

[19] Rivière I, Dunbar C E, Sadelain M. Hematopoietic stem cell engineering at a crossroads. [J]. Blood, 2012, 119(5): 1107.

第五章　发酵工程

第一节　发酵工程概述

一、发酵的概念

发酵(fermentation)的英文术语最初来自拉丁语“fervere”(发泡、沸涌)这个单词。它是指酵母菌作用于果汁或发芽谷物，产生二氧化碳的现象。被称为微生物学之父的法国科学家巴斯德(Louis Pasteur)第一个探讨了酵母菌酒精发酵的生理意义，将发酵现象与微生物生命活动联系起来考虑，并指出发酵是酵母菌在无氧状态下的呼吸过程，即无氧呼吸，是生物获得能量的一种方式。也就是说，发酵是在厌氧条件下，原料经过酵母等生物细胞的作用，菌体获得能量，同时将原料分解为酒精和 CO_2 的过程。从目前来看，巴斯德的观念还是正确的，但也不是很全面，因为发酵对于不同的对象具有不同的意义。

对生物化学家来说，发酵是微生物在无氧时的代谢过程。而对工业微生物学家来说，发酵是指借助微生物在有氧或无氧条件下的生命活动，来制备微生物菌体本身或代谢产物的过程。

如今，人们把利用生物细胞(指微生物细胞、动物细胞、植物细胞、微藻)在有氧或无氧条件下的生命活动来大量生产或积累生物细胞、酶类和代谢产物的过程统称为发酵。

二、发酵工程的概念

发酵工程(fermentation engineering)是指在最适发酵条件下，发酵罐中大量培养细胞和生产代谢产物的工艺技术，根据各种微生物的特性，在有氧或无氧条件下利用生物催化(酶)的作用，将多种低值原料转化成不同的产品的过程。由于主要利用的是微生物发酵过程来生产产品，因此也可称为微生物工程。现代发酵工程是以天然生物体和人工修饰的生物体为加工对象，集现代化高新技术为一体，生产产品或服务于人类社会的一种工程技术。因此，发酵工程是发酵原理与工程学的结合，是研究由生物细胞(包括微生物、动植细胞)参与的工艺过程的原理和科学，是研究利用生物材料生产有用物质，服务于人类的一门综合性科学技术。生物材料包括来自自然界的微生物、基因重组微生物、各种来源的动植物细胞。因此，发酵工程是生物技术产业化的基础和关键技术，是生物技术四大支柱(基因工程、细胞工程、酶工程和发酵工程)的核心。无论传统发酵产品，如抗生素、氨基酸等，还是现代基因工程产品，如疫苗、人体蛋白质等，都需要发酵技术进行生产。

发酵工程基本上可分为发酵和提取两大部分。发酵部分是微生物反应过程，提取部分也称为后处理或下游加工过程。虽然发酵工程的生产是以发酵为主，发酵的好坏是整个生产的关键，但后处理在发酵生产中也占有很重要的地位。往往有这样的情况：发酵产率很高，但因为后处理操作和设备选用不当而大大降低了总产率，所以发酵过程的完成并不等于工作的结束。完整的发酵工程应该包括从投入原料到获得最终产品的整个过程。发酵工程就是要研究和解决整个过程的工艺和设备问题，将实验室和中试成果迅速扩大到工业化生产中去。

广义上的发酵工程由三部分组成：上游工程、中游工程和下游工程。其中上游工程包括优良菌株的选育，最适发酵条件(营养组成、pH 值、温度)的确定，营养物的准备等。中游工程主要指在最适发酵条件下，发酵罐中大量培养细胞和生产代谢产物的工艺技术。这里要有严格的无菌生长环境，包括发酵开始前采用高温高压对发酵原料和发酵罐以及各种连接管道进行灭菌的技术；在发酵过程中不断向发酵罐中通入干燥无菌空气的空气过滤技术；在发酵过程中根据细胞生长要求控制加料速度的计算机控制技术；还有种子培养和生产培养不同的工艺技术。此外，根据不同的需要，发酵工艺上还分为批量发酵，即一次投料发酵；流加批量发酵，即在一次投料发酵的基础上，流加一定量的营养，使细胞进一步生长，或得到更多的代谢产物；连续发酵，不断地流加营养，并不断地取出发酵液。在进行任何大规模工业发酵前，必须在实验室规模的小发酵罐进行大量的实验，得到产物形成的动力学模型，并根据这个模型设计中试的发酵要求，最后从中试数据再设计更大规模生产的动力学模型。由于生物反应的复杂性，在从实验室到中试，从中试到大规模生产过程中会出现许多问题，这就是发酵工程工艺的放大问题。下游工程指从发酵液中分离和纯化产品的技术，包括固液分离技术(离心分离、过滤分离、沉淀分离等工艺)，细胞破壁技术(超声、高压剪切、渗透压、表面活性剂和溶壁酶等)，蛋白质纯化技术(沉淀法、色谱分离法和超滤法等)，最后还有产品的包装处理技术(真空干燥和冰冻干燥等)。

三、发酵工程的历史发展

20 世纪 20 年代的酒精、甘油和丙酮等发酵工程，属于厌氧发酵。从那时起，发酵工程又经历了几次重大的转折，在不断地发展和完善。

20 世纪 40 年代初，随着青霉素的发现，抗生素发酵工业逐渐兴起。青霉素的工业开发，不但对初级代谢产品的生产方式起到了启示作用，而且开辟了一个全新的生产抗生素和其他次级代谢产品的工业微生物道路。由于青霉素产生菌是需氧型的，微生物学家就在厌氧发酵技术的基础上，成功地引进了通气搅拌和一整套无菌技术，建立了深层通气发酵技术。它大大促进了发酵工业的发展，使有机酸、维生素、激素等都可以用发酵法大规模生产。青霉素的投产标志着微生物发酵技术进入了全盛时期。

1957 年，日本用微生物生产谷氨酸成功，如今 20 种氨基酸都可以用发酵法生产。氨基酸发酵工业的发展，是建立在代谢控制发酵新技术的基础上的。科学家在深入研究微生物代谢途径的基础上，通过对微生物进行人工诱变，先得到适合于生产某种产品的突变类型，再在人工控制的条件下培养，就大量产生人们所需要的物质。目前，代谢控制发酵技术已经与核苷酸、有机酸和部分抗生素等的生产中。

20 世纪 70 年代以后，基因工程、细胞工程等生物工程技术的开发，使发酵工程进入了定向育种的新阶段，新产品层出不穷。1973 年，Cohen 等首次完成了重组质粒 DNA 对大肠杆菌的转化，标志着基因工程正式问世。随后扩展到其他微生物，主要有枯草芽孢杆菌，面包酵母，多形汉逊酵母和黑曲霉等。4 年后，经重组 DNA 技术改造的细菌应用于人体生长激素及胰岛素的生产。

20 世纪 80 年代以来，随着学科之间的不断交叉和渗透，微生物学家开始用数学、动力学、化工工程原理、计算机技术对发酵过程进行综合研究，使得对发酵过程的控制更为合理。在一些国家，已经能够自动记录和自动控制发酵过程的全部参数，明显提高了生产效率。

四、发酵类型

目前已知具有生产价值的发酵类型有以下5种：

1. 微生物菌体发酵

这是以获得具有某种用途的菌体为目的的发酵。比较传统的菌体发酵工业，有用于面包制作的酵母发酵及用于人类食品或动物饲料的微生物菌体蛋白发酵两种类型。新的菌体发酵可用来生产一些药用真菌，如香菇类、依赖虫蛹而生存的冬虫夏草菌、与天麻共生的密环菌以及从多孔菌科的茯苓菌获得的名贵中药茯苓和担子菌的灵芝等。这些药用真菌可以通过发酵培养的手段来产生与天然产品具有同等疗效的产物。有的微生物菌体还可用作生物防治剂，如苏云金杆菌、蜡样芽孢杆菌和侧孢芽孢杆菌，其细胞中的伴孢晶体可毒杀鳞翅目、双翅目的害虫；丝状真菌的白僵菌、绿僵菌可防治松毛虫等。所以某些微生物的剂型产品，可制成新型的微生物杀虫剂，并用于农业生产中。因此菌体发酵工业还包括微生物杀虫剂的发酵。

2. 微生物酶发酵

酶普遍存在于动物、植物和微生物中。最初，人们都是从动、植物组织中提取酶，但目前工业应用的酶大多来自微生物发酵，因为微生物具有种类多、产酶品种多、生产容易和成本低等特点。微生物酶制剂有广泛的用途，多用于食品工业和轻工业中，如微生物生产的淀粉酶和糖化酶用于生产葡萄糖，氨基酰化酶用于拆分D、L-氨基酸等。酶也用于医疗生产和医疗检测中，如青霉素酰化酶用来生产半合成青霉素所用的中间体6-氨基青霉烷酸，胆固醇氧化酶用于检查血清中胆固醇的含量，葡萄糖氧化酶用于检查血中葡萄糖的含量等等。

3. 微生物代谢产物发酵

微生物代谢产物的种类很多，已知的有37个大类。在菌体对数生长期所产生的产物，如氨基酸、核苷酸、蛋白质、核酸、糖类等，是菌体生长繁殖所必需的，这些产物叫作初级代谢产物。许多初级代谢产物在经济上具有相当的重要性，分别形成了各种不同的发酵工业。在菌体生长静止期，某些菌体能合成一些具有特定功能的产物，如抗生素、生物碱、细菌毒素、植物生长因子等。这些产物与菌体生长繁殖无明显关系，叫作次级代谢产物。次级代谢产物多为低分子量化合物，但其化学结构类型多种多样，据不完全统计多达47类。其中抗生素按其结构类型相似性，可分为14类。由于抗生素不仅具有广泛的抗菌作用，而且还有抗病毒、抗癌和其他生理活性，因而得到了大力发展，已成为发酵工业的重要支柱。

4. 微生物的转化发酵

微生物转化是利用微生物细胞的一种或多种酶，把一种化合物转变成结构相关的更有经济价值的产物。可进行的转化反应包括：脱氢反应、氧化反应、脱水反应、缩合反应、脱羧反应、氨化反应、脱氨反应和异构化反应等。最古老的生物转化，就是利用菌体将乙醇转化成乙酸的醋酸发酵。生物转化还可用于把异丙醇转化成丙醇；甘油转化成二羟基丙酮；葡萄糖转化成葡萄糖酸，进而转化成2-酮基葡萄糖酸或5-酮基葡萄糖酸；以及山梨醇转变成 L–山梨糖等。此外，微生物转化发酵还包括甾类转化和抗生素的生物转化等等。

5. 生物工程细胞的发酵

这是指利用生物工程技术所获得的细胞，如 DNA 重组的"工程菌"以及细胞融合所得的"杂交"细胞等进行培养的新型发酵，其产物多种多样。用基因工程菌生产的有胰岛素、干扰素、青霉素酰化等，用杂交瘤细胞生产的用于治疗和诊断的各种单克隆抗体等。

五、发酵工程的特点

发酵工程是有微生物参与的反应过程，这种反应过程是指由生长繁殖的生物物质所引起的生物反应过程。这些过程既有利用原有微生物特性获得某种产物的过程，又有利用微生物消除某些物质(废水、废物的处理)的过程，但是它们都是活的微生物的反应过程。因此，其产物可以是代谢过程的中间或终点时的代谢产物，也可以是有机物质的降解物或微生物自身的细胞。

发酵工程与化学工程非常接近，化学工程中许多单元操作在发酵工程中得到应用。国外许多学术机构把发酵工程作为化学工程的一个分支，称为"生化工程"。但由于发酵工程是培养和处理活的有机体，所以除了与化学工程有共性外，还有其特殊性。例如，空气除菌系统、培养基灭菌系统等都是发酵工程工业中所特有的。再如化学工程中，气液两相混合、吸收的设备，仅有通风和搅拌的作用，而通风机械搅拌发酵罐除了上述作用外，还包括复杂的氧化、还原、转化、水解、生物合成以及细胞的生长和分裂等作用，而且还有其严格的无菌要求，不能简单地与气体吸收设备完全等同起来。提取部分的单元操作虽然与化工中的单元操作无明显区别，但为适应菌体与微生物产物的特点，还要采取一些特殊措施并选用合适的设备。总而言之，发酵工程就是化学工程各有关单元操作中结合了微生物特性的一门技术性学科。

1. 发酵工程中微生物反应过程的特点

① 发酵工业与其他工业相比，相对投资较少，见效快，具有经济和效能的统一性。

② 作为生物化学反应，通常是在温和的条件(如常温、常压、弱酸、弱碱等)下进行，因此没有爆炸的危险，各种设备都不必考虑防爆问题，还有可能使一种设备具有多种用途。

③ 原料来源广泛，通常以糖、淀粉等碳水化合物为主。

④ 反应以生命体的自动调节方式进行，若干个反应过程能够像单一反应一样，在单一反应器内很容易地进行。

⑤ 发酵产品多数为小分子产品，但也能很容易地生产出复杂的高分子化合物，如酶、核苷酸的生产等。

⑥ 由于生命体特有的反应机制，能高度选择性地进行复杂化合物在特定部位的氧化、还原、官能团导入等反应。

⑦ 生产发酵产物的微生物菌体本身也是发酵产物，富含维生素、蛋白质、酶等有用物质。除特殊情况外，发酵液一般对生物体无害。

⑧ 要特别注意在发酵生产操作中的杂菌污染，一旦发生杂菌污染，一般都会遭受损失。

⑨ 通过微生物菌种的改良，能够利用原有设备较大幅度地提高生产水平。

基于以上特点，发酵工业日益受到人们的重视。与传统的发酵工艺相比，现代发酵工业除了具有上述发酵特点之外，更有其优越性。例如除了使用从自然界筛选的微生物外，还可以采用人工构建的“基因工程菌”或微生物发酵所生产的酶制剂进行生物产品的工业化生产，而且发酵设备也为自动化、连续化设备所代替，使发酵水平在原有基础上得到大幅度提高，发酵类型不断创新。

2. 存在的问题

发酵工程的这些特征决定了发酵工程的种种优点，使得发酵工程成为生物工程的核心之一而受到了广泛重视。但是，发酵过程中也有一些问题应该引起特别的注意，例如：①底物不可能完全转化成目的产物，副产物的产生不可避免，因而造成了提取和精制困难，这是目前发酵行业下游操作落后的原因之一。②微生物的反应是活细胞的反应，产物的获得除受环境因素影响外，也受细胞内因素的影响，并且菌体易发生变异，实际控制相当困难；原料是农副产品，虽然价廉，但质量和价格波动较大。③发酵工程需要的辅助设备多，生产前准备工作量大，如空气压缩机、空气净化系统、冷却水系统、灭菌用蒸汽系统等。因此，动力费用比较高。相对化学反应而言，反应器效率低。④与化学工程相比，虽然设备简单，能耗也低，但因过高的底物或产物浓度常导致酶的抑制或细胞不能耐受过高的渗透压而失活，因此，底物浓度不能过高，从而导致使用大体积的反应器，并且要在无杂菌污染情况下进行操作。⑤发酵废液常具有较高的 COD 和 BOD，在发酵过程中常常需要对这两个重要的条件进行调节控制。

六、发酵工程菌种的特点

发酵工程是利用微生物的生长和代谢活动生产各种有用物质的现代工业。工业微生物菌种是发酵工业的主体。能用于发酵生产的微生物即为工业微生物。自然界的微生物种类繁多，广泛分布于土壤、水和空气等自然界中，尤以土壤中最多。有的从自然界分离出来就能利用，有的需要对分离到的野生菌株进行人工诱变，得到的突变体才能被利用。发酵工程利用的菌种趋势为由发酵菌转向转化菌；由野生菌转向变异菌；由自然选育转向代谢控制育种；由诱发基因突变转向基因重组的定向育种。

尽管发酵工程的菌种类型多种多样，但从工业化生产对菌种的要求来讲，发酵工业的菌种应具有如下特点：

① 微生物种类繁多、繁殖速度快、代谢能力强；

② 微生物酶的种类很多，能催化各种生物化学反应；

③ 微生物能够在廉价原料制成的培养基上迅速生长，并生成所需要的代谢产物，产量高；

④ 可以用简易的设备来生产多种多样的产品；

⑤ 不受气候、季节等自然条件的限制；

⑥ 根据代谢控制的要求，选择单产高的营养缺陷型突变菌株或调节突变菌株或野生菌株；

⑦ 选育抗噬菌体能力强的菌株，使其不易感染噬菌体；

⑧ 菌种纯粹，不易变异退化，以保证发酵生产和产品质量的稳定性；

⑨ 菌种不是病原菌，不产生任何有害的生物活性物质和毒素（包括抗生素、激素和毒素等），以保证安全。

七、发酵技术的应用

发酵过程的上述特点体现了发酵工程的种种优点。在目前能源、资源紧张，人口、粮食及污染问题日益严重的情况下，发酵工程作为现代生物技术的重要组成部分之一，得到越来越广泛的应用：

① 医药工业，用于生产抗生素、维生素等常用药物和人胰岛素、乙肝疫苗、干扰素、透明质酸等新药；

② 食品工业，用于微生物蛋白、氨基酸、新糖源、饮料、酒类和一些食品添加剂(柠檬酸、乳酸、天然色素等)的生产；

③ 能源工业，通过微生物发酵，可将绿色植物的秸秆、木屑以及工农业生产中的纤维素、半纤维素、木质素等废弃物转化为液体或气体燃料(酒精或沼气)，还可利用微生物采油、产氢以及制成微生物电池；

④ 化学工业，用于生产可降解的生物塑料、化工原料(乙醇、丙酮、丁醇、癸二酸等)和一些生物表面活性剂及生物凝集剂；

⑤ 冶金工业，微生物可用于黄金开采和铜、铀等金属的浸提；

⑥ 农业，用于生物固氮和生产生物杀虫剂及微生物饲料，为农业和畜牧业的增产发挥了巨大作用；

⑦ 环境保护，可用微生物来净化有毒的高分子化合物，降解海上浮油，清除有毒气体和恶臭物质以及处理有机废水、废渣等。

第二节　微生物发酵过程

一、微生物发酵过程的类型

微生物发酵过程即微生物反应过程，是指由微生物在生长繁殖过程中所引起的生化反应的过程。

根据微生物的种类不同(好氧、厌氧、兼性厌氧)，微生物发酵过程可以分为好氧性发酵过程、厌氧性发酵过程和兼性发酵过程三类。

① 好氧性发酵：在发酵过程中需要不断地通入一定量的无菌空气，如利用黑曲霉进行的柠檬酸发酵，利用棒状杆菌进行的谷氨酸发酵，利用黄单胞菌进行的多糖发酵等。

② 厌氧性发酵：在发酵时不需要供给空气，如乳酸杆菌引起的乳酸发酵，梭状芽孢杆菌引起的丙酮、丁醇发酵等。

③ 兼性发酵：酵母菌是兼性厌氧微生物，它在缺氧条件下进行厌氧性发酵积累酒精，而在有氧即通气条件下进行好氧性发酵，大量繁殖菌体细胞，因此称为兼性发酵。

根据培养基状态的不同(固体或液体)，微生物发酵可分为固体发酵和液体发酵。如果按照发酵设备来分，又可分为敞口发酵、密闭发酵、浅盘发酵和深层发酵。一般敞口发酵应用于繁殖快并进行好氧发酵的类型，其设备要求简单，如酵母生产，由于其菌体迅速而大量繁殖，可抑制其他杂菌生长。相反密闭发酵是在密闭的设备内进行，所以设备要求严格，工艺也较复杂。浅盘发酵(表面培养法)是利用仅装一薄层培养液的浅盘，接入菌种后进行表面培养，在液体上面形成一层菌膜。在缺乏通气设备时，对一些繁殖快的好氧性微生物可利用此法。深层发酵法是指在液体培养基内部(不仅仅在表面)进行的微生物培养过程。

液体深层发酵是在青霉素等抗生素的生产中发展起来的技术。同其他发酵方法相比，它具有很多优点：液体悬浮状态是很多微生物的最适生长环境；在液体中，菌体及营养物、产物(包括热量)易于扩散，使发酵可在均质或拟均质条件下进行，便于控制，易于扩大生产规模；液体输送方便，易于机械化操作；厂房面积小，生产效率高，易进行自动化控制，产品质量稳定；产品易于提取、精制等。因而液体深层发酵在发酵工业中被广泛应用。

二、发酵工业中的常用微生物

发酵工程是以微生物的生命活动为中心的，发酵产品是在“细胞工厂”中生产出来的，微生物的生物学性状和发酵条件决定了其相应产物的生成。因此，菌种在发酵工业中起着重要作用，它是决定发酵产品是否具有产业化价值和商业化价值的关键因素，是发酵工业的灵魂。

微生物在自然界中分布极为广泛，种类繁多，不断地开发和利用微生物资源是人类社会实现可持续发展的必由之路，也是解决现代社会经济高速发展所带来的人口、资源、能源、环境、健康等问题的重要途径。但到目前为止，人们所知道的微生物种类不到总数的10%，而真正被利用的还不到1%，进一步开发利用微生物资源的潜力很大。当前发酵工业所用菌种的总趋势是从野生菌转向变异菌，从自然选育转向代谢控制育种，从诱发基因突变转向基因重组的定向育种。发酵工业所用菌种必须具备以下条件：菌种细胞的生长活力强，接种后在发酵罐中迅速生长；生理性状稳定；菌体总量和浓度能满足大容量发酵罐的要求；无杂菌污染；生产能力稳定。

发酵工业生产上常用的微生物主要是细菌、放线菌、酵母菌和霉菌，由于发酵工程本身的发展以及遗传工程的介入，藻类、病毒等也正在逐步地成为发酵工业中采用的微生物。

1. 细菌

细菌(Bacteria)是一类单细胞的原核微生物，在自然界分布最广，数量最多，与人类生产和生活关系十分密切，也是工业微生物学研究和应用的主要对象之一。细菌以较典型的二分分裂方式繁殖。细胞生长时，环状DNA染色体复制，细胞内的蛋白质等组分同时增加一倍，然后在细胞中部产生一横断间隔，染色体分开，继而间隔分裂形成两个相同的子细胞。如间隔不完全分裂就形成链状细胞。工业生产常用的细菌有枯草芽孢杆菌、醋酸杆菌、棒状杆菌、短杆菌等，用于生产各种酶制剂、有机酸、氨基酸、肌苷酸等。

(1) 大肠埃希氏杆菌(Escherichia coli)

大肠埃希氏杆菌简称大肠杆菌，是最为著名的原核微生物。革兰氏染色阴性，短杆状，大小为(0.5~1.0) μm×3.0μm；运动或者不运动，运动者周生鞭毛。多数大肠杆菌对人体无害，是常见条件致病菌。大肠杆菌生长迅速，营养要求低，是最早用作基因工程的宿主菌。工业上常将大肠杆菌用于生产谷氨酸脱羧酶、天冬酰胺酶和制备天冬氨酸、苏氨酸及缬氨酸等。此外，一些基因工程表达产物，如干扰素、人胰岛素、人生长激素等，已实现大肠杆菌的高密度发酵生产。

(2) 枯草芽孢杆菌(Bacillus subtilis)

枯草芽孢杆菌属于芽孢杆菌属(Bacillus)。革兰氏染色阳性，大小为(0.3~2.2) μm×(1.2~7.0) μm；周生或侧生鞭毛；无荚膜；芽孢中生或近中生，大小0.5μm×(1.5~1.8) μm。

菌落形态不规则；表面粗糙，不透明，污白色或微黄色。枯草芽孢杆菌是工业发酵的重要菌种之一，可用于生产淀粉酶、蛋白酶、核苷酸酶、氨基酸和核苷等。

(3) 北京棒状杆菌(Corynebacterium pekinensis)

革兰氏染色阳性，短杆状或小棒状，有时微弯曲，两端钝圆，不分枝，单个或呈"八"字排列，无芽孢，不运动。北京棒状杆菌是我国谷氨酸发酵的主要生产菌种之一。

2. 放线菌

放线菌(Actinomycetes)因菌落成放射状而得名，是一类介于细菌和真菌之间的单细胞微生物，它的细胞构造和细胞壁的化学成分与细菌相同。但在菌丝的形成、外生孢子繁殖等方面则类似于丝状真菌。它是一个原核生物类群，在自然界中分布很广，尤其在含有机质丰富的微碱性土壤中较多。大多腐生，少数寄生。放线菌主要以无性孢子进行繁殖，也可借菌丝片段进行繁殖。后一种繁殖方式见于液体沉没培养(Submerged cultures)中，其生长方式是菌丝末端伸长和分支，彼此交错成网状结构，称为菌丝体。菌丝长度既受遗传的控制，又与环境有关。在液体深层培养中由于搅拌器的剪切力作用，常易形成短的分支旺盛的菌丝体，或呈分散生长，或呈菌丝团状生长。放线菌的最大经济价值在于能产生多种抗生素。从微生物中发现的抗生素有60%以上是由放线菌产生的，如链霉素、红霉素、金霉素、庆大霉素等。常用的放线菌主要来自链霉菌属、小单孢菌属和诺卡菌属等。

(1) 链霉菌属(Streptomyces)

菌丝发达无隔膜，直径约0.4~1μm，长短不一，多核。菌丝体有营养菌丝、气生菌丝和孢子丝之分。链霉菌属是抗生素的主要生产菌。常用的抗生素，如链霉素、土霉素、博莱霉素、丝裂霉素、制霉菌素、卡那霉素、井冈霉素等，都是链霉菌属产生的次级代谢产物。

(2) 诺卡菌属(Nocardia)

诺卡茵属又称原放线菌属(Proactinomyces)。菌丝体能产生横膈膜，多数种只有营养菌丝，没有气生菌丝。菌落一般比链霉菌属小，表面崎岖多皱，致密干燥。诺卡菌主要分布在土壤中，能产生30多种抗生素，如利福霉素、间型霉素等。此外，有些诺卡菌还用于石油脱蜡、烃类发酵及腈类化合物的转化。

3. 酵母菌

酵母菌(Yeast)不是微生物分类学上的名词，通常指一类单细胞，且主要以出芽方式进行无性繁殖的真核微生物。酵母菌在自然界中普遍存在，主要分布于含糖较多的酸性环境中，如水果、蔬菜、花蜜和植物叶子上以及果园土壤中。酵母菌多为腐生，常以单个细胞存在，以出芽方式进行繁殖，母细胞体积长到一定程度是就开始出芽。芽长大的同时母细胞缩小。在母细胞与子细胞之间形成隔膜，最后形成同样大小的子细胞。如果子细胞不与母细胞脱离就形成链状细胞，称为假菌丝。在发酵生产旺期，常出现假菌丝。工业生产中常用的酵母有啤酒酵母、假丝酵母、类酵母等，分别用于酿酒、制造面包、生产脂肪酶以及生产可食用、药用和饲料用酵母菌体蛋白等。

(1) 酿酒酵母(Saccharomyces cerevisiae)

细胞多为圆形或卵圆形，长宽比约1~2。它是发酵工业上最常用的菌种之一。它除了用于传统的酒类(如啤酒、葡萄酒、果酒和蒸馏酒)的生产之外，工业上还用于酒精的发酵。

(2) 产朊假丝酵母(Candida utilis)

细胞呈圆形、椭圆形或圆柱形，大小为(3.5~4.5)μm×(7~13)μm。它是人们研究最多的生产单细胞蛋白的微生物之一。以无机氮为氮源，以五碳糖或六碳糖为碳源，在培养基中不需添加生长因子，它即可生长。它既能利用造纸工业的亚硫酸废液，也能利用糖蜜、土豆淀粉废料、木材水解液等生产出人畜可食用的单细胞蛋白。

4. 霉菌

霉菌（Mould），指"发霉的真菌"，是一群在营养基质上形成绒毛状、网状或絮状菌丝真菌的通称。霉菌是人们早就熟知的一类微生物，与人类日常生活关系密切。它在自然界广为分布，大量存在于土壤、空气、水和生物体中。它喜欢偏酸性环境，大多数为好氧性多腐生，少数寄生。霉菌的繁殖能力很强，能以无性孢子和有性孢子进行繁殖，多以无性孢子繁殖，其生长方式是菌丝末端伸长和顶端分支，彼此交错呈网状。菌丝的长度既受遗传性状的控制，又受环境的影响。菌丝或呈分散生长，或呈团状生长。发酵工业常用的霉菌有藻状菌纲的根霉、毛霉、犁头霉，子囊菌纲的红曲霉，半知菌纲的曲霉、青霉等。它们可广泛用于生产酶制剂、抗生素、有机酸及激素等。

（1）毛霉属（Mucor）

属接合菌亚门，毛霉目。菌丝无色透明，无横隔，菌落初期为白色，后为灰白色、淡黄色或淡褐色，气生，不产生匍匐菌丝，有孢子囊，能产生孢囊孢子。有性生殖时可形成球形的接合孢子。毛霉中的许多种分解蛋白质能力很强，因此，豆腐乳、豆豉的制作均用毛霉。

（2）根霉属（Rhizopus）

属接合菌亚门，毛霉目。菌丝无色透明，无隔膜，不长气生菌丝，只产生弧形的匍匐菌丝，有假根，有子囊，能产生孢囊孢子。根霉可分泌多种酶，如淀粉酶、蛋白酶等。它常用于酿酒业中淀粉的糖化。

（3）红曲霉属（Monascus）

红曲霉菌落开始为白色，成熟后变为红紫色，能向培养基中分泌红色色素。红曲霉能产生淀粉酶、麦芽糖酶、蛋白酶、柠檬酸、琥珀酸、乙醇，以及天然食用色素，从而用于黄酒、醋、红腐乳等的制作。

（4）青霉属（Penicillium）

青霉在自然界中分布很广，是造成水果腐烂、粮食等工农业产品霉变的主要菌。不同菌种可形成不同的代谢产物，如有产青霉素的菌种，产灰黄霉素的菌种，产柠檬酸、延胡索酸、草酸等有机酸的菌种，产纤维素酶、糖苷酶的菌种。个别青霉菌还能产生致癌的霉菌毒素。

（5）曲霉属（Aspergillus）

曲霉为多细胞菌。菌丝有分隔，营养菌丝大多匍匐生长，无假根，能产生分生孢子。此属在自然界分布极广，是引起多种物质霉腐（如面包腐败，煤生物分解及皮革变质等）的主要微生物之一。其中，黄曲霉具有很强毒性。绿色和黑色的具有很强的酶活性，在食品发酵中广泛用于制酱、酿酒。曲霉在现代发酵工业中用于生产葡萄糖氧化酶、糖化酶和蛋白酶等酶制剂。

5. 其他微生物

（1）担子菌

担子菌就是人们通常所说的菇类。担子菌资源的利用正越来越引起人们的重视，如多糖、橡胶物质和抗癌药物的开发。近年来，日本、美国的一些科学家对香菇的抗癌作用进行了深入的研究，发现香菇中的1,2-β-葡萄糖苷酶及两种糖类物质具有抗癌作用。

（2）藻类

藻类是自然界分布极广的一大群自养微生物资源，许多国家已把它用作人类保健食品和饲料。培养螺旋藻，按干重计算每年每公顷（1公顷=10000m^2）可收获60t，而种植大豆每公顷才可获4t；从蛋白质产率看，螺旋藻是大豆的28倍。培养珊列藻，从蛋白质产率计算，每公顷珊列藻所得蛋白质是小麦的20~35倍。此外，还可通过藻类利用光能将CO_2转变为石油。培养单胞藻或其他藻类而获得的石油，可占细胞干重的35%~50%，合成的油与重油相同，可加工成汽油、煤油和其他产品。有的国家已建立培植单胞藻的农场，每年每公顷土地培植的单胞藻按35%干物质为碳氢化合物（石油）计算，可得60t石油燃料。此项技术的应用，还可减轻因工业生产而大量排放CO_2造成的温室效应。国外还有从"藻类农场"获取氢能的报道，大量培养藻类，利用其光合放氢作用来取得氢能。

三、发酵工业培养基

微生物的生长、繁殖需要不断地从外界吸收营养物质，以获得能量并合成新的物质。研究微生物的生长和代谢产物的合成，首先要了解微生物的营养特性和培养条件，以便能有效地控制其生长及代谢产物的合成，提高微生物生长速率和代谢产物和合成效率，达到利用该微生物进行工业化生产的目的。因此，研究微生物的营养特性确定合理的发酵工业培养基是实现微生物发酵产业化的关键之一。

培养基是指用于维持微生物生长繁殖和产物形成的营养物质。尽管各种工业微生物发酵培养基不尽相同，但适宜于大规模工业微生物发酵的培养基应有以下几点共性：单位培养基能够产生最大量的目的产物；能够使目的产物的合成速率最大；能够使副产物合成的量最少；所采用的培养基应该质量稳定、价格低廉、易于长期获得；所采用的培养基尽量不影响工业化发酵中的通气搅拌性能以及发酵产物的后处理等。

1. 发酵工业培养基的基本要求

工业培养基是提供微生物生长繁殖和生物合成各种代谢产物所需要的，按一定比例配制的多种营养物质的混合物。培养基组成对菌体生长繁殖、产物的生物合成、产品的分离精制乃至产品的质量和产量都有重要影响。

虽然不同微生物的生长状况不同，且发酵产物所需的营养条件也不同，但是，对于所有发酵生产用培养基的设计而言，仍然存在一些共同遵循的基本要求。如所有的微生物都需要碳源、氮源、无机盐、生长因子和水等营养成分。在小型试验中，所用培养基的组分可以使用纯净的化合物即采用合成培养基，但对工业生产而言，即便纯净的化合物在市场供应方面能满足生产的需要，也会由于经济效益原则而不宜在大规模生产中应用。因此对于大规模的发酵工业生产，除考虑上述微生物需要外，还必须十分重视培养基的原料价格和来源的难易。具体来说，一般设计适宜于工业大规模发酵的培养基应遵循以下原则：

① 必须提供合成微生物细胞和发酵产物的基本成分；

② 有利于减少培养基原料的消耗，即提高单位营养物质的转化率；

③ 有利于提高产物的浓度，以提高单位容积发酵罐的生产能力；

④ 有利于提高产物的合成速度，缩短发酵周期；

⑤ 尽量减少副产物的形成，便于产物的分离纯化；

⑥ 原料价格低廉，质量稳定，取材容易；

⑦ 所用原料尽可能减少对发酵过程中通气搅拌的影响，利于提高氧的利用率、降低能耗；

⑧ 有利于产品的分离纯化，并尽可能减少产生“三废”物质。

2. 发酵工业培养基的种类

培养基是人们提供微生物生长繁殖和生物合成各种代谢产物需要的多种营养物质的混合物。培养基的成分和配比，对微生物的生长、发育、代谢及产物积累，甚至对发酵工业的生产工艺都有很大的影响。依据其在生产中的用途，可将培养基分成孢子培养基、种子培养基和发酵培养基等。

(1) 孢子培养基

孢子培养基是供制备孢子用的。要求此种培养基能使微生物形成大量的优质孢子，但不能引起菌种变异。一般说，孢子培养基中的基质浓度(特别是有机氮源)要低些，否则将影响孢子的形成。无机盐的浓度要适量，否则影响孢子的数量和质量。孢子培养基的组成因菌种不同而异。生产中常用的孢子培养基有麸皮培养基，大(小)米培养基，由葡萄糖(或淀粉)、无机盐、蛋白胨等配制的琼脂斜面培养基等。

(2) 种子培养基

种子培养基是供孢子发芽和菌体生长繁殖用的。营养成分应是易被菌体吸收利用的，同时要比较丰富与完整。其中氮源和维生素的含量应略高些，但总浓度以略稀薄为宜，以便菌体的生长繁殖。常用的原料有葡萄糖、糊精、蛋白胨、玉米浆、酵母粉、硫酸铵、尿素、硫酸镁、磷酸盐等。培养基的组成随菌种而改变。发酵中种子质量对发酵水平的影响很大，为使培养的种子能较快适应发酵罐内的环境，在设计种子培养基时要考虑与发酵培养基组成的内在联系。

(3) 发酵培养基

发酵培养基是供菌体生长繁殖和合成大量代谢产物用的。要求此种培养基的组成丰富完整，营养成分的浓度和黏度适中，利于菌体的生长，进而合成大量的代谢产物。发酵培养基的组成要考虑菌体在发酵过程中的各种生化代谢的协调，在产物合成期，使发酵液 pH 值不出现大的波动。

3. 发酵工业培养基的组成

发酵培养基的组成和配比由于菌种不同、设备和工艺不同以及原料来源和质量不同而有所差别。因此，需要根据不同要求考虑所用培养基的成分与配比。但是综合所用培养基的营养成分，不外乎是碳源(包括用作消泡剂的油类)、氮源、无机盐类(包括微量元素)、生长因子等几类。

(1) 碳源

碳源是组成培养基的主要成分之一，其主要功能有两个，一是提供微生物菌体生长繁殖所需的能源以及合成留体所需的碳骨架；二是提供留体合成目的产物的原料。常用的碳源有糖类、油脂、有机酸和低碳醇等。在特殊的情况下，如碳源贫乏时，蛋白质水解产物成氨基酸等也可被微生物作为碳源使用。

① 糖类

糖类是发酵培养基中应用最广泛的碳源，主要有葡萄糖、糖蜜和淀粉等。

葡萄糖是最容易利用的碳源之一，几乎所有的微生物都能利用葡萄糖，所以，葡萄糖常作为培养基的一种主要成分，并且作为加速微生物生长的一种速效碳源。但是过多的葡萄糖会过分加速菌体的呼吸，以致培养基中的溶解氧不能满足需要，使一些中间代谢物(如丙酮酸、乳酸、乙酸等)不能完全氧化而积累在菌体或培养基中，导致 pH 值下降，影响某些酶的活性，从而抑制微生物的生长和产物的合成。

糖蜜是制糖生产时的结晶母液，它是制糖工业的副产物。糖蜜中含有丰富的糖、无机盐和维生素等，它是微生物发酵培养基价廉物美的碳源。一般糖蜜分甘蔗糖蜜和甜菜糖蜜，二者在糖的含量和无机盐的含量上有所不同。即使同一种糖蜜由于产地和加工方法不同其成分也存在着差异，因此，使用时要注意。糖蜜常用在酵母发酵、抗生素生产过程中作为碳源。在酒精生产工业中若用糖蜜代替甘薯粉，则可省去蒸煮、糖化等过程，简化了酒精生产工艺。

淀粉等多糖也是常用的碳源，它们一般都要经过菌体产生的胞外酶水解成单糖后再被吸收利用，但通常也将其经过液化和糖化后再作为培养基的碳源使用。淀粉在发酵工业中被普遍使用，因为使用淀粉或其不完全水解液除了可克服葡萄糖效应对次生代谢产物合成的影响，价格也比较低廉。常用的淀粉为玉米淀粉、小麦淀粉和甘薯淀粉等。有些微生物还可直接利用玉米粉、甘薯粉和土豆粉作为碳源。

② 油和脂肪

油和脂肪也能被许多微生物作为碳源，这些微生物，一般都具有比较活跃的脂肪酶。在脂肪酶的作用下，油或脂肪被水解为甘油和脂肪酸。在溶解氧的参与下，进一步氧化成 CO_2 和 H_2O，并释放出比糖类碳源代谢多得多的能量。因此，当微生物利用脂肪作为碳源时，要供给比糖代谢更多的溶解氧，否则，会因为缺氧导致代谢不彻底。造成脂肪酸和有机酸中间体的大量积累，影响到微生物的正常生长繁殖。常用的有豆油、菜籽油、葵花籽油、猪油、鱼油、棉籽油等。

③ 有机酸

某些微生物对许多有机酸如乳酸、柠檬酸、乙酸等有很强的氧化能力。因此，有机酸或它们的盐也能作为微生物的碳源。有机酸的利用常会使发酵体系 pH 值上升，尤其是有机盐氧化时，常伴随着碱性物质的产生，使 pH 值进一步上升。不同的碳源在分解氧化时，对 pH 值的影响各不相同。因此，不同的碳源，不仅对微生物的代谢有影响，而且对整个发酵过程中 pH 值的调节和控制均有影响。

④ 烃和醇类

近年来，随着石油工业的发展，微生物工业的碳源范围也在扩大。正烷烃已用于有机酸、氨基酸、维生素、抗生素和酶制剂的工业发酵中。另外，石油工业的发展促使乙醇产量增加，国外乙醇代粮发酵的工艺发展也十分迅速。据研究发现，自然界中能同化乙醇的微生物和能同化糖质的微生物一样普遍，种类也相当多。

(2) 氮源

氮源主要用于构成菌体细胞物质和合成含氮代谢物。常用的氮源有有机氮源和无机氮源。

① 有机氮源

常用的有机氮源有黄豆饼粉、花生饼粉、棉籽饼粉、玉米浆、玉米蛋白粉、蛋白胨、酵母粉、鱼粉、蚕蛹粉、废菌丝体和酒糟等。它们在微生物分泌的蛋白酶作用下，水解成氨基酸，被菌体吸收后再进一步分解代谢。

有机氮源除含有丰富的蛋白质、多肽和游离氨基酸外，往往还含有少量的糖类、脂肪、无机盐、维生素及某些生长因子。由于有机氮源营养丰富，因而微生物在含有机氮源的培养基中常表现出生长旺盛、菌丝浓度增长迅速等特点。有些微生物对氨基酸有特殊的需要，例如，在合成培养基中加入缬氨酸可以提高红霉素的发酵单位，因为在此发酵过程中缬氨酸既可供菌体作氮源，又可作为前体物质供红霉素合成之用。在一般工业生产中，因其价格昂贵，都不直接加入缬氨酸。所以，大多数发酵工业利用有机氮源来获得所需的氨基酸。在赖氨酸生产过程中，甲硫氨酸和苏氨酸的存在可提高赖氨酸的产量，生产中常用黄豆水解液来代替。只有当生产某些特殊产品如疫苗等，才取用无蛋白质的纯化学氨基酸做培养基原料。

玉米浆是玉米淀粉生产中的副产物，是一种很容易被微生物利用的良好氮源。它含有丰富的氨基酸、还原糖、磷、微量元素和生长素。其中玉米浆中含有的磷酸肌醇对红霉素、链霉素、青霉素和土霉素等的生产有积极促进作用。此外，玉米浆还含有较多的有机酸，如乳酸等，所以玉米浆的 pH 值在 4 左右。

尿素也是常用的有机氮源，但它成分单一，不具有上述有机氮源的特点，但在青霉素和谷氨酸等生产中也常被采用。尤其是在谷氨酸生产中，尿素可使 α-酮戊二酸还原并氨基化，从而提高谷氨酸的产量。

有机氮源除了作为菌体生长繁殖的营养外，有的还是产物的前体。例如缬氨酸、半胱氨酸和 α-氨基己二酸是合成青霉素和头孢菌素的主要前体，甘氨酸可作为 L-丝氨酸的前体等。

② 无机氮源

常用的无机氮源有铵盐、硝酸盐和氨水等。微生物对它们的吸收利用一般较快，尤其是镁盐、氨水等比有机氮源的吸收要快得多，所以也称为速效氮源。但无机氮源的迅速利用常会引起 pH 值的变化，经微生物生理作用(代谢)后能形成酸性物质的无机氮源叫生理酸性物质，如硫酸铵等。而菌体代谢后能产生碱性物质的无机氮源称为生理碱性物质，如硝酸钠等。正确使用生理酸、碱性物质，对稳定和调节发酵过程的 pH 值有积极作用。例如在制液体曲霉时，用 $NaNO_3$ 做氮源，菌丝长得粗壮，培养时间短，且糖化力较高。这是因为 $NaNO_3$ 的代谢而得到的 NaOH 可中和曲霉生长中所释放出的酸，使 pH 值稳定在工艺要求的范围内。

氨水在发酵中除可以调节 pH 值外，它也是一种容易被利用的氮源，在许多抗生素的生产中得到普遍使用。如链霉素的生产，合成 1mol 链霉素需要消耗 7mol 的 NH_3，所以，在红霉素的生产工艺中以氨作为无机氮源可提高红霉素的产率和有效组分的比例。同时要注意氨水碱性较强，使用时要防止局部 pH 值过高，应加强搅拌，并少量多次地加入。另外在氨水中还含有多种嗜碱性微生物，因此在使用前应用石锦等过滤介质进行除菌过滤，这样可防止因通入氨气而引起的细菌污染。

（3）无机盐及微量元素

微生物在生长繁殖和生产过程中，需要某些无机盐和微量元素如磷、镁、硫、钾、钠、铁、氯、锰、锌、钴等，以作为微生物生理活性物质的组成或生理活性作用的调节物。其生理功能包括：构成菌体原生质的成分(磷、硫等)；作为酶的组成成分或维持酶的活性(镁、铁、锰、锌、钴等)；调节细胞的渗透压和影响细胞膜的通透性(氯化钠、氯化钾等)；参与产物的生物合成等。这些物质一般在低浓度时对微生物生长和产物合成有促进作用，在高浓度时常表现出明显的抑制作用。而各种不同的微生物及同种微生物在不同的生长阶段对这些物质的最适浓度要求均不相同。因此，在生产中要通过试验预先了解菌种对无机盐和微量元素的最适宜的需求量，以稳定或提高产量。

在培养基中，磷、镁、硫、钾、钙和氯等常以盐的形式加入，而钴、铜、锰、锌等的缺少对微生物生长固然不利，但因其需要量很少，除了合成培养基外，一般在复合培养基中不再单独加入。因为复合培养基中的许多动、植物原料，如花生饼粉、黄豆饼粉、蛋白质等都含有多种微量元素。但是，有些发酵工业中也有单独加入微量元素的，例如生产维生素 B_{12}，尽管也采用复合材料作培养基，但因钴元素是维生素 B_{12} 的组成成分，其需求量随产物量的增加而增加，所以在培养基中就需要加入氯化钴以补充钴元素的不足。

(4) 水

水是所有培养基的主要组成部分，也是微生物机体的重要组成成分。因此，水在微生物代谢过程中占着极其重要的地位。它除直接参加一些代谢外，又是进行代谢反应的内部介质。此外，微生物特别是单细胞微生物由于没有特殊的摄食及排泄器官，它的营养物、代谢物、氧气等必须溶解于水后才能通过细胞表面进行正常生理代谢。此外，由于水的比热容比较高，能有效地吸收代谢过程中所放出的热，使细胞内温度不致骤然上升。同时水又是一种热的良导体，有利于散热，可调节细胞温度。由此可见，水的功能是多方面的，它为微生物生长繁殖和合成目的产物提供了必需的生理环境。

对于发酵工厂来说，洁净、恒定的水源是至关重要的，因为在不同水源中存在的各种因素对微生物发酵代谢影响很大。特别是水中的矿物质组成对酿酒工业和淀粉糖化影响更大。因此，在啤酒酿造业发展的早期，工厂的选址是由水源来决定的。尽管目前已能通过物理或化学方法处理得到去离子或脱盐的工业用水，但在建造发酵工厂，决定工厂的地理位置时，还应考虑附近水源的质量。

水源质量主要考虑的参数包括 pH 值、溶解氧、可溶性固体、污染程度以及矿物质组成和含量。在抗生素发酵工业中，有时水质好坏是决定一个优良的生产菌种在异地能否发挥其生产能力的重要因素。如在酿酒工业中，水质是获得优质酒的关键因素之一。

(5) 生长调节物质

发酵培养基中某些成分的加入有助于调节产物的形成。这些添加的物质一般称为生长辅助物质，包括生长因子、前体、产物抑制剂和促进剂。

① 生长因子

从广义上讲，凡是微生物生长不可缺少的微量的有机物质，如氨基酸、嘌呤、嘧啶、维生素等均称生长因子。生长因子不是对于所有微生物都是必需的，它只是对于某些自己不能合成这些成分的微生物才是必不可少的营养物。如目前所使用的赖氨酸产生菌几乎都是谷氨酸产生菌的各种突变株，均为生物素缺陷型，需要生物素作为生长因子，同时其也是某些氨基酸的营养缺陷型，如高丝氨酸等，这些物质也是生长因子。

有些氮源是这些生长因子的重要来源，多数有机氮源含有较多的 B 族维生素和微量元素及一些微生物生长不可缺少的生长因子。最有代表性的是玉米浆，玉米浆中含有丰富的氨基酸、还原糖、磷、微量元素和生长素。所以，玉米浆是多数发酵产品良好的有机氮源。

② 前体

前体是指加入发酵培养基中，能直接被微生物在生物合成过程中结合到产物分子中去。其自身的结构并没有多大变化，但是产物的产量却因其加入而有较大提高的一类化合物。前体最早是在青霉素的生产过程中发现的。在青霉素生产中，人们发现加入玉米浆后，青霉素产量是可从 20U/mL 增加到 100U/mL，进一步研究后发现，发酵单位增长的主要原因是玉米浆中含有苯乙胺，它能被优先合成到青霉素分子中去，从而提高了青霉素 G 的产量。

在实际生产中，前体的加入可提高产物的产量，还显著提高产物中目的成分的比重，如在青霉素生产中加入前体物质苯乙酸可增加青霉素 G 的产量，而用苯氧乙酸作为前体则可增加青霉素 V 的产量。

大多数前体如苯乙酸对微生物的生长有毒性，在生产中为了减少毒性和增加前体的利用率，通常采用少量多次的流加工艺。

③ 产物合成促进剂

所谓产物合成促进剂，是指那些细胞生长非必需的，但加入后却能显著提高发酵产量的一些物质。常以添加剂的形式加入发酵培养基中。促进剂提高产量的机制还不完全清楚，其原因可能是多方面的。如在酶制剂生产中，有些促进剂本身是酶的诱导物；有些促进剂是表面活性剂，可改善细胞的透性，改善细胞与氧的接触从而促进酶的分泌与生产。也有人认为表面活性剂对酶的表面失活有保护作用。有些促进剂的作用是沉淀或螯合有害的重金属离子。

各种促进剂的效果除受菌种、种龄的影响外，还与所用的培养基组成有关，即使是同一种产物促进剂、同一菌株，生产同一产物，在使用不同的培养基时效果也会不一样。

四、发酵的一般过程

生物发酵工艺多种多样，但基本上包括菌种制备、种子培养、发酵和提取精制等几个过程。典型的发酵过程如图 5-1 所示。下面以霉菌发酵为例加以说明。

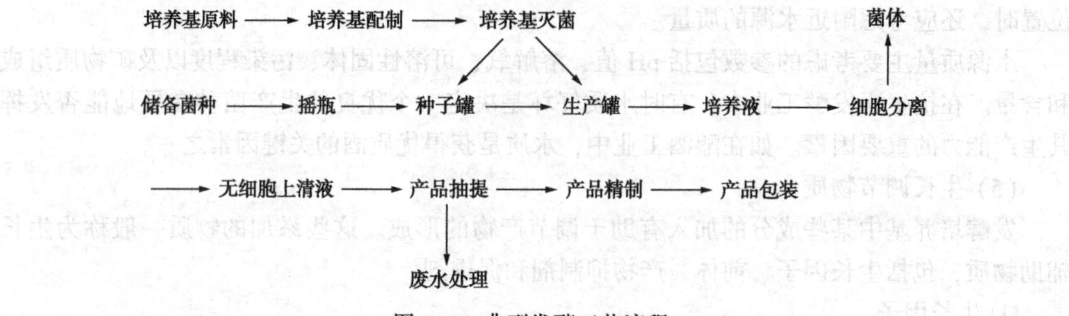

图 5-1　典型发酵工艺流程

1. 菌种

在进行发酵生产之前，必须从自然界分离得到能产生所需产物的菌种，并经分离、纯化及选育后或是经基因工程改造后“工程菌”，才能供给发酵使用。为了能保持和获得稳定的高产菌株，还需要定期进行菌种纯化和育种，筛选出高产量和高质量的优良菌种。

2. 种子扩大培养

将保存在砂土管、冷冻干燥管或冰箱中处于休眠状态的生产菌种接入试管斜面培养基上活化后，再经过茄子瓶或摇瓶及种子罐逐级扩大培养，获得一定数量和质量的纯种，这个全过程称为种子扩大培养，这些纯种培养物称为种子。

发酵产物的产量与成品的质量，与菌种性能以及孢子和种子的制备情况密切相关。先将储存的菌种进行生长繁殖，以获得良好的孢子，再用所得的孢子制备足够量的菌丝体，供发酵罐发酵使用。种子制备有不同的方式，有的从摇瓶培养开始，将所得摇瓶种子液接入到种子罐进行逐级扩大培养，称为菌丝进罐培养；有的将孢子直接接入种子罐进行扩大培养，称为孢子进罐培养。采用哪种方式和多少培养级数，取决于菌种的性质、生产规模的大小和生产工艺的特点。种子制备一般使用种子罐，扩大培养级数通常为二级。种子制备的工艺流程如图 5-2 所示。对于不产孢子的菌种，经试管培养直接得到菌体，再经摇瓶培养后即可作为种子罐种子。

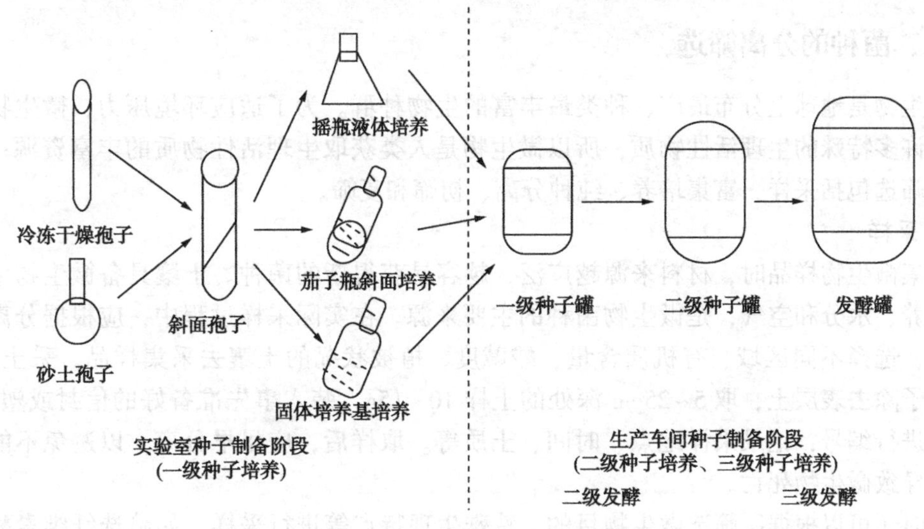

图 5-2　种子扩大培养流程图

3. 发酵

发酵是在无菌状态下对微生物进行纯种培养，本阶段微生物合成大量的产物，是整个发酵工程的中心环节。因此，所用的培养基和培养设备都必须经过灭菌，通入的空气或中途的补料都是无菌的，转移种子也要采用无菌接种技术。通常利用饱和蒸汽对培养基进行灭菌，灭菌条件是在 120℃(约 0.1MPa 表压)维持 20~30min。空气除菌则采用介质过滤的方法，可用定期灭菌的干燥介质来阻截流过的空气中所含的微生物，从而制得无菌空气。发酵罐内部的代谢变化(菌丝形态、菌浓度、糖含量、氮含量、pH 值、溶解氧浓度和产物浓度等)是比较复杂的，特别是次级代谢产物发酵就更为复杂，受许多因素控制。

4. 下游处理

发酵结束后，要对发酵液或微生物细胞进行分离和提取精制，将发酵产物制成符合要求的成品。

第三节　菌种选育

工业微生物是指通过工业规模培养能够获得特定产品或达到特定作用效果的微生物。优良的微生物菌种是发酵工业的基础和关键。从土壤中分离得到的野生型菌株很少能按人类的意愿生产所需要的物质或产量很小，因此必须对野生型菌株进行菌种选育，使发酵工业产品的产量和质量都有所提高。

一、菌种的来源

微生物是发酵工业生产成败的关键，因此，工业生产用菌种应该满足以下要求：遗传性稳定，可长期保存；对诱变剂敏感；容易产生营养细胞、孢子或其他繁殖体，种子培养时生长旺盛，快速繁殖；能抵抗噬菌体的污染；发酵周期短，毒、副产物少；下游工程易于操作。

具有上述特征的微生物可从自然界中筛选，也可以从有关科研单位或工厂索取。自然界筛选菌种的样品来源主要包括土壤、水、动植物、新鲜或腐烂的食物、昆虫的排泄物等。

二、菌种的分离筛选

微生物是地球上分布最广、种类最丰富的生物种群。为了适应环境压力，微生物常常能产生许多特殊的生理活性物质，所以微生物是人类获取生理活性物质的丰富资源。微生物菌种筛选包括采样、富集培养、纯种分离、初筛和复筛。

1. 采样

采集微生物样品时，材料来源越广泛，越容易获得新的菌种。土壤具备微生物生长所需的营养、水分和空气，是微生物菌种的主要来源。在实际采样过程中，应根据分离筛选的目的，选择不同区域、有机质含量、酸碱度、植被状况的土壤去采集样品。采土样时，先用铲子除去表层土，取5~25cm深处的土样10~15g，装入事先准备好的信封或塑料袋，并对其进行编号，记录采样地点、时间、土质等。取样后，应尽早分离，以避免不能及时分离而导致微生物死亡。

同时还可以根据所筛选微生物目的、特殊生理特点等进行采样。如筛选纤维素酶产生菌，可选择有很多枯枝落叶、富含纤维素的森林土；筛选蛋白酶产生菌株，可选择肉类加工厂、饭店排水沟的污泥；筛选淀粉酶产生菌，可选择面粉厂、酒厂、糕点厂等场所的土壤；筛选酵母菌，可选择果园土壤或蜜饯、甘蔗堆积处；在高温、低温、酸性、碱性、高盐、高辐射强度的特殊环境下，往往能筛选到极端微生物；温泉、火山爆发处、堆肥处，往往能筛选到高温微生物；南极、北极地区、冰窖、海洋深处，往往能筛选到低温微生物；海洋底部往往能筛选到耐压菌。

2. 富集培养

在自然界采集的土样，是多种类微生物的混合物，目的微生物通常不是优势菌，数量较少。通过富集培养增加待分离微生物的相对或绝对数量可增加分离成功率。富集培养是根据微生物生理特点，设计一种选择性培养基，将样品加到培养基中，经过一段时间的培养，目的微生物迅速生长繁殖，数量上占了一定的优势，从中可有效分离目的菌株。在富集培养中，既可以通过控制营养和培养条件增加目的微生物的绝对数量，也可通过高温、高压、加入抗生素等方法减少非目的微生物的数量，增加目的微生物的相对数量，从而达到富集的目的。如筛选纤维素酶产生菌，可选择以纤维素为唯一碳源的培养基，使目的菌迅速生长繁殖，而其他不能利用纤维素的非目的菌不能生长或生长缓慢。从土壤中筛选芽孢杆菌时，先将样品在80℃加热10min，以杀死不产芽孢的微生物，再进行富集培养，就可以达到目的菌优势生长。

富集培养在那些样品中目的微生物含量较少的情况下是必要的。但是如果样品中已含有较多数量的目的微生物，则不必进行富集培养，将样品稀释后直接在培养基平板上进行纯种分离即可。

3. 纯种分离

纯种分离常采用稀释法和划线法。稀释法是将样品先用无菌水稀释，再涂布到固体培养基平板上，培养后获得单菌落。划线法是用接种环挑取微生物样品在固体培养基平板上划线，培养后获得单菌落。稀释法能使微生物样品分散更加均匀，更容易获得纯种；而划线法更简便、快速。

纯种分离中通常使用分离培养基对微生物进行初步的分离。分离培养基是根据目的微生物的特殊生理特性或其代谢产物的生化反应而设计的培养基，可显著提高目的微生物分离纯化的效率。常用的分离方法包括透明圈法、变色圈法、生长圈法和抑菌圈法等。

4. 初筛和复筛

在纯种分离过程中，对于有些微生物，可通过代谢产物与指示剂、显示剂或底物的生化反应在分离培养基平板上直接定性分离。对于这一类微生物，纯种分离后可直接在琼脂平板上进行初筛。但并不是所有的微生物都可以用琼脂平板定性分离，往往需要采用摇瓶培养法进行初筛，再对生产性能进行测定。初筛要求筛选到尽可能多的菌株，工作量很大，因此，设计一种快速、简便的筛选方法往往会事半功倍。

初筛得到的菌株需要进一步通过复筛，以获得较好的菌株。复筛通常采用摇瓶培养法，产物的检测通常采用更为精确的定量测定方法。

三、菌种的选育

要使发酵工业产品的种类、产量和质量有较大的改善，首先必须选取性能优良的生产菌种。菌种选育包括根据菌种的自然变异而进行的自然选育，以及根据遗传学基础理论和方法利用诱变育种技术、原生质体融合技术、基因工程技术而进行的诱变育种、细胞工程育种、基因工程育种等。

1. 诱变育种

诱变育种是利用物理或化学诱变剂处理均匀分散的微生物细胞群，促进其突变率大幅度提高，然后采用简便、快速和高效的筛选方法，从中挑选少数符合育种目的的突变株，以供生产实践或科学研究用。诱变育种操作简单、快速，是目前被广泛使用的育种方法。当前发酵工业所使用的生产菌株，大部分都是通过诱变育种提高了生产性能。

2. 基因工程育种

20 世纪 70 年代出现的基因工程技术给微生物育种带来了革命性的变化。基因工程育种是以分子遗传学的理论为基础，综合分子生物学和微生物遗传学的重要技术而发展起来的一门新兴应用科学，是一种自觉的、能像工程一样事先设计和控制的育种技术，可以完成超远缘杂交，是最新最有前途的育种方法，所创造的新物种是自然演化中不可能发生的组合。因为基因工程的实施首先需要对生物的基因结构、顺序和功能有充足的认识，而目前对基因的了解还十分有限，蛋白质类以外的发酵产物(如糖类、有机酸、核苷酸及次级代谢产物)的产生往往受到多个基因的控制，尤其是还有许多发酵产物的代谢途径没有被发现，所以就目前而言，基因工程的应用仍存在着很大的局限性，基因工程产品主要是一些较短的多肽和小分子蛋白质。

基因工程育种的全部过程一般包括目的基因 DNA 片段的取得、DNA 片段与基因载体的体外连接、外源基因转入宿主细胞和目标基因的表达等主要环节。

第四节　发酵生物反应器

由生物细胞或生物体组成参与的生产过程可统称为生物反应过程。完成生物反应过程的装置就称为生物反应器，生物反应器是实现生物技术产品产业化的关键设备，是连接原料和产物的桥梁。根据生物反应器所需能量的输入方式不同，生物反应器可以分为机械搅拌式和气升式两大类。反应器必须具有适宜于微生物生长和形成产物的各种条件，促进微生物的新陈代谢，使之能在低消耗下获得较高产量。因此，生物反应器必须具备微生物生长的基本条件。例如，需要维持合适的培养温度；保持罐内的无菌状态；保持一定溶解氧的通气装置。另外，由于发酵时采用的菌种不同、产物不同或发酵类型不同，培养或发酵条件又各有不同，还要根据发酵过程的特点和要求来设计和选择发酵反应器的形式和结构。

自20世纪40年代青霉素大规模生产以来，出现了结构各异、性能和用途不同的生物反应器。为配合生物加工过程和工艺条件，需要对生物反应器的结构进行设计和优化，以获得较高的产率和实现规模化生产。生物反应器通常都要杜绝杂菌和噬菌体等培养细胞以外的微生物污染。为了便于清洗、消除灭菌的死角，生物反应器内壁、管道焊接部位等都要求平整、光滑、无裂缝、无塌陷，并且在外界压力大于反应器内部压力时，有防止外部液体或空气进入反应器内的机制。工业使用的生物反应器还需要便于对反应器内部的温度、pH 值、氧气含量等基本参数进行控制。

高效反应器的特点有：设备简单，不易染菌；电耗少，单位时间单位体积的生产能力高；操作控制维修方便；生产安全；易于放大；有良好的传质、传热和动量传递性能；检测功能全面，自动化程度高。

一、液体好氧发酵罐

1. 机械搅拌通风发酵罐

机械搅拌通风发酵罐就是利用机械搅拌器的作用，使空气和醪液充分混合，促进氧在醪液中的溶解，以保证供给微生物生长繁殖和产物生成所需要的氧气。机械搅拌通风发酵罐在生物工程工厂中得到广泛使用。无论是用微生物作为生物催化剂，还是有酶或动植物细胞(组织)作为生物催化剂的生物工程工厂，都有此类设备。据不完全统计，它占了发酵罐总数的70%~80%，故又常称之为通用式发酵罐。

机械搅拌通风发酵罐的基本要求有：发酵罐应具有适宜的径高比，罐身越高，氧的利用率越高；发酵罐能承受一定的压力；能保证发酵过程所必需的溶解氧；发酵罐应具有足够的换热面积；发酵罐内应尽量减少死角，灭菌能彻底，避免染菌；搅拌器的轴封应严密，尽量减少泄漏。

机械搅拌通风发酵罐的基本结构如图 5-3 所示，主要包括罐体、搅拌器、挡板、轴封、空气分布器、传动装置、冷却管、消泡器、人孔、视镜等。

(1) 罐体

发酵罐为封闭式，一般都在一定罐压下操作，同时还需用蒸汽进行空罐或实罐灭菌，所以罐体是一个受压容器。要根据最大使用压强(一般采用的最大灭菌蒸汽压强为0. 25MPa)来决定钢板的厚度。罐体是一个圆柱体，罐顶和罐底采用椭圆形或碟形封头，因为与其他形式的封头相比，这种封头在相同压力下可用较薄的钢板。罐体的材料要根据发酵液对钢材腐蚀的程度采用碳钢或不锈钢制造，对于大型发酵罐可用衬不锈钢板或采用复合钢板的办法(衬里厚度为2~3mm)以节约不锈钢材。罐内焊缝要磨光，以防形成死角。$2m^3$以下的小型发酵罐罐顶和罐身采用法兰连接；大中型发酵罐大多是整体焊接。为了便于清洗，小型发酵罐罐顶设有清洗用的手孔；大中型发酵罐则要装设人孔，并在

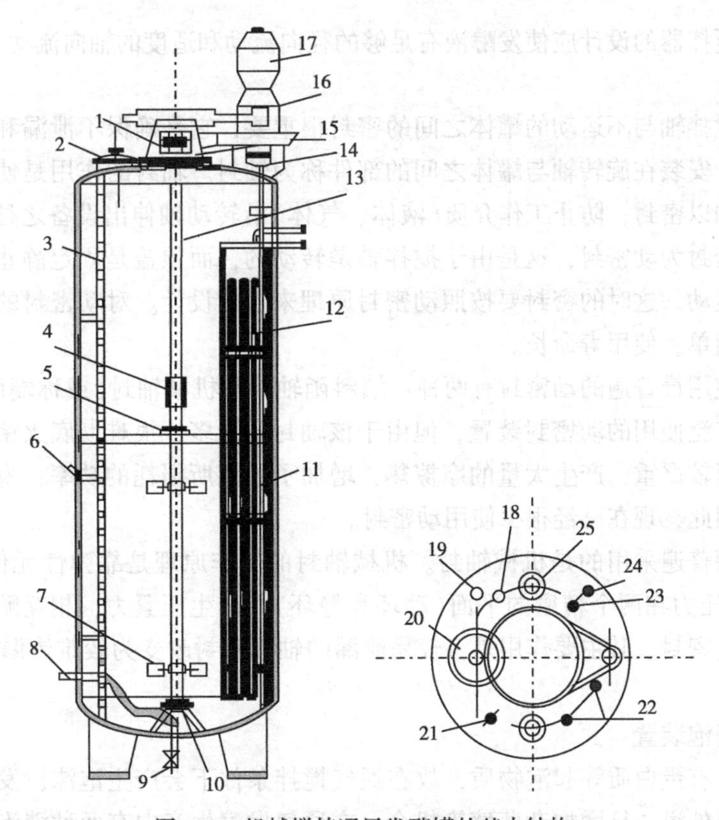

图 5-3　机械搅拌通风发酵罐的基本结构

1—轴封；2、20—入口；4—联轴器；5—中间轴承；6—温度计接口；7—搅拌叶轮；
8—进风管；9—放料口；10—底轴承；11—热电偶接口；12—冷却管；13—搅拌轴；
14—取样管；15—轴承座；16—传动皮带；17—电机；18—压力表；19—取样口；
21—进料口；22—补料口；23—排气口；24—回流口；25—视镜

罐内设置爬梯，人孔的大小不但要考虑操作人员能方便进出，还要考虑安装和检修时罐内最大部件能顺利放入或取出。罐顶还装有视镜和灯孔以便观察罐内情况，在视镜和灯孔旁必要时还装设无菌压缩空气或蒸汽的吹管，用以冲洗玻璃。装于罐顶的接管有：进料口、补料口、排气口、接种口和压力表等。装于罐身的接管有：冷却水进出口、空气进口、温度和其他测控仪表的接口。罐顶上面的排气口位置靠近罐中心的位置。这样，不仅防止或减少气泡的逃逸，而且由于抽吸作用，也减少了泡沫的产生。取样口则视操作情况装于罐身或罐顶。总体要求是罐身的接管越少越好。现在很多工厂在不影响无菌操作的条件下将接管加以归并，如进料口、补料口和接种口用一个接管。放料可利用通风管压出，也可在罐底另设放料口，如属后者，则放料口的位置不应对准风口，以避免空气吹入放料管内。

(2) 搅拌器和挡板

为了强化轴向混合，可采用蜗轮式和推进式叶轮共用的搅拌系统。为了拆装方便，大型搅拌叶轮可做成两半型，用螺栓联成整体装配于搅拌轴上。

搅拌的主要作用是混合和传质，将通入的空气分散成气泡，并与发酵液充分混合，使气泡破碎以增大气-液接触界面，从而获得所需要的氧传递速率，并使细胞悬浮并分散于发酵体系中，维持适当的气-液-固(细胞)三相的混合与质量传递，同时强化传热过程。为实现这些目的，搅拌器的设计应使发酵液有足够的径向流动和适度的轴向流动。

(3) 轴封

发酵罐的搅拌轴与不运动的罐体之间的密封很重要，它是确保不泄漏和不污染杂菌的关键部件之一。安装在旋转轴与罐体之间的部件称为轴封。轴封的作用是使罐顶或罐底与轴之间的缝隙加以密封，防止工作介质(液体、气体)沿转动轴伸出设备之处泄漏和污染杂菌。搅拌轴的密封为动密封，这是由于搅拌轴是转动的，而顶盖是固定静止的，两个构件之间具有相对运动，这时的密封要按照动密封原理来进行设计。对动密封的基本要求是密封可靠，机构简单，使用寿命长。

发酵罐中使用最普遍的动密封有两种：填料函轴封和机械轴封(或称端面轴封)。填料函轴封是早期广泛使用的动密封装置，但由于该轴封死角多，很难彻底灭菌，容易渗漏及染菌；轴的磨损较严重，产生大量的摩擦热，增加了摩擦所损耗的功率；寿命较短，需经常更换填料。因此，现在已经很少使用动密封。

现代发酵罐普遍采用的是机械轴封。机械轴封的工作原理是靠弹性元件(弹簧、波纹管)及密封介质压力在两个精密的平面(动环和静环)间产生压紧力，相互贴紧，并作相对旋转运动而达到密封。其主要作用是将较易泄漏的轴面密封改变为较难渗漏的端面(径向)密封。

(4) 机械消泡装置

发酵液中含有蛋白质等起泡物质，故在通气搅拌条件下会产生泡沫，发泡严重时会使发酵液随排气而外溢，且增加杂菌感染机会。在通气发酵生产中有两种消泡方法：一是加入化学消泡剂；二是使用机械消泡装置。通常是将上述两种方法联合使用。消泡器就是安装在发酵罐内转动轴的上部或安装在发酵罐排气系统上的，可将泡沫打破或将泡沫破碎分离成液态和气态两相的装置，从而达到消泡的目的。

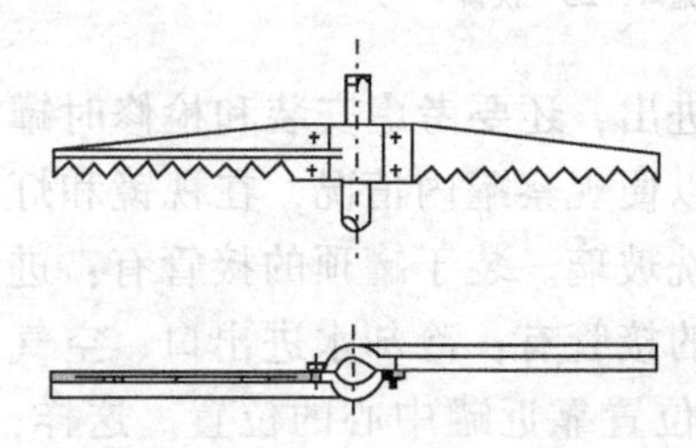

图 5-4 耙式消泡器

① 安装在发酵罐内的消泡器

最简单实用的消泡装置为耙式消泡器(图 5-4)，可直接安装在搅拌轴上，消泡耙齿底部应比发酵液面高出适当高度。安装在发酵罐内搅拌轴上部的消泡器有齿式、梳式、孔板式、旋桨梳式等。

② 安装在发酵罐外的消泡器

安装在发酵罐外的消泡器有涡轮消泡器、旋风离心式消泡器、叶轮离心式消泡器、碟片式消泡器和刮板式消泡器等。

旋风离心式消泡器为一种最简单的消泡器，其工作原理与旋风分离器相同。它可以和消泡剂盒配合使用，并根据发酵罐内的泡沫情况自动添加消泡剂。

碟片式消泡器装在发酵罐的顶部。如图 5-5 所示，其主要部件为形状和尺寸相同的碟片，碟片数目为 4~6 个，碟片的斜角约为 35°，两碟片之间的间距约为 10mm，碟片上有高约 8mm 的梳状筋条，这些碟片叠置起来组成碟片组。碟片组被通气压环压紧在空心轴上，空心轴通过传动机构转动，转速可达 1400r/min，碟片式消泡器装在发酵罐的顶部，转轴通过两个轴封与发酵罐及排气管连接。当泡沫溢上与碟片式消泡器接触时，受高速旋转离心碟的离心力作用，泡沫破碎分离成液态及气态两相，由于气相和液相的离心沉降速率不同，气相沿碟片向上，通过通气孔沿空心轴向上排出，液体则补甩回发酵罐中而达到消泡目的。根据实验结果，直径 220mm 的碟式消泡器在酵母发酵时的消泡能力约为 $30m^3/h$ 的通风量。

刮板式消泡器是由刮板、轴承、外壳、气液进口、回流口、气体出口组成。刮板的中心与壳体的中心有一个偏心距。刮板旋转时，使泡沫产生离心力被甩向壳体四周，受机械冲击，从而达到消泡作用。刮板的转速为 1000~1400r/min。消泡后的液体及部分泡沫集中于壳体的下端，经回流管返回发酵罐，而被分离的气体则通过气体出口排出。

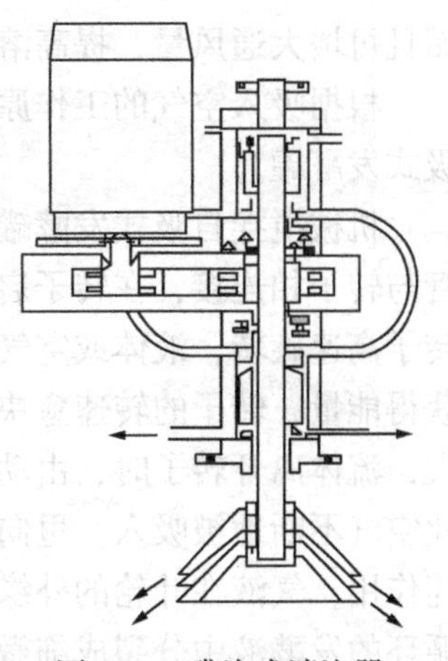

图 5-5　碟片式消泡器

(5) 通气装置

通气装置的作用是向发酵罐内吹入无菌空气，并使空气均匀分布。

最简单的通气装置是一单孔管。单管式通气装置结构简单且实用。管口正对罐底中央，装于最低一挡搅拌器下面，喷口朝下，管口与罐底的距离约 40mm，空气分散效果较好。若距离过大，则空气分散效果较差。该距离可根据溶解氧情况做适当调整。通常通风管的空气流速取 20m/s。为了防止吹管吹入的空气直接喷击罐底，加速罐底腐蚀，通常在空气分布器正对的罐底上加焊一块不锈钢补强(补强板)，可延长罐底寿命。通风量在 0.02~0.5mL/s 时，气泡的直径与空气喷口直径的 $(1/3)^2$ 成正比，也就是说，喷口直径越小，气泡直径也越小，因而氧的传质系数也越大。但是生产上实际的通风量均超过上述范围，因此气泡直径仅与通风量有关，而与喷口直径无关。

另一种常见的通气装置为开口朝下的多孔环形管。环的直径约为搅拌器直径的 80%。小孔直径 5~8mm，孔的总面积约等于通风管的截面积。在通气量较小的情况下，气泡的直径与空气喷口直径有关。喷口直径越小，气泡直径越小，氧的传质系数越大。但在发酵过程中通气量较大，气泡直径仅与通气量有关，而与通气出口直径无关。又由于在强烈机械搅拌的条件下，多孔分布器对氧的传递效果并不比单孔管为好，相反还会造成不必要的压力损失，且易使物料堵塞小孔，故已很少采用。

2. 自吸式发酵罐

自吸式发酵罐是一种不需要空气压缩机提供压缩空气，而依靠特设的机械搅拌吸气装置或液体喷射吸气装置吸入无菌空气，并同时实现混合搅拌与溶解氧传质的发酵罐。该类发酵罐自 20 世纪 60 年代开始在欧洲和美国开展研发，然后在酵母及单细胞蛋白生产、醋酸发酵及维生素生产等方面获得应用。

与传统的机械搅拌通风发酵罐相比，自吸式发酵罐不必配备空气压缩机及其附属设备，节约设备投资，减少厂房面积；溶解氧速率和溶解氧效率均较高，能耗较低，尤其是溢流自吸式发酵罐的溶解氧比能耗可降至 $0.5kW \cdot h/(kgO_2)$ 以下；对于某些特定产品，如酵母和醋酸发酵，具有生产效率高和经济效益较高的优点；但由于白吸式发酵罐是负压吸入空气的操作方式，故发酵系统内部不能保持一定的正压，较易产生杂菌污染；同时，必须配备阻力损失较小的高效空气过滤系统。

为克服自吸式发酵罐固有的部分缺点，可采用自吸气与鼓风相合的鼓风自吸式发酵系统，即在过滤器前加装一台鼓风机，适当维持空气系统的正压，这不仅可减少染菌机会，而且可增大通风量，提高溶解氧系数。

根据吸入空气的工作原理不同，自吸式发酵罐分别有机械搅拌自吸式发酵罐和喷射自吸式发酵罐。

机械搅拌自吸式发酵罐的主要构件是自吸搅拌器(转子)和导轮(定子)(图 5-6)。空气管与转子相连接，在转子启动前，先用液体将转子浸没，然后启动马达使转子转动，由于转子高速旋转，液体或空气在离心力的作用下，被甩向叶轮外缘，在这个过程中，流体便获得能量，转子的转速愈快，旋转的线速度也愈大，则流体(其中还含有气体)的动能也愈大，流体离开转子时，由动能转变为静压能也愈大，在转子中心所造成的负压也愈大，因此空气不断地被吸入，甩向叶轮的外缘，通过定子而使气液均匀分布甩出。由于转子的搅拌作用，气液在叶轮的外缘形成强烈的混合流(湍流)，使刚刚离开叶轮的空气立即在不断循环的发酵液中分裂成细微的气泡，并在湍流状态下混合、翻腾、扩散到整个罐中，因此转子同时具有搅拌和充气两个作用(图 5-7)。

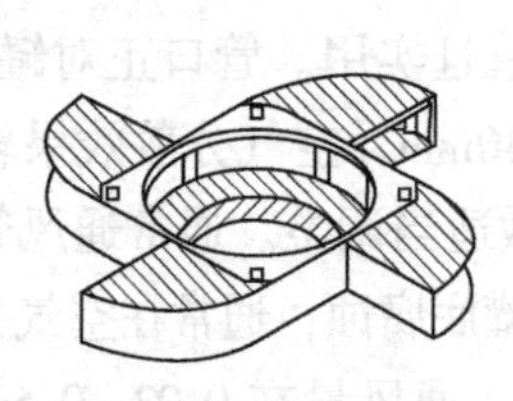
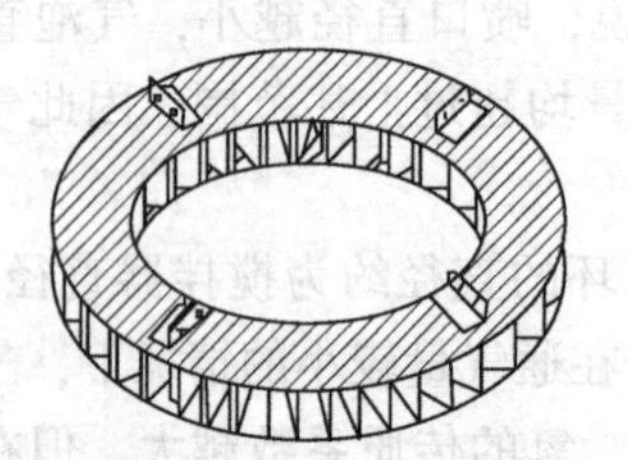
图 5-6　四弯叶自吸式叶轮的转子和定子

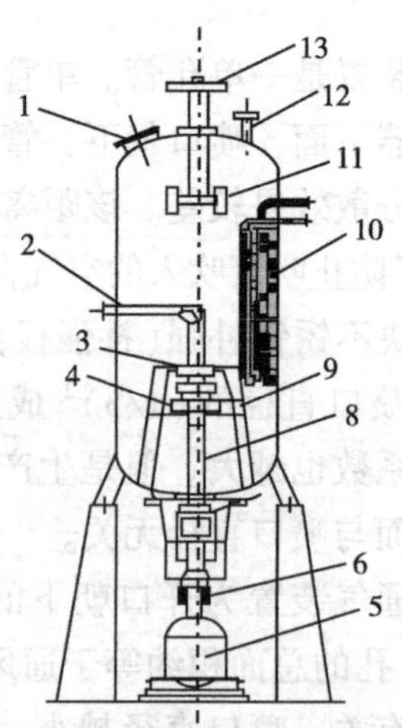

图 5-7　机械搅拌自吸式发酵罐
1—人孔；2—进风管；3—轴封；4—转子；5 电机；6—联轴器；7—轴封；8—搅拌轴；9—定子；10—冷却蛇管；11—消泡器；12—排气管；13—消泡转轴

机械搅拌自吸式发酵罐搅拌吸气的目的是气、液、固三相充分混合与分散，强化气液传质，为微生物生长及代谢提供溶解氧，促进微生物与液相中营养成分及代谢产物等的质量传递，并强化热量传递。由于自吸式发酵罐是靠转子转动形成的负压而吸气通风的，吸气装置是沉浸于液相的，所以为保证较高的吸风量，发酵罐的高径比 H/D 不宜过大，且罐容增大时，H/D 应适当减少，以保证搅拌吸气转子与液面的距离为 2～3m。对于黏度较高的发酵液，为了保证吸风量，应适当降低罐的高度。

实践表明，三棱叶转子的特点是转子直径较大，在较低转速时可获得较大的吸气量，当罐压在一定范围内变化时，其吸气量也比较稳定，吸程(即液面与吸气转子距离)也较大，但所需的搅拌功率也较高。三棱叶叶轮直径一般为发酵罐直径的 0.35。当然，为提高溶解氧，可减少转子直径，适当提高转速。而四弯叶转子的特点是剪切作用较小，阻力小，消耗功率较小，直径小而转速高，吸气量较大，溶解氧系数高。叶轮外径和罐径比为 1/15 比 1/8，叶轮厚度为叶轮直径的 1/5~1/4。有定子的叶轮的流量和压头比无定子的均增大。

二、液体厌氧发酵罐

微生物培养根据对氧的需求情况不同，分为好氧发酵和厌氧发酵，因此相应的生物反应器也有好氧发酵罐和厌氧发酵罐。厌氧发酵产品的典型代表是酒精和啤酒。酒精发酵罐具有通用性，其可以用于其他厌氧发酵产品的生产，如丙酮、丁醇等有机溶剂；而啤酒发酵设备则具有专用性。酒精既可以在食品、医药等方面应用，又可以作为生物能源物质，作为酒精燃料。用生物技术生产酒精是今后发展的重要领域之一。

酒精是酵母转化糖代谢而成的产物。相对于好氧发酵，在酵母代谢产酒精过程中，对氧的需求不再是制约性因素，因此，酒精发酵罐对溶解氧的要求较低。但是，作为一个优良的酒精发酵罐，仍然需要具有良好的传质和操作性能。在酒精发酵过程中，酵母的生长和代谢必然会产生一定数量的生物热。若不及时移走该热量，必将导致发酵体系温度升高，影响酵母的生长和酒精的形成，因此酒精发酵罐要有良好的换热性能。由于发酵过程中会产生大量的CO_2，从而对发酵液形成自搅拌作用，因此酒精发酵罐不需要设置专用的搅拌装置，但是需要设置能进行回收的装置。由于现代发酵罐的大型化和自动化发展，酒精发酵罐还需要有自动清洗装置。

相对于好氧发酵罐，酒精发酵罐的结构要简单得多。

1. 罐体

酒精发酵罐(图 5-8)的筒体为圆柱形，底盖和顶盖为锥形和椭圆形。由于酒精发酵过程中需要对CO_2气体及其所带出的部分酒精进行回收，酒精发酵罐通常采用密闭式。发酵罐顶装有人孔、视镜、CO。回收管、进料管、接种管、压力表及测量仪表接口管等，罐底装有排料口和排污口，罐身上下部有取样口和温度计接口。对于大型酒精发酵罐，为了便于维修和清洗，通常在罐底也装有人孔。

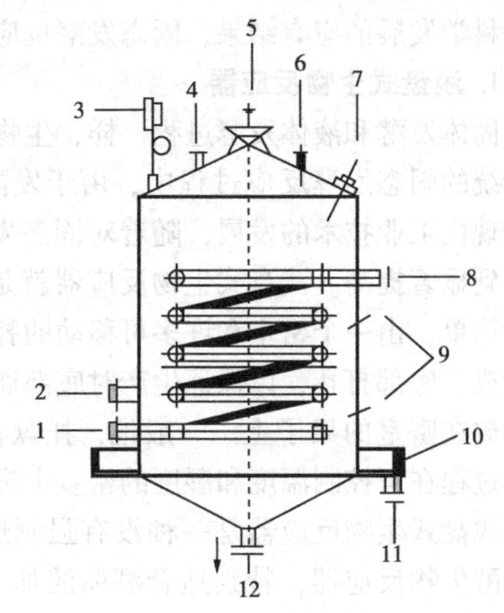

图 5-8 酒精发酵罐

1—冷却水入口；2—取样口；3—压力表；4—CO_2气体出口；5—喷淋水；6—料液及酒母入口；7—人孔；8—冷却水出口；9—温度计；10—喷淋水收集槽；11—喷淋水出口；12—发酵液及污水排出口

2. 换热装置

为满足酵母生长，酒精发酵罐在工艺条件方面，最为重要的工艺参数是温度，由于酵母生长和代谢过程中会产生大量的生物热，因此酒精发酵罐最主要的部件之一就是换热装置。对于中小型发酵罐，多采用喷淋冷却的方式，即在罐顶喷水淋于罐外壁面进行膜状冷却；对于大型发酵罐，通常在罐内装有冷却蛇管，并且同时在罐外壁喷淋冷却。联合冷却的目的是增加换热面积，提高换热效率，以免发酵过程中温度过高，导致菌体生长和代谢受阻；为避免发酵车间的潮湿和积水，要求在罐体底部沿罐体四周装有集水槽。

3. 洗涤装置

酒精发酵罐的洗涤，过去均由人工操作，不仅劳动强度大，而且CO_2一旦未彻底排除，工人入罐清洗会发生中毒事故。因此，现代酒精发酵罐均采用水力喷射洗涤装置，从而改善

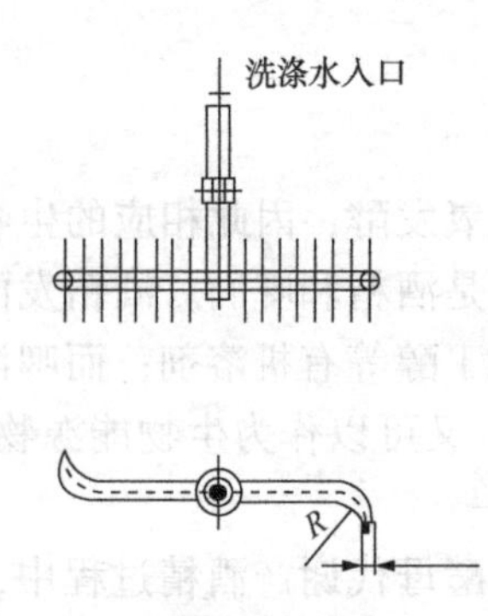

图 5-9　酒精发酵罐水力洗涤

了工人的劳动条件和提高了操作效率。常见的水力洗涤装置如图 5-9 所示。但该装置在水压力不高的情况下，水力喷射强度和均匀度都不理想，洗涤效果会受到影响。

三、固态发酵反应器

固态发酵又称固体发酵，是指微生物在湿的固体培养基上生长、繁殖、代谢的发酵过程。固态的湿培养基一般含水量在50%左右，但也有的固态发酵的培养基含水量为30%或70%等。此培养基通常是“手捏成团，落地即散”，所以又称为半固体发酵。我国农村的堆肥、青贮饲料和酒曲生产就是典型的固态发酵。固态发酵是最古老的生物技术之一，在20世纪30年代深层通气发酵技术出现之前，固态发酵是发酵工业的主体。而固态发酵技术由于在传质问题上存在固有缺陷，故常被忽视。但是，由于深层液体发酵产生的大量发酵废水、通气与机械搅拌的高能耗，成为液体深层发酵进一步发展的障碍，迫使其向高浓度、高黏度方向发展，理论上的高浓度、高黏度极限就是固态发酵。固态发酵也有天然的一些优点，如不产生废水，通气更简单等。可见，现代发酵工业中液体深层发酵技术一统天下的局面不是科学发展的应有结果，固态发酵也应该并且已经成为部分生物工业生产的选择之一。

1. 浅盘式生物反应器

固体发酵和液体发酵过程一样，生物反应器需要为微生物的生长提供适宜的环境条件。在传统的固态发酵反应过程中，由于发酵装置简陋，不可能对发酵过程进行良好地控制。随着现代工业技术的发展，随着对固态发酵机理和装置研究的深入，固态发酵过程的可控性得到显著提高。浅盘式生物反应器就是较早发展起来的一种固态发酵设备，这种反应器构造简单，由一个密室和许多可移动的托盘组成。托盘可以由木料、金属(铝或铁)、塑料等制成，底部打孔，以保证生产时底部通风良好。培养基经灭菌、冷却、接种后装入托盘，托盘放在密室的架子上。一般地，托盘在架上层放置，两托盘间有适当空间，保证通风。发酵过程在可控制温度和湿度的密室中进行，培养温度由循环的冷(热)空气来调节。

浅盘式生物反应器是一种没有强制通风的固态发酵生物反应器，特别适合酒曲的加工。装有的固体培养基最大厚度一般为 15cm，放在自动调温的房间中。它们排成一排，一个邻一个，之间有一个很小的间隙。这种技术用于规模化生产比较容易，只要增加盘子的数目就可以了。尽管这种技术已经广泛用于工业生产(主要是亚洲国家)，但是它需要很大的面积(培养室)，而且消耗很多人力。浅盘式生物反应器的结构如图 5-10 所示。

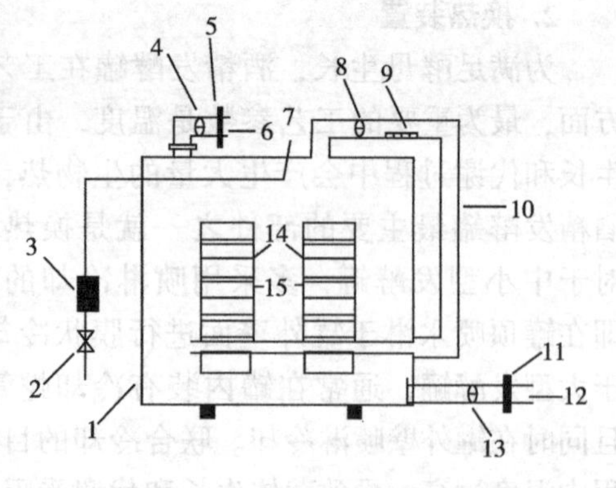

图 5-10　浅盘式生物反应器

1—反应室；2—水压阀；3—紫外灯管；4、8、13—空气吹风机；5、11—空气过滤器；6—空气出口；7—温度调节器；9—加热器；12—空气入口；14—盘子；15—盘子支持架

2. 填充床生物反应器

填充床生物反应器与浅盘式生物反应器的不同之处在于其采用动力通风，随着空气流动可以有效地解决浅盘式生物反应器中径向和轴向温度

差和空气状况的分区问题，有利于调节和控制填充床中的环境条件和工艺参数。可以利用填充床内附加内表面冷却系统，减少了轴向温度梯度的形成；也可以在较宽大的填充床反应器中插入垂直热交换板促进水平热传递，同时又克服了反应床高度限制的弊端，也可以对影响反应器传质和传热系统进行优化。填充床反应器结构如图5-11所示。

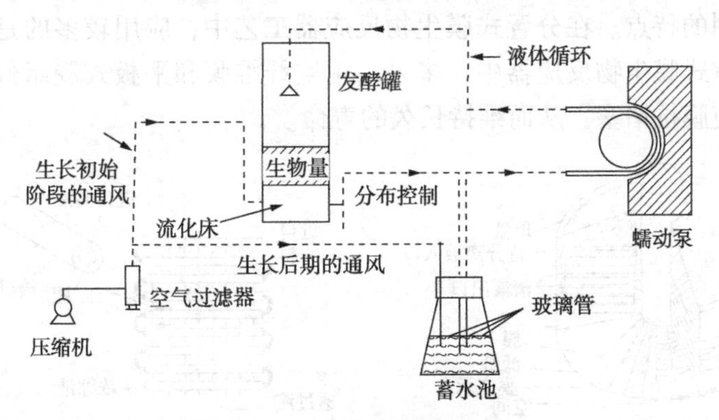

图5-11　填充床反应器流程

普通使用的通风室式、池式、箱式固态发酵设备即是填充床生物反应器的几种主要结构。其中，通风室的结构如图5-12所示。通风室式、池式、箱式固态发酵设备是随着厚层通风培养的发酵工艺而发展起来的一种固态发酵反应器，它与浅盘式培养不同的是固态培养基厚度为30cm左右，培养过程利用通风机供给空气及调节温度，促使微生物迅速生长繁殖。通风培养池或箱最普通，应用广泛，可用木材、钢板、水泥板、钢筋混凝土或砖石类材料制成。培养池或箱可砌成半地下式或地面式，一般长度8~10m，宽度1.5~2.5m，高0.5m。培养池或箱底部有风道。通风道的两旁有10cm左右的边，以便安装用竹帘或有孔塑料板、不锈钢等制成的假底，假底上堆放固态培养基。该类反应设备的缺点有：①进出料主要靠手工操作，工作效率低，劳动条件差；②湿热空气使生产车间长期处于暖湿环境，对生产卫生及发酵工艺的控制有不利影响。

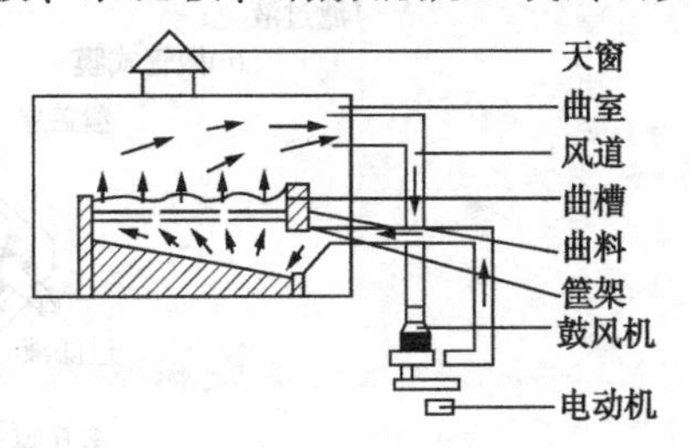

图5-12　通风培养室

四、新型生物反应器

1. 新型液体生物反应器——膜生物反应器

膜生物反应器是将膜分离技术和生物反应技术有机结合，在生物反应器内既可控制微生物的培养，同时又可排除全部或部分培养液，用指定成分的新鲜培养基来代替，在去除培养液时将细胞或其他生物作用剂截留下来，实现了反应和分离过程的偶合。它具有传统生物反应装置不可比拟的优点，成为近些年来生物工程领域的研究热点。生物学中有许多反应是产物反馈抑制型，随着反应过程中产物浓度的提高，反应受到抑制，产物生成速率下降。而在膜生物反应器中可以将反应过程中形成的产物适时移去，使产物浓度保持在较低水平，降低对反应速率的抑制作用，从而提高生物转化效率。同时，由于膜生物反应器使反应和分离在同一反应器中完成，简化了操作步骤，降低了劳动量，提高了劳动效率。膜反应器可以有效地截留生物催化剂，使细胞或酶在高浓度下进行，降低了生物作用剂的用量和损耗量，节约了成本。

膜生物反应器从整体构造上来看，是由膜组件及生物反应器两部分组成的。根据这两部分操作单元自身的多样性，膜生物反应器也必然有多种类型。应用于膜生物反应器的膜组件形式主要有管式、平板式、卷式、微管式以及中空纤维等膜组件形式(图 5-13)。不同的膜组件具有不同的特点。在分置式膜生物反应器工艺中，应用较多的是管式膜和平板式膜组件；而在一体式膜生物反应器中，多采用中空纤维膜和平板式膜组件。膜组件的设计主要是考虑如何使膜抗堵塞，从而维持长久的寿命。

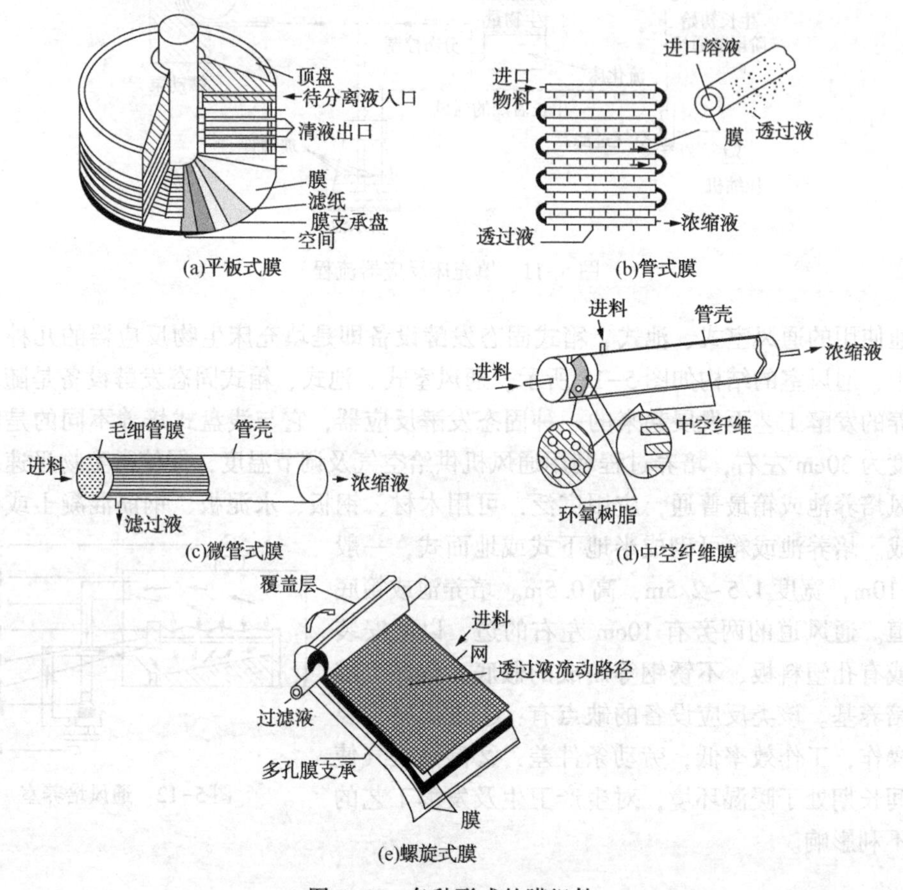

图 5-13　各种形式的膜组件

在膜生物反应器设计中，通常根据物料特性和工艺要求，确定反应器的类型和结构，最佳工艺、操作条件和工艺控制方式，反应器大小和结构参数等。主要考虑的因素有生物因素、水力学因素和膜，同时考虑投资费用和操作费用，由于涉及面广、参数多、设计优化复杂，通常从经济角度进行全面的系统分析来优化。

2. 新型固态生物反应器——气相双动态固态发酵反应器

由中国科学院过程工程研究所发明的气相双动态固态发酵生物反应器将待发酵的固体物料置于压力脉动及循环流动空气的双动态环境中进行固态发酵。其发酵装置包括一个设有快开门的卧式圆筒形罐体，罐内设轴向放置的由 4 个隔板组成的截面为正方形的长方体间隔筒，隔板与罐壁的空间内设置与隔板平行放置的冷却排管，罐内下隔板上设有轴向固定轨道，轨道上安装可在其上滚动的活动式料盘架，料盘架上设有多层浅盘，罐体后部设置强制罐内气体循环的离心式鼓风机。该类生物反应器可完成微生物纯种培养，容易放大，发酵效价高，无三废，适用生物农药、酶制剂、农用抗生素、单细胞蛋白等发酵生产。气相双动态固态发酵生物反应器包括卧式固态发酵罐、罐内压力脉动控制系统、罐内空气循环系统、小推车架系统和机械输送系统(图 5-14)。

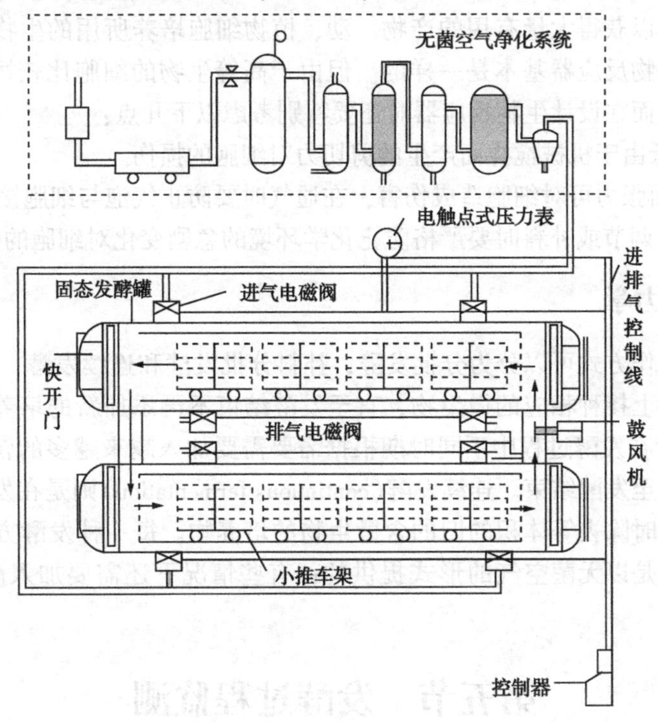

图 5-14 气相双动态固态发酵反应器

五、生物反应器设计原则

生物反应器的用途是给动、植物细胞或微生物的生长代谢提供一个最优化的环境，从而促使其生长，并在其生长代谢过程中产生出最大量、最优质的目标产物。它的结构、操作方式和操作条件与生物过程产品的质量、转化率以及能量消耗有着密切的关系。为了达到使生物反应器简化管理、节省投资、降低成本以及便于自动化控制等目的，理想的生物反应器必须具备如下一些基本要求：

① 制造生物反应器所采用的一切材料，尤其是与培养基、细胞直接接触的材料，对细胞必须无毒性。

② 生物反应器的结构必须使之具有良好的传质、传热和混合的性能。

③ 密封性能良好，可避免一切外来的不需要的微生物传染。

④ 对培养环境中多种物理化学参数能自动检测和控制调节，控制的精确度高，而且能保持环境质量的均一。

⑤ 可长期连续运转，这对用于培养动植物细胞的生物反应器显得尤为重要。

⑥ 容器加工制造时要求内面光滑，无死角，以减少细胞或微生物的沉积。

⑦ 拆装、连接和清洁方便，能耐高压蒸汽消毒，便于操作维修。

⑧ 设备成本尽可能低。

⑨ 适合工艺的要求，以获得最大的生产效率。

⑩ 生物反应器必需带有各种监控系统，重组微生物反应器必需带有防止培养微生物外泄的装置。

近年来，随着生物技术的一系列新的突破，人们已开始利用动物细胞或植物细胞进行离体大规模培养，以获得大量有用的产物。动、植物细胞培养所用的生物反应器与用于微生物细胞培养的生物反应器基本是一样的。但由于高等生物的细胞比较娇嫩，对培养条件要求更高一些，因而在设计生物反应器时还要特别考虑以下几点：

① 避免或减低由于机械搅拌而产生的剪切力对细胞的损伤。

② 气泡的表面张力可对细胞造成伤害，在通气时要防止气泡与细胞接触。

③ 在进行 pH 调节或补料时要严格防止化学环境的急剧变化对细胞的伤害。

六、发酵动力学

微生物发酵操作方式可以分为分批发酵，补料分批发酵和连续发酵。分批发酵(batch)时，在灭菌培养基上接种相应的微生物，直至发酵结束不再添加新的培养基。补料分批发酵(fed-batch)是指在发酵过程中不同时期根据需要需要加入越来越多的营养物质，但不除去旧的培养基，直至发酵结束。连续发酵(continuous fermentation)则是在发酵过程中不断加入新的培养基，同时除去等体积的旧的含微生物的培养物。每一种发酵方式都需要氧气和消泡剂，氧气通常是以无菌空气的形式提供的；有些情况下还需要加入酸或碱以维持 pH 稳定。

第五节　发酵过程监测

发酵过程中，除了培养基的成分及各种原材料的影响外，环境条件对微生物的生长代谢也起着重要作用。一般来说，环境的条件如 pH 值、温度、通气搅拌等越适合于微生物生长代谢的要求，就越能使微生物生产菌种表现出优良的生产性能。要想控制发酵，使其以生产者的意志为转移，目前还难于完全办到。由于发酵过程的复杂性，控制其过程是比较困难的，特别是抗生素等次级代谢产物的发酵，就更为困难。为了使发酵能够得到最佳效果，必须对各种发酵条件加以控制。常规的发酵条件有：罐温，搅拌转速，搅拌功率，空气流量，罐压，液位，补料，加糖、油或前体，通氨速率以及补水等的设定和控制。能表征过程的状态参数有：pH 值，溶氧(DO)，溶解 CO_2，氧化还原电位，尾气中 O_2 和 CO_2 含量，基质或产物浓度，代谢中间体或前体浓度，菌浓等。

一、菌体浓度的影响及控制

在发酵过程中，定期测定菌体的浓度，是了解发酵菌的生长、繁殖，进行控制的重要手段。菌体生长因菌种不同而异，一般为细菌繁殖较快，霉菌和放线菌繁殖较慢。菌浓的大小，在一定条件下，不仅反映菌体细胞的多少，而且反映菌体细胞生理特性不完全相同的分化阶段。一般来说，发酵菌在发酵前期菌体浓度随发酵时间加长而增加，发酵液常常较稠；发酵中期，菌体生长速度减慢，菌体浓度变化不大，此时微生物代谢产物生物合成最旺盛；发酵后期，由于营养物质的消耗，菌体的衰老自溶，菌体浓度反而有所降低，直至代谢产物的合成最终被终止。在这三个时期中，菌体的形态各不相同，故通过对菌体浓度的测定，可以及时准确掌握微生物的生长规律。在发酵动力学研究中，需要利用菌浓参数来算出菌体的比生长速率和产物的比生产速率等有关动力学参数，以研究它们之间的相互关系，探明其动力学规律，所以菌浓仍是一个基本参数。

菌体浓度的测定方法随菌体不同而异。如果是细菌发酵可以用光电比色法，通过测定发酵液的浑浊度来测算出菌体浓度。如果是丝状放线菌或霉菌发酵，则需要测定菌丝浓度。菌体的生长速率与微生物的种类和自身的遗传特性有关，不同种类微生物的生长速率是不一样的。菌体的增长还与营养物质和环境条件有密切关系。在实际生产中，常用丰富的培养基，促使菌体迅速繁殖，但菌浓增大的同时会引起溶氧下降。所以，在微生物发酵的研究和控制中，营养条件(含溶解氧)的控制至关重要。另外，影响菌体生长的环境条件有温度、pH 值、渗透压和水的活度等因素。

菌浓的大小对发酵产物的得率有着重要的影响。在适当的比生长速率下，发酵产物的产率与菌体浓度成正比关系，菌浓愈大，产物的产量也愈大，但是菌浓过高，则会产生其他的影响，如营养物质消耗过快，培养液的营养成分发生明显的改变，有毒物质的积累，都可能改变菌体的代谢途径，特别是对培养液中的溶解氧影响尤为明显，菌浓增加而引起的溶氧浓度下降会对发酵产生各种影响。临界菌体浓度是菌体的遗传特性和发酵罐的传氧特性的综合反映。

发酵过程中除了要有合适的菌体浓度，还需要设法控制菌浓在合适的范围内，主要通过接种量和培养基中营养物质的含量来控制菌体浓度。接种量是指种子液体积和培养液体积之比。一般发酵常用的接种量为 5%~10%；抗生素发酵的接种量有时可以增加到 20%~25%，甚至更多。接种量的多少由发酵罐中菌体的生长繁殖速度决定。一般情况下，采用较大的接种量可以缩短生长达到高峰的时间，使产物合成提前。但接种量过大，也可能使菌体生长过快，培养液黏度增加，导致溶氧不足，影响产物合成。菌体的生长速率，在一定的培养条件下，要依靠调节培养基的浓度来控制。首先要使基础培养基配方中各成分的配比适当，以避免菌浓过高或过低，然后通过中间补料来控制。如当菌体生长缓慢、菌浓太低时，则可补加一部分磷酸盐，促进生长、提高菌浓，但补加过多，则会使菌体过分生长，超过临界菌浓，对产物合成产生抑制作用。在生产上，还可利用菌体代谢产生的 CO_2 量来控制补糖量，以控制菌体的生长和浓度。总之，可根据不同的菌种和产品，采用不同的方法来控制最适的菌浓。

二、基质的影响及控制

基质即培养微生物的营养物质。许多用于生产贵重商品的培养基配方一般都不发表，视为公司机密，这说明发酵培养基对于工业发酵生产的重要性。对于发酵控制来说，基质是产生菌代谢的物质基础，既涉及菌体的生长繁殖，又涉及代谢产物的形成，它们及菌体代谢产物又是许多调节控制机制的效应剂。因此基质的种类和浓度与发酵代谢有着密切的关系。基质浓度对菌体的比生长速率有着重要影响。在发酵中要及时了解发酵液的浓度变化，并按微生物的需要，及时补充各种缺少的基质，提高发酵产物的产量。

1. 碳源种类和浓度的影响及控制

碳源是发酵微生物的能量和碳素的来源，按利用快慢而言，有迅速利用的碳源和缓慢利用的碳源。前者能较迅速地参与代谢、合成菌体和产生能量，并产生分解产物(如丙酮酸等)，因此有利于菌体生长。但有的分解代谢产物对产物的合成可能产生阻遏作用，如产生葡萄糖效应。缓慢利用的碳源大多数为菌体缓慢利用，有利于延长代谢产物的合成，特别有利于延长次级代谢产物的分泌期，也为许多微生物药物的发酵所采用。例如，乳糖、蔗糖、麦芽糖、玉米油及半乳糖分别是青霉素、头孢菌素C、盐霉素、核黄素及生物碱发酵的最适碳源。在青霉素的早期研究中发现，在迅速利用的葡萄糖培养基中，菌体生长良好，但青霉素合成量很少；相反，在缓慢利用的乳糖培养基中，青霉素的产量明显增加，糖的缓慢利用是青霉素合成的关键因素。所以缓慢滴加葡萄糖以代替乳糖，仍然可以得到良好的结果。这就说明乳糖之所以是青霉素发酵的良好碳源，并不是它起着前体作用，只是它被缓慢利用的速度恰好适合青霉素合成的要求。在初级代谢中也有类似情况。在工业上，发酵培养基中常采用含迅速和缓慢利用碳源作为混合碳源，就是根据这个原理来控制菌体的生长和产物的合成。

碳源的测定包括发酵液中总糖和还原糖的测定。总糖是指发酵液中各种糖的总量，是分析和计算发酵过程中碳消耗的主要依据。还原糖是发酵液中含有醛基的单糖，通常指葡萄糖。测定方法是将过滤后的发酵液酸水解，使多糖和双糖变成葡萄糖，然后测定葡萄糖含量。

2. 氮源种类和浓度的影响及控制

氮源用来构成细胞中含氮的物质和含氮的微生物细胞代谢物。如前所述，氮源有无机氮源和有机氮源两大类，它们对菌体代谢都能产生明显的影响。氮源物质的不足会影响微生物的生长、繁殖和代谢产物的合成。但氮源物质过量，将导致菌体生长过于旺盛，对代谢产物的合成不利。所以保持发酵液适中的氮源浓度，对提高发酵单位是非常重要的。因此，定期测定发酵液中氮的浓度，并及时补充氮源物质是提高微生物代谢产量和质量的重要方法。

氮源像碳源一样，也有迅速利用的氮源和缓慢利用的氮源。前者如氨基(或铵)态氮的氨基酸(或硫酸铵等)和玉米浆等，后者如黄豆饼粉、花生饼粉、棉籽饼粉等。速效氮源容易被菌体所利用，促进菌体生长，但对某些代谢产物的合成，特别是某些抗生素的合成产生调节作用，影响产量。缓慢利用的氮源对延长次级代谢产物的分泌期、提高产物的产量是有好处的。但一次投入，也容易促进菌体生长和养分过早耗尽，以致菌体过早衰老而自溶，从而缩短产物的分泌期。综上所述，对微生物发酵来说，也要选择适当的氮源和适当的浓度。

发酵培养基一般是选用同时含有迅速利用氮源和缓慢利用的氮源的混合氮源，但也有使用单一的铵盐或有机氮源(如黄豆饼粉)作为唯一氮源的培养基。它们被利用的情况与快速和慢速利用的碳源情况相同。为了调节菌体生长和防止菌体衰老自溶，除了基础培养基中的氮源外，还要在发酵过程中补加氮源来控制浓度。

三、温度对发酵的影响及控制

1. 温度对发酵的影响

微生物药品发酵所用的菌体绝大多数是中温菌，如丝状真菌、放线菌和一般细菌，它们的最适生长温度一般在20~40℃。在发酵过程中，应维持适当温度，以使微生物生长代谢顺利进行。由于微生物的种类不同，所具有的酶系及其性质也不同，因此所要求的温度也不同，如细菌的生长温度大多比霉菌高。有些微生物在生长、繁殖和合成代谢产物等各个阶段的最适温度是不同的。因此，要想获得最高的发酵单位，在发酵的各个阶段要调整发酵温度。处于迟缓期的菌体对温度十分敏感，因此，最好在其最适生长温度范围内对其进行培养，这样可以缩短延滞期和孢子萌发时间。通常情况下，在最适温度范围内提高对数生长期的温度，有利于菌体的生长。例如，提高枯草杆菌前期的最适温度，对该菌的生长产生了明显的促进作用。

温度变化对发酵过程可产生两方面的影响：一方面是影响各种酶反应的速率和蛋白质的性质；另一方面是影响发酵液的物理性质。温度对化学反应速度的影响常用温度系数(Q10)(每增加10℃，化学反应速度增加的倍数)来表示，在不同温度范围内，Q10的数值是不同的，一般是2~3，而酶反应速度与温度变化的关系也完全符合此规律，也就是说，在一定范围内，随着温度的升高，酶反应速率也增加，但有一个最适温度，超过这个温度，酶的催化活力就下降。温度对菌体生长的酶反应和代谢产物合成的酶反应的影响往往是不同的。通过考察不同温度(13~35℃)对青霉菌的生长速率、呼吸强度和青霉素合成速率的影响，发现温度对这三种代谢的影响是不同的。

2. 发酵温度的控制

工业生产上，因发酵过程中释放了大量的热量，所以所用的发酵罐在发酵过程中一般不需要加热，相反需要冷却的情况较多。将冷却水通入到发酵罐的夹层或蛇形管中，通过热交换来进行降温。如温度太高，可使用冷冻盐水进行循环式降温。大型工厂可以建立冷冻站来为发酵罐降温。

3. 发酵温度的选择

整个发酵周期内的最适温度往往是变化的，适合菌体生长的温度不一定适合产物的合成。例如，黄原胶发酵前期的生长温度控制应低一些(约为27℃)；中后期控制在32℃，可加速前期的生长和明显提高产胶量(约20%)。温度对黄单孢菌生产黄原胶的影响。又如初级代谢产物乳酸的发酵，乳酸链球菌的最适生长温度为34℃，而产酸最多的温度为30℃，但发酵速度最高的温度为40℃。最适温度还随菌种、培养基成分、培养条件和菌体牛长阶段而改变。例如，供氧条件葬的情况下最适的发酵温度可能比在正常良好的供氧条件下低一些。这是由于在较低的温度下氧溶解度相应大一些，菌的生长速率相应小一些，从而弥补了因供氧不足而造成的代谢异常。使用稀薄或较易利用的培养基时，提高发酵温度则养分往往过早耗尽，导致菌丝过早自溶，产量降低。例如，提高红霉素发酵温度在玉米浆培养基中的效果就不如在黄豆饼粉培养基的好，因为提高温度有利于黄豆饼粉的同化。

通过最适温度的控制可以提高产量，但是生产中发酵罐体积很大，升温和降温的难度都很大，因此更应慎重选择合适的温度。

四、pH值的影响及控制

1. pH值对发酵的影响

微生物生长繁殖，代谢产物的合成、分泌都对培养基中的pH值有一定的要求。pH值对微生物生长的影响很明显，pH值不当将严重影响菌体生长和产物合成。因此，必须掌握发酵过程中pH值变化的规律，及时监控，使它处于生产的最佳状态。不同微生物的最适生长pH值和最适生产pH值不同。大多数微生物生长适应的pH值跨度为3~4个pH单位，其最佳生长pH值跨度在0.5~1.0个pH单位。不同微生物的生长pH最适范围不一样，细菌和放线菌在6.5~7.0，酵母在4.0~5.0，霉菌在5.0~7.0；其所能忍受的pH值上下限分别为5.0~8.5、3.5~7.5和3.0~8.5，但也有例外。

pH 值对发酵的影响和温度对发酵的影响类似。①pH 值会影响微生物生长代谢所需的酶的活性，因为酶蛋白的电离受环境中 pH 值影响很大，pH 值改变能改变酶蛋白的结构和功能，引起酶活性的改变，从而影响菌体代谢和产物合成；②pH 值的改变会影响微生物细胞膜电荷的分布，引起膜通透性的改变，从而影响菌体对培养基营养物质的吸收利用；③pH值的变化，还会引起菌丝的畸形；④pH 值还会对发酵液和代谢产物理化性质产生影响，从而影响代谢产物的分离提纯及回收率。

2. 发酵过程中 pH 值的变化规律

发酵液 pH 值的变化是菌体产酸、产碱代谢的综合结果。发酵过程中，由于微生物对培养基中碳源和氮源的利用，造成培养基中有机酸或氨基氮的积累，使 pH 值产生变化。碳源过多，会使有机酸大量积累而使 pH 值下降；氮源过多，会使培养基中的氨基氮大量积累而使 pH 值上升。

产生菌在代谢过程中，菌体本身具有一定的调节 pH 的能力。如以产生利福霉素 SV 的地中海诺卡菌进行发酵研究，采用 pH 值 6.0、6.8、7.5 三个出发值，结果发现最终的 pH 值都达到 7.5 左右，菌丝和发酵单位都达到正常水平。

微生物发酵的不同阶段，其 pH 值的变化也各不相同。在发酵前期，微生物大量生长繁殖使发酵液的 pH 值有较大的波动；在产物合成阶段，菌体生长繁殖减缓，分解碳、氮源物质的能力减弱，使发酵液中 pH 值比较稳定；在放罐前，培养基中的营养物质被耗尽，菌丝衰老自溶，菌体蛋白酶的活性增强，使发酵液中的氨基酸增加，造成 pH 值上升。

3. 最适 pH 值的选择

微生物发酵的合适 pH 值范围一般在 5~8 之间。但由于是多酶复合反应系统，各酶的最适 pH 值也不同，因此，同一菌种生长的最适 pH 值可能与产物合成的最适 pH 值不同。最适 pH 值是通过试验来确定的。选择最适发酵 pH 值的准则是获得最大比生产速率和适当的菌量，以获得最高产量。以利福霉素为例，由于利福霉素 B 分子中的所有碳单位都是由葡萄糖衍生的，在生长期葡萄糖的利用情况对利福霉素 B 的生产有一定的影响。试验证明，其最适 pH 值在 7.0~7.5 范围。当 pH 值为 7.0 时，平均得率系数达最大值；pH 值在 6.5 时为最小值。在利福霉素 B 发酵的各种参数中从经济角度考虑，平均得率系数最重要。故 pH 值 7.0 是生产利福霉素 B 的最佳条件。在此条件下葡萄糖的消耗主要用于合成产物，同时也能保证适当的菌量。试验结果表明，生长期和生产期的 pH 值分别维持在 6.5 和 7.0 可使利福霉素 B 的产率比整个发酵过程的 pH 值维持在 7.0 的情况下的产率提高 14%。

五、溶氧的影响及控制

1. 溶氧的影响

氧是绝大多数微生物个体存活的重要元素之一，是细胞的组成成分和各种产物的构成元素。氧是好氧性微生物氧化代谢的最终受体。溶氧是需氧发酵控制的最重要参数之一，氧在水中的溶解度很小，所以需要不断通气和搅拌，才能满足溶氧的要求。随着温度的升高，水中物质浓度增加，氧的溶解度下降，溶氧的大小对菌体生长和产物的性质及产量都会产生不同的影响。

2. 影响发酵液中供氧的因素

发酵中的供氧是指发酵液中所含的溶解氧，是微生物可以利用的氧气。影响供氧的主要因素有：搅拌，空气流速，空气分布器形式，发酵液的物理性质，发酵罐的温度和压力等。

3. 发酵过程中供氧和需氧的异常变化

在发酵过程中，有时出现溶氧浓度明显降低或明显升高的异常变化，常见的是溶氧下降。造成异常变化的原因有两方面：耗氧或供氧出现了异常因素或发生了障碍。根据已有的资料，引起溶氧异常下降，可能有下列几种原因：①污染好气性杂菌，大量的溶氧被消耗，如果杂菌本身的耗氧能力不强，变化就可能不明显；②菌体代谢发生异常现象，需氧要求增加，使溶氧下降；③某些设备或工艺控制发生故障或变化，也可能引起溶氧下降，如搅拌功率消耗变小或搅拌速度变慢，影响供氧能力，使溶氧降低，又如消沫油因自动加油器失灵或人为加量太多，也会引起氧迅速下降。其他影响供氧的工艺操作，如停止搅拌、闷罐(罐排气封闭)等，都会使溶氧发生异常变化。

在供氧条件没有发生变化的情况下，引起溶氧异常升高的原因主要是耗氧出现改变，菌体代谢出现异常，耗氧能力下降，使溶氧上升。特别是污染烈性噬菌体，影响最为明显，生产菌尚未裂解前，呼吸已受到抑制，溶氧有可能迅速上升，直到菌体破裂后完全失去呼吸能力，溶氧就直线上升。

六、CO_2的影响及其控制

1. CO_2的影响

工业发酵中CO_2的影响值得注意，因为罐内的CO_2的分压是液体深度的函数。在1.01×10^5Pa作用下，10m高的发酵罐中，底部的CO_2分压是顶部的两倍。CO_2是微生物在生长繁殖过程中的代谢产物，又是细胞代谢的重要指标，几乎所有的发酵都产生CO_2。将CO_2生成量与细胞量相关联，通过碳质量平衡可推算细胞生长速率和细胞量。同时CO_2也是某些合成代谢的基质，如在精氨酸的合成过程中其前体氨甲酰磷酸的合成需要CO_2；对微生物生长和发酵具有刺激或抑制作用，如环状芽孢杆菌(Bacillus circulus)等的发芽孢子在开始生长时，就需要CO_2，并将此现象称为CO_2效应。CO_2还是大肠杆菌和链孢霉变株的生长因子，有时需含30%CO_2的气体，菌体才能生长。CO_2对菌体生长还常常具有抑制作用，排气中CO_2浓度高于4%时，菌体的糖代谢和呼吸速率都下降。CO_2对细胞的作用机制，主要是CO_2及H_2CO_3都影响细胞膜的结构。它们分别作用于细胞膜的不同位点。除上述机制外，还有其他机制影响微生物发酵，如CO_2抑制红霉素生物合成，可能是CO_2对甲基丙二酸前体合成产生反馈抑制作用，使红霉素发酵单位降低。CO_2除对菌体生长、形态以及产物合成产生影响外，还影响培养液的酸碱平衡。CO_2还可能使发酵液pH值下降，或与其他物质发生化学反应，或与生长必需的金属离子形成碳酸盐沉淀，造成的间接作用而影响菌体的生长和发酵产物的合成。

2. CO_2浓度的控制

为了排除CO_2影响，需综合考虑CO_2在发酵液中的溶解度、温度和通气情况。CO_2在发酵液中的浓度变化不像溶氧那样，没有一定的规律。在发酵过程中，如遇到泡沫上升而引起“逃液”时，有时采用减少通气量和增加罐压的方法来消泡，罐压的调节，也影响CO_2的浓度，对菌体代谢和其他参数也产生影响。CO_2浓度的控制应随它对发酵的影响而定。如果CO_2对产物合成有抑制作用，则应设法降低其浓度；若有促进作用，则应提高其浓度。通气和搅拌速率的大小，不但能调节发酵液中的溶解氧，还能调节CO_2的溶解度。在发酵罐中不断通入空气，既可保持溶解氧在临界点以上，又可随废气排除所产生的CO_2形成的碳酸，还可用碱来中和，但不能用 $CaCO_3$。

七、发酵终点的判断

微生物发酵终点的判断，对提高产物的生产能力和经济效益是很重要的。生产不能只单纯追求高生产力，而不顾及产品的成本，必须把两者结合起来，既要有高产量，又要有低成本。

对原材料与发酵成本占整个生产成本的主要部分的发酵品种，主要追求提高产率，得率(转化率)和发酵系数。如下游提炼成本占主要部分和产品价值高，则除了追求高产率和发酵系数外，还要求高的产物浓度。

发酵过程中的产物形成，有的是随菌体生长而产生，如初级代谢产物氨基酸等；有的产物的产生与菌体生长无明显的关系，生长阶段不产生产物，直到生长末期，才进入产物分泌期，如抗生素的合成就是如此。但是，无论是初级代谢产物还是次级代谢产物发酵，到了生长末期，菌体的分泌能力都要下降，使产物的生产能力下降或停止。有的产生菌在发酵末期，营养耗尽，菌体衰老而进入自溶，释放出体内的分解酶会破坏已形成的产物。

要确定一个合理的放罐时间，需要考虑下列几个因素。

(1) 经济因素

发酵产物的生产能力是实际发酵时间和发酵准备时间的综合反应。实际发酵时，需要考虑经济因素，在生产速率较小(或停止)的情况下，如果继续延长时间，使平均生产能力下降，而动力消耗、管理费用支出、设备消耗等费用仍在增加，则产物成本增加。所以，需要从经济学观点确定一个合理的时间。

(2) 产品质量因素

判断放罐时间，还要考虑发酵产物的提炼质量。放罐时间的提前或推后，对后续工序有很大影响。如果发酵时间太短，则有过多的尚未代谢的营养物质(如可溶性蛋白、脂肪等)残留在发酵液中，这些物质对下游加工的溶媒萃取或树脂交换等工序不利。如果发酵时间太长，菌体会自溶，释放出菌体蛋白或体内的酶，又会显著改变发酵液的性质，增加过滤工序的难度，降低不稳定发酵产物的产量。故要考虑发酵周期长短对产物提取工序的影响。

(3) 特殊因素

一般情况下，对老品种的发酵来说，放罐时间都已掌握，在正常情况下可根据计划作业，按时放罐。但在异常情况下，如染菌、代谢异常(糖耗缓慢等)，就应根据不同情况，进行适当处理。为了能够得到尽量多的产物，应该及时采取措施(如改变温度或补充营养等)，并适当提前或拖后放罐时间。总之，何时放罐要根据产物的产量、过滤速度、氨基氮的含量、菌丝形态、pH 值、发酵液的外观和黏度等确定。发酵终点的掌握，就要综合考虑这些参数来确定。

第六节　发酵过程检测与优化

利用细胞或酶作为催化剂进行生物产品生产是发酵工程研究与开发的基本内容。不论采取哪种操作方式进行发酵，人们都需要对发酵的各种参数进行监控，如 pH、温度、反应器中溶解氧浓度、菌种与培养基混合程度等，如果其中任何一个参数发生变化，都引起细胞产量、目的产物生物合成量和稳定性发生巨大变化。只有通过各种参数(自动或手工)检测，对生产过程进行定性和定量的描述，进而实现对过程进行优化控制，才能使生产达到最佳状态。

一、发酵过程检测

过程检测的参数是环境中的状态或操作量的变化值，通过进一步分析可得到反映细胞水平生命变化的信息。工业细胞培养操作多以分批操作形式进行，随着细胞生长和代谢过程的变化，各种测量参数随时间而变化，因而现代发酵过程有必要在计算机辅助下对过程进行综合检测或控制。

按照参数的性质特点，可以分为直接参数(包括物理参数和化学参数)和间接参数两大类。表 5-1 列举了目前已经成熟的或今后有待发展的一些参数项目。

表 5-1 生物反应工程中常用参数

物理参数	化学参数		间接参数
	成熟	尚不成熟	
温度	pH	成分浓度：	摄氧率(*OUR*)
输入功率	氧化还原电位	糖	二氧化碳生成率(*CER*)
搅拌转速	溶解氧浓度	氮	呼吸商(*RQ*)
通气流量	溶解 CO_2浓度	前体	总氧利用率
泡沫水平	排气 O_2分压	诱导物	体积氧传递系数(*KLa*)
加料速率	排气 CO_2分压	产物	细胞浓度(*X*)
培养液质量	其他排气成分	代谢物	细胞生长速率
培养液体积		金属离子：	比生长速率(μ)
罐内温度		Mg^{2+}，K^+，Ca^{2+}	细胞得率(Yx/s)
培养液表观黏度		Na^+，Fe^{2+}	糖利用率
累积消耗量		非金属成分：	氧利用率
消泡剂		SO_4^{2-}，PO_4^{3-}	比基质消耗率(υ)
细胞总量		能量载体：	前体利用率
气泡含量		NAD^+，NADH，	产物量(*P*)
气泡表面积		ATP，ADP，AMP	比生产率(υ)
罐内压力		各种酶活力	其他需要计算的参数值：
		细胞内成分：	功率，功率准数
		蛋白质	雷诺准数，生物热
		DNA	细胞量
		RNA	碳平衡，能量平衡

发酵过程参数可以通过传感器或其他检测系统以各种方式把非电量转换成电量变化，就能很方便地通过二次仪表显示、记录或传送到电子计算机处理或控制。

由于培养过程的纯种要求，培养前的高温灭菌处理和培养过程中的严密性，增加了参数检测的难度。主要限制表现在以下方面：罐内插入的传感器必须能耐高热，而且目前多数传感器难以耐受高温灭菌；菌体以及其他固体物质附在传感器表面，导致一些传感器的使用性能受到影响；罐内气泡影响带来对测量的干扰；传感器结构必须防止杂菌进入和避免产生灭菌死角，因而使传感器结构复杂；化学成分分析的电信号转换存在一定困难。

为了克服上述困难，人们在灭菌或取样方式上采取了一些补救方法和改进措施：用化学试剂对传感器灭菌；采用连续取样或罐外循环；用微孔氟塑料管扩散导气法对培养液中的挥发性成分进行测量；采用在线气相色谱(GC)、在线高效液相色谱(HPLC)，甚至色-质谱联用等技术进行在线检测；采用培养液连续透析法防止杂菌返回罐内等。

通过传感器或检测系统进行测量，可以分为就地信号系统和在线测量系统。就地信号系统对过程不会产生影响，例如 pH 值、溶解氧浓度和罐压等测量。在线测量是利用连续的取样系统与有关的分析器连接，取得测量信号，其有效的响应时间应介于过程处理与控制的精度内。例如尾气取样的气体分析器、微孔氟塑料管扩散的培养液挥发成分分析系统、流动注射式分析器(FIA)、在线气相色谱、在线液相色谱、色-质谱联用技术等。离线测量是在一定时间内离散取样，在生物反应器外进行样品处理和分析的测量，包括常规的化学分析和自动的实验室分析仪系统等。比较和评价各种检测技术的主要性能指标有响应时间、转换系数、灵敏度、精度和稳定性等方面。

二、发酵过程优化

发酵工程生产的主要问题在于控制不同的操作条件时，基本相同的投料量会得到完全不同的产量，有时会相差几十个百分点甚至数十倍，这就存在一个过程优化问题。发酵过程优化指的是在已经提供的常规菌种或基因工程菌的基础上，通过对生物反应器(发酵罐)操作条件的研究，或发酵设备的选型改造，达到发酵产品生产最优，即生产能力最大、成本消耗最低或产品质量最高。

温度是发酵成功的基本参数之一。微生物在低于最适温度时生长缓慢，细胞生产能力降低；如果温度过高则又会导致细胞热休克(heat shock)，细胞内产生大量蛋白酶，使目的蛋白产量降低。

溶解氧浓度是发酵过程中的一个重要条件。多数微生物最适生长条件都需要在培养基中溶解大量的氧气，由于氧气仅微溶于水(25℃时的溶解度为 0.0084g/L)，因此必须以无菌空气的形式向培养基中通气才能满足微生物生长需要的氧气浓度。如果直接向反应器中通气会产生气泡，所以生物反应器设计时必须考虑监测溶解氧水平、供氧方式以及使氧气有效混合和分散气泡的方法。

微生物细胞代谢过程中不算产生代谢产物并释放到培养基中，使反应器中 pH 发生变化。而绝大多数微生物在 pH=5.5~8.5 时生长最好，因此发酵过程中必须对培养基 pH 进行监测，并根据监测结果适量补充酸或碱以维持 pH 稳定。当然，补充的酸或碱要及时混合均匀，使得整个反应器中 pH 保持恒定。如果局部过酸或过碱则结果会适得其反。

充分混合同样是大规模发酵成功的一个重要条件，它能使细胞营养供应充分，防止有毒代谢产物局部积累。小规模发酵时很容易做到，但大规模发酵时则不太容易。这也是大规模发酵应该重视的问题。培养基的振荡混合还会对其他因素产生影响，如氧气从气泡向液体培养基，再向细胞内运输的速率，准确监测培养液中某种代谢物产量，有效热传导，使新加入的酸、碱、养料、消泡剂迅速扩散等。因此，适当的搅拌有利于微生物生长和产物合成。但过度搅拌会产生过大的剪切力，从而可能对微生物细胞或哺乳动物细胞、植物细胞产生破坏作用；此外，过度搅拌还会使体系温度升高、细胞活力降低。因此，要求人们进行反应器设计时在有效混合与细胞破坏之间找到一个平衡点。

培养基成分是影响微生物生长和产物合成的重要因素。培养基必须包含微生物生长和产物合成的全部营养成分。培养基中的碳氮比值(C/N)是衡量一种培养基是否适用的重要指标之一，C/N不当不仅会造成不必要的浪费，而且可能会影响微生物的生长和产物的合成。通常情况下微生物生长最适营养成分与产物合成最适营养条件之间是不同的，因此种子培养基和发酵培养基之间也是有区别的。所以，不能把小规模培养用的培养基简单地搬到大规模发酵过程中。在选择发酵培养基时，还要考虑到是否有利于目标产物(如蛋白质、抗生素等)的分离以及培养基渗透压是否有利于微生物生长。

在发酵之前要对培养基进行灭菌处理，否则可能会引入杂菌污染使整个发酵过程失败。在灭菌时最重要的是要找到既能杀死微生物，又不能严重破坏培养基营养成分的最适灭菌时间和灭菌温度。

在发酵培养基中，除了C、N、无机盐外，还需要加入生长因子或生长促进剂。生长因子包括维生素(主要是B族维生素)、嘌呤、嘧啶和氨基酸等物质，生长促进剂多为能提高酶活性、增加产物积累的物质。如果利用发酵生产的东西是提供给人类的食物或药物，则所有培养基中的成分包括使用的生长促进剂都要求不能对人体有害。

对于利用重组微生物进行大规模发酵还需考虑其他方面的因素。虽然绝大多数基因工程微生物是没有毒性的，但还是需要保证它们不要被无意释放到环境中。因此，发酵时人们采用了故障自动停止系统，以防止重组微生物溢出。

实际工作中，为了实现实验室成果向工业规模的过渡，一般都需要经过中试规模的工艺优化研究。但是当放大到生产罐时，即使完全相同的操作条件，有时结果也会有很大差异。为了克服这些困难，特别是对一些规模较大的发酵罐，人们不得不采取逐级放大的办法，但依然没有从根本解决问题。这就是所谓发酵过程放大问题。发酵过程放大的研究已有很多理论与实践，但实际进展甚缓。有的单位引进了一些高产菌种，而实际生产时发酵单位达不到菌种所具有的能力，找不到原因时往往将其归纳为“水土不服”。因此，发酵过程优化与放大作为一个问题的两个方面，长期困扰着人们。随着科学技术的进步以及学科交叉发展，除了在原有技术基础上发展外，人们不断引进了新的技术试图解决以上问题。

第七节　发酵工业的发展趋势

一、我国发酵工业的现状

1. 产业规模继续扩大

“十二五”时期，我国生物发酵产业通过增强自主创新能力、加快产业结构化升级、提高国际竞争力，使得产业规模持续扩大，总体保持平稳发展态势，主要生物发酵产品产量从2010年的1800×10^4t增加到2016年的2629×10^4t，年总产值从2000亿元增加3000多亿元，见表 5-2。目前我国生物发酵产业产品总量居世界第一位，成为名副其实的发酵大国。

表 5-2　2016 年发酵工业主要产品产量

序　号	分　类	产量/10^4t	同比增长/%
1	氨基酸	460	24
2	有机酸	205	-3. 3
3	多元醇	159	1. 3
4	淀粉糖	1297	8. 1
5	酶制剂	128	6. 6
6	酵母	33	4. 0
7	功能发酵制品	347	3. 5
	合计	2629	8. 3

2. 主要产品出口增加

主要产品出口从 2010 年末的 264×10^4t 增加到 2016 年的 408×10^4t。柠檬酸、赖氨酸、味精、淀粉糖一直是生物发酵产业主要出口产品，其中柠檬酸出口量占总产量的 73. 3%，赖氨酸 24. 8%，味精占 16. 8%，淀粉糖占 12. 5%，如表 5-3 所示。

表 5-3　2016 年发酵工业主要产品出口量

序　号	分　类	出口量/10^4t	同比增长/%
1	味精	45. 6	6. 0
2	赖氨酸	33. 5	28. 8
3	柠檬酸	100. 4	4. 7
4	葡萄糖酸钠	16. 1	12. 6
5	乳酸	4. 3	17. 0
6	淀粉糖	162. 8	37. 7
7	多元醇	24	6. 8
8	酵母	12. 7	3. 4
9	酶制剂	8. 6	-4. 6
	合计	408	18. 6

受原料玉米价格下降等因素，淀粉糖、赖氨酸、乳酸、葡萄糖酸钠出口量实现了两位数增长，味精、柠檬酸、多元醇、酵母由于出口价格的持续降低也保持了较稳定增长，酶制剂出现了负增长。

3. 产品结构调整取得显著成效

在国家产业政策指导下，发酵工业以满足市场需求为导向，积极推进结构调整和产业升级，改变了原先产品较单一的格局，已逐步形成多产品协调发展的产业格局。味精、赖氨酸、柠檬酸、结晶葡萄糖、麦芽糖浆、果葡糖浆等大宗产品为主体，小品种氨基酸、功能糖醇、低聚糖、微生物多糖等高附加值产品为补充。

4. 自主创新能力增强，生产技术水平显著提高

我国企业不断自主研发能力和科技创新水平，在国际先进技术的基础上，进行技术创新和工艺水平改造，同时加强与高校、企业间的合作，以充分利用各自优势，开发新产品，转化新技术，真正实现技术与产品的一体化。目前已有国家工程研究中心 3 家，国家工程技术研究中心 4 家，国家级企业技术中心 23 家，行业技术研发、检测中心 15 家。

柠檬酸、味精、山梨醇、酵母等产品生产技术工艺已达到国际先进水平，从而大大提高了产品市场竞争力。柠檬酸行业平均产酸率由 2011 年 14. 19%提高到 2016 年 16. 35%、平均收率由 2011 年 88. 71%提高到 2016 年 90. 20%；谷氨酸发酵采用了高性能的温敏菌种发酵技术，产酸率提高到 20g/dL 以上，糖酸转化率提高到 70%；采用新型浓缩连续等电提取技术替代传统等电离交提取工艺。

5. 资源综合利用水平逐步提升，节能减排取得显著成效

通过清洁生产技术的应用，加强源头和过程控制，采用先进的节能环保技术工艺和设备，有效地提高了原料的利用率和转化率，降低了能耗和水耗，减少了污染物的产生和排放，发酵工业企业在 COD 减排等方面取得了显著成效。

二、我国发酵工业存在的问题

1. 市场需求和产能矛盾突出，产业大而不强

在我国企业的发展过程中，存在一种现象，就是如果一个产品的利润可观，那么就会有更多的企业陆续建厂和生产。但随着产能的不断扩张，后续建设的企业并不会详细的分析市场容量、需求量及利润的变化。这就是我国企业在发展中普遍存在的盲目跟风和模仿，使得整个行业低水平重复建、同质化严重，从而导致产能过剩、供需矛盾突出。

大宗生物发酵产品所占比重依然偏高，产能结构性过剩，高附加值产品数量较少，产品应用技术发展相对缓慢，产品应用推广力度不够，未形成完整的生物发酵产业链条，缺乏国际竞争力。

随着原辅材料价格的逐年上涨，加之产品市场竞争激烈，以大宗发酵产品为主的生产企业效益滑坡，严重影响了产业的发展。环保等生产要素成本增加大企业发展压力。

2. 核心技术、装备水平亟待提高

由于行业的准入门槛不高，因此，低水平产品占据了大部分市场。虽然我国发酵工业已经在生产技术水平上有了大幅度的提升，但是高素质产品的生产技术较匮乏，与国外仍有一定差距，产品种类及产量在市场中的占有率较低。影响我国发酵工业整体快速、稳定发展的重要因素之一是一些共性技术、工艺和装备上的制约，导致关键技术和装备创新力度相对较弱，新兴产业比例相对较低。即使是龙头企业也无法与国际跨国公司比肩，企业缺乏对新兴产品创新的动力，新产品产业化能力也相对薄弱，新产品市场和品牌培育不足。

3. 产品审批、标准滞后制约行业发展

我国发酵产品的研发力度有了很大的提升，很多有能力的企业都非常重视新产品的开发，寻求新的经济增长点。但是新开发产品在市场准入方面受到标准滞后的制约，影响了新产品投放市场。

产品现有标准在使用中对产品限制过高，没有与国际接轨，影响产品的市场销售。产品适用范围与国际标准比也限定过窄，限制了市场需求的增长。

4. 原材料、环保等生产要素成本增加，加大企业发展压力

国家对环境保护、资源能源消耗的要求越来越严格，环保投入持续增加，企业发展压力不断加大，一定程度上延缓了企业的发展速度。环保政策的升级，将加速行业洗牌进程，对淘汰落后产能、缓解产能过剩矛盾、优化产业结构、促进行业健康发展将起到积极的推动作用。

三、我国发酵工业未来发展趋势

1. 发展方向和趋势

未来发酵产业将进入深度调整新常态阶段。着重通过供给侧结构性改革，去产能、降成本，以创新来提高生产率，积极化解产能过剩，大力实施差异化战略和高端化战略，来适应市场需求的变化，实现新的产需平衡。

2. 未来发展重点工作

（1）培育新的增长点

自主创新，掌握核心技术，大力推进发酵工程、基因工程、细胞工程等生物技术的应用，建立和积累我国生物发酵产业所需要的成套技术与核心技术，增强微生物菌种的选育能力、设计改造能力与集成能力，提高工业生物过程优化与控制水平，加强分离提取干燥技术研究加大生物发酵产业装备研发及生产水平凝聚和培养产业创新人才，提升自主创新能力。

（2）延伸产业链条，开发高端产品

要针对市场需求和行业实际，大力开发新产品。加快新型氨基酸、新型有机酸和酶制剂的开发。围绕生物医药、生物饲料、生物材料、生物环保，通过生物转化等方法，开发氨基酸、有机酸、糖醇与其他化学品聚合物等衍生产品，进一步扩大和延伸产业链。围绕产品特殊性能开发高附加值产品如医药中间体、农药中间体、功能性生物饲料等，不断提高高端产品比重，向着多样性、小品种、高附加值、规模适中、利益最大化方向发展。

（3）培育新的竞争优势

培育成本优势，发挥市场作用，提高资源配置效率，提高要素配置质量，提高全要素劳动生产率，提高生产水平、降低综合成本，提高经济效益。培育技术优势，各企业要加快技术、人才、资金等创新要素的聚集，要逐步建立世界级的研发中心，打造核心竞争力和领先的技术优势。

（4）健全标准化体系

国家标准：重点制定基础通用，与强制性国家标准配套的标准；行业标准：重点制定本行业领域的重要产品、工程技术、服务和行业管理标准；团体标准：由社会组织自主制定发布，在十三五期间，明确团体标准的法律地位，培育发展团体标准，是发挥市场在标准化资源配置中的决定性作用，是加快构建国家新型标准体系的重要举措；地方标准：可制定满足地方自然条件、民族风俗习惯的特殊技术要求；企业标准：根据需要自主制定、实施，鼓励制定有竞争力的企标。

（5）推进清洁生产

以资源的高效利用和循环利用为核心，对发酵行业循环经济运行的共性技术领域的多个关键技术组织攻关。从发酵行业进入新的发展阶段面临的形势，我们应该清醒地认识到，生物发酵行业之前依靠高投入、高能耗、低成本的增长模式已经不可持续，必须尽快从资源消耗型转向要素转型，从依靠扩大投资和规模扩张，向依靠技术进步和创新、要素升级上来，因此加快转变增长方式，优化机构调整，加快产品和产业链高档化进程，转型升级，全面提升生物发酵产业素质和整体水平是全行业首要的任务。

参 考 文 献

[1] 任晓莉，赵润柱，梁保红．发酵工程课程的教学改革与实践[J]．微生物学通报，2011，38(1)：127~130.

[2] 任晓莉，佟春生，赵金安，等．基于OBE的发酵工程实验教学改革探索[J]．化工高等教育，2014，31(2)：65~67.

[3] 史先振．现代发酵工程技术在食品领域的应用研究进展[J]．中国酿造，2005，24(12)：1~4.

[4] 杨梅，李力群，谢莹，等．发酵工程课程建设的实践与探索[J]．吉林化工学院学报，2011，28(2)：46~48.

[5] 臧学丽，刘诗音，杨贺，等．《发酵工程》实验教学改革初探[J]．吉林农业：学术版，2013(1)：181~181.

[6] 庄毅．中药内的生物制药——固体发酵工程系列及其真菌药物[J]．菌物研究，2013，11(2)：63~71.

[7] 姚汝华．微生物工程工艺原理[M]．华南理工大学出版社，2013.

[8] 周铭锋，黄璠，张为巍，等．响应面法优化谷胱甘肽发酵培养基的研究[J]．食品与发酵科技，2011，47(5)：15~19.

[9] 叶勤．发酵过程原理[M]．北京：化学工业出版社，2005.

[10] 王啸，邱树毅．微生物发酵生产花生四烯酸的研究进展[J]．中国油脂，2004，29(9)：37~40.

[11] 徐福建，陈洪章，李佐虎．固态发酵技术在资源环境中的应用[J]．生物技术通报，2002(3)：27~30.

[12] 胡丽娟，薛高尚，卢向阳，等．响应面法优化芽孢杆菌25-2产纤维素酶发酵条件[J]．酿酒科技，2012(4)：21~26.

[13] 赵恭文，刘建军，李长松，等．微生物发酵法生产2,3-丁二醇瓶颈因素分析[J]．山东农业科学，2011(11)：94~99.

[14] Ge L, Zhu Z, Yu Q, et al. Exploration on Student-Centered Fermentation Engineering Course by Problems Conducted Teaching[J]. Creative Education, 2013, 4(2): 89~91.

[15] Yumei L I, Jia L. Application of Fermentation Engineering in Food Industry [J]. Farm Products Processing, 2017.

[16] 陈坚，堵国成，张东旭．发酵工程实验技术：Fermentation engineering protocols[M]．北京：化学工业出版社，2009.

[17] Bera AK, Sedlak M, Khan A, et al. Establishment of L-arabinose fermentation in glucose/xylose co-fermenting recombinant Saccharomyces cerevisiae 424A (LNH - ST) by genetic engineering. [J]. Applied microbiology and biotechnology, 2010, 87(5): 1803.

[18] You M L. The Food Chinese (Medicine) Uses the Fungus Fermentation Engineering Research Progress[J]. Microbiology, 2007.

[19] Chen H. Principles of Solid-State Fermentation Engineering and Its Scale-Up[M]// Modern Solid State Fermentation. Springer Netherlands, 2013: 75~139.

[20] Kong Y. Exploration and practice the model of teaching of fermentation engineering experiment[J]. China Education Innovation Herald, 2011.

[21] Cheng A F, Deng Z D, Zhou N B, et al. Study on Application of Flipped Classroom in Fermentation Engineering[J]. Guangzhou Chemical Industry, 2015.

[22] Deng-Di A N, Zeng X C, Zhang R, et al. Exploration and practication of a stereoscopic system on Fermentation Engineering course[J]. Microbiology China, 2014, 41(7): 1443~1447.

第六章　蛋白质工程

蛋白质工程是在基因重组技术、生物化学、分子生物学、分子遗传学等学科的基础之上，融合了蛋白质晶体学、蛋白质动力学、蛋白质化学和计算机辅助设计等多学科而发展起来的新兴研究领域。其内容主要有两个方面：①根据需要合成具有特定氨基酸序列和空间结构的蛋白质；②确定蛋白质的化学组成、空间结构与生物功能之间的关系。在此基础之上，实现从氨基酸序列预测蛋白质的空间结构和生物功能，设计合成具有特定生物功能的全新蛋白质，这也是蛋白质工程最根本的目标之一。

第一节　概　　述

蛋白质是一切生命活动存在的物质基础和唯一形式，同时也是诊断疾病、治疗疾病的物质基础或药物。人类蛋白数量不仅远超过基因数量，而且由于蛋白质的可变性和多样性导致了蛋白质研究技术远比核酸技术要复杂和困难得多。因此人类蛋白质构成了后基因组时代最重要的研究内容，具有无限广阔的研究前景。

蛋白质是生命的体现者，离开了蛋白质，生命将不复存在。可是，生物体内存在的天然蛋白质，往往不尽如人意，需要进行改造。由于蛋白质是由许多氨基酸按一定顺序连接而成的，每一种蛋白质有自己独特的氨基酸顺序，所以改变其中关键的氨基酸就能改变蛋白质的性质。而氨基酸是由三联体密码决定的，只要改变构成遗传密码的一个或两个碱基就能达到改造蛋白质的目的。蛋白质工程的一个重要途径就是根据人们的需要，对负责编码某种蛋白质的基因重新进行设计，使合成的蛋白质变得更符合人类的需要。这种通过造成一个或几个碱基定点突变，以达到修饰蛋白质分子结构目的的技术，称为基因定点突变技术。

蛋白质工程就是为了生产出符合人类生产和生活需要的蛋白质，甚至是自然界不存在的蛋白质。一般认为蛋白质工程就是通过基因重组技术改变或设计合成具有特定生物功能的蛋白质。实际上蛋白质工程包括蛋白质的分离纯化，蛋白质结构和功能的分析、设计和预测，通过基因重组或其他手段改造或创造蛋白质。从广义上来说，蛋白质工程是通过物理、化学、生物和基因重组等技术改造蛋白质或设计合成具有特定功能的新蛋白质。利用基因工程的手段，在目标蛋白的氨基酸序列上引入突变，从而改变目标蛋白的空间结构，最终达到改善其功能的目的。传统的蛋白质工程手段大多通过引入随机突变来改造目标蛋白，随着计算机技术和生物信息学技术的飞速发展，计算机模拟被越来越多的应用到蛋白质工程中，从而衍生出半合理化设计、合理化设计等多种新的蛋白质工程的手段。

一、蛋白质工程的基本途径

从预期的蛋白质功能出发→设计预期的蛋白质结构→推测应有的氨基酸序列→找到相对应的核糖核苷酸序列(RNA)→找到相对应的脱氧核糖核苷酸序列(DNA)。蛋白质工程是指以蛋白质分子的结构规律及其与生物功能的关系作为基础，通过基因修饰或基因合成，对现有蛋白质进行改造，或制造一种新的蛋白质，以满足人类的生产和生活的需求。也就是说，蛋白质工程是在基因工程的基础上，延伸出来的第二代基因工程，是包含多学科的综合科技工程领域。

二、蛋白质工程的研究核心内容

1. 结构分析

蛋白质工程的核心内容之一就是收集大量的蛋白质分子结构的信息，以便建立结构与功能之间关系的数据库，为蛋白质结构与功能之间关系的理论研究奠定基础。三维空间结构的测定是验证蛋白质设计的假设即证明是新结构改变了原有生物功能的必需手段。晶体学的技术在确定蛋白质结构方面有了很大发展，但是最明显的不足是需要分离出足够量的纯蛋白质(几毫克到几十毫克)，制备出单晶体，然后再进行繁杂的数据收集、计算和分析。

另外，蛋白质的晶体状态与自然状态也不尽相同，在分析的时候要考虑到这个问题。核磁共振技术可以分析液态下的肽链结构，这种方法绕过了结晶、X 射线衍射成像分析等难点，直接分析自然状态下的蛋白质的结构。现代核磁共振技术已经从一维发展到三维，在计算机的辅助下，可以有效地分析并直接模拟出蛋白质的空间结构、蛋白质与辅基和底物结合的情况以及酶催化的动态机理。从某种意义上讲，核磁共振可以更有效地分析蛋白质的突变。国外有许多研究机构正在致力于研究蛋白质与核酸、酶抑制剂与蛋白质的结合情况，以开发具有高度专一性的药用蛋白质。

2. 结构、功能的设计和预测

根据对天然蛋白质结构与功能分析建立起来的数据库里的数据，可以预测一定氨基酸序列肽链空间结构和生物功能；反之也可以根据特定的生物功能，设计蛋白质的氨基酸序列和空间结构。通过基因重组等实验可以直接考察分析结构与功能之间的关系；也可以通过分子动力学、分子热力学等，根据能量最低、同一位置不能同时存在两个原子等基本原则分析计算蛋白质分子的立体结构和生物功能。虽然这方面的工作尚在起步阶段，但可预见将来能建立一套完整的理论来解释结构与功能之间的关系，用以设计、预测蛋白质的结构和功能。

3. 创造与改造

蛋白质的改造，从简单的物理、化学法到复杂的基因重组等等有多种方法。物理、化学法：对蛋白质进行变性、复性处理，修饰蛋白质侧链官能团，分割肽链，改变表面电荷分布促进蛋白质形成一定的立体构象等；生物化学法：使用蛋白酶选择性地分割蛋白质，利用转糖苷酶、酯酶、酰酶等去除或连接不同化学基团，利用转酰胺酶使蛋白质发生胶连等等。以上方法只能对相同或相似的基团或化学键发生作用，缺乏特异性，不能针对特定的部位起作用。采用基因重组技术或人工合成 DNA，不但可以改造蛋白质而且可以实现从头合成全新的蛋白质。

蛋白质是由不同氨基酸按一定顺序通过肽键连接而成的肽构成的。氨基酸序列就是蛋白质的一级结构，它决定着蛋白质的空间结构和生物功能。而氨基酸序列是由合成蛋白质的基因的 DNA 序列决定的，改变 DNA 序列就可以改变蛋白质的氨基酸序列，实现蛋白质的可调控生物合成。在确定基因序列或氨基酸序列与蛋白质功能之间关系之前，宜采用随机诱变，造成碱基对的缺失、插入或替代，这样就可以将研究目标限定在一定的区域内，从而大大减少基因分析的长度。一旦目标DNA明确以后，就可以运用定点突变等技术来进行研究。

(1) 定点突变

蛋白质中的氨基酸是由基因中的三联密码决定的，只要改变其中的一个或两个就可以改变氨基酸。通常是改变某个位置的氨基酸，研究蛋白质结构、稳定性或催化特性。噬菌体M13的生活周期有2个阶段，在噬菌体粒子中其基因组为单链，侵入宿主细胞以后，通过复制以双链形式存在。将待研究的基因插入载体M13，制得单链模板，人工合成一段寡核苷酸(其中含一个或几个非配对碱基)作为引物，合成相应的互补链，用T_4连接酶连接成闭环双链分子。经转染大肠杆菌，双链分子在胞内分别复制，因此就得到两种类型的噬菌斑，含错配碱基的就为突变型。再转入合适的表达系统合成突变型蛋白质。

(2) 盒式突变

1985年Wells提出的一种基因修饰技术——盒式突变，一次可以在一个位点上产生20种不同氨基酸的突变体，可以对蛋白质分子中重要氨基酸进行“饱和性”分析。利用定点突变在拟改造的氨基酸密码两侧造成两个原载体和基因上没有的内切酶切点，用该内切酶消化基因，再用合成的发生不同变化的双链DNA片段替代被消化的部分。这样一次处理就可以得到多种突变型基因。

(3) PCR技术

DNA聚合酶链式反应是应用最广泛的基因扩增技术。以研究基因为模板，用人工合成的寡核苷酸(含有一个或几个非互补的碱基)为引物，直接进行基因扩增反应，就会产生突变型基因。分离出突变型基因后，在合适的表达系统中合成突变型蛋白质。这种方法直接、快速和高效。

(4) 高突变率技术

从大量的野生型背景中筛选出突变型是一项耗时、费力的工作。有两种新的突变方法具有较高的突变率：

① 硫代负链法：核苷酸间磷酸基的氧被硫替代后修饰物[α-(S)-dCTP]对某些内切酶有耐性，在有引物和[α-(S)-dCTP]存在下合成负链，然后用内切酶处理，结果仅在正链上产生“缺口”，用核苷酸外切酶Ⅲ从3′→5′扩大缺口并超过负链上错配的核苷酸，在聚合酶作用下修复正链，就可以得到2条链均为突变型的基因；

② UMP正链法：大肠杆菌突变株RZ1032中缺少脲嘧啶糖苷酶和UTP酶，M13在这种宿主中可以用脲嘧啶(U)替代胸腺嘧啶(T)掺入模板而不被修饰。用这种含U的模板产生的突变双链转化正常大肠杆菌，结果含U的正链被寄主降解，而突变型负链保留并复制。

(5) 蛋白质融合

将编码一种蛋白质的部分基因移植到另一种蛋白质基因上或将不同蛋白质基因的片段组合在一起，经基因克隆和表达，产生出新的融合蛋白质。这种方法可以将不同蛋白质的特性集中在一种蛋白质上，显著地改变蛋白质的特性。现在研究的较多的所谓“嵌合抗体”和“人缘化抗体”等，就是采用的这种方法。

三、蛋白质工程的基本程序

蛋白质工程是从DNA的水平改变基因入手，设计合成或改造蛋白质的技术。该技术综合运用蛋白质的三维结构，结构与功能的详细信息，重组DNA基因操作技术，用定点诱变基因的方法直接修饰改变或人工合成基因，有目的地按照设计来改变蛋白质分子中某一种氨基酸残基或结构区域，从而定向改变蛋白质的性质，使其成为具有人们所希望性能的新型蛋白质，或者创造自然界不存在的性质独特的蛋白质(见图 6-1)。

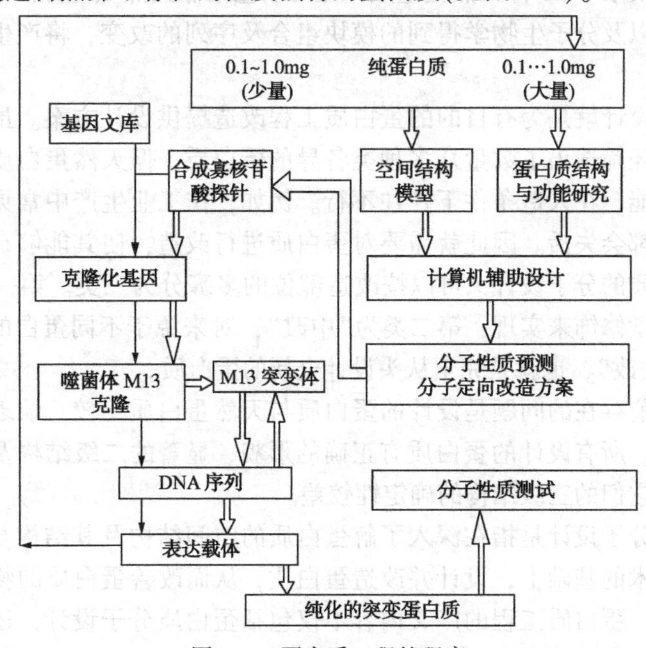

图 6-1　蛋白质工程的程序

首先分离纯化 0.1~1.0mg 纯蛋白质，测定其部分肽段的一段结构，根据编码原则合成相应同位素标记的寡核苷酸探针，以此从基因库中分离编码该蛋白质的克隆化基因，转入噬菌体 M13 系统，用双脱氧末端终止法进行 DNA 序列分析。通过表达载体获得较大量(0.1~1.0g)该蛋白质用于空间结构测定及结构与功能研究，借助计算机提出分子预测性质及改造方案。通过寡核苷酸 M13 系统定点诱变并分离其突变体，引入表达载体生产并纯化多量突变性蛋白质，分析其性质指导进一步分子设计，以最终获得所预期性质的分子。

第二节　蛋白质设计

所谓蛋白质工程是指人们在深入了解蛋白质空间结构以及结构与功能的关系，并且在掌握基因操作技术的基础上设计和改造蛋白质，借以改善蛋白质的物理和化学性质，如提高蛋白质的热稳定性、酶的专一性等，使之更好地为人类所用。

天然蛋白质在自然条件下才能起到最佳功能，在人工环境下其生物活性往往发生变化，因此就需要对蛋白质进行改造与分子设计，使其能够在特定条件下起到特定的功能或最佳生物活性的环境适应性增强。蛋白质分子设计就是为有目标的蛋白质工程改造提供设计方案。蛋白质工程是根据蛋白质的精细结构和生物活力的作用机制之间的关系，利用基因工程的手段，按照人类自身的需要，定向地改造天然的蛋白质，甚至于创造新的、自然界本不存在的、具有优良特性的蛋白质分子。蛋白质工程在诞生之日起就与基因工程密不可分。基因工程是通过基因操作把外源基因转入适当的生物体内，并在其中进行表达，它的产品还是该基因编码的天然存在的蛋白质。蛋白质工程则更进一步根据分子设计的方案，通过对天然蛋白质的基因进行改造，来实现对其所编码的蛋白质的改造，它的产品已不再是天然的蛋白质，而是经过改造的，具有了人类所需要的优点的蛋白质。

蛋白质设计涉及药物、食品工业中的酶、污水处理、化学合成疫苗、生物传感器等，设计大的蛋白质不仅限于20种天然氨基酸，也可以包括非天然氨基酸。通过有机化学、无机化学、生物化学以及分子生物学得到的模块组合及序列的改变，将产生结构与功能多样化的蛋白质。

蛋白质的分子设计就是为有目的的蛋白质工程改造提供设计方案。虽然经过漫长岁月的进化，自然界已经筛选出了数量众多种类各异的蛋白质，但天然蛋白质只是在自然条件下才能起到最佳功能，在人造条件下往往不行。例如，在工业生产中常见的高温高压条件下，大多数蛋白质都会失活。因此就需要对蛋白质进行改造，使其能够在特定条件下起到特定的功能。蛋白质的分子设计又可以按改造部位的多寡分为三类。第一类为“小改”，可通过定点突变或化学修饰来实现；第二类为“中改”，对来源于不同蛋白的结构域进行拼接组装；第三类为“大改”，也就是完全从头设计全新的蛋白质。

蛋白质设计目前存在的问题是设计的蛋白质与天然蛋白质比较，缺乏结构的独特性及明显的功能优越性。所有设计的蛋白质有正确的形貌、显著的二级结构及合理的热力学稳定性，但一般说来它们的三级结构的确定性较差。

广义的蛋白质分子设计是指在深入了解蛋白质的空间结构及其结构与功能关系，以及在掌握基因操作技术的基础上，设计并改造蛋白质，从而改善蛋白质的物理和化学性质或获得全新的蛋白质。蛋白质工程的广义内容不仅包括蛋白质分子设计，还包括蛋白质结构的测定、蛋白质的结构预测、改造或设计后的蛋白质的表达及生物学功能检测等，狭义内容主要就是蛋白质分子设计。本节仅论述蛋白质工程的狭义内容，即蛋白质分子设计。

一、蛋白质分子设计的原理

蛋白质分子设计的基本原理主要有：

1. 内核决定特殊折叠

内核是指蛋白质在进化中保守的内部区域，在蛋白质内部侧链的相互作用中决定了蛋白质特殊折叠。一个非常简单的关于蛋白质折叠的假设是：蛋白质独特的折叠形式主要由蛋白质内核中残基的相互作用所决定。在大多数情况下，内核由氢键连接的二级结构单元组成。

2. 蛋白质内部的密堆积性

即很少有空腔大到可以结合一个水分子或惰性气体分子，并且内部没有重叠。这个限制是由两个因素造成的，第一个因素是蛋白质的分子是从内部向外排出的，这是总疏水效应的一部分；第二个因素是由原子间的伦敦色散力所引起的，是短吸引力的优化。

3. 合理分布的疏水及亲水基因

这种分布代表了疏水效应的主要驱动力。正确的基团分布不是简单地使暴露残基亲水、使埋藏残基疏水，而是分布于溶剂的可及表面及不可及表面。有两种原因可使构象复杂化。首先，侧链不总是完全地亲水，例如，赖氨酸有一个带电的氨基，但是连接到主链上的碳原子是疏水的，因此在建模过程中要在原子水平上区分侧链的疏水及亲水部分；第二，正确的基团分布应安排少量疏水基团在表面，少量亲水基团在内部。

4. 主键及侧链内部的氢键能量最低化

蛋白质的氢键形成涉及一个交换反应，即溶剂键被蛋白质键所替代，随着溶剂键的断裂，所带来的能量损失可由折叠状态的重组以及可能释放一个结合的水分子而引起的熵的增益所弥补。

5. 氨基酸侧链的最优空间构象

蛋白质中侧链构象主要由 2 个空间因素决定：①多肽链旋转所产生的空间势能，可通过能量最小化和同源结构比较获得；②氨基酸在结构中的空间位置。蛋白质内部的密堆积表明在折叠状态中侧链构象只能采取一种合适的构象，即一种能量最低的构象。

6. 降低折叠与非折叠的熵差

蛋白质非折叠构象的数量越大，折叠成单一天然蛋白质所消耗的焓就越高，因此减少非折叠构象的数量可以增加天然态的稳定性。一般方法是引进二硫键、替换 Gly、增加 Pro。而减少非折叠构象的最有效方法是引进新的二硫键，在引进的半胱氨酸之间的环链越长、非折叠结构受到的制约就越强，折叠的结构也就越稳定。将 Gly 突变为其他氨基酸或增加 Pro 的数量，是减少非折叠构象以提高稳定性的又一有效途径。Gly 残基没有侧链原子，因而比其他氨基酸残基有更大的构象自由度。处于已折叠蛋白质特定位置的 Gly 残基通常只有一种构象，但在非折叠结构中可以有不同构象，从而增加非折叠结构的多样性。与此相反，Pro 残基在非折叠结构中比其他残基具有更少的构象自由度，因为它的侧链被额外的共价键固定在主链上。

7. 稳定 α–螺旋

α–螺旋作为一个偶极子在 N 端带正电荷，而在 C 端带负电荷。一些负离子(如底物和辅酶中的磷酸基)常常结合在这种螺旋偶极子的荷正电一端。但 α–螺旋大多不是结合位置的组成部分，在这种情况下它的 N 端常常出现带负电荷的侧链，或在 c 端出现荷正电的侧链，这些侧链基团与螺旋偶极子相互作用而发挥稳定作用。因此，通过残基替换稳定 α–螺旋偶极子，是提高蛋白质稳定性的又一条有效途径。

8. 填充疏水内核

疏水侧链的内核使其屏蔽于溶剂分子是蛋白质折叠和稳定的重要因素。天然蛋白质的疏水内核尽管已经是密集的，但常常也有空隙存在，它们与分子的稳定性有关。因此，通过残基突变填充疏水内核中的空隙，就有可能稳定天然蛋白质。但是，由于蛋白质分子的稳定性不仅受疏水效应的影响，而且还涉及主链张力所产生的能量的贡献，所以在具体设计突变时必须兼顾到这两方面的协调作用。

9. 热力学第一定律

蛋白质工程的最终目标是按热力学第一定律从头设计一个氨基酸序列，它能折叠成一个预期的结构并具有期望的功能。在这一方向上已经取得了初步的成功，其进展出乎意料地比从序列去预测结构还要快些。著名的一个成功实例是 Stephen 等从第一定律出发设计了一个不用 Zn 离子稳定的锌指(zincfinger)结构(图 6–2)。

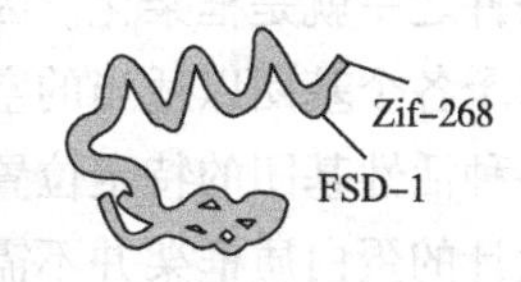

图 6–2　锌指肽链的设计

10. 金属蛋白

由于部分蛋白质的生物活性需要金属离子的参与，因而对其进行的蛋白质分子设计需额外考虑这两个因素，即配位残基的替换要满足金属配位几何构造，以及围绕金属中心第二壳层中的相互作用的重要性。这要求围绕金属中心放置合适数目的蛋白质侧链或溶剂分子，并符合正确的键长、键角以及整体的几何构造。大部分配基含有多于一个与金属作用或形成氢键的基团。如果一个功能基团与金属结合，另几个功能基团可以自由地采取其他的相互作用方式，这些第二基团总是参与围绕金属中心的氢键网络。氢键的第二壳层通常涉及与蛋白质主链的相互作用，一是使蛋白质折叠符合热力学要求，二是固定氢键在空间配位位置。

二、蛋白质分子设计的原则

蛋白质的结构与功能多种多样，蛋白质分子设计的内容亦是千差万别。进行分子设计的实验时，应遵循几点通用的原则。

1. 活性原则

活性设计是蛋白质设计的重要步骤，它涉及选择氨基酸的侧链基团和其空间构象。如果是指催化活性，活性设计还涉及大量关于各种类型小分子催化活性的背景知识。一般来讲，宜采用天然存在的氨基酸来提供所需的化学基团，条件允许下亦可引入其他外来基团。如果缺少可信的经验数据来推论产生活性所需的催化基团，可借助于量子力学进行理论计算，一般说来，这些基团应能稳定底物的激发态，但目前的经验知识和量子力学计算皆不能保证给出完全准确的结果，必须通过后续的实验进行验证。在进行活性设计时，有时还需考虑辅因子的使用，这是由于氨基酸侧链基团有时并不能提供人们感兴趣的活性，在这种情况下，活性设计时需考虑添加合适的辅助因子，如有机分子、无机离子或二者的复合物等。

2. 专一性原则

形成独特的结构、独特的分子间相互作用是生物相互作用及反应的标志。专一性设计包括结构与功能的专一性设计，实践表明这是蛋白质分子设计中最困难的问题。要构筑一个蛋白质模型必须满足所有合适的几何要求，同时满足蛋白质折叠的几何限制。因为蛋白质是一个复杂的体系，体系有可能采取一个能量与所希望状态相近的另外一个构象。因此，在设计程序中必须引入一个特征，即稳定所希望的状态，而不稳定不希望的状态。专一性设计中最常见的是酶的设计，而专一性只与酶的底物结合部位有关，因而首先要理解其空间结构，然后才可能对其进行分子改造。

3. 框架性原则

通过对已测定的蛋白质三维结构进行分析，发现天然蛋白质大多是框架化的。如一些酶只有 3 个左右基团参与催化，还有几个基团参与结合底物，这些基团完成其使命的关键条件之一就是框架化。因此，催化部位和底物结合部位要适当地安装在大分子复合物之中，给予各个基团以适当的空间排布。要设计一个活性蛋白质分子，也必须框架化，以便提供各种活性基团的特定位置，而且还可携带其他必要的功能，如吸附、运输等。然而，人工设计的蛋白质框架并不需像天然蛋白质框架那样复杂，原因在于天然蛋白质的框架还有许多其他功能。在蛋白质分子设计中框架设计是最难的一步，对较小蛋白质的框架设计可以获得较好的结果，但是对复杂的较大蛋白质而言，需要预先获得其三维结构，然后通过大量的计算筛选所需的一级结构，但结果也很难预料。

4. 重要性原则

体现在两个方面。一个是经济价值与社会效益，即所进行的蛋白质分子设计与天然蛋白质相比是否能带来比较重要的经济效益，如节约生产成本、缩短生产周期、提高蛋白质的生物活性等；另一个是科学价值，即所进行的蛋白质分子设计能否带来科学研究的突破，如加深对蛋白质结构与功能关系的理解，了解蛋白质热动力学的作用机理等。

5. 可行性原则

蛋白质分子设计在满足以上几点后，还需考虑是否易于进行分子设计和后续的基因工程操作，即可行性的程度。设计思路不能太脱离实际，而应在承接前人的研究成果基础上，进行适宜的分子设计。

三、蛋白质分子设计的流程

根据上述原则，蛋白质分子设计的主要操作步骤包括以下几方面，见图6-3。

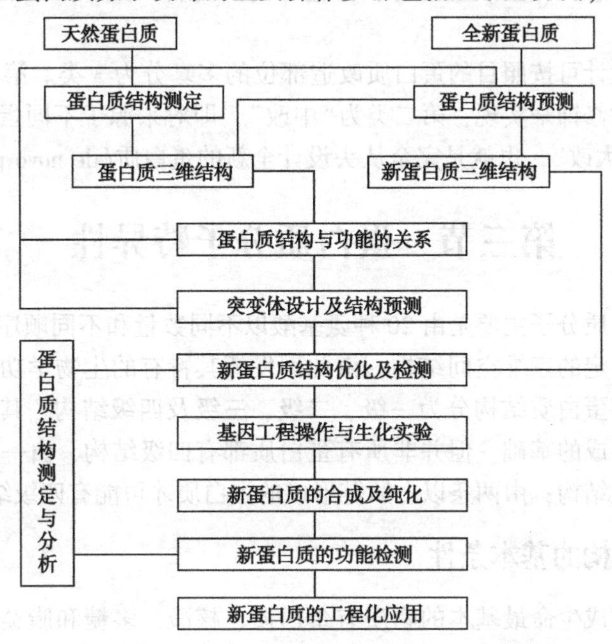

图6-3 蛋白质工程及蛋白质分子设计流程图

1. 设计蛋白质分子改造的方案

如果是基于天然蛋白质的分子改造，则只需确定待改造及替换后的氨基酸残基，但应考虑以下几点：一是不影响对蛋白质折叠和功能非常重要的区域与位置，二是保留与生物活性密切相关的氨基酸，三是替换的残基对结构特征的影响(如疏水作用、氢键、盐键、二硫键等)，四是替换的残基与附近未替换残基的相互影响。

2. 蛋白质三维结构预测

如果是基于天然蛋白质的分子改造，则可通过同源建模法进行；如果是全新蛋白质的设计，则需综合理论计算法、从头预测法、折叠识别法和同源建模法进行。

3. 蛋白质三维结构的检测

利用能量最小化法和蛋白质折叠动力学中熵差最小的原理，对获得的三维结构进行检测与优化，并利用蛋白质的结构-功能和结构-稳定性的相关基础知识，结合计算机模拟技术预测新蛋白质可能拥有的特殊性质。

4. 新蛋白质性质与功能的测定

利用基因工程技术将上述分子改造后的新蛋白质进行合成或表达、分离与纯化，然后通过生物化学、生物物理、物理化学等方法进行检测。

采用计算机进行蛋白质分子设计是有效实验设计的一种主要方法，但不能替代实验，正像蛋白质结构预测不能替代蛋白质结构测定一样。蛋白质分子设计的成功与否，需将理论与实验相结合。

四、蛋白质分子设计的类型及方法

蛋白质分子设计可以分为两个层次：一种是在立体结构已知的天然蛋白质基础上进行的分子设计，直接将三维结构信息与蛋白质的功能相关联的高层次的设计；另一种是借助于一级结构的序列信息及氨基酸的生物、物理与化学性质，在未知三维结构的情形下进行的分子设计。

蛋白质的分子设计可按照目的蛋白质改造部位的多寡分为3类。第一类为“小改”，可通过定点突变或化学修饰来实现；第二类为“中改”，即对来源于不同蛋白的结构域进行拼接组装；第三类为“大改”，也就是完全从头设计全新的蛋白质(de novo protein design)。

第三节　蛋白质分子特异性

复杂多样的蛋白质分子主要是由20种氨基酸以不同数量和不同顺序，通过肽键相连排列而成的，并具有一定的三维空间结构，由此而发挥其特有的生物学功能。根据蛋白质结构的不同层次，可将蛋白质结构分为一级、二级、三级及四级结构。其中，一级结构是蛋白质空间结构得以形成的基础。但并非所有蛋白质都有四级结构，由一条肽键形成的蛋白质只有一、二、三级结构；由两条以上肽链形成的蛋白质才可能有四级结构。

一、蛋白质结构的基本条件

在自然界中，构成生命最基本的物质有蛋白质、核酸、多糖和脂类等生物大分子，其中蛋白质最为重要，核酸则最为根本。各种生物功能、生命现象和生理活动往往是通过蛋白质来实现的，因此蛋白质不仅是生物体的主要组分，更重要的是它与生命活动有着十分密切的关系。在体内，蛋白质执行着酶催化作用，使新陈代谢能有序地进行，从而表现出各种生命的现象；通过激素的调节代谢作用，以确保动物正常的生理活动；产生相应的抗体蛋白，使人和动物具有防御疾病和抵抗外界病原侵袭的免疫能力；构建成的各种生物膜，形成生物体内物质和信息交流的通路和能量转换的场所。这一系列功能充分说明了蛋白质在生命活动中的重要作用，说明生命活动是不能离开蛋白质而存在的。

1. 蛋白质的化学组成

蛋白质在生命活动过程中之所以有如此重要作用，是由它自身的组成、结构、性质所决定的。从动、植物细胞中提取出来的各种蛋白质，经元素分析，均含有碳、氢、氧、氮及少量的硫元素。这些元素在蛋白质中多以大致一定的比例存在。有些蛋白质还含有微量的过渡金属元素，例如：铁、锌、钼和镍等元素。蛋白质经干燥后，其元素组成平均值，如表6-1所示。

表6-1　蛋白质元素含量

元素	含量	元素	含量	元素	含量
碳(C)	50%~55%	氢(H)	6.0%~7.0%	氧(O)	20%~23%
氮(N)	15%~17%	硫(S)	0.3%~2.5%		

一切蛋白质皆含有氮，并且大多数蛋白质含氮量比较接近而恒定，平均为16%。这是蛋白质元素组成的一个重要特点，也是各种定氮法测定蛋白质含量的计算基础。通常蛋白质的分子质量均在1000Da（1000Da＝1g/mol）以上，变化范围从10^4～10^6Da，结构很复杂。蛋白质易被酸、碱和蛋白酶催化水解成分子量大小不等的肽段和氨基酸，这一过程所获得的产物称为不完全水解或部分水解产物。两个或两个以上氨基酸残基组成的片段称为肽。短肽可以进一步被水解成氨基酸，并成为蛋白质水解的最小单位，是组成蛋白质的基本单位。从蛋白质水解物中分离出来的氨基酸有20种。除了脯氨酸外，所有的氨基酸均可用下式表示：

$$\begin{array}{c} R \\ | \\ (NH_2\text{—}CH\text{—}COOH) \end{array}$$

其中R代表侧链基团，不同氨基酸，R基团不同。生物化学中，氨基酸的名称一般使用三字母的简写符号表示，有时也用单字母的简写符号表示。这两套简写符号见表6-2。

表6-2　各种氨基酸的简写符号

名称	三字母符号	单字母符号	名称	三字母符号	单字母符号
丙氨酸	Ala	A	异亮氨酸	Ile	I
精氨酸	Arg	R	亮氨酸	Leu	L
天冬酰胺	Asn	N	赖氨酸	Lys	K
天冬氨酸	Asp	D	蛋氨酸	Met	M
Asn和/或Asp	Asx	B	苯丙氨酸	Phe	F
半胱氨酸	Cys	C	脯氨酸	Pro	P
谷氨酰胺	Gln	Q	丝氨酸	Ser	S
谷氨酸	Giu	E	苏氨酸	Thr	T
Glu和/或Gln	Glx	Z	色氨酸	Trp	W
甘氨酸	Gly	G	酪氨酸	Tyr	Y
组氨酸	His	H	缬氨酸	Val	V

如按照α-氨基酸（氨基酸是指氨基处于与羧基相连的碳原子上）中侧链R基的极性性质，组成蛋白质的20种常见的氨基酸可分为以下4组：①非极性R基氨基酸，这一组中共有8种氨基酸，其中5种是带有脂肪烃的氨基酸，即丙氨酸、亮氨酸、异亮氨酸、缬氨酸和脯氨酸；2种芳香族氨基酸，即苯丙氨酸和色氨酸；1种含硫氨基酸，即甲硫氨酸（蛋氨酸）。②不带电荷的极性基氨基酸，这一组中有7种氨基酸，即甘氨酸、丝氨酸、苏氨酸、酪氨酸、半胱氨酸、天冬酰胺和谷氨酰胺。③带正电荷的R基氨基酸，这一组氨基酸属于碱性氨基酸，即赖氨酸、精氨酸和组氨酸，在pH＝7.0时，表现出正电荷特性。④带负电荷的R基的酸性氨基酸有2种，即天冬氨酸和谷氨酸。这两种氨基酸均含有两个羧基，在pH6～7范围内完全解离，因而表现出负电荷特性。在蛋白质组成中，除了上述20种常见的氨基酸外，从少数蛋白质中还分离出一些α-氨基酸，如二碘酪氨酸、甲状腺素、羟脯氨酸等。

2. 氨基酸的物理性质

氨基酸呈无色结晶，各有特殊晶型。它们的熔点极高，一般在200～300℃左右。氨基酸是以两性离子形式存在的。由于各种氨基酸都具有特定的熔点，常用于定性鉴定。由于氨基酸分子上含有氨基和羧基，它既可接受质子，又可以释放质子，因此氨基酸属于两性电解质物质。每一种氨基酸都具有特定的等电点(PI)，如亮氨酸的PI为5.98，精氨酸为10.76，赖氨酸为9.74等。由于各种氨基酸分子上所含氨基、羧基等基团以及各种基团的解离程度不同，引起各种氨基酸的等电点的不相同。当溶液的pH值小于某氨基酸的等电点时，则该氨基酸带正电荷，若溶液中pH值大于某氨基酸的等电点时，则该氨基酸带负电荷。因此，在同一pH值条件下，各种氨基酸所带的电荷不同。根据这一性质，就可以通过调节溶液的pH值，使混合液中的各种氨基酸带上不同的电荷，再选用离子交换层析法或高压凝胶电泳技术把这些氨基酸混合物一一分开。目前常用于分离混合氨基酸技术有纸上层析法、离子交换法、薄层层析法、高压液相色谱法、高压凝胶电泳法和毛细管电泳法等。

二、蛋白质的一级结构

蛋白质是由许多氨基酸按一定的排列顺序通过肽键相连而成的多肽链。蛋白质的肽链结构成为蛋白质的化学结构，它包括氨基酸组成、肽链数目、末端组成、氨基酸排列顺序和二硫键位置等内容。一个氨基酸的氨基与另一氨基酸的羧基缩合失去一分子水，形成酰胺键，这种氨基酸之间连接的酰胺键又称为肽键，一般由三个或三个以上的氨基酸残基组成的肽称为多肽。下面为蛋白质中一段多肽链的模式结构，表示氨基酸之间的肽键。通常书写多肽或蛋白质肽链结构时，总是把含有游离α-NH_2端的氨基酸一端写在左边，称为N端，用“H”表示；把含游离的α-COOH的氨基酸一端写在右边，称为C端，用“OH”表示。在自然界中，多数蛋白质分子并不是由简单的单条肽链组成，即使是由单链组成，也存在分支或成环状现象。一般情况下，一个蛋白质分子中的肽链的数目应等于末端氨基残基的数目。因此可根据末端残基的数目来确定一种蛋白质分子是由几条肽链构成。

如果已知某种蛋白质含有几条肽链，则必须设法先分开这些肽链，然后再测定每条肽链的氨基酸序列。胰岛素分子由两条多肽链组成，分别称为A链和B链，两条肽链由两个二硫键连接起来，在A链内部还有一个二硫键，它将A链的第6和第11氨基酸残基连接起来。A链和B链分别由21个和31个氨基酸残基组成。人与猪和牛的胰岛素组成存在着1~2个氨基酸残基的差异，如用后两种动物的胰岛素治疗人的糖尿病时，其药效比直接采用人胰岛素低。这一现象说明了，每一种蛋白质的功能与它的肽链氨基酸序列和肽链构成的高级结构有着不可分割的联系。从上述胰岛素分子结构可知蛋白质一级结构就是由许多氨基酸按照一定的排列顺序，通过肽键相连接而成的多肽链结构，每一种蛋白质的肽链的氨基酸都有一定的排列顺序。蛋白质的一级结构是最基本的，它包含着决定蛋白质的高级结构的关键性因素。

三、蛋白质的高级结构

蛋白质的分子结构可划分为一级结构、二级结构、三级结构和四级结构，这些结构由各种化学键组成。蛋白质的分子构象又称为空间结构、高级结构、立体结构、三维结构等，是指蛋白质分子中所有原子在三维空间中的摆布情况和规律。

所谓蛋白质的二级结构是指多肽链主链骨架中的若干肽段，各自沿着某个轴盘旋或折叠，并以氢键维系，从而形成有规则的构象，如α-螺旋、β-折叠和β-转角等。α-螺旋和β-折叠是蛋白质构象的重要单元。二级结构不涉及氨基酸残基的侧链构象。Pauling和Corey

(1951 年)用 X 射线衍射技术研究多肽链的结构时，发现其中存在 α-螺旋，肽链折叠成螺旋形状。螺旋的螺距(pitch)，螺旋每绕一圈(360°)为 3.8 个氨基酸残基，每个重复单位沿螺旋轴上升 1.5A。β-折叠是一种肽链相对伸展的结构。在这种结构模型中，肽链按层排列，在相邻的肽链之间形成氢键，得以巩固这种结构。肽链的走向有正平行式和反平行式，正平行式即所有肽链的 N 末端都在同一端，如 β-角蛋白。反平行式即肽链的 N 端一顺一倒地排列，如丝心蛋白。从能量角度考虑，反平行式更为稳定。在天然蛋白质变性时，往往就包含 α-螺旋向 β-折叠的转变。

在自然界中，多数蛋白质的空间结构呈球状，它比纤维型蛋白质的结构要复杂得多。球状蛋白不是简单地沿着一个轴有规律地重复排列，而是在三维空间中沿着多方向进行卷曲、折叠、盘绕而成的近似球形的结构。这种在二级结构基础上的肽链再折叠，称为蛋白质的三级结构。维持蛋白质构象的作用力有 4 种非共价键类型：①R 基之间的氢键；②非极性 R 基之间的疏水基相互作用(范德华引力)；③α-螺旋和 β-折叠中的肽链内或肽链间的氢键；④带正负电荷的 R 基之间的离子键。维持蛋白质的三级结构最重要的作用力是疏水键的相互作用。从共价结构上看，亚基就是蛋白质分子的最小共价单位。亚基一般是由一条多肽链组成的，但有的亚基也可以由几条多肽链组成，这些多肽链通常以二硫键相连接成为亚基。由亚基聚合而成的蛋白质分子称为寡聚蛋白。由亚基组成的寡聚蛋白结构被称为四级结构，侧重强调亚基之间的相互作用和空间排布情况。由相同的亚基构成的四级结构，叫均一四级结构；由不同亚基组成的四级结构，叫非均一四级结构。四级结构不是靠共价键结合的，维持四级结构的主要力靠疏水键，氢键、离子键和范德华引力也参与维持四级结构的稳定性，但是它们可能仅仅起到次要的作用。此外，在个别的情况下，二硫键等也参与维持四级结构。四级结构中的聚合物，大致可分为不对称性的聚合物和对称性的聚合物。前者可分为大小亚基，例如核糖体；后者可进一步分为三亚类，即空间对称、线对称和点对称。如胰岛素结构呈空间对称；微管和丝状噬菌体结构呈线对称。而点对称是蛋白质四级结构中最为常见的。构成四级结构的原体可排列成二聚体、三聚体、四聚体、五聚体，最多可聚合成六十聚体等。例如酵母已糖激酶、前白蛋白和醇脱氢酶为二聚体蛋白质；细菌叶绿素蛋白和捕光叶绿素蛋白均为三聚体的结构等。

四、蛋白质分子间的相互关系

在一定的条件下，蛋白质亚基的聚合可以被解离成游离的亚基，但在适当的条件下，这些游离的亚基又能重新聚合成具有四级结构的蛋白质分子。例如棕色固氮菌固氮酶钼铁蛋白分子是由两个相同的 α 亚基和两个相同的 β 亚基所构成的四聚体和。在较低的蛋白质浓度或较低的 pH 值、离子强度下，这种四聚体可解离成 α 和 β 亚基，但在较高的蛋白浓度或较高的 pH 值、离子强度下，又能够重组成具有四聚体结构的钼铁蛋白分子。

在特殊环境条件下，某些具有四级结构的蛋白质分子之间，一种蛋白质分子的亚基可以与另一种蛋白质的亚基聚合，并产生有活性的杂交分子。这一过程也是一种分子杂交。例如，不同来源的固氮酶均由钼铁蛋白和铁(硫)蛋白(Iron protein)组成的，它能在常温常压下催化空气中的 N_2成为 NH_3。实验结果表明：棕色固氮菌固氮酶钼铁蛋白能够分别与肺炎克氏杆菌和红螺藻等固氮酶铁(硫)蛋白产生分子杂交反应，并表现出一定的固氮活性；同样，棕色固氮菌固氮酶的铁(硫)蛋白分子也能与上述固氮菌钼铁蛋白分子聚合，形成能表达固氮活性的杂交的固氮酶复合物。

不少多肽和蛋白质分子，不论其是否由亚基组成，都能聚合成聚合物。例如胰岛素单体在特定溶液中能产生聚合数目大于6的高聚体。由单体形成二聚体的主要结合力有疏水键和氢键。蛋白质亚基或分子的聚合方式有各种各样，并产生不同的聚合体，如环状、螺旋状、线状或球状等。近十年来，大量的实验结果表明，在特定的条件下，蛋白质能表现出自动装配功能，如烟草花叶病毒和某些细胞器(如核糖体)在拆散了各种蛋白质、核酸后，又能自动装配成具有功能的烟草花叶病毒和某些细胞器碎片。

蛋白质分子所具有的多种多样的生物学功能是与它们特殊的和复杂的结构紧密相关的。结构决定功能，功能不同的蛋白质总是有不同的序列。一级结构决定空间结构，影响蛋白质的生理功能。一级结构相似的蛋白质，其空间构象和功能也相近。空间结构破坏，可导致蛋白质的理化性质和生物学性质的变化，这就是蛋白质变性。变性的蛋白质，只要其一级结构仍然完好，可在一定条件下恢复其空间结构，随之理化性质和生物学性质也可恢复，这被称为复性。牛胰核糖核酸酶(RNase)变性和复性的实验是蛋白质结构与功能关系的很好例证。RNase是由124个氨基酸残基组成的一条肽链，分子中8个半胱氨酸的巯基构成4对二硫键，进而形成具有一定空间构象的活性蛋白质。天然RNase遇尿素和β-巯基乙醇时发生变性，其分子中的氢键和4个二硫键断裂，严密的空间结构遭破坏，丧失生物学活性，但一级结构没有破坏。若去除尿素和β-巯基乙醇，RNase又恢复其原有构象和生物学活性。RNase分子中的8个巯基若随机排列成二硫键可有105种方式，复性时又形成了自然活性酶的方式，这是由肽链中氨基酸排列顺序决定的。可见蛋白质一级结构是空间结构的基础。

在蛋白质合成过程中还需有形成空间结构的控制因子，这就是分子伴侣(molecular chaperons)。在蛋白质合成时，尚未折叠的肽段有许多疏水基团暴露在外，因此具有分子内或分子间聚集的倾向，从而影响蛋白质的正确折叠。分子伴侣可以与未折叠的肽段进行可逆的结合，引导肽链的正确折叠并集合多条肽链成为较大的结构。例如，热休克蛋白就是分子伴侣的一个家族。一般说来，蛋白质结构与功能的关系包含着两个方面的问题：①蛋白质必须具备特定的结构，才能表现特定的功能，在蛋白质肽链中有一些基团对特定功能而言是必需基团，另一些是非必需基团。②在体内，蛋白质分子是如何利用它的特定结构执行特定的生物功能的。尽管这两个问题所涉及的问题比较广，情况较复杂，但近几十年来，随着生物化学与分子生物学技术的快速发展，许多蛋白质的结构与功能的关系的奥秘正在逐步被揭示。例如蛋白质组与神经信号传导关系就是一个很活跃的研究领域。同源蛋白质(homologous protein)是指在不同的有机体中实现同一功能的蛋白质，但这些同源蛋白质中的氨基酸序列存在着种属的差异性，例如，哺乳动物胰岛素分子结构都是由A链和B链构成，二硫键配对和一级结构均相似，它们都执行相同的调节血糖代谢等功能。比较来源不同的胰岛素的一级结构，可能有某些差异，但与功能相关的结构却总是相同。不同种属来源的胰岛素，其一级结构的差异可能是分子进化的结果。细胞色素C是研究蛋白质一级结构的种属差异与分子进化的又一例证。比较60种不同种属来源细胞色素C的一级结构，其中有些氨基酸残基易变，但有27个氨基酸残基不变。这27个不变的氨基酸残基是保证结合血红素、识别与结合细胞色素氧化酶和泛醌细胞色素C还原酶、维持构象和传递电子所必要的。若蛋白质的一级结构发生变化则会影响其正常功能，进一步引起疾病，被称为分子病。镰刀形红细胞贫血症就是分子病的典型例子。有时同种有机体来源的一种蛋白质，经高度纯化后，可以分出两种或两种以上的存在方式，但它们的氨基酸序列差异往往是很细微的，只有1~2个氨基酸残基或某一个基团的差别。此外，随着蛋白质分离技术的发展，许多原认为是均一组成的蛋白质，经不同的分离技术可获得细微差别的不同组分，例如，牛胰岛素在逆流分配和凝胶电泳过程中可获得仅一个酰胺基差别的两个成分，这一现象通常称为微观差异。

目前，在化学结构和空间结构已经阐明的酶蛋白，其酶分子的活性中心与底物结合时整个酶分子的立体构象有所扭动，这种扭动引起的张力正是促使底物化学键容易发生断裂的基本原因。

五、蛋白质分子构象与功能的关系

蛋白质的功能与其特定的构象密切相关。蛋白质构象是其生物活性的基础，构象发生改变，其功能活性也随之改变。下面以核糖核酸酶和血红蛋白为例说明蛋白质构象与功能的关系。前者为一单链多肽具有三级结构，后者由四条多肽链聚合而成具有四级结构。核糖核酸酶是由124个氨基酸残基组成的单链蛋白质，分子中有4个二硫键及许多氢键维系其空间构象。用8M尿素和β-巯基乙醇处理核糖核酸酶，尿素破坏维系其空间结构的氢键，β-巯基乙醇将其分子中的二硫键还原为巯基，该酶的正常构象被破坏，酶活性逐渐消失。但如果将此酶放入透析袋中，去掉尿素及β-巯基乙醇，使多肽链上的巯基温和、缓慢地氧化，重新形成二硫键，酶的活性又逐渐地恢复。以上充分证明核糖核酸酶的空间构象与功能之间的密切关系，也是一级结构决定高级结构的典型例子。

蛋白质的生物学功能与它的空间结构密切相关的更典型的例子是蛋白质或酶分子的变构效应或变构调节。血红蛋白是由两个α亚基、两个β亚基组成的四聚体。每个亚基含有一个亚铁血红素辅基，辅基上含有的铁（Fe^{2+}）能与O_2结合。血红蛋白四个亚基间通过盐键联接，当一个亚基与O_2结合后，由于亚基构象改变而使有关盐键断裂，这就大大加速了相邻亚基结合分子O_2的速度，增强了血红蛋白对O_2的亲和力。这一特性对红细胞内血红蛋白的运氧功能有重要的调节作用。凡蛋白质分子因与某种小分子物质相互作用发生构象变化，因而改变了这种蛋白质与其他分子进行反应的能力，这一现象称为变构作用。这种在生物体内广泛存在的变构调节机制充分说明蛋白质的四级结构与功能之间的密切关系。

第四节　蛋白质工程原理

所谓的蛋白质工程是利用反向生物学技术，其基本思路是按期望的结构寻找最适合的氨基酸序列，通过计算机设计，进而模拟特定的氨基酸序列在细胞内或在体内环境中进行多肽折叠而成三维结构的全过程，并预测蛋白质的空间结构和表达出生物学功能的可能及其高低程度。

蛋白质工程的研究层次已经深入到基因内部，而且所进行的一切改变都是理性的，有目的的和有根据的，其结果一般的说是可以预期的，而不是盲目的，因此，蛋白质工程从一开始就显示出无限的发展前景。在20余年的实践过程中，无论是在基础理论研究领域，还是在生产实际应用方面，蛋白质工程研究均已取得了惊人的成绩，使得生命科学的研究发生了深刻的变化。

一、蛋白质工程的理论研究

蛋白质工程的基本原理　蛋白质的功能是DNA决定的，那么要制造出新的蛋白质，就要改造DNA，所以蛋白质工程的原理应该是中心法则的逆推。天然蛋白质合成的过程是按照中心法则进行的：基因→表达(转录和翻译)→形成氨基酸序列的多肽链→形成具有高级结构的蛋白质→行使生物功能；而蛋白质工程却与之相反，它的基本途径是：从预期的蛋白质功能出发→设计预期的蛋白质结构→推测应有的氨基酸序列→找到相对应的脱氧核苷酸序列(见图6-4)。

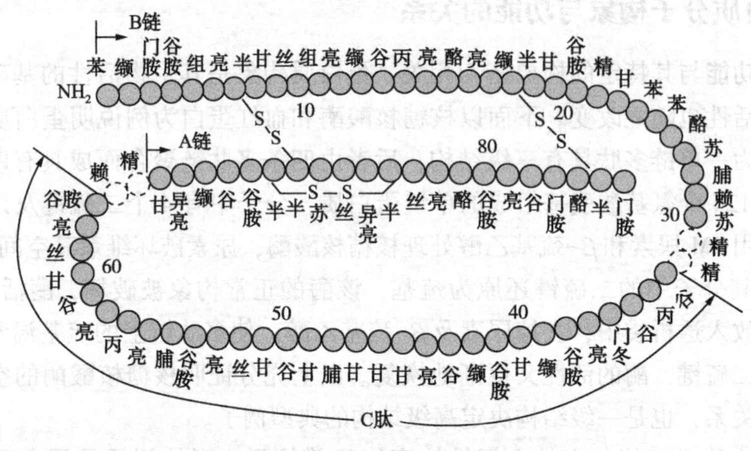

图6-4　蛋白质结构框架

二、基因水平改造蛋白质

1. 定点诱变

随着分子生物学技术的发展，特别是基因克隆技术的应用，分离并研究单基因的结构与功能已成为一种常规的工作。与此相适应，基因诱变技术也有了极大的发展。现在，人们不仅能够对多细胞或是有机体作诱变处理，并从成千上万突变群体中筛选出期望的突变体，而且还能在体外试管中通过碱基取代、插入或缺失使基因DNA序列中任何一个特定的碱基发生改变，从而改变某些蛋白质的功能。这种体外特异性改变某个碱基的技术，叫作定点诱变(sitedirected mutagenesis)。说明蛋白质工程与基因工程存在着不可分割的联系(见表6-3)。由于定点诱变具有简单易行重复性高等优点，现已发展成为基因操作的一种技术。这种技术不仅适用于基因结构与功能的研究，还可通过改变基因的密码子来改造天然蛋白质。具有目的性和针对性较强等优势。目前已发展的定点诱变方法主要有寡核苷酸引物诱变、PCR诱变、盒式诱变等，下面将逐一讨论。

表6-3　蛋白质工程与基因工程的关系

	蛋白质工程	基因工程
实质	通过改造基因，以定向改造天然蛋白质，甚至创造自然界不存在的蛋白质	将目的基因从供体转移到受体细胞，并在受体细胞中表达
结果	合成自然界不存在的蛋白质	只能生产自然界已存在的蛋白质
联系	只能生产自然界已存在的蛋白质	

(1) M13DNA 寡核苷酸诱变

寡核苷酸定点诱变技术所依据的原理是按照体外 DNA 重组技术，将待诱变的目的基因插入到 M13 噬菌体上，制备此种含有目的基因的 M13 单链 DNA，即正链 DNA。再使用化学合成的含有突变碱基的寡核苷酸短片段作引物，启动单链 DNA 分子进行复制，随后这段寡核苷酸引物便成为新合成的 DNA 子链的一个组成部分。因此所产生的新链便具有已发生突变的碱基序列。为了使目的基因的特定位点发生突变，所设计的寡核苷酸引物的序列除了所需的突变碱基外，其余的则与目的基因编码链的特定区段完全互补。

M13 寡核苷酸诱变过程的主要步骤如下(见图 6-5)：

① 正链 DNA 的合成。将目的基因克隆到 M13 噬菌体中，制备含有目的基因的 M13 单链 DNA，即正链 DNA。

② 突变引物的合成。应用化学法合成带错配碱基的诱变剂寡核苷酸片段，即寡核苷酸引物，其中除了含有特殊的突变碱基外，其他碱基与目的 DNA 的适当区域互补。

③ 异源双链 DNA 分子的制备。将突变引物 DNA 与含目的基因的 M13 单链 DNA 混合退火，使引物与待诱变核苷酸部位及其附近形成一小段具有碱基错配的异源双链的 DNA。在 Klenow 片段催化下，引物链便以 M13 单链 DNA 为模板继续延长，直至合成全长的互补链，然后再由 T_4DNA 连接酶封闭缺口，最终在体外合成出闭环异源双链的 M13DNA 分子。

④ 闭环异源双链 DNA 分子的富集和转化。因为在体外合成异源双链的 M13DNA 分子后，尚余有单链 M13 噬菌体 DNA 或具裂口的双链 M13DNA 分子，转化大肠杆菌后，也会增殖而产生很高的转化本底。故转化前应使用 S_1 核酸酶处理法，或碱性蔗糖梯度离心法，减少本底，使闭环的异源双链的 M13DNA 分子得到富集。然后将富集的闭环异源双链 M13DNA 分子转化给大肠杆菌细胞后，产生出同源双链 DNA 分子。

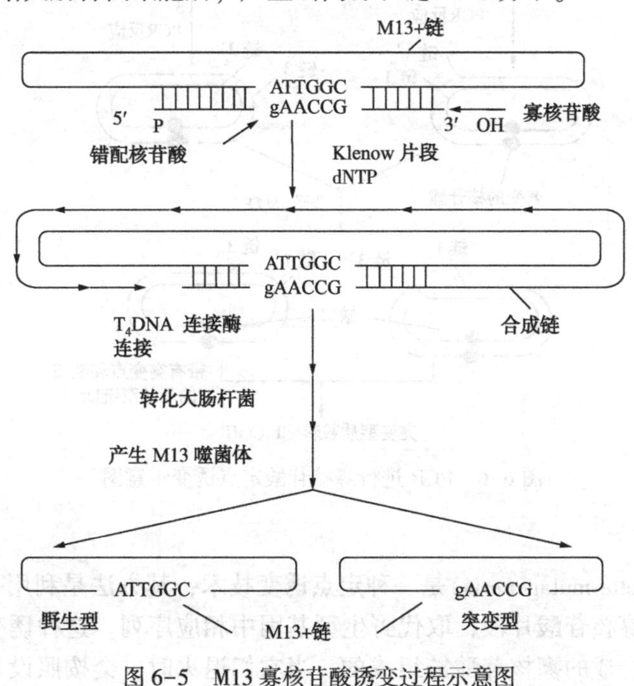

图 6-5　M13 寡核苷酸诱变过程示意图

⑤ 突变体的筛选。闭环异源双链 DNA 分子转化大肠杆菌后可产生野生型和突变型两种转化子，二者混合存在，故需进行筛选以获得突变型转化子。常用筛选方法有链终止序列分析法、限制位点法、杂交筛选法和生物学筛选法。其中杂交筛选法最简单也最有用。在杂交实验中，以诱变剂寡核苷酸为探针，在不同温度下进行噬菌体斑杂交，选择突变体克隆。由于探针与野生型 DNA 之间存在着碱基错配，而与突变型则完全互补，于是便可以根据两者杂交稳定性的差异，筛选出突变型的噬菌斑。

⑥ 突变基因的鉴定。对突变体 DNA 作序列分析，检测突变体的序列结构特点，有助于确定在诱变过程中是否引入其他偶然错配。

（2）PCR 定点诱变

PCR 定点诱变又称为 PCR 寡核苷酸定点诱变，该法具有简单、快捷的特点，其基本原理及操作程序如下（图 6-6）：①将待诱变靶基因克隆到质粒载体上，并分装到两个反应管中；②在每一个反应管中加入两种特定的引物，其中引物 1 和 3 均含有错配核苷酸，但两个引物分别与质粒 DNA 的不同链不完全互补，引物 2 和 4 均不含有错配核苷酸，二者分别与质粒 DNA 的引物 1 和 2 杂交链的互补链完全互补；③进行 PCR 扩增获得含有突变碱基的线型质粒 DNA；④将两个反应管中的线型质粒 DNA 混合，再经过变性和复性，一个反应管中的一条链和另一个反映管中的互补链杂交，通过两个黏性末端形成带有缺口的环状 DNA 分子；⑤转化人大肠杆菌，环状 DNA 分子的缺口可被大肠杆菌修复。如果同一反应管中的两个互补链又互相杂交，则继续形成线状 DNA 分子，在大肠杆菌中不稳定，易被降解。该方法把特异突变点导入直隆基因，无须把基因插入 M13 中，即可在大肠杆菌中进行表达。

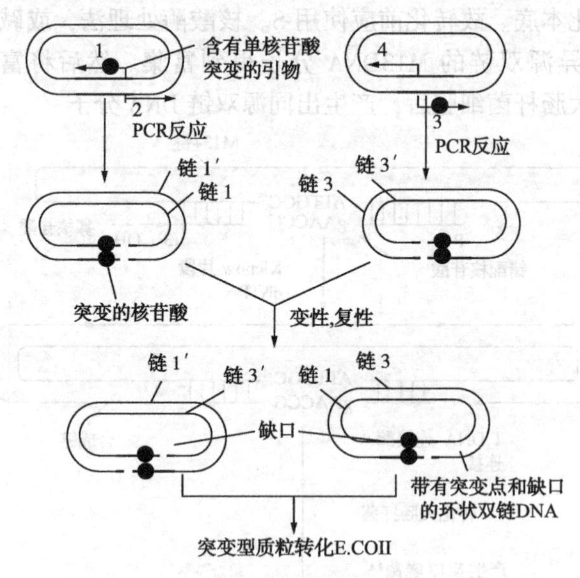

图 6-6　PCR 进行寡核苷酸定点诱变示意图

（3）盒式诱变

盒式诱变（cassette mutagenesis）是一种定点诱变技术，其方法是利用一段人工合成的具有突变序列的双链寡核苷酸片段，取代野生型基因中相应序列。这种诱变的双链寡核苷酸片段是由两条人工合成的寡核苷酸链组成的，当它们退火时，会按照设计要求产生出克隆需要的黏性末端。这些合成的寡核苷酸片段就好像不同的盒式录音磁带，可随时插入到已制备好的载体分子（“录音机”）上，便可以获得数量众多的突变体，故称为盒式诱变。该方法的优点是简单易行，突变效率高。

2. 非定点诱变

定点诱变通常需要了解目的序列的详细情况，当缺乏这方面的资料和信息时，定点诱变方法的利用就受到限制。在这种情况下，利用随机诱变方法，在目的序列中产生突变。仍可以用于研究目的蛋白或目的核酸序列的结构和功能。其劣势在于突变位点多，诱变结果难预测，后期必须进行蛋白质测定。

非定点诱变又称随机诱变(random mutagenesis)的工作原理(见图6-7)是，将待突变基因克隆在一个载体的特定位点上，其下游紧接着是两个限制性核酸内切酶的酶切位点(RE1，RE2)，前一酶切位点是5′突出(3′凹陷)的单链末端，后一酶切位点是3′突出(5 7凹陷)的单链末端。然后用1大肠杆菌核酸外切酶Ⅲ(exonucleaseⅢ，ExoⅢ)处理酶切缺口。EcoⅢ的主要活性是催化双链DNA自3′-羟基端逐一释放5′单核苷酸，其底物是线性双链DNA或有缺口的环状DNA，而不能降解单链或双链DNA的3′突出末端。因此，当用ExoⅢ处理时，则可逐一水解3′凹陷末端。在适当时机，终止ExoⅢ的酶切反应，缺口用Klenow补平，底物为4种dNTP，再加上一种脱氧核苷酸的类似物。在缺口填补过程中，这个类似物会掺入到DNA链上的一处或多处。再用S1核酸酶处理单链末端，形成平头末端，并用T. DNA连接酶连接。这种重组质粒转化大肠杆菌后，50%的基因上携带有错配的碱基，导致位点变异。

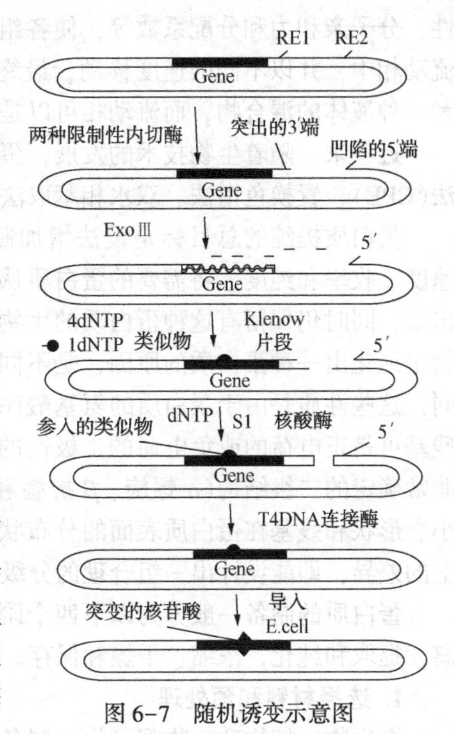

图6-7 随机诱变示意图

随机诱变的缺点是必须检测每个克隆，看看哪一个产生了具有期望特性的蛋白质。这种检测不是一个简单的工作，但这是发现有新特性蛋白质的唯一方法。一旦发现了有潜在优点的突变体，通过确定哪个位点突变了可以确定克隆基因的序列。

第五节 蛋白质的纯化和鉴定技术

一、蛋白质的分离纯化原理及步骤

蛋白质在组织或细胞中一般都是以复杂的混合物形式存在，每种类型的细胞都含有成千种不同的蛋白质。蛋白质的分离和提纯工作是一项艰巨而繁重的任务，到目前为止，还没有一个单独的或一套现成的方法能把任何一种蛋白质从复杂的混合物中提取出来，但对任何一种蛋白质都有可能选择一套适当的分离提纯程序，采取几种方法联合使用来获取高纯度的产品。

蛋白质的分离纯化方法很多，主要有根据蛋白质溶解度不同的分离方法，如蛋白质的盐析、等电点沉淀法、低温有机溶剂沉淀法等；根据蛋白质带电性质进行分离的方法，如电泳法、离子交换层析法(IEC)；根据不同配体特异性的分离方法，如亲和层析法；根据蛋白质分子大小差别的分离方法，如透析与超滤、凝胶过滤层析法(GFC)等。其中透析法是利用半透膜将分布大小不同的蛋白质分开；超滤法是利用高压力或离心力，使水和其他小的溶质分子通过半运膜，而蛋白质团在膜上，可选择不同孔径的滤膜截留不同相对分子质量的蛋白质。

上述分离方法中的凝胶过滤层析法、离子交换层析法、亲和层析法均属于层析法。层析法是利用待分析样品各组分物理化学性质的差异，如吸附力、分子形状和大小、分子极性、分子亲和力和分配系数等，使各组分以不同程度分布在互不相溶的两相，即固定相和流动相中，并以不同的速度移动，最终彼此分开。固定相可以是固体、液体、或一种团体和一种液体的混合物，而流动相可以是一种液体或一种气体。

近年来，随着生物技术的发展，蛋白质分离纯化的技术也有不少发展，比如浊点萃取法(CPE)、置换色谱法、双水相萃取法等。

蛋白质提纯的总目标是设法增加制品纯度或比活性，对纯化的要求是以合理的效率、速度、收率和纯度，将需要的蛋白质从细胞的全部其他成分特别是不想要的杂蛋白中分离出来，同时仍保留有这种蛋白质的生物学活性和化学完整性。能从成千上万种蛋白质混合物中纯化出一种蛋白质的原因，是不同的蛋白质的物理、化学和生物学性质有着极大的不同，这些性质是由于蛋白质的氨基酸序列和数目不同造成的，连接在多肽主链上的氨基酸残基可是正电荷的或负电荷的、极性的或非极性的、亲水的或疏水的，此外多肽可折叠成非常确定的二级结构(α螺旋、β折叠和各种转角)、三级结构和四级结构，形成独特的大小、形状和残基在蛋白质表面的分布状况，利用待分离的蛋白质与其他蛋白质之间在性质上的差异，即能设计出一组合理的分级分离步骤。

蛋白质的制备一般分为以下四个阶段：选择材料和预处理，细胞的破碎及细胞器的分离，提取和纯化，浓缩、干燥和保存。

1. 选择材料和预处理

微生物、植物和动物都可作为制备蛋白质的原材料，所选用的材料主要依据实验目的来确定。对于微生物，应注意它的生长期，在微生物的对数生长期，酶和核酸的含量较高，可以获得高产量。以微生物为材料时有两种情况：①利用微生物菌体分泌到培养基中的代谢产物和胞外物质等；②利用菌体含有的生化物质，如蛋白质、核酸和胞内酶等。植物材料必须经过去壳、脱脂，并也应注意植物品种和生长发育状况不同，其中所合生物大分子的量变化很大，此外与季节性关系应密切。对动物组织，必须选择有效成分含量丰富的脏器组织为原材料，先进行绞碎、脱脂等处理。另外，对预处理好的材料，若不立即进行实验，应冷冻保存，对于易分解的生物大分子应选用新鲜材料制备。对于天然不易得到的蛋白质，可通过工程菌或工程细胞表达而获得。

2. 细胞的破碎及细胞器的分离

(1) 细胞的破碎动物、植物组织或细胞破碎

细胞的破碎动物、植物组织或细胞破碎的方法，一般采用匀浆、电动捣碎或超声破碎等法。如破碎大肠杆菌，可采用反复冻融、超声或溶菌酶法。

① 高速组织捣碎：将材料配成稀糊状液，放置于筒内约1/3体积，盖紧筒盖，将调速器先拨至最慢处，开动开关后，逐步加速至所需速度。此法适用于动物内脏组织、植物肉质种子等。

② 玻璃匀浆器匀浆：先将剪碎的组织置于管中，再套入研干来回研磨，上下移动，即

可将细胞研碎。此法细胞破碎程度比高速组织捣碎机为高，适用于量少的动物脏器等组织。

③ 超声波处理法：用一定功率的超声波处理细胞悬液，使细胞急剧震荡破裂，此法多适用于微生物材料。用大肠杆菌制备各种酶，常选用 50~100mg/mL。在 1~10kg 频率下处理 10~15min，此法的缺点是在处理过程中会产生大量的热，应采取相应降温措施。对超声波敏感的核酸应慎用。

④ 反复冻融法：将细胞在-20℃以下冰冻，室温融解，反复几次，由于细胞内形成冰粒使剩余细胞液的盐浓度增高引起溶胀，使细胞结构破碎。

⑤ 化学处理法：有些动物细胞，例如肿瘤细胞可采用十二烷基磺酸钠(SDS)、去氧胆酸钠等去垢剂破坏细胞膜；细菌细胞壁较厚，可采用溶菌酶处理效果更好。

无论用哪一种方法破碎组织细胞，都会使细胞内蛋白质或核酸水解酶释放到溶液中，使大分子生物降解，导致天然物的质量减少，加入二异丙基氟磷酸(DFP)可以抑制或减慢自溶作用；加入碘乙酸可以抑制那些活性中心需要有巯基的蛋白水解酶的活性，加入苯甲磺酰氯化物(PMSF)也能清除蛋白水解酶活力，但不是全部；还可通过选择 pH、温度或离子强度等，使这些条件适合于目的物质的提取。

(2) 细胞器的分离

细胞内不同结构的密度和大小都不相同，在同一离心场内的沉降速度也不相同，根据这一原理，常用不同转速的离心法，将细胞内各种组分分级分离出来。

分离细胞器最常用的方法是将组织制成匀浆，在均匀的悬浮介质中用差速离心法进行分离，其过程包括组织细胞匀浆、分级分离和分析这三步，这种方法已成为研究亚细胞成分的化学组成、理化特性及其功能的主要手段。

匀浆应在低温条件下，将组织放在匀浆器中，加入等渗匀浆介质(即 0.25 mol/L 蔗糖、0.003 mol/L 氯化钙)进行破碎细胞使之成为各种细胞器及其包含物的匀浆。

分级分离是由低速到高速离心逐渐沉降。先用低速离心使较大的颗粒沉淀，再用较高的转速，将浮在上演液中的颗粒沉淀下来，从而使各种细胞结构，如细胞核、线粒体等得以分离。由于样品中各种大小和密度不同的颗粒在离心开始时均匀分布在整个离心管中，所以每级离心得到的第一次沉淀必然不是纯的最重的颗粒，需经反复悬浮和离心加以纯化。

分级分离得到的组分，可用细胞化学和生化方法进行形态和功能鉴定。

3. 将蛋白质混合物分离的方法

(1) 根据蛋白质分子大小差别分离的方法

蛋白质分子是高分子化合物，其种类繁多，标准分子质量差别很大，据此设计了纯化的方法，可使蛋白质混合物得到初步分离。

① 透析和超滤

透析法是利用较大的蛋白质分子不能通过半透膜的原理设计的，半透膜具有一定的孔径，对通过的分子大小有一定的选择性。半透膜一般选用赛璐珞、赛璐珞酚等材料做成的透析袋，使用前透析袋要预处理，以消除附着的重金属、蛋白水解酶和核酸酶。处理时，将透析袋放入 0.5mol/L EDTA 溶液中煮 0.5h，弃去溶液，换上水，再煮几次，储存在 0.01%叠氮钠的水中(4℃)，使用时用镊子或戴手套操作。

在透析过程中，大分子蛋白质不能通过半透膜而滞留在透析袋内，小分子物质可以自由进出透析袋，直到它们在透析袋内外的浓度达到平衡。透析时需反复更换透析液，使小分子物质较完全地除去。透析过程中可测定透析外液中的某种小分子的浓度，以检查透析结果。采用硫酸铵分步沉淀蛋白质后，需用透析法除去蛋白溶液中的硫酸铵，可用氯化钡溶液检查透析外液。若透析完全，则加 $BaCl_2$后无变化，否则会有白色沉淀产生。

为了保持蛋白质在透析过程中的稳定性，透析液一般选用一定 pH 的缓冲液，温度保持恒定。透析过程是较慢的扩散过程，所以比较耗时，起码要 10 h 以上，甚至几天。为缩短透析时间，透析液要不断地搅拌，并且勤换。

超滤法是利用高压力或离心力，使水和其他小的溶质分子通过半透膜，而蛋白质留在膜上，从而浓缩了蛋白质并缩短了操作时间，可选择不同孔径的滤膜截留不同分子量的蛋白质。

透析在纯化中极为常用，可除去盐类(脱盐及置换缓冲液)、有机溶剂、低分子量的抑制剂等。

② 离心分离

物质分子大小、形态和质量不同，它们在离心场中表现出不同的行为。原则上，质量大的分子沉降速度快；而体积大的分子阻力大，沉降较慢。

差速离心法：即逐步分级加大离心力。开始在一个较低的速度下离心，使可溶部分和不溶部分分开。再取上清液后加大离心速度，使某些沉降系数大的物质沉淀，其他物质仍保留在溶液中；再次取上清液，加大离心力，又会获得另一些沉淀物质。反复多次，可将混合物根据沉降行为的不同逐级被分开。但分辨率较低，仅适用于粗提或浓缩。

等密度梯度离心：又称沉降平衡，是根据物质的密度大小而进行的。在离心管中造成一个密度环境，使分离物在离心力的作用下，各自停留在其密度相同的区域，从而达到分离的目的。常用的离心介质有蔗糖、聚蔗糖、氯化铯、溴化钾、碘化钠等。

③ 凝胶过滤

也称分子排阻层析或分子筛层析，这是根据分子大小分离蛋白质混合物最有效的方法之一，注意使要分离的蛋白质分子量在凝胶的工作范围内。选择不同的分子量凝胶可用于脱盐、置换缓冲液及利用分子量的差异除去不要的物质。最常用的填充材料是葡聚糖凝胶(Scphadex gel)和琼脂糖凝胶(Sepharose gel)。

(2) 根据蛋白质溶解度不同分离的方法

影响蛋白质溶解度的外界因素很多，其中主要有：溶液的 pH、离子强度、介电常数和温度，但在同一特定外界条件下，不同的蛋白质具有不同的溶解度。适当改变外界条件，可控制蛋白质混合物中某一成分的溶解度。

中性盐对蛋白质的溶解度有显著影响，一般在低盐浓度下随着盐浓度的升高，蛋白质的溶解度增加，称为盐溶。这是由于在低盐浓度的蛋白质溶液中，由于静电作用，使蛋白质分子外围聚集了一些带相反电荷的离子，从而加强了蛋白质和水的作用，减弱了蛋白质分子间的作用，故增加了蛋白质的溶解度。当盐浓度继续升高时，大量的盐离子可和蛋白质离子竞争溶液中的水分子，从而降低了蛋白质分子的水合程度，于是蛋白质胶粒凝结并沉淀析出，这种现象称为盐析。盐析时若溶液 pH 在蛋白质等电点则效果更好。由于各种蛋白质分子颗粒大小、亲水程度不同，故盐析所需的盐浓度也不一样，因此调节混合蛋白质溶液中的中性盐浓度可使各种蛋白质分段沉淀。

(3) 根据蛋白质带电性质分离的方法

根据蛋白质在不同 pH 环境中带电性质和电荷数量不同，可将其分开。

① 电泳法

各种蛋白质在同一 pH 条件下，因相对分子质量和电荷数量不同而在电场中的迁移率不同难以分开。值得重视的是等电聚焦电泳，这是利用一种两性电解质作为载体，电泳时两件电解质形成一个由正极到负极逐渐增加的 pH 梯度，当带一定电荷的蛋白质在其中泳动时，到达各自等电点的 pH 位置就停止，此法可用于分析和制备各种蛋白质。

② 离子交换层析法

离子交换剂有阳离子交换剂和阴离子交换剂，当被分离的蛋白质溶液流经离子交换层析柱时，带有与离子交换剂相反电荷的蛋白质被吸附在离子交换剂上，随后用改变 pH 或离子强度的方法将吸附的蛋白质洗脱下来。

（4）基因工程构建的纯化标记

通过改变 cDNA 在被表达的蛋白质的氨基端或羧基端加入少许几个额外氨基酸，这个加入的标记可用来作为一个有效的纯化依据。

① GST 融合载体。使要表达的蛋白质和谷胱甘肽 S 转移酶一起表达，然后利用 Glutathione Sepharose 4B 作亲和纯化，再利用相应的蛋白水解酶切开。

② 蛋白 A 融合载体。使要表达的蛋白质和蛋白 A 的 igG 结合部位融合在一起表达，以 igG Sepharose 纯化。

③ 组氨酸标记融合载体(Histidine-tagged)。最常用的标记之一，是在蛋白质的氨基瑞加上 6~10 个组氨酸，在一般或变性条件(如 8M 尿素)下借助 Chelating Sepharose 与 Ni^{2+} 螯合柱紧紧结合的能力，用咪唑洗脱，或将 pH 降至 5.9 使组氨酸充分质子化，不再与 Ni^{2+} 结合而得以纯化。

4. 浓缩、干燥及保存

（1）样品的浓缩

生物大分子在制备过程中由于过柱纯化而使样品变得很稀，为了保存和鉴定的目的，往往需要进行浓缩。常用的浓缩方法有：

① 减压加温蒸发浓缩

通过降低液面压力使液体沸点降低，减压的真空度愈高，液体沸点降得愈低，蒸发愈快，此法适用于一些不耐热的生物大分子的浓缩。

② 空气流动蒸发浓缩

空气的流动可使液体加速蒸发，铺成薄层的溶液，表面不断通过空气流；或将生物大分子溶液装入透析袋内置于冷室，用电扇对准吹风，使透过膜外的溶剂不断蒸发，而达到浓缩目的，此法浓缩速度侵，不适于大量溶液的浓缩。

③ 冰冻法

生物大分子在低温结成冰，盐类及生物大分子不进入冰内而留在液相中。操作时先将待浓缩的溶液冷却使之变成固体，然后缓慢地融解，利用溶剂与溶质熔点临界点的差别而达到除去大部分溶剂的目的。如蛋白质和酶的盐溶液用此法浓缩时，不含蛋白质和酶的纯冰结晶浮于液面，蛋白质和酶则集中于下层溶液中，移去上层冰块，可得蛋白质和酶的浓缩液。

④ 吸收法

通过吸收剂直接吸收除去溶液中的溶液分子使之浓缩。所用的吸收剂必须与溶液不起化学反应，对生物大分子不吸附，易与溶液分开。常用的吸收剂有聚乙二醇、聚乙烯咯酮、蔗糖和凝胶等，使用聚乙二醇吸收剂时，先将生物大分子溶液装入半透膜的袋里，外加聚乙二醇覆盖置于4℃下，袋内溶剂渗出即被聚乙二醇迅速吸去，聚乙二醇被水饱和后要更换新的直至达到所需要的浓缩程度。

⑤ 超滤法

超滤法是使用一种特别的薄膜对溶液中各种溶质分子进行选择性过滤的方法，让液体在一定压力下(氮气压或真空泵压)通过膜时，溶剂和小分子透过，大分子受阻保留，这是近年来发展起来的新方法，最适于生物大分子尤其是蛋白质和酶的浓缩或脱盐，并具有成本低、操作方便、条件温和、能较好地保持生物大分子的活性、回收率高等优点。应用超滤法的关键在于膜的选择，不同类型和规格的膜、水的流速、相对分子质量截止值(即大体上能被膜保留分子的最小相对分子质量值)等参数均不同，必须根据实际需要来选用。另外，超滤装置形式、溶质成分及性质、溶液浓度等都对超滤的效果有一定影响。

用超滤膜制成空心的纤维管，将很多根这样的纤维管拢成一束，管的两端与低离子强度的缓冲液相连，使缓冲液不断地在管中流动。然后将这表纤维管浸入待透析的蛋白质溶液中，当缓冲液流过纤维管时，小分子很易透过膜而扩散，大分子则不能。这就是纤维过滤透析法，由于透析面积增大，因而使透析时间缩短了10倍。

(2) 干燥

生物大分子制备得到的产品，为防止变质，易于保存，常需要干燥处理，最常用的方法是冷冻干燥和真空干燥。真空干燥适用于不耐高温，易于氧化物质的干燥和保存。在相同压力下，水蒸气压力随温度下降而下降，故在低温低压下，冰很易升华为气体。操作时一般先将待干燥的液体冷冻到冰点以下使之变成固体，然后在低温低压下将溶剂变成气体而除去。此法干烘后的产品具有疏松、溶解度好、保持天然结构等优点，适用于各类生物大分子的干烘保存。

(3) 贮存

生物大分子的稳定性与保存方法有很大的关系。干燥的制品一般比较稳定，在低温情况下其活性可在数日甚至数年无明显变化，贮藏要求简单，只要将干燥的样品置于干燥器内(内装有干燥剂)密封，保持0~4℃贮藏于冰箱即可。液态贮藏时应注意以下几点：

① 样品不能太稀，必须浓缩到一定浓度才能封装贮藏，样品太稀易使生物大分子变性。

② 一般需加入防腐剂和稳定剂，常用的防腐剂有甲苯、苯甲酸、氯仿、百里酚等。蛋白质和酶常用的稳定剂有硫酸铵糊、蔗糖、甘油等，如酶也可加入底物和辅酶以提高其稳定性。此外，钙、锌、硼酸等溶液对某些酶也有一定保护作用。核酸大分子一般保存在氯化钠或柠檬酸钠的标准缓冲液中。

③ 贮藏温度要求低，大多数在0℃左右冰箱保存，有的则要求更低，应视不同物质而定。

二、电泳技术

1937年瑞典科学家设计了世界上第一台电泳仪，并首次证明血清是由清蛋白、α_1-球蛋白、α_2-球蛋白、β-球蛋白和γ-球蛋白组成，因此荣获1948年诺贝尔化学奖。20世纪40年代以后相继出现了以滤纸、醋酸纤维素膜、淀粉、琼脂、聚丙烯酰胺凝胶作为支持介质的电泳，并在聚丙烯酰胺凝胶电泳的基础上，发展了SDS-聚丙烯酰胺凝胶电泳、等电聚焦电泳、双向电泳和印迹转移电泳等技术。1973 年建立了毛细管均一浓度和梯度浓度凝胶分析微量样品的毛细管电泳方法，为 DNA 片段、蛋白质及多队等生物大分子的分离、回收提供了快速、有效的途径。

1. 电泳的概念

电泳(electrophoresis)是指在直流电场中带电粒子(离子)在一定介质(溶剂)中向其所带电荷相反电极迁移

2. 电泳分类

电泳技术按电泳的原理、支持介质、支持介质形状、用途和电压的不同划分为不同的类别。

按电泳的原理可分为区带电泳(zone electrophoresis)、等速电泳(isotachophoresia)和等电聚焦电泳(isoeletric focusing electrophoresis)等。区带电泳是在一定的支持物上，在均一的载体电解质中，在电场作用下，样品中带正或负电荷的离子分别向负或正极以不同速度移动，分离成一个个彼此隔开的区带。等速电泳是在样品中加有前导离子(其迁移率比所有被分离离子的大)和随后离子(其迁移率比所有被分离离子的小)，样品加在前导离子和随后离子之间，在外电场作用下，各离子进行移动，经过一段时间电泳后，达到完全分离，被分离的各离子的区带按迁移率大小依序排列在前导离子与随后离子的区带之间。出于没有加入适当的支持电解质来载带电流，所得到的区带是相互连接的，且因“自身校正”效应，界面是清晰的，这是与区带电泳不同之处。等电聚焦电泳是将两性电解质加入盛有 pH 梯度缓冲液的电泳槽中，当其处在低下其本身等电点的环境中，则带正电荷，向负极移动；若其处在高于其本身等电点的环境中，则带负电向正极移动，当泳动到其自身特有的等电点时，其净电荷为零，泳动速度下降到零，只有不同等电点的物质最后聚焦在各自等电点位置，形成一个个清晰的区带。

按支持介质的不同可分为纸电泳(paper electrophoresis)、醋酸维薄膜电泳(cellulose acetate electrophoresis)、琼脂凝胶电泳(agar gel electrophoresis)、聚丙烯酰胺凝胶电泳(polyacrylamide gel electrophoresis，PAGE)和 SDS-聚丙烯酰胺凝胶电泳(SDS—PAGE)等。其中琼脂凝胶电泳和聚丙烯酰胺凝胶电泳是 DNA 分离最常用的。

按支持介质形状不同可为薄层电泳、板电泳和柱电泳。

按用途不同可分为分析电泳、制备电泳、定员免疫电泳和连续制备电泳。

按所用电压不同可分为：①低压电泳：100~500V，电泳时间较长，适用于分离蛋白质等小物大分子。②高压电泳：1000~5000V，电泳时间短，有时只需几分钟，多用于氨基酸、多肽、核苷酸和糖类等小分子物质的分离。

3. 凝胶电泳

以琼脂糖凝胶、聚丙烯酰胺凝胶等作为支持介质的区带电泳法称为凝胶电泳。凝胶电泳是分离或纯化 DNA(或 RNA)的主要电泳技术，可用于 DNA 制备及浓度测定、目的 DNA 片段的分离、重组子的酶切鉴定等，根据分离的 DNA 大小及类型的不同，DNA 凝胶电泳主要分两类：一类为琼脂糖凝胶电泳，分离 DNA 的有效范围是 0.5~20 kb。另一类为聚丙烯。

酰胺凝胶电泳，适合分离 1kb 以下的片段，最高分辨率可达 1 bp。

(1) 基本原理

核苷酸中的磷酸基团和碱基是带电基团，磷酸基团带负电荷，碱基带正电荷，在双链 DNA 中，碱基处于配对状态，其电荷被中和，所以 DNA 分子带负电荷，在电场中向正极迁移。磷酸基团的数目取决于核苷酸的数目，因此 DNA 分子带电量与核苷酸的数目成正比，在一定电场强度下，若无任何介质阻碍迁移，则大 DNA 分子比小 DNA 分子跑得快。在实际电泳中，由于使用了琼脂糖或聚丙烯酰胺等分子筛介质，对大分子 DNA 产生了较强的阻力，大分子 DNA 尽管有较高的带电量，但仍难以快速前进；而小分子 DNA 则容易穿越介质网孔，其带电量尽管相对较小，但仍能快速迁移到正极。因此，大 DNA 分子在琼脂糖或聚丙烯酰胺凝胶中迁移速度反而较慢，小分子迁移速度饺快，从而分离出不同分子量大小的核酸。

（2）电泳介质

① 琼脂糖凝胶：琼脂糖是相对分子量为 $10^4 \sim 10^5$ 的链状多糖聚合物，是由琼脂经过反复洗涤，除去含硫酸根的多糖之后制成的，将其加入一定的缓冲液中加热溶解，冷却凝固即形成凝胶。

配制琼脂糖凝胶时可使用电泳缓冲液 TAE、TBE 等，通常使用 TAE，但长时间电泳，TAE 容易失去缓冲能力，此时可选用缓冲能力强的 TBE。由于 TBE 对切胶回收的 DNA 会产生影响，因此切胶回收 DNA 的电泳不能使用 TBE。

②聚丙烯酰胺凝胶：聚丙烯酰胺凝胶是一种酰胺多聚物，侧链上具有不活泼的酰胺基，没有带电的其他离子基，所以电泳时几乎无电渗作用，不易和样品相互作用。另外，聚丙烯酰胺凝胶只有较高的黏度，能防止对流，减低扩散。聚丙烯酰胺凝胺具有三维空间网状结构，某分子通过这种网孔的能力将取决于凝胶孔隙和分离物质粒子的大小和形状。

由于聚丙烯酰胺凝胶孔径比琼脂糖凝胶小，尤其适合于分离 1kb 以下的小分子质量的 DNA（表 6-4）。

表 6-4　聚丙烯酰胺凝胶浓度和 DNA 分子的有效分离范围

凝胶浓度/%（体积）	线性 DNA 分子大小/bp	凝胶浓度/%（体积）	线性 DNA 分子大小/bp
3.5	100~2000	12.0	40~200
5.0	80~500	20.0	5~100
8.0	60~400		

（3）影响电泳分离效果的因素

不同带电粒子在同一电场中迁移的速度不同，常用迁移率来表示。迁移率是指带电粒子在单位电场强度下迁移的速度。在确定的条件下，某物质的迁移率为常数。迁移率与分子的形状、介质黏度、粒子所带电荷有关，迁移率与粒子表面电荷成正比，与介质黏度、颗粒半径成反比。一般说来，粒子所带净电荷越多，直径越小而接近于球形，则在电场中迁移速度越快，反之迁移速度慢。

迁移率除了受被分离物本身性质影响外，还与其他外界因素有关。影响电泳速度的外界因素主要有：

① 电场强度：是指单位长度（每 1cm）支持介质上的电压，它对迁移速度起着十分重要的作用。

② 溶液的 pH 值：溶液的 pH 值决定被分离物质的解离程度、粒子带电性质及所带静电荷的多少。

③ 溶液的离子强度：电泳液中离子强度的增加会引起粒子迁移率降低，其原因是带电的粒子会吸引相反符号的离子聚焦在其周围，形成一个与运动粒子符号相反的离子氛（ionic atmosphere)。离子氛不仅降低粒子的带电量，同时增加粒子迁移的阻力，甚至使其不能迁移。然而离子强度过低，会降低缓冲液的总浓度及缓冲容量，不易维持溶液的 pH 值，影响粒子的带电量，改变迁移速度。离子的这种效应与其浓度和价数相关。

④ 电渗：液体在电场中对于一个固体支持介质的相对移动，称为电渗(electoosmosis)。

⑤ 温度的影响：电泳过程中由于通电产生焦耳热，热对电泳有很大的影响。温度升高时，介质黏度下降，分子运动加剧，自由扩散变快，迁移率增加。温度每升高 1℃，迁移率约增加 24%。为降低热效应对电泳的影响，可控制电压或电流，或在电泳系统中安装冷却散热装置。

⑥ 支持介质的影响：对支持介质的基本要求是均匀和吸附力小，否则电场强度不均匀，影响分离。对于凝胶类支持介质，其筛孔大小对被分离生物大分子的迁移速度有明显的影响。通常在筛孔大的介质中迁移速度快，反之，则迁移速度慢。

(4) 琼脂糖凝胶电泳法回收 DNA

用琼脂糖凝胶电泳法回收 DNA 片段，主要是根据混合 DNA 样品中各 DNA 片段在凝胶中的电泳迁移率不同来电泳分离样品，再经过割胶回收从纯化等步骤来获得目标 DNA。目前最常用的是柱回收试剂盒法，柱回收试剂盒法是将回收和纯化合并进行，回收率一般在 30%~70%。

三、萃取技术

1. 基本概念及分类

萃取技术是利用溶质在互不相溶的两相之间分配系数的不同而使溶质得到纯化或浓缩的技术，是工业生产中常用的分离、提取的方法之一。萃取技术根据参与溶质分配的两相不同而分成液-固萃取和液-液萃取两大类。萃取技术也可以根据萃取原理的不同分成物理萃取、化学萃取、双水相萃取和超临界流体萃取等。每种萃取方法各有特点，适用于不同种类的生物产物的分离纯化。

用溶剂从固体中提物质叫液-固萃取，也称为侵取，多用于提取存在于细胞内的有效成分。例如，在抗生素生产中，用乙醇从箔丝体中提取庐山霉素、曲古霉素；用丙酮从菌丝体内提取灰黄霉素等。液-固萃取的方法比较简单，也不需要结构复杂的设备，但在多数情况下生物活性物质大量存在于胞外的培养液，需用其他的萃取方法如液-液萃取法进行处理。

2. 萃取技术的操作特点

从发酵液或其他生物反应溶液中提取和分离生物产物时，萃取技术和其他分离技术相比有如下的特点：①萃取过程具有选择性；②能与其他需要的纯化步骤(如结晶、蒸馏)相配合；③通过转移到不同物理或化学特性的第二相中来减少由于降解(水解)引起的产品损失；④可从潜伏的阵解过程中(如代谢或微生物过程)分离产物；⑤适用于各种不同的规模；⑥传质速度快，生产周朗短，便于连续操作，容易实现计算机控制。

尽管萃取分离技术有上述的特点，但萃取技术应用于生物活性成分的分离和纯化时，由于生物发酵产物成分复杂，在实际应用时还要考虑下述的问题：①生物系统的错综复杂和多组分的特性。萃取过程既要考虑组分种类的复杂件又要考虑相的复杂性，固体的影响是生物产物萃取过程的一个特色。②产物的不稳定性。目标产物可能由于代谢或微生物的作用而不稳定，或者可能在实现有效萃取时，因化学作用而不稳定。③传质速率。质量传递受可溶的和不溶的表面活性成分影响，一般这些物质被认为是不利于质量传递过程的。④相分离性能。在萃取过程中，不溶性固体和可溶性表面活性组分的存在，对相分离速率产生重大的不良影响。

四、色谱技术

按分离原理色谱可分为吸附色谱、分配色谱、离子交换色谱和阻排色谱等。按操作条件，色谱又可分为柱色谱、薄层色谱、纸色谱、气相色谱和高压液相色谱等。

1. 柱色谱

"柱色谱"一般有吸附色谱和分配色谱两种。实验空中最常用的是吸附色谱，其原理是利用混合物中各组分在不相混溶的两相(即流动相和固定相)中吸附和解吸的能力不同，也可以说在两相中的分配不同，当混合物随流动相流过固定相时，发生了反复多次的吸附和解吸过程，从而使混合物分离成两种或多种单一的纯组分。

常用的吸附剂有氧化铝、硅胶等。将已溶解的样品加入到已装好的色谱柱中，然后，用洗脱剂(流动相)进行淋洗。样品中各组分在吸附剂(固定相)上的吸附能力不同，一般来说，极性大的吸附能力强，极性小的吸附能力相对弱一些。当用洗脱剂淋洗时，各组分在洗脱剂中的溶解度也不一样，因此，被解吸的能力也就不同。根据"相似相溶"原理，极性化合物易溶于极性洗脱剂中，非极性化合物易溶于非极性洗脱剂中。一般是先用非极性洗脱剂进行淋洗。在样品加入后，无论是极性组分还是非极性组分均被固定相吸附(其作用力为范德华力)，在加入洗脱剂后，非极性组分由于在固定相(吸附剂)中吸附能力弱，而在流动相(洗脱剂)中溶解度大，首先被解吸出来，被解吸出来的非极性组分随着流动相向下移动与新的吸附剂接触再次被固定相吸附。随着洗脱剂向下流动，被吸附的非极性组分再次与新的洗脱剂接触，并再次被解吸出来随着流动相向下流动。而极性组分由于吸附能力强，且在洗脱剂中溶解度又小，因此不易被解吸出来，随流动相移动的速度比非极性组分要慢得多(或根本不移动)。这样经过一定次数的吸附和解吸后，各组分在色谱柱中形成了一段一段的色带，随着洗脱过程的进行从柱底端流出。每一段色带代表一个组分，分别收集不同的色带，再将洗脱剂蒸发，就可以获得单一的纯净物质。

2. 薄层色谱

薄层色谱(thin layer chromatography)简称 TLC，它是另外一种固-液吸附色谱的形式，与柱色谱原理和分离过程相似，吸附剂的性质和洗脱剂的相对洗脱能力，在柱色谱中适用的同样适用于 TLC 中。与柱色谱不同的是，TLC 中的流动相沿着薄板上的吸附剂向上移动而柱色谱中的流动相则沿着吸附剂向下移动。另外，薄层色谱最大的优点是需要的样品量少，展开速度快，分离效率高。TLC 常用于有机化合物的鉴定与分离，如通过与已知结构的化合物相比较，可鉴定有机混合物的组成。在有机合成反应中可以利用薄层色谱对反应进行监控。在柱色谱分离中，经常利用薄层色谱来确定其分离条件和监控分离的进程。薄层色谱不仅可以分离少量样品(几微克)，而且也可以分离较大量的样品(可达 500 mg)，特别适用于挥发性较低，或在高温下易发生变化而不能用气相色谱进行分离的化合物。

3. 气相色谱

气相色谱(gas chromatography，简称 GC)。气相色谱的目前发展极为迅速，已成为许多工业部门(如石油、化工、环保等部门)必不可少的工具。气相色谱主要用于分离和鉴定气体和挥发性较强的液体混合物，对于沸点高、难挥发的物质可用高压液相色谱进行分离鉴定。气相色谱常分为气-液色谱(DLC)和气-固色谱(GSC)，前者属于分配色谱，后者属于吸附色谱。这里主要介绍气-液色谱法。

(1) 原理

气相色谱中的气-液色谱法属于分配色谱，其原理与纸色谱类似，都是利用混合物中各组分在固定相与流动相之间分配情况不同，从而达到分离的目的。所不同的是气-液色谱中的流动相是载体，固定相是吸附在载体或担体上的液体。担体是一种具有热稳定性和惰性的材料，常用的担体有硅藻土、聚四氟乙烯等，担体本身没有吸附能力，对分离不起什么作用，只是用来支撑固定相，使其停留在柱内。分离时，先将含有固定相的担体装入色谱柱中。色谱柱通常是一根弯成螺旋状的不锈钢管，内径约为3mm，长度1~10m不等。当配成一定浓度的溶液样品，用微量注射器注入汽化室后，样品在汽化室中受热迅速汽化，随载体(流动相)进入色谱柱中，由于样品中各个组分的极性和挥发性不同，汽化后的样品在柱中固定相和流动相之间不断地发生分配平衡。

挥发性较高的组分由于在流动相中溶解度大，因此随流动相迁移快，而挥发性较低的组分在固定相中溶解度大于在流动相中的溶解度，因此，随流动相迁移慢。这样，易挥发的组分先随流动相流出色谱柱，进入检测器鉴定，而难挥发的组分随流动相移动的慢，后进入检测器，从而达到分离的目的。

(2) 气相色谱仪及色谱分析

气相色谱仪由汽化室、进样器、色谱柱、检测器、记录仪、收集器组成，如图6-8所示。

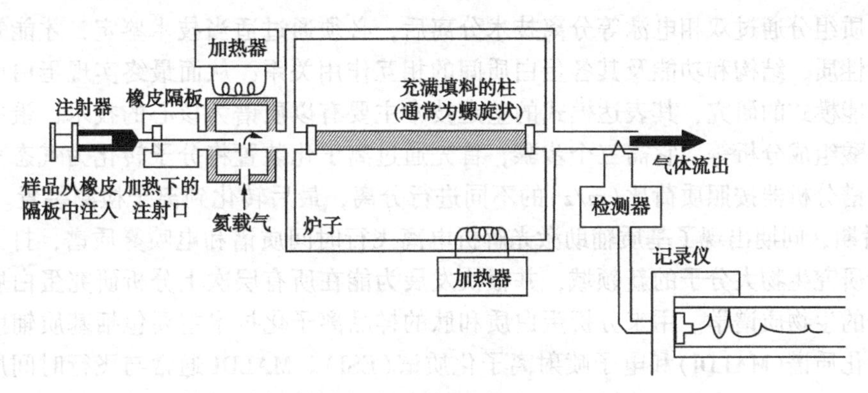

图6-8　气相色谱仪示意图

通常使用的检测器有热导检测器和氢火焰、离子化检测器。热导检测器是将两根材料相同、长度一样且电阻值相等的热敏电阻丝作为一惠斯通(Wheat stone)电桥的两臂，利用含有样品气的载气与纯载气热导率不同，引起热敏丝的电阻值发生变化，使电桥电路不平衡，产生信号。将此信号放大并记录下来就得到一条检测器电流对时间的变化曲线，通过记录仪画在纸上便得到了一张色谱图。

五、二维电泳技术(2-DE技术)

2-DE出现在1975年，是一项广泛应用于分离细胞、组织或其他生物样品中蛋白质混合物的技术。双相凝胶电泳是蛋白质组研究中的首选分离技术，可以对样品中复杂的蛋白质进行整体性的分离。它根据蛋白质的不同特点分两相分离蛋白质。第一相是等电聚焦

(IEF)电泳，根据蛋白质等电点的不同进行分离。第二相是 SDS-聚丙烯酰胺凝胶电泳(SDS-PAGE)，按分子量的不同用 SDS-PAGE 分离，把复杂蛋白混合物中的蛋白质在二维平面上分开。此相是在包含 SDS 的聚丙烯酰胺凝胶中进行。

经过 2-DE 以后，二维平面上每一个点一般代表一种蛋白质，这样成千种不同的蛋白即可被分离，有关蛋白质的等电点、相对分子质量及每种蛋白的数量信息也可以得到。

蛋白质组学分析对 2DE 后的染色技术要求很高，除了标准的敏感性要求外，还要求染色技术的线性和均一性。目前有多种染色方法，如考马斯亮蓝染色、银染色，及荧光染色等。银染比考马斯亮蓝染色灵敏度高，已有学者对这两种方法进行了比较。但是银染的线性效果并不是很好，并且对质谱分析干扰大。考马斯亮蓝染色线性、均一性较高，对质谱干扰较小，但其敏感性较低。较理想的是荧光染色，Rabilloud 等比较了两种荧光剂 RuBps 和 Sypro Ruby 的效果，发现其敏感性、线性都很好，对质谱干扰小，但其成本较高。实验时，可以根据不同的目的选用不同的方法。2DE 分离的蛋白质组成分通过染色、荧光显影后，经扫描或摄影等转换为以像素为基础、具有不同灰度强弱和一定边界方向斑点的电脑信号，可用 2DE 图像分析软件包 PDQuest、Phoretix 和 Image Master 对一系列具有低背景染色和高度重复性的 2DE 凝胶进行图像分析，其一般过程是图像采集、斑点检测、背景消减、图像内及图像间的比较，另外还可以进行相似性、聚类和等级分类等统计分析，以检测生理或病理状态下其蛋白质斑点的上调、下调或出现、消失。

六、质谱技术

蛋白质组分通过双相电泳等分离技术分离后，必须通过适当技术鉴定，才能知道蛋白质组分的性质、结构和功能及其各蛋白质间的相互作用关系，从而最终实现蛋白质组表达模式和功能模式的研究，其表达模式的鉴定技术主要有以质谱为核心的技术、蛋白质微测序和氨基酸组成分析等。它需三个步骤，首先通过离子化装置将分子转化为气态离子，接着通过质谱分析器按照质荷比(m/z)的不同进行分离，最后转化到离子检测装置。20 世纪 80 年代后期，同期出现了基质辅助激光解析电离飞行时间质谱和电喷雾质谱，打开了有机质谱分析研究生物大分子的新领域，并很快发展为能在所有层次上分析研究蛋白质和其他生物分子的生物质谱学。用来分析蛋白质和肽的样品离子化技术主要包括基质辅助激光解吸收离子化质谱(MALDI)和电子喷射离子化质谱(ESI)。MALDI 通常与飞行时间质谱 TOF 相结合，TOF 主要用来测量分析物飞过固定的路径所需的时间。另一种鉴别蛋白质的方法是串联质谱(MS/MS)。在这种情况下，经质谱分析的肽段进一步断裂并再次进行质谱分析，这样可得到肽序列的部分信息。

质谱技术能清楚地鉴定蛋白质并能准确地测量肽和蛋白质的相对分子质量、氨基酸序列及翻译后的修饰。质谱技术很灵活，能与多种蛋白分离、捕获技术联用，对普通的缓冲液成分相对耐受，能快速鉴定大量蛋白质点，而且很灵敏，在一些情况下，仅需 10~15fmol 的蛋白，这在只能得到极少量样品的情况下是很有用的。在实际工作中可将几种技术结合应用，如串联质谱与 Edeman 微测序技术相结合、MALDI 质谱与纳米电子喷射质谱相结合，这些技术相互互补，为分析 2DE 所分离的大量蛋白质提供了有效的手段。

七、层析技术

层析技术，它是利用混合物中各组分的物理性质的差别(溶解度、吸附能力、分子大小和形状、分子极性等)，使各组分在两个相中的分布不同，从而使各组分以不同速度随流动相向前移动而达到彼此分离的目的。层析系统一般由互不相溶的两相组成，一个是固定相，另一个是流动相。固定相是层析的一个基质，它可以是固定物质(如吸附剂、凝胶、离子交换剂等)，也可以是液体物质(如固定在硅胶或纤维素上的溶液)。流动相是在层析过程中，推动固定相上待分离的物质朝着一个方向移动的液体、气体等。

层析技术最大的特点是分离效率高，它能分离各种性质相类似的物质。不仅可用于少量物质的分析鉴定，又可用于大量物质的分离、纯化和制备。因此它是目前广泛应用于物质的分离纯化、分析鉴定最常用的方法之一。

1941 年 Martin 和 Synge 根据氨基酸在水与氯仿两相中的分配系数不同建立了分配层析分离技术，同时提出了液-液分配层析的塔板理论，为各种层析法建立了牢固的理论基础。目前，塔板理论已被广泛地用来阐明各种层析法的分离机理。它是基于混合物中各组分的物理性质不同，当这些物质处于互相接触的两相之中时，不同物质在两相中的分布不同从而得到分离。

1. 基本原理

(1) 分配平衡

在层析分离过程中，溶质既进入固定相，又进入流动相，这个过程称为分配过程，不论层析机理属于哪一类，都存在分配平衡。分配进行的程度，可用分配系数 K 表示。

$$K=\frac{\text{溶质在固定相中的浓度}}{\text{溶质在流动相中的浓度}}=\frac{C_S}{C_M}$$

不同的层析，K 的含义不同。在吸附层析中，K 为吸附平衡常数；在分配层析中，K 为分配系数；在离子交换层析中，K 为交换常数；在亲和层析中，K 为亲和常数。K 值大表示物质在柱中被固定相吸附较牢，在固定相中停留的时间长，随流动相迁移的速度慢，较晚出现在洗脱液中。相反，K 值小，溶质出现在洗脱液中较早。因此，混合物个各组分的 K 值相差越大，则各物质分离越完全。

(2) 塔板理论

层析分离的效果，与层析柱分离效能(柱效)有关。Martin 和 Synge 认为，层析分离的基本原理是分配原理，与分馏塔分离挥发性混合物的原理相仿，因此采用“塔板理论”解释层析分离的原理。每个塔板的间隔内，混合物在流动相和固定相中达到平衡，相当于一个分液漏斗。经多次平衡后相当于一系列分液漏斗的液-液萃取过程。Martin 等把一根层析柱看成许多塔板。当流动相 A 与固定相接触时、两种溶质按各自的分配系数进行分配。假设甲物质的 $K=9$，乙物质的 $K=1$，则溶质甲有 1/10 进入流动相，溶质乙有 9/10 进入流动相，流动相继续往下移动。A 代表溶解的溶质与没有溶质的固定相第二段相接触，固定相第一段则又接触没有溶质的流动相 B，溶质又继续在两相中进行分配。若溶质在两相中反复分配数次，则该物质可因分配系数不同而被分离。

2. 层析的分类

(1) 根据分离的原理不同道厅分类

① 吸附层析：用吸附剂为支持物的层析称为吸附层析。一种吸附剂对不同物质有不同

的吸附能力。于是，在洗脱过程中不同物质在柱上迁移的速度也不同，以致最后被完全分离。

② 分配层析：是根据在一个有两相同时存在的溶剂系统中，不同物质的分配系数不同而设计的一种层析方法。前面提及的 Martin 等的实验即是一个典型的分配层析实验、该实验中支持物是硅胶，固定相是水，流动相是氯仿。由于不同的氨基酸在水-氯仿溶剂系统中的分配系数不同，在洗脱过程中，不同的氨基酸在分配层析柱中迁移的速度也不同，最后达到分离的效果。

③ 离子交换层析：它的支持物或固定相是一种离子交换剂，离子交换剂上含有许多可解离的基团。离子交换剂所含的可解离基团解离后，留在母体上的是阳离子基团，称阴离子交换剂，反之为阳离子交换剂。阳离子交换剂可以和溶液中的阳离子进行交换，阴离子交换剂可以和溶液中的阴离子进行交换。一种离子交换剂和溶液中的不同离子的交换能力是不同的，当不同的离子在柱上进行洗脱时，它们各自在柱上移动的速度也不同，最后可以完全分离。

④ 凝胶层析(凝胶过滤)：是用具有一定孔径大小的凝胶颗粒为支持物的一种层析方法。其原理相对分子质量大小不同的物质随着洗脱剂流过柱床时，小分子物质易渗入凝胶颗粒内部，流程长，因而比大分子物质迟流出层析柱，因此可根据物质的相对分子质量大小不同进行分离的方法。

⑤ 亲和层析：是专门用于分离生物大分子的层析方法。生物大分子能和它的配体(例如：酶和其抑制剂、抗体与其抗原、激素与其受体等)特异结合，在一定的条件下又可解离。欲分离某种生物大分子物质时，可将其配体通过化学反应接到某种载体上，用这种接上配体的载体支持物装柱，让待分离的混合液通过层析柱。只有欲分离的生物大分子能与这种配体结合而吸附在柱上，其他的物质则随溶液流出。然后，改变洗脱条件进行洗脱，

(2) 根据流动相的不同分类

① 液相层析：流动相为液体的层析统称为液相层析。

② 气相层析：流动相为气体的层析统称为气相层析(或气相色谱)。气相层析因所用的固定相不同又可分为两类：用固体吸附剂为固定相的称为气-固吸附层析；用某种液体为固定相的称为气-液分配层析。气相层析根据所用的柱管不同又可分为两类：用普通不锈钢管或塑料管装柱的，称为填充柱气相层析；将固定相涂在毛细管壁上，在这种毛细管计上进行的气相层析称为毛细管气相层析。

(3) 根据支持物的装填方式分类：

支持物装在管中成柱形，在柱中进行的层析统称为柱层析。支持物铺在玻璃板上成一薄层，在薄层上进行的层析称为薄层层析。因所用的支持物不同，在柱或薄层上进行的可以是吸附层析，也可以是分配层析和离子交换层析。

另外，也可以直接用支持物的名称来命名：例如，用纸做支持物的层析称纸层析。广义上讲，电泳也是种层析，它用电场力作为其推动力，因此把电泳称为电层析。

八、透析技术

透析是利用小分子能通过、而大分子不能通过半透膜的原理把大小分子分开的一种重要手段。通常的做法是将大、小分子的混合物放进用半透膜制成的透析袋里并沉没在大量的水中，袋内的小分子就不断通过膜进入外部溶剂，互传达到平衡为止。如果采用流水透析或不

断更换透析袋外的溶剂，可以做到袋内的混合物几乎不含小分子。如含有盐的蛋白质溶液，经过透析可以将盐除去。透析的速度受一些因素的影响，下面就粗略地讨论这些因素。

1. 膜

① 材料：是一种有选择性的半透膜，如玻璃纸、火棉胶、羊皮纸、动物膜以及 Visking 赛璐玢等。各种规格的火棉胶袋已制作成商品出售，也可以用玻璃纸代替火棉胶。

② 制备：先将一适当大小和长度的透析袋放在碱性的 EDTA 溶液（Na_2CO_3 10g/L, EDTA 1mol/L）中沸腾 30 min，以避免待透析的分子损失活性，然后用蒸馏水洗涤透析袋，结扎袋的一端。将要透析的溶液充满透析袋，然后结扎顶部。由于湿的透析袋非常容易受微生物的感染，透析最好在新制备的袋中进行。如果必须保存透析袋，则应在溶液中加入苯甲酸。

③ 通透性；透体析袋的通透性因袋的大小和预处理的方法不同而异。但透析过夜时，半透膜大体可以允许相对分子质量 30000 以下的化合物通过。实际上没有严格的界限，透析时间延长时稍大的分子也可透过膜。市面上已有一系列的商品材料具有更高的透析速度和更精细的通透范围，可做精细分离之用。

2. 透析操作

① 透析液：一般说，透析的速度在蒸馏水中最大，常常选用蒸馏水作为透析液，虽然通常需要特定的 pH 值和离子强度的水溶液来稳定所研究的分子；

② 装袋：透析时水将进入透析袋，因此应该将透析袋装满，避免透析的材料过于稀释；

③ 透析：将袋中逐出来的盐及小分子及时驱散，保持袋内外的浓度差，有利于小分子的扩散作用快速进行。所以，配合使用磁力搅拌器，并经常更换透析液，可以加快透析速度；

④ 浓缩：如果用一种不活泼的高分子化合物如聚乙烯醇6000 代替通常使用的水溶液作为溶剂，则透析时水就会由透析袋中渗出。采用这种方法透析过夜，可将 200mL 溶液浓缩至几毫升。

3. 物理条件

① 温度：透析速度也受温度的影响，温度越高透析速度越快。提高温度时，溶剂的黏度下降而扩散速度增加。此外，许多大分子对温度很敏感，因此蛋白质等的透析通常在低温条件下进行；

② 压力：大分子和小分子的分离也受通过膜时的压力标度影响。可将透析袋放在真空中（而不放在溶液中），并敞开透析袋的一端，此时水和小分子会渗出透析袋形成超滤液，而留在透析袋中的大分子被浓缩；这个过程称为超滤。

由于大分子电解质的存在，而使一般电解质不均等分配在半透膜两侧的平均状态，称为膜的平衡。

蛋白质溶液的渗透压与溶液的 pH 值有关。在酸性 pH 下，蛋白质以阳离子存在，带有正电荷；而在碱性 pH 下，以阴离子存在，带有负电荷。当蛋白质盐溶液透析时，带电的蛋白质不能透过半透膜，而溶液中对立的阴离子或阳离就要通过半透膜以平衡电荷，这就导致电荷在膜的两边分布不均衡，同时产生 pH 值的变化，这种现象就称为董南效应，又称董南平衡。如带负电荷的蛋白质盐溶液对水透析时，蛋白质不能透过透析袋，而它的反离子（Na^+）可以通过，结果造成环境介质中阳离子过多。为了保持中性，水就分解出氢离子移进透析袋内，蛋白质部分的pH值因此下降，而水部分的pH值上升。反之，如蛋白质带正电荷，则pH值的变化相反。董南效应可以导致蛋白质沉淀或变性，因而是不可取的。为了减少董南效应，透析通常在适当浓度的盐溶液中进行。

第六节　蛋白质工程应用

一、干扰素的保存

干扰素(interferon，IFN)属于糖蛋白，是一类重要的家族性细胞因子，具有广谱的抗病毒、抗细胞增殖和免疫调节作用。根据人类干扰素产生的来源和结构不同可分为α-干扰素、β-干扰素和γ-干扰素3类。其中抗病毒活力最高的IFN-α又分为Ⅰ型和Ⅱ型，至少有23个不同变种，这些蛋白的分子量为19~26 kDa，由156~166或172个氨基酸组成。IFN-α为第一个广泛应用于临床并取得明显疗效的细胞因子，已被FDA批准应用于病毒性肝炎、癌症及多发性硬化症等疾病。但是，天然的干扰素在体外难以长时间保存，一般在很短的时间内就会被降解，这个问题将会困扰这干扰素的工业生产。

当下可以利用蛋白质工程技术，将干扰素分子上的一个半胱氨酸，利用蛋白质工程技术改造成丝氨酸，那么在-70℃的条件下，可以保存半年，这解决了工业生产中干扰素保存的重大难题。

二、生产单体速效胰岛素

胰岛素改造：天然胰岛素制剂在储存中易形成二聚体和六聚体，延缓胰岛素从注射部位进入血液，从而延缓了其降血糖作用，也增加了抗原性，这是胰岛素B23-B28氨基酸残基结构所致。利用蛋白质工程技术改变这些残基，则可降低其聚合作用，使胰岛素快速起作用。该速效胰岛素已通过临床实验。

三、水蛭素改造

水蛭素是水蛭唾液腺分泌的凝血酶特异抑制剂，它有多种变异体，由65或66个氨基酸残基组成。水蛭素在临床上可作为抗栓药物用于治疗血栓疾病。为提高水蛭素活性，在综合各变异体结构特点的基础上提出改造水蛭素主要变异体HV2的设计方案，将47位的Asn(天冬酰胺)变成Lys(赖氨酸)，使其与分子内第4或第5位Thr(苏氨酸)间形成氢键来帮助水蛭素N端肽段的正确取向，从而提高凝血效率，试管试验活性提高4倍，在动物模型上检验抗血栓形成的效果，提高20倍。

此外，水蛭素进入体内后，被体内的蛋白酶切割而失活；而且，水蛭素不经肝脏代谢，以原形或其衍生物的形式经肾脏排泄，肾功能不全的病人因其排泄功能严重受损，存在很大的风险。作为一种兼有抗血小板和抗凝的药物，其主要问题是出血并发症，可引起一定程度的脏器出血，导致轻度的贫血；高剂量给药除以上类似变化外，转氨酶升高，主要是因为重组水蛭素抑制凝血酶药理活性放大。目前水蛭素引起的出血反应尚无有效药物治疗。停止给药可缓解症状，但是有的情况这种措施并不十分奏效。生物技术药物均有一定程度的免疫原性，水蛭素的免疫原性比较弱。文献报道，临床上连续给药重组水蛭素5 d以上可使74%的患者产生抗水蛭素抗体(AHAb)。重组水蛭素可能会产生严重的变态反应。2003

年，Greinacher 等发现进行重复给药的毒性实验和临床研究中有 9 例严重变态反应。其中 4 例在首次给药时，并无不良反应。为针对这些问题，就利用蛋白质工程技术修饰水蛭素分子的分子结构，降低水蛭素的药理毒副作用，提高水蛭素的药用性。

四、生长激素改造

生长激素通过对它特异受体的作用促进细胞和机体的生长发育，然而它不仅可以结合生长激素受体，还可以结合许多种不同类型细胞的催乳激素受体，引发其他生理过程。在治疗过程中为减少副作用，需使人的重组生长激素只与生长激素受体结合，尽可能减少与其他激素受体的结合。经研究发现，二者受体结合区有一部分重叠，但并不完全相同，有可能通过蛋白质工程改造加以区别。由于人的生长激素和催乳激素受体结合需要锌离子参与作用，而它与生长激素受体结合则无须锌离子参与，于是考虑取代充当锌离子配基的氨基酸侧链，如第 18 和第 21 位 His(组氨酸)和第 17 位 Glu(谷氨酸)。实验结果与预先设想一致，但要开发作为临床用药还有大量的工作要做。

五、治癌酶的改造

癌症的基因治疗分 2 个方面：①药物作用于癌细胞，特异性地抑制或杀死癌细胞；②药物保护正常细胞免受化学药物的侵害，可以提高化学治疗的剂量。疱疹病毒(HSV)胸腺嘧啶激酶(TK)可以催化胸腺嘧啶和其他结构类似物磷酸化而使这些碱基 3′-OH 缺乏，从而阻断 DNA 的合成，杀死癌细胞。HSV-TK 催化能力可以通过基因突变来提高。从大量的随机突变中进行筛选出一种酶，在酶活性部位附近有 6 个氨基酸被替换，催化能力提高 20 倍以上。

六、蛋白质技术在石油化工领域的应用

蛋白质技术很早即开始使用，而近几年才逐渐发展起来的。蛋白质技术在石油化工领域应用还处在起步阶段，但某些领域已经开始应用。蛋白质技术是蛋白质工程、微生物学、生物化学、化学工程及其相关的其他科学发展到一定阶段的产物。它运用蛋白质工程原理和方法解决生物技术开发过程中的问题，目前主要是发酵器和酶反应器。生物蛋白产品纯化分离技术的研究和开发，对生物蛋白质工程的工业化至关重要。酶反应动力学、微生物生长动力学模型、多相系统(气-固、液-固、液-液)颗粒之间和颗粒内部在非牛顿型流体中的传质、传热和混合过程的探讨等都是必须解决的基础理论问题。釜式反应器大型化后，已逐渐被塔式生化反应器所取代。为了满足特殊结构的反应器，中空纤维反应器、转盘式反应器和开启式固定化反应器将应运而生。研制和开发生化反应器需要新传感器来检测生化过程中的各种关键的工艺参数，以实现最佳调控，这是目前工业化中急需解决的难题之一。

1. 蛋白质分离纯化

生化产品(特别是蛋白质)纯化分离工程方面。近 10 年来开发的两水相萃取技术、超滤膜错流过滤技术、溶剂浸渍树脂离子交换技术和免疫吸附层析技术已开始试用于生化纯化分离。新型分离方法的原理研究、新型分离器的放大、设计和制造及新型检测仪表的研制等都是今后需要攻关解决的主要问题。一种新技术即生物反应-分离耦合过程也称为原位产物分离过程(简称 ISPR)或提取生物转化过程，解决了选择性的分离产物或副产物的问题。

这种新技术在生物反应发生的同时，选择一种合适的分离方法及时地将对生物反应有抑制或毒害作用的产物或副产物选择性地从生产性细胞或生物催化剂周围移走，从而消除抑制作用而大大提高生物催化剂(酶或细胞)的反应速率，提高产率。最成功的应用实例是葡萄糖异构化酶催化生产高果糖浆，通过模拟移动床分离果糖和葡萄糖的耦合异构化反应，大大提高了葡萄糖转化率与果糖含量；南京化工大学欧阳平凯等采取生物反应-分离耦合过程技术，使L-苹果酸的转化率从80%提高到99.9%，产率从60%提高到90%；L-丙氨酸的转化率从95%提高到100%，产率从80%提高到92%，生物反应-分离耦合过程在消除产物或副产物的抑制作用、提高产率、简化产物的后处理工艺、降低投资和操作费用方面具有较大优势，它作为生物生产的一种集成化方法，具有工业应用价值。

2. 微生物发酵法生产单细胞蛋白

英国石油公司于20世纪60年代初首先研制成功以石油为原料生产单细胞蛋白的生化技术，随后一些国家先后解决了烃类不溶于水、通气量和发热量大、菌体回收和后处理以及发酵罐的工程放大问题，而使其工业化。1972年法国马赛建成了世界第一座年产 1×10^4 t单细胞蛋白工厂；随后利用英国石油公司和日本钟渊公司技术，先后建成了6座 10×10^4 t/a工厂，最近一座以石蜡烃为原料年产 30×10^4 t单细胞蛋白工程已于原苏联投产。我国以石油为原料生产单细胞蛋白的研究始于20世纪60年代，1964年中国科学院上海有机所和上海酵母厂开展了石油酵母的生产和应用试验；中国科学院微生物研究所和北京发酵研究所于1970年开展了用解脂假丝酵母716从石蜡中生产单细胞蛋白的研究，干酵母粉对石蜡的收率达50%左右。由石油微生物发酵生产单细胞蛋白具有原料来源广、产率高和营养丰富等优点，将会在石油化工中获得广泛应用。

3. 加氧酶在石油化工中的开发应用

众所周知，许多化学过程都与氧反应有关。双加氧酶可以把氧分子的两个原子全部掺入有机化合物，可用于芳烃羟化、开环和降解。例如苯甲酸1,2-双加氧酶将苯甲酸羟化为邻苯二酚，进而氧化成苯二酸。在精细化工产品的生产中，加氧酶也将起着重要的作用。用酶法生产芳烃降解过程的中间产物，如已二烯二酸内酯、B-酮基已二酸等已成为新型化学试剂供应市场。用加氧酶还可以将联苯羟基生产4,4-二羟联苯。此外，加氧酶还可以降解有害烃类及其衍生物，如酚、五氯酚和对二氯苯。该技术目前已达到实用水平，将在环保中获得应用。在石油化工方面，加氧酶的开发利用正在加速进行。

4. 用腈水合酶生产丙烯酰胺

自20世纪60年代起，日本一直在研究腈类化合物的微生物降解、代谢途径和应用。1983年日本工业发酵研究所用腈水合酶催化丙烯腈水合成丙烯酰胺，收率在99%以上，1985年日本日东化学公司在横滨建立一套年产4000t的工业生产装置，与传统的硫酸水合或骨架铜催化水合的化学法相比，具有反应温和、成本低、应用价值大等优点。

5. 原生质体融合技术构建高效驱油细胞工程菌的研究

宋绍富等采用原生质体融合技术构建MEOR用细胞工程菌的实验研究中，所用一种亲本菌为耐温度72℃、耐30%NaCl、耐酸碱度pH值为5~9.4、可利用原油为碳源代谢生物表面活性剂的芽孢杆菌属菌Ⅰ，另一种为可在30℃利用糖蜜代谢水不溶性多糖聚合物的肠内杆菌属菌JD。以1 mg/mL溶菌酶处理处于对数生长后期的两株亲本120 min，原生质体形成率>90%。融合率>4.5%；将得到的融合子进行许多次传代培养优选，最终获得9株遗传性状稳定、代谢多糖性能优异的融合菌；其中有代表性的融合子FH9-17，代谢多糖的温度由30℃提高到45℃，盐度由3%NaCl提高到10%NaCl，pH值范围由6~9.5扩大到6~10。

6. 离子液体在石油化工与能源领域中的应用

离子液体主要是指由有机阳离子和无机或有机阴离子构成的在温室或近于室温下呈液态的盐类。离子液体不会挥发，几乎没有蒸气压，在分离过程中，不会因为蒸发而造成离子液体的损失。离子液体不燃烧，其液态范围宽达300~400℃，为那些反应温度过高而不能在有机溶剂中进行的反应提供安全的反应介质。离子液体可溶解很多无机物、有机物以及有机金属催化剂，也与甲苯、乙醚等溶剂不互溶，这使得离子液体能非常方便地实现循环利用，在两相催化以及相转移催化体系中具有广阔的应用空间。离子液体已成为绿色化学、化工研究与开发的热点课题之一。虽然离子液体作为反应介质与催化剂的研究尚处于初期阶段，但可以预见到，以离子液体为特色的绿色石油、天然气化工催化新工艺将在未来的化工与能源领域中发挥重要的作用。以下举两例说明蛋白质技术在石油化工离子液体中的应用。

（1）天然气脱除二氧化碳

天然气是清洁能源。但天然气中通常含有CO_2、H_2S等杂质。CO_2的存在降低了天然气的燃料价值。因此，天然气使用前要脱除CO_2。现有脱除CO_2的方法中，传统有机溶剂由于具有一定的挥发性，不利于CO_2的吸收，并且对天然气中少量的水很敏感，吸收效率低；而胺修饰的分子筛对CO_2的吸收量十分有限；也有报道采用膜分离的方法，虽然分离效果好，但甲烷损失较大。Davis等设计了含NH_2官能团的功能化离子液体，用于吸收CO_2。室温下，该离子液体只需少量就能完全吸收CO_2，JKL证实，被吸收的CO_2以氨基甲酸酯形式存在于离子液体结构中。经过加热(80~100℃)再生，放出CO_2后，离子液体可循环使用5次，吸收CO_2的效率没有变化。

（2）汽油脱硫

未经脱硫处理的汽油燃烧后所产生的大量硫氧化物是造成大气污染、形成酸雨的主要原因之一。世界各国已经制定了越来越严格的规定限制硫氧化物的排放。加氢精制是目前工业上燃油脱硫的主要手段。催化裂化汽油中80%以上的硫化物是噻吩，其中苯并噻吩(BTs)和二苯并噻吩(DBTs)很难通过加氢脱硫的方法除去。此外，在脱硫的同时，因烯烃也被加氢饱和，将导致催化裂化汽油辛烷值明显降低。鉴于上述原因，近年来相继出现了如烷基化脱硫、氧化脱硫等非加氢脱硫技术。在烷基化脱硫研究中，多采用浓硫酸、氢氟酸等质子酸及$AlCl_3$、$FeCl_3$、$SbCl_3$等Lewis酸为催化剂，但普遍存在产物与催化剂难分离、设备腐蚀严重及废液污染环境等不足。汽油的氧化脱硫是先将噻吩氧化成砜，再用极性溶剂(如二甲基亚砜)进行选择性萃取。传统的氧化脱硫使用大量挥发性有机溶剂，严重污染环境。

Jess等利用氯铝酸粒子液体、Zhang等利用离子液体([bmim][PF_6]、[bmim][BF_4]、[emim][BF_4])试图从汽油中直接萃取出噻吩，但是脱硫率比较低(10%~30%)。

Wei等研究了有离子液体([bmim][PF_6]、[bmim][BF_4])参与的氧化/萃取同时进行的汽油脱硫体系。离子液体与汽油不互溶，组成液-液萃取系统。噻吩被离子液体从汽油中萃取出来，并在离子液体中被过氧化氢和乙酸氧化。脱硫过程在70℃进行10 h，在[bmim][PF_6]中脱硫率为85%，在[bmim][BF_4]中脱硫率为55%。离子液体循环使用4次，脱硫率不变。

黄蔚霞等将$AlCl_3^-$叔胺离子液体直接加入到催化裂化汽油中，考察汽油中的噻吩类硫化物和烯烃发生的烷基化反应。结果表明，离子液体对催化裂化汽油有较好的脱硫性能，脱硫率可达80%以上，处理后的油样辛烷值变化不大，RON下降1~2个单位，MON下降1个单位左右。

七、蛋白质工程的前景

蛋白质工程与基因工程、酶工程和发酵工程的关系非常密切。蛋白质工程中的氨基酸序列改变需借助基因工程技术对其编码DNA序列进行相应的分子操作，酶工程中的酶活性改造需依据蛋白质工程的设计思路进行，改造后的蛋白质或酶又需通过发酵工程的方法进行体外的大量制备。

蛋白质工程汇集了当代分子生物学等学科的一些前沿领域的最新成就，它把核酸与蛋白质结合、蛋白质空间结构与生物功能结合起来研究。蛋白质工程将蛋白质与酶的研究推进到崭新的时代，为蛋白质和酶在工业、农业和医药方面的应用开拓了诱人的前景。蛋白质工程开创了按照人类意愿改造、创造符合人类需要的蛋白质的新时期。

蛋白质工程取得的进展向人们展示出了诱人的前景。例如，科学家通过对胰岛素的改造，已使其成为速效型药品。如今，生物和材料科学家正积极探索将蛋白质工程应用于微电子方面。用蛋白质工程方法制成的电子组件，具有体积小、耗电少和效率高的特点，因此具有极为广阔的前景。

参 考 文 献

[1] 车振明．微生物学[M]．武汉：华中科技大学出版社，2008.

[2] 罗贵民．酶蛋白的化学修饰[M]．北京：化学工业出版社，2003.

[3] 汪世华．蛋白质工程[M]．北京：科学出版社，2008.

[4] Bird R B，Stewart W E，Lightfoot E N，et al. Transport Phenomena[J]. John Wiley & Sons，2002，28(2)：338~359.

[5] 尤晓颜，韩静．浅谈《蛋白质工程》教学体会[J]．中国科教创新导刊，2012(32)：139~140.

[6] 赵黎明．蛋白质工程在提高蛋白质稳定性中的应用[J]．中国食品学报，2011，11(2)：158~162.

[7] 王瑞．新型B淋巴细胞阻断剂(TACI)的蛋白质工程[D]．复旦大学，2011.

[8] 汪星．蓝藻光合作用光系统Ⅱ的蛋白质工程与调控研究[D]．华中科技大学，2011.

[9] 江洪．一种蛋白质工程长效多聚体药物技术：CN101875698A[P]．2010.

[10] 梅乐和．蛋白质化学与蛋白质工程基础[M]．北京：化学工业出版社，2011.

[11] 潘贤，袁军，林玲．蛋白质工程实践课改革探索[J]．速读旬刊，2017(4).

[12] 赵喜华，涂宗财，魏东芝，等．纤维素酶蛋白质工程的新进展[J]．江西师范大学学报(自然版)，2015(4)：425~429.

[13] 谭英．蛋白质工程技术在生物药物研发中的应用研究[J]．生物化工，2017，3(3).

[14] 梁朝宁．碱性果胶酶热稳定性蛋白质工程改造[C]// 2015中国酶工程与糖生物工程学术研讨会论文摘要集．2015.

[15] 李阳，朱俊歌，王建军，等．组合蛋白质工程和代谢工程设计全细胞催化剂合成靛蓝和靛玉红[J]．生物工程学报，2016，32(1)：41~50.

[16] 刘星，孔建强．催化甾体羟基化的P450氧化酶BM3的蛋白质工程的研究进展[J]．中国医药生物技术，2015，V10(6)：540~543.

[17] 王颖，蔡望伟，邱逸敏，等．综合性实验过程性评价体系的构建初探——以基因工程与蛋白质工程综合性实验为例[J]．中国现代教育装备，2016(13)：57~59.

[18] 王颖，蔡望伟，王小英，等．基因工程与蛋白质工程综合性实验实施情况调查与分析[J]．卫生职业教育，2016，34(7)：100~101.
[19] 薄惠，张利娟．蛋白质工程发展的现实意义[J]．信息化建设，2016(3).
[20] 潘淑媛．生物药物研发应用蛋白质工程技术的分析[J]．生物技术世界，2015(10)：19~19.
[21] Sandberg A，Luheshi LM，Söllvander S，et al. Stabilization of neurotoxic Alzheimer amyloid-beta oligomers by protein engineering. [J]. Proceedings of the National Academy of Sciences of the United States of America，2010，107(35)：15595~15600.
[22] Gai S A，Wittrup K D. Yeast surface display for protein engineering and characterization[J]. Current Opinion in Structural Biology，2007，17(4)：467.
[23] Carter P J. Introduction to current and future protein therapeutics：A protein engineering perspective [J]. Experimental Cell Research，2011，317(9)：1261.
[24] Bommarius A S，Blum J K，Abrahamson M J. Status of protein engineering for biocatalysts：how to design an industrially useful biocatalyst[J]. Current Opinion in Chemical Biology，2011，15(2)：194~200.
[25] Banta S，Wheeldon I R，Blenner M. Protein Engineering in the Development of Functional Hydrogels [J]. Annual Review of Biomedical Engineering，2010，12(12)：167~186.
[26] 赵远，梁玉婷．石化环境生物技术[M]．北京：中国石化出版社，2013.
[27] 赵远，张崇淼．水处理微生物学[M]．北京：化学工业出版社，2014.

第七章　现代生物技术研究与应用进展

第一节　现代生物技术研究与应用概述

现代生物技术(modern biological technology)也称生物工程。在分子生物学基础上建立的创建新的生物类型或新生物机能的实用技术，其中现代生物技术主要包括：细胞工程、酶工程、发酵工程、基因工程、蛋白质工程，是现代生物科学和工程技术相结合的产物。随着基因组计划的成功，在系统生物学的基础上发展了合成生物学与系统生物工程学，开发生物资源，涉及农业生物技术、环境生物技术、工业生物技术、医药生物技术与海洋生物技术，乃至空间生物技术等领域。

一、细胞工程研究进展

细胞工程(cell engineering)的概念及其基本操作属于广义的遗传工程，是将一种生物细胞中携带的全套遗传信息的基因或染色体整个导入另一种生物细胞，从而改变细胞的遗传性，创造新的生物类型。它包括细胞融合、细胞重组、染色体工程、细胞器移植、原生质体诱变及细胞和组织培养技术。

近年来，在该领域的研究最引人注目的是细胞融合技术和细胞杂交，并取得一些突破性研究进展。应用细胞融合技术可以培育新型生物物种。可实现种间育种，如图 7-1 所示。

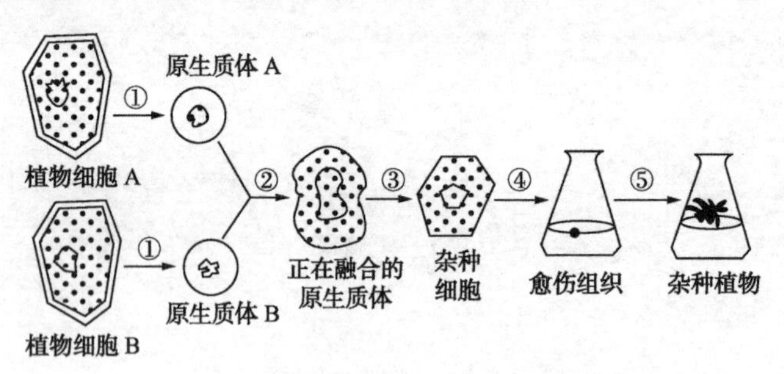

图 7-1　细胞工程技术操作杂种植物

1975 年英国科学家 Cesar Milstein 与 Geoger Kohler 将羊红细胞免疫过的小鼠脾细胞与小鼠骨髓瘤细胞融合，成功研制了淋巴细胞杂交瘤技术，由此技术获得的单克隆抗体很快应用于临床实践，被称为 20 世纪 80 年代的“生物导弹”。1978 年，英国剑桥大学生理学家罗伯特·爱德华采用胚胎工程技术成功培育出世界首例试管婴儿(路易丝·布朗)。目前单克隆抗体技术已用于治疗诊断癌症、艾滋病等多种疑难疾病，以及快速诊断人类、动物和农作物病害等方面，成为细胞工程在医学上最重要的成就之一。

日本秋田生物技术公司和遗传资源开发利用中心联合采用细胞工程的原生质体突变，

将“秋田小町”稻育成“新秋田小町”新品种。该稻试种过程中，产量大大提高，取得了明显的经济效益。我国科学家利用细胞工程的原生质体育种在世界上首创了食用菌属间原生质体杂交。这种属间杂交新品种，既有香菇的独特香味和优良品质，又有平菇的高产量、生长周期短、易栽培、抗逆性强等特性。余响华等研究了利用植物细胞工程技术生产紫杉醇，有效提高紫杉醇产率、保护稀缺资源红豆杉、解决紫杉醇药源紧缺的问题。三倍体无籽西瓜操作如图 7-2 所示。

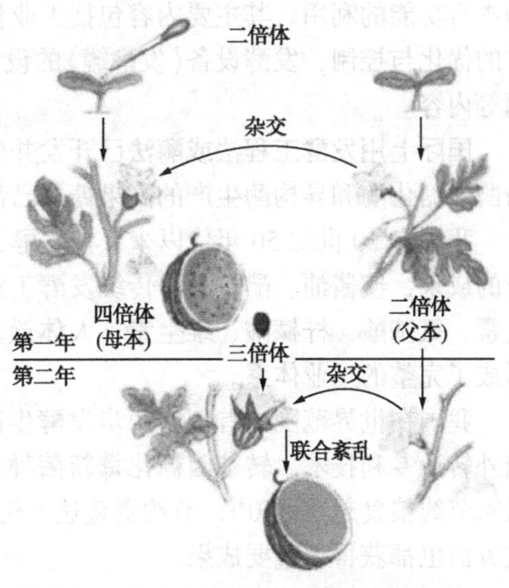

图 7-2　三倍体(无籽)西瓜操作过程

随着细胞工程技术的不断发展，植物细胞和组织培养这一细胞工程技术也无例外地得到发展，目前已在许多植物、动物上，特别是在农林生产实践中得到了广泛应用。尤其在林木优良品种和无性系的快速繁殖方面进展较快。细胞工程已成为当代社会经济重要支柱性技术之一。

二、酶工程研究进展

酶工程(enzyme engineering)就是在一定的生物反应装置中，利用酶的催化功能，将相应的原料转化成有用物质的一门技术。

化学酶工程又称初级酶工程，主要由酶学与化学工程技术相互结合而形成。在开发自然酶制剂方面，大规模生产和应用的商品酶只有数十种，如水解酶、凝乳酶、果胶酶等。在食品工业中的应用主要是淀粉加工，其次是乳品加工、果汁加工、食品烘烤及啤酒发酵；在轻化工业中的应用主要包括洗涤剂制造、毛皮工业、明胶制造、胶原纤维制造、牙膏和化妆品的生产、造纸、废水废物处理和饲料加工等；在能源开发上的应用主要是利用微生物或酶工程技术从生物体中生产燃料，也可利用微生物作为石油勘探、二次采油、石油精炼等；在环境工程上的应用主要是利用微生物的新陈代谢过程净化废水；在医药行业上的应用主要是用于药用酶、抗体酶和酶标药物的研究开发，及新型的溶栓酶、艾滋病毒蛋白酶等的研究。在酶的化学修饰方面，可改变酶的理化性质，最终达到改变酶的催化性能的目的。在酶的固定化方面，可使酶活性降到最低，这种有序的、定向固定化技术已经用于生物芯片、生物传感器、生物反应器、临床诊断、药物设计、亲和层析以及蛋白质结构和功能的研究中。

生物酶工程是在化学酶工程基础上发展起来的，是以酶学和 DNA 重组技术为主的现代分子生物学技术相结合的产物，也可称为高级酶工程。随着 PCR 技术的优化和基因工程的发展，酶基因克隆与表达技术将不断发展，而且将会获得更多的新酶工程菌。

三、发酵工程研究进展

发酵工程(fermentation engineering)又称微生物工程，是将微生物学、生物化学和化学工程学的基本原理有机结合起来，利用微生物的生长和代谢活动来生产有用物质及提供服务的工程技术。现代的发酵工程不仅包括菌体的生产和代谢产物的发酵生产，还包括微生物本身功能的利用。其主要内容包括工业价值菌种的选育，“工程菌”的生产，发酵工艺条件的优化与控制，发酵设备(发酵罐)的设计及产物的分离、提取与精制和微生物功能的利用等内容。

国际上用发酵工程法或酶法已开发并生产出了18种氨基酸，年产量接近百万吨。用淀粉酶、糖化酶和异构酶生产的高果糖浆已都进入规模化生产阶段。

我国自20世纪50年代以来，在发酵工程领域的研究与应用方面取得了一大批举世瞩目的成果，使酱油、醋、酒等传统发酵工业得到了改革和更新。还从无到有地建立起了抗生素、氨基酸、柠檬酸、维生素、人体激素、核苷酸、微生物多糖等一系列发酵工程，并形成了完整的工业体系。

我国在世界范围内首创的两步发酵生产维生素C新工艺，已在国内全面推广，并已向国外转让专利技术。转基因糖化霉新菌种及其生产新工艺在全国推广后，每年仅此一项为国家节约粮食超30×10^4t，节约资金达1亿元以上。其他如单细胞蛋白、长链二元酸等的研究方面也都获得了重要成果。

我国研究开发的发酵工程产品核苷酸用于医药以及微生物无害农药，杀虫效果好，无污染。利用微生物及其代谢产物提高了石油的采收率。利用发酵工程新工艺生产酒精、保健品不断取得新进展。开发沼气发酵新工艺，为合理利用有机废弃物，变废为宝，改善环境，提高再生能源量起了重要作用。

四、基因工程研究进展

基因工程(genetic engineering)是指在分子水平上将外源基因人为的通过体外重组后导入受体细胞内，使这个基因能在受体细胞内复制、转录、翻译表达的操作过程。这项技术的突出优势在于可以打破了常规育种中难以突破的物种间的界限，是原核生物和真核生物、动物与动物、动物与植物，甚至可以是人与其他生物之间的遗传信息的相互重组和转移。

1972年，Berg研究小组将λ噬菌体基因和大肠埃希菌(E. coli)乳糖操纵子基因插入猴病毒SV40 DNA中，首次构建出DNA重组体。由于SV40能使哺乳动物致癌，处于安全角度考虑，他们放弃了这项工作。次年，Cohen和Boyer(1973)成功地将细菌质粒通过体外重组后倒入E. coli细胞内，得到了基因的分子克隆(molecular clone)，由此产生了基因工程。

20世纪70年代以来，基因工程技术在世界范围内蓬勃兴起，至今已在多个学科领域得到广泛应用。该技术通过改变生物的遗传组成，增加生物的遗传多样性，由此赋予新型转基因生物的表型特征。

植物基因工程技术在中草药研发中的应用可大大提高药用植物的有效成分含量。魏小勇等以基因工程技术提高铁皮石斛中的石斛碱的含量，产生了巨大的经济效益。在利用基因工程提高药用植物的抗病性和抗逆性方面，我国学者也取得了显著成果。如抗黄瓜花叶病毒的番茄和抗甜菜坏死黄脉病毒的甜菜等。基因工程应用在植物性食品脱敏中，可以直接作用于过敏源头，即改变内源基因使编码的蛋白质失去致敏性，从而降低过敏病人的不良反应。基因工程应用在哺乳动物遗传育种领域，可以从大量的转基因动物中选出符合人们预想的转基因动物。将转基因技术应用于家畜上，在动物体内转入结合特异抗原抗体基因，可生产出具有抗多种疾病性能的动物。基因工程应用在食品工业中，如改良糖类、改善发酵食品风味等。

目前，以基因重组和克隆技术为代表的生物技术正以日新月异的速度迅猛发展，给人类带来了巨大的利益和便利，但同时也应该思考转基因食品的安全性问题，这是对基因工程来发展的最大挑战。

五、蛋白质工程研究进展

蛋白质工程(proteit engineering)是在基因工程冲击下应运而生的。蛋白质工程最早始于1975年美国C. A. Hutehison使用了J. Lederberg 1960年推荐的寡脱氧核糖核普酸作为体外诱变剂，经他重新确定此诱变剂的顺序，成功地实现了定位突变试验，培育出了具有各类生物学特性的突变株。Ulmer(1983)最早提出了蛋白质工程这个名词，它以蛋白质的结构及其功能为基础，通过基因修饰和基因合成对现成蛋白质加以改造，组建成新型蛋白质的现代生物技术(图7-3)。

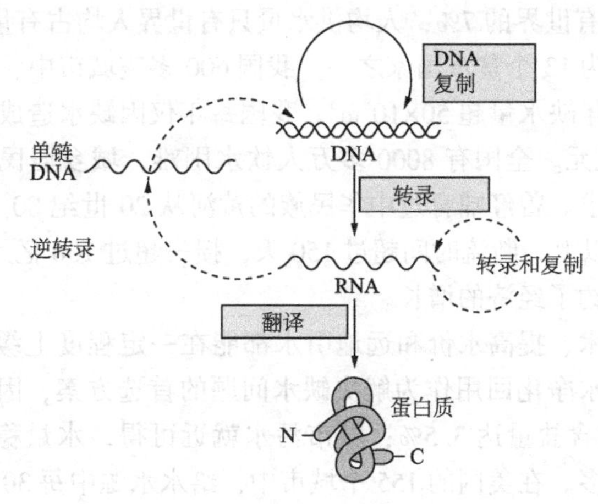

图7-3　蛋白质改造路径

当前，蛋白质工程修饰、改造的蛋白质为数不算多，但进展较快。随着基因测序的国际联合行动的快速进展，也带来并已出现了蛋白质高速发展的新阶段。

1985年wels提出的一种基因修饰技术——盒式突变，一次可以在一个位点上产生20种不同氨基酸的突变体，可以对蛋白质分子中重要氨基酸进行“饱和性”分析。利用定位突变在拟改造的氨基酸密码两侧造成两个原载体和基因上没有的内切酶切点，用该内切酶消化基因，再用合成的发生不同变化的双链DNA片段替代被消化的部分。这样一次处理就可以得到多种突变型基因。

此外，蛋白质工程应用在医药方面，目标主要是设法提高蛋白质的稳定性。在酶反应器中可延长酶的半衰期或增强其热稳定性，也可以延长治疗用蛋白质的储存寿命或重要氨基酸抗氧化失活的能力。如人的白细胞-2这种抗癌物质的分子结构中有一个不成对的基因，是游离的，因而很不稳定，会使蛋白质失去活性。通过蛋白质工程修饰这种不稳定的结构就可以提高该种抗癌物质的生物活性。农业上，主要应用于如核酮糖-1,5-二磷酸羧化酶的改造，从而提高植物光合作用效率，增加粮食产量。也可用于设计优良微生物农药，使微生物农药的杀虫率提高10倍。工业上，可利用蛋白质(酶)生产模仿羊毛、蚕丝、蜘蛛丝等。

蛋白质本身的多肽链多样性和空间架构多样性为其多种应用创造了条件，而随着蛋白质工程的发展，在不久的将来又会有一大批人工创造的新蛋白质家族出现。总之，蛋白质工程对于探索者确是一块沃土，对人类的社会发展具有重大的贡献作用。

第二节　现代生物技术在废水处理中的研究进展

人类的生产活动和生活离不开水，但同时又带来大量的工业废水和生活污水。如果不能将这些废弃物进行及时的处理，一方面会导致严重的环境污染，危害人类健康；另一方面会引起可利用水资源的枯竭。水资源短缺是21世纪人类面临的最为严峻的资源问题。全球陆地上的降水每年只有$119\times10^{12}m^3$，它是人类可利用水量的理论极限。但是全世界对水的需求每21年就翻一番，达到目前每年的$4.13\times10^{12}m^3$。现在全世界只有四分之一的人群能饮用到合乎标准的净水，三分之一的人口没有安全用水，而且缺水的形势日趋严重。争夺水资源如同争夺土地资源一样，可能成为下一轮国家间爆发战争的缘由。我国人口占世界的22%，淡水资源只有世界的7%，人均供水量只有世界人均占有量的四分之一，居世界第109位，被联合国列为13个贫水国家之一。我国600多座城市中，有300多座城市缺水，其中100座严重缺水，年缺水量超$50\times10^8m^3$。我国每年仅因缺水造成的粮食减产超50×10^8 kg，经济损失达1200亿元。全国有8000多万人饮水困难，城乡居民70%生活用水的水质不符合饮用水的最低要求。曾经哺育过中华民族的黄河从20世纪80年代起年年出现断流，1996年已断流1000km以上，断流时间超过150天，损失超过100亿元。水资源短缺是中国发展的限制性因素，制约了经济的增长。

节约用水、改进技术、提高水价和远地引水都能在一定程度上缓解水资源的短缺，但目前世界各国将城市污水净化回用作为解决缺水问题的首选方案，因为城市污水中只含有0.1%的污染物，而海水含盐量达3.5%；城市污水就近可得，水量稳定，易收集，基建投资比远距离引水经济得多。在美国的155个城市中，给水水源中每30 m^3水中就有1 m^3是污水处理系统排出的。经济效益分析表明，污水净化回用在环境保护和资源利用的总体上更有利。以色列在比较了海水淡化和城市污水净化回用的成本后，认为把城市污水作为非传统的水资源加以利用是唯一的出路。目前我国污水的排放量与城市缺水量大致相当，所以科学治理并合理利用城市污水对缓解城市紧张的水资源、解决城市环境污染和发展生产都具有重要的社会、环境和经济意义。

水源的污染是危害最大、范围最广的污染。污水的种类很多，有生活污水、工业有机污水(如屠宰、造纸、淀粉制造和发酵工业污水)、工业有毒污水(如农药、炸药、石油化工、电镀、印染、制革等工业污水)和其他污水等。其中所含的各种有害物质，如农药、炸药(TNT、黑索金)、多氯联苯、多环芳烃(致癌剂)、酚、氰、丙烯腈等物质污染后果尤为严重。进行污水处理的方法包括物理法、化学法和微生物处理法，其中最有效的方法是微生物处理法。因此，利用微生物进行污水净化已成为当今研究和应用的热点问题。

一、微生物处理污水的机制

利用微生物处理污水，实际上就是在污水处理设施内的小型生态系统中，通过微生物的代谢活动将污水中有机物分解，从而达到净化污水的目的。自然界的天然水体都能自发地通过微生物活动清除不太严重的污染，这就是水体自净现象。在天然水的自净作用中，发挥作用的微生物主要是细菌，它们可以高效、快速地降解水中的有机物。

在污染源处，由于有机物大量增加，使得以分解污染有机物为生的异养型微生物大量繁殖；随细菌数量增加，以细菌为食的原生动物数量也相应增加。有机物被微生物分解后转化为可以被藻类利用的矿质元素，于是藻类得以大量生长而形成水体生物增长的最后一个高峰。水体的自净能力是有限的，并且受到水体温度和水中溶氧量的制约。通常水体温度越高水中溶氧量就越低，自净能力也越低，所以，夏季有机物污染的水体难以净化。

在高 BOD_5污水进入污水处理装置后，其中的自然微生物区系在有氧条件下，根据污水中营养物质或有毒物质的不同，客观地造成了一个选择性培养条件，并且随着时间的推移发生了微生物区系有规律的更迭，从而使得水中的有机物或毒物不断地被降解、氧化、分解、转化、或吸附沉淀，进而达到除去污染物以及沉降、分层效果。自然除去废气后的低 BOD_5清水可以流进河道。经过好氧微生物处理后的废渣(活性污泥或生物膜残余物)比原来的污水具有更高的 BOD_5和更多的有机物，这些废渣再通过厌氧处理(污泥消化或沼气发酵)产生出有用的沼气和有机肥料。

二、污水处理中的特殊微生物

自然界中存在多种能分解相应污染物的微生物。有些微生物能产生氰水解酶，把氰中的 C、N 分别水解成为 CO_2、NH_3 的形式释放，如诺卡菌属(Nocardia)、腐皮镰孢霉(Fusarium solani)、假单胞菌属(Pseudomonas)、木素木霉(Trichoderma ligmorium)等共 14 个属 49 个种；腐皮镰孢霉还能利用氰作为碳源和氮源营养物。珊瑚诺卡菌(Nocardia corallina)经过诱导后能产生丙烯酸，最后释放 CO_2和水；珊瑚诺卡菌降解能力很强，1g 菌体在 25min 内可以降解 250mg 丙烯腈。人们还获得了黏乳产碱杆菌(Alcaligenes viscolatics)和裂腈无色杆菌(Achromobacter nitrilocates)等对腈具有降解能力的微生物。

多氯联苯是一种难以分解的大分子毒性物质，并且很容易通过食物链富集；在炸药 TNT 和黑索金生产过程中常有这类化合物排出，对植物危害极大。自然界中有些微生物如红色酵母菌属(Rchodolotorula)、假单胞菌属、无色杆菌属(Achromobacter)等可以使多氯联苯脱氯和开环，形成苯甲酸和苯丙酮酸。中国科学家已经筛选出了一些能降解 TNT 的微生物，如柠檬酸杆菌属(Citrobacter)、肠杆菌属(Enterobacter)、克雷伯菌属(Klesbsiella)、假单胞菌属、埃希菌属(Escherichia)、芽孢杆菌属(Bacillus)中的一些菌种和降解黑索金的棒状杆菌(Corymebacterium)。一些多环芳烃类致癌物质可以通过产碱杆菌属(Alcaligenes)、棒状杆菌属和诺卡菌属中的一些菌所降解。

用于污水处理的微生物可分为 3 大类：好氧微生物、厌氧微生物、兼性微生物。虽然自然界存在能分解有机物的微生物，但它们的分解能力和对污水中有机物的耐受能力常常不能满足需求。因此，科学家们正在通过基因工程手段选育高效菌株，以提高对污水的净化能力。

通常污水中有机质含量很高而缺少 N、P 等无机元素。为了解决这一问题，研究人员正在尝试培养能在污水中生长的固氮菌株来提高污水中 N 的含量。学者们还在尝试将污水净化与资源再利用结合起来。

三、污水处理的主要装置

进行污水处理的方法很多，主要可以分为三大类：物理法、化学法和生物法。与前两种方法相比，生物法效果较好，特别是近几十年来，由于生物技术的发展，更显示了它的优越性。常见的生物方法包括稳定塘法、活性污泥法、生物膜法等。

1. 好氧生物处理技术

（1）氧化塘法

氧化塘法(oxidation ponds or lagoon)是近年来一种利用自然生态系统进行污水净化，并具有良好节能效果的方法。氧化塘是一个面积大、能接受阳光照射的浅池塘，深度从几十厘米到几米，污水从一端流入、从另一端流出。在氧化塘中发生 3 类生物作用：好氧微生物将有机物分解，然后由厌氧菌进行消化；好氧微生物所需要的氧气一部分来自大气扩散，另一部分由藻类与水生植物进行的光合作用产生。藻类与水生植物(如凤眼莲、灯芯草、水烛、香蒲等)进行的光合作用。由各种动物吞噬或细菌分解将藻类细胞消除，使藻类细胞不会聚集过多。一个效果好的氧化塘法可以将污水中的 80%～90%的 BOD_5除去。现代氧化塘工程是自然生态净化系统与人工强化措施结合起来的新型净化技术，自澳大利亚(1940)在一座废水处理厂中建造第一座人工设计的厌氧氧化塘以来，全世界已有 40 多个国家采用氧化塘法处理污水。20 世纪 80 年代末，中国已经建成了 85 座氧化塘，日处理污水量达 $1.7\times10^6m^3$，占全国污水排放量的 2%左右。氧化塘法处理污水的优点在于投资少、设备简单、技术难度低，但其占地面积大对该法的推广产生一定的限制。

（2）洒水滤床法

洒水滤床法(trickling filter process)是污水通过由一层石块及其上面附着的生物膜组成的滤床，其中的有机物质被生物膜中的微生物区系强烈的吸附、降解、吸收和氧化，从而使得污水变清。滤床面积的大小可以人为调节，碎石层厚度一般为 2m 左右，选择适当大小的石块进行填充。污水从上面均匀洒下，由于微生物区系的吸附和繁殖，在小石块表面形成一层滑腻的暗绿色薄膜——生物膜。在生物膜小环境中，表面是以类杆菌和假单胞菌占优势的需氧菌，内层为专性厌氧菌，中间层生长有大量的兼性厌氧菌。生物膜上还有植鞭毛虫(phytomastigophora)、纤毛虫(ciliate)、吸虫(suctoria)等丰富的原生动物群落，可以吞噬有机物和细菌。滤床通常在春季开始运转，以便培育生物膜。该法的优点是 BOD_5和病毒去除率高(95%)、对毒物的耐受力强和节省能源等。

2. 耗能型污水处理装置

（1）活性污泥法

活性污泥法(activted sludge process)最早由英国的 Arden 和 Lockett(1914)创立。经过多年的修正、改良，已经演变出多种工艺流程，并且至今仍然是污水处理中的主要方法。所谓的活性污泥是指一种由细菌、原生动物和其他微生物群体与水中的悬浮有机物、胶状物以及吸附的物质共同构成的絮凝团，在污水处理过程中具有很强的吸附、分解和利用有机物质或毒性物质的能力。活性污泥中的微生物群类似于生物膜，也是以细菌和原生动物为主。活性污泥去污能力极高，对生活污水的 BOD_5去除率可达 95%，对悬浮固体去除率也可达 95%，对污水中的病原微生物去除率同样非常之高。这种方法具体工艺很多，大致可分为两大类型：推流式曝气池：污水与活性污泥混合后从长方形的曝气池一端流入，然后逐步向前推进，直到池的末端流出清水为止。完全混合曝气法：污水与定量的回流污泥混合后流入曝气池，在通气翼轮不断充气、搅拌下与池内的已处理污水充分混合并得到稀释；污水中的有机物质和毒性物质被污泥中的好氧微生物降解、吸附或氧化，同时微生物群体得到充分繁殖，经过一定时间后，通过溢流进入沉淀池；在沉淀池中没有通气和搅拌，污泥重新沉入池底。将沉淀取出一部分作为新流入污水的“菌种”，剩余的部分再进行厌氧消化处理，以进一步降低其 BOD_5值。如果人为地补充一些氮源、碳源，并培育接种一些对相应特殊化合物有良好分解作用的微生物，就可以更好地分解污水中的特殊污染物。

近年来，活性污泥法不断得到发展和强化，新的工艺不断得到应用，如高浓度活性污泥法、深井发酵系统、间歇式活性污泥法等使得活性污泥法处理效果不断提高。

(2) 生物膜法

在洒水滤床法中已经讨论过生物膜(biofilm)的概念。以下主要讨论两种非常适合土地紧张的城市内工厂污水处理方法。

生物转盘法：生物转盘由许多质轻、耐腐的塑料制成的圆盘作等距离紧密排列，圆心用一根横轴串联而成；每片圆盘的下半部分都浸泡在盛有污水的半圆形横槽中，上半部分暴露在空气中，整串圆盘由电动机带动缓慢转动。处理污水前首先让圆盘表面着生一层生物膜(挂膜)，待生物膜形成以后，随盘片的不断转动，污水中的有机物质不断被生物膜所吸附、充氧、分解，使污水得到净化。在盘片旋转的过程中，过多生长的老化生物膜会随圆盘旋转时不断脱落，新的生物膜随即形成。生物转盘上的微生物种类与数量随其在整个处理槽中的排列位置不同而有所差异；接近进水口的盘片生物膜以菌胶团和丝状菌为主；中间盘片新生菌胶团增多，各类原生动物依次出现；接近出水口处则出现大量原生动物。

塔式生物滤池：是平面生物滤池向空间的发展。结构为高大的圆筒状[径高比通常为1∶(6~8)]。塔顶部设有布水器，中间许多格栅上面放置填料，下部为集水器；运转前也需要“挂膜”；使用时用泵将水提升到顶部由布水器均匀地布水，经填料由上向下流动；其中的有机物被填料上的生物膜所吸附。塔式结构具有良好的通风条件，因此生物膜上的好氧微生物对有机物进行强烈地分解和氧化，使污水得到净化。因为塔内的污水浓度自上而下成阶梯性降低，填料上生物膜微生物群种类与数量也呈现垂直分布差异。塔式生物滤池占地面积小、造价低、易设计、利通风、高效率，但因污水滞留时间较短，对大分子有机物氧化比较困难。

3. 产能型污水处理装置——厌氧消化器

上述各种污水处理方法都存在一些不尽如人意之处，如大量以活性污泥法或脱落生物膜形成的废渣如不进一步处理可能会造成“二次污染”，对一些高 BOD_5 的废水处理效果不佳，需要耗费大量动力等。采用厌氧消化法(沼气发酵)正好可以克服以上问题，并且可以变废为宝。

四、现代生物技术在废水治理中的应用和发展

现代生物技术与环境工程技术相互结合，诞生了环境生物技术，这是生物技术发展的一个飞跃。它在废水处理中的应用非常广泛，包括发酵工程、基因工程、生物修复、微生物絮凝剂以及固定化技术等领域。

1. 生物发酵工程

发酵工程主要是利用微生物在有氧或无氧条件下的生命活动来制备微生物菌体或其代谢产物的过程，是最早涉及环境污染治理领域的工程技术。

(1) 生物脱氮除磷技术

氮和磷都是水体富营养化的主要因素，因此国内外对氮、磷的排放标准要求越来越严格。传统的去除方法有 A^2O、UCT、VIP、Phostrip、CAST、MSBR 以及氧化沟工艺等。现在新的研究方向是：同时硝化反硝化技术，如 F Fdez-Polanco、Mike S 等在 RBC 中在流化床反应器中都实现了同时硝化和反硝化；短程硝化反硝化技术，如荷兰科技大学开发的

SHARON 工艺；反硝化除磷技术，如 DEPHANOX 工艺；厌氧氨氧化技术，如 ANAMMOX 工艺。

（2）高效生物膜处理系统

在生物反应器内添加具有高表面积的载体，如粒径不小于 2mm 的沙子、煤、活性炭、树脂等，它们有很大的生物膜量，能使生物反应器具有较高的容积负荷、较短的水力停留时间和较小的容积。曝气生物滤池(BHF)是 20 世纪 80 年代末在欧美发展起来的一种新型的微生物附着型水处理技术，能够同时完成生物处理和固液分离，减少占地面积，避免了污泥回流及二沉池沉淀效果不稳定的麻烦。

（3）序批式活性污泥法

序批式活性污泥法(SBR)是现行活性污泥法的变化形式，能灵活地根据废水性质实现缺氧、厌氧、好氧条件的任意组合，适合于中小规模的工业废水和生活污水处理工艺，达到了同时去除 BOD 和脱氮除磷的目标，是处理难降解有机物的一种极具潜力的工艺方法。

SBR 工艺的新发展有：美国教授 Dague 等把 SBR 运用于厌氧处理，开发了厌氧序批式反应器(ASBR)；土耳其的 H. Timur 和 I . Ozturk 用 ASBR 处理固体废弃物填埋浸出液，确立了最优条件；陈郭建用投加粉末活性炭 PAC-SBR 法来处理高浓度有机废水，优化了生化效果；将 SBR 和接触氧化法相结合可以组成新的膜法 BSBR，此外还有多段 SBR 系统和前处理+SBR 工艺。

（4）升流式厌氧污泥床

升流式厌氧污泥床(UASB)反应器是最成功的厌氧处理过程之一，它能够以颗粒状污泥的形式维持很高的生物量，从而允许反应器高速率运行。其主要由进水配水系统、反应区、三相分离器、气室和处理排水装置等组成，具有容积负荷高、水力停留时间短、能耗低、污泥产量低等优点。UASB 反应器成功的关键是污泥床内厌氧颗粒污泥的形成和稳定。

Elena Maranon 等用 UASB 处理西班牙亚斯都里阿斯自治区牧场的牛粪，COD 去除率达到 75.5%，水力停留时间为 22.5 天，每千克 COD 的产气量为 0.20~0.39m^3。A. P. Annachhatre 等用 UASB 处理含氰化物的淀粉废水，氰化物的去除率大约为 93%~98%。

目前，将传统的 UASB 反应器与生物流化床结合起来，研制出一套好氧与厌氧结合于一体的工艺设备，将会有更好的应用前景。M. von . Sperling 等用 UASB—活性污泥系统处理巴西某大城市的市政废水，COD 去除率达到 93%，而且出水悬浮固体浓度非常低。

（5）升流式厌氧反应器

升流式厌氧反应器(ABR)是在反应器内设置竖向导流板，将反应器分割成几个反应室，每个反应器都是一个相对独立的上流式污泥床系统。污泥是以颗粒化或絮状形式存在。ABR 接近于推流式工艺，各个反应器中的微生物是随流程逐级递变的，并且递变的规律与底物降解的过程协调一致，保证了微生物相的最佳工作活性。同时，ABR 推流式特性使反应器的运行更加稳定，对冲击负荷以及进水中的有毒物质具有更好的缓冲能力，使系统拥有更好的出水水质。

2. 基因工程

基因工程是将外源基因通过体外重组后导入受体细胞内，使这个基因能在受体细胞内复制、转录、翻译和表达，从而获得新个体的一种育种方法。将基因工程技术运用于环境污染治理中，能够提高微生物的降解速率，拓宽底物的专一性范围，维持低浓度下的代谢活性，改善有机污染物降解过程中的生物催化稳定性等。因此，从环境中筛选分离出的菌种，利用基因工程的手段，实现质粒转移，分子育种，基因重组技术，能够构建出具有特殊降解功能的超级工程菌，其生长繁殖速度极快，生物降解活性极高。邓旭等以大肠杆菌 E. coli JM l09 为宿主菌通过 DNA 质粒转化得到基因工程菌，该菌对废水中的汞离子有很强的富集能力。中山大学生物系将假单胞细菌 R4 染色体中的抗镉菌株转入大肠杆菌 HB101 中，使之获得了抗镉特性，该菌株可在 100 mg/L 的含镉溶液中生长。

自从各种降解性质粒被发现后，人们应用基因工程技术获得了能够同时分解多种有毒物质的菌种。美国生物学家 Chakra Barty 利用质粒转移技术将能够降解芳烃、萜烃、多环芳烃的细胞质粒成功地转移到能够降解脂烃的假单胞菌属中，获得了能够同时降解四种烃类的"超级菌"，此菌能够将海面浮油中 2/3 的烃降解掉。再如，除草剂降解基因工程菌、细菌杀虫剂、卤代芳烃降解基因工程菌、多糖降解基因工程菌等，都是基因工程技术在环境污染治理中的具体应用。

3. 生物修复

生物修复是指用生物工程方法将土壤、地下水和海洋中的有毒有害有机污染物"就地"降解成二氧化碳和水或转化成无害物质的方法。生物修复的方式主要有三种：土著微生物法、封闭系统处理法、开放系统处理法。自然植被、微生物等可用于土壤中的烃、农药及重金属污染的生物修复，还可用于废气处理以及作为生物标志物等。

张海荣等利用生物修复技术对辽河油田的油泥废弃物进行了处理，确定了最佳条件。李培军等利用生物泥浆反应器研究多环芳烃(PAHs)污染土壤的生物修复技术，选择的最佳运行工艺参数是：温度 20~30 ℃，水土比 2∶1，空气流量 8L/h，接种量 50g/kg。

在研究前景方面，运用传统方法与生物修复方法的结合以及吸纳基因工程、酶工程和细胞工程等技术，可以提高处理效率、降低处理成本。并且，要注重生物修复的产业化及污染物的资源化，它将会为环保产业提供一条新思路。

4. 微生物絮凝剂

微生物絮凝剂是一类由微生物产生的有絮凝活性的次生代谢产物，具有高效、安全、价廉、不污染环境等优点，是许多无机和有机絮凝剂难以比拟的。微生物絮凝剂主要包括利用微生物细胞壁提取物的絮凝剂，利用微生物细胞代谢产物的絮凝剂和直接利用微生物细胞的絮凝剂。由于微生物絮凝剂具有高效的絮凝作用和生物降解性能，所以它受到了普遍关注。国内外学者对其进行了大量研究，迄今已发现的絮凝性微生物达 25 种以上，它们主要分布于细菌、放线菌、霉菌和酵母菌中。

杨开等采用微生物絮凝剂普鲁兰(Pullulan)和聚合氯化铝复合絮凝的方法以及汪恂用生物絮凝法进行城市污水一级强化处理试验，效果理想。董军芳等将微生物絮凝剂和硫酸铝以 3∶2 的比例混合，处理自来水原水，处理 24h，25 项指标均达到饮用水标准。

目前，微生物絮凝剂应着眼于机理、应用方面，研究复合絮凝剂及联合处理技术。同时，我们应提高产量，降低成本，研发专用生产设备，为走向国际市场提供技术保障。

5. 固定化技术

固定化技术是指通过采用化学或物理方法将游离微生物定位于限定的空间区域内，使其保持活性并可反复使用，包括固定化酶、固定化细胞和固定化藻。固定化方法主要包括三种：载体结合法、交联法和包埋法。它是 20 世纪 80 年代开始向环境科学领域进展，在废水处理中日益受到人们的重视。

王翠红等用海藻酸钠包埋小球藻细胞和紫色非硫光合细菌混合菌株，对含酚废水处理

24 h，去除率达到95%以上。Yang用三乙酸纤维素脂单载体和海藻酸钙的复合载体固定混合好氧菌处理含酚废水，去除率达90%以上。王磊等以PVA为包埋载体，添加适量粉末活性炭包埋固定硝化污泥，处理用$(NH_4)_2SO_4$和葡萄糖配成的废水，NH_4-N去除率可达95.5%，COD去除率保持80%以上。王新等采用动胶杆菌固定化技术来降解土壤中菲、芘污染物，降解率达84.89%和76.94%。

因此，固定化技术以其廉价、高效、传质好、强度高、抗毒性好等优点，为废水处理开创了美好前景。

第三节　现代生物技术在环境生物监测中的应用

一、生物监测的基本概念

1. 生物监测

从理论上说，环境的物理、化学过程决定着生物学过程；反过来，生物学过程的变化也可以在一定程度上反映出环境的物理、化学过程。因此，我们可以通过对生物的观察来评价环境质量的变化。从某种意义上，由环境质量变化所引起的生物学过程变化能够更直接地综合反映出环境质量对生态系统的影响，比起理化方法监测得到的参数更具有说服力，我们可以通过对生物的观察来评价环境质量的变化。因此，生物监测和化学监测、物理监测一样，被广泛应用于环境保护。

生物监测技术诞生于20世纪初，其机理及应用研究，经历了一个从生物整体水平到细胞水平、基因和分子水平的逐步深化的发展过程。20世纪90年代，细胞生物学和分子生物学研究领域的迅速进步，加上信息科学技术的突飞猛进，使生物监测技术迈进了一个新的发展时期。简单地说，生物监测(biological monitoring)是利用生物个体、种群或群落对环境污染或变化所产生的反应阐明环境污染状况，从生物学角度为环境质量的监测和评价提供依据。广义上讲，生物监测可以概括为利用各种技术测定和分析生命系统各层次对自然或人为作用的反应或反馈效应的综合表征来判断和评价这些干扰对环境产生的影响、危害及其变化规律，为环境质量的评估、调控和环境管理提供科学依据。生物监测包括系统地利用生物反应来评价环境的变化和利用生命系统与非生命系统相互关系的变化做“仪器”来监测环境质量状况及其变化。后者又称之为生态监测(ecological monitoring)。生态监测强调的是生态系统层次的生物监测。从生物学组成水平观点出发，污染物在各级水平上都有反应，但生物监测重点放在个体和生态系统级的生物反应上。

生物监测的目的是希望在有害物质还未达到受纳系统之前，在工厂或现场就以最快的速度把它检测出来，以免破坏受纳系统的生态平衡；或是能侦察出潜在的毒性，以免酿成更大的危害。

生物监测是理化监测的重要补充，对于评价环境质量状况有着十分重要的作用。理化监测一般只考虑瞬时污染状况，要做到长期连续监测，在经济上往往是不合适的。要了解污染的累积效应，采用生物监测更合适。同时，仅利用污染物质的浓度值来反应污染程度及危害也是不全面的，因为某些污染物质在环境中的含量极少但是毒性极大，反之亦然。用生物监测进行配合，充分利用指示生物对污染物毒性反应的敏感性，更能较准确地反映真实的污染情况。与理化监测方法相比，生物监测具有理化监测所不能替代的作用和所不具备的一些特点：能直接反映出环境质量对生态系统的影响；能综合反映环境质量状况；具有连续监测的功能；监测灵敏度高；价格低廉，不需购置昂贵的精密仪器，不需要烦琐的仪器保养及维修等工作；可以在大面积或较长距离内密集布点，甚至在边远地区也能布点进行监测。当然，也存在一些缺点，如不能像理化监测那样迅速作出反应；不能像仪器那样精确地监测出环境中某些污染物的含量，生物监测通常只能反映各监测点的相对污染或变化水平。

由于生物过程比较复杂，影响因素多，使生物监测的应用受到许多限制。生物监测的精度不高，有些场合只能半定量。由于影响生物学过程的不仅仅是环境污染，还有许多非污染因素。因此，在不同的自然条件下没有可比性，且在季节上和地理上都受到较大的限制。尽管生态学家依据各自条件和所熟悉的领域选择基本参数，发展生物监测技术，但要得出统一的标准，目前条件尚不够成熟。但随着生物监测技术的迅速发展，其应用将会越来越广泛。

2. 生物监测的原理和特点

生物监测的理论基础是生态系统理论。生态系统是由包括生产者、消费者、分解者的生物部分和非生物环境部分所组成的综合体。从低级到高级，它包含有生物分子→细胞器→细胞→组织→器官→器官系统→个体→种群→群落→生态系统等不同的生物学水平。

污染物进入环境后，会对生态系统在各级生物学水平上产生影响，引起生态系统固有结构和功能的变化。例如，在分子水平上，会引导或抑制酶活性，抑制蛋白质、DNA、RNA 的合成。在细胞水平上，引起细胞膜结构和功能的改变，破坏像线粒体、内质网等细胞器的结构和功能。在个体水平上，导致动物死亡、行为改变、抑制其生长发育与繁殖等；对植物表现为生长速度减慢、发育受阻、失绿黄化及早熟等；在种群和群落水平上，引起种群数量的密度改变、结构和物种比例的变化、遗传基础和竞争关系的改变，引起群落中优势种、生物量、种的多样性等的改变。

生物监测，正是利用生命有机体对污染物的种种反应，来直接地表征环境质量的好坏及所受污染的程度。由于环境变化的效应从根本上是对以人为主体的生物系统的影响，因此生物监测对环境素质的优劣更具有直接和指示作用。但是因生物监测的监测对象生态系统的复杂性，反过来又使生物监测的操作面临许多问题。如其灵敏性、快速性和精确性等都需进一步提高，其对生物学知识和技术的依赖性决定需要以生命科学的理论和实践作为基础和指导。

二、现代生物技术分析

1. 生物传感技术

生物传感技术主要是利用生物传感器来工作的，生物传感器具有几个重要特征：(1)生物传感器具有多样性的特征；(2)生物传感器的工作环境具有特殊的要求，监测环境中不能加入人工试剂；(3)生物传感器的反应比较快、工作速度快，同时传感器操作简便。根据传感器中敏感元件的不同，生物传感器可以分为 5 种基本类型，诸如酶传感器(enzymesensor)、微生物传感器(microbialsensor)、细胞传感器(organallsensor)、组织传感器(tis-suesensor)和免疫传感器(immunolsensor)。显而易见，所应用的敏感材料依次为酶、微生物个体、细胞器、动植物组织、抗原和抗体。生物传感器可以广泛地应用在大气及水体的监测中。生物传感技术本身可以实现技术的高度集成，并且在操作上可以实现自动化，在环境监测工作中得到了较好的应用，取得了一定的效果。生物传感技术能将生物反应转变为电信号，在环境监测工作中能对环境的变化做出及时分析，是环境监测技术的一项改革。生物传感技术的应用就是从生物层面与被监测的对象进行固化作用，利用电子元器件将对被监测对象的监测数据转化为电子信号，然后利用电子信号分析和处理装置对电子信号接收、识别和分析，最终确定被监测对象的状态，完成控制过程。生物传感技术在操作上较为简单，对于监测对象的变化能作出及时的反应，测定速度较快，而且成本并不高，在未来的环境监测工作中也会得到更广泛的应用。

生物传感技术可用来测定水体中的BOD、酚、NO_3^-、有机磷。利用该技术研制的BOD测定仪可直接测量水中BOD含量；用酶电极安培传感器可以检测溶液和有机介质中的酚类化合物；以不同的NO_3^-还原酶做生物催化剂，通过测量电流的生物传感装置可测定水中NO_3^-含量。

另外，该技术还可以用来分析大气中的CO_2、SO_2、NO_x的含量及浓度等。利用自养微生物和氧电极制成的电位传感器，可抗各种离子和挥发性酸的干扰，连续自动在线分析大气环境中CO_2的含量，灵敏度高；以硫杆菌属和氧电极制作安培型生物传感器，可用来检测酸雨酸雾样品中SO_2的含量；用多孔气体渗透膜、固定化硝化细菌和氧电极组成微生物传感器，可通过测定样品中亚硝酸盐含量，从而推知空气中NO_x的浓度。

除此之外，该技术还可监测水体中的赤潮、检测残留有毒有害物质、测定持久性有机污染物、评价污染物毒性和测定细菌总数等。叶绿素a自动监测仪可以通过对水中叶绿素a的监测来监视赤潮和水华现象的发生，从而可对水质环境状况进行评价；免疫传感器利用抗体和抗原之间的免疫化学反应可以测定环境中的持久性有机污染物；利用生物传感技术研制的一种新型伏安型细菌总数生物传感器可用来测定细菌总数。

上述生物传感器具有快速、连续在线监测等优点，所以，在环境分析与监测方面得到了广泛应用。

2. 生物酶技术

生物酶技术的原理是将微生物和酶进行有效的结合，快速实现对环境污染物的降解，完成对环境监测过程中的环境污染处理。生物酶技术是现代生物技术在环境监测中应用得较多的一种技术类型，这和生物酶技术独特的环境监测效果以及相对低廉的环境监测费用有着很大的关联。生物酶技术能够降低微生物的生存要求，将微生物与酶有效结合起来，从而促进各种污染物的降解，净化环境。与其他生物技术相比，生物酶技术在环境监测工作中应用更具有针对性，其应用范围上更加广泛，各环境污染领域都可以根据环境监测的实际需要针对性地应用生物酶技术，且生物酶技术在设备环境上的要求较低，能够降低生物技术应用的前期投入。生物酶技术在环境监测过程中，发现环境污染问题可以在第一时间处理，不需要引进大型的设备装置，能有效降低环境监测工作的成本，并且达到最佳的环境污染治理效果。

3. 生物芯片技术

生物芯片技术指的是主要利用硅芯片以及玻璃芯片对微型生物中的蛋白质、脂肪以及其他基因进行分析，从中判断样品中靶分子的含量和质量。生物芯片技术的工作原理则是利用光导原位将微生物中的元素进行有序排列，组成密集的二维分子排列模型。主要特点是高通量、微型化和自动化。生物芯片上高度集成的成千上万密集排列的分子微阵列，能够在很短时间内分析大量的生物分子，使人们能够快速准确地获取样品中的生物信息，检测效率是传统检测手段的上千倍。根据芯片上的固定探针不同，生物芯片可分为基因芯片、蛋白质芯片、细胞芯片、组织芯片，另外根据其工作原理还可分为元件型微阵列芯片、通道型微阵列芯片、生物传感芯片等新型生物芯片。如果芯片上固定的是肽或蛋白，则称为肽芯片或蛋白芯片；如果芯片上固定的分子是寡核苷酸探针或DNA，就是DNA芯片。

生物芯片技术因其可靠性和固定性在环境监测工作中的不同领域都发挥了较好的应用效果，有效地提高了环境监测的水平，尤其是环境污染问题得到了一定的遏制，促进了现代生物技术在我国的发展。生物芯片技术能确定快速准确地从基因的表达状况来确定环境对生物基因的影响，从而确定环境污染状况。这些芯片能对监测对象基因组的变化情况来分析环境污染对生物基因的影响，也能实现环境污染的科学监测。生物芯片技术已成功应用到环境监测中的水质控制、病原细菌瞬时检测、细菌基因表达水平测量及菌种鉴定等方面。法国一家水管理企业开发的生物芯片可随时监测公共饮用水中微生物的变化；Rhode Island大学开发的一种生物芯片技术可瞬时检测出水中的沙门氏菌和大肠杆菌；利用DNA芯片建立的细菌检测及鉴定系统，可快速(<4 h)监测细菌的种类和浓度，且该系统的精确性、检测范围和鉴定能力能通过在芯片上增加更多的寡核苷酸探针得到持续扩展。

4. 流式细胞测定技术

流式细胞测定技术是一种对液流中排成单列的细胞或其他生物微粒(如微球、细菌、小型模式生物等)逐个进行快速定量分析和分选的技术。其工作原理是将待测样品经荧光染料染色后制成样品悬液，在一定压力下通过壳液包围的进样管而进入流动室，排成单列的细胞，由流动室的喷嘴喷出而成为细胞液流，并与入射激光束相交。细胞被激发而产生荧光，由放在与入射的激光束和细胞液流成90°处的光学系统收集。光学系统中的阻断滤片用于阻挡激发光；二色分光镜及另一些阻断滤片则用于选择荧光波长。荧光检测器为光电倍增管。散射光检测器是光电二极管，用以收集前向散射光。小角度前向散射与细胞大小有关。整个仪器用多道脉冲高度分析器处理荧光脉冲信号和光散射信号。测定的结果用单参数直方图、双参数散点图、三维立体图和轮廓(等高)图来表示。流式细胞测定技术具有测量速度快、可进行多参数测量等特点，同时也是一门综合性的高科技方法(综合了光学、电子学、流体力学、细胞化学、免疫学、激光和计算机等多门学科和技术)，既是一种细胞分析技术，又是一种精确的分选技术。

流式细胞测定技术目前主要应用于海洋生物的监测。该技术与同位素示踪技术相结合，可监测不同类别的浮游生物对浮游植物群落总生产力的贡献；与DNA分子探针相结合，可对海洋异养细菌及光合原核生物细胞循环进行监测与分析；另外，将该技术与高效液相色谱技术相结合，还可监测海洋含不同色素的浮游植物对海洋光学的作用与影响，从而可大大扩展水色遥感监测与应用的范围。

5. 单细胞凝胶电泳技术

单细胞凝胶电泳(SCGE)技术是一种快速检测单细胞DNA损伤的实验技术，适用于多种细胞，能够灵敏地检测DNA断裂，在检测诱变剂、射线等对DNA的损伤、监测环境污染物对机体的遗传损害、研究毒物致癌机制等方面有广泛的应用价值。因其细胞电泳形态颇似彗星，又称彗星实验(comet assay)。一般认为，在通常情况下，DNA双链以组蛋白为核心盘旋形成核小体，在核小体中DNA呈负超螺旋结构，如果有去污剂进入细胞，核蛋白被浓盐提取，DNA便形成残留的类核，如果类核中DNA断裂，就会在核外形成一个DNA晕轮，DNA断裂将引起超螺旋松散，电泳时DNA片段向阳性伸展，形成特征性彗星尾，这时彗星尾可能还与头部有秩序的结构以单链相连。在中性电泳液中，核 DNA 仍保持双螺旋结构，虽偶有单链断裂，但并不影响 DNA 双螺旋大分子的连续性。只有当 DNA 双链断裂时，其断片才进入凝胶中，电泳时断片向阳极迁移，形成荧光拖尾现象，形似彗星。而在碱性电泳液中，DNA 双链解螺旋变性为单链，单链断裂的碎片相对分子质量小可进入凝胶中，电泳时断裂的碎片离开核 DNA 向阳极迁移，形成拖尾。细胞 DNA 受损愈重，产生断裂断片就愈多，其断链或断片也就愈小，在电场作用下迁移的 DNA 量多，迁移的距离长，表现为尾长增加和尾部荧光强度增强。因此，通过测定 DNA 迁移部分的吸光度或迁移长度可定量的测定单个细胞 DNA 损伤的程度。单细胞凝胶电泳技术是一种测定和研究单个细胞 DNA 链断裂的新电泳技术，与传统 DNA 损伤检测方法相比，具有简便、快速、灵敏、样品量少、无须放射性标记等特点。单细胞凝胶电泳技术主要包括 Olive 等建立的测定 DNA 双链断裂中性微凝胶电泳技术和 Singh 等建立的测定 DNA 单链断裂的碱性微凝胶电泳技术。

单细胞凝胶电泳技术可把大气污染物、重金属、醛类污染物及辐射等对 DNA 的损伤程度作为环境监测的一个重要指标，以此判断上述物质的污染程度。利用 SCGE 技术研究空气中重要污染物 SO_2对小鼠 DNA 的损伤效应发现，SO_2可对小鼠脑细胞 DNA 造成损伤，应用该技术还发现 $NiCl_2$能诱导人血淋巴细胞 DNA 单链断裂，硒能诱发大鼠肝细胞 DNA 的损伤，因此，该技术可通过检测机体的损伤情况来判断污染物和重金属的污染程度。另外，该方法还可用于 DNA 交联物的检测，以此来判断醛类物质的污染程度。

同时，该技术还可用于环境生态监测以及环境流行病学研究等方面。通过 SCGE 技术检测水中铜绿微囊藻(MCE)的遗传毒性，结果发现 MCE 可使大鼠原代肝细胞 DNA 损伤增加，这对研究水中蓝藻细菌的污染同地方性肝癌高发率之间的联系提供了理论基础；利用 SCGE 检测鱼类红细胞的变化可监测水污染情况，还可用 SCGE 分析采集的不同土壤样本中蚯蚓的体腔细胞 DNA 损伤情况，作为土壤污染的监测指标。

6. 生物强化技术

生物强化技术，也称为生物投加，是指将特殊的菌种配方，按一定计划，添加到废水处理系统中，以促进该系统的生物处理效率提高的方法。也可以说，生物增强技术是指向污染体系中添加从自然界筛选出的高效菌株或通过生物工程手段获得的工程菌，去除某一种或某一类有毒有害、难降解的有机物，以提高体系处理效率。从整体来看，生物强化技术的机理指的是通过向一般化的生物处理系统中导入具有特定功能的微生物，进而提高系统中有效微生物的浓度，增强对难降解有机物的降解能力，从而提升对系统中物质的降解速率。从现实来看，通过生物强化技术在环境保护领域的应用，可以改善原有生物处理体系对难降解有机物的去除效能。

生物强化技术作为一项新兴工艺技术有其独特的技术特征，并且具备一定的科学性。从技术的构成要素来看，生物及物质本身就是生态系统的主要内容，生态系统内部的所有物质循环则是依赖生物间的互相作用来实现的。从本质上来看，生物强化技术的出现，就是进一步强化生物圈层的整体作用效能，从而改善生态环境。与此同时，现代化科学技术的快速发展也能够为生物强化技术正名，令该技术成为环境治理与保护的最理想的手段。生物强化技术的特征要从实践过程来看，并且结合该技术对环境的实际效用来评价。总而言之，生物强化技术在解决环境问题时所展现出来的特点足以证明该技术是一项原生态的系统，这个生物系统处理环境污染等问题的能力较强，且与环境健康发展保持高度的一致。生物技术在处理环境污染物方面具有速度快、消耗低、效率高、成本低及无二次污染等明显技术优势。

在当下的社会环境中，利用生物强化技术实施环境治理的过程主要是利用各种微生物物质进行环境重建的过程。从实践来看，将生物强化技术与环境保护项目进行整合，改善社会环境重点体现在以下几个方面，即治理高浓度有机废水、治理环境中的有毒有害难降解污染物质、改善系统污泥特性、修复地下水生物及环境等。通常情况下，应用生物强化技术处理污染时，最终的产物绝大部分是无毒无害的、性质较为稳定的物质，将有害化学物质通过微生物的作用转化为水或二氧化碳等物质，进而起到了治理环境的作用。

（1）治理高浓度有机废水

将生物强化技术应用于治理高浓度有机废水项目中是该项技术的重点应用领域。因工业生产过程会产生大量的废水、废气等物质，只有通过生物强化技术来治理才会更加有益于生态环境的平衡。在实践过程中，通过在废水环境中培养光合细菌、硝化菌、磷细菌等物质，并且将这些菌群进行复合处理，最终，激发出菌群本身生物性及其效用，来进行环境治理，改善水质环境。

（2）治理环境中的有毒有害难降解污染物质

欲想要治理环境中的有毒、有害、难降解污染物质，就必须了解具体的污染物性质，进而采取相应剂量的生物菌剂有针对性地进行治理。在诸多现代工业生产环节中，很多企业的生产过程都是不够环保的，会产生一定的毒害物质或难降解污染物质。例如：石油化工类企业生产对土壤环境的污染较大，就可以采用菌根修复技术对其进行处理。其具体表现为，在被污染的土壤中种植玉米或黄豆，通过施加不同的菌剂物质，采用菌剂、菌根对土壤环境进行修复，这样一来，该区域的土壤环境经过一个生长季的作用，使得土壤中石油类污染物质的降解率达到近八成。由此可见，通过生物强化技术进行有毒、有害、难降解污染物质的治理是可行的，且作用效果较为明显。

（3）改善系统中污泥物质的性质

由于经济的快速发展，土地的利用率得到了快速提升。但同时，我们也看到了在很多地区的土壤被污染后，土地中的营养物质转为大片污泥物质，与健康的生态环境极为不协调。通过盆栽香根草、百喜草等植物来检验生物强化技术对环境治理的作用。试验结果表明，盆栽植物的上部（即裸露在地上的部分）各种重金属的含量均正常，而植物根部及淤泥中茎部的各项重金属的含量均超标。另外，由于土壤中的大部分有机污染物可通过生物强化技术的作用转化为沼气等物质，转换后的物质可以被再次利用。一般情况下，针对有机污染物的处理及其生物反应的过程是在无氧状态下实施的，可以加剧酶物质的催化反应程度。由此可见，生物强化技术的实施对改善土壤环境有着一定的作用。

（4）地下水质及生物环境修复

地下水生物环境与地上生物生长环境极为不同，而且随着工业化生产的加剧，很多企业将工业废水排放至河道中，进而影响地下水质环境，甚至会影响到水下生物的正常生长。水是孕育大部分生物的物质，如若地球上的水质环境良好，则生态环境定会十分健康。在应用生物强化技术进行地下水质及生物环境的修复时，一般采用硝化细菌、亚硝化细菌等菌群构成的复合海藻生物来净化地下水生物环境，可去除池塘或湖泊水体环境中的亚硝酸态氮等物质，从而净化水质，改善生态环境。

从我国目前环境治理领域的发展状况来看，将生物强化技术与环境保护进行有机地整合取得了一定的实际效能，并在一定程度上改善了环境。生物强化技术的实际应用除了能够治理高浓度有机废水及有毒有害难降解污染物质以外，还能调节某一个具体环境的生态平衡，调整生物群落之间的作用效能。例如：利用生物强化技术改变城市园林环境，构建湿地公园等项目。

另外，随着微生物对污染物降解效能的日趋明朗，再加上分子生物科研体系的逐渐扩大，生物强化技术在环境治理中的实际应用效果突显。相信在未来，生物强化技术对于环境治理项目是不可或缺的重要技术支撑，且该技术的发展潜力巨大，只要运用得当，便会给社会创造出更大的价值。

三、现代生物技术在环境监测中的实践

1. 在大气污染中的实践

大气污染是指使用生物监测对大气质量进行分析研究，确定环境污染程度。在生物系统中，大气污染给动植物的生存带来了严重的污染，因为植物有在固定的温度、湿度中生长的特征，导致植物没有办法避免有害物质污染。植物对大气中有害物质有一定敏感性，所以在环境监测中便于监测及管理。环境监测中现代生物技术在大气污染中可以采取植物叶子当作需要监测的样品。植物可以通过大气污染程度完整的反映出来，在大气污染实践中常用的监测植物有以下种类：

（1）氟化物指示植物

通过植物可以反映出氟化物的对象主要有：苔藓、金线草、唐菖蒲、大蒜、郁金香以及梅树等植物。通常情况下，使用现代生物技术监测受污染比较明显的植物，叶子形状转变为尖形，并且叶面上有一定程度的伤斑，出现在叶脉上的症状则比较少。受环境污染的伤斑是浅褐或者红褐色。

（2）二氧化碳指示植物

二氧化碳所指示的植物主要有海棠、烟草、向日葵、番茄以及柑橘等。通常受环境污染比较明显，症状主要是植物叶子上出现不规则的伤斑，颜色主要是白色、棕色以及黄褐色等，同时植物叶子上也不同程度地出现点状伤斑。

2. 在水体污染中的实践

（1）微生物群监测

水体系统中比较重要的组成部分是微生物群，微生物群在水体出现污染时可以快速地感应。一般情况下在环境监测中使用的监测手段是泡沫塑料块聚氨酯法，该手段是在水体中投入一定量含有聚氨酯的塑料块，对水体中微生物群落收集监测。和传统水体环境监测方式对比，这种方法速度快、经济、准确，同时还可以在污染监测中广泛使用。

（2）生物法监测

使用生物法监测水体污染的方式主要是使用生物监测方式对水体监测。使用现代生物科技中的生物法对水体污染情况进行分析。生物法监测水体污染情况可以将水体污染带来的不利影响全面展示出。水体污染比较严重、可以反映出的生物有蚊幼虫、小颤藻以及颤蚓类生物。

3. 在土壤污染中的实践

(1)动物监测法

使用动物监测法控制土壤受污染的情况，使用这种方式进行监测时，通常情况下可以将蚯蚓当作监测对象，因为蚯蚓有比较高的敏感性，可以觉察到土壤中是否含有农药、

铅等有害物质。除此之外，使用现代生物技术进行土壤污染监测时因为土壤中有一定镉物质含量，和蚯蚓体内镉物质含量有一定关联性，因此蚯蚓在土壤污染的应用中具有一定意义。

(2)植物监测法

土壤是植物的良好培养基，当土壤受到污染的时候，其指示植物会产生相应的反应。该方法主要利用土壤污染的指示植物进行监测。土壤受到污染后，污染物对植物产生各种反应“信号”，包括产生可见症状，如叶片上出现伤斑；生理代谢异常，如蒸腾率降低、呼吸作用加强，生长发育受抑制；植物成分发生变化，由于呼吸污染物质，使植物中的某些成分相对于正常情况发生变化。以此作为土壤生物监测的依据，分析土壤的污染状况。

土壤污染主要表现在以下 3 个方面，在此加以简单介绍。

① 产生可见伤害症状，受到污染物影响的植物，常在叶片上出现肉眼可见的伤害症状，而且因污染物种类和浓度的不同，植物产生的伤害症状亦不同。因此，可以通过各种指示生物的反应症状来分析、判断和评价污染状况。

② 新陈代谢异常，在受污染的环境中，植物的新陈代谢作用会受到影响，使蒸腾率降低，光合作用强度下降，呼吸作用加强，叶绿素相对含量减少，导致生长发育受到抑制、生长量减少、植物矮化、叶面积缩小以及叶片早落和落花落果等。通过测定某些指标即可判断受污染程度。

③ 植物成分含量的变化，正常情况下，植物的组分是相对稳定的。土壤受到污染后，通过吸收光合作用而使植物体中的某些成分的含量发生变化。

(3) 微生物监测法

土壤中的微生物种类繁多，它们在物质循环、土壤肥力及植物营养等方面均起着重要作用。当土壤遭受污染之后，微生物区系在种类和数量上将发生变化，因此，土壤的微生物学监测的目的在于测定土壤污染的性质和污染程度，为规划建设及改善环境卫生提供依据。根据微生物生态学原理，可以利用微生物对环境的保护作用来修复被污染、被破坏了的区域，对卫生监督和保护等具有重大意义。

工农业生产产生的废弃物对土壤的污染，导致了土壤微生物数量组成和种群组成的改变。污染物进入土壤后首先受害的是土壤污染物，许多土壤微生物对土壤中石油、重金属、农药等污染物含量的稍许提高就会表现出明显的不良反应。通过测定污染物进入土壤系统前后的微生物种类、数量、生长状况及生理生化变化等特征就可监测土壤污染的程度。

土壤微生物数量的改变与自身的耐受性有关，对污染物有耐受性的微生物增加了，而敏感的却减少了，因此污染的结果使土壤微生物群落趋于单一化。

土壤有机质矿化是土壤中动植物和微生物的残体以及土壤腐殖质分解成简单的无机物的过程。土壤纤维素分解作用是土壤有机质矿化的一个重要内容，纤维分解菌群的活性受重金属和其他有毒元素的影响很大。

从上面可以看出，土壤微生物是土壤生物体系中关键的功能要素，对土壤微生物的评估可综合地反映土壤质量。土壤微生物量、生物多样性、土壤呼吸作用及其衍生指数、微生物酶活性变化、微生物群落结构及功能等指标均可用作土壤受污染程度的微生物监测指标。

第四节 现代生物技术在大气污染中研究进展

科技的发展充分证明了环境生物技术在解决环境问题过程中所显示出的独特功能和优越性，它的纯生态过程，体现出了可持续发展的战略思想，它具有速度快、消耗低、效率高、成本低、反应条件温和以及无二次污染等显著优点。采用生物技术控制和处理废气，将废气中的有机污染物或恶臭物质降解或转化为无害或低害类物质，从而净化空气，是一项空气污染控制的新技术。目前采用的方法主要有生物过滤、生物洗涤和生物吸附法等，所采用的生物反应器为生物净气塔、渗滤器和生物滤池等。

一、大气污染

1. 概念

尽管人类大约二十年前就认识到了大气污染的全球性危害，但是那个时候的大气污染已经存在了很长一段时间了。最早的大气污染来自于火山喷发和风暴，他们破坏了整个城市以及使在城市里生活的所有人类的生活发生改变。人类对大气的第一次严重污染始于煤的燃烧，从一开始，煤燃烧向大气中释放煤烟和具有刺激性气味的二氧化硫气体。

最早对人类大气污染排放控制相关的法律始于约1273年，是当时的爱德华王子一世通过的禁止使用一种煤炭的法律。1300年，理查德国王大量征收煤炭，以阻止它的使用。1661年，查尔斯国王对伦敦上空的云进行了研究。这项研究表明，云与当时流行的一些致命疾病之间存在着某种关系。

大气污染有好几种定义方式，其中最贴切的定义是指那些浓度足以对人类或其他动物，植物或物质等产生可测量的有害影响的物质。大气污染物可以是任何自然或人为所产生的物质所组成的，包括固体颗粒、液滴、气体或以上各种形式的混合体。大气污染物按其存在状态可分为两大类：一种是气溶胶态污染物，另一种是气体状态污染物；若按形成过程分类则可分为一次污染物和二次污染物。一次污染物是指从污染源直接排放到大气中的污染大气的物质，一次污染物经过化学反应或光化学反应得到的与一次污染物的物理化学性质完全不同的新的污染物是二次污染物，其毒性比一次污染物强。

2. 污染源

经过几十年的壮大发展，中国经济已经成为继美国之后的世界第二大经济体。但不可否认的是，科学技术和工业化的迅速发展，极大地提高了人类的物质和人类生活水平，人类活动对环境的影响也越来越大。在一些地区，片面追求经济增长主要是以牺牲环境和资源为代价的，特别是工业经济的高速增长导致了严重的空气污染。

大气污染物的来源可以分为自然污染源与人为污染源两大类。自然污染源是由自然原因(如火山喷发、森林火灾等)造成的，人为污染源是由于人们的生产生活活动造成的。而人为污染源方面，同样可分为固定式(如烟囱、工业废气)和移动式(如汽车、火车、飞机、船舶)两种不同的来源方面。由于人为污染源无处不在，所以人为污染源比自然污染源更受人们的关注。目前，大气污染源主要分为四类：工业污染源，生活污染源，交通污染源和农业污染源。

(1) 工业污染源

随着工业的快速发展，空气污染物的种类和数量日益增多。由于工业企业的性质，规模，工艺，原材料和产品类别的不同，它们对大气的污染程度也不尽相同。目前，中国正处在大规模工业化和城市化进程中，大气污染物主要来源于传统重工业，特别是发电厂，石油化工，金属冶炼，机械制造等行业。这些行业产生大量的二氧化硫，煤烟和氮氧化物。另外，几乎所有造成大气污染的重金属颗粒和氟化物都来自工业来源，二次污染物臭氧的形成也与工业污染源排出氮氧化物和碳氢化合物有关。

(2) 生活污染源

在居民区，随着人口的集中，大量的家用炉灶和采暖锅炉也消耗大量的煤炭，特别是在冬季采暖季节，常常造成污染地区的烟雾弥漫，这也是不容忽视的空气污染源，因为各种锅炉烟囱冒黑烟，从而导致大气颗粒物含量大大增加。室内污染源也是造成大气环境恶劣的重要因素之一，由于起居室环境通风不良，在引入污染物或能释放有害物质的污染源后，居室内空气中的污染物无论是在数量上还是在种类上都会不断增加。

(3) 交通污染源

在中国不同地区的监测中发现，车辆排放所产生的污染物占环境空气中的污染物比例较高，其中CO，NO_x和HC含量约占80%~90%。由于近年来中国的车辆拥有量以每年15%以上的速度增长，这些污染物的排放量也随之增加，车辆排放污染物显然已成为我国环境空气污染的主要来源之一。

(4) 农业污染源

为了满足全球人口对食品日益增长的需求，集约化农业正在迅速发展，从而导致了一系列的环境问题。农业排放在与环境和公共健康相关的空气污染过程中占主导地位。这些排放物对当地和区域的环境质量，包括恶臭气体，微粒，有毒物质和病原体等都有重大影响。由于不同排放过程中的不同媒介，农业排放量具有一定的地域和时间性。例如在美国，最重要的污染源是氨(农业占总排放量的90%左右)。在农业生产中，化石燃料的燃烧和农业中化肥和其他化学品的使用将释放出二氧化碳、氢氧化物、硫化物和微粒。越来越多的证据表明，大规模、高强度的农场和集中的动物养殖场会增加恶臭物质，痕量气体(如二氧化碳)和硫化合物的排放。

二、主要大气污染物

1. 气溶胶态污染物

主要有粉尘、烟液滴、雾、降尘、飘尘、悬浮物等。气溶胶指固体粒子、液体粒子或他们在气体介质中的悬浮体，直径约为从0.002~100μm大小的液滴或固态粒子。

① 尘粒：一般是指粒径大于75μm的颗粒物。这类颗粒物由于粒径较大，在气体分散介质中具有一定的沉降速度，因而易于沉降到地面。

② 粉尘：在固体物料的输送、粉碎、分级、研磨、装卸等机械过程中产生的颗粒物，或由于岩石、土壤的风化等自然过程中产生的颗粒物，悬浮于大气中称为粉尘，其粒径一般小于75μm。在这类颗粒物中，粒径大于10μm，靠重力作用能在短时间内沉降到地面者，称为降尘；粒径小于10μm，不易沉降，能长期在大气中飘浮者，称为飘尘。

③ 烟尘：在燃料的燃烧、高温熔融和化学反应等过程中所形成的颗粒物，飘浮于大气中称为烟尘。烟尘的粒子粒径很小，一般均小于1μm。它包括了因升华、焙烧、氧化等过程所形成的烟气，也包括了燃料不完全燃烧所造成的黑烟以及由于蒸汽的凝结所形成的烟雾。

④ 雾尘：小液体粒子悬浮于大气中的悬浮体的总称。这种小液体粒子一般是由于蒸汽的凝结、液体的喷雾、雾化以及化学反应过程所形成，粒子粒径小于100μm。水雾、酸雾、碱雾、油雾等都属于雾尘。

⑤ 煤尘：燃烧过程中未被燃烧的煤粉尘、大、中型煤码头的煤扬尘以及露天煤矿的煤扬尘等。

2. 气态污染物

以气体形态进入大气的污染物称为气态污染物。气态污染物种类极多，按其对我国大气环境的危害大小，有5种类型的气态污染物是主要污染物。

① 含硫化合物主要指SO_2、SO_3和H_2S等，其中以SO_2的数量最大，危害也最大，是影响大气质量的最主要的气态污染物。

② 含氮化合物含氮化合物种类很多，其中最主要的是NO、NO_2、NH_3等。

③ 碳氧化合物污染大气的碳氧化合物主要是CO和CO_2。

④ 碳氢化合物此处主要是指有机废气。有机废气中的许多组分构成了对大气的污染，如烃、醇、酮、酯、胺等。

⑤ 卤素化合物对大气构成污染的卤素化合物，主要是含氯化合物及含氟化合物，如HCl、HF、SiF_4等。

三、环境影响因素

在一个特定的范围内，把大气环境看成是一个整体，影响这一整体的主要因素有以下几个方面。对于主要影响因素进行分析，可以为综合防治大气污染奠定基础。

1. 气象因素的影响

气象条件是影响大气污染的一个重要因素，如风向、风速、气温和湿度等，都直接增加污染物的危害程度。其中，风向问题是工厂配置中必须考虑的条件，污染严重的工厂应该放在居民区下风向。在气象条件中，逆温层被认为是必须十分重视的影响因素。在正常情况下，大气温度随着高度的增加而下降。每升高100 m，气温平均下降0.6℃。因下暖上寒，污染物容易垂直上升并向高空扩散，如果出现下层气温低，上层气温高的逆温现象则逆温大气层将阻止该层内或层下烟气的上升，抑制大气对流和湍流的形成，影响烟气的稀释扩散，造成污染物的聚集，增加污染物的危害。

2. 地形地物的影响

由于地形、地物不同，大气污染物的危害程度会有很大差异。在窝风的丘陵和山谷盆地，污染物不能顺利扩散开去，可能形成一定范围的污染区。污染物沿平行山谷的方向流动，会给下风侧带来更严重的污染。

城市中的高大建筑物和构筑物会使运动着的大气产生涡流。在涡流区大气污染物很难逸散，使涡流区完全处在污染状态中。在污染源多的地域，恰当地利用地形地势，避开高大建筑物和构筑物的影响是促使污染物迅速扩散、减少污染的重要条件。

3. 植物的净化作用

种植花草、树林对过滤和净化大气中的粉尘和有害气体，减轻大气污染起着不可忽视的作用。例如：树木能吸收二氧化碳呼出氧气，每亩树林每天大约吸收70 kg的二氧化碳，放出50 kg氧气。一亩树林每年能过滤下来的大气粉尘约1000~3000 kg，树林还能吸收多种有害气体，如二氧化硫、光化学烟雾等。从环境保护角度看，种植花草、树木是防治大气污染不可缺少的一个措施。

为了提高植物防治污染的能力，还可根据污染物的性质有选择地种植抗性强的植物。例如，在道路两旁种植洋槐、棕树。能吸收汽车排气形成的光化学烟雾；在公园种植菊花、夹竹桃、月季，能吸收大气中的多种有害气体。

4. 污染物综合作用的影响

各种污染物进入大气环境后，都不是孤立地静止地存在的。而是不断运动、互相制约、互相影响。污染物之间产生着综合作用，有的互相叠加，使两种有害的物质更有害，有的互相抑制，使两种有害的物质都变成无害。互相叠加者叫协同作用。互相抑制者叫拮抗作用。一般说来，性质近似的污染物，如氟化氢同二氧化硫，容易产生协同作用。而性质差异大的污染物，如酸性气体同碱性气体，容易产生拮抗作用。这两种情况都是大气污染综合防治中要考虑的问题。

5. 工业布局的影响

大气中的污染物主要来自工业。其中又以化工、冶金、轻工排出的污染物为多，所以工业布局如何对大气污染有直接的影响。一般地说，污染严重的工厂企业应远离城市，并布置在下风侧。工业区不应过分集中，免得造成工业区环境条件太差。各种类型的工厂企业要考虑污染的相互影响。噪声大的工厂不应靠近居民区也不应靠近其他工厂。排放工业有害物多的工厂必须考虑设置卫生防护地带、使各类工厂配置更合理。

四、大气污染危害

1. 对人体健康的危害

人们缺少空气是无法存活的。有数据显示，一个成年人平均每天呼吸约 20000 次，每天吸入的空气体积达 15~20m^3。所以呼吸被污染的空气会对人体健康有直接且巨大的影响。大气污染物对人体各个方面都有很大危害，主要表现为呼吸系统疾病和身体机能障碍，以及鼻腔等黏膜组织受到刺激而生病。

大气中高浓度的污染物会造成严重的污染，甚至会对人类生命造成损失惨重的状况。事实上，即使大气中的污染物浓度不高，身体也会因为呼吸这种污染的空气多了，引起慢性支气管炎、支气管哮喘、肺气肿和肺癌等疾病。

2. 对植物有害

大气污染物，特别是二氧化硫，氟化物等对植物危害是非常严重的。污染物浓度高时，会对植物造成严重危害，造成植物叶表面产生斑点，或直接导致叶枯萎脱落。当污染物浓度不高时，会对植物造成慢性伤害，或者看似看不到任何有害的症状，但植物的生理功能产生影响，导致植物产量下降，质量下降。

3. 对天气和气候的影响

大气污染物对天气和气候的影响是非常显著的，可以从以下几个方面来说明：

① 减少到达地面的太阳辐射量：从工厂，发电站、汽车、家庭取暖设备排放到大气中的大量灰尘颗粒，使得空气变得非常混浊，阻隔太阳，减少了到达地面的太阳辐射量。据观测统计，在大型工业城市烟雾弥漫的时代，直接照射在地面上的阳光量比无烟日子减少了近 40%。在空气污染严重的城市，由于日照不足，人与动植物日益发展，生长发育不良。

② 增加降水量：大型工业城市排放的颗粒，其中许多都有凝结水汽的作用。其结果是，当大气中有其他一些降水条件与之配合的时候，就会出现降水天气。大型工业城市下

风向降水量较大。

③ 酸雨：有时从天而降的雨水中含有硫酸。这种酸雨是大气中二氧化硫污染物氧化而形成硫酸，伴随着自然降水形成。硫酸雨能使大片森林和农作物受到破坏，能使纸制品、纺织品、皮革制品等的腐蚀和破碎，能使金属的防锈涂层变质，降低防护效果，还能腐蚀、污染建筑物。

④ 提高大气温度：在大型工业城市，由于大量的废热排放到大气中，所以近地面的气温比周边郊区要高。这种现象在气象学上被称为“热岛效应”。

⑤ 对全球气候的影响：近年来，人们逐渐注意到空气污染对全球气候变化的影响。经过研究，认为二氧化碳在各种可能引起气候变化的空气污染物中起着重要的作用。大量的二氧化碳从大量的烟囱和其他排气管道排放到大气中，大约50%留在大气中。二氧化碳吸收地面的长波辐射并增加地面附近空气的温度。这就是所谓的“温室效应”。

五、现代生物技术在大气污染中的研究

1. 生物滤池工艺

（1）工作原理

生物处理大气污染物的方法是新技术。基本原理是过滤器中多孔填料的表面覆盖有生物膜。当废气流动通过填料床，与生物膜由扩散的方式相接触，将自身所携带的污染成分与生物膜中的微生物发生生化反应，从而使污染物被降解。生物滤池技术在国外已被广泛的利用与对低浓度、高流量有机废气(VOCs)和臭气的处理。为了污染物可以更完全地分解成 CO_2、H_2O 形成新的微生物，维持生物膜的新陈代谢，需要在较好的操作条件下。无害的硫酸盐或氯化物伴随着 H_2S、还原态的硫化物或卤代烃的处理而生成。众所周知，生物处理法是处理废水的主要处理方法之一，根据生物滤池的原理我们可以发现(图 7-4)，随着各种优化，生物处理法对于处理废气来说也将成为主要的处理方法之一。

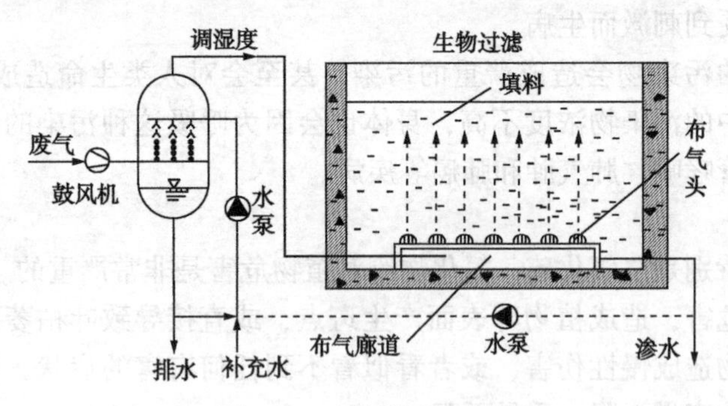

图 7-4　生物滤池工艺图

（2）填料的选择

底部是深度为1m左右的砂层或砾石层，在其上面是50~100cm厚度的生物活性填充物，填充物常由堆肥、泥炭与木屑、植物枝叶混合而成，结构疏松而有利于气体通过。生物滤池中的填料既是微生物的载体，同时也为微生物提供的必要的营养成分。

（3）生物滤池的特点

相较于其他工艺来说，生物滤池工艺具有装置少，运行便捷，不需加营养物质，投资运行费用低，对VOCs有高去除效率等优点，但是也存在一些缺点，像反应条件较难控制，

占地面积大，当基质浓度较高时，会因为生物量的增长过快而容易堵塞滤料，从而导致传质效果而得到影响。

生物滤池工艺技术的特点是生物相和液相都不流动，只有一个反应器，气液接触面积大、易于运行和启动。由于生物滤池的各种优点，被广泛用于处理工业挥发性有机污染物。生物滤池法适用于肥料、污水处理厂和工、农业废气处理。为了取得较好的效果，使用混合填料生物滤池处理挥发性有机化合物，可将有机物质量浓度高达 50 g/m 的废气中的甲乙酮和甲苯去除干净。

2. 生物洗涤工艺

(1) 工作原理

生物洗涤塔是由洗涤塔和再生池组成的活性污泥处理系统，不需要填料(图 7-5)。在洗涤塔中，废气从底部进入，通过鼓泡或循环液喷淋溶于液相中，当进入再生池时，通过充氧再生，污染物被再生池中的微生物氧化分解。池塘的排水将继续回收。该方法适用于具有高于生化反应速率的气相传质速率的有机物质的分解。

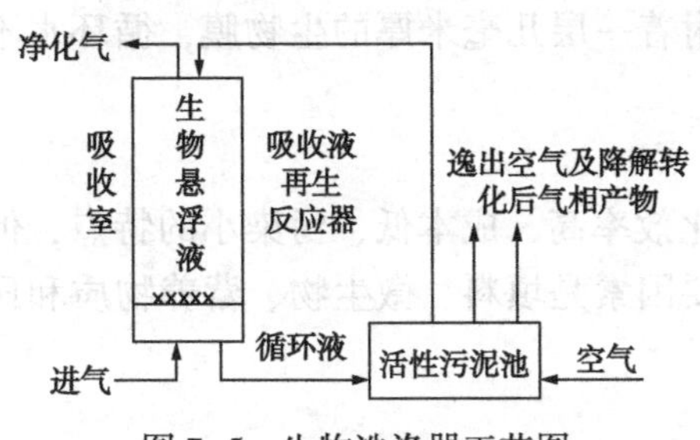

图 7-5　生物洗涤器工艺图

(2) 生物洗涤器的特点

生物洗涤塔的优点是反应条件易控制，压降小，但设备多，需外加营养，成本较高，为了防止活性污泥沉积和降解有机物，活性污泥反应器需要曝气设备，并控制有关条件，如温度、pH 值、碳、氮、磷之间比率，以确保微生物在最佳条件下发挥作用。

生物洗涤塔适于处理工业产生的污染物浓度 1~5 g/m^3 的废气，已成功用于一些产业。搪瓷厂烘炉释放出的含有乙醇、丙酮、乙醇醚、芳香族化合物、树脂等的废气，由煅烧装置、铸造车间(含胺、酚、甲醛、氨气)以及炼油厂排放的废气均可用生物洗涤塔除去。污水处理厂散发的含挥发性有机物和恶臭物质的废气也能利用生物洗涤塔处理。

3. 生物滴滤塔工艺

(1) 工作原理

生物滴滤的实质是附着在生物填料介质上的微生物利用烟气中的污染物作为碳源和能源在适当的环境条件下维持生命活动，转化为无害无机物如 CO_2和 H_2O 的过程(图 7-6)。废气中的污染物首先经历从气相到固相/液相的传质，并且被固相/液相中的微生物分解。

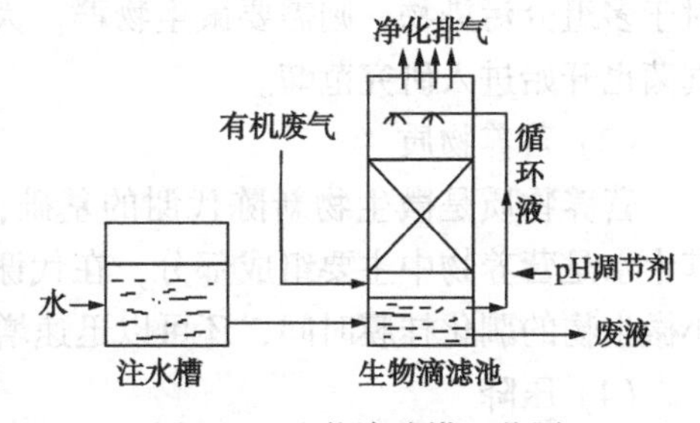

图 7-6　生物滴滤塔工艺图

生物滴滤池被认为是介于生物滤池和生物洗涤塔之间的处理技术。废气中污染物的吸收和生物降解同时发生在同一反应器中。粗砾石、塑料、陶瓷、聚丙烯珠粒、活性炭，其他比表面积大的惰性填料用来做滴滤塔内的填充材料，填料只起生物生长载体的作用，其空隙率高于生物滤池填料的孔隙率，且具有寿命长、阻力小的优点。含有可溶性无机营养液的液体从塔顶均匀地喷洒在填料上，液体自上往下流，然后从塔底排出，循环使用。废气从塔的底部进入生物滴滤塔，并在上升过程中接触润湿的生物膜得以净化，最后干净的气体从塔顶排出。

(2) 生物滴滤塔的特点

生物滴滤池的优点：①只有一个反应器；②压降低，填料不易堵塞；③微生物代谢产物也可以通过更换回流液体而去除，可承受比生物滤池大的污染负荷，同时具有很大的缓冲能力；④操作条件亦可灵活控制调节；⑤处理含卤化物、硫化物和氨等产生酸碱代谢物的污染，生物滴滤池更容易调节 pH 值。因此，在处理卤代烃、含硫、含氮等通过微生物降解会产生酸性代谢产物及产能较大的污染物时，生物滴滤池更有效。

(3) 生物滴滤池与生物滤池的区别

生物滴滤池与生物滤池相似，但所用载体不再是土壤、木屑、泥煤，而是采用粗碎石、塑料颗粒、陶瓷、碳素纤维等，并且最主要的区别是在填料的上方喷淋循环液，运行前期，循环水中只有微生物，但运转后不久，填料上就可附着一层几毫米厚的生物膜，循环水不但提供了液相，而且可以加入 pH 调节剂或营养盐。

4. 生物法净化效率的影响因素

生物法净化工艺与传统净化工艺相比，具有净化效率高、成本低、污染小的特点，但它对材料控制的要求较高，影响生物净化效率的主要因素是填料、微生物、营养物质和压降等。

(1) 填料

填料是影响废气净化系统效率的重要因素之一，特别是，一些填料提供微生物代谢所需的营养物质。在选择合适的填料时，主要考虑填料的比表面积、密度、孔隙率、pH 值、持水率、缓冲能力等。当然，影响填料应用的最后因素是成本，如果满足上述填料的各个性质，价格越便宜越好。主要使用的有胶原海藻酸钙，珍珠岩和堆肥，湿混合废木混合物及其三种混合物和多孔陶瓷，泥炭，木屑和颗粒状活性炭等。目前，具有良好的机械强度，良好的 pH 缓冲性能和营养成分的合成填料是当前研究的热点。

(2) 微生物

微生物是生物法处理工业废气的主要承担者，能降解污染物成分的微生物很多，主要有细菌、真菌和放线菌。微生物是降解污染物的催化剂，在装入惰性填料后要进行驯化挂膜。微生物可根据污染物的组成进行选择，对于单组分污染物，可以采用单一的微生物；对于多组分污染物，则需要微生物群。大部分的生物过滤技术的研究集中在细菌，近年来真菌也开始进入研究范畴。

(3) 营养物质

营养物质是微生物新陈代谢的基础，主要包括水、碳源、氮源、无机盐和生长因子。其中水是营养物中主要组成部分，在代谢中占有重要地位。最优化的营养成分不仅可以缩小微生物的驯化挂膜时间，还可以迅速增加微生物的活性，提高污染物的净化效率。

(4) 压降

床层压降是一个很重要的工艺参数，涉及操作成本。生物滴滤塔中的压降主要与填料和微生物膜有关，对于有机填料而言，虽然其可以为降解工业废气污染物的微生物提供营养，但填料的矿化会导致填料压紧，最终压降增加。目前，无机惰性填料已经逐渐替代了有机填料。无机惰性填料可以使气体分布更均衡，生物接触性更好，但要额外补充营养。

同时压降过大会使床层中形成沟流，气体与填料上的微生物膜接触不充分，会影响污染物的去除效果。对于微生物膜，过多的水分和床层孔隙率的减少，会使生物量积累，导致压降增加。

5. 现代生物法所存在的一些问题

生物处理废弃在日本、欧洲和美国已广泛应用，设备及工艺比较成熟，而我国这方面研究还不够，还存在一些问题，主要是：

① 适合于特定有机物降解的细菌种类和接种方法有待研究。

② 设备的研究开发，包括过程参数自动控制系统、布水、布气系统、填料等标准的确立。

③ 传统生物过滤器随着设计尺寸的增大，去除能力会降低。

④ 反应器中微生物的适应期很长，这是亟须解决的难题，特别是用于处理 VOCs。

⑤ 实际生产过程中排放的废气往往为复杂的多组分混合气，物质类型多样，水溶性、生物降解性之间都有差别，浓度波动也比较大，多组分物质之间常存在相互影响作用。因此，研究动态负荷、多组分混合气体的降解操作条件、组分间的相互作用关系和降解规律，具有非常重要的实际意义和应用价值。另外，针对难降解污染物和低浓度废气体的处理工艺和方法也需要研究。

⑥ 废气生物处理涉及气、液/固相传质及生化降解过程，影响因素多而复杂，有关的理论研究及实际应用还不够深入、广泛，需要进一步探讨和研究。

第五节　现代生物技术在土壤污染治理中的研究进展

土壤是自然环境要素之一，它处于岩石圈、水圈、大气圈和生物圈相互紧密交接的地带，是陆生生态系统的物质交换和能量循环的中心环节，也是各种废弃物的汇集和净化的场所。土壤的自然形成过程是极其缓慢的，土壤环境一旦遭到污染即很难在短时间内得以恢复。

一、土壤污染物

1. 土壤污染的概念

目前，土壤污染的定义尚不统一，较为一致的看法是：“土壤生态系统由于外来物质、生物或能量的输入，使其有利的物理、化学及生物特性遭受破坏而降低或失去正常功能的现象称为土壤污染”。广义而言，任何有毒有害物质的进入导致土壤质量的下降，或人为因素导致的表土流失等，也应视为土壤污染。

识别土壤污染通常有以下几种看法：①土壤中污染物含量超过土壤背景值的上限值；②土壤中污染物含量超过土壤环境质量标准 GB 15618 中二级标准值；③土壤中污染物对生物、水体、空气或人体健康产生危害。可进一步从以下 3 个方面认定：①土壤物理、化学或生物性质的改变，使植物受到伤害而导致产量下降或死亡；②土壤物理、化学或生物性质已经发生改变，虽然植物仍能生长，但部分污染物被农作物吸收进入作物体内，使农产品中有害成分含量过高，人畜食用后可引起中毒及各种疾病；③因土壤中污染物含量过高，从而间接地污染空气、地表水和地下水等，进一步影响人体健康。

综上所述，土壤污染是指由于人为活动，有意或无意地将对人类和其他生物有害的物质施加到土壤中，其数量超过土壤的净化能力，从而在土壤中逐渐积累，致使这些成分明显高于原有含量，引起土壤质量恶化、正常功能失调，甚至某些功能丧失的现象。但从环境科学角度讲，人类活动所产生的污染物，通过多种途径进入土壤，当污染物向土壤中输入的数量和速度超过土壤净化作用的能力时，自然动态平衡即遭到破坏，造成污染物的积累过程占优势，逐渐导致土壤正常功能的失调，同时由于土壤中有害和有毒物质的迁移转化，引起大气和水体的污染，并通过食物链构成对人体直接或间接的危害，这种现象称为土壤污染。所以，土壤污染应同时具有以下 3 个条件：①人类活动引起的外源污染物进入土壤；②导致土壤环境质量下降，而有害于生物、水体、空气或人体健康；③污染物浓度超过土壤污染临界值。

2. 土壤污染的特点

土壤污染不像大气与水体污染那样容易被人们发现，因为土壤是复杂的三相共存体系。有害物质在土壤中可与土壤相结合，部分有害物质可被土壤生物所分解或吸收。当土壤有害物迁移至农作物，再通过食物链而损害人畜健康时，土壤本身可能还继续保持其生产能力，这更增加了对土壤污染危害性的认识难度，以致污染危害持续发展。土壤环境污染危害具有以下的特点：

（1）隐蔽性或潜伏性

水体和大气的污染比较直观，土壤污染则不同。土壤污染需要通过粮食、蔬菜、水果或牧草等农作物的生长状况的改变，或摄食受污染农作物的人或动物健康状况的变化才能反映出来。特别是土壤重金属污染，往往要通过对土壤样品进行分析化验和对农作物重金属的残留进行检测，甚至研究其对人、畜健康状况的影响才能确定。

（2）不可逆性和长期性

土壤一旦受到污染往往极难恢复，特别是重金属对土壤的污染几乎是一个不可逆过程，而许多有机化学物质的污染也需要一个比较长的降解时间。土壤重金属污染一旦发生，仅仅依靠切断污染源的方法很难恢复。土壤中重金属污染物大部分残留于土壤耕层，很少向下层移动。这是由于土壤中存在着有机胶体、无机胶体和有机–无机复合胶体，它们对重金属有较强的吸附和螯合能力，限制了重金属在土壤中的迁移。解决土壤重金属污染问题，有时需要依靠换土或者淋洗的特殊方法，但是这种方法会破坏土壤的原有生态结构。

（3）间接危害性

土壤对污染物具有富集作用，也就是土壤通过对污染物的吸附、固定作用，包括植物吸收与残落，从而使污染物聚集于土壤中。多数无机污染物特别是重金属和微量元素，都能与土壤有机质或矿物质相结合，并长久地保存在土壤中。其后果有 2 点：①进入土壤的污染物被植物吸收，并可以通过食物链危害动物和人体健康。植物从土壤中选择吸收必需的营养物，同时也会吸收土壤释放出来的有害物质。植物的吸收利用，有时能使污染物浓度达到危害自身或危害人畜的水平。即使食用的污染性植物产品不会引起急性毒性危害，或没有达到毒害水平，当它们为人、畜禽食用并且在动物体内排出率较低时，也可以逐日积累，由量变到质变，最后引发疾病。②土壤中日积月累的有害物质，可成为二次污染源。土壤中的污染物随水分渗漏在土壤内发生移动，可对地下水造成污染，也可通过地表径流进入江河、湖泊等，对地表水造成污染。土壤遭风蚀后，其中的污染物可附着在土粒上被扬起，有些污染物也以气态的形式进入大气。因此，污染的土壤可造成大气和水体的二次污染。

（4）难治理性

一般地，大气和水体受到污染时，切断污染源之后，在稀释和自净作用下，大气和水体中的污染物可逐步降解或消除，污染状况也有可能会改善。但积累在土壤中的难降解性污染物很难靠稀释和自净作用来消除。土壤污染一旦发生，仅仅依靠切断污染源的方法一般很难恢复，有时要靠置换、淋洗土壤等方法才能解决问题，其他治理技术见效较慢。因此，治理污染土壤通常成本较高、治理周期较长。

二、土壤环境背景值研究

土壤污染背景值是指未受或少受人类活动(特别是人为污染)影响的土壤环境本身的化学元素组成及其含量水平。它是诸成土因素综合作用下成土过程的产物，所以实质上是各自然成土因素(包括时间因素)的函数。由于成土环境条件扔在继续不断地发展和演变，特别是人类社会的不断发展，科学技术和生产力水平不断提高，人类对自然环境的影响也随之不断地增强和扩展，目前已难以找到绝对不受人类活动影响的土壤。因此，现在所获得的土壤环境背景值也只能是尽可能不受或少受人类活动影响，只是代表土壤环境发展中一个历史阶段的、相对意义上的数值，并不是确定不变的数值。

20 世纪 70 年代，国内外逐渐开展环境背景值的研究工作，其中美国、英国、加拿大和日本等国家开展得比较早。美国的康诺尔(Conoor)和沙格莱特(Shacklette)1975 年发表了美国大陆一些岩石、土壤、植物和蔬菜中 48 种元素的地球化学背景值。这些背景值是对美国 147 个景观单位和 8 000 多个岩石、土壤、植物及蔬菜样品分析结果的总结。这也是美国地球化学背景值研究比较系统的资料，是世界自然背景值研究的重要文献之一。加拿大的米尔斯(Mills)等(1975)发表了曼尼托巴省农业土壤中重金属含量资料，弗兰克(Frank)等发表了安大略省农业土壤中重金属含量资料，指出安大略省土壤自然背景值，汞为 0.08 mg/kg，镉为 0.56 mg/kg，钴为 4.4 mg/kg，砷为 6.3 mg/kg，铅为 14.1 mg/kg，铬为 14.3 mg/kg，镍为 15.9 mg/kg；同时指出绝大多数土壤重金属含量随土壤黏粒及有机质含量增加而升高。日本的若月利之、松伟嘉郎和久马一刚于 1978 年发表了日本 15 个道、县水稻中铅、锌、镍、铬和钒的自然本底值的分布变异幅度。若月利之的关于土壤母质风化的地球化学研究，为日本土壤肥料和环境科学作出了巨大贡献。联邦德国运用土壤学和地球化学方法来研究土壤-植物系统，特别研究了环境化学物质在土壤-植物系统中的转化、迁移及其潜在影响，其中重点研究农药等有机物在环境中的状态、转化及其影响因素。英格兰、威尔士土壤调查总部于 1979~1983 年按网格设计，每隔 5 km 采集一个表土样品，在英格兰、威尔士共采集 6 000 个土样，测定了 P、K、Ca、Mg、Na、F、Ti、Zn、Cu、Ni、Cd、Cr、Pb、Co、Mo、Mn、Ba 和 Cs 等元素的含量；苏格兰麦肯莱(Macanlay)土壤研究所在英格兰采集 1 000 个土样，测定 Cr、Co、Cu、Pb、Mn、Mo、Ni、V、Hg、Cd 和 Zn 共 11 种元素的含量，并提出了英国土壤部分元素含量水平。

1982 年，国家把土壤环境背景值研究列入“六五”重点科技攻关项目，由中国农牧渔业部环境保护科学研究监测所主持，组织农业环境保护部门、中国科学院和部分高校等 32 个单位，开展了我国 9 省、直辖市主要经济自然区农业土壤及主要粮食作物中污染元素环境背景值的研究，共采集 12 个土类、26 个亚类土壤样品 2314 个，粮食样品 1180 个，工作面积约 2.8×10^7 hm^2耕地，测定了 Cu、Zn、Pb、Cd、Ni、Cr、Hg、As、Ti、F、Se、B、Mo 和 Co 共 14 种元素的背景值，并于 1986 年通过部级鉴定。“七五”计划期间，国家在此把土壤环境背景值研究列入重点国家科技攻关项目，由中国环境监测总站的 60 余个单位协作攻关，调查范围包括几乎所有的省、直辖市、自治区，共采集 4095 个典型剖面样品，测定了

As、Cd、Co、Cr、Cu、F、Hg、Mn、Ni、Pb、Se、V、Zn以及有机质、粉砂、物理性黏粒和黏粒的含量和Ph共18项；还从4095个剖面中选出863个主剖面，增加测定了48种元素，即Li、Na、K、Rb、Cs、Ag、Be、Mg、Ca、Sr、Ba、B、Al、Ga、In、Tl、Se、Y、La、Ce、Pr、Nd、Sm、Eu、Gd、Tb、Dy、Ho、Er、Tm、Yb、Lu、Th、U、Ge、Sn、Ti、Zr、Hf、Sb、Bi、Ta、Te、Mo、W、Br、I和Fe，并测定了总稀土(TR)、铈组、钇组稀土的统计量，总共获得69个项目的基本统计量。这是我国土壤环境背景值测定范围最大、项目最多的一项研究。

近年来，有众多科学研究者致力于我国的各种地形地貌的土壤环境背景值的研究。王勇辉，焦黎等针对夏尔西里土壤展开研究。夏尔希里自然保护区人为干扰极少，是环境背景值研究的良好区域。研究选择该保护区土壤为对象，对九个土壤重金属元素(锰、锌、铬、铅、铜、砷、镍、钴、汞)及其他有机质进行测试，结果显示：夏尔希里自然保护区各重金属元素含量依次为锰>锌>铬>铅>铜>砷>镍>钴>汞；环境背景值指标的空间变异性均属于中等变异；测试结果经K-S验证，双尾渐进指数均大于0.05，符合正态分布趋势；相关性分析结果为有机质与Mn元素，Ni与Co、Cr元素，Co与Cr元素均在0.01水平上呈显著正相关；Pb与Zn元素，Co与Cr元素在0.05水平上呈显著正相关；Ni与As元素在0.01水平上呈显著负相关；As与Zn、Hg、Co、Cr在0.05水平上呈显著负相关。单因子污染指数评价结果为Ni、Cr元素属于清洁状态；As、Zn、Mn、Co元素属于清洁和轻度超标状态；其他元素均有中、重度超标现象。研究结果表明夏尔希里保护区在无人为扰动的条件下，保持了较好的生态环境，对于其他区域环境背景的研究具有很好的参照价值。

三、微生物修复技术

土壤是人类赖以生存的物质基础，是人类不可缺少、不可再生的自然资源，也是人类环境的重要组成部分。土壤污染对人类的危害极大，它不仅直接导致粮食减产，而且通过食物链影响人体健康。此外，土壤中的污染物通过地下水以及污染物的转移，对人类生存环境多个层面上构成不良胁迫和危害。正确认识土壤环境，有利于加强土壤肥力的培育，防治土壤污染，充分利用土壤的自净功能，实施污染土壤的清洁生产。

对污染土壤的修复，选择哪些方法最适：除了考虑待处理污染物所在地点、污染物负荷、处理效果的好坏、所需时间的长短、处理的难易程度等技术因素外，还要考虑处理费用等经济因素。生物修复技术与传统的物理修复和化学修复技术相比，具有工程简单、费用低、修复效果彻底等优点。

1. 微生物修复技术发展

1972年，美国清除宾夕法尼亚州的Aruble管线泄漏的汽油是史料所记载的首次应用生物修复技术的成功范例。早期微生物修复的应用规模很小，处于试验阶段。直到1989年，美国阿拉斯加海域受到大面积石油污染以后，才首次大规模应用微生物修复技术。微生物修复受污染的阿拉斯加海滩的成功，最终得到了美国环境保护署(USEPA)的认可，成为微生物修复发展史上的里程碑事件。1991年，美国开始实施庞大的土壤、地下水、海滩等环境危险污染物的治理项目，并称之为“超基金项目”。20世纪80年代中期，欧洲各发达国家也开始对微生物修复进行了初步研究，并完成了一些实际的处理工程，其生物修复技术可与美国并驾齐驱，德国、荷兰等国位于欧洲前列。中国的生物修复处于刚刚起步阶段，在过去的10年中主要是跟踪国际生物修复技术的发展，大面积应用的例子还较少。最初的微生物修复主要是利用细菌治理石油、农药之类的有机污染，随着研究的不断深入，微生物修复逐步应用在地下水、土壤等环境要素的污染治理上。且生物修复已由细菌修复拓展到真菌修复、植物修复和动物修复，由有机污染物的生物修复拓展到无机污染物的生物修复。自21世纪以来，众多学者致力于土壤污染的菌种筛选，筛选高效石油降解菌对油污土壤进行生物修复的研究。

2. 微生物修复机理

通常在刚被有机物污染的土壤中的土著微生物并不能降解污染物，污染点的细菌需经过一段时间驯化后，才能产生降解代谢污染物的能力，这种现象称为适应性。微生物的适应性为有机物污染的修复提供了可能，适应性导致能够代谢污染物的细菌总数增加，或者个体细菌遗传性或生理特性发生改变。这一过程包括以下3种机制：①特定酶的产生和失活；②基因突变产生新的代谢群体；③能够迁移降解有机物烃的微生物富集。

各种不同的有机污染物能否被降解取决于微生物能否产生响应的酶系，酶的合成直接受基因控制。有机物降解酶系的编码多在质粒上，携带某种特殊有机物基因的质粒称为降解质粒，而降解质粒的出现是微生物适应难降解物质的一种反应。

微生物对有机物中不同烃类化合物的代谢途径和机理不同。通常，在微生物作用下，直链烷烃首先被氧化成醇，然后在醇脱氢酶的作用下被氧化为相应的醛，醛则通过醛脱氢酶的作用氧化成脂肪酸。氧化途径有单末端氧化、双末端氧化和次末端氧化等，其可能途径如下：

$$\mathrm{R-CH_2-CH_3+O_2R-CH_2-CH_2-OHR-CH_2-CHOR-CH_2-COOH}$$

$$\mathrm{H_3C-(CH_2)_{\mathit{n}}-CH_3+O_2OHC-(CH_2)_{\mathit{n}}-CHOOHCHOO-(CH_2)_{\mathit{n}}-CHOOH}$$

$$\mathrm{HOH_2C-(CH_2)_{\mathit{n}}-COOHOHC-(CH_2)_{\mathit{n}}-CHOOHCHOO-(CH_2)_{\mathit{n}}-CHOOH}$$

$$\mathrm{H_3C-(CH_2)_{11}-CH_3H_3C-(CH_2)_{10}-CH(OH)-CH_3H_3C-(CH_2)_{10}-COCH_3}$$

$$\mathrm{H_3C-(CH_2)_9-CH_2-O-COCH_3H_3C-(CH_2)_9-CH_2OH+CH_3COOH}$$

某些细菌中含有有2-羟基已二烯半醛酸脱氢酶、4-草酰巴豆酸脱羧酶、4-羟基-2-酮戊酸醛缩酶等，且它们的活性都很高。可以认为在AN_3菌株中苯胺是通过苯胺加双氧酶催化作用，形成邻苯二酚，再由邻苯二酚-2,3-加双氧酶催化形成2-羟基已二烯半醛酸，然后由脱氢酶催化形成4-草酰巴豆酸，再经脱羧酶催化形成4-烯-2-酮戊酸，该产物经水合作用形成4-羟基-2-酮戊酸，最后经醛缩酶催化乙醛和丙酮酸，从而进入三羧酸循环，合成细胞物质和进行能量代谢，具体代谢过程如图7-7所示。

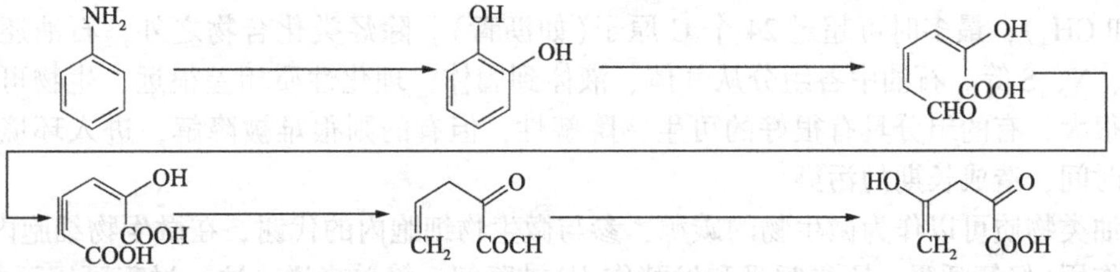

图7-7　苯胺的代谢途径

3. 微生物修复的影响因素

(1) 微生物营养

主要是维持一定的C、N、P比和一定的pH值，据报道海水天然自净过程中对原油的生物降解率为3%，其中1%为原油矿化，而在加入一定量的硝酸盐和磷酸盐后，原油有

70%被生物降解，其中有42%被矿化。

(2) 添加电子受体

微生物的活性除了受营养的限制外，污染物分解的最终电子受体的种类与浓度也极大地影响着生物修复的速度和程度，包括O_2、H_2O_2和其他的一些离子等。魏德洲等(1997)的研究认为，当H_2O_2的浓度为600 mg/L时效果最佳，土样中有机污染物的去除率比对照增加了近3倍。

(3) 添加外源营养物

向含苯、甲苯、乙苯和航空燃油等有机物烃的污水中添加氮源促进生物修复的研究表明，其降解率达到66%，不过添加外源营养物，并非越多越好，只有在一定范围内才具有促进作用。

(4) 添加其他物质

在添加生物膨胀剂促进难降解有机物烃的生物降解试验中，按1∶1的比例添加两种名为Bermuda草和Alfalfa草的干草与有机物污染土壤相混合，在前40 d内，有机物的降解率增加了20%，不过在随后的40 d里，虽然异养微生物的数量增加了10倍，但有机物降解率与对照相比却没有显著增加。试验结果表明，生物膨胀剂能够促进有机物的降解，但持续时间较短。

(5) 共代谢基质

据报道，一株洋葱假单胞菌以甲苯为生长基质时可同时对三氯乙烯共代谢降解。某些分解代谢酚或甲苯的细菌也具有共代谢降解三氯乙烯、1,1-二氯乙烯、顺-1,2-二氯乙烯的能力。

(6) 有机污染物的物理化学性质

如对于烃类化合物，一般是链烃比环烃易分解，直链烃比支链烃易分解，不饱和烃比饱和烃易分解。主要分子链上的碳被其他元素取代时，对生物氧化的阻抗就会增强。另外，官能团的性质及数量，对有机物的可生化性影响也很大。如苯环上的氢被羟基或氨基取代而形成苯酚或苯胺时，它们的生物降解性将比原来的苯提高。相对分子质量大小对生物降解的影响也很大，高分子化合物的生物可降解性较低。

4. 有机污染物的微生物降解

(1) 石油污染物的微生物降解

石油主要是由烃类化合物组成的一种复杂混合物，碳链长度不等，最少时仅含1个C原子(如CH_4)，最多时可超过24个C原子(如沥青)。除烃类化合物之外，石油还含有少量的O、N、S等。石油中各组分从气体、液体到固体，理化性质相差很远，生物可降解性也相差很大，有的组分具有很好的可生物降解性，但有的则很难被降解，进入环境中可残留很长时间，造成长期的污染。

石油类物质可以作为微生物的碳源，参与微生物细胞内的代谢，在微生物细胞内经过3种同化作用(好氧呼吸、厌氧呼吸和发酵作用)被降解。简单来说，这一过程可用下式表示：

$$\text{石油类物质}+\text{生物}+O_2+\text{氮源}\longrightarrow CO_2+H_2O+\text{副产物}+\text{细胞体}$$

石油类物质的可降解性是由其化学组成决定的。例如，$C_{10}\sim C_{24}$的中等长度的链烃降解速度相当快；而更长链的烷烃则不易被降解，当相对分子质量超过500~600时，一般不能作为微生物的碳源。

(2) 农药类的微生物降解

现代农业的发展是建立在大量化学合成农药广泛使用基础之上的。农药在防治农作物的病虫草害及家庭卫生、消灭害虫、防控疾病等方面做出了巨大贡献。有资料表明，世界范围内农药所避免和挽回的农业病虫草害损失占粮食产量的1/3。由于化学农药使用的广泛性。使得农药残留难以消除。农药对土壤、大气、水体的污染，对生态环境的影响与破坏已引起了世人的广泛关注。进入到环境中的农药，会受到环境因子的作用，土壤的pH值、温度、含水量、有机质含量、黏度及气候等均影响农药的降解。例如，在高温湿润、土壤有机质含量高和土壤偏碱性的地区，农药就容易被降解，其中微生物的降解作用占据了主导地位。近几年出现的生物修复技术为消除农药污染提供了新的有效方法。

进入土壤中的农药通过吸附与解吸、径流与淋溶、挥发与扩散等过程，可从土壤中转移和消失，但往往会造成生态环境的二次污染。能够彻底消除农药土壤污染的途径是农药的降解，包括土壤生物降解和化学降解，前者是首要的降解途径，土壤微生物是污染土壤生物降解的主体。

应用在农药污染土壤的生物修复技术主要有：生物修复反应器、堆肥、土地耕作及多种技术的复合应用等。

(3) 多环芳烃类化合物的微生物降解

目前，治理多环芳烃类化合物(PAH)的方法主要有焚烧、填埋和生物修复等。与焚烧、填埋等技术相比，生物修复具有二次污染少、安全、无毒、价廉等优点，是降解环境中PAH最彻底的方法。微生物修复主要是利用微生物，通过工程措施为生物生长与繁殖提供必要的条件，将土壤、地表及地下水或海洋中的危险性污染物从现场中加速去除或者降解。研究表明，微生物修复(降解)是环境中PAH去除的主要途径。

(4) 五氯酚的微生物降解

五氯酚(pentachlorophenol，PCP)是世界上广泛使用的有毒性、难降解的有机化合物，主要用于木材防腐剂、杀虫剂、除草剂、杀菌消毒剂等化工生产中。PCP引起的环境污染已受到全球性的关注，美国环境保护署和中国环境监测总站均将该类化合物列为优先控制的污染物。

微生物降解是酚类物质在环境中衰减的一条重要途径。PCP在酶的作用下首先降解成为四氯代对苯二酚，其降解途径如图7-8所示。

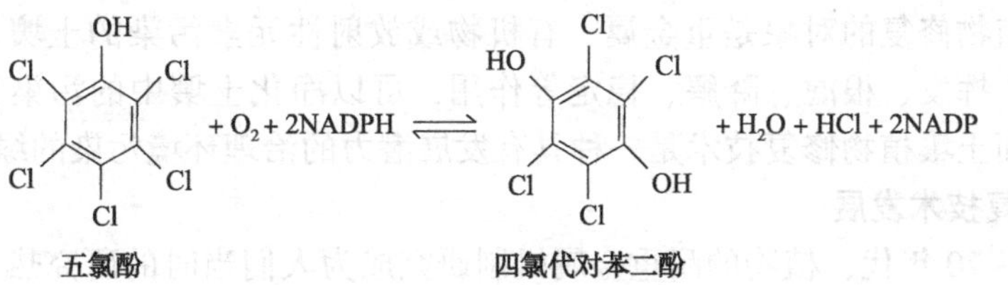

五氯酚 $+ O_2 + 2NADPH \rightleftharpoons$ 四氯代对苯二酚 $+ H_2O + HCl + 2NADP$

图7-8　五氯酚的降解途径

为进一步提高生物修复的治理效果，获得环境污染治理方面的新突破，人们希望通过具有极大潜力的遗传工程微生物系统获得对极毒和极难降解有机污染物高降解能力的工程微生物。其中野外应用载体的研究受到高度重视，一般是把编码降解酶的质粒或基因，整合到能在污染地生长存活的微生物的DNA中，使具有很强野外存活能力的微生物获得较强的污染物降解能力，充分发挥生物修复作用。此外，对生物修复的实验室模拟、生物降解潜力的指标、修复水平的评价、实验室研究的接种物以及风险评价等方面的更深入研究，也会进一步促进生物修复技术的发展和应用。生物修复技术是一项经济、有效、对环境具有美学效应的新兴技术。它对土壤和水体的有机污染物的降解具有重要意义。相信随着生物技术的进一步发展，一些高效、适应性更强的微生物、植物等会诞生出来，生物修复技术将会发挥出更大的作用。

5. 微生物修复污染土壤案例

（1）邓秋穗、唐霞等研究了微生物对土壤重金属的钝化效应，并且在此基础上制备了应用于土壤重金属污染的微生物钝化剂。通过研究重金属污染土壤中微生物的性质，筛选出能有效处理土壤中重金属污染的优良菌种 CQ7 与 FQ2；对筛选出的菌株进行表征，并测定其生长曲线，鉴定 FQ2 为革兰氏阴性杆菌。进一步对筛选出的菌种进行理化条件测定，测定得 CQ7 与 FQ2 的最适生长条件均为 pH=5、转速 180r/min、温度 25℃。经金属耐受和吸附实验，选定 FQ2 为工程菌，测序确定其为沙雷氏菌属（Serratiamarcuscens）。将筛选所得菌种与相应理化条件相结合，制备微生物钝化剂，设计自动化重金属污染土壤修复设备，对其应用前景进行了初步规划。

（2）陈雪兰、成杰民等研究了石油-重金属复合污染的盐碱土的微生物修复技术。该实验设置浓度的重金属 Cd^{2+}（2.5、5、10、15、20mg/kg）或 Ni（25、50、100、150、200mg/kg），分别添加 2000mg/kg 石油烃，将加入石油降解菌的试验组与不加菌的对照组进行对比，研究石油-重金属复合污染土壤微生物修复过程中重金属有效态和形态的变化规律。结果表明，石油-重金属复合污染盐碱土的微生物修复过程中。土壤中有效态 Cd^{2+}、Ni 随培养时间增长，有效态含量呈起伏变化，且土壤中有效态 Cd^{2+} 与 Ni 的变化规律存在明显不同。培养 60d 后，土壤中 Cd^{2+} 的可氧化态含量均下降，可还原态含量均略有增加，低浓度时弱酸提取态 Cd^{2+} 含量降低，残渣态 Cd^{2+} 含量增加，高浓度时变化趋势相反。培养 60d 后，Ni 的弱酸提取态、可还原态、可氧化态 3 种形态总量呈下降趋势，残渣态 Ni 含量则增加，Ni 的形态分布由不稳定向稳定方向迁移，活性降低。

四、植物修复技术

土壤植物修复（soilPhytoremediation）是根据植物可耐受或超积累某些特定化合物的特性，利用绿色植物及其共生微生物提取、转移、吸收、分解、转化或固定土壤中的有机或无机污染物，把污染物从土壤中去除，从而达到移除、削减或稳定污染物，或降低污染物毒性等目的。植物修复的对象是重金属、有机物或放射性元素污染的土壤。研究表明，通过植物的吸收、挥发、根滤、降解、稳定等作用，可以净化土壤中的污染物，达到净化环境的目的，因而土壤植物修复技术是一种具有发展潜力的治理环境污染的绿色技术。

1. 植物修复技术发展

20 世纪 50~70 年代，植物的耐重金属机制研究成为人们当时的研究热点，且人们对植物忍耐重金属的机制有了一个初步的认识。科学家提出过许多学说来解释植物为什么会蓄积和忍耐重金属，归纳起来有下面几种看法：回避机制；排除机制；细胞壁作用机制；重金属进入细胞质机制；重金属与各种有机酸络合机制；酶适应机制；渗透调节机制。

20 世纪 70 年代末~90 年代初，人们逐渐把研究兴趣转向超积累植物。Minguzzi 和 Vergnano（1948）最早在意大利托斯卡纳区的富镍蛇纹石风化土壤中找到了一种名为布氏庭芥（*Alyssum bertolonii Desvaux*）的植物，该植物叶片中镍（Ni）的含量达到 1%（以干物质计）。随后，许多学者在非洲、澳大利亚等地发现了其他镍超积累植物，如半卡马菊（*Dicoma niccolifera*）、多花鼠鞭草（*Hybanthus floribundas*）、塞贝山榄（*Serbertia acuminata*）等。这些超积累植物的发现激发了科学家们的极大兴趣，促使镍超积累植物的研究飞速地向前发展。20 世纪 70 年代，Brooks 等（1979）对采自富镍地区的植物标本进行了广泛的分析后发现，镍超积累植物主要分布在几个属内。在以鉴别出的 168 种植物中，有 45 种镍超积累植物属于庭芥属(Alyssum)。在镍超积累植物研究快速发展的同时，其他类型的金属超积累植物(如铜、钴、锰、铅、硒、镉和锌的超积累植物)也相继被发现。

进入 20 世纪 90 年代后，植物修复技术进入了一个全新的研究阶段。我国的植物修复工程进入了飞速发展的阶段。在我国发现了一些重金属超积累植物，随着对这些植物的研究和开发，将进一步促进我国在植物修复领域的研究和发展。

2. 植物修复技术机理

(1) 植物修复重金属污染土壤

植物修复重金属土壤原理主要有以下 6 种类型：植物提取(Phytoextraction)、植物固定(Phytostabilization)、植物挥发(Phytovolatization)、植物降解(Phytodegradation)或植物转化(Phytotransformation)、植物刺激(Phytostimulation)和根际过滤(Rhizofiltration)，具体见表 7-1。植物提取是指植物从生长介质中吸收污染物，并将其积累在课收获部分(包括根系和地上部)。植物定化是指植物吸附或沉淀污染物，并将其生物有效性及迁移性，达到钝化、稳定、隔断、阻止其进入水体和食物链的目的。植物挥发是指植物吸收污染物并将其转化为气态物质释放到大气中。植物降解或植物转化是指利用植物及其根际微生物区系将有机物降解，转化为无机物(CO_2、H_2O)等无毒物质或转化为毒性较小的形态，以减少其对生物与环境的危害。植物刺激是指植物的根系分泌物(如氨基酸、糖和酶等物质)能促进根系周围土壤微生物的活性和生化反应，有利于污染物的释放和降解。

重金属污染土壤的植物修复技术主要包括植物提取、植物钝化和植物挥发。

表 7-1 植物修复重金属污染物

原理	过程目标	适合介质	典型污染物	植物类型
植物提取	植物吸收、去除介质中的污染物	土壤、沉积物、污泥	金属或类金属：银、镉、钴、铬、铜、汞、锰、钼、镍、铅、锌、砷和硒放射性核素：90Sr、137Cs、239Pu、238U、234U 等	草本植物、树、湿地植物
植物固定	植物稳定污染物，降低其有效性和移动性	土壤、沉积物、污泥	砷、镉、铬、铜、锰、镍、铅和锌	草本植物、树、湿地植物
植物挥发	植物吸收污染物，将其转化为气态物质，释放到大气中	土壤、沉积物、污泥、地下水	无机物(如砷、汞、硒)、氯化溶剂、MTBE	草本植物、树、湿地植物
植物降解	植物降解污染物，将其转化为气态物质(CO_2、H_2O)无毒物质或毒性较小	土壤、沉积物、污泥、地下水、地表水	有机化合物(TPH、PAH、BTEX、PCB、氯化溶剂、杀虫剂)	藻类、草本植物、树、湿地植物
植物刺激	植物的根系分泌物促进微生物降解污染物	土壤、沉积物、污泥、地下水、地表水	有机化合物(TPH、PAH、BTEX、PCB、氯化溶剂、杀虫剂)	草本植物、树、湿地植物
根际过滤	植物根系吸附、浓缩和沉淀重金属	地表水、浅层地下水	金属：镉、钴、铬、铜、汞、锰、钼、镍、铅、锌放射性核素：90Sr、137Cs、239Pu、238U、234U	禾本植物、树、湿地植物

注：MTBE 为甲基叔丁基醚；TPH 为总石油烃；PAH 为多环芳烃；BTEX 为苯系物；PCB 为多氯联苯。

（2）植物修复有机物污染土壤

植物降解技术的主要原理包括植物对污染物的吸收和代谢：①植物能直接从土壤溶液吸收大量的有机物，尤其是中等程度憎水有机化合物（辛醇-水分配系数 $\lg K_{ow}=1\sim3.5$）。植物一旦将有机物吸收到体内，可以通过木质化作用将污染物储藏在新植物结构中；或转化为对植物无毒的代谢物，储藏于植物细胞中；也可以将其代谢或者矿化，将其挥发到大气中。因此，可利用植物这一特性来去除土壤中的有机污染物，尤其是浅层污染土壤的修复。一些有机污染物能迅速被植物吸收和降解，例如三氯乙烯（TCE）、杀虫剂和小分子的多环芳烃（PAH）。研究证明，杨树的细胞培养物和杂交杨树可吸收和降解 TCE。杨树的细胞培养物可将 1~2 mg/L 的三氯乙烯完全矿化为 CO_2，当杂交杨树暴露于含 50mg/L 三氯乙烯的地下水时，能在其茎中检测到没有改变的三氯乙烯，许多酶参与有机污染物在植物体内的代谢。过氧化氢酶（Peroxidase）是一个研究得比较多的氧化还原酶。在棉花、小麦水芹和番茄等植物根系表面鉴定到了过氧化物酶。这些酶可能与水体中的酚类、苯胺类芳香族有机物发生作用，但在土壤中是否具有同样作用还不清楚。过氧化物酶等氧化还原酶还与有机污染物在根系表面上的聚合化作用，或在土壤中的腐殖化作用有关。②植物根系释放到土壤中的酶可直接降解有机化合物，且降解速度快。在这一降解过程中，有机污染物从土壤中的解吸和转移成为限速步骤。植物死亡后，酶释放到环境中还可以继续发挥分解作用。因而，对于植物特有酶的降解过程为植物修复的潜力提供了有力的证据，在筛选新的降解植物或植物株系时需要关注这些酶系，注意发现新酶系。

3. 植物修复土壤污染物案例

（1）朱凡、洪湘琦等研究了多环芳烃（PAHs）污染土壤的植物修复方案以及土壤酶活性的变化。研究者选用中国亚热带城市普遍采用的 4 个树种（樟树、栾树、广玉兰、马褂木），利用盆栽试验，研究了 PAHs 污染土壤植物修复对酶活性影响。结果表明，多酚氧化酶活性定量抑制率为-94.98%~16.29%，过氧化氢酶为-76.71%~13.19%，磷酸酶为-49.62%~56.38%。土壤酶活性对 PAHs 污染的响应受到不同树种的影响。方差分析表明，过氧化氢酶活性在不同污染水平间差异显著，3 种酶活性在不同时间下差异性显著，3 种酶活性在不同树种×污染水平、不同时间×污染水平二因素作用下差异都不显著。主成分分析表明，PAHs 污染对土壤酶活性的影响大于树种的影响，多酚氧化酶和磷酸酶对土壤反应敏感。

（2）莫福孝、秦宇等利用盆栽试验探索了狗牙根、百喜草和鸭跖草对库区消落带土壤中 Cu 和 Cd 等重金属去除效果，结果表明：鸭跖草对 Cu 的去除效果最好，狗牙根对 Cd 的去除效果最好。狗牙根和鸭跖草在移栽 10~30 d 对 Cu 的去除效果最好，去除量分别占去除总量的 50.8%和 57.7%，百喜草在移栽 30~50 d 对 Cu 的去除效果最好，去除量占去除总量的 74.3%。狗牙根和百喜草在移栽 30~50d 对 Cd 的去除效果最好，去除量分别占去除总量的 43.2%和 68%，鸭跖草对 Cd 几乎无去除作用。

五、微生物-植物修复技术

环境中有机污染物如各类农药、石油化合物、多环芳烃、多氯联苯等导致了严重的环境污染问题，对人类健康也造成了严重威胁。因此，对环境中有机污染物的去除研究引起了人们的重视。在有机污染物修复技术中，最新出现的植物-微生物联合修复技术因其高效、环境友好和修复成本低等优点受到越来越多的关注。有机污染物的植物-微生物联合修复技术原理、形式及其在污染土壤修复应用中的研究进展如下所述。

1. 修复有机污染物

植物-微生物联合修复技术是指利用植物-微生物组成的复合体系富集、固定、降解土壤中有机污染物的技术。植物与微生物两者是互惠互利的关系，共同增强修复效果：①植物根际附近的微生物能将土壤中的有机质、植物根系分泌物转化成自身可吸收的小分子物质，同时通过分泌有机酸、铁载体等物质改变环境中有机污染物的存在状态或氧化还原状态，降低有机物的毒性，减少有机污染物对植物本身的毒害，提高植物的耐受性，促进植物对有机污染物的吸收、转移、富集。②植物也促进了环境中微生物的生物活性，提高了微生物修复有机污染物的能力。首先，植物为微生物提供了良好的生存场所，通过转移氧气使根区微生物的好氧呼吸作用能够正常进行；其次，植物根系可以延伸到土壤的不同层次中，使附着在根际的降解菌能够分布在不同土层中，从而使深土层的有机污染物也能被降解；此外，植物根系能释放出多种有利于有机污染物降解的化学物质，如蛋白质、糖类、氨基酸、脂肪酸、有机酸等。这些物质增加了根际土壤中有机质的含量，可以改变根际土壤对有机污染物的吸附能力，显著提高根际微生物的活性，从而间接促进了有机污染物的根际微生物降解。植物根际微生物活性的提高又反作用于植物根际，影响植物根的代谢活动和细胞膜的膜通透性，并改变根际养分的生物有效性，促进根际分泌物的释放。与单一的植物、微生物修复技术相比，植物-微生物联合修复技术对处理环境中的有机污染物起到了强化作用，提高了对有机污染物的处理效率及多样性，对环境中有机污染物的处理有着巨大的潜力。其联合修复系统如图 7-9 所示。

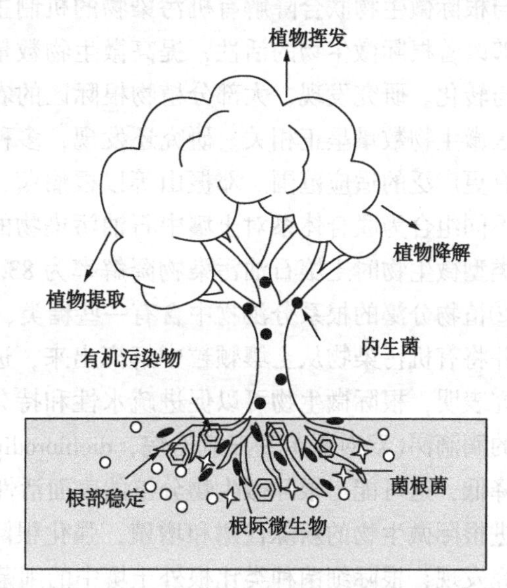

图 7-9　植物-微生物联合修复示意图

植物-微生物联合修复技术凭借其高效、安全、可行性强等优点，近年来已逐渐成为有机污染物修复的研究热点。随着研究的逐渐深入，植物-微生物联合修复技术的形式也多种多样，主要包括植物-根际微生物、植物-菌根菌、植物-内生菌及植物-专性降解菌 4 种联合修复体系。不同的联合修复体系去除有机污染物的效果如表 7-2 所示。

表 7-2　不同植物-微生物联合修复体系对环境中有机污染物的去除能力

修复主体	有机污染物	修复效果
耐性植物和根际促生菌-污染物降解细菌	石油	含油淤泥中总石油烃含量从 5%降到 0.5%，去除率高达 90%
高氯酸盐降解菌和植物根际分泌物	高氯酸盐	38 d 内完全降解 240 mg/L ClO_4^-
紫花苜蓿-根瘤菌	多环芳烃	对 PAHs 污染土壤降解率达 60%以上
禾本科植物和柳树-假单胞菌属 PD_1	菲	降解率增加 25%~40%
高羊茅和蚯蚓-丛枝菌根真菌	多环芳烃	120 d 内将 PAHs 质量分数从 620 mg/kg 降到 41 mg/kg，PAHs 的去除率高达 93.4%
白花草木樨-丛枝菌根真菌	柴油	降低柴油毒性，提高植物生物量和抗氧化能力

修复主体	有机污染物	修复效果
高丹草与毒死蜱降解菌 DSP-A	毒死蜱	毒死蜱的降解率达 96.44%，远远高于单一的植物或微生物降解
杨树-甲基杆菌 BJ001	环三亚甲基三硝胺和环四亚甲基四硝胺	55 d 内将 2.5 mg RDX 和 0.25 mg HMX 分别降解了 58.0%和 61.4%

(1) 植物与根际微生物的联合修复技术

根际是指植物根系直接影响的土壤区域，该区域可进行植物与外界环境的物质与能量交换，也可与多种微生物共同构成复杂的生态区系对环境中的有机污染物进行降解。植物与根际微生物联合降解有机污染物的机制主要有 3 点：①植物生长所释放的根系分泌物能够改善根际微生物的活性，提高微生物数量及改善群落结构，从而加快有机污染物的降解与转化。研究发现，大部分植物根际区的农药降解速度比非根际区快，且降解速率与根际区微生物数量呈正相关。研究还发现，多种微生物联合的群落比单一群落对化合物的降解有更广泛的适应范围。邓振山等以根瘤菌、石油烃降解菌、根际促生菌与豆科植物扁豆的不同组合为联合体系对土壤中石油污染物的降解进行研究，发现在扁豆根际同时添加 2 种类型微生物时土壤石油污染物降解率为 83.05%，比只添加 1 种或 2 种微生物的降解率高。②植物分泌的根系分泌物中含有一些糖类、表面活性剂等，能够活化土壤中的有机污染物，并将有机污染物从土壤颗粒中解离出来，进而便于植物和微生物对污染物进行降解。有研究表明，根际微生物可以促进疏水性和持久性有机物的植物吸收，如在苜蓿和黑麦草根际的滴滴涕(双对氯苯基三氯乙烷，dichlorodipheny ltrichloroethane，DDT)浓度比根际外围显著降低，这可能与根际微生物分泌的表面活性剂有关。③植物将营养物质及 O_2 输送到根部促进根际微生物的新陈代谢和增殖，强化根际微生物对有机污染物的降解与转化作用。有研究发现，根际细菌种类比根外土壤中的细菌种类多 1.5~3.0 倍，不同植物根际微生物的数量有明显差异，不同植物的不同分泌物对其根际微生物的种类、数量以及群落结构有较大的影响。这种根际微生物数量和种类的多样性构成了较为复杂的生物链和巨大的污染物降解群体，有助于有机污染物的降解。

(2) 植物与菌根菌的联合修复技术

菌根是土壤中的真菌菌丝与高等植物营养根系形成的一种联合体。根据菌根形态学及解剖学特征的差异，可将菌根分为内生菌根、外生菌根、内外生菌根 3 种主要类型。其中能降解有机污染物的主要是外生菌根真菌和丛枝菌根真菌，它们在促进有机污染土壤中植物的生长、有机污染物的降解与转化等方面发挥着积极作用。目前关于菌根降解有机污染物的机制可以归纳为以下几点：①菌根真菌在某些有机污染物诱导下分泌一些酯酶、过氧化物酶等，这些酶可以降解或转化有机污染物。②菌根真菌以有机污染物作为碳源，通过代谢分解有机污染物获取生长所需的能源，从而达到降解有机污染物的目的。③菌根菌丝使植物根系的吸收范围更广，一方面增加了宿主植物对营养的吸收，促进植物生长；另一方面也增加了根系对有机污染物的接触面积，提高修复效率。④菌根的存在改善了根际周围的微生态环境及群落结构，增强了微生物的生物活性，从而提高了微生物和植物的降解效率。SARAND 等研究表明：在石油污染土壤中，乳牛肝菌和卷边柱蘑菌能够生存于植物根际，16 周后遍布土壤表面；乳牛肝菌在土壤中形成活性较强的菌丝团，菌丝团在石油污染的土壤真菌界面形成微生物薄膜，支持多种细菌群落，增加污染土壤的微生物种类，并提高其活性，从而促进污染物的降解。LIU 等发现接种丛枝菌根真菌(Glomus caledonium L.)能提高黑麦草在蒽污染土壤中的存活率，并促进植物生长；接种丛枝菌根真菌的紫花苜蓿土壤中苯并(a)芘含量显著低于未接种处理。这是因为菌根提高了植物的活力和生物量，促进了根际微生物对污染物的降解。XUN 等研究表明，同时接种植物促生菌和丛枝菌根真菌能显著提高生长在石油污染盐碱土壤中燕麦(Avena sativa)的干质量和茎高，并且在 60 d 内能将 5 g/kg 石油降解 47.93%，高于未接种及单一接种的对照。这些结果说明同时接种植物促生菌和丛枝菌根真菌能提高植物对石油污染物的耐受能力及降解能力。LU 等研究发现，同时接种丛枝菌根真菌和蚯蚓能使黑麦草在 180 d 内降解多氯联苯达 79.5%，高于不接种及单一接种的对照组，表明接种菌根真菌明显提高了污染土壤中多氯联苯的降解能力。菌根修复除了具备其他生物修复的诸多优点外，还能较好地解决接种降解菌株与土著微生物竞争时不易存活的问题，在接种降解菌株难以生存的贫瘠土壤和干旱的气候下，该技术的使用不受限制。

(3) 植物与内生菌的联合修复技术

植物内生菌是指能定殖在植物组织内部，但并不使其宿主植物表现出症状的一类微生物。自然界现存的近 30×10^4 种植物中，基本上每个植物体内均存在一种或多种内生菌，具有丰富的生物多样性。植物内生菌与植物两者之间相互作用、相互依存，其作用：①植物内生菌能够产生降解酶类直接代谢有机污染物。NING 等研究发现，定殖于植物内部的黄孢原毛平革菌能够分泌细胞色素 P_{450} 和锰过氧化物酶来降解菲，并且可以通过提高锰过氧化物酶活力的方式增强对菲的降解效果。又如当环境中的多环芳烃(polycyclic aromatichydrocarbon，PAHs)达到一定浓度时，能够诱导内生菌产生双加氧酶，使底物双加氧形成对应的过氧化物，再经过氧化、脱氢等一系列反应逐渐降解成一些易代谢的基础化合物。②内生菌参与调控植物代谢有机污染物。当内生菌定殖于植物体时会分泌一些植物激素、铁载体、脱氨酶等物质，促进植物根系生长，提高植物生物量，增强植物抗逆境能力，从而增强植物体内有机污染物的代谢能力。一些内生菌能够利用 1-氨基环丙烷-1-羧酸(1-aminocyclopropanecarboxylic acid，ACC)脱氨酶分解 ACC 生成的氨和 α-丁酮酸，作为自身生长的氮源，不但能够补充自身所需的营养物质，还能有效地降低植物细胞内乙烯的含量，缓解对植物生长产生的不利影响。此外，植物为内生菌提供了一个相对稳定的生存场所，促进内生菌的繁殖，从而加快有机污染物的降解速率。THIJS 等报道了植物内生菌(consortium CAP9)具有高效转化 2,4,6-三硝基甲苯(2,4,6-trinitrotoluene，TNT)的能力，促进细弱剪股颖(Agrostis capillaris)根际 TNT 的脱毒，确保植物健康生长。ZHANG 等研究表明将分离于蕉草的植物内生菌——假单胞菌(Pseudomonas sp.)J4AJ 接种于蕉草根际，60 d 内柴油去除率达 54.51%，而只接种 J4AJ 菌株的对照去除率仅有 38.97%；此外，同时接种 Pseudomonas sp. J4AJ 和种植蕉草提高了污染土壤中过氧化氢酶和脱氢酶的酶活性，而土壤微生物多样性指数比其他土壤样品低。KHAN 等研究发现，接种植物内生菌假单胞菌属 PD1 可以促进植物的生长并保护植物免受菲毒性的影响，与未接种内生菌的对照相比，接种内生菌的植物降解菲的能力提高了 25%~40%。

(4) 植物与专性降解菌的联合修复技术

植物-专性降解菌的联合修复技术是在利用植物进行污染土壤修复的同时，向土壤中接种具有较强降解能力的专性降解菌株，可促进有机污染物的降解。专性降解菌株包括从土壤中筛选得到的高效降解菌株和经过改造的基因工程菌株。高效降解菌株具有高代谢能力和高降解率等特点。有研究表明，同时接种紫茉莉和降解菌株 ZQ_5可使土壤中的芘降解率达 81.1%，是紫茉莉单独修复效果的 1.98 倍，是菌株 ZQ_5单独修复效果的 1.39 倍。LIN 等将柴油污染区土壤中分离得到的微生物接种到种植了沙打旺(Astragalus adsurgens)的柴油污染区土壤中，发现与单一种植沙打旺的污染土壤相比，该土壤的柴油含量显著下降。CAO 等成功克隆了铜绿假单胞菌 BSFD5(*Pseudomonas aeruginosa* BSFD5)中的鼠李糖脂合成基因簇(rhlABRI)，并整合到恶臭假单胞菌 KT2440(*P. putida* KT2440)基因组中，将构建的含鼠李糖脂合成基因簇(rhlABRI)的恶臭假单胞菌 KT2440 投入到种有修复植物的芘污染土壤中，发现 rhlABRI 成功表达并与植物协同修复芘污染的土壤。由此可见，向污染土壤修复植物中接种专性降解菌株，通过植物和微生物间的协同作用，可以提高植物生物量，改善微生物的群落结构，共同增强修复效率。因此，从土壤中分离筛选具有高效降解能力的功能菌株对环境中有机污染物的修复具有重要意义。

大量研究表明，植物-微生物联合修复技术是目前治理环境中有机污染物的有效手段，诸多实践表明，联合修复技术不仅能提高单一修复技术的修复速度和修复效果，还能在一定程度上克服单项技术的不足，在有机污染物的修复中具有广阔的应用前景。但是植物-微生物联合修复体系受多种因素的影响，目前还存在着一些问题。首先，植物、微生物种类繁多，联合形式多种多样，不同的组合方式作用机制存在差异，植物-微生物是如何通过相互作用来降解有机污染物的认识还有限。比如，植物根际分泌物对根际附近微生物群落结构及微生物空间分布的影响，微生物的代谢产物及生物活性物质对植物修复的影响机制等。其次，有机污染物被植物吸收后，大部分还储存在植物体内，如何有效地处理超积累植物还需要进一步探索。此外，有机污染物的植物-微生物联合修复技术还受到环境中诸多因素的影响，比如温度、土壤性质、污染物浓度等，在田间实际修复应用中如何规避环境条件的不利影响，使联合修复正常发挥作用还需要加强研究。

2. 修复重金属污染物

广义的植物修复技术是指利用植物吸收、分解、转化和固定土壤重金属技术的总称。植物修复技术不仅包括对污染物的吸收和去除，也包括对污染物的原位固定和转化，与重金属污染土壤有关的植物修复技术主要包括植物提取、植物固定和植物挥发。植物修复过程是土壤、植物和根际微生物综合作用的效应，修复过程受植物种类、土壤理化性质和根际微生物等多种因素控制。用作植物修复的功能植物能通过液泡区隔化作用、细胞壁束缚作用和配位解毒作用等，对重金属具有较强的生理耐性。同时，超富集植物根系能从土壤环境吸收较多的重金属离子，并转运到地上部，从而使土壤重金属含量降低。有些功能植物根系能吸收大量的重金属，使重金属分泌有机酸等物质与重金属离子螯合，降低了重金属环境下的根系分泌物能与重金属反应，减少了沉淀的产生。而有些植物根系分泌的一些特殊物质或微生物能使土壤中的 Se、Hg、As 等转化为挥发形态。该项技术根据其作用过程和机理可分为：植物提取、植物挥发、植物稳定或固化、植物根系过滤等。其中，植物提取，即利用重金属超积累植物从土壤中吸取金属污染物，随后收割植物地上部分并进行集中处理，连续种植该植物，达到降低或去除土壤重金属污染的目的。另外，加入一些有机络合剂来增加土壤中重金属的生物有效性也可提高植物对重金属的吸收。植物挥发，其机理是利用植物根系吸收金属，将其转化为气态物质挥发到大气中，以降低土壤污染。植物稳定，利用耐重金属植物或超累积植物降低重金属的活性，从而减少重金属被淋洗到地下水或通过空气扩散进一步污染环境的可能性。其机理主要是通过金属在根部的积累、沉淀或根表吸收来加强土壤中重金属的固化。植物修复具有操作方便、成本低廉、综合效益高、对环境影响小等优点，但是植物对重金属污染物的耐性有限，并且对植物及重金属都具有选择性，一种植物通常只能修复某一种重金属污染的土壤，而且有可能活化土壤中的其他重金属，对于多种金属的复合污染效果不佳，适用范围较小，同时植物修复周期长，难以满足快速修复重金属污染的要求。植物修复技术研究历史可以大致分为三个方面，即耐重金属植物忍耐重金属、超积累植物超量积累重金属的机制研究和利用植物进行污染土壤修复的应用研究。20 世纪 50~70 年代，非耐性植物和耐性植物的耐重金属机制研究成为人们当时的研究热点，这一阶段的研究工作使人们对植物忍耐重金属机制有了一个初步的认识。对于植物蓄积和忍耐重金属机制主要有以下几种：

（1）回避机制

一些植物可通过某种外部机制保护自己，使其不吸收环境中高含量的重金属从而免受毒害称之为避性。植物主要通过两种机制来保护自己，一种是限制重金属离子的跨膜吸收。细胞质膜是选择透过性膜，是控制离子进入原生质体的真正关卡。另一种是与体外分泌物结合，降低重金属的毒性。

（2）排除机制

所谓金属排斥性即重金属被植物吸收后又被排出体外，或重金属在植物体内的运输受到阻碍。在高等植物中，通过对不同抗性的基因型进行的重金属离子吸收与代谢能量关系的研究，已证实原生质膜溢泌有主动排除金属离子的作用。这已在微生物和动物的试验中得到证实，植物体内的重金属离子也能被排出体外。还有些植物对重金属的排除可以通过根际化学性状的改变实现，如根际分泌螯合剂、形成跨根际氧化还原梯度、形成跨膜根际 pH 梯度等。

（3）细胞壁作用机制

植物细胞壁是抵御重金属离子进入的第一道屏障，它的金属沉淀作用可能是一些植物耐重金属的原因，这种作用能阻止重金属离子进入细胞原生质，而使其免受伤害。Nishizono 在 1987 年发现，Athyrium yokoscense 的根细胞壁中积累大量铜、锌和镉，占整个细胞总量的 70%~90%，大部分以离子形式存在或结合到细胞壁结构质上，如纤维素、木质素上。Cd 耐性植物（Brassica juncea，十字花科芸苔属、芥菜），其叶片表皮（trichomes）中 Cd 含量比叶片组织高 43 倍，杨居荣等研究了 Cd 和 Pb 在黄瓜和菠菜细胞各组分中的分布，发现 77%~89%的 Pb 沉积于细胞壁上，而 45%~69%的 Cd 存在于细胞质中。因此根部细胞壁可视为金属离子的重要贮存场所。

（4）重金属进入细胞质机制

植物细胞质膜将有毒离子外排至细胞外，或转运至液泡内是植物降低有毒离子在细胞内含量的两个重要途径。液泡含有的各种蛋白质、糖、有机酸等物质都能与重金属结合而解毒，因此液泡常被认为是贮存重金属元素的结构。Brooks 等用离心的方法对庭芥属植物（A. serpyllifolium）的植物组织进行分离，然后测定各部分 Ni 含量，结果显示，有 72%的 Ni 分布在液泡中。Vazquez 等利用用电子探针观察到遏蓝菜属的 Tcaerulescens 植株中的离子分布状况，根中 Zn 大部分分布在液泡中，细胞壁中相对较少，而在叶片组织中，供应高 Zn（100μM）时，Zn 在液泡中分布明显高于质外体。Lasat 等也认为该植物能使 Zn 有效地分布在液泡中，从而使液泡成为 Zn 向地上部运输的贮存库。Wang 等曾对烟草液泡中镉的化学状态进行模拟，发现液泡内镉与无机磷酸根能形成磷酸盐沉淀，降低了镉的毒性。这些结果都显示，液泡可能成为重金属贮存的主要场所。

(5) 重金属与各种有机酸络合机制

在环境胁迫条件下，有机酸的生物合成、积累、运输和根系分泌会显著增加。有机酸是一类重要的重金属配位体，参与重金属的吸收、运输、贮存和解毒等生理代谢过程，与重金属形成稳定的螯合物，降低重金属的毒性。但有机酸的种类因植物种类、金属类型和浓度等因素而异。20 世纪 90 年代已有很多关于这方面的研究，To Ira 等观察到 Zn 超积累植物遏蓝菜(Thlaspi caerulescens)地上部可溶性 Zn 浓度与苹果酸和草酸浓度呈显著正相关。Homer 研究表明，新喀里多尼亚镍超积累植物中分离出来的络合物，其镍配位体主要为柠檬酸盐和苹果酸盐以及两者的混合物。Salt 等利用 X 射线吸收光谱分析遏蓝菜体内 Zn 的结合基团，发现地上部的 Zn 主要与柠檬酸结合，其余依次为游离的水合阳离子、组氨酸结合态、细胞壁结合态和草酸结合态，木质部的 Zn 主要以水合阳离子形态运输(占 79%)，其余的与柠檬酸结合。由此可见，各种有机酸对减轻植物重金属毒害中起了关键作用。

(6) 酶适应机制

在重金属的胁迫下，植物保护酶系统也会发生适应性变化，使耐性种或植株在重金属干扰时能维持正常的代谢过程。西德 Wcrne Mothys 研究了 Cu、Zn、Cd、Ni、Co、Mg 对腆肥麦瓶草耐 Cu、Cd、Zn、Cd 和无耐性的种群的硝酸还原酶、葡萄糖-6-磷酸脱氢酶、异柠檬酸脱氢酶及苹果酸脱氢酶，发现耐性种加入 Zn 后硝酸还原酶，异柠檬酸酶被激活，特别是硝酸还原酶；而抗性差的种群，此酶完全被抑制。他们认为抗性种的生态型有保护酶的机制。杨居荣等发现 Cd 胁迫可引起 SOD、POD、CAT 活性的改变一些蔬菜幼苗在汞的胁迫下，会诱导产生新 POD 的同工酶与外界不良的环境条件相适应。

(7)植物螯合态的解毒作用

植物螯合态 PC(Phytochelatin)是一种由半胱氨酸、谷氨酸和甘氨酸组成的含巯基螯合多肽，分子量一般为 1~4k D，结构多为$(\gamma\text{-Glu-Cys})_n\text{-Gly}$，$n=2\sim11$。由于其巯基含量高，对重金属的亲和力大，能够螯合多种重金属离子，使重金属离子失去活性，从而减轻重金属对植物的毒害作用。PC 的发现，使人们对植物重金属耐性机理产生了新的认识，认为 PC 的形成才是植物解毒的重要生理机制。目前为止，高等植物中分离得到的 PC 大多数为镉离子结合物。Rauser 等发现 PC 与 Cd 的络合物可以被分为低分子量(LMW)和高分子量(HMW)复合物两类。HMW 对 Cd^{2+}的结合能力大于 LMW，因而在液泡中 HMW 复合物比较稳定。PC 与 Cd 之间的特殊关系还在于 Cd^{2+}诱导 PC 及 PC 合酶的能力很强，PC 合酶在重金属离子的激发下，催化形成 PC。Kneer 和 Zenk 发现，在 Cd^{2+}胁迫下耐 Cd 植物体内 Cd^{2+}-PC 含量比对照高 10~1000 倍。这些研究结果都说明了 PC 在一系列重金属脱毒机制中的重要作用。20 世纪 70 年代末~90 年代初，人们逐渐把研究兴趣转向超积累植物(hyperaccumulator)。1948 年 Minguzzi 和 Vergnano 在意大利 Tuscany 地区找到一种叫 Alyssum bertolinii Desvaux 的植物，并测定植物叶片中富含 Ni 达 7900 mg/kg，占叶片干重的 1%。Jaffre 等发现了另一种超积累植物 Sebertia accuminata，该种植物的乳汁因含超过 11%的镍而呈蓝色。1977 年 Brooks 首次用 hyperaccumulator 界定对 Ni 的吸收超过 1000mg/kg 的植物。对于不同的重金属，其超富集植物的浓度标准也不一样。目前采用较多的是 Baker 等提出的参考值，即植物叶片或地上部(干重)中含 Cd 达 100mg/kg，含 Cr、Co、Cu、Ni、Pb 达到1000mg/kg，Mn、Zn 达到 10000mg/kg 以上的植物称为超富集植物。除地上部金属含量之外，超富集植物其地上部重金属含量应高于土壤重金属含量(即富集系数 *BF*>1)地上部重金属含量高与根部重金属含量(即转运系数 *TF*>1)。到目前为止，已发现的超积累植物共500多种，而最重要的超积累植物主要集中在十字花科，世界上研究最多的植物主要在芸苔属(Brassica)、庭芥属(Abyssums)及遏蓝菜属(Thlaspi)，这些超富集植物大多是在气候温和的欧洲、美国、新西兰及澳大利亚的污染地区发现的，其中大部分是 Ni 的超积累植物，少数是 Zn 的超积累植物、Cu 超积累植物和其他重金属的超积累植物。

近年来，各国科学家们对利用这种植物修复 Zn、Pb、Cd 和 Ni 污染的土壤表现出浓厚的兴趣。进入 20 世纪 90 年代后，植物修复技术进入了一个新的研究阶段。各国相继对植物修复的理论、技术方面投入大量研究，并应用到实际的治理过程中。和国外相比，我国耐重金属机制的基础研究方面也做过不少工作，但重金属积累植物和超积累植物的基础研究起步较晚，在我国发现的超积累植物品种也非常少。陈同斌等首次发现了 As 的超富集植物蜈蚣草(Pteris vittata)，其羽片中最大含 As 量可达 5070mg/kg。龙新宪通过野外调查，发现生长在中国东南部一些古老铅锌矿土壤上的东南景天(Sedum alfredii)具有很强的忍耐和积累锌的能力。这是首次在中国发现的一种新的 Zn 超富集植物。我国的植物资源丰富，这为我们提供了更多的可能的超积累植物资源库，从现有的资料看，我国产出的重金属积累植物和超积累植物数量较为丰富且分布范围较广，所以我们应加快我国本地超积累物种的筛选工作，并加以保护与利用。我国的植物修复技术同国外比起来相对落后，在实际应用中目前在湖南郴州建立了世界上第一个砷污染土壤的植物修复示范工程(14 亩)。另外还建立了铜和锌污染的示范工程。矿区生态破坏和环境污染是一个非常突出的环境问题。利用植物修复技术可治理矿区环境污染，改善矿区环境质量，节省矿区的尾矿及其环境污染治理投资；如果用于绿色食品生产基地，可以提高农产品的卫生品质。

与物理化学修复方法相比，植物修复有如下特点：

① 植物修复以太阳能作为驱动力，能耗较低。

② 植物修复实际上是修复植物与土壤及土壤中微生物共同作用的结果，因而具有土壤-植物-微生物系统所具有的一般特征。

③ 植物修复利用修复植物的新陈代谢活动来提取、挥发、降解、固定污染物质，使土壤中十分复杂的修复情形简化成以植物为载体的处理过程，从形式上看修复工艺比较简单。

④ 修复植物的正常生长需要光、温、水、气等适宜的环境因素，同时也会受病虫草害的影响，也就决定植物修复的影响因素很多，具有极大的不确定性。

⑤ 植物修复必须通过修复植物的正常生长来实现修复目的，因而，传统的农作经验以及现代化的栽培措施可能会发挥重要作用，从而也就具有了作物栽培学与耕作学的特点。

⑥ 植物以及微生物的生命活动十分复杂，要使植物修复达到比较理想的效果，就要运用植物学、微生物学、植物生理学、植物病理学、植物毒理学等方方面面的科学技术不断地强化和改进，因而也有多学科交叉的特点。

植物修复技术的优缺点植物修复技术较其他物理化学和生物的方法具有更多的优点，表现在：

① 植物修复的成本低。它仅需要传统修复技术 1/3~1/10 的成本，投资和运作成本均较低，对环境扰动少，清理土壤中重金属的同时，可清除污染土壤周围的大气或水体中的污染物。

② 有较高的环境美化价值。生活在污染地附近的居民总是期望有一种治理方案既能保

护他们身心的健康，美化其生活环境，又能消除环境中的污染物，植物修复技术恰恰能满足居民的这一心理需求。

③ 植物修复重金属污染物的过程也是土壤有机质含量和土壤肥力增加的过程，被植物修复干净土壤适合多种农作物的生长。

④ 植物固化技术能使地表长期稳定，有利于污染物的固定，生态环境的改善和野生生物的繁衍，而且维持系统运行的成本低。

⑤ 用植物吸收一些可做微肥的重金属如 Cu、Zn 等，收割后的植物可用作制微肥的原材料，用这种原材料制成的微肥更易被植物吸收。

⑥ 植物修复技术能够永久性的解决土壤中重金属污染问题。相比之下，多数传统的重金属处理方法只是将污染物从一个地点搬到另一个地点或从一种介质搬运到另一种介质或使其停留在原地，其结果只能是延误重金属污染土壤的治理，给农产品安全和人类健康埋下"定时炸弹"。

⑦ 植物既可从污染严重的土壤中萃取重金属，也可以从轻度污染的土壤中吸收重金属。

植物修复是近年来世界公认的非常理想的污染土壤原位治理技术，它具有物理化学修复所无法比拟的优势，但作为一项技术总有他的局限性，尤其对尚未成熟的植物修复技术来说更是如此，主要表现在以下几个方面：

① 修复植物对污染物质的耐性是有限的。超过其忍耐程度的污染土壤并不适合植物修复。

② 植物生长缓慢，植物修复过程通常比物理化学过程缓慢，比常规治理需要更长时间，尤其是与土壤结合紧密的疏水性污染物。难以满足快速修复污染土壤的要求。

③ 用于净化重金属的植物器官往往会通过腐烂落叶等途径使重金属重返土壤，因此必须在植物落叶前收割植物器官，并进行无害化处理。

④ 植物的发育生长需要适宜的环境条件，在温度过低或其他生长条件难以满足的地区就难以生存，因而植物修复受季节变化等环境因素的限制，尤其在北方地区更是如此。

⑤ 绝大多数超积累植物只能积累一种，最多两种金属，对土壤中其他浓度较高的重金属则往往没有明显的修复效果，甚至表现出某些中毒症状，从而限制了植物修复技术在重金属复合污染土壤中的治理。

⑥ 成功修复污染土壤需要很多环境因子的配合，包括水分供给、土壤肥力、品种选育与搭配等因素的最佳配合。

农田土壤修复技术性能与特点比较分析如表 7-3 所示。

表 7-3　农田土壤修复技术性能与特点比较分析

技术名称	适用性	局限性	成熟性	修复时间	修复成本
工程措施（客土法）	适用范围广，不受外界条件限制，治理效果彻底	工程量较大，一般仅用于重金属污染重、面积小的农田	技术成熟，国外有较长的应用历史	受客土来源和交通条件等的限制，所需时间一般较短，如 3～5 个月	高

续表

技术名称	适用性	局限性	成熟性	修复时间	修复成本
电动力学修复技术	比较适宜在渗透性差的黏土中使用，对于可电离的重金属有效	该技术目前不是非常成熟，只适用于小范围重金属污染土壤处理；能耗高	国外已有中试成果，但国内未见相应报道	所需时间较短，一般为1~3个月	高
土壤淋洗	应用范围广，不受污染物种类的限制，适用于大粒径、低有机碳的土壤，例如沙砾、砂、细沙等土质或渣土	对质地黏重、渗透性差的土壤效果较差，容易造成二次污染，容易破坏土壤结构和导致土壤养分流失	较成熟，国外有较成熟的技术和设备，国内有应用案例	所需时间一般较短，如3~5个月	较高
水泥窑协同处置技术	可用于处理有机污染土壤及重金属	不宜用于汞、砷、铅等重金属污染较重的土壤	技术成熟，国内外有应用案例	处理周期与水泥生产线的生产能力及污染土壤投加量相关	较低
土壤钝化(固化/稳定化)	需时较短，应用范围广，容易实施，不破坏农田土壤的生态功能，不影响生产和耕作模式，符合可持续发展战略要求	修复效果受土壤pH等理化性质影响较大，需通过实验确定钝化效果，修复处理后的长期效果存在不确定性	技术成熟，国内已在多地开展示范和推广，但针对铬污染农田的钝化修复案例较少	修复处理需要时间较短，如3~9个月	较低
植物修复技术	适合去除表层土壤(1~25cm)中的污染物，作用温和，不破坏农田土壤生态功能，有利于水土保持和生态环境改善，综合效益高，符合可持续发展战略要求	修复时间要求较长，修复效果受植物种类、气候环境、土壤水肥条件等影响	在浙江富阳、甘肃白银、广西环江等镉污染土壤修复工程中有成功案例，但针对铬污染土壤的规模化植物修复案例较少	需要时间一般较长，如1~5年，甚至更长时间	较低
微生物修复技术	作用温和，不破坏植物生长所需的土壤环境，操作简单，修复成本低，适用于环境敏感地区的原位修复	修复时间要求较长，修复效果受微生物种类、气候环境、土壤水肥条件等影响较大	目前微生物修复技术主要侧重于新菌种培养、去除机理等方面的研究，规模化应用案例还比较少	需要时间一般较长，如1~3年	较低

续表

技术名称	适用性	局限性	成熟性	修复时间	修复成本
农艺调控措施	适用范围广，操作简单、费用较低，但修复效果有限，仅适应于农田重金属轻微和轻度污染的修复，往往需要与其他修复技术(如化学钝化)进行联合	修复效果有限，仅适应于农田重金属轻微和轻度污染的修复；其中，种植结构调整有可能导致农民难以接受及影响粮食数量安全	技术较成熟	所需时间普遍较长，一般为3~5年，甚至更长	低
阻隔填埋	实施过程简单易行，广泛地适用于重金属、有机物及重金属有机物复合污染土壤	不宜用于污染物水溶性强或渗透率高的污染土壤，不适用于地质活动频繁和地下水水位较高的地区，成本过高	技术成熟/国内有较多工程成功应用	需要时间较短，如3~12个月	中等

六、高通量测序技术

1. 测序技术的发展

在分子生物学中，DNA测序技术是进一步研究和改造目的基因的基础，DNA测序技术的出现极大地推动了生物学的发展。成熟的DNA测序技术开始于20世纪70年代，1977年Maxam和Gilbert报道了通过化学降解的方法测定DNA序列。同年，Sanger(1977)发明了双脱氧核糖核酸链末端终止法并用于DNA测序工作中。20世纪90年代出现了荧光自动测序技术，使DNA测序技术进入自动化测序的时代。

荧光自动测序技术原理与Sanger测序法的原理基本一致。其主要区别是，Sanger法采用双脱氧核糖核酸链末端终止法测序，而荧光自动测序技术则主要用荧光标记代替同位素标记，并采用成像系统自动检测，从而大大提高了DNA测序的速度和准确性。Smith等采用CCD检测激光激发标记的荧光，使DNA测序速度比常规电泳方法测序提高了很多倍。20世纪80年代初Jorgenson和Lukacs提出了毛细管电泳技术，1992年美国Mathies实验室提出阵列毛细管电泳的方法，这种方法是采用25只毛细管同时进行电泳，每只毛细管都能够在1.5h中读出350个碱基，从而大大提高了DNA测序的速度。1995年Woolley研究组使用该技术进行测序并对该项技术进行了研究，用四色荧光标记法，准确率约为97%。以上这些技术统称为第一代DNA测序技术。

自20世纪90年代初~21世纪初，Sanger测序是DNA序列解析的标准方法。然而，尽管测序方法一直在进步，并且引进了毛细管电泳系统，而且这种技术的花费也一直在降低。但是对于人类基因组这样的庞大序列分析工作而言，传统的测序方法不仅耗时长，而且非常昂贵。适应快速、便宜的DNA测序的需求，新一代测序技术已经发展起来，新一代测序技术的发展使得我们在未来的几年中测序人类基因组花费几千美元成为可能。

新二代测序技术最显著的特征是高通量和低价格，每次分析能够获得几十万到几百万条DNA序列，使得对一个物种转录组测序或基因组深度测序变得方便易行。现在新测序技术平台主要有罗氏454公司的GS FLX测序平台、Illumina公司的Solexa Genome Analyzer测序平台和 ABI 公司的 Solid 测序平台。

2. 高通量技术在土壤微生物研究中的应用

（1）土壤微生物物种和结构多样性的研究通过高通量测序技术检测土壤中微生物细胞内特定遗传物质(原核微生物 16S rDNA/rRNA，真核微生物 18S rDNA/rRNA 或 rDNA-ITS)。这些特定的遗传物质都具有一定的进化保守性，保守区序列为所有同类微生物所共有，在保守序列之间存在由于进化造成的物种之间序列差异的可变区域。因此，通过对这些序列可变区域的测定和比对，探究并揭示土壤中微生物物种和群落结构的多样性。

Roesch 等在罗氏 GS FLX 平台上使用 454 焦磷酸测序法实现了对土壤微生物多样性的研究，该研究发现农业管理方法对土壤中细菌和古菌的多样性有重大的影响作用：门水平下，森林土壤细菌要比农业土壤丰富，但种水平下，农业土壤细菌更为丰富；而森林土壤古菌的丰富度也低于农业土壤。除此之外，Buee 等的假设，其中少数真菌种类占据了土壤真菌数量的大部分。随着高通量测序的出现，也实现了大尺度空间上土壤微生物物种和结构多样性的研究。在 2009 年，Lauber 等首次使用高通量测序法对美国从北到南 88 个土壤样品的细菌物种和结构多样性进行了研究，并发现不同土壤细菌群落结构多样性及细菌群落结构系统发育多样性与土壤 pH 之间存在显著的相关性，相关系数分别达到 0.79 和 0.71。Chu 和 Tripathi 等分别在北极圈和热带土壤微生物群落结构的研究中，亦通过高通量测序证实了土壤 pH 值可以预测土壤微生物群落结构。

因此，高通量测序在土壤微生物物种和结构多样性研究中可获得更多的信息，使研究者更为深入的探明土壤微生物群落结构多样性。

（2）土壤微生物功能多样性的研究

mRNA 作为产生蛋白质和活性酶的中间产物，具有与相对应 DNA 互补配对的序列。因此通过对土壤微生物转录组 mRNAs 的高通量测序，可以了解土壤微生物活性以及土壤微生物间的调控作用，探究土壤中微生物功能多样性。Damon 等通过宏转录组研究山毛榉和云杉森林的土壤真菌功能基因表达多样性并发现了与氮(包括氨、氨基酸和寡肽)、糖、磷酸盐和硫酸盐等土壤养分利用有关的酶基因，这些酶基因参与了 129 条 KEGG(Kyoto Encyclopedia of Genes and Genomes)代谢通路，其中 0.5%~0.8%的酶基因与降解植物细胞壁高聚物组成成分(如纤维素、果胶和木质素等)相关；除此已知的基因之外，森林土壤中依然有高达 60%的功能基因在 GenBank/EMBL/DDJB 蛋白质数据库中没有发现同源基因。

虽然 SD 序列的出现与细菌种类有关(大多数情况下出现在变形菌门)，致使细菌宏转录组的研究中并不能很好地反映全部的功能多样性。但是，相比较先前基于微阵列芯片研究土壤宏转录组的方法，高通量测序具有直接了解 RNA 水平基因表达量和无须预先假定基因类型的优点，可以更为直接的研究土壤中微生物功能多样性。

（3）土壤微生物遗传多样性的研究

土壤微生物群落与其他环境微生物群落相比，有更高的物种丰富度和更复杂的微生物群落基因组成。但宏基因组高通量测序法的出现，使得大规模客观揭示土壤微生物遗传多样性成为可能。

传统克隆文库研究法，其结果仅针对完整基因片段的克隆表达，并不能全面反映土壤宏基因组的信息。但是，土壤微生物宏基因组的高通量测序，可以更全面地探究土壤宏基因组，不仅可以了解土壤微生物已知基因的遗传多样性，同时也可预测土壤微生物遗传多样性中的未知基因。通过高通量测序对环境样品 DNA 的直接测序可以获得有关于样品的生化代谢通路，如Mackelprang等研究了阿拉斯加冰冻冻土土芯的微生物宏基因组，除了绘制出复杂土壤宏基因组中第一个全新的产甲烷细菌基因组草图之外，还发现了冻土微生物中很多碳氮循环的相关基因随着冻土的解冻发生迅速的转变，其中硝酸还原酶Ⅰ的基因随冻土的解冻显著增加。但目前，在土壤微生物宏基因组的研究中使用的还比较少。此外，宏基因组的高通量测序结果结合相关软件分析可预测蛋白编码基因，这将为探究土壤微生物中的未知基因提供指引。

3. 高通量测序技术的前景

高通量测序技术的发展在土壤微生物研究中有两大应用意义：第一，极大地降低了基因测序成本，实现了大规模土壤微生物基因直接测序；第二，极大地提高了测序通量，丰富了实验研究的信息量，使得研究者更为深入地研究土壤微生物。因此，高通量测序技术促进了土壤微生物物种多样性、结构多样性、功能多样性和遗传多样性研究的迅猛发展。

然而，高通量测序技术的应用仍存以下方面的问题：

① 海量数据分析难的问题。有研究估计，测序信息的存储需求每12~18个月就能增长10倍，这种核苷酸序列的爆炸式增速已远超摩尔定律的增长速率。这种海量数据使得生物信息学分析面临挑战，加大了土壤学或微生物学研究者对土壤微生物高通量测序结果分析的难度。

② 数据去伪存真难的问题。在土壤微生物遗传多样性宏基因组高通量测序的研究中，存在基因和物种丰度被高估的情况。在高通量测序数据去伪存真复杂的过程中，运用和探寻新的统计学方法成为研究中的难题。

综上所述，高通量测序技术，由于其测定基因的通量高的优越性，在未来的土壤学研究中应用越来越广泛。

第六节　现代生物技术在固体废弃物处理的研究进展

一、概述

固体废弃物是指在社会生产、流通、消费等一系列过程中产生的，一般不再只有进一步使用价值而被丢弃的以固态和泥状存在的物质。固体废弃物的危害主要表现在以下几个方面：①侵占土地；②污染土壤、水体及大气；③影响环境卫生。其中有害废物具有毒性、易燃性、腐蚀性、反应性和放射性。它们对环境的恶劣影响已成为国际公认的严重环境问题。

固体废弃物有多种分类方法，按其性质可分为有机废物和无机废物；按形状可分为固体的(颗粒状、粉状、块状)和泥状的(污泥)；通常为便于管理，按来源分为矿业固体废弃物、工业固体废弃物、城市垃圾、农业废弃物和放射性固体废弃物。

White-Hunt曾对固体废弃物处理技术的发展历史进行过详细回顾，最早的技术可以追溯到公元前5000~公元前3000年的新石器时代。目前，废物无害化处理工程发展成为一门崭新的工程技术，如垃圾焚烧、卫生填埋、堆肥、粪便的厌氧发酵、有害废物的热处理和解毒处理等。其中卫生填埋、堆肥、粪便厌氧发酵等方法属于生物处理的方法。近年来，生物技术的进步使其在固体废弃物无害化处理领域内的应用日渐广泛，从传统的堆肥技术到各种先厌氧发酵技术、生物能源回收技术等。特别是有害废物无害化过程中生物技术的应用取得了长足的进步。从世界范围看，对固体废弃物采用的策略逐步从无害化处理向回收资源和能源方向发展，生物技术的进步为这一发展方向提供了有效手段。

二、堆肥

堆肥(composting)是在控制条件下，使来源于生物的有机废物发生生物稳定作用(bio-stablization)的过程。废物经稳定化作用形成的堆肥(compost)，是一种腐殖质含量很高的疏松物质，故也称“腐殖土”。废物经过堆肥化，体积一般可减少30%~50%。

适用于堆肥化处理的废物主要有城市垃圾、粪便、城市及某些工业废水处理过程中产生的污泥、农林废物等。

现代化的堆肥工艺，特别是城中垃圾堆肥工艺大多是好氧堆肥。堆肥系统温度一般为50~65℃，最高可达80~90℃。

厌氧堆肥系统中，空气与发酵原料隔绝，堆制温度低，成品肥中氮素保留较多，但堆制周期长，需要3~12个月，异味强烈，分解不够充分。

好氧堆肥法的原理是以好氧菌为主，对废物进行氧化、吸收与分解。参与有机物降解的微生物包括两类，即嗜温菌和嗜热菌。废物的降解过程可以分为三个阶段，堆制初期，堆层中呈中温(15~45℃)，为中温阶段。此时，嗜温菌包括细菌、放线菌，真菌活跃，利用可溶性物质如糖类、淀粉迅速繁殖，堆层温度上升。当堆层温度上升到45℃以上便进入高温阶段。从堆肥发酵开始，约一周时间，堆层温度即可达65~70℃，或者更高。此时嗜温细菌逐渐死亡，嗜热性真菌和细菌活跃，前一阶段残留和分解过程形成的溶解性有机物继续分解，半纤维素、纤维素、蛋白质等复杂有机物开始强烈分解。70℃以上，大量微生物死亡或进入休眠状态。随着生物可利用有机物的逐步耗尽，微生物进入内源呼吸阶段，活性下降，堆层温度下降，进入降温阶段。此时嗜温菌再度占优势，使残留难降解有机物进一步分解，腐殖质不断增多且趋于稳定，堆肥进入腐熟阶段。

堆肥化的方法主要有间歇堆积法及连续堆积法。间歇堆积法是我国长期以来沿用的方法，堆积前要对原料进行预处理，每周要翻动1~2次，全部堆积约需30~90d。现代化的堆肥多采用成套密闭式机械连续堆制，使联料在一个专门设计的发酵器或生物稳定器(biostabilizer)内完成动态发酵过程，然后将物料运往发酵室堆成堆体，再静态发酵，机械连续堆制具有发酵快、堆肥质量高、能防气味、杀死全部细菌、堆肥粒度整齐等一系列优点。采用的发酵器种类很多，其中，丹诺(dano)法是比较古老但仍应用广泛的方法。

三、填埋技术

填埋法是将固体废弃物铺成一定厚度的薄层，加以厚实，并覆盖土壤。

填埋法可以作为：

① 固体废弃物的最终处置方法，处置过程中产生的渗滤液需要进一步处理；

② 产生甲烷气体的厌氧反应器；

③ 工业废水的厌氧滤床及污泥的处理方法。

1. 填埋生物反应器生态系统特征

向大型化发展的固体废弃物填埋场既是处理效率有保证、经济合理、技术可靠，又是适合环境要求的处理方法。填埋场实际是一个大型生物反应器。为了保护地表水、地下水及周围土地，需要设置渗滤液及生物气体收集及处理装置等反应器辅助装置。

填埋系统的极度不均匀特征表现在系统水平及垂直单元均具有空间及时间上的不均匀性上。形成这种不均匀特征的原因有以下几点：

① 固体废弃物组分及性质有差异运输方式不同，填埋地点或单元环境条件不同；

② 一些参数，如温度、产生气体、液体、氧化还原电位、pH 值、酶活性、电子受体，介质间液体的产生及流动，此外还有其他一些控制因素，如水溶解度、脂-水分配系数、挥发性、分子大小、形状、电荷、官能团等；

③ 穿越好氧-缺氧界面、固-液界面、气-液界面、固-气界面的双向扩散。

图 7-10 为填埋场生态系统的简单描述。

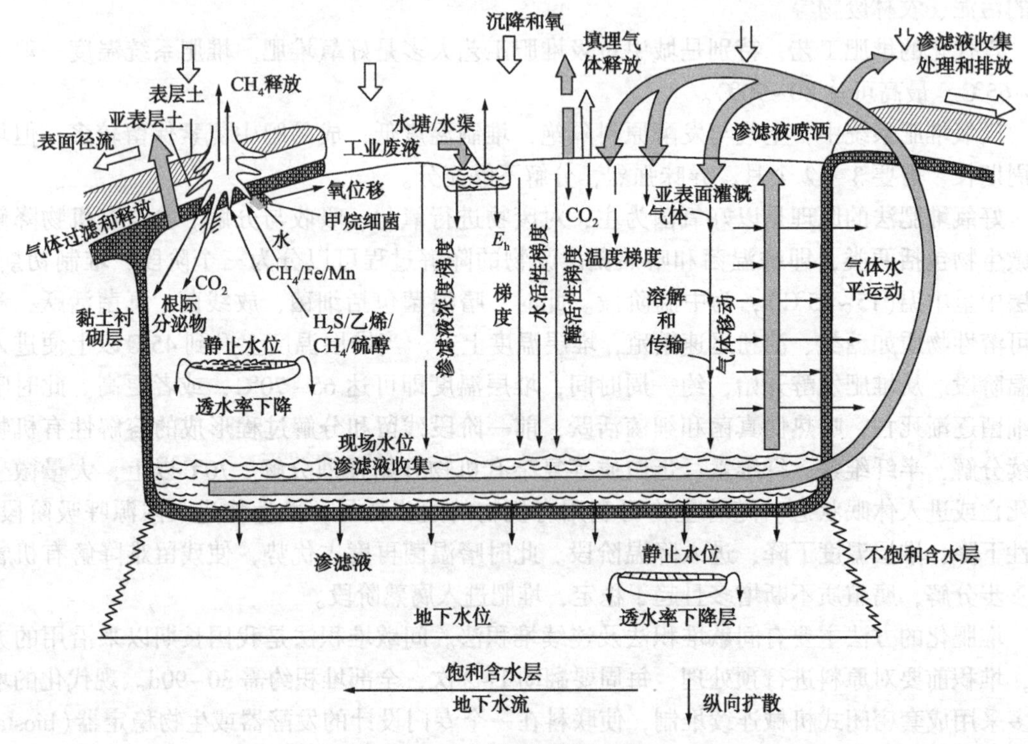

图 7-10 填埋场生态系统

系统内各种参数的不均匀性，使系统内相应富集着各种生物，尤其是微生物种群存在相应的相互联系。在缺氧条件下，即使对最简单的化合物的最终矿化，每一种微生物也只起部分氧化作用。尽管系统内多种微生物的基因库使系统具有相当的稳定性，但系统还是会受到较强的影响。这种影响可以是正面的，也可以是负面的，如电子供体或受体的影响。

在微生物附着生长的有机及无机固体废弃物表面也表现出选择压方面的差异，相应产生多样化的生物种群及种群间的联系。生物膜的生长伴随着黏液物质的分泌，限制了胞外酶及产物的扩散，形成一定的整体性。这种作用使微生物在空间上有相应的不均匀性。

面对这样复杂的生态系统，只有极少的研究者涉足也就不奇怪。近来，对填埋生物反应器相关生物技术中微生物学及生物化学的研究已经开始，使其控制及开发走向科学化。

2. 代谢机理

随着人们生活水平的不断提高，固体废弃物组分中难降解化合物不断增加，外源化学物质(xenobiotic)也在增加。在固体废弃物的发酵过程中，这些分子的代谢可能需要结构酶及诱导酶的作用。共氧化、质粒、突变及其他遗传基因转移作用均可能发生(图 7-11)，仍针对固体废弃物这方面的报道还很少，许多机理还不是很清楚。

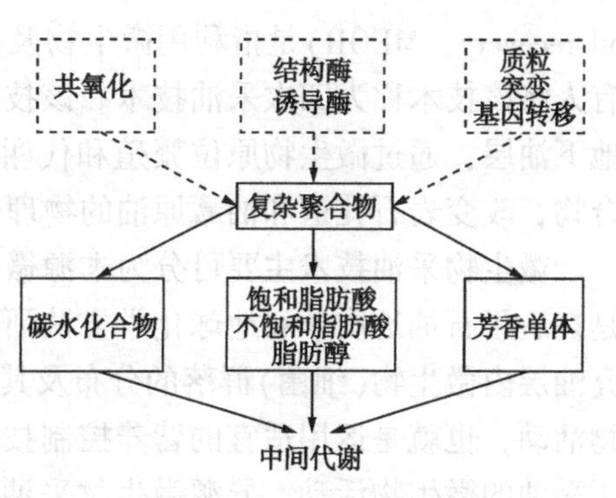

图 7-11　固体废弃物中聚合物的代谢

(1)好氧代谢

固体废弃物置入填埋场后，伴随着物理化学作用，首先发生的是易降解有机物的好氧代谢分解过程。可生物降解组分被各种生物，包括无脊椎动物(壁虱、千足虫、线虫等)及微生物(细菌、真菌)好氧代谢。在氧浓度不成为限制因素时，混合基质的利用逐渐转向大分子物质的序列代谢及缓慢降解。这一阶段的持续时间变化很大，取决于多种因素，如填埋的操作方式，包括前处理方式、填层压实方式及过程等。

固体废弃物中可以好氧分解的组分主要有纤维素、半纤维素、木质素、葡聚糖和果聚糖、脂肪类有机分子。他们的代谢过程多数需要多种酶的协同作用及微生物的共代谢作用。其过程由于多种微生物的参加及固体废弃物成分的多样化而十分复杂。

在好氧代谢过程中可以观察到温度的明显上升，同时会生成非生物性难降解分子，如腐殖质。温度升高的最高纪录达 80℃，使温度成为填埋过程的指示参数之一。初期温度的升高有利于微生物活性的增强，温度每升高 5℃，微生物分解氧化速率上升 10%~20%。但温度的升高也会产生降低氧溶解度的负面影响。CO_2的产生对代谢过程也有影响，它会使 pH 降低，但也会促进聚合物的水解。微生物的代谢过程中产生的水分子对系统中的水平衡贡献很大。

(2) 厌氧代谢

随着好氧代谢的进行，填埋层中的溶解氧逐渐降低，环境的选择性作用更加倾向于兼性厌氧菌的生长和富集的方向转化。氧化还原电位进一步下降，绝对厌氧菌生长，并继续进行污染物的代谢过程。

与好氧代谢不同，缺氧条件下的代谢往往需要混合菌群的共代谢作用，每种微生物只对特定的化合物起部分氧化作用，直至其完全氧化成二氧化碳和甲烷。对固体废弃物的缺氧条件下的分解机理研究甚少，大多沿用纯培养中的机理。

固体废弃物厌氧代谢与废水处理中厌氧代谢相似，需要注意的是污染物的水解。

第七节　生物采油技术

随着人类经济的发展，对石油的消耗及需求量日益增加。一般来说，油藏经过一次和二次采油后，仍有 60%左右的原油剩余在油藏中未能采出。对原油的三次开采，成为石油勘探领域重中之中的发展方向之一。目前常用的物理化学三次采油方法有热采、化学驱和混相驱等提高采收率方法。然而这些三次采油方法都存在一定缺陷，如：蒸汽驱的井筒和地层热损失大，蒸汽超覆和气窜现象严重；火烧油层消耗过量的不可再生能源，井下管柱热损坏；聚合物驱的聚合物剪切降解，产出液处理难；表面活性剂驱的吸附损失大，成本高及稳定性差；混相驱的气源、重力分异和气窜等。微生物提高采油率(microbial enhanced oil recovery，MEOR）是指利用微生物及其代谢产物增加石油产量的一种石油开采技术，也有人将该技术称为四次采油技术。该技术是将经过筛选的本源或外源微生物与培养基注入地下油层，通过微生物原位繁殖和代谢，产生酸、气体、溶剂、生物表面活性剂和生物聚合物，改变岩石孔道和油藏原油的物理化学性质，提高原油产量和增加油藏原油采收率。

微生物采油技术主要可分为本源微生物技术和异源微生物技术。本源微生物采油技术是在运用石油地质学和地球化学方法研究油层内微生物活动过程中形成的。主要手段是研究油层内微生物（细菌）群落的分布及其生理状况，运用一系列有效的方法来保持地下微生物活动，也就是运用适宜的营养控制技术把合适的营养源按工序注入到地层内来激励有利于采油的微生物活动。异源微生物采油技术主要包括微生物吞吐采油、微生物驱油、细菌调剖技术，以及对一些高黏度石油，高温、高压、高含盐量油藏的微生物采油等。

一、微生物勘探石油的发展历史及原理

1. 微生物勘探石油的历史

微生物采油的历史可以追溯到20世纪20年代。早期发现，微生物可以通过生物酶的催化作用，降解去除水体及土壤中的原油污染，发展到目前油田上常用的微生物清防蜡、单井吞吐、调剖、降黏、选择性封堵地层、强化水驱等诸多实用技术，其发展历程如下：

早在1926年，Beckman就已经提出了用细菌采油的想法。Bell最早论述了微生物对原油的作用及微生物活动取决于原油中化合物的化学和环境条件。1940年Zobel首先申请了把细菌直接注入地下，提高油层采收率的专利。该项专利是使用一种能利用烃的硫酸盐还原菌处理油层，使油层发生物理化学变化，从而提高原油产量的。1953年Zobel获得了第二项专利，该项专利把所用的菌种范围扩大到了一种可利用氢的硫酸盐还原菌。同年Updegraff和Wren取得了一项关于往油层中注入糖浆作为硫酸盐还原菌生长所需营养物的专利。1954年美国在阿肯色的联合县，成功地进行了一次利用细菌大规模就地发酵，提高油田采收率的矿场试验。Hitzman于1962年、1965年、1976年分别获得了3项使用非硫酸盐还原菌的微生物的专利，他建议使用的细菌为好氧菌和厌氧菌。

20世纪70年代初，世界石油危机大大促进了世界各国加强对微生物提高石油采收率的研究，有关的学术交流也更加频繁。1975年美国首先召开了“微生物在石油开采中的作用研讨会”。1982年5月在美国俄克拉荷马的埃费顿召开了有34个国家参加的“世界微生物采油会议”，系统地交流了多年来的研究成果，并决定以后每两年开展一次国际会议。

1991年美国首先把微生物采油技术列为继热驱、化学驱、气驱等三次采油之后的第四次提高原油采收率方法，并已在许多油田得到尝试性应用。前苏联也把微生物采油列为一种工业性应用的新的提高采收率方法。东欧各国、澳大利亚、加拿大等国也很重视对微生物采油的研究，并把研究成果应用于矿场。20世纪末，随着生物技术和石油开发技术的发展，微生物采油发展迅速，采油技术日趋成熟，进入深入研究与现场应用阶段。

目前，世界各国都非常注意石油微生物技术的应用。美国能源部（DOE）共支持了47个石油微生物技术研究项目；德国在西北欧陆上和海上近6000 m^2区域进行了勘探，成功率达85%，并在17个油田225口井得到证实。

我国对微生物采油的研究，早在20世纪60年代末就开始探讨用地面烃类发酵，就地制备生物表面活性剂及生物聚合物的试验。20世纪70年代中期开始了生物聚合物的研究，室内模拟实验表明，微生物能大幅度提高原油采收率。“七五”期间中科院微生物所与大庆

油田合作，开展了两口井的微生物吞吐试验并取得了明显效果。“八五”期间，吉林油田和中科院微生物所合作已在35口井试验，累计增油4462 t。大港油田使用美国菌种，在枣园油田两口井内试验，已增油360 t。“九五”、“十五”期间，中国石油天然气集团公司下属的各油田、部分高等院校、中科院各单位联合攻关，在室内试验研究的基础上，正在进行单井吞吐矿场试验的应用研究，同时也在进行微生物驱油的菌种筛选及有关的室内试验，取得了很好的效果。“十一五”期间，在微生物采油领域主攻的又一新技术——应用现代分子生物学方法研究油层本源微生物技术也取得了突破性的进展。目前微生物采油在我国发展迅猛，可以预料，随着这项技术的逐步完善，微生物采油将成为一项不可忽视的提高采收率技术，开辟出一条老油田提高采收率的新途径。

2. 微生物勘探石油的原理

微生物采油是将地面分离培养的微生物菌液注入油层，或单独注入营养液激活油层内微生物，使其在油层内生长繁殖，产生有利于提高采收率的代谢产物，以提高油田采收率的方法。由于微生物采油中涉及微生物生理、生化、物理、化学等诸多过程，因此微生物采油的机理相应地变得异常复杂，可从表7–4中的6个方面理解微生物提高采收率的机理。

表7–4 微生物采油机理

微生物	（1）封堵大孔道，分流注入水； （2）改善孔道壁面的润湿性； （3）降解原油，降低原油黏度及凝固点； （4）黏附烃类，乳化原油
有机酸（低分子脂肪酸、甲酸、丙酸、异丁酸等）	（1）溶解石灰岩及岩石的灰质胶结物，增加岩石的渗透率和孔隙度； （2）与灰质反应产物CO_2可降低原油黏度； （3）CO_2溶解地层中的灰质矿物，增加渗透率
气体（CO_2、CH_4、H_2、H_2S等）	（1）提高油层压力，增加地层能量； （2）溶于原油，降低原油黏度，改善流度比； （3）膨胀原油，增加油藏特性能； （4）CO_2溶解地层中的灰质矿物，增加渗透率
溶剂（丙醇、正（异）丁醇、酮类、醛类）	（1）溶解石油中的蜡及胶质，降低原油黏度，提高原油流动性； （2）溶解孔道中的长链原油，增加油相渗透率
生物聚合物（聚多糖）	（1）堵塞大孔道，分流作用，提高波及系数； （2）增加水相黏度，改善流度比； （3）降低水相渗透率，提高原油分流量
生物表面活性	（1）降低油水界面张力，提高驱油效率； （2）改变岩石润湿性，使岩石更加水湿； （3）消除岩石孔壁油膜，提高油相流动能力； （4）分散乳化原油，降低原油黏度

从微生物的利用方式来讲，主要有原油乳化、微生物调剖、生物气增油、中间代谢产物作用及界面效应等。

3. 微生物勘探石油的优点

微生物采油具有许多优点：

① 成本低：利用微生物是开采枯竭油藏，提高油藏最终采收率的最为经济的开采方法，微生物以水为生长介质，以质量较次的糖蜜作为营养，实施方便，可从注水管线或油套环形空间将菌液直接注入地层，不需对管线进行改造和添加专用注入设备；微生物可以在油藏内就地繁殖，成倍地增加处理的波及面积，因此，用微生物采出 1t 油的成本仅为其他三次采油方法的几分之一；同时，微生物可以轻质化原油、脱硫、除重金属，降低原油的炼制成本。

② 无二次污染，提高采收率：由于微生物在油藏中可随地下流体自主移动，作用范围比聚合物驱大，注入井后不必加压，不损伤油层，无污染，提高采收率显著；同时，微生物采油不仅能采出油藏中的可动油，而且还可采出部分不可动的残余油，提高油藏的最终采收率。

③ 延长开采期：微生物采油还可以大大延长油井的开采期，推迟油井的报废时间，大幅度提高单井原油总产量；以吞吐方式可对单井进行微生物处理，解决边远井、枯竭井的生产问题，提高孤立井产量和边远油田采收率。

④ 此外，微生物可解决油井生产中多种问题，如降黏、防蜡、解堵、调剖，最后提高采收率的代谢产物在油层内产生，利用率高，且易于生物降解，具有良好的生态特性；微生物采油方法可以通过微生物降解稠油，降低原油黏度，为稠油的冷采提供一种新的技术手段。

大量的室内研究和现场试验结果表明，微生物采油是一种最有前景的提高采收率的方法。

二、生物采油存在的问题及发展趋势

1. 微生物采油存在的问题

我国在微生物采油技术方面还处于初级发展阶段，尚未形成整体配套的能力。无论是在新技术研究和应用的深度上，还是在微生物菌种的研制与开发方面，都与国外先进水平存在不小的差距，其不足之处主要体现在以下几个方面：

① 采油微生物菌种的研究和开发水平需进一步提高。目前的菌种仍然较为单一，对提高原油采收率功能强的菌种不多。

② 微生物采油的应用总体上仍然处于初始阶段。国外 20 世纪 80 年代进入工业性矿场应用，而国内不少油田目前还只是引进微生物制剂用于探索性试验。

③ 没有形成整体技术和生产能力，期间还存在一系列理论、技术工艺及配套装备的问题；微生物采油技术还没有实质性地进入油田开发中。

④ 由于微生物采油技术本身的复杂性，基础研究严重滞后于工业生产的要求。这种局面导致了一些现场试验是在研究工作不充分、方案设计缺乏科学依据的情况下进行的，因而出现了微生物增产效果时高时低的结果。

⑤ 缺乏系统的研究，而且也没有形成整体的研究队伍。由于微生物采油技术的研究涉及微生物学、化学和油藏工程学等，属于多学科交叉的研究工作。全国许多油田和一些研究机构及院校已经开展了这方面的研究，但这些工作还比较零散，室内研究和矿场试验目前还没有重大突破。

2. 微生物采油的发展趋势

微生物提高采收率技术经过近一个世纪的发展已日趋成熟，成了一种颇具潜力的采油技术。世界各国争先恐后地开展了这项技术的研究试验，大都获得了比较满意的增产效果。尤其是对稠油油藏的开采方面，该技术的优越性更是其他地方无可比拟的。由于微生物采油技术的综合性、复杂性和多学科性，其发展迫切要求综合各学科的研究成果。通过各学科间技术的交叉，大大提高微生物采油的研究进程和微生物提高采收率的成功率。微生物学家必须依靠油藏地质学家和石油工程师提供的有关地层构造、油藏条件等资料，研究微生物在油藏条件的生长、繁殖及代谢过程；遗传学家必须按微生物学家和石油工程师的要求设计并培育菌种；环境工程师必须使注入微生物不污染水源，排放的废水不导致人类受害和环境污染；化学工程师必须进行微生物与油藏及流体反应产物的分析和化验，以及微生物注入方案监测；石油工程师依靠微生物学家和遗传工程师提供的菌种及其营养物结构，掌握细菌培养，实施微生物注入。

在微生物采油技术的研究过程中，将会出现下列发展趋势：

① 微生物采油机理的深入研究：将进一步加强微生物作用下水-油-岩的相互作用及其规律的研究，彻底查清不同地层条件下微生物提高原油采油率的机理。确定微生物驱油过程是对提高原油采收率有直接贡献的主要因素，为不同油藏条件下微生物菌种的开发提供依据，为微生物驱油数值模拟软件的编制提供模型，为进一步提高采收率打好基础；

② 微生物采油新型技术的研究包括：微生物处理井筒技术；微生物单井吞吐技术；好氧微生物驱技术；

③ 新型采油菌株的开发；

④ 微生物采油数值模拟软件及标准评价体系的开发研究；

⑤ 微生物采油工艺技术及配套技术设备的研究。

三、生物采油技术工程实例

1. 靖边黄家峁油田微生物现场采油

(1) 油藏描述

黄家峁油田处于陕北斜坡构造单元的中部，是靖边油田所辖的主力区块之一，主要开采层位延 9 层。储层孔隙度 17.4%，渗透率 $263.1\times10^{-3}\ \mu m^2$，孔喉半径 11.7 μm，沥青含量为 3.54%，凝固点为 11℃。地层水矿化度 2000~7000 mg/L，属于碳酸氢钠水型。

该区块从 2006 年开始试注，目前有 13 个注采井组进行注水，日注水平均 300 m^3。13 口注水井所影响的油井有 35 口采油井，月产液 2999.04 m^3，月产油 1870.23 t，综合含水 81.05%。平均单井日产液 12.5 m^3，日产油 1.95 t，综合含水 88.9%。现在处于低压、低产的开发水平，产量递减快，稳产难度大，水驱效果变差。经过多年的天然能量开采和注水开发，油田已进入高含水开采期。

(2) 微生物的用量及注入方法

在黄家峁注水站(靖边采油厂三号注水站)采用注水管网和作业车进行微生物试验。该区域是采用不规则的面积注水，注水井共有 13 口，辐射油井 33 口。微生物菌液从加药罐打入储水大罐并混合，通过高压注水泵(第一、二、三段塞) 和泵车(第四段塞)注入各注水单井，高压注水泵的注入压力为 9 MPa，泵车的压力为 10 MPa，然后观察试验效果。施工时液体浓度决定了微生物的繁殖状况和扩散速度，其直接影响采收率，因此必须保证菌液

的使用量，一般采用经验公式进行计算

$$Q=KD(W)^{1/2}T\lg C \tag{7-1}$$

式中 Q——菌液用量，kg；

K——常数；

W——措施井施工前日产液量，m^3；

T——室内评价系数；

C——温度校正系数。

为了保证微生物在油层中有效繁殖、扩散，充分发挥菌种的作用，其施工液的体积按下面的公式计算

$$Q=h\pi d^2(1-f_w)\times 1/4 \tag{7-2}$$

式中 Q——施工液体用量，kg；

h——油层厚度，m；

d——施工半径，m；

f_w——产液含水，%。

针对黄家峁的具体情况，用以上两个公式算出试验的菌液使用量和施工液的体积，如表7-5所示。

表7-5 黄家峁区块注微生物驱油现场试验方案

段塞次序	微生物浓度/(g/m³)	日注微生物量/日注水	时间/d	微生物用量/t	微生物注水量/m³
第一段塞	0.0067	2/300	10	20.0	3000
正常注水			10	0	
第二段塞	0.0057	1.7/300	10	17	3000
正常注水			10	0	
第三段塞	0.0050	1.5/300	10	15	3000
正常注水			10	0	
第四段塞	0.0650	1.3/20	1次/井	13	2600
合计				65	11600

注：日注微生物量单位为kg，日注水单位为m^3。

(3) 技术流程

2009年7月26日，在三号注水站开始注第一段塞，每天将2.0t微生物加入大罐，然后分别注入各注水井。依照这样的配方共注10d，总共用微生物20t，注微生物水3000m^3。然后转入正常注水再继续注10d。

2009年8月16日，在三号注水站开始注第二段塞，每天将1.7t微生物菌液从加药罐加入注水大罐，与污水混合后分别注入各注水井。依照这样的配注方法，10d用微生物17t，注微生物水3000m^3。然后转入正常注水10d。

2009年9月6日，在三号注水站开始注第三段塞，每天将1.5t微生物菌液从加药罐加入注水大罐，然后分别注入各注水井。依照这样配方共注10d，用微生物15t，注微生物水3000m^3。然后转入正常注水10d。

2009 年 9 月 29 日，在三号注水站开始注第四段塞。为了能改善油藏的孔隙结构，缓减近井地带因长时间注水带来的结垢堵塞，所以第四段塞采用泵车注微生物液，将压力提高到 10 MPa，然后提高微生物的浓度，每口井用 1.3t 微生物加 20 m^3污水，用泵车分别注入各注水井。共注微生物 13t，注微生物水 2600m^3。每口井注一次，注完以后转入正常注水。

(4) 效果分析

2009 年 7 月 29 日测 29 口油井，日产总液量 386.77m^3，日产油 42.9 t，综合含水 88.9%。2009 年 9 月 14 日测产数据为：日产总液 377.56 m^3，日产油 45.04 t，综合含水 88.1%，日增油 2.16 t。2009 年 10 月 14 日测 33 口受益油井生产数据为：日产总液量 447.28 m^3，日产油 58.64 t，综合含水 86.9%，日增油 7.13 t。2009 年 12 月 10 日测 33 口受益油井生产数据为：日产总液量 446.33 m^3，日产油 62.69 t，综合含水 86.0%，日增油 11.18 t。截至 2009 年 12 月 31 日，累计增油 1139.0 t。预计到 2010 年 3 月还应增油 500 t 以上。可以看出，整体上日产液、日产油较注入初期有上升的趋势，微生物驱油见到明显的效果。

2. 大港油田港西四区微生物采油

(1) 油藏区概况

试验区是港西开发区西部的一个开启型断块，北面为大苏庄断层，南面是港西主断层，东面为一岩性尖灭带，是一个边水不活跃并被断层遮挡的单斜构造油藏。试验目的层是上第三系明化镇组的明Ⅲ2 小层，是一个完整的砂岩体，大部分地区为一单层，只在局部地区变为两层，油层平均厚度 813m。油层属正韵律沉积，变异系数为 0.59~0.81。油层为泥质胶结，黏土含量为 16.9%。

试验区储层物性较好，孔隙度为 31%，空气渗透率为 0.72 μm^2，有效渗透率 0.23μm^2，油层温度 51℃，地下原油黏度 20mPa·s，含蜡量 815%，胶质沥青 2312%。地层水水型为 $NaHCO_3$，矿化度为 5735mg/L，产出水矿化度为 2857mg/L。

微生物驱先导试验区位于大港油田港西四区西部井区，受益面积 0.59km^2。有注入井 3 口(17214，18212，新 19215)，受益井 10 口，其中中心受益井 3 口(18213，18214，新 19214)。由于该区油层出砂较为严重，容易造成砂卡，致使一些油井关井；其中新 19214 井和 17213 井分别于 1995 年 3 月和 10 月关井。

该井区于 1970 年 8 月按三角形井网完钻投产，1974 年 4 月开始注水，注采井距在 200~360m 之间。1986 年 12 月开始注聚合物，1987 年 4 月注完聚合物后恢复注水，1995 年 8 月聚合物驱基本失效。截止到微生物驱前(1995 年 10 月)，井组平均日产油 4 316t，综合含水 9113% ，此时在井区主流线上钻的密闭取心井分析的剩余油饱和度为 23%。

(2) 方案设计

根据室内实验结果，选择徐州派克微生物公司生产的微生物 BB 和大港油田与南开大学共同筛选出的微生物 DD 菌液(DG3 和 DN23 号微生物混合液)作为驱替菌，注入结构见表 7-6。试验区 3 口注入井注入微生物量是按注水井控制驱替体积占井组总体积的比例以及受益井数多少来确定的。18212 和 17214 井各注 28m^3原菌液，新 19215 井注入 10m^3原菌液。

表 7-6　微生物试验总体注入结构

注入量 PV	段塞	试验菌	浓度/%	原菌液量/m^3	配置液量/m^3	备注
0.0052	菌液前缘	BB 液	100	6.0	6	关井 3d
	菌液主体	DD 液	1.0	54.0	5400	
	菌液后尾	DD 液	1.5	6.0	400	
	顶替液				720	关井 7d
合计				66	6426	

注：①原菌液浓度定为100%。

②配置液为含微量氮、磷、钾和酵母的微生物溶液，顶替液不含微生物。

港西四区微生物驱先导试验于1995年10月12日开始，至11月11日结束，历时30d。共注入菌液66m^3，酵母粉214t，氮、磷和钾盐各116t。总计注入菌液及驱替液6426m^3。

(3) 试验区注水井及采油井的变化情况

通过对微生物驱前后3口注入井的注入压力监测表明，注微生物后，3口注入井(17214井、18212井和新19215井)的平均注入压力较微生物驱前(1995年8~10月)降低了0.5~0.8MPa，表明注入井注入性能得以改善，注水井指示曲线向下平移。

初步分析是以原油为碳源的微生物具有分解蜡的作用。该区原油析蜡温度为42~48℃，由于长期注水，近井地带温度下降导致蜡析出。注微生物后，微生物分解蜡，疏通了注水渗流通道，因而使注水压力降低。

生产井的生产数据表明，截至1996年6月底，除4口井作业关井外(17213和新19214井在注微生物前由于砂卡关井；17212和15214井分别于1995年12月和1996年2月由于砂卡关井)，其余6口井中，有5口井(118，16213，18213，18214，19212)在注微生物后见到增油降水效果。以1995年8月至10月三个月生产指标平均值作为微生物驱油前的定点值，与微生物驱后逐月各生产指标对比，到1996年6月底，5口井已累积增油925t，含水率平均下降了115个百分点，累计降水7200 m^3，增油降水效果在继续观察中。

在该试验区注微生物前，对产出液中的菌浓度进行了分析；注微生物后，每周对油井产出液进行菌浓度分析。分析结果表明，产出液峰值菌浓为注前产出液菌浓的3~10倍，说明注入微生物能适应地层条件并利用所提供的培养基繁殖。

根据对19212井见效前后所取油样的化验分析资料对比可看出，见效后，产出原油的性质变好，主要表现在原油密度、原油黏度、含蜡量、含胶量等均有不同程度的降低。

根据对5口见效油井所测井底流动压力或动液面资料进行分析可以看出，在工作制度不变的条件下，有4口油井在见效后，井底流动压力 p_f 或动液面有上升趋势，井底流动压力一般上升0.5~0.8MPa，动液面一般上升70~200m，含水率(f_w)呈下降趋势，产量呈上升趋势。

① 港西四区微生物驱先导性试验表明，微生物驱可以起到增油降水的作用，并达到提高原油采收率的目的。

② 微生物驱提高原油采收率的机理主要是通过微生物对原油的作用，使原油乳化、降低了油水间的界面张力及原油黏度，提高了驱油效率所致。

③ 所注入的微生物起到了疏通油水渗流通道和降低原油黏度的作用，使注水井的注入压力降低，使采油井的生产压差变小。

④ 微生物驱矿场先导试验已初步表明，微生物驱可提高采收率，但提高采收率的幅度

以及每立方米菌液的增产油量还有待进一步的观察。

第八节　现代生物技术的安全性问题

人类社会长期以来一直安全地使用生物技术产品和工艺，随着生物技术日新月异地发展，尤其是基因工程技术的发展，人们对其可能产生的后果越来越忧心忡忡。生物技术安全性很早就引起人们的争论，人们的担忧主要在以下几个方面：

① 用于研究某些传染病的致病微生物都带有特殊的致病基因，如果从实验室逸出并扩散，有可能造成可怕疾病的流行；

② 克隆技术应用在人类身上，可能对人类自身的进化产生影响；

③ 利用基因工程技术创造出的新物种可能具有极强的破坏力；

④ 转基因植物对人类和环境造成的长期影响难以预料；

⑤ 生物技术的发展将不可避免地推动生物武器的研制与发展。

这些忧虑在理论上都是有一定道理并且都有其现实基础的，因此，从生物技术诞生起，人们就对其密切关注并采取防护措施。

第九节　现代生物技术的伦理问题

现代生物技术与传统生物技术的最根本区别在于前者是在基因水平上进行操作，改变已有的基因，改良甚至创造新的物种。这是一项开创性的工作。因此，很难预料这一新技术将会带来什么后果，这也是现代生物技术自问世以来就备受关注、争议不断的重要原因。

从技术上讲，人们最为关心的几个问题是：

① 外源基因引入生物体，特别是引入人体后是否会破坏调节细胞生长的重要；

② 基因工程是否会导致极强的难以控制的新型病原物的出现；

③ 基因工程菌进入环境后对自然生态平衡的影响。

虽然目前对这些问题尚无明确的答案，但世界各国政府都对基因操作制定了严格的规定。

除技术问题外，现代生物技术还可能引起一系列社会伦理问题。

首先，这一技术受到了宗教界人士的强烈反对；其次，还受到来自动物保护组织的强大压力，他们认为，用动物作为模型进行各种基因操作是对其生存权的极大损害；素食主义者也同样感到自己的人权被现代生物技术侵犯了，因为通过生物技术在植物中表达动物蛋白，违背了素食的信条。

此外，随着人类基因组计划的飞速进展，很多有识之士担心现代生物技术的进展将会给种族主义者提供种族歧视的新借口。事实上，这种担心不无道理，科学家们于1996年从白种人的基因组中分离得到一种具抗 HIV 感染功能的蛋白编码序列，而迄今为止，尚未在其他人种中找到这一基因的同源序列。

对生殖细胞进行基因操作，可以进行基因治疗，消灭遗传病，但也会给人类提供无限改变自身的可能性，甚至可能达到“改造人种”的程度，这将会引起十分可怕的后果。

争论得沸沸扬扬的“克隆人”问题同样向人们提出了十分严峻的伦理学问题。

随着染色体检测技术的成熟，在妊娠期间就可以检出胎儿的性别及是否有严重的基因缺陷，这一技术的广泛应用是否会带来性别比例失衡等社会问题呢。

此外，将含有人类基因的生物体作为动物饲料是否道德，例如，用基因工程技术修饰过的酵母生产有药用价值的人类蛋白，生产后的废酵母再用于动物饲养。

过去，人们对基因工程技术的担忧主要集中在安全方面，近来，道德和伦理方面的争论越来越在决策过程中起着重要作用。转基因技术因其技术上的非自然性而让许多公众担心。有人认为，转基因技术是对自然生殖隔离的一次根本性突破。自然通过进化过程产生生殖隔离防止不同物种间的遗传作用，这是“神圣不可侵犯的”。

但从分子生物学家的观点看，基因仅仅是一些普遍存在于各种细胞、同时适合于进行遗传操作的有机分子的特定集合，因而在不同生物种属间进行转基因不会有什么伦理。

参考文献

[1] 邓秋穗，唐霞，蔡润，等．微生物修复重金属污染土壤探究[J]．实验技术与管理，2017，34(10)：43~49.

[2] 陈雪兰，成杰民，高宪雯，等．石油-重金属复合污染土壤的微生物修复[J]．湖北农业科学，2013，52(12)：2767~2770.

[3] 朱凡，洪湘琦，闫文德，等．PAHs 污染土壤植物修复对酶活性的影响[J]．生态学报，2014，34(3)：581~588.

[4] 莫福孝，秦宇，杨白露．3 种植物对三峡库区消落带土壤重金属铜和镉的去除效果[J]．贵州农业科学，2013，41(8)：204~206.

[5] 黎海彬，郭宝江．酶工程的研究进展[J]．现代化工，2006，26(z1)：40~43.

[6] 刘欣鹤．基因工程的研究进展[J]．现代农业科技，2012(10)：45~46.

[7] 赵大显，熊焕嘉．现代生物技术在环境监测中的应用[J]．油气田环境保护，2012，22(3)：60~63.

[8] 王小军，徐校良，李兵，等．生物法净化处理工业废气的研究进展[J]．化工进展，2014，33(1)：213~218.

[9] 杨慎文，袁健，马兆丽，等．用生物法技术处理废气的探讨[J]．环境科学导刊，2010，29(a01)：64~66.

[10] 王勇辉，焦黎．中国夏尔希里土壤环境背景值研究[C]．2014 中国环境科学学会学术年会，2014.

[11] Anders，Simon，Pyl，Paul Theodor，Huber，Wolfgang. HTSeq—a Python framework to work with high-throughput sequencing data[J]. Bioinformatics（Oxford，England），2015，31(2)：166.

[12] Loman NJ，Misra RV，Dallman TJ，et al. Performance comparison of benchtop high-throughput sequencing platforms. [J]. Nature biotechnology，2012，30(5)：434.

[13] Zhou XW，Su KQ，Zhang YM. Applied modern biotechnology for cultivation of Ganoderma and development of their products[J]. Applied Microbiology and Biotechnology，2012，93(3)：941~963.

[14] Kekillioglu A. Agricultural effects of modern biotechnology [J]. Journal of Biotechnology，2012，161(11)：29.

[15] Collier D. Agriculture，modern biotechnology and the law：An examination of the property paradigm in the context of plant genetic resources[J]. Physics Letters B，2010，703(3)：306~309.

[16] 赵远，梁玉婷．石化环境生物技术[M]．北京：中国石化出版社，2013.